Colles de **Mathématiques**

MPSI/MP2I

NOUVEAUX PROGRAMMES !

Colles de Mathématiques

Rémi Coutens

Sous la direction de François Pantigny

ellipses

Collection Colles de Prépas
dirigée par François Pantigny

Retrouvez tous les titres de la collection et des extraits sur
www.editions-ellipses.fr

Je remercie M. Pantigny pour ses pertinents conseils, ses compétences en LaTeX et ses magnifiques illustrations. Ce livre doit beaucoup à mon amie Emmanuelle Guillant qui, j'espère, découvre en échange le monde énigmatique des mathématiques.

J'aimerais saluer les professeurs qui m'ont transmis l'amour des mathématiques et de l'enseignement : Mme Marguet et Mme Duru du collège Laurent-Mourguet à Écully, Mme Buchwalter et M. Mosse du lycée Jean-Perrin, Mme Vuchot et M. Belouze du lycée du Parc. J'ai eu beaucoup de satisfactions en enseignant en MPSI au lycée Dessaignes à Blois et au lycée Pothier à Orléans. J'espère que les étudiants gardent également un bon souvenir de leur professeur.

Ce livre est dédié à la promeneuse de l'exercice 25 du chapitre 7 qui m'accompagne, me supporte, me soutient et me motive depuis vingt-cinq ans.

ISBN 9782340-048683

8/10 rue la Quintinie 75015 Paris

www.editions-ellipses.fr

Avant-propos

Bienvenue en MP2I et en MPSI !
En arrivant en classe préparatoire, les interrogations orales de mathématiques suscitent quelques appréhensions. Elles deviendront rapidement moins impressionnantes et vous comprendrez que cette spécificité du système des « prépas » est extrêmement efficace pour assimiler les notions et progresser.

Néanmoins, le cours étant conséquent, l'étudiant ne se sent pas toujours au point le jour de l'interrogation hebdomadaire. Nous proposons une gamme d'exercices pour permettre de s'entraîner davantage.

Dans l'objectif d'une préparation efficace, les exercices de ce livre sont classés en trois catégories :

- Les « exercices axés sur le calcul ». Souvent application quasiment directe du cours, ils ont pour objectif, via la pratique calculatoire, de vérifier la connaissance et la compréhension des notions du cours.
- Les « exercices axés sur le raisonnement ». Ces exercices demandant plus de recul, leur objectif est de renforcer l'assimilation des concepts.
- Les « exercices avec questions ouvertes ». Ces exercices amènent l'étudiant à avoir sa propre réflexion, à construire sa démonstration ou son contre-exemple selon les cas.

Plutôt que l'originalité ou la difficulté, nous avons privilégié des exercices qui nous ont paru formateurs. Néanmoins, certains exercices, signalés par une ou deux étoiles, sont d'un niveau plus élevé.

Les corrections des exercices figurent après la liste des énoncés. Chaque exercice est entièrement corrigé, parfois de plusieurs manières lorsque cela nous a semblé utile.

En début de chaque chapitre se trouve une figure, réalisée par M. Pantigny, qui illustre soit une notion, soit un exercice. Nous encourageons le lecteur à faire le plus souvent possible ses propres représentations.

Enfin permettons-nous un conseil. Parmi vos camarades de classe, les membres de votre « trinôme » seront ceux que vous côtoierez le plus. N'hésitez pas à en faire de véritables partenaires en partageant les exercices de ce livre. Vous pourrez soit travailler le même exercice et confronter vos solutions, soit travailler chacun un exercice différent, lire le corrigé proposé et exposer oralement une solution à vos camarades.

Nous adressons tous nos vœux de réussite aux lecteurs de ce livre.

Sommaire

Techniques de raisonnements 1

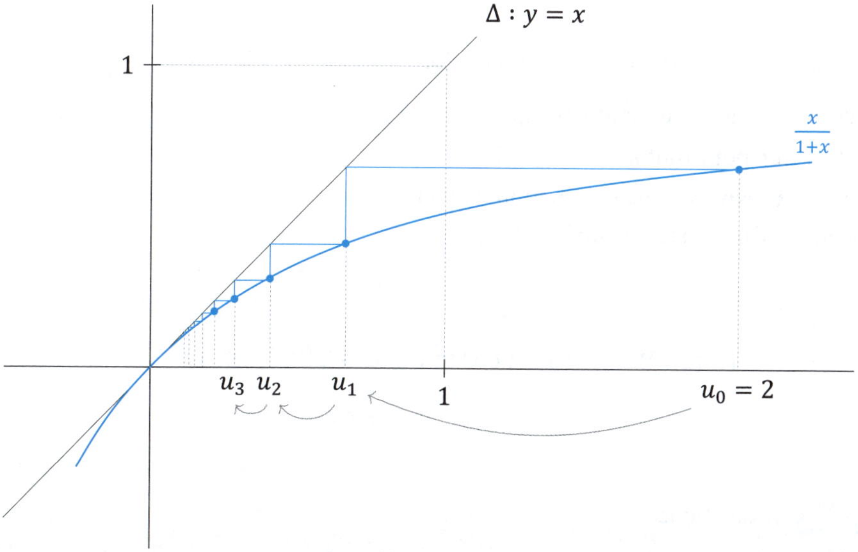

Dans l'exercice n° 2, on étudie la suite u définie par la donnée de u_0 et par la relation de récurrence $\forall n \in \mathbb{N} \quad u_{n+1} = \frac{u_n}{1+u_n}$

Sur la figure ci-dessus, on a représenté graphiquement les premiers termes de cette suite.

Exercices axés sur le calcul

Exercice 1

On considère les suites $(a_n)_{n\in\mathbb{N}}$ et $(b_n)_{n\in\mathbb{N}}$ définies par $a_0 = 1, b_0 = 0$ et :

$$\forall n \in \mathbb{N}, \qquad \begin{cases} a_{n+1} = a_n + 2b_n \\ b_{n+1} = a_n + b_n \end{cases}.$$

1) Montrer que pour tout $n \in \mathbb{N}$, $\left(1+\sqrt{2}\right)^n = a_n + b_n\sqrt{2}$.
2) Montrer par récurrence que pour tout $n \in \mathbb{N}$, a_n et b_n sont des entiers naturels.
3) Montrer que pour tout $n \in \mathbb{N}$, $a_n^2 - 2b_n^2 = (-1)^n$.

Exercice 2

Soit $(u_n)_{n\in\mathbb{N}}$ une suite réelle vérifiant $u_0 \in \,]0, +\infty[$ et pour $n \in \mathbb{N}$, $u_{n+1} = \frac{u_n}{u_n+1}$.

1) Préciser u_1 et u_2 en fonction de u_0.
2) Montrer que pour tout $n \in \mathbb{N}$, $u_n > 0$.
3) Pour $n \in \mathbb{N}$, exprimer u_n en fonction de n et u_0.
   Indication : On pourra considérer $1/u_n$.

Exercice 3

Soit $x \in \,]-1, +\infty[\setminus \{0\}$. Montrer que pour tout $n \in \mathbb{N} \setminus \{0, 1\}$, on a :

$$(1+x)^n > 1 + nx.$$

Exercice 4 *Classique*

Soit $(W_n)_{n\in\mathbb{N}}$ la suite réelle définie par $W_0 = \frac{\pi}{2}$, $W_1 = 1$ et pour tout $n \in \mathbb{N}$, $W_{n+2} = \frac{n+1}{n+2}W_n$.

1) Montrer que pour tout $n \in \mathbb{N}$, $(n+1)W_{n+1}W_n = \frac{\pi}{2}$.
2) Montrer que pour tout $p \in \mathbb{N}$, $W_{2p+1} = \frac{2^{2p}(p!)^2}{(2p+1)!}$.
3) Préciser pour $p \in \mathbb{N}$, W_{2p}.

Exercices axés sur le raisonnement

Exercice 5

Montrer, à l'aide d'arguments élémentaires, que pour un entier naturel n :

$$n \text{ est un multiple de } 6 \quad \Leftrightarrow \quad n \text{ est un multiple de 3 et est pair.}$$

Exercice 6

1) Résoudre l'équation $|x+1| = 2x+1$ d'inconnue $x \in \mathbb{R}$.
2) Résoudre l'équation $\sqrt{2x^2+1} = x^2$ d'inconnue $x \in \mathbb{R}$.

Exercice 7

Les nombres x et y étant réels, résoudre le système suivant :

$$\begin{cases} (x-1)(y-2)(x+y) &= 0 \\ (x+2)(y+1)(x-y) &= 0 \end{cases}.$$

Exercice 8

Soient les quatre assertions suivantes :

1) $\exists x \in \mathbb{R}, \forall y \in \mathbb{R}, \quad x+y>0\,;$
2) $\forall x \in \mathbb{R}, \exists y \in \mathbb{R}, \quad x+y>0\,;$
3) $\forall x \in \mathbb{R}, \forall y \in \mathbb{R}, \quad x+y>0\,;$
4) $\exists x \in \mathbb{R}, \forall y \in \mathbb{R}, \quad y^2 > x.$

Traduire chacune d'elles par une phrase en français. Préciser si elles sont vraies ou fausses. Lorsqu'elle est fausse, écrire sa négation avec des quantificateurs.

Exercice 9

Soient A, B et C des ensembles.

1) Établir l'équivalence :

$$(A \cup B = B \cap C) \quad \Leftrightarrow \quad (A \subset B \subset C).$$

2) Établir l'implication :

$$B \neq C \quad \Longrightarrow \quad (A \cap B \neq A \cap C \text{ ou } A \cup B \neq A \cup C).$$

Indication : On pourra raisonner par contraposition.

Exercice 10

Démontrer, en le déterminant, qu'il existe un entier n_0 tel que :

$$\forall n \geqslant n_0, \qquad 2^n \geqslant (n+2)^2.$$

Exercice 11 ★★ *Inégalité arithmético-géométrique*

1) Soit $\mathcal{A}$ une partie de $\mathbb{N}^*$ contenant 1, stable par passage au prédécesseur et par passage au double. On a donc pour tout $n \in A$, les deux implications suivantes :
   - $n \in \mathcal{A} \quad \Longrightarrow \quad 2n \in \mathcal{A},$
   - $(n+1) \in \mathcal{A} \quad \Longrightarrow \quad n \in \mathcal{A}.$

   Montrer que $\mathcal{A} = \mathbb{N}^*$.
2) Application

   En déduire que pour tout $n \in \mathbb{N}^*$, pour tous $a_1, a_2, \dots, a_n$ réels strictement positifs :

$$\frac{a_1 + a_2 + \cdots + a_n}{n} \geqslant (a_1 a_2 \cdots a_n)^{1/n}.$$

Exercice 12 ★★

Soit $(u_n)_{n\in\mathbb{N}^*}$ une suite de réels strictement positifs et croissante.
Pour $n \in \mathbb{N}^*$ et $k \in [\![1, n]\!]$, on pose :

$$p_{n,k} = (u_1 u_2 \cdots u_k)^n \qquad \text{et} \qquad q_{n,k} = (u_1 u_2 \cdots u_k \cdots u_n)^k.$$

1) Préciser les expressions de $p_{2,2}$, $q_{2,2}$, $p_{3,2}$ et de $q_{3,2}$.
2) On suppose que, pour tout $n \in \mathbb{N}^*$, u_n est une longueur exprimée en mètre.
   En quelle(s) unité(s) seront exprimés $p_{n,k}$ et $q_{n,k}$ (pour $n \in \mathbb{N}^*$ et $1 \leqslant k \leqslant n$) ?
3) Montrer que pour $n \in \mathbb{N}^*$ et $k \in [\![1, n]\!]$, on a :

$$(u_1 u_2 \cdots u_k)^n \leqslant (u_1 u_2 \cdots u_k \cdots u_n)^k.$$

4) Application
   Soit $(M_n)_{n\in\mathbb{N}}$ une suite de réels strictement positifs tels que :

$$\forall p \in \mathbb{N}^*, \qquad M_p \leqslant 2^{1/2} M_{p-1}^{1/2} M_{p+1}^{1/2}.$$

   Montrer que pour tout $n \in \mathbb{N}$ et tout $k \in [\![0, n]\!]$:

$$M_k \leqslant 2^{k(n-k)/2} M_0^{1-k/n} M_n^{k/n}.$$

   Indication : On pourra poser pour $k \in \mathbb{N}^*$, $u_k = 2^{k-1} \dfrac{M_k}{M_{k-1}}$.

D'après Centrale-Supelec 2001 PC 1

Exercice 13

Soit $(a_n)_{n\in\mathbb{N}}$ la suite définie par $a_0 = 0$ et pour tout $n \in \mathbb{N}$:

$$a_{2n} = a_n, \quad a_{2n+1} = 1 - a_n.$$

1) Déterminer a_{224}.
2) Pour $n \in \mathbb{N}^*$, on note d_n la somme des chiffres de l'écriture binaire de n.
   Montrer que pour tout $n \in \mathbb{N}^*$, $a_n = \frac{1-(-1)^{d_n}}{2}$.

Exercice 14 ★★

Soit $f : \mathbb{N} \to \mathbb{N}$ une fonction vérifiant $f(n+1) > f\big(f(n)\big)$ pour tout n de $\mathbb{N}$.

1) Montrer que pour tous n et m entiers naturels :

$$f(m) \leqslant n \quad \Longrightarrow \quad m \leqslant n.$$

2) En déduire que $f = \mathrm{Id}_{\mathbb{N}}$.

Exercices avec questions ouvertes

Exercice 15

Soient x et y deux rationnels positifs tels que $\sqrt{x}$ et $\sqrt{y}$ ne soient pas rationnels.
Le nombre $\sqrt{x} + \sqrt{y}$ peut-il être rationnel ?

Exercice 16

On note $\mathcal{P}(E)$ l'ensemble des parties d'un ensemble E.
Soient A et B des parties de E.
Est-il vrai que $\mathcal{P}(A \cap B) = \mathcal{P}(A) \cap \mathcal{P}(B)$? et $\mathcal{P}(A \cup B) = \mathcal{P}(A) \cup \mathcal{P}(B)$?

Exercice 17 ★★ *Nombres harmoniques*

Pour $n \in \mathbb{N}^* \setminus \{1\}$, le nombre rationnel $u_n = 1 + \frac{1}{2} + \cdots + \frac{1}{n}$ peut-il être un entier ?

Corrections

Exercices axés sur le calcul

Exercice 1

1) Pour tout $n \in \mathbb{N}$, on note $\mathcal{P}(n)$: « $\left(1+\sqrt{2}\right)^n = a_n + b_n\sqrt{2}$ ».
   - Initialisation
     On a $a_0 + b_0\sqrt{2} = 1 + 0 = 0$ et $\left(1+\sqrt{2}\right)^0 = 1$, donc $\mathcal{P}(0)$ est vraie.
   - Hérédité
     Soit $n \in \mathbb{N}$. On suppose $\mathcal{P}(n)$ vraie. On a alors :

$$\begin{aligned}\left(1+\sqrt{2}\right)^{n+1} &= \left(1+\sqrt{2}\right)^n\left(1+\sqrt{2}\right) \\ &= \left(a_n + b_n\sqrt{2}\right)\left(1+\sqrt{2}\right) \quad \text{d'après } \mathcal{P}(n) \\ &= a_n + 2b_n + (a_n + b_n)\sqrt{2} \\ &= a_{n+1} + b_{n+1}\sqrt{2}. \quad a_{n+1} = a_n + 2b_n,\ b_{n+1} = a_n + b_n\end{aligned}$$

     Donc $\mathcal{P}(n+1)$ est vraie.

   On a montré par récurrence que pour tout $n \in \mathbb{N}$, $\left(1+\sqrt{2}\right)^n = a_n + b_n\sqrt{2}$.

2) Pour tout $n \in \mathbb{N}$, on note $\mathcal{Q}(n)$: « $a_n \in \mathbb{N}$ et $b_n \in \mathbb{N}$ ».
   - Initialisation
     L'assertion $\mathcal{Q}(0)$ est vraie, car $a_0 = 1$ et $b_0 = 0$ sont des entiers naturels.
   - Hérédité
     Soit $n \in \mathbb{N}$. On suppose $\mathcal{P}(n)$ vraie.
     On a alors $a_n \in \mathbb{N}$ et $b_n \in \mathbb{N}$, donc $a_{n+1} = a_n + 2b_n \in \mathbb{N}$.
     Donc $\mathcal{P}(n+1)$ est vraie.

On a montré par récurrence que pour tout $n \in \mathbb{N}$, a_n et b_n sont des entiers naturels.

3) Pour $n \in \mathbb{N}$, on pose $x_n = a_n^2 - 2b_n^2$.
On a $x_0 = 1^2 - 0 = 1$. Et pour tout $n \in \mathbb{N}$:

$$\begin{aligned} x_{n+1} &= a_{n+1}^2 - 2b_{n+1}^2 \\ &= (a_n + 2b_n)^2 - 2(a_n + b_n)^2 \\ &= -a_n^2 + 2b_n^2 \\ &= -x_n. \end{aligned}$$

$(a+2b)^2 = a^2 + 4b^2 + 4ab$
$(a+b)^2 = a^2 + b^2 + 2ab$

On a ainsi une suite géométrique de raison $q = -1$ et de premier terme 1, donc

$$\forall n \in \mathbb{N}, \qquad x_n = a_n^2 - 2b_n^2 = (-1)^n.$$

Remarque
On pouvait aussi remarquer $a_n^2 - 2b_n^2 = \left(a_n + b_n\sqrt{2}\right)\left(a_n - b_n\sqrt{2}\right)$, montrer par récurrence $a_n - b_n\sqrt{2} = \left(1 - \sqrt{2}\right)^n$ et conclure par :

$$a_n^2 - 2b_n^2 = \left(1+\sqrt{2}\right)^n\left(1-\sqrt{2}\right)^n = (1-2)^n = (-1)^n.$$

Exercice 2

1) On obtient $u_1 = \frac{u_0}{u_0+1}$ puis $u_1 + 1 = \frac{2u_0+1}{u_0+1}$ d'où $u_2 = \frac{u_1}{u_1+1} = \frac{u_0}{2u_0+1}$.

2) Pour tout $n \in \mathbb{N}$, on note $\mathcal{P}(n)$: « $u_n > 0$ ».
   - Initialisation
     On a $u_0 \in]0, +\infty[$, donc $\mathcal{P}(0)$ est vraie.
   - Hérédité
     Soit $n \in \mathbb{N}$. On suppose $\mathcal{P}(n)$ vraie.
     On a alors $u_n > 0$, donc $u_n + 1 > 0$, puis $u_{n+1} = \frac{u_n}{u_n+1} > 0$. Donc, $\mathcal{P}(n+1)$ est vraie.

   On a montré par récurrence que pour tout $n \in \mathbb{N}$, $u_n > 0$.

Remarque
Cela prouve que tous les termes de la suite $(u_n)_{n\in\mathbb{N}}$ sont bien définis.

3) Pour $n \in \mathbb{N}$, on note $v_n = 1/u_n$ (u_n est non nul d'après la question précédente).
Pour $n \in \mathbb{N}$, on a $v_{n+1} = \frac{1}{u_{n+1}} = \frac{u_n+1}{u_n} = 1 + \frac{1}{u_n} = 1 + v_n$.
Donc $(v_n)_{n\in\mathbb{N}}$ est une suite arithmétique de raison 1 : $v_n = v_0 + n$.
On en déduit que pour tout $n \in \mathbb{N}$, $u_n = \frac{1}{v_0+n} = \frac{u_0}{1+nu_0}$.

Remarque
On pouvait conjecturer « $u_n = \frac{u_0}{nu_0+1}$ » dès la question 1) et le prouver par récurrence.

Exercice 3

Soit $x \in]-1,+\infty[\setminus \{0\}$.
Pour $n \in \mathbb{N}$, on note $\mathcal{P}(n)$: « $(1+x)^n > 1+nx$ ».

- Initialisation

  On a $(1+x)^2 = 1+2x+x^2 > 1+2x$, car x étant différent de 0, $x^2 > 0$.
- Hérédité

  Soit $n \geqslant 2$. On suppose $\mathcal{P}(n)$ vraie.

  On a alors :

$$\begin{aligned}(1+x)^{n+1} &= (1+x)(1+x)^n \\ &> (1+x)(1+nx) \quad \text{d'après } \mathcal{P}(n) \text{ et } 1+x>0 \\ &= 1+(n+1)x+nx^2 \\ &> 1+(n+1)x. \quad x^2>0\end{aligned}$$

  Donc $\mathcal{P}(n+1)$ est vraie.

On a montré par récurrence que pour $n \geqslant 2$, $(1+x)^n > 1+nx$.

Remarque

Pour $x > 0$, on peut prouver le résultat à l'aide de la formule du binôme :

$$(1+x)^n = \sum_{k=0}^{n}\binom{n}{k}x^k = \binom{n}{0}+\binom{n}{1}x+\sum_{k=2}^{n}\binom{n}{k}x^k$$

comme $\binom{n}{0}=1$, $\binom{n}{1}=n$ et, x étant positif, $\sum\limits_{k=2}^{n}\binom{n}{k}x^k$ l'est aussi, on en déduit le résultat.

Exercice 4

1) Pour tout $n \in \mathbb{N}$, on note $\mathcal{P}(n)$: « $(n+1)W_{n+1}W_n = \frac{\pi}{2}$ ».

- Initialisation

  On a $W_1 = 1$ et $W_0 = \frac{\pi}{2}$ donc $(0+1)W_1W_0 = \frac{\pi}{2}$.

  Donc $\mathcal{P}(0)$ est vraie.
- Hérédité

  Soit $n \in \mathbb{N}$. On suppose $\mathcal{P}(n)$ vraie. On a alors :

$$\begin{aligned}(n+2)W_{n+2}W_{n+1} &= (n+2)\tfrac{n+1}{n+2}W_nW_{n+1} \\ &= (n+1)W_nW_{n+1} \quad \text{d'après } \mathcal{P}(n) \\ &= \tfrac{\pi}{2}.\end{aligned}$$

  Donc $\mathcal{P}(n+1)$ est vraie.

On a montré par récurrence que pour tout $n \in \mathbb{N}$, $(n+1)W_{n+1}W_n = \frac{\pi}{2}$.

2) Pour tout $p \in \mathbb{N}$, on note $\mathcal{Q}(p)$: « $W_{2p+1} = \frac{2^{2p}(p!)^2}{(2p+1)!}$ ».

- Initialisation

  On a $0! = 1$, $1! = 1$ et $2^0 = 1$ donc $\frac{2^0(0!)^2}{1!} = 1$ et comme $W_1 = 1$, $\mathcal{Q}(0)$ est vraie.

- Hérédité
Soit $p \in \mathbb{N}$. On suppose $Q(p)$ vraie. On a alors :

$$\begin{aligned} W_{2(p+1)+1} &= W_{2p+3} \\ &= \tfrac{2p+2}{2p+3} W_{2p+1} \\ &= \tfrac{2p+2}{2p+3} \cdot \tfrac{2^{2p}(p!)^2}{(2p+1)!} && \text{d'après } Q(p) \\ &= (2p+2)^2 \tfrac{2^{2p}(p!)^2}{(2p+3)(2p+2)(2p+1)!} && (2p+3)! = (2p+3)(2p+2)! = (2p+3)(2p+2)(2p+1)! \\ &= 2^2(p+1)^2 \tfrac{2^{2p}(p!)^2}{(2p+3)!} && (p+1)! = (p+1)p! \\ &= \tfrac{2^{2p+2}((p+1)!)^2}{(2p+3)!}. \end{aligned}$$

Donc $Q(p+1)$ est vraie.

On a montré par récurrence que pour tout $p \in \mathbb{N}$, $W_{2p+1} = \frac{2^{2p}(p!)^2}{(2p+1)!}$.

3) En utilisant les deux questions précédentes :

$$W_{2p} = \frac{\pi}{2(2p+1)W_{2p+1}} = \frac{(2p)!}{2^{2p}(p!)^2} \cdot \frac{\pi}{2}.$$

Exercices axés sur le raisonnement

Exercice 5

On raisonne par double implication.

$\Rightarrow$ Soit n un multiple de 6. Il existe un entier naturel q tel que $n = 6q$.
Comme $q_2 = 3q \in \mathbb{N}$ et $n = 2q_2$, n est pair.
De même, $n = 3q_3$ avec $q_3 = 2q \in \mathbb{N}$ donc n est un multiple de 3.

$\Leftarrow$ Soit n un multiple de 3 et de 2. Il existe un entier naturel q tel que $n = 3q$.
Comme n est pair, q est pair (si q était impair, $3q$ le serait aussi).
Donc il existe un entier naturel q' tel que $q = 2q'$.
Finalement $n = 3(2q') = 6q'$ et n est un multiple de 6.

Exercice 6

1) L'équation faisant intervenir $|x+1|$, on envisage deux cas selon le signe de $x+1$.
- Premier cas $x \in]-\infty, -1[$
On a alors à résoudre $-(x+1) = 2x+1$ d'inconnue $x < -1$.

$$-x-1 = 2x+1 \quad \Leftrightarrow \quad 3x = -2 \quad \Leftrightarrow \quad x = -2/3.$$

Or $-2/3 \notin]-\infty, -1[$, il n'y a pas de solution $x < -1$.

- Second cas $x \in [-1, -\infty[$
  On a alors à résoudre $x + 1 = 2x + 1$ d'inconnue $x \geqslant -1$.

$$x + 1 = 2x + 1 \quad \Leftrightarrow \quad 3x = -0 \quad \Leftrightarrow \quad x = 0.$$

  Il y a une seule solution dans $[-1, -\infty[$ qui est $x = 0$.

Finalement, 0 est l'unique solution réelle de l'équation $|x + 1| = 2x + 1$.

2) L'équation faisant intervenir une racine carrée, on commence par une élévation au carré.
- Analyse
  Soit $x \in \mathbb{R}$ tel que $\sqrt{2x^2 + 1} = x^2$. En élevant au carré, on obtient $x^4 - 2x^2 - 1 = 0$. En posant $y = x^2$, on a $y \geqslant 0$ et $y^2 - 2y - 1 = 0$. On en déduit $y = 1 \pm \sqrt{2}$. Comme $1 - \sqrt{2} < 0$, le seul cas possible est $y = 1 + \sqrt{2}$. Donc $x = \pm\sqrt{1 + \sqrt{2}}$.
- Synthèse
  Réciproquement si $x = \pm\sqrt{1 + \sqrt{2}}$, on aura $x^4 = 2x^2 + 1$.
  Comme $x^2 > 0$, $\sqrt{x^4} = x^2$ et finalement $x^2 = \sqrt{2x^2 + 1}$.

L'equation $\sqrt{2x^2 + 1} = x^2$ admet deux solutions réelles $\sqrt{1 + \sqrt{2}}$ et $-\sqrt{1 + \sqrt{2}}$.

Exercice 7

Soient x et y deux réels. On a :

$$(x - 1)(y - 2)(x + y) = 0 \quad \Leftrightarrow \quad (x = 1 \text{ ou } y = 2 \text{ ou } y = -x).$$

On envisage alors trois cas.
- Premier cas $x = 1$
  La seconde ligne devient $3(y + 1)(1 - y) = 0$ qui a pour solutions $y = 1$ et $y = -1$.
  On obtient deux solutions du système $c_1 = (1, -1)$ et $c_2 = (1, 1)$.
- Deuxième cas $y = 2$
  La seconde ligne devient $3(x + 2)(x - 2) = 0$ qui a pour solutions $x = 2$ et $x = -2$.
  On obtient deux autres solutions du système $c_3 = (-2, 2)$ et $c_4 = (2, 2)$.
- Dernier cas $y = -x$
  La seconde ligne devient $2(x + 2)(-x + 1)x = 0$. On obtient à nouveau $c_3 = (-2, 2)$ et $c_1 = (1, -1)$ et une nouvelle solution $c_0 = (0, 0)$.

Le système a cinq solutions distinctes $(0, 0)$, $(1, -1)$, $(1, 1)$, $(-2, 2)$ et $(2, 2)$.

Exercice 8

1) « Il existe (au moins) un réel x tel que pour tout réel y, $x + y$ est strictement positif ».
   Cette assertion est fausse. Sa négation est :

$$\forall x \in \mathbb{R}, \exists y \in \mathbb{R}, \quad x + y \leqslant 0.$$

Remarque

Pour montrer que l'assertion est fausse, on peut raisonner par l'absurde :

On suppose qu'il existe un réel x tel que pour tout réel y, $x + y > 0$. En utilisant le réel $y = -x$, on aurait $0 = x + y > 0$ ce qui est faux.

Pour montrer directement que sa négation est juste, on peut rédiger ainsi :

Soit $x \in \mathbb{R}$. Notons y le réel $-|x|$. Comme $x \leqslant |x|$, on a $x + y \leqslant 0$.

2) « Pour tout réel x, il existe un réel y tel que $x + y$ soit strictement positif ». Cette assertion est vraie (pour x donné, le réel $y = 1 - x$ convient).

3) « Pour tous réels x et y, $x + y$ est strictement positif ». Cette assertion est clairement fausse. Sa négation est :

$$\exists x \in \mathbb{R}, \exists y \in \mathbb{R}, \quad x + y \leqslant 0.$$

4) « Il existe (au moins) un réel x tel que pour tout réel y, y^2 est strictement supérieur à x ». Cette assertion est vraie ($x = -1$ convient).

Exercice 9

1) On raisonne par double implication.

$\Leftarrow$ Si $A \subset B$ et $B \subset C$ alors $A \cup B = B$ et $B \cap C = B$. Donc, $A \cup B = B \cap C$.

$\Rightarrow$ Si $A \cup B = B \cap C$. Montrons les inclusions $A \subset B$ et $B \subset C$:
On a $A \subset A \cup B$, donc $A \subset B \cap C$. Or $B \cap C \subset B$, donc $A \subset B$ par transitivité de l'inclusion.
De même $B \subset A \cup B$, donc $B \subset B \cap C$. Or $B \cap C \subset C$, donc $B \subset C$.

2) Nous allons montrer l'implication :

$$(A \cap B = A \cap C \text{ et } A \cup B = A \cup C) \quad \Rightarrow \quad B = C.$$

On suppose $A \cap B = A \cap C$ et $A \cup B = A \cup C$.
Soit $x \in B$. On raisonne par disjonction de cas.

- Premier cas $x \in A$
  Si $x \in A$ alors $x \in A \cap B$. Donc, $x \in B \cap C$ et en particulier $x \in C$.
- Second cas $x \notin A$
  Si $x \notin A$ alors $x \in A \cup B$. Donc, $x \in A \cup C$ et, comme $x \notin A$, $x \in C$.

Dans tous les cas $x \in C$.
On a montré que $B \subset C$.
Les rôles de B et C étant identiques, on a aussi $C \subset B$.
Par double inclusion $B = C$.
On a montré l'implication voulue et donc par contraposition :

$$B \neq C \quad \Rightarrow \quad (A \cap B \neq A \cap C \text{ ou } A \cup B \neq A \cup C).$$

À noter : De façon assez générale, il est plus efficace de manipuler des égalités que leurs négations.

Exercice 10

L'étude des petites valeurs de n montre que $2^n < (n+2)^2$ pour $n \in [\![0,5]\!]$. En revanche, pour $n = 6$, on a $2^6 = 64 \geqslant 8^2 = (6+2)^2$.
Pour $n \in \mathbb{N}$, on note $\mathcal{P}(n)$: « $2^n \geqslant (n+2)^2$ ».

- Initialisation
  On a vu que $\mathcal{P}(6)$ est vraie.
- Hérédité
  Soit $n \geqslant 6$. On suppose $\mathcal{P}(n)$ vraie.
  On a alors $2^{n+1} = 2 \cdot 2^n \geqslant 2(n+2)^2$. Et $2(n+2)^2 - (n+3)^2 = n^2 + 2n - 1 \geqslant n - 1 \geqslant 0$ (car $n \geqslant 6$).
  Donc $2^{n+1} \geqslant (n+3)^2$. Donc $\mathcal{P}(n+1)$ vraie.

On a montré par récurrence que pour $n \geqslant 6$, $2^n \geqslant (n+2)^2$.

Remarque
L'implication $\mathcal{P}(n) \Longrightarrow \mathcal{P}(n+1)$ est vraie pour tout $n \in \mathbb{N}^*$, mais l'initialisation ne peut pas se faire avant le rang 6.

Exercice 11 *Inégalité arithmético-géométrique*

1) Puisque $\mathcal{A} \subset \mathbb{N}^*$, il suffit de montrer l'inclusion réciproque.
   On raisonne par l'absurde.
   On suppose que $\mathbb{N}^*$ n'est pas inclus dans $\mathcal{A}$. On pose alors $\mathcal{B} = \mathbb{N}^* \setminus \mathcal{A}$.
   Par hypothèses, $\mathcal{B}$ est une partie non vide de $\mathbb{N}^*$. On note n_0 son plus petit élément. Comme $1 \in \mathcal{A}$ on a $n_0 \geqslant 2$. Donc $n_0 - 1 \in \mathbb{N}^*$ et comme $n_0 - 1 < n_0$, on a $n_0 - 1 \notin \mathcal{B}$ donc $n_0 - 1 \in \mathcal{A}$.
   On a alors, par passage au double, $2(n_0 - 1) = 2n_0 - 2 \in \mathcal{A}$. On a $2n_0 - 2 \geqslant n_0$, car $n_0 \geqslant 2$. En passant au prédécesseur $n_0 - 2$ fois, on a $n_0 = 2n_0 - 2 - (n_0 - 2) \in \mathcal{A}$. Cela contredit $n_0 \in \mathcal{B}$.

   On a montré par l'absurde $\mathbb{N}^* \subset \mathcal{A}$.
   Par double inclusion $\mathcal{A} = \mathbb{N}^*$.
2) On note $\mathcal{A}$ l'ensemble des $n \in \mathbb{N}^*$ tels que pour tous $a_1, a_2, \ldots, a_n$ réels strictement positifs :
$$\frac{a_1 + a_2 + \cdots + a_n}{n} \geqslant (a_1 a_2 \cdots a_n)^{1/n} \qquad (\star)$$
   On va montrer $\mathcal{A} = \mathbb{N}^*$ à l'aide de la question précédente.
   - Initialisation
   - $1 \in \mathcal{A}$ puisque pour tout $a_1 > 0$, $a_1^{1/1} = a_1 \leqslant a_1 = \frac{a_1}{1}$.
   - Passage au double
     Soit $n \in \mathcal{A}$. Soient $a_1, a_2, \ldots, a_{2n}$ des réels strictement positifs. On pose :
$$a'_1 = \frac{a_1 + a_{n+1}}{2}, a'_1 = \frac{a_2 + a_{n+2}}{2}, \ldots, a'_n = \frac{a_n + a_{n+n}}{2}.$$
     Les réels $a'_1, a'_2, \ldots, a'_n$ sont strictement positifs et on a :

$$\begin{aligned}\tfrac{a_1+a_2+\cdots+a_{2n}}{2n} &= \tfrac{a'_1+a'_2+\cdots+a'_n}{n}\\ &\geqslant (a'_1a'_2\cdots a'_n)^{1/n}.\end{aligned} \quad \Big) \, n\in\mathcal{A}$$

Classiquement*, pour x et y positifs $x+y\geqslant 2\sqrt{xy}$, car $x+y-2\sqrt{xy}=\left(\sqrt{x}-\sqrt{y}\right)^2\geqslant 0$. On en déduit que pour tout $k\in[\![1,n]\!]$, $a'_k=\frac{a_k+a_{n+k}}{2}\geqslant (a_ka_{n+k})^{1/2}>0$. En multipliant ces inégalités entre elles, on obtient :

$$a'_1a'_2\cdots a'_n\geqslant (a_1a_{n+1}\cdots a_ka_{n-k}\cdots a_na_{n+n})^{1/2}=(a_1a_2\cdots a_{2n-1}a_{2n})^{1/2}$$

D'où, par transitivité de la relation d'ordre :

$$\frac{a_1+a_2+\cdots+a_{2n}}{2n}\geqslant \left((a_1a_2\cdots a_{2n-1}a_{2n})^{1/2}\right)^{1/n}=(a_1a_2\cdots a_{2n-1}a_{2n})^{1/(2n)}.$$

On a montré la relation ($\star$) au rang $2n$, donc $2n\in\mathcal{A}$.

- Passage au prédécesseur

  Soit $n\in\mathbb{N}^*$ tel que $n+1\in\mathcal{A}$. Soient $a_1,a_2,\dots,a_n$ des réels strictement positifs. On pose :

$$a_{n+1}=\frac{a_1+a_2+\cdots+a_n}{n}$$

  de sorte à avoir $\frac{a_1+a_2+\cdots+a_n+a_{n+1}}{n+1}=\frac{na_{n+1}+a_{n+1}}{n+1}=a_{n+1}$. Donc :

$$\begin{aligned}\tfrac{a_1+a_2+\cdots+a_n}{n} &= a_{n+1}\\ &= \tfrac{a_1+a_2+\cdots+a_n+a_{n+1}}{n+1}\\ &\geqslant (a_1a_2\cdots a_na_{n+1})^{1/(n+1)} && \Big)\ n+1\in\mathcal{A}\\ \left(\tfrac{a_1+a_2+\cdots+a_n}{n}\right)^{n+1} &\geqslant a_1a_2\cdots a_na_{n+1} && \Big)\ \text{élévation à la puissance } n+1\\ \left(\tfrac{a_1+a_2+\cdots+a_n}{n}\right)^{n} &\geqslant a_1a_2\cdots a_n && \Big)\ \text{division par } a_{n+1}>0\\ \tfrac{a_1+a_2+\cdots+a_n}{n} &\geqslant (a_1a_2\cdots a_n)^{1/n}. && \Big)\ \text{élévation à la puissance } 1/n\end{aligned}$$

  Donc $n\in\mathcal{A}$.

D'après la première question $\mathcal{A}=\mathbb{N}^*$, donc pour tout $n\in\mathbb{N}^*$, on a ($\star$).

Remarque

L'inégalité ($\star$) est souvent démontrée avec un argument de convexité.

Exercice 12

1) On a $p_{2,2}=q_{2,2}=(u_1u_2)^2$, $p_{3,2}=p_{n,k}=(u_1u_2)^3$ et $q_{3,2}=(u_1u_2u_3)^2$.

*C'est d'ailleurs l'inégalité ($\star$) au rang 2.

2) Si les termes de la suite sont des longueurs exprimées en mètres, alors $u_1u_2\cdots u_k$ étant un produit de k facteurs est exprimé en m^k et $p_{n,k}$ est exprimée en m^{kn}. De même, $q_{n,k}$ est exprimée en m^{nk} (élévation à la puissance k d'un produit de n facteurs).

3) La première question encourage à raisonner par récurrence sur n.

Pour $n \in \mathbb{N}^*$, on note $\mathcal{P}(n)$: « $\forall k \in [\![1, n]\!], p_{n,k} \leqslant q_{n,k}$ ».

- Initialisation

  On a $p_{1,1} = u_1 = q_{1,1}$, donc $\mathcal{P}(1)$ est vraie (1 est le seul entier de $\ell\ell bracket 1, 1]\!]$).

- Hérédité

  Soit $n \in \mathbb{N}^*$. On suppose $\mathcal{P}(n)$ vraie.

  Soit $k \in [\![1, n+1]\!]$.

  • Si $k = n+1$, on a $p_{n+1,n+1} = (u_1u_2\cdots u_{n+1})^{n+1} = q_{n+1,n+1}$.

  • Si $k \in [\![1, n]\!]$, on a :

$$\begin{aligned}
p_{n+1,k} &= (u_1u_2\cdots u_k)^{n+1}\\
&= (u_1u_2\cdots u_k)^n(u_1u_2\cdots u_k)\\
&\leqslant (u_1u_2\cdots u_k\cdots u_n)^k(u_1u_2\cdots u_k)\\
&\leqslant (u_1u_2\cdots u_k\cdots u_n)^k u_{n+1}^k\\
&\leqslant (u_1u_2\cdots u_k\cdots u_nu_{n+1})^k.
\end{aligned}$$

  d'après $\mathcal{P}(n)$

  la suite est croissante et $k \leqslant n$ donc $0 \leqslant u_j \leqslant u_{n+1}$ pour $j \in [\![1, k]\!]$

  Donc pour tout $k \in [\![1, n+1]\!]$, $p_{n+1,k} \leqslant q_{n+1,k}$.

  Donc $\mathcal{P}(n+1)$ est vraie.

On a montré par récurrence que pour tout $n \in \mathbb{N}$ et tout $k \in [\![1, n]\!]$, on a :

$$(u_1u_2\cdots u_k)^n \leqslant (u_1u_2\cdots u_k\cdots u_n)^k.$$

4) Pour tout $k \in \mathbb{N}^*$, $u_k > 0$ et $\frac{u_{k+1}}{u_k} = 2\frac{M_{k+1}M_{k-1}}{M_k^2} \geqslant 1$. Donc, la suite $(u_k)_{k\in\mathbb{N}^*}$ est une suite croissante de réels strictement positifs.

Après simplifications, $u_1u_2\cdots u_n = \frac{M_n}{M_0}2^{0+1+\cdots+(n-1)} = \frac{M_n}{M_0}2^{n(n-1)/2}$, car $\sum\limits_{k=0}^{n-1} k = \frac{n(n-1)}{2}$.

De même, $u_1u_2\cdots u_k = \frac{M_n}{M_0}2^{k(k-1)/2}$.

D'après la question précédente, on a donc $\frac{M_k^n}{M_0^n}2^{nk(k-1)/2} \leqslant \frac{M_n^k}{M_0^k}2^{kn(n-1)/2}$.

D'où $M_k^n \leqslant M_n^kM_0^{n-k}2^{kn(n-1)/2-nk(k-1)/2}$ et finalement :

$$M_k \leqslant M_n^{k/n}M_0^{1-k/n}2^{k(n-k)/2}.$$

Exercice 13

1) À l'aide de divisions successives par 2, on a :

$$a_{224} = a_{112} = a_{56} = a_{28} = a_{14} = a_7 = 1 - a_3 = 1 - (1 - a_1) = a_1 = 1 - a_0 = 1.$$

Remarque
Les mêmes divisions par 2 permettent d'obtenir $224 = \overline{11100000}$ en binaire.

2) Pour tout $n \in \mathbb{N}^*$, on note $\mathcal{P}(n)$: « $a_n = \frac{1-(-1)^{d_n}}{2}$ ».

- Initialisation
  On a $a_1 = 1 - a_0 = 1$. D'autre part, $d_1 = 1$ et $\frac{1-(-1)^{d_1}}{2} = \frac{2}{2} = 1$. Donc $\mathcal{P}(1)$ est vraie.
- Hérédité
  Soit $n \in \mathbb{N}^*$. On suppose que pour tout $k \in [\![1, n]\!]$, $\mathcal{P}(k)$ est vraie.
  On envisage deux cas selon la parité de $n+1$.
  - Si $n+1$ est pair, alors il existe $k \in [\![1, n]\!]$ tel que $n+1 = 2k$. L'écriture binaire de n s'obtenant en ajoutant un zéro à droite de celle de k, on a $d_{n+1} = d_k$.
    Et $a_{n+1} = a_{2k} = a_k = \frac{1-(-1)^{d_k}}{2}$ d'après $\mathcal{P}(k)$. Donc $a_{n+1} = \frac{1-(-1)^{d_{n+1}}}{2}$.
  - Sinon $n+1$ est impair et supérieur à 2, donc il existe $k \in [\![1, n]\!]$ tel que $n+1 = 2k+1$. L'écriture binaire de n s'obtenant en ajoutant un 1 à celle de k, on a $d_{n+1} = d_k + 1$.
    Et $a_{n+1} = 1 - a_k = 1 - \frac{1-(-1)^{d_k}}{2}$ d'après $\mathcal{P}(k)$. Donc $a_{n+1} = \frac{1+(-1)^{d_k}}{2} = \frac{1-(-1)^{d_k+1}}{2}$.

  Dans tous les cas, $a_{n+1} = \frac{1-(-1)^{d_{n+1}}}{2}$. Donc $\mathcal{P}(n+1)$ est vraie.

On a montré par récurrence que pour tout entier $n \in \mathbb{N}^*$, $a_n = \frac{1-(-1)^{d_n}}{2}$.

Remarque
Comme $(-1)^{d_n} = -1$ ou 1 selon la parité de d_n, on a $a_n = 1$ ou 0. Plus précisément, $a_n = 0$ si le nombre de 1 de l'écriture binaire de n est pair, et $a_n = 1$ sinon.

Exercice 14

1) Pour $n \in \mathbb{N}$, on note $\mathcal{P}(n)$: « $\forall m \in \mathbb{N}, \quad f(m) \leqslant n \quad \Longrightarrow \quad m \leqslant n$ ».

- Initialisation
  Soit $m \in \mathbb{N}$ tel que $f(m) \leqslant 0$. Comme f est à valeurs dans $\mathbb{N}$, on a $f(m) = 0$.
  On raisonne par l'absurde. On suppose que $m > 0$. On aurait $m - 1 \in \mathbb{N}$ et donc

$$0 = f(m) > f\big(f(m-1)\big)$$

  ce qui est impossible, car $f\big(f(m-1)\big) \in \mathbb{N}$. Donc $m \leqslant 0$.
  On a ainsi montré que $\mathcal{P}(0)$ est vraie.
- Hérédité
  Soit $n \in \mathbb{N}$. On suppose $\mathcal{P}(n)$ vraie. Soit alors $m \in \mathbb{N}$ tel que $f(m) \leqslant n+1$.

  Première méthode (par l'absurde)
  On suppose que $m > n+1$. On aurait $m - 1 \in \mathbb{N}$ et donc

$$n + 1 = f(m) > f\big(f(m-1)\big)$$

  donc $f\big(f(m-1)\big) \leqslant n$. D'après $\mathcal{P}(n)$, on a $f(m-1) \leqslant n$, puis $m - 1 \leqslant n$. Ce qui contredirait $m > n+1$.

On a donc $m \leqslant n+1$.
On a ainsi montré que $\mathcal{P}(n+1)$ est vraie.

Seconde méthode (par disjonction de cas)

- Si $f(m) \leqslant n$ alors, d'après $\mathcal{P}(n)$, $m \leqslant n$ et en particulier $m \leqslant n+1$.
- Sinon $f(m) = n+1$. Si $m = 0$, on a $m \leqslant n+1$. Si $m > 0$, on a

$$n+1 = f(m) > f\big(f(m-1)\big).$$

  Les nombres étant des entiers, on a $f\big(f(m-1)\big) \leqslant n$.
  D'après $\mathcal{P}(n)$, on a $f(m-1) \leqslant n$, puis $m-1 \leqslant n$ et donc $m \leqslant n+1$.

Dans tous les cas, $m \leqslant n+1$. On a ainsi montré que $\mathcal{P}(n+1)$ est vraie.

On a ainsi montré par récurrence sur $n \in \mathbb{N}$ que pour tous n et m entiers naturels :

$$f(m) \leqslant n \quad \Longrightarrow \quad m \leqslant n.$$

2) On commence par montrer que f est strictement croissante :
Pour $n \in \mathbb{N}$, on a $f(n+1) > f\big(f(n)\big)$.
Les nombres étant des entiers, on a $f\big(f(n)\big) \leqslant f(n+1) - 1$.
D'après la question précédente (avec $m = f(n)$), on a $f(n) \leqslant f(n+1) - 1 < f(n+1)$.
Cela montre que f est strictement croissante.

Classiquement, on obtient alors (par récurrence) que $f(n) \geqslant n$ pour tout $n \in \mathbb{N}$.
Or, l'inégalité $f(n+1) > f\big(f(n)\big)$ et la stricte croissance de f entraînent $n+1 > f(n)$ puis $n \geqslant f(n)$.
Par antisymétrie de la relation d'ordre, on a $f(n) = n$ pour tout $n \in \mathbb{N}$.
On a montré que $f = \mathrm{Id}_{\mathbb{N}}$.

Exercices avec questions ouvertes

Exercice 15

Nous allons démontrer par l'absurde que $\sqrt{x} + \sqrt{y} \notin \mathbb{Q}$.
On suppose $\sqrt{x} + \sqrt{y} \in \mathbb{Q}$.

- Première méthode : élévation au carré
  Le carré d'un rationnel étant rationnel, on a $\left(\sqrt{x} + \sqrt{y}\right)^2 = x + y + 2\sqrt{x} \cdot \sqrt{y} \in \mathbb{Q}$.
  On en déduit $\sqrt{x} \cdot \sqrt{y} \in \mathbb{Q}$.
  Or $\sqrt{x} + \sqrt{y} = \sqrt{x}\left(1 + \frac{\sqrt{x}\sqrt{y}}{x}\right)$, donc on obtient $\sqrt{x} = \frac{\sqrt{x}+\sqrt{y}}{1+\frac{\sqrt{x}\sqrt{y}}{x}} \in \mathbb{Q}$ ce qui contredit $\sqrt{x} \notin \mathbb{Q}$.
- Seconde méthode : utilisation de la quantité conjuguée
  On sait que $\left(\sqrt{x} + \sqrt{y}\right)\left(\sqrt{x} - \sqrt{y}\right) = x - y \in \mathbb{Q}$. Donc $\sqrt{x} - \sqrt{y} = \frac{x-y}{\sqrt{x}+\sqrt{y}} \in \mathbb{Q}$.
  Donc $\sqrt{x} = \frac{1}{2}\left(\sqrt{x} + \sqrt{y} + \sqrt{x} - \sqrt{y}\right) \in \mathbb{Q}$ ce qui contredit $\sqrt{x} \notin \mathbb{Q}$.

On a donc montré, par l'absurde, que $\sqrt{x} + \sqrt{y} \notin \mathbb{Q}$.

Exercice 16

• $\mathcal{P}(A \cap B)$ et $\mathcal{P}(A) \cap \mathcal{P}(B)$

Pour une partie C de E, on a les équivalences suivantes :

$$\begin{aligned} C \in \mathcal{P}(A \cap B) &\iff C \subset A \cap B \\ &\iff C \subset A \text{ et } C \subset B \quad \text{(}A \cap B \subset A \text{ et } A \cap B \subset B\text{)} \\ &\iff C \in \mathcal{P}(A) \text{ et } C \in \mathcal{P}(B) \\ &\iff C \in \mathcal{P}(A) \cap \mathcal{P}(B). \end{aligned}$$

Ceci montre l'égalité $\mathcal{P}(A \cap B) = \mathcal{P}(A) \cap \mathcal{P}(B)$.

• $\mathcal{P}(A \cup B)$ et $\mathcal{P}(A) \cup \mathcal{P}(B)$

On a facilement $\mathcal{P}(A) \cup \mathcal{P}(B) \subset \mathcal{P}(A \cup B)$, car pour $C \in \mathcal{P}(E)$:

$$\begin{aligned} C \in \mathcal{P}(A) \cup \mathcal{P}(B) &\iff C \in \mathcal{P}(A) \text{ ou } C \in \mathcal{P}(B) \\ &\iff C \subset A \text{ ou } C \subset B \\ &\implies C \subset A \cup B \quad \text{(}A \subset A \cup B \text{ et } B \subset A \cup B\text{)} \\ &\iff C \in \mathcal{P}(A \cup B). \end{aligned}$$

En revanche, l'inclusion réciproque n'est pas toujours vraie comme le montre le contre-exemple suivant : Si $A = \mathbb{R}^+$ et $B = \mathbb{R}^-$ alors $\mathbb{R}$ n'est ni une partie de A ni une partie de B mais est une partie de $A \cup B$.

Exercice 17 *Nombres harmoniques*

On va montrer que la réponse est négative.

On observe les premières valeurs : $u_2 = \frac{3}{2}, u_3 = \frac{11}{6}, u_4 = \frac{25}{12}$...

Pour $n \in \mathbb{N}$, on note $\mathcal{P}(n)$: « il existe un entier naturel impair p_n et un entier naturel q_n tels que $u_n = \frac{p_n}{2q_n}$ ».

• Initialisation

On a $u_2 = \frac{3}{2}$. En utilisant $p_2 = 3$ et $q_2 = 1$, on montre que $\mathcal{P}(2)$ est vraie.

• Hérédité

Soit $n \geqslant 2$. On suppose $\mathcal{P}(m)$ vraie pour tout $m \in [\![2, n]\!]$.

On a alors :

$$\begin{aligned} u_{n+1} &= u_n + \frac{1}{n+1} \\ &= \frac{p_n}{2q_n} + \frac{1}{n+1} \quad \text{(d'après } \mathcal{P}(n)\text{)} \\ &= \frac{(n+1)p_n + 2q_n}{2(n+1)q_n}. \end{aligned}$$

• Si $n+1$ est impair, alors $p_{n+1} = (n+1)p_n + 2q_n$ est impair, $q_{n+1} = (n+1)q_n \in \mathbb{N}^*$ et $u_{n+1} = \frac{p_{n+1}}{2q_{n+1}}$.

• Si $n+1$ est pair.

En séparant les termes d'indices pairs et impairs et en notant $n+1 = 2k$, on a :

$$u_{n+1} = \left(\frac{1}{2} + \frac{1}{4} + \cdots + \frac{1}{2k}\right) + \left(1 + \frac{1}{3} + \frac{1}{5} + \cdots + \frac{1}{2k-1}\right).$$

On a $\frac{1}{2}+\frac{1}{4}+\cdots+\frac{1}{2k}=\frac{1}{2}\left(1+\frac{1}{2}+\cdots+\frac{1}{k}\right)=\frac{1}{2}u_k=\frac{1}{2}\cdot\frac{p_k}{2q_k}$ d'après $\mathcal{P}(k)$ (car $k\in[\![2,n]\!]$).

D'autre part, le rationnel $1+\frac{1}{3}+\frac{1}{5}+\cdots+\frac{1}{2k-1}$ s'écrit sous forme irréductible $\frac{a}{b}$ avec b impair, car il divise le produit de nombres impairs $1\cdot 3\cdots(2k-1)$.

Ainsi $u_{n+1}=\frac{p_k}{4q_k}+\frac{a}{b}=\frac{bp_k+4aq_k}{4bq_k}$. On a $q_{n+1}=2bq_k\in\mathbb{N}^*$, $p_{n+1}=bp_k+4aq_k$ est impair (car b et p_k le sont) et $u_{n+1}=\frac{p_{n+1}}{2q_{n+1}}$.

Donc $\mathcal{P}(n+1)$ est vraie.

On a montré que pour tout $n\geqslant 2$, $u_n=\frac{p_n}{2q_n}$ avec p_n impair.

On va montrer par l'absurde que cela entraîne que $u_n\notin\mathbb{N}$.
On suppose $u_n\in\mathbb{N}$. On aurait $p_n=2q_nu_n$ donc p_n serait pair ce qui contredit p_n impair.

On a montré que u_n est un entier uniquement pour $n=1$.

« *Un quantificateur s'applique toujours à ce qui est à sa droite.* »

Compléments de calcul algébrique

2

x	x^2	x^3	x^4	x^5	x^6	x^7	x^8	x^9	x^{10}	$x\cdot\frac{1-x^{10}}{1-x}$
	x^2	x^3	x^4	x^5	x^6	x^7	x^8	x^9	x^{10}	$x^2\cdot\frac{1-x^9}{1-x}$
		x^3	x^4	x^5	x^6	x^7	x^8	x^9	x^{10}	$x^3\cdot\frac{1-x^8}{1-x}$
			x^4	x^5	x^6	x^7	x^8	x^9	x^{10}	$x^4\cdot\frac{1-x^7}{1-x}$
				x^5	x^6	x^7	x^8	x^9	x^{10}	$x^5\cdot\frac{1-x^6}{1-x}$
					x^6	x^7	x^8	x^9	x^{10}	$x^6\cdot\frac{1-x^5}{1-x}$
						x^7	x^8	x^9	x^{10}	$x^7\cdot\frac{1-x^4}{1-x}$
							x^8	x^9	x^{10}	$x^8\cdot\frac{1-x^3}{1-x}$
								x^9	x^{10}	$x^9\cdot\frac{1-x^2}{1-x}$
									x^{10}	$x^{10}\cdot\frac{1-x}{1-x}$
x	$2x^2$	$3x^3$	$4x^4$	$5x^5$	$6x^6$	$7x^7$	$8x^8$	$9x^9$	$10x^{10}$	

Une somme en triangle.

Le calcul de la somme de chaque colonne est immédiat.
La somme de chaque ligne est une somme de termes consécutifs d'une suite géométrique.
Le calcul se fait donc sans problème (on a supposé $x \neq 1$).
En égalant les deux manières de calculer la somme de tous les termes du carré, on obtient

$$\sum_{k=1}^{10} kx^k = \sum_{k=1}^{10} x^k \frac{1-x^{11-k}}{1-x}$$

Or le membre de droite se calcule aussi avec des suites géométriques... On retrouve le résultat de l'exercice n° 3.

Exercices axés sur le calcul

Exercice 1

Dans les deux cas suivants, résoudre le système d'inconnue $(x, y, z) \in \mathbb{R}^3$:

$$\begin{cases} x - y + z = a \\ y + z = b \\ 2x + 3y + 7z = c \end{cases}$$

1) $(a, b, c) = (1, 1, 1)$.

2) $(a, b, c) = (-1, 1, 3)$.

Exercice 2

On considère le système $\begin{cases} a + 3b - 3c = 5 \\ a + 4b - 5c = 7 \end{cases}$ d'inconnue $(a, b, c) \in \mathbb{R}^3$.

1) Expliquer pourquoi le système a au moins une solution.

2) À l'aide d'une combinaison linéaire des deux équations, déterminer la valeur de $a + b + c$ lorsque (a, b, c) est solution du système.

3) Résoudre le système et retrouver la valeur de $a + b + c$.

Exercice 3 *Somme de termes d'une suite géométrique et application*

Soient x un réel et $n \in \mathbb{N}$. On pose :

$$S_n(x) = \sum_{k=0}^{n} x^k = 1 + x + \cdots + x^n \text{ et } T_n(x) = \sum_{k=1}^{n} kx^{k-1} = 1 + 2x + \cdots + nx^{n-1}.$$

1) Rappeler les valeurs de $S_n(1)$ et de $T_n(1)$.

2) Pour $x \neq 1$, rappeler la valeur de $S_n(x)$, calculer $(1 - x)T_n(x)$ et en déduire $T_n(x)$.

3) Pour $x \neq 1$, retrouver $T_n(x)$ en remarquant que $T_n(x) = S_n'(x)$.

Exercice 4 *Sommes doubles*

Pour $n \in \mathbb{N}$, calculer les sommes suivantes :

1) $A_n = \sum\limits_{i=0}^{n} \left(\sum\limits_{j=0}^{n} (i + j) \right)$.

2) $B_n = \sum\limits_{i=0}^{n} \left(\sum\limits_{j=0}^{i} ij \right)$.

3) $C_n = \sum\limits_{i=0}^{n} \left(\sum\limits_{j=0}^{n} \max(i, j) \right)$.

Exercice 5 *Classique*

1) Expliciter deux réels a et b tels que pour tout $k \in \mathbb{N}^*$, $\frac{1}{k(k+1)} = \frac{a}{k} + \frac{b}{k+1}$.

2) Pour $n \in \mathbb{N}^*$, calculer la somme $S_n = \sum\limits_{k=1}^{n} \frac{1}{k(k+1)}$.

3) Pour $n \in \mathbb{N}^*$, calculer le produit $P_n = \prod\limits_{k=1}^{n} \left(\frac{1}{k} - \frac{1}{k+1} \right)$.

Exercice 6 *Produit d'entiers pairs (respectivement impairs) consécutifs*

Soit $n \in \mathbb{N}^*$. On pose :

$$p_n = \prod_{k=1}^{n} (2k) = 2 \cdot 4 \cdots (2n-2)(2n) \text{ et } q_n = \prod_{k=0}^{n-1} (2k+1) = 1 \cdot 3 \cdots (2n-3)(2n-1).$$

Exprimer, pour $n \in \mathbb{N}^*$, p_n et q_n à l'aide de factorielles.

Exercice 7 Montrer que pour tout $n \in \mathbb{N}$, $\sum_{k=1}^{n} \frac{1}{\sqrt{k+1}+\sqrt{k}} = \sqrt{n+1} - 1$.

Exercice 8 Calculer la somme $S = \sum_{(i,j)\in[\![1,n]\!]^2} \binom{n}{i}(j+i)$.

Exercice 9

On pose pour tout $n \in \mathbb{N}$:

$$p_n = \cos(\pi/4)\cos(\pi/8)\cdots\cos(\pi/2^{n+2}) = \prod_{k=0}^{n} \cos(\pi/2^{k+2}).$$

1) Rappeler la valeur de p_0.

2) Pour tout $n \in \mathbb{N}$, simplifier p_n à l'aide de l'égalité $\sin(2\theta) = 2\sin(\theta)\cos(\theta)$.

Exercices axés sur le raisonnement

Exercice 10

Soit $(x_1, x_2, x_3, x_4) \in \mathbb{R}^4$ solution de $\begin{cases} x_1 + 4x_2 + 9x_3 + 16x_4 = 1 \\ 4x_1 + 9x_2 + 16x_3 + 25x_4 = 8 \\ 9x_1 + 16x_2 + 25x_3 + 36x_4 = 23 \end{cases}$.

Calculer la valeur de $x_1 + x_2 + x_3 + x_4$.

Exercice 11

Soit $\lambda \in \mathbb{R}$. On considère le système d'inconnue $(x, y, z) \in \mathbb{R}^3$:

$$\begin{cases} \lambda x + 2y = 0 \\ x + \lambda y + z = 0 \\ 2y + \lambda z = 0 \end{cases}.$$

Pour quelles valeurs du réel λ, le système a-t-il une unique solution ?

Exercice 12 *Somme double*

Montrer que pour tout $n \in \mathbb{N}^*$, on a

$$\sum_{i=1}^{n}\left(\sum_{j=1}^{n}\frac{i}{i+j}\right)=\frac{n^2}{2}.$$

Indication : On pourra remarquer que $\frac{i}{i+j}=\frac{i+j-j}{i+j}$.

Exercice 13 *Somme triangulaire*

Soit $n \in \mathbb{N}^*$. Vérifier :

$$\sum_{j=1}^{n}\left(\sum_{i=j}^{n}\frac{j}{i}\right)=\frac{n(n+3)}{4}.$$

Corrections

Exercices axés sur le calcul

Exercice 1

$$\begin{cases} x - y + z = a \\ y + z = b \\ 2x + 3y + 7z = c \end{cases} \underset{L_3 \leftarrow L_3 - 2L_1}{\iff} \begin{cases} x - y + z = a \\ y + z = b \\ 5y + 5z = c - 2a \end{cases}$$

En utilisant ensuite $L_3 \leftarrow L_3 - 5L_2$, la dernière équation devient $0 = c - 5b - 2a$.

1) Si $(a, b, c) = (1, 1, 1)$, alors $c - 5b - 2a = -6 \neq 0$ et le système n'a pas de solution.

2) Si $(a, b, c) = (-1, 1, 3)$, alors $c - 5b - 2a = 0$. Le système devient $\begin{cases} x - y + z = -1 \\ y + z = 1 \end{cases}$.

   Le système est équivalent à $y = 1 - z$ et $x = y - z - 1 = -2z$.
   L'ensemble des solutions est l'ensemble des triplets $(-2z, 1 - z, z)$ avec $z \in \mathbb{R}$.

Exercice 2

1) Le système est un système de 2 équations à 3 inconnues. Comme $2 < 3$, il y a au moins une solution.

2) En faisant une combinaison linéaire de $a+3b-3c=5$ et de $a+4b-5c=7$, on obtient une équation de la forme :

$$(\alpha+\beta)a+(3\alpha+4\beta)b-(3\alpha+5\beta)c=5\alpha+7\beta.$$

Pour obtenir la valeur de $a+b+c$, on souhaite que les 3 coefficients soient identiques c'est-à-dire $\alpha+\beta=3\alpha+4\beta$ et $\alpha+\beta=-3\alpha-5\beta$. Ces deux conditions donnent $2\alpha+3\beta=0$ (et $4\alpha+6\beta=0$).

En choisissant $\alpha=3$ et $\beta=-2$, on obtient $a+b+c=-9+10=1$.

3) $\begin{cases} a+3b-3c=5 \\ a+4b-5c=7 \end{cases} \Leftrightarrow \begin{cases} a+3b-3c=5 \\ b-2c=2 \end{cases} \Leftrightarrow \begin{cases} a=-1-3c \\ b=2+2c \end{cases}.$

L'ensemble des solutions est l'ensemble des triplets de forme $(-1-3c, 2+2c, c)$ avec $c\in\mathbb{R}$. On constate que pour tout $c\in\mathbb{R}$, $(-1-3c)+(2+2c)+c=1$.

Exercice 3 *Somme de termes d'une suite géométrique et application*

1) On a $S_n(1)=\sum_{k=0}^{n}1=n+1$ et on sait que $T_n(1)=\sum_{k=1}^{n}k=\frac{n(n+1)}{2}$.

2) On sait que pour $x\neq 1$, $S_n(x)=\frac{1-x^{n+1}}{1-x}$ (somme de termes consécutifs d'une suite géométrique de raison x).

$$T_n(x)=1+2x+\cdots+nx^{n-1}$$

$$xT_n(x)=x+2x^2+\cdots+(n-1)x^{n-1}+nx^n \quad L_1-L_2$$

$$(1-x)T_n=1+x+\cdots+x^{n-1}-nx^n$$

$$=\frac{1-x^n}{1-x}-nx^n. \quad \sum_{k=0}^{n-1}x^k=S_{n-1}(x)=\frac{1-x^n}{1-x}$$

Donc :

$$\forall x\neq 1,\quad T_n(x)=\frac{1-x^n-nx^n(1-x)}{(1-x)^2}.$$

3) Pour $x\neq 1$, $S_n(x)=\frac{1-x^{n+1}}{1-x}$ et par linéarité de la dérivation, $T_n(x)=S_n'(x)$. Donc :

$$\forall x\neq 1,\quad T_n(x)=\frac{-(n+1)x^n(1-x)+(1-x^{n+1})}{(1-x)^2}.$$

Exercice 4

1) En utilisant la linéarité de la somme, on a :

$$\begin{aligned} A_n &= \sum_{i=0}^{n}\left(\sum_{j=0}^{n} i + \sum_{j=0}^{n} j\right) \\ &= \sum_{i=0}^{n}\left((n+1)i + \tfrac{n(n+1)}{2}\right) \\ &= (n+1)\sum_{i=0}^{n} i + \sum_{i=0}^{n} \tfrac{n(n+1)}{2} \\ &= (n+1)\tfrac{n(n+1)}{2} + \tfrac{n(n+1)}{2}(n+1) \\ &= n(n+1)^2. \end{aligned}$$

i ne dépend pas de j, $\sum_{j=0}^{n} j = n(n+1)/2$

linéarité de la somme

$\mathrm{Card}[\![0,n]\!] = n+1$

2) En utilisant la linéarité de la somme, on a :

$$\begin{aligned} B_n &= \sum_{i=0}^{n}\left(i\sum_{j=0}^{i} j\right) \\ &= \sum_{i=0}^{n} i\tfrac{i(i+1)}{2} \\ &= \tfrac{1}{2}\sum_{i=0}^{n} i^3 + \tfrac{1}{2}\sum_{i=0}^{n} i^2 \\ &= \tfrac{1}{2}\cdot\tfrac{n^2(n+1)^2}{4} + \tfrac{1}{2}\cdot\tfrac{n(n+1)(2n+1)}{6} \\ &= \tfrac{n(n+1)}{24}(3n^2+3n+4n+2) \\ &= \tfrac{n(n+1)}{24}(3n^2+7n+2). \end{aligned}$$

$\sum_{j=0}^{n} j = n(n+1)/2$

linéarité de la somme

$\sum_{i=0}^{n} i^2 = n(n+1)(2n+1)/6$

$\sum_{i=0}^{n} i^3 = n^2(n+1)^2/4$

3) • Première méthode

Pour $i \in [\![0,n]\!]$, on a :

$$\sum_{j=0}^{n} \max(i,j) = i + i + \cdots + i + (i+1) + (i+2) + \cdots + n.$$

Donc :

$$\begin{aligned} \sum_{j=0}^{n} \max(i,j) &= \sum_{j=0}^{i} i + \sum_{j=i+1}^{n} j \\ &= i(i+1) + \sum_{j=0}^{n} j - \sum_{j=0}^{i} j \\ &= i(i+1) + \tfrac{n(n+1)}{2} - \tfrac{i(i+1)}{2} \\ &= \tfrac{n(n+1)}{2} + \tfrac{i(i+1)}{2}. \end{aligned}$$

i ne dépend pas de j, on fait apparaître $\sum_{j=0}^{n} j$

$\sum_{j=0}^{n} j = n(n+1)/2$

D'où :

$$\begin{aligned}
C_n &= \sum_{i=0}^{n}\left(\tfrac{n(n+1)}{2}+\tfrac{i(i+1)}{2}\right) \\
&= \tfrac{n(n+1)}{2}\sum_{i=0}^{n}1+\tfrac{1}{2}\sum_{i=0}^{n}i^2+\tfrac{1}{2}\sum_{i=0}^{n}i \quad \text{linéarité de la somme} \\
&= \tfrac{n(n+1)^2}{2}+\tfrac{n(n+1)(2n+1)}{12}+\tfrac{n(n+1)}{4} \quad \sum_{i=0}^{n} i^2 = n(n+1)(2n+1)/6 \\
&= \tfrac{n(n+1)}{12}(6n+6+2n+1+3) \\
&= \tfrac{n(n+1)}{6}(4n+5).
\end{aligned}$$

• Seconde méthode (par regroupement de termes)

Pour i et $j \in [\![0,n]\!]$, on a $\max(i,j) \in [\![0,n]\!]$.
Et pour $k \in [\![0,n]\!]$, on a :

$$\max(i,j)=k \iff (i=k \text{ et } j \leqslant k) \text{ ou } (i<k \text{ et } j=k).$$

Il y a donc $k+1+k=2k+1$ couples (i,j) d'entiers naturels tels que $\max(i,j)=k$.
D'où, en notant $M_k = \{(i,j) \in [\![0,n]\!] \mid \max(i,j)=k\}$:

$$\begin{aligned}
C_n &= \sum_{k=0}^{n}\left(\sum_{(i,j)\in M_k} k\right) \\
&= \sum_{k=0}^{n} k(2k+1) \quad \text{card}(M_k)=2k+1 \\
&= 2\sum_{k=0}^{n}k^2+\sum_{k=0}^{n}k \quad \text{linéarité de la somme} \\
&= \tfrac{n(n+1)(2n+1)}{3}+\tfrac{n(n+1)}{2} \quad \sum_{n=0}^{n}k^2=\tfrac{n(n+1)(2n+1)}{6},\ \sum_{n=0}^{n}k=\tfrac{n(n+1)}{2} \\
&= \tfrac{n(n+1)}{6}(4n+2+3) \\
&= \tfrac{n(n+1)}{6}(4n+5).
\end{aligned}$$

Exercice 5

1) On a $\frac{a}{k}+\frac{b}{k+1}=\frac{(a+b)k+a}{k(k+1)}$.
En choisissant $a=1$ et $b=-1$, on a $a+b=0$ et $a=1$, donc :

$$\forall k \in \mathbb{N}^*, \qquad \frac{1}{k(k+1)}=\frac{1}{k}-\frac{1}{k+1}.$$

2) Pour $n \in \mathbb{N}^*$, à l'aide de la question précédente, on fait apparaître une somme télescopique :

$$S_n=\sum_{k=1}^{n}\frac{1}{k(k+1)}=\sum_{k=1}^{n}\left(\frac{1}{k}-\frac{1}{k+1}\right)=1-\frac{1}{n+1}.$$

3) Pour $n \in \mathbb{N}^*$, on a $P_n = \prod_{k=1}^{n} \left(\frac{1}{k} - \frac{1}{k+1}\right) = \prod_{k=1}^{n} \frac{1}{k(k+1)}$. Donc :

$$P_n = \frac{1}{1 \cdot 2} \cdot \frac{1}{2 \cdot 3} \cdots \frac{1}{(n-1) \cdot n} \cdot \frac{1}{n \cdot (n+1)} = \frac{1}{(n!)^2} \cdot \frac{1}{n+1}.$$

Remarque

On pouvait écrire $P_n = \prod_{k=1}^{n} \frac{1}{k(k+1)} = \frac{1}{\prod_{k=1}^{n} k} \cdot \frac{1}{\prod_{k=1}^{n} (k+1)} = \frac{1}{n!} \cdot \frac{1}{(n+1)!}$.

Exercice 6 *Produit d'entiers pairs (respectivement impairs) consécutifs*

Soit $n \in \mathbb{N}^*$. Pour p_n, on factorise par 2 dans chacun des n facteurs :

$$p_n = 2 \cdot 4 \cdots (2n-2)(2n) = 2^n\big(1 \cdot 2 \cdots (n-1)(n)\big) = 2^n n!.$$

On pouvait écrire $p_n = \prod_{k=1}^{n} (2k) = 2^n \prod_{k=1}^{n} k = 2^n n!$.

Pour q_n, tous les facteurs sont impairs, on introduit les facteurs pairs de 2 à $2n$ et on divise par p_n :

$$q_n = 1 \cdot 3 \cdots (2n-3)(2n-1) = \frac{1 \cdot 2 \cdot 3 \cdots (2n-1)(2n)}{2 \cdot 4 \cdots (2n-2)(2n)} = \frac{(2n)!}{2^n n!}.$$

On pouvait écrire $q_n = \prod_{k=0}^{n-1} (2k+1) = \frac{\prod_{k=1}^{2n} k}{p_n} = \frac{(2n)!}{2^n n!}$.

Exercice 7

Le membre de droite de l'égalité fait penser à une somme téléscopique. On transforme le quotient à l'aide la quantité conjuguée :

$$\frac{1}{\sqrt{k+1} + \sqrt{k}} = \frac{\sqrt{k+1} - \sqrt{k}}{\sqrt{k+1}^2 - \sqrt{k}^2} = \frac{\sqrt{k+1} - \sqrt{k}}{k+1-k} = \sqrt{k+1} - \sqrt{k}.$$

On a alors, pour tout $n \in \mathbb{N}$:

$$\sum_{k=0}^{n} \frac{1}{\sqrt{k+1} + \sqrt{k}} = \sum_{k=0}^{n} \left(\sqrt{k+1} - \sqrt{k}\right) = \sqrt{n+1} - 1.$$

Remarque

Si on ne pense pas à transformer les termes de la somme, on peut démontrer le résultat fourni par l'énoncé par récurrence.

Exercice 8

• Premier calcul par $S = \sum_{i=1}^{n}\left(\sum_{j=1}^{n}\binom{n}{i}(j+i)\right)$.

Pour $i \in [\![1,n]\!]$, on a :

$$\begin{aligned} s_i &= \sum_{j=1}^{n}\binom{n}{i}(j+i) \\ &= \binom{n}{i}\sum_{j=1}^{n} j + \binom{n}{i} i \sum_{j=1}^{n} 1 \\ &= \binom{n}{i}\frac{n(n+1)}{2} + \binom{n}{i} in. \end{aligned}$$

Puis $S = \sum_{i=1}^{n} s_i = \frac{n(n+1)}{2}\sum_{i=1}^{n}\binom{n}{i} + n\sum_{i=1}^{n}\binom{n}{i} i$.

D'une part, la somme de la ligne n du triangle de Pascal est une application classique de la formule du binôme :

$$\sum_{i=0}^{n}\binom{n}{i} = \sum_{i=0}^{n}\binom{n}{i}1^i 1^{n-i} = (1+1)^n.$$

Donc :

$$\sum_{i=1}^{n}\binom{n}{i} = \sum_{i=0}^{n}\binom{n}{i} - \binom{n}{0} = 2^n - 1.$$

D'autre part, pour $i \in [\![1,n]\!]$, on sait transformer $i\binom{n}{i}$ (égalité parfois appelée *formule du pion*) :

$$i\binom{n}{i} = i\frac{n!}{i!(n-i)!} = n\frac{(n-1)!}{(i-1)!(n-i)!} = n\binom{n-1}{i-1}.$$

On obtient :

$$\sum_{i=1}^{n}\binom{n}{i} i = n\sum_{i=1}^{n}\binom{n-1}{i-1} = n\sum_{k=0}^{n}\binom{n-1}{k} = n(1+1)^{n-1}.$$

D'où finalement :

$$S = \frac{n(n+1)}{2}(2^n - 1) + n^2 2^{n-1}.$$

• Second calcul par $S = \sum_{j=1}^{n}\left(\sum_{i=1}^{n}\binom{n}{i}(j+i)\right)$.

Pour $j \in [\![1,n]\!]$, on a :

$$\begin{aligned} t_j &= \sum_{i=1}^{n}\binom{n}{i}(j+i) \\ &= j\sum_{i=1}^{n}\binom{n}{i} + \sum_{i=1}^{n}\binom{n}{i} i \\ &= j(2^n - 1) + n2^{n-1}. \end{aligned}$$

voir les calculs précédents

Puis :

$$S = \sum_{j=1}^{n} t_j = (2^n - 1)\sum_{j=1}^{n} j + n2^{n-1}\sum_{j=1}^{n} 1 = (2^n - 1)\frac{n(n+1)}{2} + n^2 2^{n-1}.$$

Exercice 9

1) On sait que $p_0 = \cos(\pi/4) = \sqrt{2}/2$.
2) Pour $k \in \mathbb{N}$, on a $\sin(\pi/2^{k+1}) = 2\sin(\pi/2^{k+2})\cos(\pi/2^{k+2})$, en utilisant $\theta = \pi/2^{k+2}$. Comme $\pi/2^{k+2} \in]0,\pi[$, son sinus est nul et on a :

$$\begin{aligned} p_n &= \prod_{k=0}^{n} \frac{\sin(\pi/2^{k+1})}{2\sin(\pi/2^{k+2})} && \text{il y a } n+1 \text{ facteurs} \\ &= \frac{1}{2^{n+1}} \cdot \frac{\prod_{k=0}^{n} \sin(\pi/2^{k+1})}{\prod_{k=0}^{n} \sin(\pi/2^{k+2})} && \text{on simplifie par } \prod_{k=1}^{n} \sin(\pi/2^{k+1}) = \prod_{k=0}^{n-1} \sin(\pi/2^{k+2}) \\ &= \frac{1}{2^{n+1}} \cdot \frac{\sin(\pi/2)}{\sin(\pi/2^{n+2})} && \sin(\pi/2) = 1 \\ &= \frac{1}{2^{n+1}\sin(\pi/2^{n+2})}. \end{aligned}$$

Exercices axés sur le raisonnement

Exercice 10

Pour éviter une résolution complète du système, on remarque que les coefficients sont tous des carrés. Plus précisément, l'inconnue x_k a pour coefficients respectifs k^2, $(k+1)^2$ et $(k+2)^2$ dans les équations L_1, L_2 et L_3.
Or $k^2 - 2(k+1)^2 + (k+2)^2 = 0k^2 + 0k + 2$, donc en considérant $L_1 - 2L_2 + L_3$ on a :

$$2x_1 + 2x_2 + 2x_3 + 2x_4 = 1 - 16 + 23 = 8.$$

Donc $x_1 + x_2 + x_3 + x_4 = 4$.

Exercice 11

On commence par échanger L_1 et L_2 :

$$\begin{cases} \lambda x + 2y = 0 \\ x + \lambda y + z = 0 \\ 2y + \lambda z = 0 \end{cases} \Leftrightarrow \begin{cases} x + \lambda y + z = 0 \\ \lambda x + 2y = 0 \\ 2y + \lambda z = 0 \end{cases}$$

$L_2 \leftarrow L_2 - \lambda L_1$

$$\Leftrightarrow \begin{cases} x + \lambda y + z = 0 \\ (2-\lambda^2)y - \lambda z = 0 \\ 2y + \lambda z = 0 \end{cases}$$

$L_2 \leftrightarrow L_3$

$$\Leftrightarrow \begin{cases} x + \lambda y + z = 0 \\ 2y + \lambda z = 0 \\ (2-\lambda^2)y - \lambda z = 0 \end{cases}$$

$L_3 \leftarrow 2L_3 - (2-\lambda^2)L_2$

$$\Leftrightarrow \begin{cases} x + \lambda y + z = 0 \\ 2y + \lambda z = 0 \\ \lambda(\lambda^2 - 4)z = 0 \end{cases}.$$

Le système a une unique solution si, et seulement si, $\lambda \notin \{-2, 0, 2\}$.

Exercice 12

En utilisant l'indication fournie, on a :

$$\begin{aligned} S &= \sum_{i=1}^{n}\left(\sum_{j=1}^{n}\frac{i}{i+j}\right) \\ &= \sum_{i=1}^{n}\left(\sum_{j=1}^{n}\left(1-\frac{j}{i+j}\right)\right) \\ &= \sum_{i=1}^{n}\left(\sum_{j=1}^{n}1\right)-\sum_{i=1}^{n}\left(\sum_{j=1}^{n}\frac{j}{i+j}\right). \end{aligned}$$

$\frac{i}{i+j} = \frac{i+j-j}{i+j} = 1 - \frac{j}{i+j}$

par linéarité

On a $\sum_{i=1}^{n}\left(\sum_{j=1}^{n}1\right) = \sum_{i=1}^{n} n = n^2$. Regardons la seconde somme $S' = \sum_{i=1}^{n}\left(\sum_{j=1}^{n}\frac{j}{i+j}\right)$:

$$S' = S_1 + S_2 + \cdots S_n \text{ où } S_i = \sum_{j=1}^{n}\frac{j}{i+j} = \frac{1}{i+1}+\frac{2}{i+2}+\cdots+\frac{n}{i+n}.$$

$$\begin{aligned} S_1 &= \frac{1}{1+1}+\frac{2}{1+2}+\cdots+\frac{n}{1+n} \\ S_2 &= \frac{1}{2+1}+\frac{2}{2+2}+\cdots+\frac{n}{2+n} \\ \vdots &= \vdots \\ S_n &= \frac{1}{n+1}+\frac{2}{n+2}+\cdots+\frac{n}{n+n}. \end{aligned}$$

En groupant les termes par colonnes, on obtient :

$$S' = \sum_{k=1}^{n}\frac{1}{k+1}+\sum_{k=1}^{n}\frac{2}{k+2}+\cdots+\sum_{k=1}^{n}\frac{n}{k+n} = \sum_{m=1}^{n}\left(\sum_{k=1}^{n}\frac{m}{k+m}\right).$$

Les indices étant muets, on obtient $S' = \sum_{i=1}^{n}\left(\sum_{j=1}^{n}\frac{i}{j+i}\right) = S$, car $\frac{i}{j+i} = \frac{i}{i+j}$.

D'où $2S = n^2$ et donc $\sum_{i=1}^{n}\left(\sum_{j=1}^{n}\frac{i}{i+j}\right) = \frac{n^2}{2}$.

Exercice 13 *Somme triangulaire*

Utiliser $S = \sum_{j=1}^{n}\left(\sum_{i=j}^{n}\frac{j}{i}\right) = \sum_{j=1}^{n} j\left(\sum_{i=j}^{n}\frac{1}{i}\right)$ ne permet pas de conclure.

On remarque qu'on a une somme double indexée par les couples (i,j) tels que $j \in [\![1,n]\!]$ et $i \in [\![j,n]\!]$. Notons T_n l'ensemble de ces couples. On a :

$$T_n = \{(i,j) \in [\![1,n]\!]^2 \mid j \leqslant i\}.$$

On peut décrire T_n comme étant l'ensemble des couples (i,j) tels que $i \in [\![1,n]\!]$ et $j \in [\![1,i]\!]$.

Écrivons alors :

$$\begin{aligned} S &= \sum_{i=1}^{n}\left(\sum_{j=1}^{i}\frac{j}{i}\right) && \text{i ne dépend pas de j}\\ &= \sum_{i=1}^{n}\frac{1}{i}\left(\sum_{j=1}^{i} j\right) && \sum_{j=1}^{i} j = \frac{i(i+1)}{2}\\ &= \sum_{i=1}^{n}\frac{i+1}{2} && \text{linéarité de la somme}\\ &= \frac{1}{2}\sum_{i=1}^{n} i + \frac{1}{2}\sum_{i=1}^{n} 1 && \sum_{i=1}^{n} i = \frac{n(n+1)}{2},\ \sum_{i=1}^{n} 1 = n\\ &= \frac{n(n+1)}{4} + \frac{n}{2}\\ &= \frac{n(n+3)}{4}. \end{aligned}$$

« *La somme de la ligne n du triangle de Pascal vaut 2^n.* »

Minorations, majorations 3

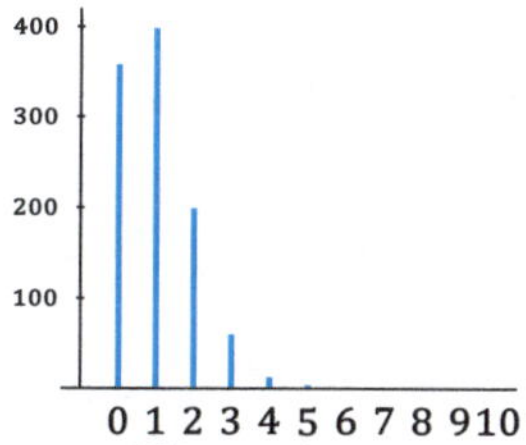

$\binom{10}{k}(0.2)^k(1.8)^{10-k}$

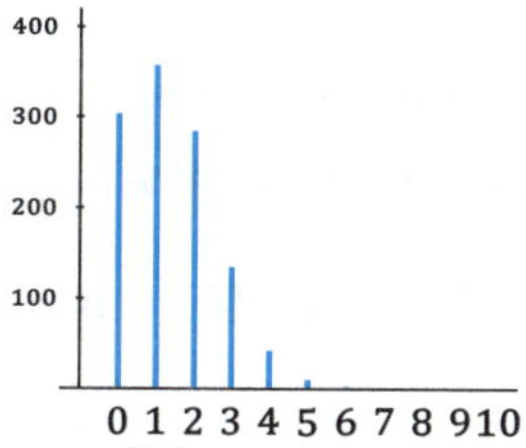

$\binom{10}{k}(0.3)^k(1.7)^{10-k}$

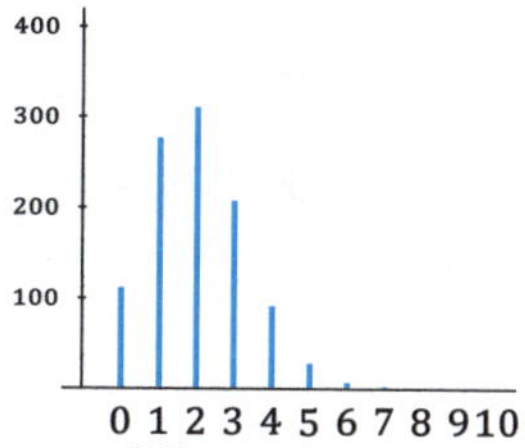

$\binom{10}{k}(0.4)^k(1.6)^{10-k}$

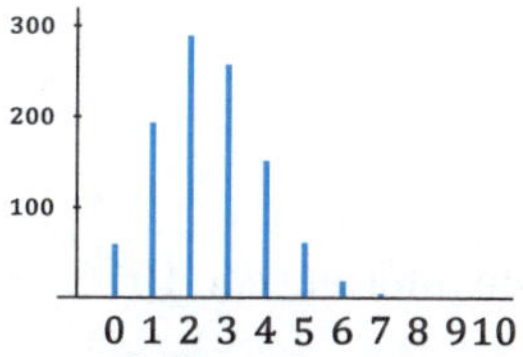

$\binom{10}{k}(0.5)^k(1.5)^{10-k}$

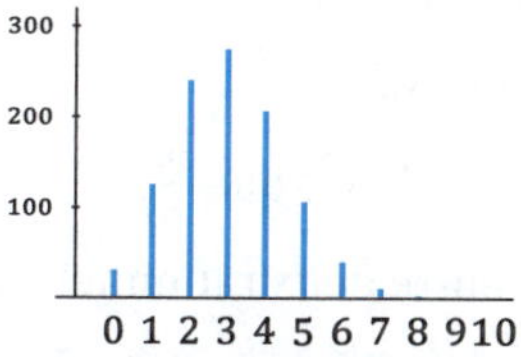

$\binom{10}{k}(0.6)^k(1.4)^{10-k}$

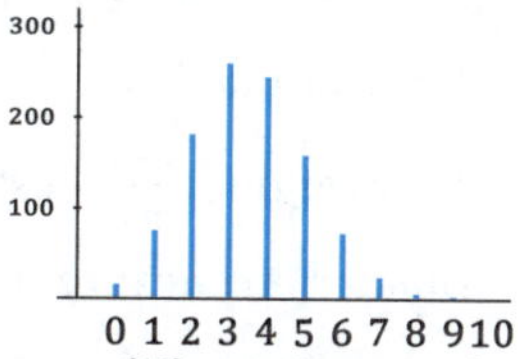

$\binom{10}{k}(0.7)^k(1.3)^{10-k}$

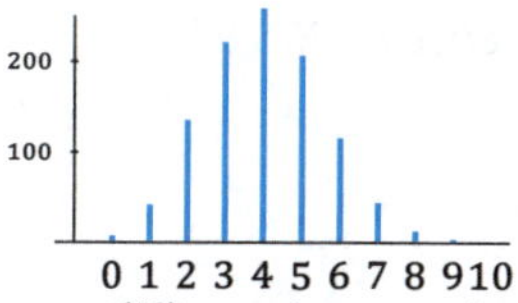

$\binom{10}{k}(0.8)^k(1.2)^{10-k}$

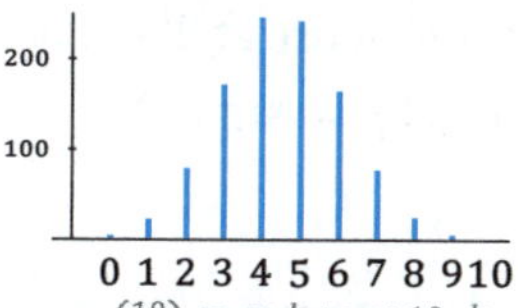

$\binom{10}{k}(0.9)^k(1.1)^{10-k}$

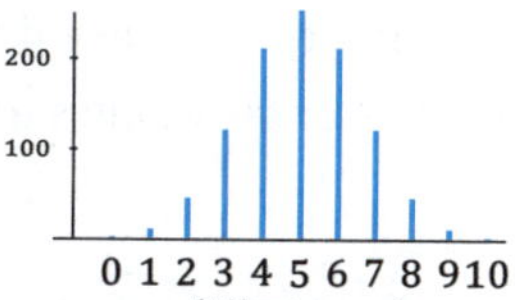

$\binom{10}{k}1^k1^{10-k}$

Dans l'exercice n° 9, on étudie les différents termes du développement de $(a+b)^n$, c'est-à-dire les nombres $\binom{n}{k}a^kb^{n-k}$ pour déterminer quel est le plus grand. Sur les exemples de ces figures, on a pris $n = 10$ et a et b dont la somme vaut toujours 2 (la somme des termes vaut donc toujours 1024).

Pour un réel x, on note $\lfloor x \rfloor$ sa partie entière.
On rappelle que, sans précision contraire, « inférieur, supérieur, positif » sont toujours au sens large.

Exercices axés sur le calcul

Exercice 1

1) Montrer en les déterminant que $\{x(1-x), x \in [0,1]\}$ admet un minimum $\min\limits_{x\in[0,1]} x(1-x)$ et un maximum $\max\limits_{x\in[0,1]} x(1-x)$.
2) Soient a, b et c des réels positifs.
Montrer que l'un des trois réels $a(1-b), b(1-c), c(1-a)$ est inférieur à $1/4$.

Exercice 2 *Comparaison des moyennes arithmétique, géométrique et harmonique*

Soient x et y deux réels strictement positifs. On pose :

$$m = \frac{x+y}{2}, \quad g = \sqrt{xy}, \quad h = \frac{2}{\frac{1}{x}+\frac{1}{y}}.$$

Montrer que $\min(x,y) \leqslant h \leqslant g \leqslant m \leqslant \max(x,y)$.

Exercice 3

Soient m et n deux entiers naturels non nuls.

1) Montrer que $\frac{m}{n}$ et $\frac{m+2n}{m+n}$ encadrent $\sqrt{2}$.
2) Montrer que $\frac{m+2n}{m+n}$ est plus proche de $\sqrt{2}$ que $\frac{m}{n}$.
3) Donner un encadrement de $\sqrt{2}$ entre deux rationnels d'amplitude inférieure à 10^{-2}.

Exercice 4

Soit $E = \left\{\frac{1}{n} + (-1)^n, n \in \mathbb{N}^*\right\}$.

1) Justifier l'existence d'une borne inférieure et d'une borne supérieure de E.
2) Préciser les valeurs de $\alpha = \inf(E)$ et $\beta = \sup(E)$.

Exercices axés sur le raisonnement

Exercice 5

Soit $x \in \mathbb{R}$.

1) Déterminer une condition nécessaire et suffisante pour que $\lfloor 2x \rfloor = 2\lfloor x \rfloor$.
2) Proposer une généralisation.

Exercice 6

Soit $x \in \mathbb{R}$. Pour $n \in \mathbb{N}^*$, on pose

$$u_n = \frac{\lfloor nx \rfloor}{n}.$$

Montrer que $(u_n)_{n\in\mathbb{N}^*}$ converge et préciser sa limite.

Exercice 7

Établir pour tout $x \in \mathbb{R}$ et tout $n \in \mathbb{N}^*$:

$$\left\lfloor \frac{\lfloor nx \rfloor}{n} \right\rfloor = \lfloor x \rfloor.$$

Exercice 8

Pour $n \in \mathbb{N}^*$, on note $E_n = \left\{\frac{n}{k} + k, k \in \mathbb{N}^*\right\}$.

1) Soit $n \in \mathbb{N}^*$.
   Montrer que E_n admet une borne inférieure. On la note a_n.
2) Soit $n \in \mathbb{N}^*$. Justifier $a_n \geqslant 2\sqrt{n}$.
   Indication : Étudier $f_n : \mathbb{R}_+^* \to \mathbb{R}, x \mapsto \frac{n}{x} + x$.
3) Préciser a_1.
4) Étudier l'existence et préciser, en cas d'existences, la valeur de $\sup\limits_{n\in\mathbb{N}^*} a_n$ et de $\inf\limits_{n\in\mathbb{N}^*} a_n$.

Exercice 9 ⋆ *Comparaison des termes de la formule du binôme*

Soient $n \in \mathbb{N}^*$, a et b deux réels tels que $0 < a < b$.
Pour $k \in [\![0, n]\!]$, on rappelle que $\binom{n}{k} = \frac{n!}{k!(n-k)!}$ et on pose $u_k = \binom{n}{k} a^{n-k} b^k$.

1) Pour $k \in [\![0, n-1]\!]$, exprimer le quotient $\frac{u_{k+1}}{u_k}$ en fonction de n, k, a et b.
   Vérifier :
$$\frac{u_{k+1}}{u_k} = 1 \iff k = \frac{nb - a}{a + b}.$$
2) Montrer que si $n < b/a$, alors $u_0 < u_1 < \cdots < u_n$.
3) Montrer que si $n = b/a$, alors $u_0 < u_1 < \cdots < u_{n-1} = u_n$.
4) Que dire si $n > b/a$?

Exercice 10 *Une relation d'ordre sur $\mathbb{R}^2$*

On note $E = \{(x, y) \in \mathbb{R}^2 \mid 2x + 5y \leqslant 0 \text{ et } 3x - 5y \leqslant 0\}$.
Pour $c_1 = (x_1, y_1)$ et $c_2 = (x_2, y_2) \in \mathbb{R}^2$, on note $c_1 - c_2$ le couple $(x_1 - x_2, y_1 - y_2)$ et on définit $c_1 \prec c_2$ par :

$$c_1 \prec c_2 \quad \Longleftrightarrow \quad c_1 - c_2 \in E.$$

Montrer que la relation $\prec$ est une relation d'ordre sur $\mathbb{R}^2$.
Préciser si cet ordre est total ou partiel.

Exercice 11 ⋆ *Une relation d'ordre sur $\mathcal{P}(\mathbb{R})$*

Pour toutes parties A et B de $\mathbb{R}$, on définit $A \preccurlyeq B$ par :

$$A \preccurlyeq B \quad \Leftrightarrow \quad (A \cap \mathbb{R}_+ \subset B \cap \mathbb{R}_+) \text{ et } (B \cap \mathbb{R}_-^* \subset A \cap \mathbb{R}_-^*).$$

1) Montrer que $\preccurlyeq$ est une relation d'ordre sur $\mathcal{P}(\mathbb{R})$.
2) Pour tout partie B de $\mathbb{R}$, montrer que :

$$\emptyset \preccurlyeq B \quad \Leftrightarrow \quad B \subset \mathbb{R}_+.$$

3) Donner une condition nécessaire et suffisante sur A pour que $A \preccurlyeq \mathbb{R}$.
4) Pour toute partie A de E, montrer que $A \preccurlyeq \mathbb{R}_+$.
5) Existe-t-il un plus petit élément au sens de $\preccurlyeq$ dans $\mathcal{P}(\mathbb{R})$?

✥ Exercices avec questions ouvertes

Exercice 12

Soit $A = \left\{\sqrt{n}\left(\sqrt{n+1} - \sqrt{n}\right), n \in \mathbb{N}\right\}$.

1) La partie A est-elle minorée ? majorée ?
2) En cas d'existences, préciser les valeurs de $\inf(A)$ et de $\sup(A)$.

Exercice 13 ⋆

Combien de solutions l'équation $x^2 - \lfloor x \rfloor = 3$, d'inconnue $x \in \mathbb{R}$, admet-elle ?
Indication : On pourra représenter $x \mapsto x^2 - 3$ et $x \mapsto \lfloor x \rfloor$.

Exercice 14

Soient A et B deux parties de $\mathbb{R}$ non vides. On note $AB = \{ab, (a, b) \in A \times B\}$.

1) On suppose que A et B sont des parties de $\mathbb{R}^+$.
   Si A et B sont majorées, AB est-elle aussi majorée ? La réciproque est-elle vraie ?
2) Mêmes questions en supposant que A et B sont des parties de $\mathbb{R}_+^*$.

Exercice 15

Une relation binaire sur un ensemble E peut-elle être symétrique et antisymétrique, tout en n'étant pas réflexive ?

Corrections

Exercices axés sur le calcul

Exercice 1

1) Une étude de $f : x \mapsto x(1-x)$ donne sans difficulté le tableau de variations suivant :

x	0		$1/2$		1
$f(x)$			$1/4$		
		$\nearrow$		$\searrow$	
	0				0

On en déduit $\min\limits_{x\in[0,1]} x(1-x) = 0$ et $\max\limits_{x\in[0,1]} x(1-x) = 1/4$.

Remarques

- On pouvait utiliser la forme canonique $x(1-x) = -(x-1/2)^2 + 1/4$.
- Simple à démontrer, la majoration de $x(1-x)$ par $1/4$ (pour $x \in [0,1]$) est assez fréquente, notamment en probabilité.

2) Si l'un des réels est supérieur à 1, alors l'un des trois nombres considérés est négatif (par exemple, si $a \geqslant 1$, $c(1-a) \leqslant 0$). Donc, en particulier, l'un des trois est inférieur à $1/4$.
Sinon, les trois réels a, b et c appartiennent à $[0,1]$.
En utilisant $0 \leqslant x(1-x) \leqslant 1/4$ pour a, b et c, on obtient en multipliant :

$$0 \leqslant a(1-a)b(1-b)c(1-c) \leqslant \frac{1}{4^3}.$$

Or, $a(1-b)\cdot b(1-c)\cdot c(1-a) = a(1-a)b(1-b)c(1-c)$ (par commutativité de la multiplication des réels), donc, l'un des trois réels positifs $a(1-b)$, $b(1-c)$ ou $c(1-a)$ est inférieur à $1/4$ (sinon leur produit serait strictement supérieur à $1/4^3$).

Exercice 2 *Comparaison des moyennes arithmétique, géométrique et harmonique*

Pour la démonstration, on peut supposer $x \leqslant y$ sans perdre de généralité.
Ainsi, $\min(x,y) = x$ et $\max(x,y) = y$.
Comme $x \leqslant y$, on a $m = (x+y)/2 \leqslant 2y/2 = y = \max(x,y)$.
De même $\frac{1}{x} \geqslant \frac{1}{y}$, donc $\frac{1}{x} + \frac{1}{y} \leqslant \frac{2}{x}$. En multipliant par $x > 0$ et en divisant par $\frac{1}{x} + \frac{1}{y} > 0$, on obtient $\min(x,y) = x \leqslant h$.

• Moyennes arithmétique et géométrique

De $x + y - 2\sqrt{xy} = \left(\sqrt{x} - \sqrt{y}\right)^2 \geqslant 0$, on a $g = \sqrt{xy} \leqslant \frac{x+y}{2} = m$.

• Moyennes harmonique et géométrique

• Première méthode (par étude de la différence)

On a $g-h=\sqrt{xy}-\frac{2xy}{x+y}=\frac{\sqrt{xy}}{x+y}(x+y-2\sqrt{xy})\geqslant 0$, donc $h\leqslant g$.

• Seconde méthode (directement à l'aide de la comparaison précédente)

Les réels $1/x$ et $1/y$ étant strictement positifs, on a $\sqrt{\frac{1}{xy}}\leqslant\frac{\frac{1}{x}+\frac{1}{y}}{2}$. En prenant les inverses de ces nombres strictement positifs, on obtient $h\leqslant g$, car la fonction inverse est décroissante sur $]0,+\infty[$ et $\sqrt{\frac{1}{xy}}=\frac{1}{\sqrt{xy}}$.

On a montré $\min(x,y)\leqslant h\leqslant g\leqslant m\leqslant\max(x,y)$.

Exercice 3

1) On étudie le signe de la différence :

$$\begin{aligned}\frac{m+2n}{m+n}-\sqrt{2}&=\frac{(1-\sqrt{2})m+(2-\sqrt{2})n}{m+n}\\&=\frac{(\sqrt{2}-1)}{m+n}(\sqrt{2}n-m)\\&=\frac{(\sqrt{2}-1)}{m+n}n\left(\sqrt{2}-\frac{m}{n}\right).\end{aligned}$$

$2-\sqrt{2}=\sqrt{2}(\sqrt{2}-1)$

Donc, le signe de $\frac{m+2n}{m+n}-\sqrt{2}$ est l'opposé de celui de $\frac{m}{n}-\sqrt{2}$. Cela montre que $\frac{m+2n}{m+n}$ et $\frac{m}{n}$ encadrent $\sqrt{2}$.

2) D'après le calcul précédent :

$$\left|\frac{m+2n}{m+n}-\sqrt{2}\right|=(\sqrt{2}-1)\frac{n}{m+n}\left|\frac{m}{n}-\sqrt{2}\right|\leqslant(\sqrt{2}-1)\left|\frac{m}{n}-\sqrt{2}\right|.$$

Comme $1\leqslant\sqrt{2}\leqslant 2$, on a $(\sqrt{2}-1)\leqslant 1$ et donc $\frac{m+2n}{m+n}$ est plus proche de $\sqrt{2}$ que $\frac{m}{n}$.

3) En partant de $r_0=1=\frac{1}{1}$, on a $r_1=\frac{3}{2}=1,5$ puis $r_2=\frac{7}{5}=1,4$ et $r_3=\frac{17}{12}\approx 1,417$ (par excès). Donc* :

$$\frac{7}{5}\leqslant\sqrt{2}\leqslant\frac{17}{12}\quad\text{et}\quad\left|\frac{17}{12}-\frac{7}{5}\right|\leqslant 2\cdot 10^{-2}.$$

Ou encore (les décimaux sont des rationnels) $1,4\leqslant\sqrt{2}\leqslant 1,417$.

Exercice 4

1) E est une partie non vide de $\mathbb{R}$.

Pour tout $n\in\mathbb{N}^*$, $-1\leqslant\frac{1}{n}+(-1)^n\leqslant 2$. Donc E est bornée.

Donc E admet une borne inférieure $\alpha\geqslant -1$ et une borne supérieure $\beta\leqslant 2$.

*Sans calculatrice, on vérifie : $\frac{17}{12}-\frac{7}{5}=\frac{1}{60}\leqslant\frac{1}{50}=2\cdot 10^{-2}$.

2) Notons, pour $n \in \mathbb{N}^*$, $u_n = \frac{1}{n} + (-1)^n \leqslant 2$.

- Valeur de la borne supérieure β

Pour n pair, il existe $k \in \mathbb{N}^*$ tel que $n = 2k$. On a alors $0 \leqslant u_{2k} = \frac{1}{2k} + 1 \leqslant \frac{3}{2}$.

Pour n impair, il existe $k \in \mathbb{N}$ tel que $n = 2k+1$. On a alors $-1 \leqslant u_{2k+1} = \frac{1}{2k+1} - 1 \leqslant 0$.

Donc, pour tout $n \in \mathbb{N}^*$, $u_n \leqslant \frac{3}{2}$ et $u_2 = \frac{3}{2}$. Donc $\beta = \frac{3}{2}$ (et c'est un minimum).

- Valeur de la borne inférieure α

On a vu $\alpha \geqslant -1$.

Par ailleurs, pour tout $n \in \mathbb{N}^*$, $u_n \geqslant \alpha$.

En particulier, pour tout $k \in \mathbb{N}$, $u_{2k+1} \geqslant \alpha$. Or $u_{2k+1} = \frac{1}{2k+1} - 1 \xrightarrow[k\to\infty]{} -1$, donc, par passage à limite quand k tend vers l'infini, $-1 \geqslant \alpha$.

Par antisymétrie de la relation d'ordre, on a $\alpha = -1$.

Exercices axés sur le raisonnement

Exercice 5

1) On sait que $\lfloor x \rfloor \leqslant x < \lfloor x \rfloor + 1$, donc $2\lfloor x \rfloor \leqslant 2x < 2\lfloor x \rfloor + 2$.

Comme $\lfloor 2x \rfloor$ est le plus grand entier inférieur à $2x$, on a $\lfloor 2x \rfloor = 2\lfloor x \rfloor$ ou $2\lfloor x \rfloor + 1$. Et :

$$2\lfloor x \rfloor = \lfloor 2x \rfloor \iff 2\lfloor x \rfloor \leqslant 2x < 2\lfloor x \rfloor + 1 \iff \lfloor x \rfloor \leqslant x \leqslant \lfloor x \rfloor + \frac{1}{2}.$$

On peut traduire cela par « il existe $k \in \mathbb{Z}$ tel que $k \leqslant x < k + 1/2$ » ou encore à l'aide d'une réunion : $x \in \bigcup_{k\in\mathbb{Z}} [k, k+1/2[$.

2) Pour $n \in \mathbb{N}^*$, en reproduisant la démarche précédente :

$$\lfloor nx \rfloor = n\lfloor x \rfloor \iff x \in \bigcup_{k\in\mathbb{Z}} [k, k+1/n[$$

car ($n\lfloor x \rfloor$ étant un entier) :

$$n\lfloor x \rfloor = \lfloor nx \rfloor \iff n\lfloor x \rfloor \leqslant nx < n\lfloor x \rfloor + 1 \iff \lfloor x \rfloor \leqslant x \leqslant \lfloor x \rfloor + \frac{1}{n}.$$

Exercice 6

Soit $n \in \mathbb{N}^*$, on a $\lfloor nx \rfloor \leqslant nx \leqslant \lfloor nx \rfloor + 1$, donc $u_n \leqslant x \leqslant u_n + \frac{1}{n}$:

$$0 \leqslant x - u_n \leqslant \frac{1}{n}.$$

Comme $\lim\limits_{n\to\infty} \frac{1}{n} = 0$, $(u_n)_{n\in\mathbb{N}^*}$ converge vers x par encadrement.

Exercice 7

On notera $x_n = \frac{\lfloor nx \rfloor}{n}$.

D'une part $\lfloor x \lfloor \leqslant x$, donc, en multipliant par $n > 0$, $n\lfloor x \lfloor \leqslant nx$. Comme $n\lfloor x \lfloor$ est un entier, on a $n\lfloor x \lfloor \leqslant \lfloor nx \rfloor$. Donc, en divisant par $n > 0$, $\lfloor x \rfloor \leqslant x_n$ puis $\lfloor x \rfloor \leqslant \lfloor x_n \rfloor$.

D'autre part $\lfloor nx \rfloor \leqslant nx$, donc $x_n \leqslant x$. La fonction partie entière étant croissante sur $\mathbb{R}$, on en déduit $\lfloor x \rfloor \leqslant \lfloor x_n \rfloor$.

Par antisymétrie de la relation d'ordre, on a $\lfloor x_n \rfloor = \lfloor x \rfloor$ c'est-à -dire :

$$\left\lfloor \frac{\lfloor nx \rfloor}{n} \right\rfloor = \lfloor x \rfloor.$$

Exercice 8

1) Soit $n \in \mathbb{N}^*$. L'ensemble E_n est une partie non vide de $\mathbb{R}^+$, donc E_n admet une borne inférieure. Donc a_n existe et $a_n \geqslant 0$.
2) La fonction $f_n : \mathbb{R}_+^* \to \mathbb{R}, x \mapsto \frac{n}{x} + x$ est dérivable sur $\mathbb{R}_+^*$ et pour tout $x > 0$, on a $f_n'(x) = -\frac{n}{x^2} + 1 = \frac{x^2-n}{x^2}$ dont le signe dépend uniquement de $x - \sqrt{n}$ (car $x > 0$).

x	0		$\sqrt{n}$		$+\infty$
$f_n(x)$	$+\infty$	$\searrow$	$f_n(\sqrt{n})$	$\nearrow$	$+\infty$

Puisque $f_n(\sqrt{n}) = 2\sqrt{n}$, on en déduit que pour tout $x > 0$, $f_n(x) \geqslant 2\sqrt{n}$.
En particulier, pour tout $k \in \mathbb{N}^*$, $\frac{n}{k} + k \geqslant 2\sqrt{n}$. Donc $a_n \geqslant 2\sqrt{n}$.

Remarque

L'utilisation d'une fonction est une méthode assez générale, mais ici on aurait pu penser à former la différence des carrées :

$$\left(\frac{n}{k} + k\right)^2 - 4n = \left(\frac{n}{k}\right)^2 + k^2 + 2n - 4n = \left(\frac{n}{k} - k\right)^2 \geqslant 0$$

ce qui permet d'obtenir le résultat $\frac{n}{k} + k \geqslant 2\sqrt{n}$.
On peut aussi l'obtenir comme conséquence de l'inégalité $2\sqrt{xy} \leqslant x + y$ vue à l'exercice 2 (en utilisant $x = n/k$ et $y = k$).

3) D'après la question précédente $a_1 \geqslant 2$. De plus $2 = \frac{1}{1} + 1 \in E_1$, donc $a_1 = 2$ (et c'est un minimum).
4) La première question entraîne que $(a_n)_{n\in\mathbb{N}^*}$ n'est pas majorée. Donc $(a_n)_{n\in\mathbb{N}^*}$ n'admet pas de borne supérieure réelle.
On a pour tout $n \in \mathbb{N}^*, a_n \geqslant 2\sqrt{n} \geqslant 2 = a_1$, donc $\inf_{n\in\mathbb{N}^*} a_n$ existe et $\inf_{n\in\mathbb{N}^*} a_n = 2$ (et c'est un minimum).

Exercice 9

1) Pour $k \in [\![0, n-1]\!]$, on a :

$$\begin{aligned}\frac{u_{k+1}}{u_k} &= \frac{\binom{n}{k+1}}{\binom{n}{k}} \cdot \frac{b^{k+1}a^{n-k-1}}{b^k a^{n-k}} \\ &= \frac{n!k!(n-k)!}{n!(k+1)!(n-k-1)!} \cdot \frac{b}{a} \\ &= \frac{n-k}{k+1} \cdot \frac{b}{a}.\end{aligned}$$

$b^{k+1} = b^k b$, et $a^{n-k} = a^{n-k-1}a$

$(k+1)! = (k+1)k!$
$(n-k)! = (n-k)(n-k-1)!$

D'où les équivalences suivantes :

$$\frac{u_{k+1}}{u_k} = 1 \iff b(n-k) = a(k+1) \iff nb - a = (a+b)k \iff k = \frac{nb-a}{a+b}.$$

2) Tous les nombres sont strictement positifs. En reprenant la démarche précédente, on a :

$$\begin{aligned}u_k < u_{k+1} &\iff \frac{u_{k+1}}{u_k} > 1 \\ &\iff \frac{n-k}{k+1} \cdot \frac{b}{a} > 1 \\ &\iff (n-k)\frac{b}{a} > k+1 \\ &\iff n\frac{b}{a} - 1 > k\left(\frac{b}{a} + 1\right) \\ &\iff \frac{nb-a}{a+b} > k.\end{aligned}$$

d'après 1)

on multiplie par $a + b > 0$

on ajoute $k\frac{b}{a} - 1$

on multiplie par $a/(a+b) > 0$

3) Montrons que si $n < b/a$, alors $n - 1 < \frac{nb-a}{a+b}$:

$$n - 1 < \frac{nb-a}{a+b} \iff (a+b)n - a - b < nb - a \iff na < b.$$

Si $n < b/a$, alors $na < b$ est vraie. Donc $n-1 < \frac{nb-a}{a+b}$ est vraie aussi et pour tout $k \leqslant n-1$, on a $k < \frac{nb-a}{a+b}$. Donc :

$$\forall k \in [\![0, n-1]\!], \quad u_k < u_{k+1}.$$

Donc $u_0 < u_1 < \cdots < u_n$.

4) Si $n = b/a$, on a, en reprenant le calcul précédent , $n - 1 = \frac{nb-a}{a+b}$, donc $u_{n-1} = u_n$.

Et pour $k < n - 1$, on a $k < \frac{nb-a}{a+b}$ donc :

$$\forall k \in [\![0, n-2]\!], \quad u_k < u_{k+1}.$$

Donc $u_0 < u_1 < \cdots < u_{n-1} = u_n$.

5) Cas $n > b/a$. On a $n - 1 > \frac{nb-a}{a+b}$, donc $u_{n-1} > u_n$.

Remarquons qu'on a toujours $u_0 < u_1$, car $0 < \frac{nb-a}{a+b}$.

La suite va croître (strictement) tant que $k < \frac{nb-a}{a+b}$ puis décroître. Plus précisément, il y a deux cas.

• Cas $\frac{nb-a}{a+b} \notin \mathbb{N}$

En notant n_0 la partie entière de $\frac{nb-a}{a+b}$, on a $n_0 < \frac{nb-a}{a+b} < n_0 + 1$ donc :

$$u_0 < u_1 < \cdots < u_{n_0} < u_{n_0+1}, \quad \text{puis} \quad u_{n_0+1} > \cdots > u_{n-1} > u_n.$$

• Cas $\frac{nb-a}{a+b} = n_0 \in \mathbb{N}$

Dans ce cas, on a :

$$u_0 < u_1 < \cdots < u_{n_0} = u_{n_0+1}, \quad \text{puis} \quad u_{n_0+1} > \cdots > u_{n-1} > u_n.$$

Exercice 10

• Réflexivité

Pour tout $c \in \mathbb{R}^2$, on a $c \prec c$, car $c - c = (0,0) \in E$.

On a montré que la relation $\prec$ est réflexive.

• Antisymétrie

Soient $c_1 = (x_1, y_1)$ et $c_2 = (x_2, y_2)$ tels que $c_1 \prec c_2$ et $c_2 \prec c_1$.

Comme $c_1 - c_2 = (x_1 - x_2, y_1 - y_2) \in E$, on a $\begin{cases} 2(x_1 - x_2) + 5(y_1 - y_2) \leqslant 0 \\ 3(x_1 - x_2) - 5(y_1 - y_2) \leqslant 0 \end{cases}$.

De même $c_2 - c_1 = (x_2 - x_1, y_2 - y_1) \in E$, donc $\begin{cases} 2(x_1 - x_2) + 5(y_1 - y_2) \geqslant 0 \\ 3(x_1 - x_2) - 5(y_1 - y_2) \geqslant 0 \end{cases}$.

Ainsi $\begin{cases} 2(x_1 - x_2) + 5(y_1 - y_2) = 0 \\ 3(x_1 - x_2) - 5(y_1 - y_2) = 0 \end{cases}$. Par addition, on obtient $5(x_1 - x_2) = 0$. On en déduit que $x_1 = x_2$, puis que $y_1 = y_2$. Donc $c_1 = c_2$.

On a montré que la relation $\prec$ est antisymétrique.

• Transitivité

Soient $c_1 = (x_1, y_1)$, $c_2 = (x_2, y_2)$ et $c_3 = (x_3, y_3)$ tels que $c_1 \prec c_2$ et $c_2 \prec c_3$.

On a $\begin{cases} 2(x_1 - x_2) + 5(y_1 - y_2) \leqslant 0 \\ 3(x_1 - x_2) - 5(y_1 - y_2) \leqslant 0 \end{cases}$ et $\begin{cases} 2(x_2 - x_3) + 5(y_2 - y_3) \leqslant 0 \\ 3(x_2 - x_3) - 5(y_2 - y_3) \leqslant 0 \end{cases}$.

Par addition, on en déduit $\begin{cases} 2(x_1 - x_3) + 5(y_1 - y_3) \leqslant 0 \\ 3(x_1 - x_3) - 5(y_1 - y_3) \leqslant 0 \end{cases}$.

On a montré que la relation $\prec$ est transitive.

La relation $\prec$ étant réflexive, transitive et antisymétrique, c'est une relation d'ordre.

Considérons $c_1 = (1,0)$ et $c_2 = (0,-1)$. On a $c_1 - c_2 = (1,1) \notin E$ (car $2 + 5 > 0$). Et $c_2 - c_1 = (-1,-1) \notin E$ (car $-3 + 5 > 0$).

Ces couples c_1 et c_2 n'étant pas comparables, la relation $\prec$ est une relation d'ordre partiel.

Exercice 11

1) • Réflexivité

On a clairement $A \preccurlyeq A$ pour toute partie A, donc la relation $\preccurlyeq$ est réflexive.

• Antisymétrie

Soient A et B tels que $A \preccurlyeq B$ et $B \preccurlyeq A$.

Par antisymétrie de $\subset$, on a $A \cap \mathbb{R}_+ = B \cap \mathbb{R}_+$ et $B \cap \mathbb{R}_-^* = A \cap \mathbb{R}_-^*$.

Comme A est une partie de $\mathbb{R} = \mathbb{R}_+ \cup \mathbb{R}_-^*$, on a $A = A \cap \mathbb{R} = (A \cap \mathbb{R}_+) \cup (A \cap \mathbb{R}_-^*)$.

Donc $A = (B \cap \mathbb{R}_+) \cup (B \cap \mathbb{R}_-^*) = B$.

La relation $\preccurlyeq$ est antisymétrique.

• Transitivité

Par transitivité de $\subset$, on a facilement :

$$(A \preccurlyeq B \text{ et } B \preccurlyeq C) \Longrightarrow A \preccurlyeq C.$$

La relation $\preccurlyeq$ étant réflexive, transitive et antisymétrique, c'est une relation d'ordre.

2) Soit B une partie de $\mathbb{R}$. On a $\emptyset \cap \mathbb{R}_+ = \emptyset$ et $\emptyset \cap \mathbb{R}_-^* = \emptyset$. Donc :

$$\emptyset \preccurlyeq B \iff (\emptyset \subset B \cap \mathbb{R}_+) \text{ et } (B \cap \mathbb{R}_-^* \subset \emptyset) \iff B \cap \mathbb{R}_-^* = \emptyset \iff B \subset \mathbb{R}_+.$$

Remarque

En particulier, $\emptyset$ n'est pas en relation avec $\mathbb{R}$. On peut également vérifier que $\mathbb{R}$ n'est pas en relation avec $\emptyset$, donc $\preccurlyeq$ est une relation d'ordre partiel.

3) Soit A une partie de $\mathbb{R}$. On a $\mathbb{R} \cap \mathbb{R}_+ = \mathbb{R}_+$ et $\mathbb{R} \cap \mathbb{R}_-^* = \mathbb{R}_-^*$. Donc :

$$A \preccurlyeq \mathbb{R} \iff (A \cap \mathbb{R}_+ \subset \mathbb{R}_+) \text{ et } (\mathbb{R}_-^* \subset A \cap \mathbb{R}_-^*) \iff \mathbb{R}_-^* = A \cap \mathbb{R}_-^* \iff \mathbb{R}_-^* \subset A.$$

4) Soit A une partie de $\mathbb{R}$. On a $\mathbb{R}_+ \cap \mathbb{R}_+ = \mathbb{R}_+$ et $\mathbb{R}_+ \cap \mathbb{R}_-^* = \emptyset$.

Donc $A \preccurlyeq \mathbb{R}_+$, car $(A \cap \mathbb{R}_+ \subset \mathbb{R}_+ \cap \mathbb{R}_+)$ et $(\mathbb{R}_+ \cap \mathbb{R}_-^* \subset A \cap \mathbb{R}_-^*)$.

Remarque

Donc $\mathbb{R}_+$ est le plus grand élément au sens de $\preccurlyeq$ de $\mathcal{P}(\mathbb{R})$.

5) De façon similaire, on a $\mathbb{R}_-^* \cap \mathbb{R}_+ = \emptyset$ et $\mathbb{R}_-^* \cap \mathbb{R}_-^* = \mathbb{R}_-^*$. Pour toute partie B de $\mathbb{R}$, on a $(\mathbb{R}_-^* \cap \mathbb{R}_+ \subset B \cap \mathbb{R}_+)$ et $(B \cap \mathbb{R}_-^* \subset \mathbb{R}_-^* \cap \mathbb{R}_-^*)$. Donc $\mathbb{R}_-^* \preccurlyeq B$.

Donc $\mathbb{R}_-^*$ est le plus petit élément au sens de $\preccurlyeq$ de $\mathcal{P}(\mathbb{R})$.

Exercices avec questions ouvertes

Exercice 12

Pour $n \in \mathbb{N}$, on note $a_n = \sqrt{n}\left(\sqrt{n+1} - \sqrt{n}\right)$.

1) La partie A est clairement minorée par 0. Et $a_0 = 0$.

   Soit $n \in \mathbb{N}^*$. À l'aide de la quantité conjuguée, on a :

$$\begin{aligned} a_n &= \sqrt{n}\frac{\sqrt{n+1}^2 - \sqrt{n}^2}{\sqrt{n+1}+\sqrt{n}} \\ &= \sqrt{n}\frac{n+1-n}{\sqrt{n+1}+\sqrt{n}} \\ &= \sqrt{n}\frac{1}{\sqrt{n+1}+\sqrt{n}} \\ &\leqslant 1. \end{aligned}$$

$\sqrt{x}^2 = x$

$\sqrt{n+1} + \sqrt{n} \geqslant \sqrt{n} > 0$

   Par ailleurs, $0 \leqslant 1$, donc pour tout $a \in A$, $a \leqslant 1$. La partie A est majorée par 1.

2) On a vu A minorée par 0 et $0 \in A$. Donc A admet un plus petit élément et en particulier $\inf(A) = \min(A) = 0$.

   La partie A étant majorée et non vide, elle admet une borne supérieure.
   Pour tout $n \in \mathbb{N}^*$, en utilisant $\sqrt{n+1} + \sqrt{n} \geqslant \sqrt{n} + \sqrt{n}$ et en reprenant la démarche précédente, on obtient $a_n \leqslant \frac{\sqrt{n}}{2\sqrt{n}} = \frac{1}{2}$. Donc $\sup(A) \leqslant \frac{1}{2}$.

   De plus, pour tout $n \in \mathbb{N}$, $a_n \leqslant \sup(A)$ et $a_n = \frac{\sqrt{n}}{\sqrt{n+1}+\sqrt{n}} = \frac{1}{\sqrt{1+(1/n)}+1} \xrightarrow[n\to\infty]{} \frac{1}{2}$.
   Donc, par passage à la limite dans l'inégalité, on a $1/2 \leqslant \sup(A)$.
   Par antisymétrie de la relation d'ordre, on a $\sup(A) = 1/2$.

Exercice 13

Un dessin précis donne :

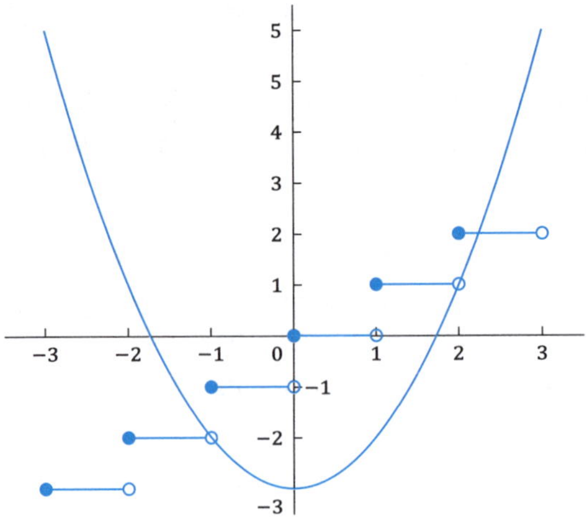

On peut conjecturer que l'équation admet une solution et une seule*.

- Analyse Soit $x \in \mathbb{R}$ solution de $x^2 - \lfloor x \rfloor = 3$. On a donc :

$$x^2 - 3 = \lfloor x \rfloor.$$

  Comme $\lfloor x \rfloor \leqslant x$, le trinôme $x^2 - x - 3$ doit être négatif. Ses racines sont $x_1 = \frac{1-\sqrt{13}}{2}$ et $x_2 = \frac{1+\sqrt{13}}{2}$. Donc $x \in [x_1, x_2]$.

  En utilisant $3 < \sqrt{13} < 4$ (car $9 < 13 < 16$) ou une calculatrice ($x_1 \approx -1,3$, $x_2 \approx 2,3$), on obtient $-3/2 < x_1 < -1$ et $2 < x_2 < 5/2$.
  Comme $\lfloor x \rfloor + 1 > x$, le trinôme $x^2 - x - 2$ doit être strictement positif. Ses racines sont $x_3 = -1$ et $x_2 = 2$. Donc $x < -1$ ou $x > 2$.

  Compte tenu de toutes ces conditions, on a $-3/2 < x < -1$ ou $2 < x < 5/2$.

  Si $-3/2 < x < -1$, alors $\lfloor x \rfloor = -2$. Et $x^2 = 3 + \lfloor x \rfloor = -1$ entraîne $x = \pm 1$. Il n'y a pas de solution dans l'intervalle $]-3/2, -1[$.

  Si $2 < x < 3/2$, alors $\lfloor x \rfloor = 2$. Et $x^2 = 3 + \lfloor x \rfloor = 5$ entraîne $x = \pm\sqrt{5}$. Il n'y a qu'une seule solution dans l'intervalle $]2, 5/2[$.
- Synthèse
  Si $x = \sqrt{5}$, alors $\lfloor x \rfloor = 2$ et $x^2 = 5 = 3 + \lfloor x \rfloor$. Donc $\sqrt{5}$ est solution de l'équation.

En conclusion, l'équation admet une solution et une seule.

Exercice 14

1) On suppose que A et B sont des parties de $\mathbb{R}^+$.
   Si A et B sont majorées, étant non vides, elles admettent une borne supérieure. On a alors :

$$\forall a \in A, \forall b \in B, \quad 0 \leqslant a \leqslant \sup(A) \text{ et } 0 \leqslant b \leqslant \sup(B).$$

   On en déduit que pour tout $a \in A$ et tout $b \in B$, $0 \leqslant ab \leqslant \sup(A)\sup(B)$.
   On a donc, pour tout $x \in AB$, $x \leqslant \sup(A)\sup(B)$.
   On a montré que AB est majorée (et que $\sup(AB) \leqslant \sup(A)\sup(B)$).
   La réciproque est fausse comme le montre le contre-exemple suivant :
   Si $A = \{0\}$ et $B = \mathbb{R}^+$. Alors B n'est pas majorée, mais $AB = \{0\}$ l'est.
2) On suppose que A et B sont des parties de $\mathbb{R}_+^*$.
   Si A et B sont majorées, la question précédente s'applique (car $\mathbb{R}_+^* \subset \mathbb{R}^+$), donc AB est majorée.
   Montrons que la réciproque est vraie.
   On suppose que AB est majorée. La partie B étant non vide, on choisit un élément b de B.
   Soit $a \in A$.
   On a $ab \in AB$, donc $ab \leqslant \sup(AB)$. Puisque $b > 0$, on en déduit $a \leqslant \sup(AB)/b$.

*Avec un dessin à main levée, on peut conjecturer que l'équation admet au plus trois solutions.

Cela étant valable pour tout $a \in A$, on a montré que A est majorée.
Les rôles étant symétriques, B est aussi majorée.

Remarque
Plus généralement, la réciproque est vraie avec des parties A et B de $\mathbb{R}^+$ non vides et différentes de $\{0\}$.

Exercice 15

Soit $\mathcal{R}$ une relation sur E, symétrique et antisymétrique.
Si $a \mathcal{R} b$, alors $b \mathcal{R} a$, car $\mathcal{R}$ est symétrique. Ayant $a \mathcal{R} b$ et $b \mathcal{R} a$, on a alors $a = b$, car $\mathcal{R}$ est antisymétrique.
Cela signifie qu'un élément a ne peut être relation qu'avec lui-même, mais n'impose pas qu'il le soit effectivement.
Par exemple, en définissant sur $\mathbb{Z}$ une relation $\mathcal{R}$ par :

$$\forall a, b \in \mathbb{Z}, \qquad a \mathcal{R} b \quad \Leftrightarrow \quad (a = b \text{ et } a \in \mathbb{N}),$$

on obtient une relation binaire symétrique et antisymétrique, mais qui n'est pas réflexive.

« *Pour majorer une fraction (de nombre positifs) on peut majorer le numérateur ou minorer le dénominateur (ou les deux).* »

Fonctions usuelles 4

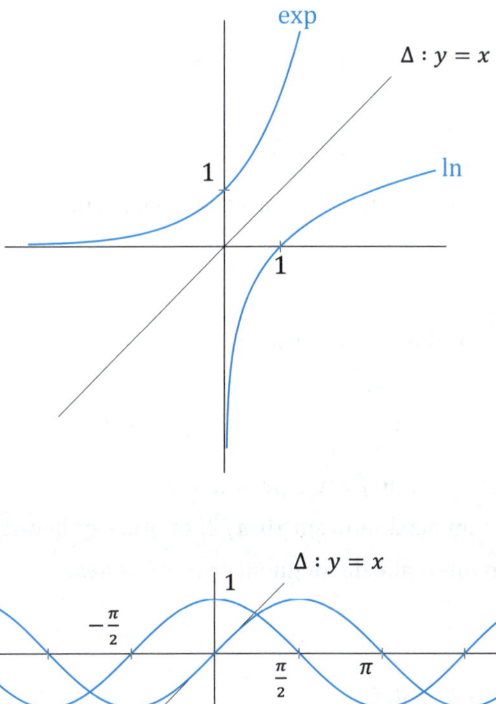

Exercices axés sur le calcul

Exercice 1

Montrer que pour tous réels x et y, on a :

$$\operatorname{ch}(x+y) = \operatorname{ch}(x)\operatorname{ch}(y) + \operatorname{sh}(x)\operatorname{sh}(y) \quad \text{et} \quad \operatorname{sh}(x+y) = \operatorname{sh}(x)\operatorname{ch}(y) + \operatorname{ch}(x)\operatorname{sh}(y)$$

et en déduire $\operatorname{th}(x+y)$ en fonction de $\operatorname{th}(x)$ et $\operatorname{th}(y)$.

Exercice 2

Soit $n \in \mathbb{N}^*$, on pose :

$$\forall x \geqslant 0, \quad f_n(x) = \mathrm{e}^x - \left(1 + \frac{x}{n}\right)^n.$$

1) Montrer que :

$$\forall t \in \mathbb{R}, \quad \mathrm{e}^t \geqslant 1 + t.$$

2) En déduire que :

$$\forall x \geqslant 0, \quad f_n(x) \geqslant 0.$$

3) Donner le tableau de variation de f_n (on précisera en particulier $\lim\limits_{+\infty} f_n$).

Exercice 3

Soit f la fonction d'une variable réelle suivante :

$$f : x \mapsto \sin(2x) - \frac{3}{4}\tan(x).$$

1) Étudier la parité et vérifier que f est π-périodique.
2) Montrer que f admet un maximum sur $[0, \pi/2[$ et préciser la valeur de ce maximum.
3) Représenter f sur un intervalle de longueur trois périodes.

Exercice 4

Soit f la fonction définie sur $\mathbb{R}$ par :

$$f(x) = 2\sin(x) + \sin(2x).$$

1) Étudier la parité et vérifier que f est périodique. En déduire un intervalle $\mathcal{D}$ suffisant pour étudier f.
2) Étudier les variations de f sur $\mathcal{D}$.
3) Représenter f sur un intervalle de longueur trois périodes.
4) Résoudre l'équation d'inconnue $x \in [-\pi, \pi]$, $f(x) = 0$.

Exercice 5

On considère la fonction d'une variable réelle suivante :

$$f : x \mapsto x \ln\left(1 + \frac{1}{x}\right).$$

1) Montrer que le domaine de définition de f est la réunion de deux intervalles que l'on précisera.

2) Déterminer $\lim_{x \to -1^-} f(x)$ et $\lim_{x \to 0^+} f(x)$.

3) Justifier que $\lim_{h \to 0} \frac{\ln(1+h)}{h} = 1$ et en déduire les limites de f en $-\infty$ et en $+\infty$.

4) Étudier les variations de la fonction f.

   Indication : On pourra calculer la dérivée seconde f''.

Exercice 6

On considère la fonction définie sur $]1/\mathrm{e}, +\infty[$ par :

$$\forall x > 1/\mathrm{e}, \qquad f(x) = \frac{x}{\ln(x) + 1}.$$

1) Préciser les limites de f aux bornes du domaine $]1/\mathrm{e}, +\infty[$.

2) Dresser le tableau de variation de f.

   Préciser si f admet ou non un extremum que l'on précisera le cas échéant.

3) Préciser si la dérivée f' admet ou non un extremum que l'on précisera le cas échéant.

Exercice 7

Pour $x > 0$, on pose :

$$f(x) = 2x + 3\frac{\ln x}{x^2}.$$

1) Étudier la fonction $g : x \mapsto 2x^3 - 6 \ln x + 3$ et en déduire son signe.

2) Préciser les limites de f en 0^+ et en $+\infty$.

3) Dresser le tableau de variations de f.

4) Dans un repère (O, e_1, e_2) de $\mathbb{R}^2$, on note $\mathcal{C}$ la courbe représentative de f et $\mathcal{D}$ la demi-droite d'équation $y = 2x$ avec $x > 0$.

   Représenter $\mathcal{C}$ et $\mathcal{D}$ (on précisera les positions relatives de $\mathcal{C}$ et de $\mathcal{D}$).

Exercices axés sur le raisonnement

Exercice 8

Soit f la fonction d'une variable réelle définie par :

$$f : x \mapsto \frac{x}{\sqrt{4 - x^2}}.$$

1) Préciser le domaine $\mathcal{D}$ de définition de f.
   Montrer que f est une bijection de $\mathcal{D}$ sur un ensemble J à préciser.

   Dans la suite, on note g l'application réciproque de f. Dans le repère canonique (O, e_1, e_2) de $\mathbb{R}^2$, on note $\mathcal{C}$ la courbe représentative de f et $\mathcal{E}$ celle de g.
2) a) Justifier que l'origine O appartient à la fois à $\mathcal{C}$ et à $\mathcal{E}$.
   b) Résoudre l'équation $f\big(f(x)\big) = x$ et en déduire les points communs aux deux courbes.
   c) Représenter les deux courbes sur le même dessin.
3) Expression explicite de $g(y)$
   a) Résoudre pour $y > 0$, l'équation $f(x) = y$.
   b) Même question pour $y < 0$.

Exercice 9

1) Étudier sur $[1, +\infty[$, la fonction $f : x \mapsto \ln(x)/x$. Représenter son graphe.
2) Montrer que pour x et y dans $[1, +\infty[$, on a :

$$x^y = y^x \quad \Leftrightarrow \quad f(x) = f(y).$$

3) En déduire les couples (n, m) d'entiers naturels non nuls tels que $n^m = m^n$ et $n < m$.

Exercices avec questions ouvertes

Exercice 10

Soient a et b des réels et $f : x \mapsto a\,\mathrm{ch}(x) + b\,\mathrm{sh}(x)$.
1) Que dire de f si $b = a$ ou $b = -a$?
2) Dans cette question, on suppose $b^2 \neq a^2$.
   À quelle condition sur a et b, existe-t-il deux réels A et φ tels que $f : x \mapsto A\,\mathrm{ch}(x + \varphi)$?

Exercice 11

Soient $\omega > 0$ et $f : t \mapsto \cos(\omega t) + \cos(t)$.
À quelle condition sur ω, la fonction f est-elle périodique ?
Indication : On pourra envisager $f'' + \omega^2 f$.

Exercice 12 ★★

Soit f une fonction continue et strictement monotone sur un intervalle I de $\mathbb{R}$. On sait que f est une bijection de I sur l'intervalle image que l'on note J.
Dans le repère canonique (O, e_1, e_2) de $\mathbb{R}^2$, on note $\mathcal{C}$ la courbe représentative de f et $\mathcal{E}$ celle de la bijection réciproque.

1) Justifier qu'un point M de l'intersection entre $\mathcal{C}$ et la première bissectrice est aussi un point de $\mathcal{E}$.

2) Peut-il y avoir des points de $\mathcal{C} \cap \mathcal{E}$ n'appartenant pas à la première bissectrice ? On envisagera deux cas selon la monotonie de f.

Corrections

Exercices axés sur le calcul

Exercice 1

Soient x et y des réels. On va développer les membres de droite des égalités :

$$\begin{aligned}
\mathrm{ch}(x)\,\mathrm{ch}(y) + \mathrm{sh}(x)\,\mathrm{sh}(y) &= \frac{(\mathrm{e}^x+\mathrm{e}^{-x})(\mathrm{e}^y+\mathrm{e}^{-y})+(\mathrm{e}^x-\mathrm{e}^{-x})(\mathrm{e}^y-\mathrm{e}^{-y})}{4} \\
&= \frac{\mathrm{e}^{x+y}+\mathrm{e}^{x-y}+\mathrm{e}^{-x+y}+\mathrm{e}^{-x-y}+\mathrm{e}^{x+y}-\mathrm{e}^{x-y}-\mathrm{e}^{-x+y}+\mathrm{e}^{-x-y}}{4} && \text{$\mathrm{e}^a\mathrm{e}^b = \mathrm{e}^{a+b}$} \\
&= \frac{2\mathrm{e}^{x+y}+2\mathrm{e}^{-x-y}}{4} \\
&= \mathrm{ch}(x+y). && \text{on simplifie par 2}
\end{aligned}$$

De même :

$$\begin{aligned}
\mathrm{sh}(x)\,\mathrm{ch}(y) + \mathrm{ch}(x)\,\mathrm{sh}(y) &= \frac{(\mathrm{e}^x-\mathrm{e}^{-x})(\mathrm{e}^y+\mathrm{e}^{-y})+(\mathrm{e}^x+\mathrm{e}^{-x})(\mathrm{e}^y-\mathrm{e}^{-y})}{4} \\
&= \frac{\mathrm{e}^{x+y}+\mathrm{e}^{x-y}-\mathrm{e}^{-x+y}-\mathrm{e}^{-x-y}+\mathrm{e}^{x+y}-\mathrm{e}^{x-y}+\mathrm{e}^{-x+y}-\mathrm{e}^{-x-y}}{4} && \text{on développe} \\
&= \frac{2\mathrm{e}^{x+y}-2\mathrm{e}^{-x-y}}{4} \\
&= \mathrm{sh}(x+y). && \text{on simplifie par 2}
\end{aligned}$$

On en déduit que :

$$\begin{aligned}
\mathrm{th}(x+y) &= \frac{\mathrm{sh}(x+y)}{\mathrm{ch}(x+y)} \\
&= \frac{\mathrm{sh}(x)\,\mathrm{ch}(y)+\mathrm{ch}(x)\,\mathrm{sh}(y)}{\mathrm{ch}(x)\,\mathrm{ch}(y)+\mathrm{sh}(x)\,\mathrm{sh}(y)} && \text{égalités précédentes} \\
&= \frac{\mathrm{ch}(x)\,\mathrm{ch}(y)}{\mathrm{ch}(x)\,\mathrm{ch}(y)} \cdot \frac{\mathrm{th}(x)+\mathrm{th}(y)}{1+\mathrm{th}(x)\,\mathrm{th}(y)} && \text{sh} = \text{th} \cdot \text{ch} \\
&= \frac{\mathrm{th}(x)+\mathrm{th}(y)}{1+\mathrm{th}(x)\,\mathrm{th}(y)}.
\end{aligned}$$

Exercice 2

1) Si on connaît la notion de convexité, il suffit de dire que la fonction exp est convexe sur $\mathbb{R}$ et donc que sa courbe représentative est globalement au-dessus de la droite d'équation $y = 1 + x$ (droite qui est sa tangente au point d'abscisse 0).
Sinon, on étudie la différence. Pour $t \in \mathbb{R}$, on pose $\delta(t) = e^t - (1 + t)$.
La fonction δ est dérivable sur $\mathbb{R}$ et pour tout $t \in \mathbb{R}$, $\delta'(t) = e^t - 1$. On en déduit le tableau de variations suivant :

t	$-\infty$		0		$+\infty$
$\delta'(t)$		$-$	0	$+$	
$\delta(t)$	$+\infty$	$\searrow$	$\delta(0)$	$\nearrow$	$+\infty$

Comme $\delta(0) = 0$, on en déduit que δ est positive sur $\mathbb{R}$.
On a donc pour tout $t \in \mathbb{R}$, $e^t \geqslant 1 + t$.

2) Soient $n \in \mathbb{N}^*$ et $x \geqslant 0$. En utilisant $t = x/n$ dans l'inégalité précédente, on a $e^{x/n} \geqslant 1 + \frac{x}{n}$.
L'élévation à la puissance n étant croissante sur $\mathbb{R}^+$, on a : $e^x = \left(e^{x/n}\right)^n \geqslant \left(1 + \frac{x}{n}\right)^n$.

3) Par composition (et addition), f_n est dérivable sur $\mathbb{R}^+$ et pour $x \geqslant 0$:

$$f_n'(x) = e^x - n\left(1 + \frac{x}{n}\right)^{n-1}\frac{1}{n} = e^x - \left(1 + \frac{x}{n}\right)^{n-1}.$$

Pour $x \geqslant 0$, on a $1 + \frac{x}{n} \geqslant 1$ donc :

$$\left(1 + \frac{x}{n}\right)^{n-1} \leqslant \left(1 + \frac{x}{n}\right)^n \leqslant e^x.$$

Donc $f_n' \geqslant 0$ et f_n est croissante sur $\mathbb{R}^+$.
On sait que $\lim\limits_{x \to +\infty} \frac{e^x}{x^n} = +\infty$, donc $\lim\limits_{x \to +\infty} e^{-x}x^n = 0$. D'où :

$$f_n(x) = e^x\left(1 - e^{-x}x^n\left(\frac{1}{x} + \frac{1}{n}\right)^n\right) \xrightarrow[x \to +\infty]{} +\infty.$$

De plus $f_n(0) = e^0 - 1 = 0$, d'où le tableau suivant :

x	0		$+\infty$
$f_n'(x)$		$+$	
$f_n(x)$	0	$\nearrow$	$+\infty$

Exercice 3

1) La fonction f est impaire, car sin et tan le sont. Et f est π-périodique, car pour tout x pour lequel $\tan(x)$ est définie*, on a :

$$f(x+\pi) = \sin(2x+2\pi) - \frac{3}{4}\tan(x+\pi) = \sin(2x) - \frac{3}{4}\tan(x) = f(x).$$

2) On sait que tan est dérivable sur son domaine de définition et que $\tan' = 1 + \tan^2 = \frac{1}{\cos^2}$.
La fonction f est dérivable sur $\mathbb{R}$ (comme composée et somme). Pour $x \in [0, \pi/2[$, on a :

$$\begin{aligned} f'(x) &= 2\cos(2x) - \tfrac{3}{4}\tan'(x) \\ &= 4\cos^2(x) - 2 - \tfrac{3}{4}\cdot\frac{1}{\cos^2(x)} \\ &= \frac{4\cos^4(x) - 2\cos^2(x) - \frac{3}{4}}{\cos^2(x)} \\ &= \frac{T(\cos^2(x))}{\cos^2(x)}. \end{aligned}$$

(Annotations : $\cos(2x) = 2\cos^2(x) - 1$; on pose $T = 4X^2 - 2X - 3/4$)

Le discriminant du trinôme T vaut $4 + 12 = 16$ et ses racines sont $r_1 = \frac{2-4}{8} = -\frac{1}{4}$ et $r_2 = \frac{6}{8} = \frac{3}{4}$.
On a donc, pour $x \in [0, \pi/2[$:

$$\begin{aligned} f'(x) < 0 &\iff T\big(\cos^2(x)\big) < 0 \\ &\iff -\tfrac{1}{4} < \cos^2(x) < \tfrac{3}{4} \\ &\iff 0 \leqslant \cos(x) < \tfrac{\sqrt{3}}{2}. \end{aligned}$$

(Annotations : $T < 0$ sur $]r_1, r_2[$; $\cos(x) \geqslant 0$ car $x \in [0, \pi/2[$)

On sait que cos est strictement décroissante sur $[0, \pi/2[$ et que $\cos(\pi/6) = \frac{\sqrt{3}}{2}$. Donc :

$$f'(x) < 0 \underset{x \in [0,\pi/2[}{\iff} x > \pi/6.$$

On en déduit le tableau de variations suivant :

x	0		$\pi/6$		$\pi/2$
$f'(x)$		$+$	0	$-$	||
$f(x)$	0	$\nearrow$	$f(\pi/6)$	$\searrow$	$-\infty$ ||

Donc f admet un maximum m sur $[0, \pi/2[$ qui vaut $f\left(\frac{\pi}{6}\right)$. Or $\tan\left(\frac{\pi}{6}\right) = \frac{1/2}{\sqrt{3}/2} = \frac{1}{\sqrt{3}}$, par conséquent on peut préciser la valeur du maximum :

$$m = f\left(\frac{\pi}{6}\right) = \sin\left(\frac{\pi}{3}\right) - \frac{3}{4}\tan\left(\frac{\pi}{6}\right) = \frac{\sqrt{3}}{2} - \frac{3}{4}\cdot\frac{1}{\sqrt{3}} = \frac{\sqrt{3}}{4}.$$

*c'est-à-dire pour $x \notin \{\pi/2 + k\pi, k \in \mathbb{Z}\}$.

3) Ci-après, on a représenté f sur $[-3\pi/2, 3\pi/2]$.

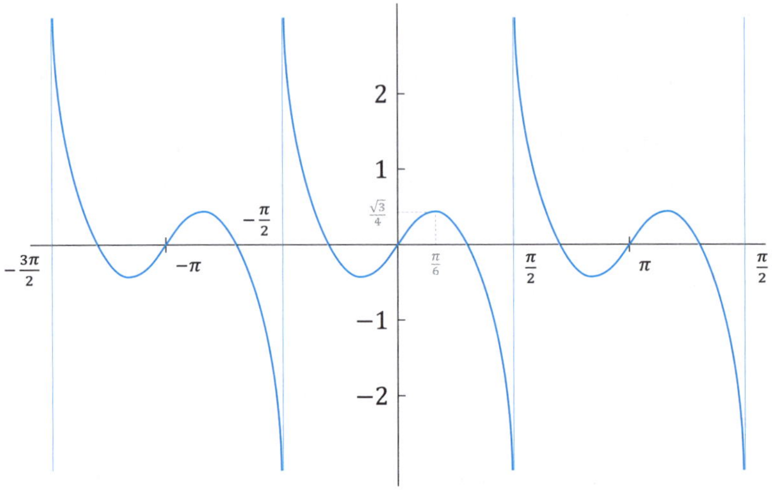

Exercice 4

1) Les fonctions sin et $x \mapsto \sin(2x)$ étant impaires et 2π-périodiques, f l'est aussi.
On peut étudier f sur $\mathcal{D} = [0, \pi]$.

2) La fonction f est dérivable sur $\mathbb{R}$ (comme composée et somme). Pour $x \in [0, \pi]$, on a :

$$f'(x) = 2\cos(x) + 2\cos(2x) = 4\cos^2(x) + 2\cos(x) - 2.$$

En posant $T = 4X^2 + 2X - 2$, on a $f'(x) = T\big(\cos(x)\big)$.
On peut remarquer que -1 est racine du trinôme ou calculer son discriminant qui vaut $4 + 32 = 36$. On trouve que le trinôme a deux racines qui sont -1 et $\frac{1}{2}$.
Pour $x \in]0, \pi/3[$, $1/2 < \cos(x)$ donc $f'(x) = T\big(\cos(x)\big) > 0$.
Pour $x \in]\pi/3, \pi[$, $-1 < \cos(x) < 1/2$ donc $f'(x) = T\big(\cos(x)\big) < 0$.
De plus, $f(\pi/3) = 2\sin(\pi/3) + \sin(2\pi/3) = 3\sqrt{3}/2$. On obtient donc :

x	0		$\pi/3$		π
$f'(x)$		$+$	0	$-$	0
$f(x)$	0	↗	$3\sqrt{3}/2$	↘	0

3) Ci-après, on a représenté f sur $[-3\pi, 3\pi]$.

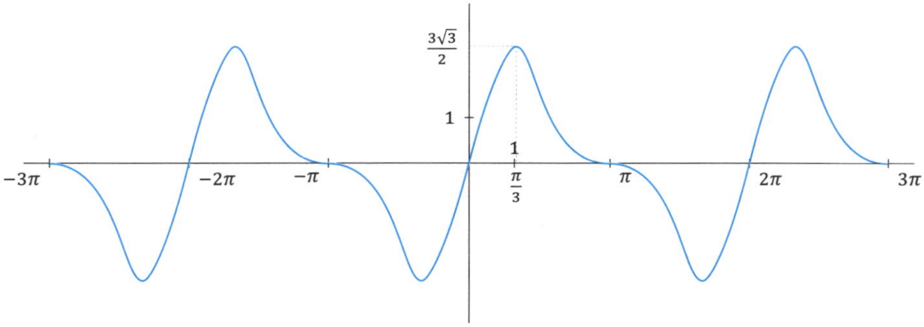

4) • Première méthode (à l'aide des variations)

D'après le tableau de variations, f a exactement deux zéros sur $[0, \pi]$ qui sont 0 et π.

Étant impaire, f a exactement trois zéros sur $[-\pi, \pi]$ qui sont $-\pi$, 0 et π.

• Seconde méthode (en factorisant)

En utilisant $\sin(2x) = 2\sin(x)\cos(x)$, on a $f(x) = 2\sin(x)\big(1 + \cos(x)\big)$.

$$f(x) = 0 \iff \big(\sin(x) = 0 \text{ ou } \cos(x) = -1\big).$$

Donc f a exactement trois zéros sur $[-\pi, \pi]$ qui sont $-\pi$, 0 et π.

Exercice 5

1) Pour $x \in \mathbb{R}$, on a :

$$1 + \frac{1}{x} > 0 \iff \frac{x+1}{x} > 0 \iff x(x+1) > 0.$$

Le logarithme népérien étant défini sur $\mathbb{R}_+^*$, f est définie sur $\mathcal{D} =]-\infty, -1[\cup]0, +\infty[$.

2) Quand $x \to -1^-$, $1 + \frac{1}{x} \to 0$, donc $\ln\left(1 + \frac{1}{x}\right) \xrightarrow[x \to -1^-]{} -\infty$. D'où $\lim\limits_{x \to -1^-} f(x) = +\infty$.

Pour $x > 0$, on a $f(x) = x\ln\left(\frac{x+1}{x}\right) = x\ln(x+1) - x\ln(x)$.

D'après le cours, $\lim\limits_{x \to 0^+} x\ln(x) = 0$ et $x\ln(x+1) \xrightarrow[x \to 0^+]{} 0^2 = 0$, donc $\lim\limits_{x \to 0^+} f(x) = 0$.

Remarque

Pour $x < 0$, on a $f(x) = x\ln\left(\frac{x+1}{x}\right) = x\ln(-x-1) - x\ln(-x)$.

3) On sait que ln est dérivable en 1, donc $\lim\limits_{h \to 0} \frac{\ln(1+h) - \ln(1)}{h} = \ln'(1) = \frac{1}{1} = 1$.

Or, $\ln(1) = 0$, donc $\lim\limits_{h \to 0} \frac{\ln(1+h)}{h} = 1$.

Quand $x \to \pm\infty$, $h = 1/x \to 0$ et $\frac{\ln(1+h)}{h} = \frac{\ln(1+1/x)}{1/x} = f(x)$, donc $\lim\limits_{x \to \pm\infty} f(x) = 1$.

4) Par composition, $x \mapsto \ln(1+1/x)$ est dérivable sur $\mathcal{D}$, donc f l'est aussi comme produit. Et pour tout $x \in \mathcal{D}$, on a :

$$\begin{aligned} f'(x) &= \ln\left(1+\tfrac{1}{x}\right) - x\frac{1}{x^2}\frac{1}{\left(1+\frac{1}{x}\right)} \\ &= \ln\left(1+\tfrac{1}{x}\right) - \frac{1}{x+1}. \end{aligned}$$

$x\left(1+\frac{1}{x}\right) = x+1$

Donc f est dérivable deux fois sur $\mathcal{D}$ et pour tout $x \in \mathcal{D}$, on a :

$$\begin{aligned} f''(x) &= -\frac{1}{x^2}\frac{1}{\left(1+\frac{1}{x}\right)} + \frac{1}{(x+1)^2} \\ &= -\frac{1}{x(x+1)} + \frac{1}{(x+1)^2} \\ &= -\frac{1}{x(x+1)^2}. \end{aligned}$$

$x^2\left(1+\frac{1}{x}\right) = x(x+1)$

$-(x+1)+x = -1$

• Pour $x < -1$, $f''(x) > 0$, donc f' est croissante sur $]-\infty, -1[$.
Comme $f'(x) = \ln\left(1+\frac{1}{x}\right) - \frac{1}{x+1} \xrightarrow[x\to-\infty]{} 0$, on en déduit $f' > 0$ sur cet intervalle.
D'où f est croissante sur $]-\infty, -1[$.

• Pour $x > 0$, $f''(x) < 0$, donc f' est décroissante sur $]0, +\infty[$. Comme $\lim\limits_{+\infty} f' = 0$, on en déduit $f' > 0$ sur cet intervalle. Donc f est croissante sur $]0, +\infty[$.

En résumé* :

x	$-\infty$		-1		0		$+\infty$
$f''(x)$		$+$	‖		‖	$-$	
$f'(x)$	0	$\nearrow$	$+\infty$ ‖		‖ $+\infty$	$\searrow$	0
$f(x)$	1	$\nearrow$	$+\infty$ ‖		‖ 0	$\nearrow$	1

Exercice 6

1) Remarquons que pour tout $x > 1/\mathrm{e}$, $\ln(x) > -1$, donc $f(x) > 0$.
Si $x \to 1/\mathrm{e}$, $\ln(x)+1 \to 0$. D'après ces deux renseignements, $\lim\limits_{\substack{x \to 1/\mathrm{e} \\ x>1/\mathrm{e}}} f(x) = +\infty$.

On sait que $\lim\limits_{x\to+\infty} \frac{x}{\ln(x)} = +\infty$. Donc $f(x) = \frac{x}{\ln(x)} \cdot \frac{1}{1+1/\ln(x)} \xrightarrow[x\to+\infty]{} +\infty$.

2) La fonction est dérivable sur $]1/\mathrm{e}, +\infty[$ (comme quotient de fonctions dérivables) et pour $x > 1/\mathrm{e}$:

$$f'(x) = \frac{\ln(x)+1-x/x}{(\ln(x)+1)^2} = \frac{\ln(x)}{(\ln(x)+1)^2}.$$

*Bien qu'elles ne soient pas utiles pour les questions posées, on a fait figurer les limites de f' en -1 et 0.

Le signe de la dérivée ne dépendant que de celui du logarithme, on obtient le tableau de variations suivant :

x	$1/\mathrm{e}$		1		$+\infty$
$f'(x)$	‖	$-$	0	$+$	
$f(x)$	‖ $+\infty$	↘	$f(1)$	↗	$+\infty$

Le tableau montre que f admet minimum valant $f(1) = 1$. Et f n'est pas majorée.

3) La dérivée f' est dérivable sur $]1/\mathrm{e}, +\infty[$ et pour $x > 1/e$:

$$f''(x) = \frac{(\ln(x)+1)^2/x - 2\ln(x)(\ln(x)+1)/x}{(\ln(x)+1)^4} = \frac{1-\ln(x)}{x(\ln(x)+1)^3}.$$

Sur $]1/\mathrm{e}, +\infty[$ le signe de f'' étant celui de $1 - \ln(x)$, on obtient le tableau de variations suivant :

x	$1/\mathrm{e}$		e		$+\infty$
$f''(x)$	‖	$+$	0	$-$	
$f'(x)$	‖ $-\infty$	↗	$f'(\mathrm{e})$	↘	0

Le tableau montre que f' admet maximum valant $f(\mathrm{e}) = 1/4$. Et f' n'est pas minorée.

Remarque
Étudier $g :]-1, +\infty[\to \mathbb{R}, t \mapsto \frac{t}{(t+1)^2}$ et utiliser $f'(x) = g\big(\ln(x)\big)$, aurait simplifié légèrement les calculs.

Exercice 7

1) La fonction $g : x \mapsto 2x^3 - 6\ln x + 3$ est dérivable sur $]0, +\infty[$ et :

$$\forall x > 0, \quad g'(x) = 6x^2 - 6\frac{1}{x} = 6\frac{x^3-1}{x}.$$

D'où le tableau de variations suivant :

x	0		1		$+\infty$
$g(x)$	‖ $+\infty$	↘	5	↗	$+\infty$

Donc g admet un minimum valant $g(1) = 5$. En particulier, g est strictement positive sur $]0, +\infty[$.

2) Comme $\lim\limits_{x\to 0^+} \ln(x) = -\infty$ et $\lim\limits_{x\to 0^+} 1/x^2 = +\infty$, on a $\lim\limits_{0^+} f = -\infty$.

Comme $\lim\limits_{x\to +\infty} \dfrac{\ln(x)}{x^2} = 0$, on a $\lim\limits_{+\infty} f = +\infty$.

3) La fonction f est dérivable sur $]0, +\infty[$. Et pour $x > 0$:

$$f'(x) = 2 + 3\frac{x - 2x\ln(x)}{x^4} = \frac{g(x)}{x^3} \geqslant 0.$$

D'où le tableau de variations suivant :

x	0	$+\infty$
$f(x)$	$-\infty$ ↗	$+\infty$

4) On a $f(x) - 2x = 3\frac{\ln x}{x^2}$, ce qui a le signe de $\ln(x)$. Donc $\mathcal{C}$ est au-dessous de $\mathcal{D}$ pour les $x \in]0, 1]$ puis elle passe au-dessus.

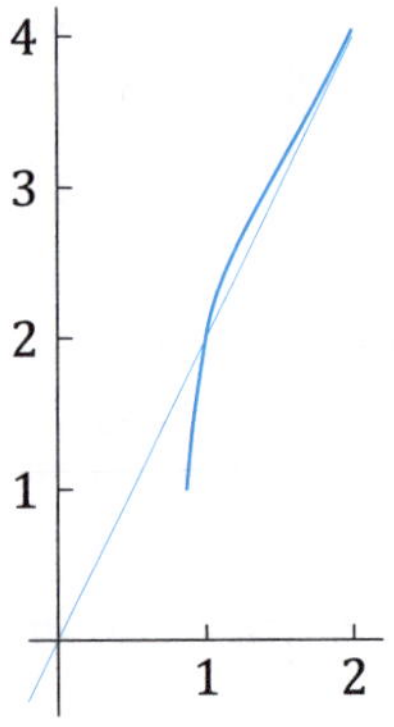

Exercices axés sur le raisonnement

Exercice 8

1) La fonction racine carrée est strictement positive et dérivable sur $]0, +\infty[$. Comme :

$$4 - x^2 > 0 \iff x \in]-2, 2[,$$

la fonction f est définie et dérivable sur $]-2, 2[$.
En écrivant $f(x) = x(4 - x^2)^{-1/2}$, on peut dériver f comme un produit et on a :

$$\forall x \in]-2, 2[, \quad f'(x) = (4 - x^2)^{-1/2} - \frac{1}{2}x(-2x)(4 - x^2)^{-3/2} = \frac{4 - x^2 + x^2}{(4 - x^2)^{3/2}}.$$

Donc $f' > 0$ sur $]-2,2[$ et f est strictement croissante sur $]-2,2[$.

Comme $\lim\limits_{x\to\pm 2} \frac{1}{\sqrt{4-y^2}} = +\infty$, on a $\lim\limits_{x\to -2^+} f(x) = -\infty$ et $\lim\limits_{x\to 2^-} f(x) = +\infty$.

La fonction f étant continue et strictement croissante sur $]-2,2[$, f est une bijection de $]-2,2[$ sur $]\lim\limits_{-2^+} f, \lim\limits_{2^-} f[=]-\infty,+\infty[$.

2) a) Puisque $f(0) = 0$, d'une part O appartient à $\mathcal{C}$ et d'autre part, on a aussi $0 = g(0)$. Donc $g(0) = 0$ et O appartient aussi à $\mathcal{E}$.

b) Pour $x \in]-2,2[$, on a $4 - f(x)^2 = 4 - \frac{x^2}{4-x^2} = \frac{16-5x^2}{4-x^2}$.

On a alors (sous réserve que $f(x) \in]-2,2[$) :

$$\begin{aligned} f(f(x)) &= \frac{f(x)}{\sqrt{4-f(x)^2}} \\ &= \frac{x}{\sqrt{4-x^2}} \cdot \sqrt{\frac{4-x^2}{16-5x^2}} \\ &= \frac{x}{\sqrt{16-5x^2}}. \end{aligned}$$

D'où :

$$f(f(x)) = x \iff (x = 0 \text{ ou } \sqrt{16-5x^2} = 1) \iff (x = 0 \text{ ou } x^2 = 3).$$

Pour $x = 0$, $f(0) = 0$, donc $f(f(0))$ existe (et vaut 0).

Pour $x = \sqrt{3}$, $f(\sqrt{3}) = \frac{\sqrt{3}}{\sqrt{4-3}} = \sqrt{3}$. Donc $f(f(\sqrt{3}))$ existe (et vaut $\sqrt{3}$).

Il en va de même pour $-\sqrt{3}$. L'équation $f(f(x)) = x$ a trois solutions $-\sqrt{3}$, 0 et $\sqrt{3}$.

Si un point d'abscisse x appartient aux deux courbes, alors $f(x) = g(x)$.

D'où $f(f(x)) = f(g(x))$, puis $f(f(x)) = x$, car g est la bijection réciproque de f.

Donc $x \in \{-\sqrt{3}, 0, \sqrt{3}\}$.

Réciproquement, pour ces trois valeurs, on a vu qu'on avait $f(x) = x$. Donc, on a aussi $x = g(x)$ et, en particulier, on a $f(x) = g(x)$.

Il y a trois points communs aux deux courbes qui sont O, $A(\sqrt{3}, \sqrt{3})$ et $B(-\sqrt{3}, -\sqrt{3})$.

c) Ci-dessous les deux courbes sur le même dessin.

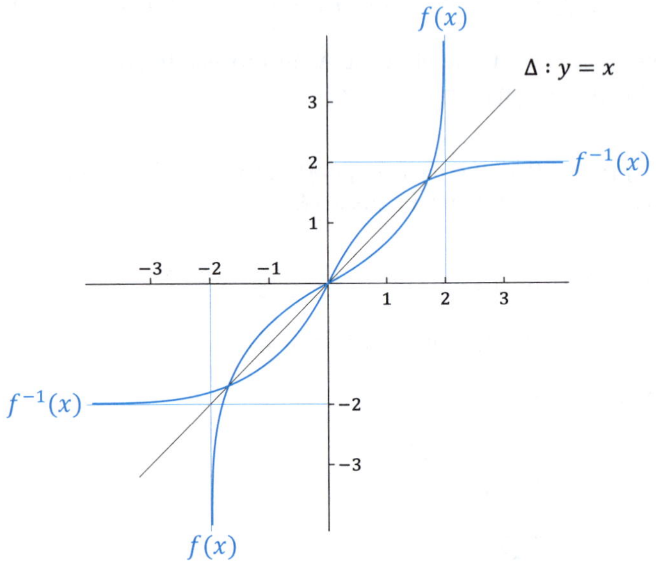

3) Expression explicite de $g(y)$

Pour $y \in \mathbb{R}$ et $x \in]-2,2[$, on a :

$$f(x) = y \quad \Longrightarrow \quad \frac{x^2}{4-x^2} = y^2 \quad \Longrightarrow \quad (1+y^2)x^2 = 4y^2.$$

Donc, si $f(x) = y$, alors $x = \pm\frac{2y}{\sqrt{1+y^2}}$.

a) Soit $y > 0$. On note $x = g(y)$ l'unique solution de l'équation $f(x) = y$.
Comme $\frac{x}{\sqrt{4-x^2}} = y$, on a $x > 0$.
Compte tenu de ces deux renseignements, $x = \frac{2y}{\sqrt{1+y^2}}$. Donc $g(y) = \frac{2y}{\sqrt{1+y^2}}$ pour $y > 0$.

b) De même, pour $y < 0$, $g(y) = \frac{2y}{\sqrt{1+y^2}}$, car en notant $x = g(y)$, on a $x < 0$ et $f(x) = y$.

Exercice 9

1) La fonction $f : x \mapsto \ln(x)/x$ est dérivable (comme quotient) sur $[1,+\infty[$ et pour $x \geqslant 1$:

$$f'(x) = \frac{\frac{1}{x}x - \ln(x)}{x^2} = \frac{1-\ln(x)}{x^2}.$$

On sait que $\lim_{x \to +\infty} \frac{\ln(x)}{x} = 0$. On obtient le tableau suivant :

x	0	e	$+\infty$
$f(x)$	0 ↗	$1/\mathrm{e}$	↘ 0

Ci-dessous la courbe représentative de f :

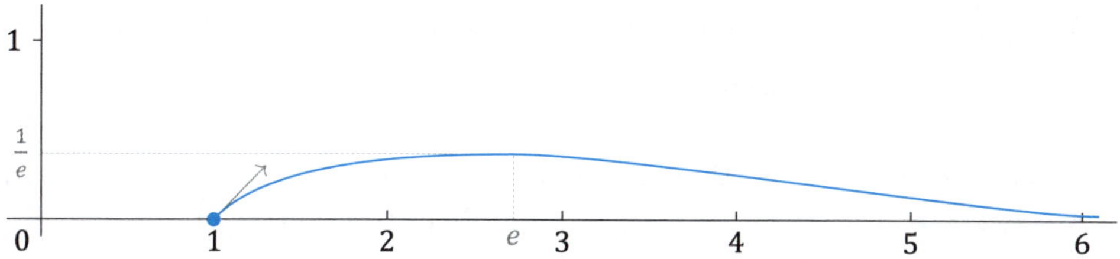

2) Pour x et y dans $[1, +\infty[$, on a :

$$\begin{aligned} x^y = y^x &\iff \mathrm{e}^{y\ln(x)} = \mathrm{e}^{x\ln(y)} \\ &\iff y\ln(x) = x\ln(y) \quad \text{exp est bijective} \\ &\iff \ln(x)/x = \ln(y)/y. \quad x \text{ et } y \text{ sont non nuls} \end{aligned}$$

3) Soient n et m dans $\mathbb{N}^*$ tels que $n^m = m^n$ et $n < m$.

On a donc $f(n) = f(m)$. Comme f est strictement croissante sur $[1, \mathrm{e}[$ et strictement décroissante sur $[\mathrm{e}, +\infty[$, on a $n \in [1, \mathrm{e}[$ et $m \in [\mathrm{e}, +\infty[$. Comme $n \in \mathbb{N}^*$ et $\mathrm{e} \approx 2,71$, seuls deux cas sont possibles $n = 1$ et $n = 2$.

• Pour $n = 1$, comme $f(1) = 0$, il n'existe pas de réel $x \geqslant \mathrm{e}$ tel que $f(x) = f(1)$.

A fortiori, aucun entier $m \geqslant 3$ ne vérifie $1^m = m^1$ (ce qui est visible directement).

• Pour $n = 2$, $f(2) = \ln(2)/2$. Comme $\ln(2)/2 \in]0, 1/\mathrm{e}[$, il existe un unique réel $x_0 \geqslant \mathrm{e}$ tel que $f(x) = \ln(2)/2$.

On constate que $f(4) = \ln(4)/4 = 2\ln(2)/4 = \ln(2)/2$. Donc $x_0 = 4$.

On pouvait rédiger en disant que $2^4 = 16 = 4^2$.

En conclusion, le couple $(2, 4)$ est l'unique couple d'entiers naturels non nuls tels que $n^m = m^n$ et $n < m$.

Exercices avec questions ouvertes

Exercice 10

1) • Cas $b = a$

On a alors pour tout $x \in \mathbb{R}$, $f(x) = a\big(\mathrm{ch}(x) + \mathrm{sh}(x)\big) = a\mathrm{e}^x$. Donc $f = a\exp$.

• Cas $b = -a$

On a alors pour tout $x \in \mathbb{R}$, $f(x) = a\big(\mathrm{ch}(x) - \mathrm{sh}(x)\big) = a\mathrm{e}^{-x}$. Donc $f : x \mapsto a\mathrm{e}^{-x}$.

2) • Analyse

On suppose que pour tout $x \in \mathbb{R}$, $a\,\mathrm{ch}(x) + b\,\mathrm{sh}(x) = A\,\mathrm{ch}(x+\varphi)$.

On a $\mathrm{ch}(x+\varphi) = \frac{\mathrm{e}^{x+\varphi}+\mathrm{e}^{-x-\varphi}}{2} = \frac{\mathrm{e}^{\varphi}\mathrm{e}^{x}+\mathrm{e}^{-\varphi}\mathrm{e}^{-x}}{2}$.

Donc, on a pour tout $x \in \mathbb{R}$:

$$(a+b-A\mathrm{e}^{\varphi})\mathrm{e}^{x} + (a-b-A\mathrm{e}^{-\varphi})\mathrm{e}^{-x} = 0.$$

En utilisant la limite quand x tend vers $+\infty$, on obtient $a+b-A\mathrm{e}^{\varphi} = 0$.

De même, avec la limite en $-\infty$, $a-b-A\mathrm{e}^{-\varphi} = 0$.

Donc $\begin{cases} A\mathrm{e}^{\varphi} = a+b \\ A\mathrm{e}^{-\varphi} = a-b \end{cases}$. En faisant le produit, on obtient $A^2 = (a+b)(a-b) = a^2-b^2$.

Donc $a^2-b^2 \geqslant 0$. Comme $b^2 \neq a^2$, $a^2 > b^2$.

• Synthèse

On suppose que $a^2 > b^2$. On note ε le signe commun de $a-b$ et de $a+b$. On pose $A = \varepsilon\sqrt{a^2-b^2}$. On a alors $\frac{a+b}{A} = \varepsilon\frac{a+b}{\sqrt{a^2-b^2}} > 0$. On pose $\varphi = \ln\left(\frac{a+b}{A}\right)$.

On a alors $A\mathrm{e}^{\varphi} = A\frac{a+b}{A} = a+b$ et $A\mathrm{e}^{-\varphi} = A\frac{A}{a+b} = \frac{a^2-b^2}{a+b} = a-b$.

Donc. pour tout $x \in \mathbb{R}$:

$$A\,\mathrm{ch}(x+\varphi) = A\frac{\mathrm{e}^{\varphi}\mathrm{e}^{x}+\mathrm{e}^{-\varphi}\mathrm{e}^{-x}}{2} = a\,\mathrm{ch}(x) + b\,\mathrm{sh}(x).$$

En conclusion, pour $a^2 \neq b^2$, il existe A et φ tels que $f : x \mapsto A\,\mathrm{ch}(x+\varphi)$ si, et seulement si, $a^2 > b^2$.

Exercice 11

• Analyse

On suppose que f est T-périodique ($T > 0$). On sait que f est deux fois dérivable sur $\mathbb{R}$ et que f'' est également T-périodique.

Par linéarité de la dérivation, on a pour tout $t \in \mathbb{R}$, $f''(t) = -\omega^2\cos(\omega t) - \cos(t)$.

D'où $f''(t) + \omega^2 f(t) = (\omega^2-1)\cos(t)$. Donc T est une période de $(\omega^2-1)\cos$.

Si $\omega = 1$, il est clair que f est périodique, car $f = 2\cos$.

Sinon, $\omega^2 \neq 1$, donc T est une période de cos. D'où T est un multiple entier (non nul) de 2π.
Alors T est aussi une période de $f - \cos$, donc de $g : t \mapsto \cos(\omega t)$. Donc T est un multiple entier de $T_0 = 2\pi/\omega$ qui est la période de g.
Il existe $p \in \mathbb{N}^*$ et $q \in \mathbb{N}^*$ tels que $q2\pi = T = p2\pi/\omega$, donc $\omega = p/q$.
Cela est valable également pour le cas $\omega = 1$.

• Synthèse

Soient $p \in \mathbb{N}^*$ et $q \in \mathbb{N}^*$. On suppose que $\omega = p/q$.
On constate que $2\pi q$ est une période de $g : t \mapsto \cos(\omega t)$:

$$\forall t \in \mathbb{R}, \quad \cos\big(\omega(t+2\pi q)\big) = \cos(\omega t + 2\pi p) = \cos(\omega t).$$

Étant également une période de cos, $2\pi q$ est une période de f.

En conclusion, on a montré : f est périodique si, et seulement si, $\omega \in \mathbb{Q}$.

Exercice 12

1) Soit $M(x, y)$ un point de l'intersection entre $\mathcal{C}$ et la première bissectrice.
On a $y = f(x)$ et $y = x$, donc $f(x) = x$. D'où $x = f^{-1}(x)$ et $M(x, y)$ est un point de $\mathcal{E}$, car $y = f^{-1}(x)$.

2) • **Cas f strictement croissante**

On va montrer que si $f(x) \neq x$, alors $f(x) \neq f^{-1}(x)$:

Soit $x \in I$ tel que $f(x) \neq x$. On a $f(x) > x$ ou $f(x) < x$.

• Premier cas $f(x) > x$.

Comme f^{-1} est également croissante, on a $x > f^{-1}(x)$. En particulier, par transitivité de la relation d'ordre, $f(x) > f^{-1}(x)$.

• Second cas $f(x) < x$.

De même, on obtient $x < f^{-1}(x)$. En particulier, $f(x) < f^{-1}(x)$.

Dans tous les cas, $f(x) \neq f^{-1}(x)$.

On a montré qu'un point de $\mathcal{C}$ qui n'appartient pas à la première bissectrice, n'appartient pas à $\mathcal{E}$.

Pour f strictement croissante bijective, il n'y a pas de points de $\mathcal{C} \cap \mathcal{E}$ n'appartenant pas à la première bissectrice.

• **Cas f strictement décroissante**

Dans ce cas, il est possible d'avoir des points de $\mathcal{C} \cap \mathcal{E}$ n'appartenant pas à la première bissectrice. Considérons l'exemple de $f : x \mapsto 1/x$ sur $I =]0, +\infty[$. Il est clair que f est bijective de I sur lui-même et que $f^{-1} = f$.

Donc $\mathcal{C} = \mathcal{E}$ et seul le point $(1, 1)$ appartient à la première bissectrice.

Pour f strictement décroissante bijective, il est possible que des points de $\mathcal{C} \cap \mathcal{E}$ n'appartiennent pas à la première bissectrice.

Remarque

Un autre contre-exemple est $-\mathrm{Id}_{\mathbb{R}}$ ou, plus généralement, toute fonction de la forme $f : x \mapsto -x + b$ où $b \in \mathbb{R}$.

« *f et f^{-1} ont leurs courbes symétriques par rapport à $\Delta : y = x$* »

Fonctions circulaires réciproques 5

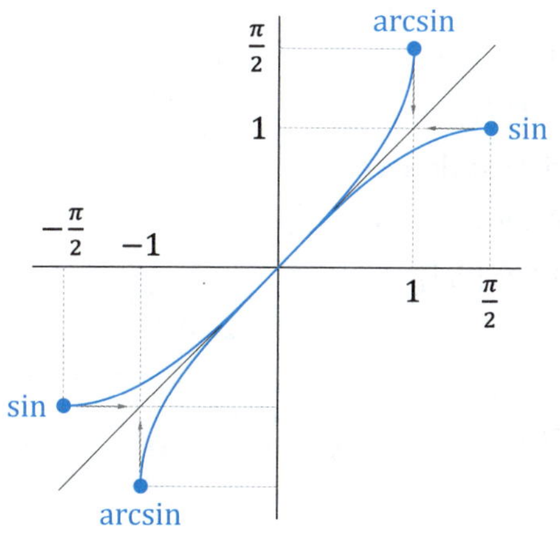

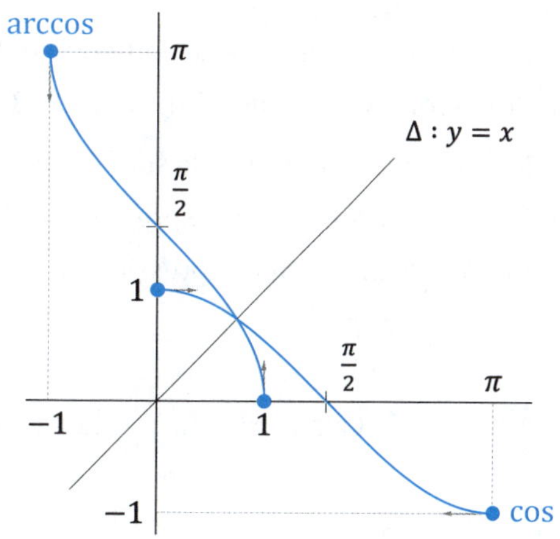

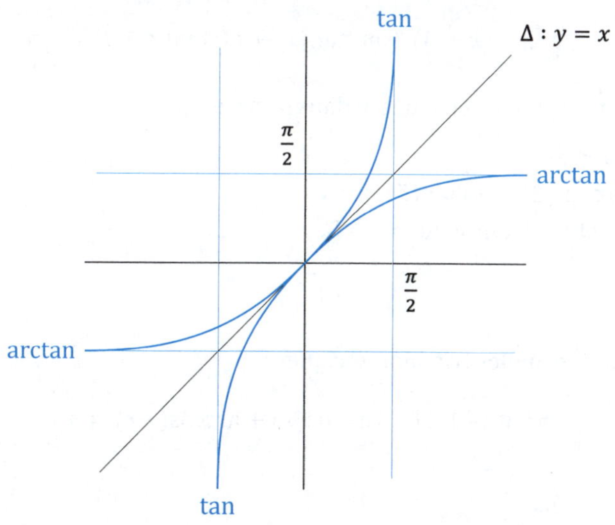

Exercices axés sur le calcul

Exercice 1

Soit $x \in \mathbb{R}$. On pose $t = \arctan\big(\operatorname{sh}(x)\big)$.
Calculer $\tan(t)$, $\cos(t)$ et $\sin(t)$ en fonction de x.

Exercice 2

Soit $f : x \mapsto \arccos\big(\operatorname{th}(x)\big) + 2\arctan(\mathrm{e}^x)$.
Montrer que f est constante sur $\mathbb{R}$ et préciser sa valeur.

Exercice 3

Soit $f : x \mapsto \arcsin\left(\frac{2x}{1+x^2}\right)$.

1) Déterminer le domaine de définition et la parité de f.
2) Préciser les valeurs de $f(0)$, $f(1)$, $f\big(\sqrt{3}\,\big)$ et de $\lim\limits_{+\infty} f$.
3) Monter que f est dérivable sur $[1, +\infty[$ et préciser sa dérivée.
4) Pour $x > 1$, donner une expression de $f(x)$ à l'aide de arctan.
5) Donner de même une expression de $f(x)$ pour $x \in [0, 1[$.
6) Représenter f.

Exercice 4

Calculer $\theta = \arctan(2) + \arctan(3)$.

Exercice 5

1) Montrer que l'équation d'inconnue $x \in \mathbb{R}$:

$$\arctan(x-3) + \arctan(x) + \arctan(x+3) = \frac{5}{4}\pi$$

admet une solution et une seule notée dans la suite x_0.

2) Montrer que $x_0 > 4$.
3) On pose $\alpha = \arctan(2) + \arctan(5)$.
Calculer $\tan(\alpha)$ et en déduire que $x_0 = 5$.

Exercice 6

Montrer, à l'aide des formules trigonométriques :

$$\forall x \in [-1, 1], \quad \arccos(x) + \arccos(-x) = \pi.$$

Exercice 7

Montrer, en utilisant la dérivation :

$$\forall x \in [-1, 1], \quad \arcsin(x) + \arccos(x) = \pi/2.$$

Exercice 8

Pour x réel tel que $\sin(x) \neq 0$, on pose

$$f(x) = \arctan\left(\frac{1 - \cos(x)}{\sin(x)}\right).$$

1) Vérifier que f est 2π-périodique et que f est impaire.
2) En remarquant que $\cos(x) = 1 - 2\sin^2(x/2)$, exprimer $\frac{1-\cos(x)}{\sin(x)}$ à l'aide de $x/2$.
3) Soit $x \in]0, \pi[$. Donner une expression simple de $f(x)$.
4) Représenter f sur $]-3\pi, 3\pi[$.
5) Que vaut $f\left(\frac{3}{2}\pi\right)$?

Exercices axés sur le raisonnement

Exercice 9 ⋆

1) Soit $x \in \mathbb{R}^+$. On pose $y = \pi - \arcsin\left(\frac{2\sqrt{x}}{1+x}\right)$.
   Simplifier $\sin(y)$ puis $\cos(y)$.
2) En déduire les $x \geqslant 0$ solutions de l'équation :

$$\arccos\left(\frac{1-x}{1+x}\right) + \arcsin\left(\frac{2\sqrt{x}}{1+x}\right) = \pi.$$

Exercice 10 Dessiner le graphe de $t \mapsto \arcsin\big(\sin(t)\big)$.

Exercices avec questions ouvertes

Exercice 11

Soient x et y deux réels.
Que peut-on dire du réel $\arctan(x) + \arctan(y)$?

Corrections

Exercices axés sur le calcul

Exercice 1

Comme $t = \arctan(\text{sh}(x))$, $\tan(t) = \text{sh}(x)$.

D'une part, on sait que $\frac{1}{\cos^2(t)} = 1 + \tan^2(t) = 1 + \text{sh}^2(x) = \text{ch}^2(x)$.

D'autre part, $t \in \left]-\frac{\pi}{2}, \frac{\pi}{2}\right[$, donc $\cos(t) > 0$.

Puisque $\text{ch}(x) > 0$, on en déduit $\cos(t) = \frac{1}{\text{ch}(x)}$.

Enfin, $\sin(t) = \cos(t)\tan(t) = \frac{\text{sh}(x)}{\text{ch}(x)} = \text{th}(x)$.

Exercice 2

La fonction th étant à valeurs dans $]-1, 1[$, f est dérivable sur $\mathbb{R}$ comme somme et composée de fonctions dérivables.

Pour tout $x \in \mathbb{R}$, on a :

$$\begin{aligned}
f'(x) &= -\frac{\text{th}'(x)}{\sqrt{1-\text{th}^2(x)}} + 2\frac{e^x}{1+e^{2x}} && \text{th}' = 1 - \text{th}^2 \\
&= -\sqrt{1-\text{th}^2(x)} + 2\frac{e^x}{1+e^{2x}} && 1 - \text{th}^2 = \frac{\text{ch}^2 - \text{sh}^2}{\text{ch}^2} \\
&= -\frac{1}{\text{ch}(x)} + 2\frac{e^x}{1+e^{2x}} && 1 - \text{th}^2 = \frac{\text{ch}^2 - \text{sh}^2}{\text{ch}^2} \\
&= -\frac{2}{e^x+e^{-x}} + 2\frac{e^x}{1+e^{2x}} && 1 + e^{2x} = e^x(e^x + e^{-x}) \\
&= 0.
\end{aligned}$$

Donc f est constante. Comme $f(0) = \arccos(0) + 2\arctan(1) = \frac{\pi}{2} + 2\frac{\pi}{4}$, on a :

$$\forall x \in \mathbb{R}, \quad \arccos(\text{th}(x)) + 2\arctan(e^x) = \pi.$$

Exercice 3

1) Classiquement, pour tout $x \in \mathbb{R}$, $|2x| \leqslant 1 + x^2$ (voir exercice 2 du chapitre 3).

Donc, pour tout $x \in \mathbb{R}$, $-1 \leqslant \frac{2x}{1+x^2} \leqslant 1$.

La fonction arcsin étant définie sur $[-1, 1]$, f est définie sur $\mathbb{R}$.

La fonction arcsin étant impaire, f l'est aussi :

$$\forall x \in \mathbb{R}, \quad f(-x) = \arcsin\left(\frac{-2x}{1+x^2}\right) = -\arcsin\left(\frac{2x}{1+x^2}\right) = -f(x).$$

2) On a $f(0) = \arcsin(0) = 0$ et $f(1) = \arcsin(1) = \pi/2$.
Et $f(\sqrt{3}) = \arcsin(\sqrt{3}/2) = \pi/3$, car $\sin(\pi/3) = \sqrt{3}/2$ et $\pi/3 \in [-\pi/2, \pi/2]$.
On a $\frac{2x}{1+x^2} \xrightarrow[x\to+\infty]{} 0$, donc $f(x) \xrightarrow[x\to+\infty]{} \arcsin(0)$, car arcsin est continue en 0.
Donc $\lim\limits_{+\infty} f = 0$.

3) On a pour tout $x > 1$, $0 < \frac{2x}{1+x^2} \leqslant 1$ et :

$$\frac{2x}{1+x^2} = 1 \iff 1 + x^2 - 2x = 0 \iff (x-1)^2 = 0 \iff x = 1.$$

Pour $x \in]1, +\infty[$, $\frac{2x}{1+x^2} \in]0, 1[$.
Comme arcsin est dérivable sur $]-1, 1[$, f est dérivable sur $]1, +\infty[$ par composition.
En notant $g(x) = \frac{2x}{1+x^2}$, on a :

$$g'(x) = \frac{2(1+x^2) - 2x(2x)}{(1+x^2)^2} = 2\frac{1-x^2}{(1+x^2)^2}.$$

Et :

$$\begin{aligned} 1 - g(x)^2 &= 1 - \frac{4x^2}{(1+x^2)^2} \\ &= \frac{1+x^4+2x^2-4x^2}{(1+x^2)^2} \\ &= \frac{(1-x^2)^2}{(1+x^2)^2}. \end{aligned}$$

$(1+x^2)^2 = 1 + x^4 + 2x^2$

$1 + x^4 - 2x^2 = (1-x^2)^2$

Comme $x > 1$, on a $\sqrt{1 - g(x)^2} = \frac{x^2-1}{1+x^2}$ et donc :

$$f'(x) = g'(x)\frac{1}{\sqrt{1-g(x)^2}} = 2\frac{1-x^2}{(1+x^2)^2} \cdot \frac{1+x^2}{x^2-1} = -2\frac{1}{1+x^2}.$$

4) Il existe une constante C telle que pour tout $x > 1$, $f(x) = -2\arctan(x) + C$.
Comme $\lim\limits_{+\infty} \arctan = \pi/2$ et $\lim\limits_{+\infty} f = 0$, on a $C = \pi$.

$$\forall x > 1, \quad f(x) = -2\arctan(x) + \pi.$$

On aurait pu également utiliser $f(\sqrt{3})$ pour déterminer C.

5) On montre de même que pour $x \in [0, 1[$, $0 \leqslant \frac{2x}{1+x^2} < 1$, donc f est dérivable sur $[0, 1[$ par composition. Pour $x \in [0, 1[$, $1 - x^2 \geqslant 0$, donc $\sqrt{1 - g(x)^2} = \frac{1-x^2}{1+x^2}$, puis $f'(x) = 2\frac{1}{1+x^2}$.
Il existe une constante C telle que pour tout $x \in [0, 1[$, $f(x) = 2\arctan(x) + C$. Comme $f(0) = 0$ et $\arctan(0) = 0$, on en déduit $C = 0$. Donc :

$$\forall x \in [0, 1[, \quad f(x) = 2\arctan(x).$$

6) On remarquera que f est continue sur $\mathbb{R}$, mais n'est pas dérivable en 1 et en -1.

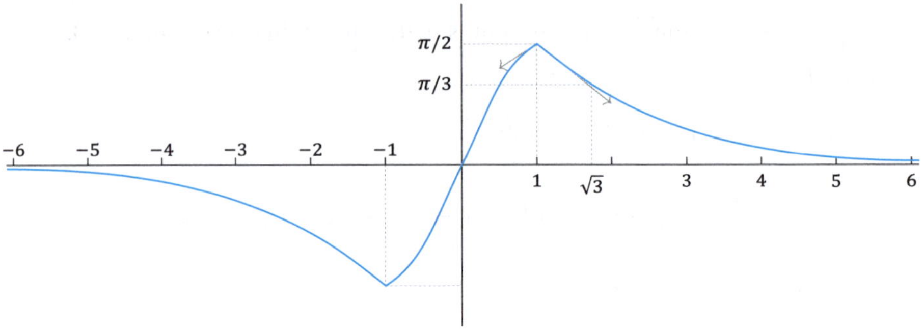

Exercice 4

On sait que arctan est croissante sur $\mathbb{R}$, à valeurs dans $]-\pi/2, \pi/2[$ et que $\arctan(1) = \pi/4$.
Donc $\pi/2 < \theta = \arctan(2) + \arctan(3) < \pi$.
De plus :

$$\begin{aligned}
\tan(\theta) &= \tan\left(\arctan(2) + \arctan(3)\right) && \tan(a+b) = \tfrac{\tan(a)+\tan(b)}{1-\tan(a)\tan(b)} \\
&= \tfrac{\tan(\arctan(2))+\tan(\arctan(3))}{1-\tan(\arctan(2))\tan(\arctan(3))} && \tan\big(\arctan(x)\big) = x \\
&= \tfrac{2+3}{1-6} \\
&= -1.
\end{aligned}$$

Donc $\tan(\theta) = -\tan(\pi/4) = \tan(-\pi/4) = \tan(3\pi/4)$.
Comme θ et $3\pi/4$ appartiennent à $]\pi/2, 3\pi/2[$ et ont la même tangente, ils sont égaux :

$$\arctan(2) + \arctan(3) = \frac{3\pi}{4}.$$

Exercice 5

1) La fonction $f : x \mapsto \arctan(x-3) + \arctan(x) + \arctan(x+3)$ est continue et strictement croissante sur $\mathbb{R}$. C'est une bijection de $\mathbb{R}$ sur $]\lim\limits_{-\infty} f, \lim\limits_{+\infty} f[=]-3\pi/2, 3\pi/2[$.

   Comme $5\pi/4 \in]-3\pi/2, 3\pi/2[$, il existe un unique $x_0 \in \mathbb{R}$ tel que $f(x_0) = 5/\pi 4$.

2) On a :

$$\begin{aligned}
f(4) &= \arctan(1) + \arctan(4) + \arctan(7) && \arctan(1) = \pi/4 \\
&= \pi/4 + \arctan(4) + \arctan(7) && \arctan(x) < \pi/2 \\
&< \pi/4 + \pi.
\end{aligned}$$

   Donc $f(4) < 5\pi/4 = f(x_0)$ et, f étant strictement croissante sur $\mathbb{R}$, $4 < x_0$.

3) Comme $\alpha = \arctan(2) + \arctan(5) \in]\pi/2, \pi[$, $\tan(\alpha)$ existe et on a :

$$\begin{aligned}\tan(\alpha) &= \tan\big(\arctan(2) + \arctan(5)\big) \\ &= \frac{\tan(\arctan(2)) + \tan(\arctan(5))}{1 - \tan(\arctan(2))\tan(\arctan(5))} \\ &= \frac{2+5}{1-10} \\ &= -7/9.\end{aligned}$$

$\tan(a+b) = \frac{\tan(a)+\tan(b)}{1-\tan(a)\tan(b)}$

$\tan\big(\arctan(x)\big) = x$

Puis, de même :

$$\begin{aligned}\tan\big(f(5)\big) &= \tan\big(\alpha + \arctan(8)\big) \\ &= \frac{\tan(\alpha) + \tan(\arctan(8))}{1 - \tan(\alpha)\tan(\arctan(8))} \\ &= \frac{-7/9 + 8}{1 + 7/9 \cdot 8} \\ &= \frac{72-7}{56+9}.\end{aligned}$$

$\tan(a+b) = \frac{\tan(a)+\tan(b)}{1-\tan(a)\tan(b)}$

$\tan(\alpha) = -7/9$

Tous calculs faits, on a $\tan\big(f(5)\big) = 1$.

Comme $\frac{3}{4}\pi < f(5) < \frac{3}{2}\pi$, on a $f(5) = \frac{5}{4}\pi$. D'où $x_0 = 5$.

Exercice 6

Soit $x \in [-1, 1]$. Posons $y = \pi - \arccos(-x)$.
La fonction arccos étant à valeurs dans $[0, \pi]$, on a $y \in [\pi - \pi, \pi - 0] = [0, \pi]$. De plus :

$$\cos(y) = -\cos\big(\arccos(-x)\big) = -(-x) = x.$$

D'après ces deux résultats, $y = \arccos(x)$, donc :

$$\arccos(x) + \arccos(-x) = \pi.$$

Exercice 7

Notons $f = \arcsin + \arccos$. Les fonctions arcsin et arccos étant continues sur $[-1, 1]$ et dérivables sur $]-1, 1[$, f l'est aussi.
De plus, f' est nulle sur l'ouvert $]-1, 1[$:

$$\forall x \in]-1, 1[, \quad f'(x) = -\frac{1}{\sqrt{1-x^2}} + \frac{1}{\sqrt{1-x^2}} = 0.$$

Étant de plus continue sur le segment $[-1, 1]$, f est constante sur $[-1, 1]$.
Pour tout $x \in [-1, 1]$, $f(x) = f(0) = \arcsin(0) + \arccos(0) = 0 + \pi/2$. Donc :

$$\forall x \in [-1, 1], \quad \arcsin(x) + \arccos(x) = \pi/2.$$

Exercice 8

1) Les fonctions cosinus et sinus étant 2π-périodiques, f l'est aussi.

Pour $x \in \mathbb{R}$, si $\sin(x) \neq 0$, alors $\sin(-x) \neq 0$ et on a :

$$\begin{aligned} f(-x) &= \arctan\left(\frac{1-\cos(-x)}{\sin(-x)}\right) \\ &= \arctan\left(\frac{1-\cos(x)}{-\sin(x)}\right) \\ &= -\arctan\left(\frac{1-\cos(x)}{\sin(x)}\right) \\ &= -f(x). \end{aligned}$$

(cos est paire, sin est impaire ; arctan est impaire)

Donc f est impaire.

2) On a $\cos(x) = 1 - 2\sin^2(x/2)$ et $\sin(x) = 2\cos(x/2)\sin(x/2)$. Donc :

$$\frac{1-\cos(x)}{\sin(x)} = \frac{2\sin^2(x/2)}{2\cos(x/2)\sin(x/2)} = \frac{\sin(x/2)}{\cos(x/2)} = \tan(x/2).$$

3) Soit $x \in]0, \pi[$. On a $f(x) = \arctan\big(\tan(x/2)\big)$ et $x/2 \in]0, \pi/2[$. Donc $f(x) = x/2$.

4) Ci-dessous, on a représenté f sur $]-3\pi, 3\pi[$. Rappelons que f n'est pas définie aux points $x = \pi + 2k\pi$ avec $k \in \mathbb{Z}$ et remarquons qu'on ne peut pas la prolonger en une fonction continue sur $\mathbb{R}$.

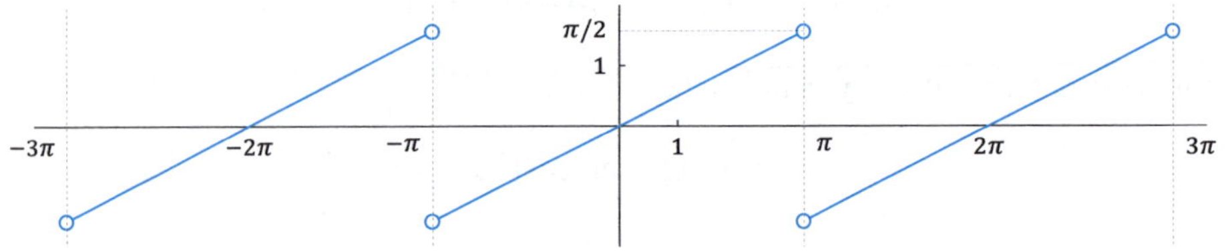

5) Par 2π-périodicité, on a :

$$\begin{aligned} f\left(\tfrac{3}{2}\pi\right) &= f\left(\tfrac{3}{2}\pi - 2\pi\right) \\ &= f\left(-\tfrac{\pi}{2}\right) \\ &= -f\left(\tfrac{\pi}{2}\right) \\ &= -\tfrac{\pi}{4}. \end{aligned}$$

(f est impaire ; d'après 3) car $\pi/2 \in]0, \pi[$)

Exercices axés sur le raisonnement

Exercice 9

1) Soit $x \in \mathbb{R}^+$. On pose $y = \pi - \arcsin\left(\frac{2\sqrt{x}}{1+x}\right)$.

Comme $\sin(\pi - \theta) = \sin(\theta)$, $\sin(y) = \sin\left(\arcsin\left(\frac{2\sqrt{x}}{1+x}\right)\right) = \frac{2\sqrt{x}}{1+x}$, car $\sin(\arcsin(t)) = t$.

On a $\cos^2(y) = 1 - \sin^2(y) = 1 - \frac{4x}{(1+x)^2} = \frac{(1+x)^2-4x}{(1+x)^2} = \frac{(1-x)^2}{(1+x)^2}$.

De plus, x étant positif, $\arcsin\left(\frac{2\sqrt{x}}{1+x}\right) \in [0, \pi/2]$, donc $y \in [\pi/2, \pi]$.

On en déduit que $\cos(y) \leqslant 0$. Donc $\cos(y) = -\left|\frac{1-x}{1+x}\right| = -\frac{|1-x|}{1+x}$, car $1 + x > 0$.

2) Comme $y \in [\pi/2, \pi]$ et $\cos(y) = -\frac{|1-x|}{1+x}$, on a $y = \arccos\left(-\frac{|1-x|}{1+x}\right)$.

On a donc :

$$\begin{aligned}
\arccos\left(\frac{1-x}{1+x}\right) = y &\iff \arccos\left(\frac{1-x}{1+x}\right) = \arccos\left(-\frac{|1-x|}{1+x}\right) \\
&\iff \frac{1-x}{1+x} = -\frac{|1-x|}{1+x} \\
&\iff -|1-x| = 1-x \\
&\iff 1 \leqslant x.
\end{aligned}$$

arccos est bijective

$|t| = -t \iff t \leqslant 0$

En conclusion : x est solution si, et seulement si, $x \geqslant 1$.

Exercice 10

Notons $f : t \mapsto \arcsin(\sin(t))$. La fonction sin est définie sur $\mathbb{R}$ à valeurs dans $[-1, 1]$ et arcsin est définie sur $[-1, 1]$. Donc f est définie sur $\mathbb{R}$.
La fonction sin étant 2π-périodique, f l'est aussi.
Les fonctions sin et arcsin étant impaires, f l'est aussi.
Il suffit d'étudier f sur $[0, \pi]$.
On sait que pour $t \in [0, \pi/2]$, $f(t) = t$, car arcsin est la bijection réciproque de la restriction de sin à $[-\pi/2, \pi/2]$.
Soit $t \in [\pi/2, \pi]$. On a $\sin(f(t)) = \sin(t)$, car $\sin(\arcsin(x)) = x$ pour tout $x \in [-1, 1]$.
Donc $f(t) \equiv t\ [2\pi]$ ou $f(t) \equiv \pi - t\ [2\pi]$.
Comme $f(t) \in [-\pi/2, \pi/2]$ et $t \in [\pi/2, \pi]$, la seule possibilité est $f(t) = \pi - t$.

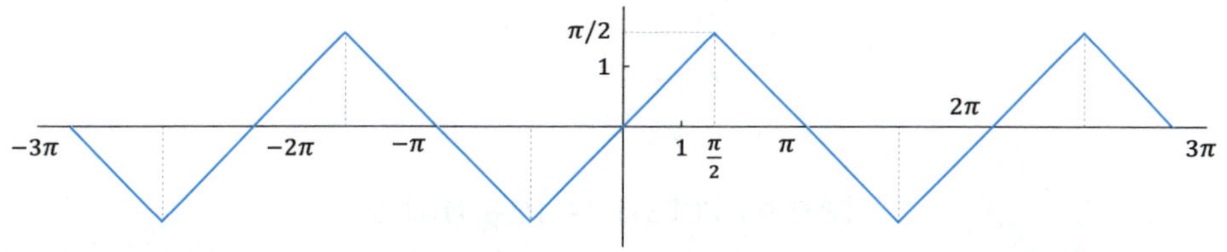

Exercices avec questions ouvertes

Exercice 11

La fonction arctan étant à valeurs dans $]-\pi/2, \pi/2[$, $\arctan(x) + \arctan(y) =]-\pi, \pi[$.

• Cas $\arctan(x) + \arctan(y) = \pi/2$

Si $x \leqslant 0, \pi/2 - \arctan(x) \geqslant 0$. Il n'existe pas de $y \in \mathbb{R}$ tel que $\arctan(x) + \arctan(y) = \pi/2$.
Sinon, $\pi/2 - \arctan(x) \in]0, \pi/2[$, donc il admet un antécédent par arctan. Il existe un unique réel y tel que $\arctan(y) = \pi/2 - \arctan(x)$.
Ce réel y vérifie $y = \tan\big(\pi/2 - \arctan(x)\big) = \frac{1}{\tan(\arctan(x))} = \frac{1}{x}$.

• Cas $\arctan(x) + \arctan(y) = -\pi/2$

Par un raisonnement similaire ou en utilisant l'imparité de la fonction arctan, on montre :

- Si $x \geqslant 0$, il n'existe pas de $y \in \mathbb{R}$ tel que $\arctan(x) + \arctan(y) = -\pi/2$.
- Si $x < 0$, seul le réel $y = 1/x$ vérifie $\arctan(x) + \arctan(y) = -\pi/2$.

• Cas $\arctan(x) + \arctan(y) \neq \pm\pi/2$

Notons $a = \arctan(x)$, $b = \arctan(y)$ et $\theta = a + b$. Les tangentes de ces trois réels existent et on a :

$$\begin{aligned}\tan(\theta) &= \tan(a+b)\\ &= \frac{\tan(\arctan(x))+\tan(\arctan(y))}{1-\tan(\arctan(x))\tan(\arctan(y))}\\ &= \frac{x+y}{1-xy}.\end{aligned}$$

$\tan(a+b) = \frac{\tan(a)+\tan(b)}{1-\tan(a)\tan(b)}$

$\tan\big(\arctan(t)\big) = t$

Donc il existe un $k \in \mathbb{Z}$ tel que :

$$\theta = \arctan\left(\frac{x+y}{1-xy}\right) + k\pi.$$

Comme $\theta \in]-\pi, \pi[$ et $\arctan\left(\frac{x+y}{1-xy}\right) \in]-\pi/2, \pi/2[$, on a $k \in \{-1, 0, 1\}$.
Plus précisément, on peut conclure :

- Si $\arctan(x) + \arctan(y) < -\pi/2$, $\arctan(x) + \arctan(y) = \arctan\left(\frac{x+y}{1-xy}\right) - \pi$.
- Si $\arctan(x) + \arctan(y) \in]-\pi/2, \pi/2[$, $\arctan(x) + \arctan(y) = \arctan\left(\frac{x+y}{1-xy}\right)$.
- Si $\arctan(x) + \arctan(y) > \pi/2$, $\arctan(x) + \arctan(y) = \arctan\left(\frac{x+y}{1-xy}\right) + \pi$.

« $\tan \circ \arctan = \mathrm{Id}_{\mathbb{R}}$ *mais* $\arctan \circ \tan$ *est π-périodique.* »

Suites numériques 6

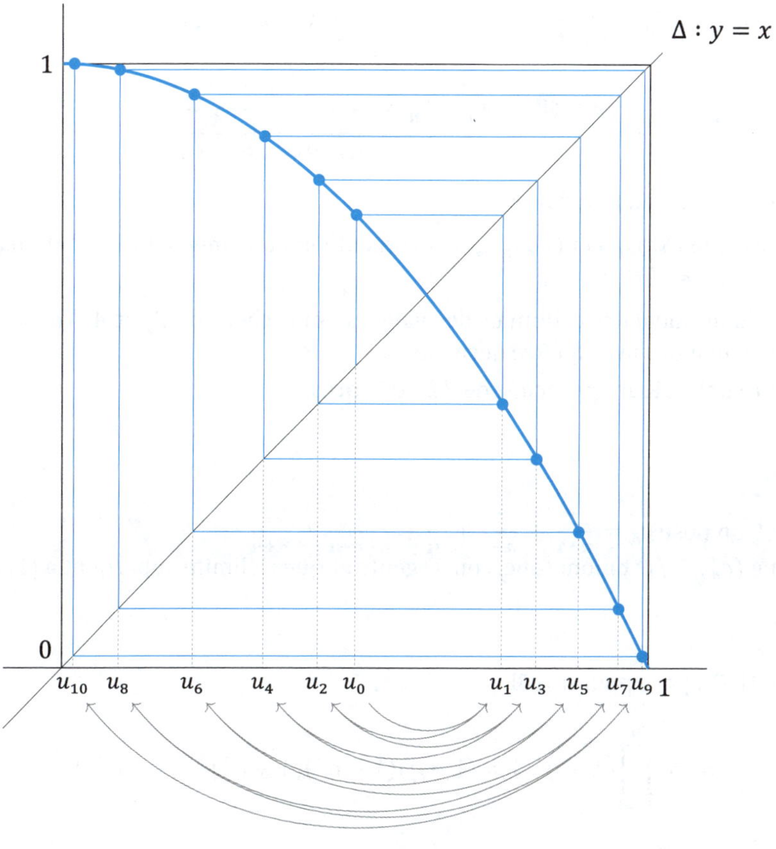

Représentation graphique de la suite u définie par $u_0 = \frac{1}{2}$ et $u_{n+1} = 1 - u_n^2$ pour tout $n \in \mathbb{N}$ (cf. exercice n° 6).

Exercices axés sur le calcul

Exercice 1 *Suites extraites, unicité de la limite*

Soit $\theta \in \mathbb{R}$. Pour $n \in \mathbb{N}$, on pose $u_n = \cos(n\theta)$.
On suppose que la suite $(u_n)_{n\in\mathbb{N}}$ est convergente.

1) À l'aide des suites $(u_{2n})_{n\in\mathbb{N}}$ et $(u_{3n})_{n\in\mathbb{N}}$, montrer que $\lim\limits_{n\to\infty} u_n = 1$.
2) Montrer que $\lim\limits_{n\to\infty} \sin(n\theta) = 0$, puis que $\cos(\theta) = 1$.
3) Que dire de la suite $(u_n)_{n\in\mathbb{N}}$?

Exercice 2

Pour $n \in \mathbb{N}$, on note $S_n = \sum\limits_{k=0}^{n} \frac{1}{k!} = \frac{1}{0!} + \frac{1}{1!} + \cdots + \frac{1}{n!}$. On pose également :

$$\forall n \in \mathbb{N}^*, \quad A_n = S_n + \frac{1}{\frac{1}{S_{n+1}-S_n} - \frac{1}{S_n - S_{n-1}}}.$$

1) Expliciter $A_n - S_n$ en fonction n.
2) En déduire que $(S_n)_{n\in\mathbb{N}}$ et $(A_n)_{n\in\mathbb{N}^*}$ convergent vers une même limite ℓ et qu'on a pour tout $n \in \mathbb{N}^*$, $S_n \leqslant \ell \leqslant A_n$.
3) À l'aide d'une calculatrice, donner des valeurs approchées de S_5 et A_5 (on donnera les résultats demandés avec quatre décimales).
   En déduire une valeur approchée de ℓ à 10^{-3} près.

Exercice 3

Pour $n \in \mathbb{N}^*$, on pose $c_n = \frac{1}{n+1} + \frac{1}{n+2} + \cdots + \frac{1}{n+n-1} + \frac{1}{n+n}$.
Montrer que $(c_n)_{n\in\mathbb{N}}$ est monotone, convergente et que sa limite appartient à $[1/2, 1]$.

Exercice 4

Soit $q \in]0,1[$. On pose pour $n \in \mathbb{N}$:

$$p_n = \prod_{k=0}^{n} \left(1 + q^{2^k}\right) = (1+q)(1+q^2)(1+q^4)\cdots\left(1+q^{2^n}\right).$$

1) Montrer la suite $\left(\ln(p_n)\right)_{n\in\mathbb{N}}$ est monotone et convergente.
   Indication : On pourra utiliser l'inégalité $\ln(1+x) \leqslant x$ pour $x > -1$.
2) Donner une expression simple du produit $(1-q)p_n$ en fonction de n. En déduire la limite de la suite $(p_n)_{n\in\mathbb{N}}$.

Exercice 5

Soit $(u_n)_{n\in\mathbb{N}}$ la suite définie par $u_0 = 0$ et la relation :

$$\forall n \in \mathbb{N}, \quad u_{n+1} = \sqrt{2 + u_n}.$$

1) Montrer que pour tout $n \in \mathbb{N}$, $0 \leqslant u_n \leqslant 2$.
2) Montrer que $(u_n)_{n\in\mathbb{N}}$ est croissante et convergente vers 2.
3) Justifier que pour $n \in \mathbb{N}$, il existe $\theta_n \in [0, \pi/4]$ tel que $u_n = 2 - 4\sin^2(\theta_n)$.
   Préciser θ_0 et pour $n \in \mathbb{N}$, θ_{n+1} en fonction de θ_n.
4) En déduire u_n en fonction de n et retrouver $\lim\limits_{n\to\infty} u_n = 2$.

Exercices axés sur le raisonnement

Exercice 6

Soit $(u_n)_{n\in\mathbb{N}}$ la suite réelle vérifiant $u_0 = 1/2$ et $u_{n+1} = 1 - u_n^2$ pour tout $n \in \mathbb{N}$.

1) Illustrer graphiquement les premiers termes de la suite. Quelle conjecture peut-on formuler ?
2) Démontrer cette conjecture.

Exercice 7

Soit $(u_n)_{n\in\mathbb{N}}$ une suite réelle. On pose $v_0 = u_0$ et pour tout $n \in \mathbb{N}$, $v_{n+1} = \max(v_n, u_{n+1})$.

1) Montrer que

$$(u_n)_{n\in\mathbb{N}} \text{ est majorée} \quad \Leftrightarrow \quad (v_n)_{n\in\mathbb{N}} \text{ est convergente.}$$

2) Que dire quand $(u_n)_{n\in\mathbb{N}}$ n'est pas majorée ?

Exercice 8

Pour $n \in \mathbb{N}^*$, on considère le polynôme P_n suivant :

$$P_n(X) = X^n + X^{n-1} + \cdots + X^2 + X - 1.$$

1) Préciser P_1, P_2 ainsi que leurs racines.
2) Montrer que pour $n \in \mathbb{N}^*$, P_n admet dans $[0, 1]$ une racine et une seule.
   On note alors α_n l'unique racine de P_n appartennt à $[0, 1]$.
3) Préciser les valeurs de α_1 et de α_2.
4) Montrer que pour tout $n \geqslant 2$, $\alpha_n \leqslant \alpha_2$.
   En déduire que $(\alpha_n^n)_{n\in\mathbb{N}^*}$ tend vers 0.
5) Montrer que $(\alpha_n)_{n\in\mathbb{N}^*}$ admet une limite réelle ℓ que l'on précisera.
   Indication : On pourra transformer $P_n(\alpha_n) + 2$.

Exercice 9

Soit $u_0 \in \mathbb{C}$ tel que $|u_0| \leqslant 1$. Pour $n \in \mathbb{N}$, on pose $u_{n+1} = \frac{u_n}{2-u_n}$.

1) On suppose que $|u_0| < 1$.
   Montrer que $|u_n| < 1$ pour tout $n \in \mathbb{N}$, puis que $u_n \xrightarrow[n\to\infty]{} 0$.
2) Que dire quand $|u_0| = 1$?

Exercice 10 ⋆

Soient x_0 et $y_0 \in \mathbb{R}$ tels que $1 < x_0 < y_0$.
On pose pour $n \in \mathbb{N}$:

$$x_{n+1} = \frac{1}{2}\left(x_n + \sqrt{y_n}\right) \qquad y_{n+1} = \frac{1}{2}\left(\sqrt{x_n} + y_n\right).$$

1) Montrer que pour tout $n \in \mathbb{N}$, $x_n > 1$ et $y_n > 1$.
2) Montrer que si on suppose que $(x_n)_{n\in\mathbb{N}}$ ou $(y_n)_{n\in\mathbb{N}}$ converge alors l'autre suite converge aussi et préciser dans ce cas les valeurs des limites possibles.
3) Établir par récurrence que pour tout $n \in \mathbb{N}$, $x_n \leqslant y_n$.
4) En déduire que les suites convergent.

Exercices avec questions ouvertes

Exercice 11

On envisage une suite réelle $(u_n)_{n\in\mathbb{N}}$ vérifiant $u_0 < 0$ et :

$$\forall n \in \mathbb{N}, \qquad u_n = u_{n+1} - u_{n+1}^2.$$

Que peut-on dire d'une telle suite ?

Exercice 12

Soient $(u_n)_{n\in\mathbb{N}}$ et $(v_n)_{n\in\mathbb{N}}$ deux suites réelles.
On suppose que $(u_n)_{n\in\mathbb{N}}$ est décroissante de limite nulle et que :

$$\forall n \in \mathbb{N}, \quad 0 \leqslant v_n \leqslant u_n.$$

La suite $(v_n)_{n\in\mathbb{N}}$ est-elle nécessairement décroissante de limite nulle ?

Corrections

Exercices axés sur le calcul

Exercice 1

1) On note ℓ la limite de la suite.
On sait que $\cos(2n\theta) = 2\cos^2(n\theta) - 1$. Par unicité de la limite, on a $\ell = 2\ell^2 - 1$.
On sait établir $\cos(3n\theta) = 4\cos^3(n\theta) - 3\cos(n\theta)$. Donc on a aussi $\ell = 4\ell^3 - 3\ell$.
La seule solution commune aux deux équations étant 1, on a $\lim\limits_{n\to\infty} u_n = 1$.

2) On a $\sin^2(n\theta) = 1 - \cos^2(n\theta) \xrightarrow[n\to\infty]{} 0$, donc $\lim\limits_{n\to\infty} \sin(n\theta) = 0$.
Pour $n \in \mathbb{N}$, $\cos\big((n+1)\theta\big) = \cos(n\theta)\cos(\theta) - \sin(n\theta)\sin(\theta)$.
Par unicité de la limite, $1 = 1 \cdot \cos(\theta) - 0 \cdot \sin(\theta)$. Donc $\cos(\theta) = 1$.

3) Puisque $\theta \equiv 0\ [2\pi]$, on a pour tout $n \in \mathbb{N}$, $n\theta \equiv 0\ [2\pi]$.
La suite $(u_n)_{n\in\mathbb{N}}$ est constante égale à 1.

Exercice 2

1) On a $S_{n+1} - S_n = \frac{1}{(n+1)!} \neq 0$, $S_n - S_{n-1} = \frac{1}{(n)!} \neq 0$.
D'où $\frac{1}{S_{n+1}-S_n} - \frac{1}{S_n - S_{n-1}} = (n+1)! - n! = n!n$, car $(n+1)! = (n+1)n!$.
Donc A_n existe et $A_n - S_n = \frac{1}{n!n}$ pour tout $n \in \mathbb{N}^*$.

2) D'après la question précédente $A_n - S_n \xrightarrow[n\to\infty]{} 0$ et on a vu $S_{n+1} - S_n \geqslant 0$, donc la suite $(S_n)_{n\in\mathbb{N}}$ est croissante.
Pour $n \in \mathbb{N}^*$, on a :

$$\begin{aligned} A_{n+1} - A_n &= S_{n+1} - S_n + \frac{1}{(n+1)!(n+1)} - \frac{1}{n!n} \\ &= \frac{1}{(n+1)!} + \frac{n-(n+1)^2}{(n+1)!(n+1)n} \\ &= \frac{(n+1)n}{(n+1)!n(n+1)} + \frac{-n^2-n-1}{(n+1)!(n+1)n} \\ &= -\frac{1}{(n+1)!(n+1)n}. \end{aligned}$$

$S_{n+1} - S_n = \frac{1}{(n+1)!}$

D'où (A_n) est décroissante. Les deux suites sont adjacentes, donc convergentes et de même limite ℓ. D'après les sens de variations, on a $S_n \leqslant \ell \leqslant A_n$, pour tout $n \in \mathbb{N}^*$.

3) À la calculatrice, $S_5 \approx 2{,}7166$ (par défaut) et $A_5 \approx 2{,}7184$ (par excès).
L'amplitude de l'intervalle $[2{,}7166; 2{,}7184]$ est de $1{,}8 \cdot 10^{-3}$.
En prenant le milieu de cet intervalle, on a $\ell \approx 2{,}7175$ à 10^{-3} près.

Remarque

Au cours de l'année de MPSI (chapitre séries numériques), on voit que $\lim\limits_{n\to\infty} S_n = \mathrm{e}$.

Exercice 3

Pour $n \in \mathbb{N}^*$, on a :

$$\begin{aligned} c_{n+1} &= \tfrac{1}{n+2} + \tfrac{1}{n+3} + \cdots + \tfrac{1}{n+n} + \tfrac{1}{2n+1} + \tfrac{1}{2n+2} \\ c_n &= \tfrac{1}{n+1} + \tfrac{1}{n+2} + \cdots + \tfrac{1}{n+n-1} + \tfrac{1}{n+n} \end{aligned} \quad L_1 - L_2$$

$$\begin{aligned} c_{n+1} - c_n &= \tfrac{1}{2n+1} + \tfrac{1}{2n+2} - \tfrac{1}{n+1} \\ &= \tfrac{2n+2+2n+1-4n-2}{2(n+1)(2n+1)} \\ &= \tfrac{1}{2(n+1)(2n+1)} \geqslant 0. \end{aligned}$$

Donc $(c_n)_{n\in\mathbb{N}}$ est croissante.
Soit $n \in \mathbb{N}^*$, c_n est une somme de n termes, tous compris entre $\frac{1}{2n}$ et $\frac{1}{n+1}$. Donc

$$\frac{1}{2} = \frac{n}{2n} \leqslant c_n \leqslant \frac{n}{n+1} \leqslant 1.$$

Donc la suite est minorée par $1/2$ et majorée par 1.
La suite étant croissante et majorée, elle est convergente. Comme tous les termes appartiennent à $[1/2, 1]$, la limite aussi.

Remarque
En utilisant des sommes de Riemann, on peut montrer que la limite vaut $\ln(2)$ (voir exercice 1 du chapitre 12).

Exercice 4

1) Tous les facteurs étant strictement positif, on a :

$$\ln(p_n) = \ln(1+q) + \ln(1+q^2) + \cdots + \ln\left(1+q^{2^n}\right).$$

Donc $\ln(p_{n+1}) - \ln(p_n) = \ln\left(1+q^{2^{n+1}}\right) \geqslant 0$.
La suite $\left(\ln(p_n)\right)_{n\in\mathbb{N}}$ est croissante.
On a $\ln\left(1+q^{2^k}\right) \leqslant q^{2^k}$, donc $\ln(p_n) \leqslant q + q^2 + q^4 + \cdots + q^{2^n}$.
En complétant par des termes positifs :

$$\ln(p_n) \leqslant 1 + q + q^2 + q^3 + q^4 + \cdots + q^{2^n} = \frac{1-q^{2^{n+1}}}{1-q} \leqslant \frac{1}{1-q}.$$

La suite $\left(\ln(p_n)\right)_{n\in\mathbb{N}}$ est donc majorée.
Par conséquent , la suite $\left(\ln(p_n)\right)_{n\in\mathbb{N}}$ est convergente.

2) Remarquons que $p_n = \mathrm{e}^{\ln(p_n)}$, donc $(p_n)_{n\in\mathbb{N}}$ est convergente (par continuité de l'exponentielle sur $\mathbb{R}$).

Pour $n \in \mathbb{N}$, on a :

$$\begin{aligned}(1-q)p_n &= (1-q)(1+q)(1+q^2)(1+q^4)\cdots\left(1+q^{2^n}\right) \\ &= (1-q^2)(1+q^2)(1+q^4)\cdots\left(1+q^{2^n}\right) \\ &= (1-q^4)(1+q^4)\cdots\left(1+q^{2^n}\right).\end{aligned}$$

$(1-q)(1+q) = 1-q^2$

$(1-q^2)(1+q^2) = 1-q^4$

De proche en proche, on obtient $(1-q)p_n = \left(1-q^{2^n}\right)\left(1+q^{2^n}\right) = 1-q^{2^{n+1}}$.

Comme $q \in]0,1[$, $q^{2^{n+1}} \xrightarrow[n\to\infty]{} 0$, donc $p_n = \frac{1-q^{2^{n+1}}}{1-q} \xrightarrow[n\to\infty]{} \frac{1}{1-q}$.

Exercice 5

1) On a facilement $u_0 = 0 \in [0,2]$ et pour $n \in \mathbb{N}$:

$$u_n \in [0,2] \Longrightarrow u_{n+1} \in \left[\sqrt{2},\sqrt{4}\right] \Longrightarrow u_{n+1} \in [0,2].$$

Donc pour tout $n \in \mathbb{N}$, $0 \leqslant u_n \leqslant 2$.

2) Pour $n \in \mathbb{N}$, on a :

$$\begin{aligned}u_{n+1} - u_n &= \sqrt{2+u_n} - u_n \\ &= \frac{(\sqrt{2+u_n}-u_n)(\sqrt{2+u_n}+u_n)}{\sqrt{2+u_n}+u_n} \\ &= \frac{2+u_n-u_n^2}{\sqrt{2+u_n}+u_n}.\end{aligned}$$

on multiplie en haut et en bas par la quantité conjuguée

Or, $2+u_n-u_n^2 = (2-u_n)(1+u_n) \geqslant 0$ car $u_n \in [0,2]$, donc la suite est croissante.
Étant croissante est majorée, la suite converge et sa limite ℓ appartient à $[0,2]$.
Par unicité de la limite, on obtient $\ell = \sqrt{2+\ell}$. Donc $\ell^2 - \ell - 2 = 0$. Comme $\ell \neq -1$, on obtient $\ell = 2$.

3) Puisque $0 \leqslant u_n \leqslant 2$, on a $0 \leqslant \frac{2-u_n}{4} \leqslant \frac{1}{2}$. Or, $\sin^2$ réalise une bijection de $[0,\pi/4]$ sur $\left[0,\frac{1}{2}\right]$, donc il existe $\theta_n \in [0,\pi/4]$ tel que $\frac{2-u_n}{4} = \sin^2(\theta_n)$, donc $u_n = 2-4\sin^2(\theta_n)$.

Comme $u_0 = 0 = 2 - 4\frac{1}{2} = 2 - 4\left(\frac{\sqrt{2}}{2}\right)^2$, on a $\theta_0 = \frac{\pi}{4}$.

Soit $n \in \mathbb{N}$. D'une part $u_{n+1} = 2 - 4\sin^2(\theta_{n+1}) = 2\left(1-2\sin^2(\theta_{n+1})\right) = 2\cos(2\theta_{n+1})$.
D'autre part, $2+u_n = 4-4\sin^2(\theta_n) = 4\cos^2(\theta_n)$, donc $u_{n+1} = 2\left|\cos(\theta_n)\right| = 2\cos(\theta_n)$, car $\cos(\theta_n) \geqslant 0$.
Donc $\cos(2\theta_{n+1}) = \cos(\theta_n)$. Or, $2\theta_{n+1}$ et $\theta_n \in [0,\pi/2]$, d'où $2\theta_{n+1} = \theta_n$.

4) La suite $(\theta_n)_{n\in\mathbb{N}}$ étant géométrique de raison $\frac{1}{2}$ et de premier terme $\frac{\pi}{4}$, on a $\theta_n = \frac{\pi}{2^{n+2}}$.

$$\forall n \in \mathbb{N}, \quad u_n = 2 - 4\sin^2\left(\frac{\pi}{2^{n+2}}\right).$$

Par continuité du sinus en 0, on a $\sin\left(\frac{\pi}{2^{n+2}}\right) \xrightarrow[n\to\infty]{} \sin(0) = 0$. D'où $u_n \xrightarrow[n\to\infty]{} 2$.

Exercices axés sur le raisonnement

Exercice 6

1) La figure obtenue se trouve au début de ce chapitre page 75.
On observe que la suite est bornée, que les suites $(u_{2n})_{n\in\mathbb{N}}$ et $(u_{2n+1})_{n\in\mathbb{N}}$ semblent monotones, l'un convergeant vers 0 l'autre vers 1.

2) La fonction $f : x \mapsto 1 - x^2$ est décroissante sur $[0,1]$ et à valeurs dans $[0,1]$.
On a facilement $u_n \in [0,1]$ pour tout $n \in \mathbb{N}$.
   - Étude de $(v_n)_{n\in\mathbb{N}} = (u_{2n})_{n\in\mathbb{N}}$

   On a $u_1 = 1 - \frac{1}{4} = \frac{3}{4}$, $u_2 = 1 - \frac{9}{16} = \frac{7}{16}$. Donc $v_1 = \frac{7}{16} \leqslant v_0$.
   Comme $v_{n+1} = u_{2n+2} = f \circ f(u_{2n}) = f \circ f(v_n)$ et que $f \circ f$ est croissante sur $[0,1]$, on en déduit $v_2 = f \circ f(v_1) \leqslant f \circ f(v_0) = v_1$. De proche en proche, on obtient $v_{n+1} \leqslant v_n$ pour tout $n \in \mathbb{N}$.
   La suite $(v_n)_{n\in\mathbb{N}}$ est décroissante minorée par 0 donc convergente. Notons ℓ sa limite. On sait que $\ell \geqslant 0$ et que $\ell \leqslant v_0 = 1/2$.
   Par unicité de la limite $\ell = f \circ f(\ell) = 1 - (1-\ell^2)^2 = 2\ell^2 - \ell^4$. Donc $\ell^4 - 2\ell^2 + \ell = 0$.
   Donc $\ell = 0$ ou $\ell^3 - 2\ell + 1 = 0$. On remarque que 1 et solution.
   On a $\ell^3 - 2\ell + 1 = (\ell - 1)(\ell^2 + \ell - 1)$. Le discrimant de $X^2 + X - 1$ est 5.
   Donc il y a quatre valeurs possibles pour ℓ qui sont 0, 1, $\frac{-1-\sqrt{5}}{2}$ et $\frac{-1+\sqrt{5}}{2}$.
   Comme $\ell \in [0, 1/2]$, on obtient $\ell = 0$. Donc $\lim\limits_{n\to\infty} u_{2n} = 0$.
   - Suite $(u_{2n+1})_{n\in\mathbb{N}}$

   On pourrait faire une étude similaire, mais en utilisant $u_{2n+1} = f(v_n)$, on a plus rapidement $(u_{2n+1})_{n\in\mathbb{N}}$ est croissante de limite $f(0) = 1$.

Exercice 7

Remarquons qu'on a $v_n \leqslant \max(v_n, u_{n+1}) = v_{n+1}$ pour tout $n \in \mathbb{N}$.
Donc $(v_n)_{n\in\mathbb{N}}$ est croissante.

1) On raisonne par double implication.

$\Longrightarrow$ On suppose que $(u_n)_{n\in\mathbb{N}}$ est majorée. On note M un majorant de $(u_n)_{n\in\mathbb{N}}$.
On montre que $(v_n)_{n\in\mathbb{N}}$ est majorée par M :
On a $v_0 = u_0 \leqslant M$.
Soit $n \in \mathbb{N}$. On suppose $v_n \leqslant M$.
Comme $u_{n+1} \leqslant M$, on a $v_{n+1} = \max(v_n, u_{n+1}) \leqslant M$.
On a montré par récurrence que $v_n \leqslant M$ pour tout $n \in \mathbb{N}$.
étant croissante et majorée, la suite $(v_n)_{n\in\mathbb{N}}$ est convergente.

$\Longleftarrow$ On suppose que $(v_n)_{n\in\mathbb{N}}$ est convergente. Alors $(v_n)_{n\in\mathbb{N}}$ est majorée. On note M un majorant de $(v_n)_{n\in\mathbb{N}}$.
Pour tout $n \in \mathbb{N}$, $u_{n+1} \leqslant \max(v_n, u_{n+1}) = v_{n+1} \leqslant M$. Et $u_0 = v_0 \leqslant M$.
Donc $(u_n)_{n\in\mathbb{N}}$ est majorée par M.

2) On a :

$$(u_n)_{n\in\mathbb{N}} \text{ n'est pas majorée } \Leftrightarrow (v_n)_{n\in\mathbb{N}} \text{ est divergente } \underset{(v_n)_{n\in\mathbb{N}} \text{ est croissante}}{\Leftrightarrow} \lim_{n\to\infty} v_n = +\infty.$$

Exercice 8

1) La seule racine de $P_1 = X - 1$ est 1.
Le trinôme $P_2 = X^2 + X - 1$ a deux racines $\frac{-1-\sqrt{5}}{2}$ et $\frac{-1+\sqrt{5}}{2}$.

2) Soit $n \in \mathbb{N}^*$. La fonction P_n est dérivable sur $[0,1]$ et :

$$\forall x \in [0,1], \quad P_n'(x) = nx^{n-1} + \cdots + 2x + 1 > 0.$$

Étant continue et strictement croissante sur $[0,1]$, P_n réalise une bijection de $[0,1]$ sur $[P_n(0), P_n(1)]$.
Comme $P_n(0) = -1$ et $P_n(1) = n - 1 \geqslant 0$, P_n admet une racine et une seule dans $[0,1]$.

3) On a $\alpha_1 = 1$ et $\alpha_2 = (\sqrt{5}-1)/2 \in [0,1]$.

4) $P_n(\alpha_2) = \alpha_2^n + \cdots + \alpha_2^3 + \underbrace{\alpha_2^2 + \alpha_2 - 1}_{=0} \geqslant 0 = P_n(\alpha_n)$.

Comme P_n est strictement croissante sur $[0,1]$, on a $\alpha_n \leqslant \alpha_2$. D'où $0 \leqslant \alpha_n^n \leqslant \alpha_2^n$.
Or, $0 \leqslant \alpha_2 < \alpha_1 = 1$, donc $\alpha_2^n \xrightarrow[n\to\infty]{} 0$. Par encadrement $(\alpha_n^n)_{n\in\mathbb{N}^*}$ tend vers 0.

5) En utilisant une somme de termes d'une suite géométrique, on a

$$P_n(\alpha_n) + 2 = \alpha_n^n + \alpha_n^{n-1} + \cdots + \alpha_n^2 + \alpha_n + 1 = \frac{1-\alpha_n^{n+1}}{1-\alpha_n}.$$

Comme $P_n(\alpha_n) = 0$, on en déduit $1 - \alpha_n = \frac{1-\alpha_n^{n+1}}{2}$, puis $\alpha_n = 1 - \frac{1-\alpha_n^{n+1}}{2}$.
Or, $\alpha_n^{n+1} = \alpha_n \alpha_n^n \xrightarrow[n\to\infty]{} 0$, donc $(\alpha_n)_{n\in\mathbb{N}^*}$ converge vers $\frac{1}{2}$.

Exercice 9

1) On a $|u_0| < 1$.
Soit $n \in \mathbb{N}$. On suppose $|u_n| < 1$.
D'après l'inégalité triangulaire $|2 - u_n| \geqslant \big|2 - |u_n|\big| = 2 - |u_n| > 1$, car $|u_n| < 1$.
Donc $|u_{n+1}| = \left|\frac{u_n}{2-u_n}\right| = \frac{|u_n|}{|2-u_n|} \leqslant |u_n| < 1$.
On a montré par récurrence que $|u_n| < 1$ pour tout $n \in \mathbb{N}$.
Si $u_0 = 0$, alors tous les termes sont nuls et la suite tend vers 0.
On suppose que $u_0 \neq 0$. On a alors tous les termes de la suite sont non nuls.
D'après ci-dessus, la suite $\big(|u_n|\big)_{n\in\mathbb{N}}$ est décroissante. Étant minorée par 0, elle converge vers un réel $\ell \geqslant 0$. De plus, on a $\ell \leqslant |u_0|$.
Montrons par l'absurde que $\ell = 0$.

Supposons $\ell \neq 0$. On a alors $\frac{|u_{n+1}|}{|u_n|} \xrightarrow[n\to\infty]{} \frac{\ell}{\ell} = 1$.

D'où $\frac{1}{|2-u_n|} \xrightarrow[n\to\infty]{} 1$, puis $|2-u_n| \xrightarrow[n\to\infty]{} 1$.

Or, $|2-u_n| \geqslant 2-|u_n| > 1$, donc $1 \geqslant 2-\ell \geqslant 1$ par passage à la limite dans les inégalités larges. Donc $\ell = 1$. C'est contradictoire avec $\ell \leqslant |u_0| < 1$.

Donc $u_n \xrightarrow[n\to\infty]{} 0$.

2) On suppose $|u_0| = 1$. Il existe $\theta \in]-\pi, \pi]$ tel que $u_0 = e^{i\theta}$.

On a $|u_1| = \frac{1}{|2-e^{i\theta}|}$.

Comme $e^{i\theta} = \cos(\theta) + i\sin(\theta)$, on a :

$$\begin{aligned}|2-e^{i\theta}|^2 &= \left(2-\cos(\theta)\right)^2 + \sin^2(\theta)\\ &= 4 - 4\cos(\theta) + \cos^2(\theta) + \sin^2(\theta)\\ &= 4\left(1-\cos(\theta)\right) + 1.\end{aligned}$$

$\cos^2 + \sin^2 = 1$

Si $\cos(\theta) \neq 1$, alors $1-\cos(\theta) > 0$ et $|2-e^{i\theta}| > 1$. Donc $|u_1| < 1$ et la question précédente s'adapte à partir du rang 1. Donc $u_n \xrightarrow[n\to\infty]{} 0$.

Sinon, $\cos(\theta) = 1$ donc $u_0 = 1$. Alors $u_1 = 1$ et par récurrence $u_n = 1$ pour tout $n \in \mathbb{N}$.

En conclusion, $u_n \xrightarrow[n\to\infty]{} 0$ sauf dans le cas $u_0 = 1$ où la suite est constante égale à 1.

Exercice 10

1) Pour $n \in \mathbb{N}$, on note $\mathcal{P}_n$: « $x_n > 1$ et $y_n > 1$ ».

On a $\mathcal{P}_0$ vraie.

Soit $n \in \mathbb{N}$. On suppose $\mathcal{P}_n$ vraie. On a alors facilement $x_{n+1} > \frac{1}{2}(1+1) = 1$ et de même $y_{n+1} > 1$.

Donc $\mathcal{P}_{n+1}$ est vraie.

On a montré par récurrence que $\mathcal{P}_n$ est vraie pour tout $n \in \mathbb{N}$.

2) On suppose que $(x_n)_{n\in\mathbb{N}}$ converge et on note ℓ sa limite.

On a $y_n = (2x_{n+1} - x_n)^2 \xrightarrow[n\to\infty]{} \ell^2$.

De même, si $(y_n)_{n\in\mathbb{N}}$ converge vers ℓ', $x_n = (2y_{n+1} - y_n)^2 \xrightarrow[n\to\infty]{} (\ell')^2$.

Dans ce cas, on a $\ell = (\ell')^2 = \ell^4$ et $\ell \geqslant 1$. Donc $\ell = 1$, puis $\ell' = 1^2 = 1$.

Si l'une des deux suites convergent, alors les deux convergent vers 1.

3) Pour $n \in \mathbb{N}$, on note $\mathcal{Q}_n$: « $x_n \leqslant y_n$ ».

On a $\mathcal{Q}_0$ vraie.

Soit $n \in \mathbb{N}$. On suppose $\mathcal{Q}_n$ vraie. On a alors $y_{n+1} - x_{n+1} = \frac{1}{2}\left(y_n - x_n + \sqrt{x_n} - \sqrt{y_n}\right)$.

Or, $y_n - x_n = \left(\sqrt{y_n} - \sqrt{x_n}\right)\left(\sqrt{y_n} + \sqrt{x_n}\right)$, donc :

$$y_{n+1} - x_{n+1} = \frac{1}{2}\left(\sqrt{y_n} - \sqrt{x_n}\right)\left(\sqrt{y_n} + \sqrt{x_n} - 1\right).$$

Or, $\sqrt{y_n} + \sqrt{x_n} - 1 \geqslant 1$ et $\sqrt{y_n} - \sqrt{x_n} \geqslant 0$ d'après $\mathcal{Q}_n$, donc $\mathcal{Q}_{n+1}$ est vraie.

On a montré par récurrence que $\mathcal{Q}_n$ est vraie pour tout $n \in \mathbb{N}$.

4) On a alors $y_{n+1} \leqslant \frac{1}{2}(\sqrt{y_n} + y_n)$. Or, $y_n > 1$, donc $\sqrt{y_n} \leqslant y_n$ et finalement $y_{n+1} \leqslant y_n$.
La suite $(y_n)_{n\in\mathbb{N}}$ est alors convergente car décroissante et minorée.
Les deux suites convergent vers 1 d'après 2).

✥ Exercices avec questions ouvertes

Exercice 11

Commençons par étudier les valeurs possibles pour u_1.
On a $u_1^2 - u_1 + u_0 = 0$. Le trinôme $T_0 = X^2 - X + u_0$ a pour discriminant $\Delta_0 = 1 - 4u_0 > 1$ car $u_0 < 0$. Notons $a = \frac{1-\sqrt{\Delta_0}}{2}$ et $b = \frac{1+\sqrt{\Delta_0}}{2}$. Ce sont les deux possibilités pour u_1.
On aura ensuite au rang suivant, une situation similaire : $u_2^2 - u_2 + u_1 = 0$. Le trinôme $T_1 = X^2 - X + u_1$ a pour discriminant $\Delta_1 = 1 - 4u_1$.
Si on avait $u_1 = b$, on aurait $\Delta_1 < 0$, car $b > 1$. Il n'y aurait pas de solutions pour u_2.
Donc $u_1 = a = \frac{1-\sqrt{\Delta_0}}{2} < 0$.
De proche en proche, on obtient pour tout $n \in \mathbb{N}$, $u_n < 0$ et $u_{n+1} = \frac{1-\sqrt{\Delta_n}}{2} = \frac{1-\sqrt{1-4u_n}}{2}$.
Comme $u_n = u_{n+1} - u_{n+1}^2$, on a $u_{n+1} - u_n = u_{n+1}^2 \geqslant 0$. Donc la suite est croissante.
Puisqu'elle est majorée par 0, elle converge vers un réel $\ell \leqslant 0$.
Par unicité de la limite, ℓ vérifie $\ell = \ell - \ell^2$, donc $\ell = 0$.
La suite $(u_n)_{n\in\mathbb{N}}$ est croissante de limite nulle.

Exercice 12

Par encadrement, la suite $(v_n)_{n\in\mathbb{N}}$ est de limite nulle. En revanche, elle n'est pas nécessairement décroissante.
En effet, posons pour $n \in \mathbb{N}$:

$$v_n = \frac{1+(-1)^n}{2} u_n = \begin{cases} u_n & \text{si } n \text{ est pair,} \\ 0 & \text{si } n \text{ est impair.} \end{cases}$$

On a bien $0 \leqslant v_n \leqslant u_n$ pour tout $n \in \mathbb{N}$, mais la suite $(v_n)_{n\in\mathbb{N}}$ n'est pas décroissante.

« *Une relation de récurrence ne se démontre pas par récurrence !* »

7 Continuité, dérivabilité

abs

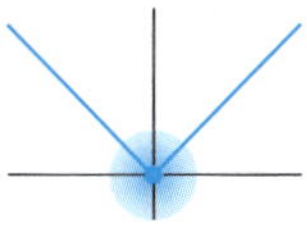

non dérivable
en 0

racine carrée

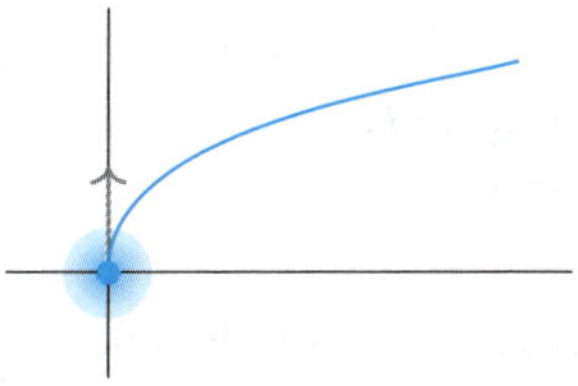

non dérivable
en 0

racine cubique

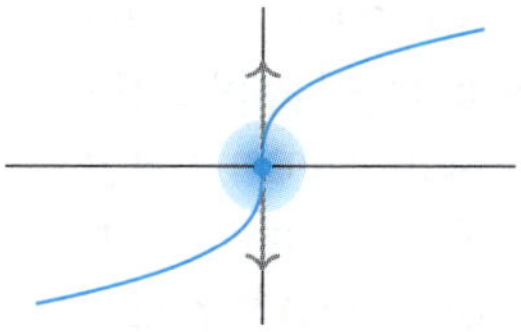

non dérivable
en 0

arcsin

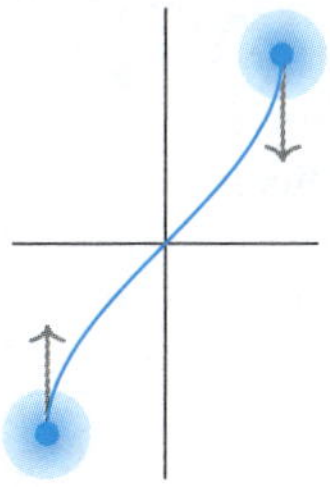

non dérivable
en 1 et en -1

arccos

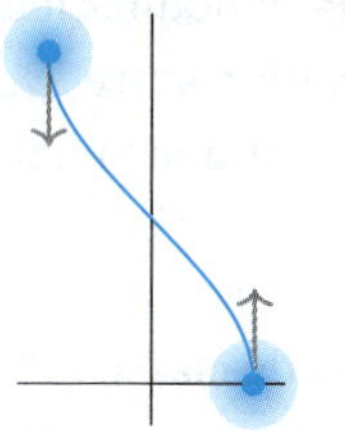

non dérivable
en 1 et en -1

Parmi les fonctions usuelles continues, les seules qui ne soient pas partout dérivables sont les fonctions abs, racine carrée, racine cubique, arcsin et arccos.

Exercices axés sur le calcul

Exercice 1

Pour $x \in \mathbb{R} \setminus \pi\mathbb{Z}$, on a $\sin(x) \neq 0$ et on pose :

$$f(x) = \frac{\sin(3x) - \sin(2x)}{\sin(x)}.$$

1) À l'aide de la trigonométrie, exprimer $f(x)$ sans quotient et en déduire $\lim_{x \to 0} f(x)$.
2) Justifier l'existence de $\alpha = \inf_{x \in]0,\pi[} f$ et de $\beta = \sup_{x \in]0,\pi[} f$.
3) À l'aide de f, déterminer la valeur de $\cos\left(\frac{\pi}{5}\right)$.

Exercice 2

Soit $f : x \mapsto \frac{2x+1}{\sqrt{x^2+x+1}}$.

1) Montrer que f est une bijection de $\mathbb{R}$ dans un ensemble J à préciser.
2) On note g l'application réciproque de f.
   a) Représenter f et g sur le même dessin.
   b) Montrer que g est dérivable sur J.
   c) On note A le point de la courbe de g d'abscisse 0.
   Préciser l'ordonnée de A et une équation de la tangente en A à la courbe de g.

Exercice 3

Soit $f : x \mapsto \ln(1 + x^2) - \arctan(x)$.

1) Montrer que f est de classe $\mathcal{C}^\infty$ sur $\mathbb{R}$. Préciser $f'(x)$ et $f''(x)$ pour $x \in \mathbb{R}$.

   On pose pour tout $n \in \mathbb{N}^*$ et $x \in \mathbb{R}$:

$$P_n(x) = f^{(n)}(x)(1 + x^2)^n.$$

2) Préciser P_1 et P_2 et donner leurs racines.
3) Donner une relation entre $P_{n+1}(x)$ et $x, n, P_n(x)$ et $P_n'(x)$.
4) Montrer que P_n est une fonction polynomiale de degré au plus n.

Exercice 4

Soit f une fonction de classe $\mathcal{C}^\infty$ sur $]0, +\infty[$.
Pour $n \in \mathbb{N}^*$, on note $g_n : t \mapsto t^{n-1} f\left(\frac{1}{t}\right)$.

1) Montrer que pour tout $n \in \mathbb{N}^*$, on a :

$$\forall t > 0, \qquad g_n^{(n)}(t) = \frac{(-1)^n}{t^{n+1}} f^{(n)}\left(\frac{1}{t}\right).$$

2) Préciser $g_n^{(n)}$ lorsque $f = \ln$.

Exercice 5 ★★

On cherche les fonctions $f : \mathbb{R} \to \mathbb{R}$ continues en 0 telles que :

$$\forall x \in \mathbb{R}, \quad f(2x) = \cos(x) f(x) \qquad (\star)$$

1) Montrer que $f_1 : x \mapsto \frac{\sin(x)}{x}$ est prolongeable par continuité en 0 et que le prolongement est l'une des solutions du problème posé.

2) En déduire que pour tout $a \in \mathbb{R}$, il existe au moins une fonction f_a solution du problème posé et telle que $f_a(0) = a$.

3) Réciproquement, soit f une solution du problème posé.

   a) Montrer que si $x = n\pi$ avec $n \in \mathbb{Z} \setminus \{0\}$, alors $f(x) = 0$.

   b) Montrer que la propriété suivante est vraie pour tout $n \in \mathbb{N}$:
   $$\text{pour tout } x \in \mathbb{R} \setminus \pi\mathbb{Z},\ 2^n \sin\left(\frac{x}{2^n}\right) f(x) = \sin(x) f\left(\frac{x}{2^n}\right).$$

   c) Pour $x \in \mathbb{R}^*$, déterminer $\lim\limits_{n \to +\infty} 2^n \sin\left(\frac{x}{2^n}\right)$ (on rappelle que $\lim\limits_{h \to 0} \frac{\sin(h)}{h} = 1$).
   En déduire $f(x)$ en fonction de x et conclure.

Exercice 6

1) Justifier que, pour tout réel x, on a :

$$|\cos(x) - 1| \leqslant \frac{1}{2}|x|^2 \quad \text{et} \quad |\sin(x) - x| \leqslant \frac{1}{6}|x|^3.$$

2) En déduire un réel α tel que :

$$\forall x \in \mathbb{R}, \qquad |x\cos(x) - \sin(x)| \leqslant \alpha |x|^3$$

Exercices axés sur le raisonnement

Exercice 7

Étudier la continuité de $f : x \mapsto x + \sqrt{x - \lfloor x \rfloor}$ et de $g : x \mapsto \lfloor x \rfloor + \sqrt{x - \lfloor x \rfloor}$ ($\lfloor x \rfloor$ est la partie entière de x).

Exercice 8

Soit f définie sur $\mathbb{R}$ par $x \mapsto f(x) = \arctan(x) + \sin(x)$.

1) Montrer que f n'admet pas de limite en $+\infty$.

2) Montrer que f est majorée et trouver sa borne supérieure.

3) Montrer que la dérivée f' s'annule une infinité de fois sur $\mathbb{R}$.

4) Montrer que f n'admet pas de maximum global sur $\mathbb{R}$.

Exercice 9

Soit I un intervalle de $\mathbb{R}$ et $f : I \to \mathbb{R}$. On pose :

$$f_+ : x \mapsto \frac{1}{2}\big(f(x) + |f(x)|\big) \quad \text{et} \quad f_- : x \mapsto \frac{1}{2}\big(f(x) - |f(x)|\big).$$

1) Montrer que f est bornée sur I si, et seulement si, f_+ et f_- le sont.
2) Montrer que f est continue sur I si, et seulement si, f_+ et f_- le sont.
3) Que dire concernant la dérivabilité ?

Exercice 10

Soit f une fonction continue sur $\mathbb{R}$ telle que :

$$\forall x \in \mathbb{R}, \qquad f(x) = f\big(x^2\big).$$

1) Vérifier que f est paire.
2) Soit $x > 0$. Montrer que pour tout $n \in \mathbb{N}^*$, $f(x) = f\big(x^{2^{-n}}\big)$.
3) Montrer que f est constante sur $\mathbb{R}$.

Exercice 11 *Classique*

Soit f continue de $[0,1]$ à valeurs dans $[0,1]$.
Montrer que f admet un point fixe.

Exercice 12

1) Montrer que pour tous réels x et y :

$$\big|\cos(y) - \cos(x)\big| \leqslant |y - x|.$$

2) Soit $n \in \mathbb{N}^*$. Montrer que pour tous réels x et $y \in [-1,1]$:

$$|y^n - x^n| \leqslant n\,|y - x|.$$

Exercice 13 *Une généralisation du théorème de Rolle*

Soit f une fonction numérique dérivable sur $\mathbb{R}$ telle que $\lim\limits_{+\infty} f = \lim\limits_{-\infty} f = \ell \in \mathbb{R}$.

1) Pour $x \in]-\pi/2, \pi/2[$, on pose $g(x) = f\big(\tan(x)\big)$.
   Montrer que g peut se prolonger en une fonction continue sur $]-\pi/2, \pi/2[$.
2) En déduire que f' s'annule.

Exercice 14

1) Soit h une fonction dérivable sur un intervalle I s'annulant en p points distincts de I.
Montrer que h' s'annule au moins $p-1$ fois.

2) Soit $P : x \mapsto x^{51} - 4x^{17} - 7x^9 + 2022$.
Montrer que P s'annule au plus six fois sur $\mathbb{R}$.

Exercice 15

Soit f une fonction numérique deux fois dérivable sur un intervalle I.
Soient a, b et c trois points distincts de I tels que $a < b < c$.
Montrer qu'il existe $d \in I$ tel que :

$$\frac{f(a)}{(a-b)(a-c)} + \frac{f(b)}{(b-c)(b-a)} + \frac{f(c)}{(c-b)(c-a)} = \frac{1}{2}f''(d).$$

Indication : Introduire $\varphi : x \mapsto (x-b)f(a)+(a-x)f(b)+(b-a)f(x)-K(b-a)(b-x)(x-a)$ où K est une constante bien choisie.

Exercice 16 *Règle de L'Hôpital*

Soient f et g des fonctions dérivables un intervalle $[a, b]$.

1) Montrer qu'il existe $c \in]a, b[$ tel que $\big(f(b) - f(a)\big)g'(c) = \big(g(b) - g(a)\big)f'(c)$.

2) On suppose de plus que g' ne s'annule pas sur $]a, b[$.
Montrer que si $\lim\limits_{x\to a^+} \frac{f'(x)}{g'(x)} = \ell \in \mathbb{R}$, alors $\lim\limits_{x\to a^+} \frac{f(x)-f(a)}{g(x)-g(a)} = \ell$.

3) *Application*
En déduire la valeur de $\lim\limits_{x\to 0^+} \frac{\cos(x)+x\sin(x)-1}{e^x-x-1}$.

Exercice 17

Soient $f : [0,1] \to \mathbb{R}$ une fonction continue sur $[0,1]$ telle que $f(0) = 0$ et $f(1) = 1$ et $n \in \mathbb{N}^*$.
Démontrer l'existence de réels $a_1, a_2, \dots, a_{n-1}$ tels que :

$$0 < a_1 < a_2 < \cdots < a_{n-1} < 1 \text{ et pour tout } i \in [\![1, n-1]\!], f(a_i) = \frac{i}{n}.$$

Exercice 18

Soit f de classe $\mathcal{C}^2$ sur $\mathbb{R}$ à valeurs réelles admettant une limite réelle en $+\infty$ et en $-\infty$.
Montrer que f'' s'annule.

Exercice 19

Soit $f : \mathbb{R}^+ \to \mathbb{R}^+$ de classe $\mathcal{C}^2$ sur $\mathbb{R}^+$. On suppose que f'' est bornée et qu'il existe $\alpha > 0$ tel que :

$$\forall x \in \mathbb{R}^+, \quad \alpha f(x) \leqslant f''(x).$$

1) Montrer que f est décroissante sur $\mathbb{R}^+$.

2) Montrer que f' et f ont une limite nulle en $+\infty$.

Exercice 20 ⋆

Soit f une fonction numérique dérivable sur $\mathbb{R}$ telle que $\lim\limits_{+\infty} f' = \ell > 0$.

1) Déterminer $\lim\limits_{x\to+\infty} \big(f(x+1) - f(x)\big)$.

2) Montrer qu'il existe $a \in \mathbb{R}$ tel que f soit croissante sur $[a, +\infty[$.
Déterminer $\lim\limits_{x\to+\infty} f(x)$.

3) Déterminer $\lim\limits_{x\to+\infty} \dfrac{f(x)}{x}$.

Exercice 21 ⋆⋆

Soit b un réel et f une fonction numérique dérivable sur $]-b, b[$ telle que :

$$\forall x \in \,]-b, b[, \quad f'(x) = \exp\big(-xf(x)\big).$$

1) Vérifier que f admet en b une limite à gauche ℓ réelle ou infinie.

2) Montrer que si on suppose ℓ réelle, alors f se prolonge sur $]-b, b]$ en une fonction de classe $\mathcal{C}^1$.

3) En raisonnant par l'absurde à l'aide de l'inégalité des accroissements finis, montrer qu'effectivement ℓ est un réel.

4) On étend la même situation au cas $b = +\infty$.
Montrer que $\lim\limits_{x\to+\infty} f(x) \in \mathbb{R}$.
Indication : On pourra introduire $x \mapsto f(x) + \exp(-x)$.

Exercices avec questions ouvertes

Exercice 22

Soient a et b deux réels tels que $a < b$ et g une fonction continue sur $[a, b]$.
A-t-on $\sup\limits_{]a,b[} g = \sup\limits_{[a,b]} g$?

Exercice 23

Soit f une fonction définie sur $\mathbb{R}$ telle qu'il existe un réel x_0 pour lequel f admet des limites finies à gauche et à droite en x_0 dont les valeurs diffèrent.
Soit g une fonction continue sur $\mathbb{R}$.
À quelle condition le produit fg est-il continu en x_0 ?

Exercice 24

Soit λ un réel et f une fonction numérique définie sur $\mathbb{R}$.
Si on suppose que la fonction λf est de classe $\mathcal{C}^2$ sur $\mathbb{R}$, la fonction f est-elle nécessairement de classe $\mathcal{C}^2$ sur $\mathbb{R}$?

Exercice 25

Pendant une ballade d'une heure en forêt, une cueilleuse de champignons a parcouru exactement 4 kilomètres.
Existe-il un intervalle de temps d'un quart d'heure durant lequel elle a parcouru 1 kilomètre ?

Corrections

Exercices axés sur le calcul

Exercice 1

1) L'égalité $\sin(2x) = 2\cos(x)\sin(x)$ est classique.

$$\begin{aligned}\sin(3x) &= \sin(2x + x)\\ &= \sin(2x)\cos(x) + \cos(2x)\sin(x)\\ &= \sin(x)\big(2\cos^2(x) + \cos(2x)\big)\\ &= \sin(x)\big(4\cos^2(x) - 1\big).\end{aligned}$$

$\sin(a+b) = \sin(a)\cos(b) + \cos(a)\sin(b)$

$\cos(2x) = 2\cos^2(x) - 1$

D'où :

$$f(x) = \frac{\sin(x)\big(4\cos^2(x) - 2\cos(x) - 1\big)}{\sin(x)} = 4\cos^2(x) - 2\cos(x) - 1.$$

2) La fonction f coïncide avec $g = 4\cos^2 - 2\cos - 1$ sur l'ouvert $]0, \pi[$.
Or g est bornée sur $[0, \pi]$, car elle est continue sur ce segment.
En particulier, f est bornée sur $]0, \pi[$, donc admet des bornes inférieure et supérieure.

3) On va utiliser $f(\pi/5)$.
On a $\sin(3\pi/5) = \sin(\pi - 3\pi/5) = \sin(2\pi/5)$, donc $f(\pi/5) = 0$.
En notant $\alpha = \cos(\pi/5)$, on a $4\alpha^2 - 2\alpha - 1 = 0$, car $g(\alpha) = f(\alpha) = 0$.

Le discriminant du trinôme valant $\Delta = 4 + 16 = 20$, on a $\alpha = \frac{2\pm 2\sqrt{5}}{8} = \frac{1\pm\sqrt{5}}{4}$.
Comme $2\pi/5 \in [0, \pi/2]$, on a $\alpha = \cos(\pi/5) \geqslant 0$. Or $1 - \sqrt{5} < 0$, donc :

$$\cos\left(\frac{\pi}{5}\right) = \frac{1+\sqrt{5}}{4}.$$

Exercice 2

1) Le trinôme $x^2 + x + 1$ n'a pas de racine réelle et est toujours strictement positif.
La fonction f est dérivable sur $\mathbb{R}$ et pour tout $x \in \mathbb{R}$:

$$\begin{aligned} f'(x) &= \frac{2\sqrt{x^2+x+1} - \frac{1}{2}(2x+1)^2 \cdot \frac{1}{\sqrt{x^2+x+1}}}{x^2+x+1} \\ &= \frac{4(x^2+x+1)-(2x+1)^2}{2(x^2+x+1)^{3/2}} \\ &= \frac{3}{2(x^2+x+1)^{3/2}}. \end{aligned}$$

$(2x+1)^2 = 4x^2 + 4x + 1$

Donc f est continue et strictement croissante sur $\mathbb{R}$.
Pour $x > 0$, $\sqrt{x^2} = x$ et $f(x) = \frac{x(2+1/x)}{x\sqrt{1+\frac{1}{x}+\frac{1}{x^2}}} \xrightarrow[x\to+\infty]{} 2$.

Pour $x < 0$, $\sqrt{x^2} = -x$ et $f(x) = \frac{x(2+1/x)}{-x\sqrt{1+\frac{1}{x}+\frac{1}{x^2}}} \xrightarrow[x\to+\infty]{} -2$.

Donc f est une bijection de $\mathbb{R}$ sur $]-2, 2[$.

2) a) On trace la courbe de f et on obtient celle de g par symétrie orthogonale par rapport à la première bissectrice.

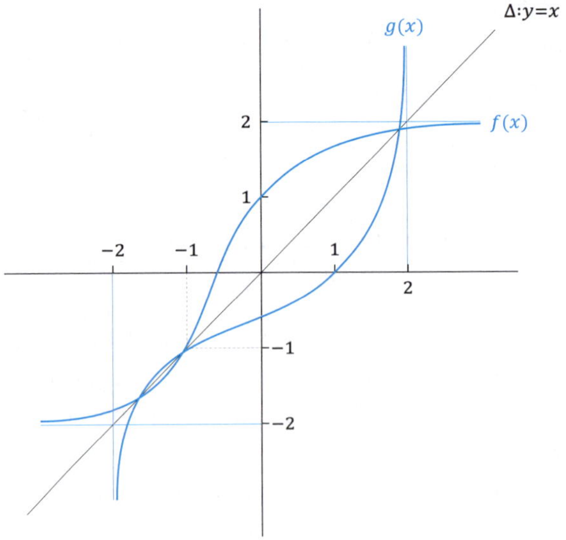

Remarques

Comme $f(-1) = -1$, on a $-1 = g(-1)$. Donc le point $M(-1,-1)$ est commun aux deux courbes. En M, la pente de la tangente à la courbe de f est $f'(-1) = 3/2$. Donc celle pour la courbe de g a une pente de $2/3$.

On peut montrer que $f(x) = x$ a trois solutions distinctes dont -1 (les deux autres sont $\alpha \approx -1,53$ et $\beta \approx 1,88$).

b) Comme f' ne s'annule pas sur $\mathbb{R}$, g est dérivable sur J.

c) On note $A(0, g(0))$ le point de la courbe de g d'abscisse 0. On a facilement :

$$x = g(0) \iff f(x) = 0 \iff x = -1/2.$$

Donc l'ordonnée de A est $-1/2$.

Le coefficient directeur de la tangente en A à la courbe de g est $m = g'(0)$.

D'après la formule de dérivation d'une application réciproque, on a :

$$\begin{aligned} m &= 1/f'(g(0)) && g(0) = -1/2 \\ &= 1/f'(-1/2) && f'(-1/2) = \tfrac{3}{2(3/4)^{3/2}} = \tfrac{2^3 \cdot 3}{2 \cdot 3^{3/2}} = \tfrac{4}{\sqrt{3}} \\ &= \frac{\sqrt{3}}{4}. \end{aligned}$$

Une équation de la tangente en $A(0, -1/2)$ est :

$$y = \frac{\sqrt{3}}{4}x - \frac{1}{2}.$$

Exercice 3

1) Par composition et somme, f est de classe $\mathcal{C}^\infty$ sur $\mathbb{R}$.
Le calcul donne pour $x \in \mathbb{R}$:

$$f'(x) = \frac{2x}{1+x^2} - \frac{1}{1+x^2} = \frac{2x-1}{1+x^2}, f''(x) = \frac{2(1+x^2) - (2x-1)2x}{(1+x^2)^2} = \frac{2(1+x-x^2)}{(1+x^2)^2}.$$

2) $P_1(x) = f'(x)(1+x^2) = 2x - 1$. L'unique racine est $1/2$.
$P_2(x) = f''(x)(1+x^2)^2 = 2(1+x-x^2)$. Le discriminant de ce trinôme est 5 et ses deux racines réelles sont $x_1 = \frac{-1-\sqrt{5}}{-2} = \frac{1+\sqrt{5}}{2}$ et $x_2 = \frac{1-\sqrt{5}}{2}$.

3) En dérivant $P_n(x) = f^{(n)}(x)(1+x^2)^n$, on obtient :

$$P_n'(x) = f^{(n+1)}(x)(1+x^2)^n + f^{(n)}(x)(1+x^2)^{n-1}2nx.$$

En multipliant par $(1+x^2)$, on fait apparaître $f^{(n+1)}(x)(1+x^2)^{n+1}$ et on a :

$$(1+x^2)P_n'(x) = P_{n+1}(x) + 2nxP_n(x).$$

4) Pour $n \in \mathbb{N}^*$, on appelle $Q(n)$ la proposition suivante :
« P_n est polynomiale de degré au plus n ».

• Initialisation

Le polynôme P_1 étant de degré 1, Q_1 est vraie.

• Hérédité

Soit $n \in \mathbb{N}^*$, on suppose Q_n vraie.

Les fonctions $x \mapsto xP_n(x)$ et $x \mapsto (1+x^2)P_n'$ sont de degrés au plus $n+1$. Par combinaison linéaire, P_{n+1} est polynomiale de degré au plus $n+1$.

Donc Q_{n+1} est vraie.

On a montré par récurrence que Q_n est vraie pour tout $n \in \mathbb{N}^*$.

Exercice 4

1) Pour $n \in \mathbb{N}^*$, on note $\mathcal{P}_n$: « $\forall t > 0, g_n^{(n)}(t) = \frac{(-1)^n}{t^{n+1}} f^{(n)}\left(\frac{1}{t}\right)$ ».

• Initialisation

Pour $n = 1$, on a $g_1 : t \mapsto f\left(\frac{1}{t}\right)$. Donc $g_1' : t \mapsto -\frac{1}{t^2} f'\left(\frac{1}{t}\right)$.

Donc $\mathcal{P}_1$ est vraie.

• Hérédité

Soit $n \in \mathbb{N}^*$. On suppose que $\mathcal{P}_n$ est vraie.

On remarque que $g_{n+1}(t) = t^n f\left(\frac{1}{t}\right) = tg_n(t)$. On va utiliser la formule de Leibniz pour dériver $n+1$ le produit $\mathrm{Id} \cdot g_n$:

$$\begin{aligned} g_{n+1}^{(n+1)}(t) &= \sum_{k=0}^{n+1} \binom{n+1}{k} \mathrm{Id}^{(k)}(t) g_n^{(n+1-k)}(t) \\ &= \binom{n+1}{0} \mathrm{Id}^{(0)}(t) g_n^{(n+1)}(t) + \binom{n+1}{1} \mathrm{Id}^{(1)}(t) g_n^{(n)}(t) \\ &= t g_n^{(n+1)}(t) + (n+1) g_n^{(n)}(t). \end{aligned}$$

$\mathrm{Id}^{(k)} = 0$ si $k \geqslant 2$

$\mathrm{Id}^{(0)} = \mathrm{Id}, \mathrm{Id}^{(1)} = \mathrm{Id}' = 1$

$\binom{n+1}{0} = 1, \binom{n+1}{1} = n+1$

D'après $\mathcal{P}_n$, on a $g_n^{(n)}(t) = \frac{(-1)^n}{t^{n+1}} f^{(n)}\left(\frac{1}{t}\right)$. En dérivant une fois $g_n^{(n)}$, on obtient :

$$g_n^{(n+1)}(t) = -\frac{(-1)^n}{t^{n+2}} f^{(n+1)}\left(\frac{1}{t}\right) - (n+1)\frac{(-1)^n}{t^{n+2}} f^{(n)}\left(\frac{1}{t}\right)$$

$$t g_n^{(n+1)}(t) = \frac{(-1)^{n+1}}{t^{n+1}} f^{(n+1)}\left(\frac{1}{t}\right) - (n+1) g_n^{(n)}(t).$$

D'où, pour tout $t > 0$, $g_{n+1}^{(n+1)}(t) = \frac{(-1)^{n+1}}{t^{n+1}} f^{(n+1)}\left(\frac{1}{t}\right)$ et $\mathcal{P}_{n+1}$ est vraie.

On a montré par récurrence que $\mathcal{P}_n$ est vraie pour tout $n \in \mathbb{N}^*$.

2) Les dérivées successives du logarithme sont classiques.

Si $f = \ln$, alors $f' : t \mapsto \frac{1}{t}$, $f'' : t \mapsto -\frac{1}{t^2}$, $f^{(3)} : t \mapsto \frac{2}{t^3}$ et, plus généralement, pour $n \in \mathbb{N}^*$, $f^{(n)} : t \mapsto \frac{(-1)^{n-1}(n-1)!}{t^n}$.

Donc on a $g_n^{(n)} : t \mapsto -\frac{(n-1)!}{t}$ lorsque $f = \ln$, car $f^{(n)}(1/t) = -(-1)^n(n-1)!t^n$.

Exercice 5

1) La fonction f_1 est continue sur $\mathbb{R} \setminus \{0\}$ comme quotient de fonctions dérivables. Comme $\lim_{x \to 0} \frac{\sin(x)}{x} = 1$, en posant $f_1(0) = 1$, on prolonge f_1 en une fonction continue sur $\mathbb{R}$.*

On a bien $f_1(2 \cdot 0) = 1 = \cos(0) f_1(0)$ et pour $x \neq 0$:

$$\begin{aligned} f_1(2x) &= \frac{\sin(2x)}{2x} \\ &= \frac{\sin(x)\cos(x)}{x} \\ &= \cos(x) f_1(x). \end{aligned}$$

$\sin(2x) = 2\sin(x)\cos(x)$

$\frac{\sin(x)}{x} = f_1(x)$

2) Pour tout $a \in \mathbb{R}$, la fonction $f_a = a f_1$ est continue sur $\mathbb{R}$, vérifie $(\star)$ et $f_a(0) = a$.

3) Réciproquement, soit f une solution du problème posé.

a) En utilisant $x = \pi/2$, on a $\cos(\pi/2) = 0$. Donc $f(\pi) = f(2 \cdot \pi/2) = 0$.
Plus généralement, pour $n \in \mathbb{Z} \setminus \{0\}$, il existe un entier impair q et $d \in \mathbb{N}$ tels que $n = 2^d q$. On a alors :

$$f(n\pi) = \cos(2^{d-1} q\pi) f(2^{d-1} q\pi) = \cdots = \cos(2^{d-1} q\pi) \cdots \cos(q\pi/2) f(q\pi/2).$$

Comme q est impair, on a $\cos(q\pi/2) = 0$, donc $f(n\pi) = 0$.

b) Pour $n \in \mathbb{N}$, on note $\mathcal{P}_n$: « $\forall x \in \mathbb{R} \setminus \pi\mathbb{Z}, 2^n \sin\left(\frac{x}{2^n}\right) f(x) = \sin(x) f\left(\frac{x}{2^n}\right)$ ».
Comme $2^0 = 1$, $\mathcal{P}_0$ est vraie.
Soit $n \in \mathbb{N}$. On suppose $\mathcal{P}_n$ vraie.
En utilisant $(\star)$ utilisée pour $\frac{x}{2^{n+1}}$, on a $f\left(\frac{x}{2^n}\right) = f\left(2\frac{x}{2^{n+1}}\right) = \cos\left(\frac{x}{2^{n+1}}\right) f\left(\frac{x}{2^{n+1}}\right)$.
Comme $x \notin \pi\mathbb{Z}$, on a $\frac{x}{2^{n+1}} \notin \pi\mathbb{Z}$, en particulier $\cos\left(\frac{x}{2^{n+1}}\right) \neq 0$:
On a alors :

$$\begin{aligned} \sin(x) f\left(\frac{x}{2^{n+1}}\right) &= \sin(x) \frac{f(x/2^n)}{\cos(x/2^{n+1})} \\ &= \frac{2^n \sin(x/2^n) f(x)}{\cos(x/2^{n+1})} \\ &= 2^n \cdot 2 \sin(x/2^{n+1}) f(x). \end{aligned}$$

d'après $\mathcal{P}(n)$

$\sin(2\theta) = 2\sin(\theta)\cos(\theta)$

Cela montre que $\mathcal{P}_{n+1}$ est vraie.
On a montré par récurrence que pour tout $n \in \mathbb{N}$, $\mathcal{P}_n$ est vraie.

c) Pour $x \in \mathbb{R}^*$, $h = \frac{x}{2^n} \xrightarrow[n \to \infty]{} 0$, donc $\lim_{n \to +\infty} \frac{2^n}{x} \sin\left(\frac{x}{2^n}\right) = 1$ par composition de limites.
Donc $\lim_{n \to +\infty} 2^n \sin\left(\frac{x}{2^n}\right) = x$.
De plus, f étant continue en 0, on a $f\left(\frac{x}{2^n}\right) \xrightarrow[n \to \infty]{} f(0)$.

*Cette fonction est appelée *sinus cardinal*. Elle intervient fréquemment dans des problèmes de physique ondulatoire.

Par passage à la limite dans l'égalité $\mathcal{P}_n$, on a pour $x \notin \pi\mathbb{Z}$:

$$xf(x) = \sin(x)f(0).$$

L'égalité $f(x) = f(0)\sin(x)/x$ est également vraie pour $x \in \pi\mathbb{Z} \setminus \{0\}$ d'après 3)a).

En notant $a = f(0)$, on a $f = af_1$ (en utilisant le prolongement vu au 1)).

La réciproque ayant été vue au 2), on peut conclure que les fonctions solutions du problème posé sont les fonctions colinéaires à f_1.

Exercice 6

1) Les fonctions cos et sin sont de classe $\mathcal{C}^\infty$ sur $\mathbb{R}$.

Comme $|\cos''| = |-\cos| \leqslant 1$, $\cos(0) = 1$ et $\cos'(0) = 0$, l'inégalité de Taylor-Lagrange à l'ordre 1 pour cos entre 0 et x donne $\left|\cos(x) - 1 - 0x\right| \leqslant \frac{1}{2}|x|^2$.

De même, $|\sin'''| = |-\cos| \leqslant 1$, $\sin(0) = 0$, $\sin'(0) = 1$ et $\sin''(0) = 0$, l'inégalité de Taylor-Lagrange à l'ordre 2 pour sin entre 0 et x donne $\left|\sin(x) - 0 - x - 0x^2\right| \leqslant \frac{1}{6}|x|^3$.

2) On a $x\cos(x) - \sin(x) = x\big(\cos(x) - 1\big) + x - \sin(x)$. D'après l'inégalité triangulaire, on en déduit :

$$\begin{aligned}\left|x\cos(x) - \sin(x)\right| &\leqslant |x| \cdot \left|\cos(x) - 1\right| + \left|\sin(x) - x\right| \\ &\leqslant |x|\frac{1}{2}|x|^2 + \frac{1}{6}|x|^3 \quad \text{d'après 1)} \\ &\leqslant \frac{2}{3}|x|^3.\end{aligned}$$

Exercices axés sur le raisonnement

Exercice 7

Pour tout réel x, $x - \lfloor x \rfloor \geqslant 0$. Donc f et g sont définies sur $\mathbb{R}$.

La fonction partie entière est continue en tout point de $\mathbb{R} \setminus \mathbb{Z}$, donc f et g le sont aussi (par addition et composition).

Soit $n \in \mathbb{N}$. On a $f(n) = n$ et $g(n) = n$.

On sait que la fonction partie entière est continue à droite, donc f et g le sont aussi.

On a $\lim_{x \to n^-} \lfloor x \rfloor = n - 1$, donc $\lim_{x \to n^-} f(x) = n + \sqrt{1} = n + 1$ et $\lim_{x \to n^-} g(x) = n - 1 + \sqrt{1} = n$.

La fonction f n'est pas continue à gauche en n, car $\lim_{x \to n^-} f(x) \neq f(n)$.

Mais g est continue à gauche en n. Finalement, g est continue sur $\mathbb{R}$.

Ci-dessous, l'allure des courbes représentatives de f et de g.

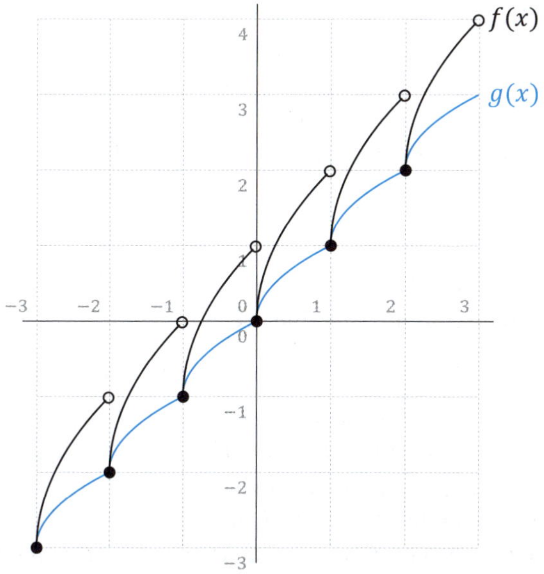

Exercice 8

1) • Première méthode (séquentielle)

On sait que pour $n \in \mathbb{N}$, $\sin(n\pi) = 0$ et que $\arctan(n\pi) \xrightarrow[n\to\infty]{} \pi/2$ (par composition de limite). Donc $\lim_{n\to\infty} f(n\pi) = \pi/2$.

Pour $n \in \mathbb{N}$, $\sin(2n\pi + \pi/2) = 1$ et on en déduit $\lim_{n\to\infty} f(n\pi + \pi/2) = \pi/2 + 1 \neq \pi/2$.

Donc f n'admet pas de limite en $+\infty$.

• Seconde méthode (par l'absurde)

On suppose que f admet une limite (réelle ou infinie) en $+\infty$.

Comme $\lim_{+\infty} \arctan = \pi/2$, $\sin = f - \arctan$ aurait aussi une limite en $+\infty$. Ce n'est pas possible, car sin n'admet pas de limite en $+\infty$.

2) On a $f = \arctan + \sin \leqslant \pi/2 + 1$, donc f est majorée par $\pi/2 + 1$. Donc $\sup_{\mathbb{R}}(f) \leqslant \pi/2 + 1$.

D'autre part, on a vu $\lim_{n\to\infty} f(n\pi) = \pi/2 + 1$. Donc $\pi/2 + 1 \leqslant \sup_{\mathbb{R}}(f)$.

Par antisymétrie de la relation d'ordre, $\sup_{\mathbb{R}}(f) = \pi/2 + 1$.

3) Par linéarité de la dérivation, $f' : x \mapsto \frac{1}{1+x^2} + \cos(x)$.

On a pour tout $n \in \mathbb{N}$, $f'(2n\pi) = \frac{1}{1+4n^2\pi^2} + 1 > 0$ et $f'\big((2n+1)\pi\big) = \frac{1}{1+(2n+1)^2\pi^2} - 1 < 0$.

Comme f' est continue sur $[2n\pi, 2n\pi + \pi]$, le théorème des valeurs intermédiaire assure qu'il existe $x_n \in]2n\pi, 2n\pi + \pi[$ tel que $f'(x_n) = 0$.

On a ainsi une suite $(x_n)_{n\in\mathbb{N}}$ de points deux à deux distincts où f' est nulle.

Donc f' s'annule une infinité de fois sur $\mathbb{R}$.

4) On raisonne par l'absurde.
On suppose que f admet un maximum en x_0. On a $f(x_0) = \pi/2+1$, donc il y a égalité dans l'inégalité $\arctan(x_0) + \sin(x_0) \leqslant \pi/2 + 1$. Donc on a $\arctan(x_0) = \pi/2$ et $\sin(x_0) = 1$.
Or, pour tout $x \in \mathbb{R}$, $\arctan(x) < \pi/2$, c'est donc impossible.
On a montré que f n'admet pas de maximum global sur $\mathbb{R}$.

Exercice 9

1) ($\Rightarrow$) Si f est bornée, alors $|f|$ est bornée et donc $f_+ = \frac{1}{2}(f + |f|)$ et $f_- = \frac{1}{2}(f + |f|)$ le sont aussi comme combinaison linéaire.

($\Leftarrow$) Si f_+ et f_- sont bornées, alors $f = f_+ + f_-$ l'est aussi.

2) De la même façon, si f_+ et f_- sont continues sur I, alors $f = f_+ + f_-$ l'est aussi.
Réciproquement, si f est continue sur I, alors $|f|$ l'est aussi ainsi que f_+ et f_-.

3) Concernant la dérivabilité, on a l'implication :

si f_+ et f_- sont dérivables sur I, alors $f = f_+ + f_-$ l'est aussi.

En revanche, l'implication réciproque est fausse car la dérivabilité de f n'entraîne pas celle de $|f|$.
On a un contre-exemple explicite avec $f = \mathrm{Id}_{\mathbb{R}}$ qui est dérivable sur $\mathbb{R}$ et f_+ n'est pas dérivable en 0, car $f_+ : x \mapsto \begin{cases} x & \text{si } x \geqslant 0 \\ 0 & \text{si } x < 0 \end{cases}$ (les dérivées à gauche et droite en 0 sont distinctes).

Exercice 10

1) Pour tout $x \in \mathbb{R}$, $(-x)^2 = x^2$, donc $f(-x) = f(x^2) = f(x)$.
Donc f est paire.

2) Soit $x > 0$.
Pour $n \in \mathbb{N}$, notons $\mathcal{P}_n$ la proposition « $f(x) = f\left(x^{2^{-n}}\right)$ ».
On a $\left(\sqrt{x}\right)^2 = x$, donc $f\left(\sqrt{x}\right) = f(x)$ ce qui donne $f(x) = f\left(x^{2^{-1}}\right)$. $\mathcal{P}_1$ est vraie.
Soit $n \in \mathbb{N}^*$. On suppose que $\mathcal{P}_n$ est vraie.
On a alors :

$$\begin{aligned} f\left(x^{2^{-(n+1)}}\right) &= f\left(\sqrt{x^{2^{-n}}}\right) && \text{d'après } \mathcal{P}_1 \\ &= f\left(x^{2^{-n}}\right) && \text{d'après } \mathcal{P}_n \\ &= f(x). \end{aligned}$$

Donc $\mathcal{P}_{n+1}$ est vraie.
On a montré par récurrence que pour tout $n \in \mathbb{N}^*$, $f(x) = f\left(x^{2^{-n}}\right)$.

3) Soit $x > 0$. $\lim\limits_{n\to\infty} 2^{-n} = 0$, donc $\lim\limits_{n\to\infty} x^{2^{-n}} = 1$. Par continuité de f, $\lim\limits_{n\to\infty} f\left(x^{2^{-n}}\right) = f(1)$.
Donc f est constante sur $]0, +\infty[$. Par continuité, f est constante sur $[0, +\infty[$.
Par parité, f est constante sur $\mathbb{R}$.

Exercice 11

Pour tout $x \in [0,1]$:

$$f(x) = x \iff f(x) - x = 0.$$

Notons $g : x \mapsto f(x) - x$.
La fonction g est continue sur $[0,1]$, $g(0) = f(0) \geqslant 0$, $g(1) = f(1) - 1 \leqslant 0$, donc d'après le théorème des valeurs intermédiaires, il existe un $c \in [0,1]$ tel que $g(c) = 0$.
Par conséquent f admet un point fixe.

Exercice 12

1) La fonction cos est dérivable sur $\mathbb{R}$ et $|\cos'| = |-\sin| \leqslant 1$.
D'après l'inégalité des accroissements finis, on a pour tous x et y réels :

$$\left|\cos(y) - \cos(x)\right| \leqslant 1 \cdot |y - x|.$$

2) La fonction $f : t \mapsto$ est dérivable sur $[-1,1]$ et :

$$\forall t \in [-1,1], \quad \left|f'(t)\right| = \left|nt^{n-1}\right| \leqslant n.$$

D'après l'inégalité des accroissements finis, on a pour tous x et $y \in [-1,1]$:

$$|y^n - x^n| \leqslant n\,|y - x|.$$

Remarque

On pouvait utiliser la factorisation $y^n - x^n = (y-x)(y^{n-1} + y^{n-2}x + \cdots + yx^{n-2} + x^{n-1})$.
À l'aide de l'inégalité triangulaire, on a :

$$|y^n - y^n| \leqslant |y - x|\left(|y|^{n-1} + |y|^{n-2}|x| + \cdots + |y|\,|x|^{n-2} + |x|^{n-1}\right).$$

Il suffit ensuite de majorer chacun des n termes du second facteur par 1 pour obtenir le résultat.

Exercice 13

1) Par composition de fonction continue, g est continue sur l'ouvert $]-\pi/2, \pi/2[$.
Comme $\lim\limits_{x \to \frac{\pi}{2}^-} \tan(x) = +\infty$ et $\lim\limits_{+\infty} f = \ell$, on a $\lim\limits_{x \to \frac{\pi}{2}^-} g(x) = \ell$.
De même, $\lim\limits_{x \to -\frac{\pi}{2}^+} g(x) = \ell$, donc en posant $g(-\pi/2) = \ell$ et $g(\pi/2) = \ell$, on obtient une fonction continue sur $[-\pi/2, \pi/2]$.

2) La fonction g est également dérivable sur $]-\pi/2, \pi/2[$ (par composition).
Comme $g(-\pi/2) = g(\pi/2)$, il existe $c \in]-\pi/2, \pi/2[$ tel que $g'(c) = 0$, d'après le théorème de Rolle.
Or $g'(c) = \tan'(c) f'\big(\tan(c)\big)$ et $\tan'(c) = 1 + \tan^2(c) \neq 0$, donc $f'\big(\tan(c)\big) = 0$.
On a montré que f' s'annule (en $t = \tan(c)$).

Exercice 14

1) On note, en les rangeant dans l'ordre strictement croissant, $x_1 < x_2 < \cdots < x_p$ des points de I où h s'annule.

Soit $k \in [\![1, p-1]\!]$. Puisque x_k et x_{k+1} appartiennent à l'intervalle I, on a $[x_k, x_{k+1}] \subset I$, donc la fonction h est continue et dérivable sur $[x_k, x_{k+1}]$.

De plus $h(x_k) = h(x_{k+1})$, donc d'après le théorème de Rolle, il existe $c_k \in]x_k, x_{k+1}[$ tel que $h'(c_k) = 0$.

En choisissant un de ces points c_k dans chacun des intervalles $]x_k, x_{k+1}[$, on obtient des points distincts car :

$$x_1 < c_1 < x_2 < c_2 < x_3 < \cdots < x_{p-1} < c_{p-1} < x_p.$$

La dérivée h' s'annule au moins $p-1$ fois.

2) On raisonne par l'absurde. On suppose que P s'annule au moins 7 fois.

D'après la question précédente, P' s'annule au moins 6 fois. On remarque que 0 est racine de $P' : x \mapsto 51x^{50} - 68x^{16} - 63x^8 = x^8(51x^{42} - 68x^8 - 63)$.

On en déduit que $P_1 : x \mapsto 51x^{42} - 68x^8 - 63$ s'annule au moins 5 fois.

Donc $P_1' : x \mapsto 51 \cdot 42x^{41} - 68 \cdot 8x^7$ s'annule au moins 4 fois. Donc $P_2 : x \mapsto 2142x^{34} - 544$ s'annule au moins 3 fois. Or, on a :

$$P_2(x) = 0 \iff 2142x^{34} = 544 \iff x^{34} = \frac{16}{63}$$

donc P_2 n'admet que deux zéros (qui sont $\sqrt[34]{16/63}$ et son opposé).

Ces deux résultats étant contradictoires, on a montré que P s'annule au plus 6 fois.

Exercice 15

Pour $K \in \mathbb{R}$, la fonction φ proposée est deux fois dérivable sur I.
On constate que $\varphi(a) = (a-b)f(a) + 0 + (b-a)f(a) - 0 = 0$ et de même $\varphi(b) = 0$.
Comme $(b-a)(b-c)(c-a) \neq 0$, on peut choisir K tel que φ soit également nulle en c.*
Ainsi φ est continue sur $[a, b]$, dérivable sur $]a, b[$ et $\varphi(a) = \varphi(b)$, il existe un réel $x_1 \in]a, b[$ tel que $\varphi'(x_1) = 0$, d'après le théorème de Rolle.
De même, en appliquant le théorème de Rolle à φ sur $[b, c]$, il existe un réel $x_2 \in]b, c[$ tel que $\varphi'(x_2) = 0$.
On applique à nouveau le théorème de Rolle à φ' sur $[x_1, x_2]$, il existe donc $d \in]x_1, x_2[$ tel que $\varphi''(d) = 0$.
Comme $]x_1, x_2[\subset]a, c[\subset I$ (car I est un intervalle), on a $d \in I$.
Le calcul de φ'' donne $(b-a)f''(d) - K(b-a)(-2) = 0$. Donc $K = -\frac{1}{2}f''(d)$.

*Il suffit de prendre $K = \frac{(c-b)f(a)+(a-c)f(b)+(b-a)f(c)}{(b-a)(b-c)(c-a)}$.

Comme $\varphi(c) = 0$, on a $(c-b)f(a) + (a-c)f(b) + (b-a)f(c) = K(b-a)(b-c)(c-a)$.
Donc :

$$\frac{(c-b)f(a)}{(b-a)(b-c)(c-a)} + \frac{(a-c)f(b)}{(b-a)(b-c)(c-a)} + \frac{(b-a)f(c)}{(b-a)(b-c)(c-a)} = -\frac{1}{2}f''(d).$$

Après simplifications, on obtient le résultat de l'énoncé.

Exercice 16 *Règle de L'Hôpital*

1) On veut montrer qu'il existe $c \in]a,b[$ tel que :

$$\big(f(b)-f(a)\big)g'(c) - \big(g(b)-g(a)\big)f'(c) = 0.$$

En posant $\varphi : x \mapsto \big(f(b)-f(a)\big)g(x) - \big(g(b)-g(a)\big)f(x)$, il s'agit de montrer que φ' s'annule sur $]a,b[$.

Comme combinaison linéaire de f et g, φ est dérivable sur $[a,b]$ (donc en particulier continue sur $[a,b]$ et dérivable sur $]a,b[$).

On a $\varphi(a) = \big(f(b)-f(a)\big)g(a) - \big(g(b)-g(a)\big)f(a) = f(b)g(a) - g(b)f(a)$.

De même $\varphi(a) = \big(f(b)-f(a)\big)g(b) - \big(g(b)-g(a)\big)f(b) = f(b)g(a) - g(b)f(a)$.

D'après le théorème de Rolle, il existe $c \in]a,b[$ tel que $\varphi'(c) = 0$ ce qui donne le résultat.

2) Soit $x \in]a,b]$. D'après le résultat précédent appliqué sur $[a,x]$, il existe $c_x \in]a,x[$ tel que $\big(f(x)-f(a)\big)g'(c_x) = \big(g(x)-g(a)\big)f'(c_x)$. On choisit un tel c_x et on a $\frac{f(x)-f(a)}{g(x)-g(a)} = \frac{f'(c_x)}{g'(c_x)}$, car g' ne s'annule pas sur $]a,b[$.

Comme $a < c_x < x$, on a $c_x \underset{x\to a^+}{\longrightarrow} a$ par encadrement.

Or, $\lim\limits_{a^+} \frac{f'}{g'} = \ell$, donc $\lim\limits_{x\to a^+} \frac{f'(c_x)}{g'(c_x)} = \ell$ par composition de limites.

Compte tenu de ces deux résultats, $\lim\limits_{x\to a^+} \frac{f(x)-f(a)}{g(x)-g(a)} = \ell$.

3) *Application*

On pose $f : x \mapsto \cos(x) + x\sin(x)$ et $g : x \mapsto e^x - x$. Ces fonctions sont en particulier de classe $\mathcal{C}^2$ sur $[0,1]$.

On a $f' : x \mapsto x\cos(x)$ et $g' : x \mapsto e^x - 1$, puis $f'' : x \mapsto \cos(x) - x\sin(x)$ et $g'' : x \mapsto e^x$.

On a g'' non nul sur $]0,1[$ et $\lim\limits_{x\to 0^+} \frac{\cos(x)-x\sin(x)}{e^x} = \frac{1}{1} = 1$. D'après la question 2), on a $\lim\limits_{x\to 0^+} \frac{f'(x)-f'(0)}{g'(x)-g(0)} = 1$.

Comme $f'(0) = 0$ et $g'(0) = 0$, on a $\lim\limits_{x\to 0^+} \frac{f'(x)}{g'(x)} = 1$.

Puisque g' ne s'annule pas sur $]0,1[$, on peut à nouveau utiliser 2) : $\lim\limits_{x\to 0^+} \frac{f(x)-f(0)}{g(x)-g(0)} = 1$.

Comme $f(0) = 1$ et $g(0) = 1$, on a montré $\lim\limits_{x\to 0^+} \frac{\cos(x)+x\sin(x)-1}{e^x-x-1} = 1$

Exercice 17

Attention, en utilisant seulement $\frac{i}{n} \in [f(0), f(1)]$, le théorème des valeurs intermédiaires donne bien l'existence d'au moins un c_i tel que $f(c_i) = \frac{i}{n}$, mais rien n'assure que l'on peut obtenir une suite croissante.

Pour $k \in [\![1, n-1]\!]$, on appelle $\mathcal{P}_k$ la proposition suivante :

« il existe $0 < a_1 < a_2 < \ldots < a_k < 1$ tels que $f(a_i) = i/n$ pour tout $i \in [\![1, k]\!]$ ».

• Initialisation

Puisque f est continue sur $[0,1]$ et que $f(0) = 0 < \frac{1}{n} < f(1) = 1$, il existe $a_1 \in]0,1[$ tel que $f(a_1) = \frac{1}{n}$ d'après le théorème des valeurs intermédiaires.
Donc $\mathcal{P}_1$ est vraie.

• Hérédité

Soit $k \in [\![1, n-2]\!]$, on suppose $\mathcal{P}_k$ vraie.
Puisque f est continue sur $[a_k, 1]$ (par restriction) et que $f(a_k) = \frac{k}{n} < \frac{k+1}{n} < f(1) = 1$, il existe $a_{k+1} \in]a_k, 1[$ tel que $f(a_{k+1}) = \frac{k+1}{n}$ d'après le théorème des valeurs intermédiaires.
Donc $\mathcal{P}_{k+1}$ est vraie.

Par récurrence finie, $\mathcal{P}_{n-1}$ est vraie, ce qui donne le résultat demandé.

Exercice 18

On raisonne par l'absurde. On suppose que f'' ne s'annule pas sur $\mathbb{R}$.
Comme f'' est continue sur $\mathbb{R}$, elle a alors un signe constant. Quitte à changer f en $-f$, on peut supposer $f'' > 0$.
Donc f' est strictement croissante sur $\mathbb{R}$. On va envisager plusieurs cas selon le signe de $f'(0)$.

• Cas $f'(0) > 0$

On a pour tout $x \geqslant 0$, $f'(x) \geqslant f'(0)$. Donc, d'après l'inégalité des accroissements finis :

$$\forall x \in [0, +\infty[, \quad f(x) - f(0) \geqslant f'(0)(x - 0).$$

On a alors $f(x) \xrightarrow[x \to +\infty]{} +\infty$ par minoration, en contradiction avec l'hypothèse d'une limite réelle de f en $+\infty$.

• Cas $f'(0) = 0$

Comme f' est strictement croissante sur $\mathbb{R}^+$, on a $f'(1) > 0$ et le raisonnement précédent s'adapte sur $[1, +\infty[$.

• Cas $f'(0) < 0$

On a pour tout $x \leqslant 0$, $f'(x) \leqslant f'(0)$. Donc, d'après l'inégalité des accroissements finis :

$$\forall x \in]-\infty, 0], \quad f(0) - f(x) \leqslant f'(0)(0 - x).$$

Donc $f(x) \geqslant f(0) + x f'(0) \xrightarrow[x \to -\infty]{} +\infty$, en contradiction avec l'hypothèse d'une limite réelle de f en $-\infty$.

Dans tous les cas on obtient une contradiction, donc f'' s'annule.

Exercice 19

1) On veut montrer que $f' \leqslant 0$ sur $\mathbb{R}^+$.
Puisque $f \geqslant 0$ et $\alpha > 0$, on a $f'' \geqslant 0$, donc f' est croissante sur $\mathbb{R}^+$.
On raisonne par l'absurde. On suppose qu'il existe $x_0 \in \mathbb{R}^+$ tel que $m = f'(x_0) > 0$.
On a alors pour tout $x \geqslant x_0$, $f'(x) \geqslant m$, car f' est croissante.
Pour $x \geqslant x_0$, on a $f(x) - f(x_0) \geqslant m(x - x_0)$, d'après l'inégalité des accroissements finis.
Ainsi f ne serait pas majorée et donc f'' non plus, car $\alpha > 0$.
On a donc montré, par l'absurde, que $f' \leqslant 0$ ce qui prouve que f est décroissante sur $\mathbb{R}^+$.

2) • limite de f'
Étant majorée par 0 et croissante sur $\mathbb{R}^+$, f' admet une limite réelle $\ell \leqslant 0$.
On raisonne par l'absurde. On suppose que $\ell \neq 0$. On a donc $\ell < 0$.
On a alors pour tout $x \in \mathbb{R}$, $f'(x) \leqslant \ell$, car f' est croissante.
D'après l'inégalité des accroissements finis, on a pour tout $x \geqslant 0$, $f(x) - f(0) \leqslant \ell(x - 0)$.
Comme $f(0) + \ell x \xrightarrow[x \to +\infty]{} -\infty$, f serait négative au voisinage de $+\infty$. C'est impossible puisque f est à valeurs dans $\mathbb{R}^+$.

On a donc montré, par l'absurde, que $\lim\limits_{+\infty} f' = 0$.

• limite de f
Étant positive et décroissante sur $\mathbb{R}^+$, f admet une limite réelle $\ell \geqslant 0$ en $+\infty$.
Supposons $\ell > 0$. On aurait pour tout $x \geqslant 0$, $\ell \leqslant f(x)$, d'où $\alpha\ell \leqslant f''(x)$.
Donc pour tout $x \geqslant 0$, $\alpha\ell(x - 0) \leqslant f'(x) - f'(0)$. On obtient $f'(x) \xrightarrow[x \to +\infty]{} +\infty$ par minoration, ce qui est en contradiction avec la limite de f'.

On a donc montré par l'absurde que $\lim\limits_{+\infty} f = 0$.

Exercice 20

1) Soit $x \in \mathbb{R}$. La fonction f est, en particulier, continue sur $[x, x+1]$, dérivable sur $]x, x+1[$.
D'après l'égalité des accroissements finis, il existe au moins un $c_x \in\ ]x, x+1[$ tel que $\frac{f(x+1)-f(x)}{x+1-x} = f'(c_x)$. On choisit un tel c_x.
On a alors, pour tout $x \in \mathbb{R}$, $x < c_x$. Donc $\lim\limits_{x \to +\infty} c_x = +\infty$ par minoration.
D'où $f(x+1) - f(x) = f'(c_x) \xrightarrow[x \to +\infty]{} \ell$ par composition de limites.

2) Puisque $\lim\limits_{+\infty} f' = \ell > 0$, il existe $a \in \mathbb{R}$ tel qu'on ait $f' > 0$ sur $[a, +\infty[$. Alors f est croissante sur $[a, +\infty[$.
Donc f admet en $+\infty$ une limite réelle ou égale à $+\infty$.
Comme $\lim\limits_{x \to +\infty} \big(f(x+1) - f(x)\big) = \ell > 0$, la limite de f ne peut pas être réelle. On a donc $\lim\limits_{x \to +\infty} f(x) = +\infty$.

3) Pour cette question, il n'est pas possible de conclure aussi simplement qu'au 1). On va utiliser la définition des limites.
Soit $\varepsilon > 0$.
Il existe $a \in \mathbb{R}$ tel que pour tout $x \in [a, +\infty[$, $\ell - \frac{\varepsilon}{2} \leqslant f'(x) \leqslant \ell - \frac{\varepsilon}{2}$.
On choisit un tel réel a. On a alors, par l'inégalité des accroissements finis :

$$\forall x \in [a, +\infty[, \quad \left(\ell - \frac{\varepsilon}{2}\right)(x-a) \leqslant f(x) - f(a) \leqslant \left(\ell + \frac{\varepsilon}{2}\right)(x-a).$$

En notant $m(x) = \left(\ell - \frac{\varepsilon}{2}\right) \cdot \frac{x-a}{x} + \frac{f(a)}{x}$ et $M(x) = \left(\ell + \frac{\varepsilon}{2}\right) \cdot \frac{x-a}{x} + \frac{f(a)}{x}$, on a l'encadrement suivant : $m(x) \leqslant \frac{f(x)}{x} \leqslant M(x)$.
Puisque a est fixé, $\lim\limits_{x \to +\infty} m(x) = \ell - \frac{\varepsilon}{2}$ et $\lim\limits_{x \to +\infty} M(x) = \ell + \frac{\varepsilon}{2}$. Il existe alors $b \geqslant a$ tel que pour $x \geqslant b$, on ait $\ell - \varepsilon \leqslant m(x)$ et $M(x) \leqslant \ell + \varepsilon$.
Par transitivité de la relation d'ordre, on a obtenu l'existence de b tel que :

$$\forall x \in [b, +\infty[, \quad \ell - \varepsilon \leqslant \frac{f(x)}{x} \leqslant \ell + \varepsilon.$$

Cela étant valable pour tout $\varepsilon > 0$, $\lim\limits_{x \to +\infty} \frac{f(x)}{x} = \ell$ par définition de la limite.

Exercice 21

1) Puisque $\exp > 0$, on a $f' > 0$. Donc f est croissante sur $]-b, b[$ et f admet en b une limite $\ell \in \mathbb{R} \cup \{+\infty\}$.
2) On suppose ℓ réelle. On prolonge f sur $]-b, b]$ par continuité en posant $f(b) = \ell$.
Ainsi, on a f continue sur $]-b, b]$, de classe $\mathcal{C}^1$ sur $]-b, b[$ et $\lim\limits_{b} f' = \exp(-b\ell) \in \mathbb{R}$.
Donc, d'après le théorème « de la limite de la dérivée », f est de classe $\mathcal{C}^1$ sur $]-b, b]$.
3) On raisonne par l'absurde. On suppose $\ell = +\infty$.
Puisque $xf(x) \xrightarrow[x \to b]{} +\infty$, il existe $\alpha \in]-b, b[$ tel que pour $x \in [\alpha, b[$, $xf(x) \geqslant 0$.
Donc $0 \leqslant f'(x) = \exp\big(-xf(x)\big) \leqslant 1$ pour tout $x \in [\alpha, b[$.
Par l'inégalité des accroissements finis, on obtient :

$$\forall x \in [\alpha, b[, \quad 0 \leqslant f(x) - f(\alpha) \leqslant 1(x - \alpha) \leqslant b - \alpha.$$

En particulier, f est majorée au voisinage de b, ce qui contredit $\lim\limits_{b} f = +\infty$.
On a montré par l'absurde que $\lim\limits_{b} f \in \mathbb{R}$.
4) Dans cette question $b = +\infty$. On suppose $\lim\limits_{+\infty} f = +\infty$. Donc il existe $\alpha > 0$ tel que $f \geqslant 1$ sur $[\alpha, +\infty[$.
On pose $g : x \mapsto f(x) + \exp(-x)$. Comme $\lim\limits_{x \to +\infty} \exp(-x) = 0$, on a $\lim\limits_{x \to +\infty} g(x) = +\infty$.

D'autre part, g est dérivable sur $\mathbb{R}$ et on a pour tout $x \in \mathbb{R}$:

$$g'(x) = f'(x) - \exp(-x) = \exp\big(-xf(x)\big) - \exp(-x).$$

Pour $x \in [\alpha, +\infty[$, on a $xf(x) \geqslant x$ (car $f \geqslant 1$ et $x \geqslant 0$), donc $\exp\big(-xf(x)\big) \leqslant \exp(-x)$. Donc $g' \leqslant 0$ sur $[\alpha, +\infty[$. Ainsi, g est décroissante sur $[\alpha, +\infty[$, ce qui est en contradiction avec $\lim\limits_{+\infty} g = +\infty$.

On a montré par l'absurde que $\lim\limits_{+\infty} f \in \mathbb{R}$.

Exercices avec questions ouvertes

Exercice 22

La réponse est positive.
Comme g est continue sur $[a, b]$, g est bornée et atteint ses bornes. On note x_0 un élément de $[a, b]$ tel que $g(x_0) = \sup\limits_{[a,b]} g$.
Comme $]a, b[\subset [a, b]$, g est majorée sur $]a, b[$ et $\sup\limits_{]a,b[} g \leqslant \sup\limits_{[a,b]} g$.

- Cas $x_0 \in]a, b[$

Dans ce cas, $\sup\limits_{]a,b[} g = g(x_0)$ et $\sup\limits_{]a,b[} g = \sup\limits_{[a,b]} g$.

- Cas $x_0 = a$ ou b

Supposons que $x_0 = a$. On a pour tout $x \in]a, b[$, $g(x) \leqslant \sup\limits_{]a,b[} g$.
Comme g est continue en a, $\lim\limits_{\substack{x \to a \\ x > a}} g(x) = g(x_0)$.
Donc, par passage à la limite dans l'inégalité : $g(x_0) \leqslant \sup\limits_{]a,b[} g$.
Par antisymétrie de la relation d'ordre, $\sup\limits_{]a,b[} g = g(x_0)$. Donc $\sup\limits_{]a,b[} g = \sup\limits_{[a,b]} g$.
Dans tous les cas $\sup\limits_{]a,b[} g = \sup\limits_{[a,b]} g$.
Le cas $x_0 = b$ se traite de façon semblable.

Exercice 23

Notons $\ell = \lim\limits_{x_0^-} f$ et $L = \lim\limits_{x_0^+} f$. On a $\ell \neq L$.
Comme g est continue en x_0, on a $\lim\limits_{x_0^-} g = g(x_0)$ et $\lim\limits_{x_0^+} g = g(x_0)$. D'après les résultats sur les produits de limites, on a $\lim\limits_{x_0^-}(fg) = \ell g(x_0)$ et $\lim\limits_{x_0^+}(fg) = Lg(x_0)$.
Puisque $\ell \neq L$, on a l'équivalence : $\lim\limits_{x_0^-}(fg) = \lim\limits_{x_0^+}(fg) \iff g(x_0) = 0$.
Comme $(fg)(x_0) = f(x_0)g(x_0)$, on a finalement :

$$fg \text{ est continue en } x_0 \quad \iff \quad \lim_{x_0^-}(fg) = \lim_{x_0^+}(fg) = f(x_0)g(x_0) \quad \iff \quad g(x_0) = 0.$$

Exercice 24

Si $\lambda \neq 0$, on a $f = \frac{1}{\lambda}(\lambda f)$. Donc : Si λf est classe $\mathcal{C}^2$ sur $\mathbb{R}$, la fonction f l'est aussi.
En revanche, si $\lambda = 0$, λf est la fonction nulle donc de classe $\mathcal{C}^2$ sur $\mathbb{R}$ sans condition sur la fonction f.

Exercice 25

On note $d : [0,1] \to [0,4]$ la fonction qui à un temps t exprimé en heures associe la distance en kilomètres parcourue entre les instants 0 et t.
En supposant la fonction d continue sur $[0,1]$, la réponse est positive :

Notons $\delta : t \mapsto d(t + 1/4) - d(t)$. On a $\begin{cases} \delta(0) & = d(1/4) - 0 \\ \delta(1/4) & = d(1/2) - d(1/4) \\ \delta(1/2) & = d(3/4) - d(1/2) \\ \delta(3/4) & = d(1) - d(3/4) \end{cases}$.

Comme $d(1) = 4$, la somme de ces quatre nombres vaut 4. Les quatre nombres ne peuvent pas être tous strictement supérieurs à 1, donc l'un deux est inférieur à 1. De même, l'un deux est supérieur à 1.
La fonction δ étant continue (par composition), il existe $t_0 \in [0,3/4]$ tel que $\delta(t_0) = 1$, d'après le théorème des valeurs intermédiaires. On a donc $d(t_0 + 1/4) - d(t_0) = 1$.
Entre les instants t_0 et $t_0 + 1/4$, la promeneuse a parcouru exactement 1 kilomètre.

« *Rolle and Rolle : on applique souvent plusieurs fois d'affilée le théorème de Rolle.* »

Fonctions convexes 8

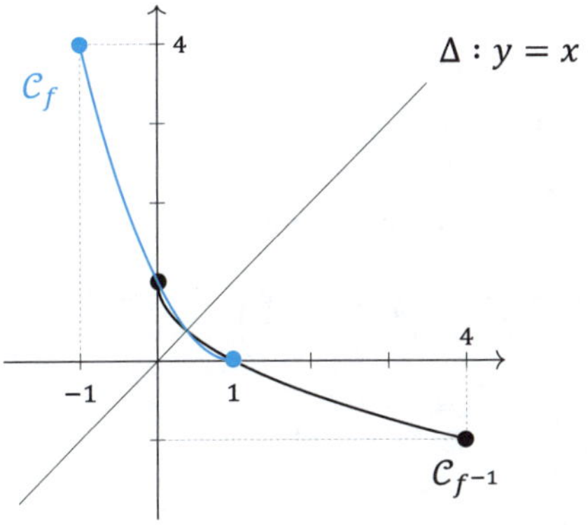

La bijection réciproque d'une bijection convexe peut être convexe. Ici, la fonction f est la fonction définie par
$\forall x \in [-1, 1] \quad f(x) = (x-1)^2$

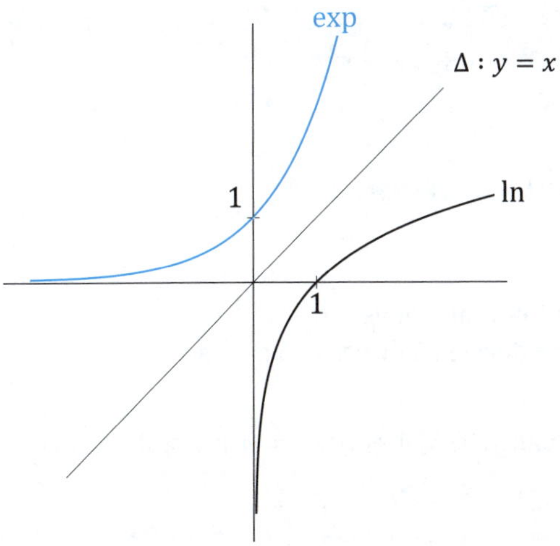

La bijection réciproque d'une bijection convexe peut être concave : l'exponentielle est une fonction convexe et sa bijection réciproque ln est concave sur $\mathbb{R}$.

Exercices axés sur le calcul

Exercice 1 *Concavité d'une gaussienne*

Soit $f : x \mapsto \exp\left(-\frac{x^2}{2}\right)$.
Vérifier qu'il existe un réel c tel que f est convexe sur $[0, c]$ et concave sur $[c, +\infty[$.
Représenter l'allure de la courbe représentative de f au voisinage du point $(c, f(c))$ (on fera figurer la tangente en ce point).

Exercice 2

Soit $f :]0, +\infty[\to \mathbb{R}, x \mapsto 1/x^2$.

1) Vérifier que f est convexe sur $]0, +\infty[$.
2) Montrer que f est une bijection de $]0, +\infty[$ dans lui-même et déterminer sa bijection réciproque g.
3) Vérifier que g est également convexe sur $]0, +\infty[$.

Exercice 3

Montrer que $f : x \mapsto \ln(\ln(x))$ est concave sur $]1, +\infty[$. En déduire

$$\forall x, y \in]1, +\infty[, \quad \sqrt{\ln(x)\ln(y)} \leqslant \ln\left(\frac{x+y}{2}\right).$$

Exercice 4

On pose $p(0) = 1$ et pour $x \neq 0$, $p(x) = \frac{e^x - 1}{x}$.

1) Montrer que p est continue sur $\mathbb{R}$.
2) Montrer que p est croissante sur $\mathbb{R}$.
3) Préciser, pour $x \in \mathbb{R} \setminus \{0\}$ le signe de $p''(x)$.
   Indication : On pourra introduire $\varphi(x) = e^{-x} - 1 + x - \frac{1}{2}x^2$.

Exercices axés sur le raisonnement

Exercice 5

Soit f une application convexe définie sur un intervalle ouvert I.

1) Montrer que f admet en tout point de I une dérivée à droite et à gauche.
2) En déduire que f est continue sur I.
3) On considère l'application définie sur $\mathbb{R}^+$ par $g(0) = 1$ et $g(x) = 0$ si $x > 0$.
   Montrer que g est convexe.
   Commenter.

Exercice 6 *Utilisation des pentes*

Soit $f : \mathbb{R} \to \mathbb{R}$ une fonction convexe.

1) Montrer que si f admet un minimum local alors c'est un minimum global.
2) Montrer que si f est bornée sur $\mathbb{R}$ alors f est constante.

Exercice 7

Soit $f : \mathbb{R} \to \mathbb{R}$ une fonction convexe.

1) On suppose $f(t) \underset{t\to+\infty}{\longrightarrow} 0$. Montrer que f est positive.
2) On suppose que la courbe représentative de f admet une droite asymptote en $+\infty$. Cela signifie qu'il existe m et q réels tels que $f(x) = mx + q + o(1)$.
Étudier la position de la courbe par rapport à la droite d'équation $y = mx + p$.

Exercice 8 *Comparaison des moyennes arithmétique et quadratrique*

Soit $n \in \mathbb{N}^*$ et $x_1, x_2, \dots, x_n$ des réels.
Montrer :

$$\frac{x_1 + x_2 + \cdots + x_n}{n} \leqslant \sqrt{\frac{x_1^2 + x_2^2 + \cdots + x_n^2}{n}}$$

Exercice 9 *Comparaison des moyennes arithmétique, géométrique et harmonique*

Soit $n \in \mathbb{N}^*$ et $x_1, x_2, \dots, x_n$ sont des réels strictement positifs.

1) Montrer

$$(x_1 x_2 \cdots x_n)^{1/n} \leqslant \frac{x_1 + x_2 + \cdots + x_n}{n}.$$

2) En déduire

$$\frac{n}{\frac{1}{x_1} + \frac{1}{x_2} + \cdots + \frac{1}{x_n}} \leqslant (x_1 x_2 \cdots x_n)^{1/n}.$$

Exercices avec questions ouvertes

Exercice 10

Soit I et J deux intervalles de $\mathbb{R}$ et f une bijection de I sur J. On note $g = f^{-1}$.
Quand f est de plus convexe et continue sur I, que peut-on dire de la convexité de g sur J ?

Exercice 11

Soit f convexe et dérivable sur I. Soit $a \in I$ et T la tangente à la courbe au point $\big(a, f(a)\big)$.
On suppose qu'il existe un $x \neq a$ tel que le point $\big(x, f(x)\big)$ appartienne à T.
Que peut-on dire de f ?

Exercice 12

Soit f convexe sur $[a, b]$.
On suppose qu'il existe $c \in]a, b[$ tel que le point $\big(c, f(c)\big)$ appartienne à la sécante qui joint le point $\big(a, f(a)\big)$ au point $\big(b, f(b)\big)$.
Que peut-on dire de f ?

Corrections

Exercices axés sur le calcul

Exercice 1

Par composition f est deux fois dérivable sur $\mathbb{R}$ et pour tout $x \in \mathbb{R}$:

$$f'(x) = -x \exp\left(-\frac{x^2}{2}\right), \quad f''(x) = (-1 + x^2) \exp\left(-\frac{x^2}{2}\right).$$

Puisque $f''(x)$ a le signe de $(x^2 - 1)$, on a $f'' \leqslant 0$ sur $[0, 1]$ et $f'' \geqslant 0$ sur $[1, +\infty[$.
Donc f est concave sur $[0, 1]$ puis convexe sur $[1, +\infty[$.
D'où l'allure suivante (la courbe traverse la tangente lors du changement de concavité) :

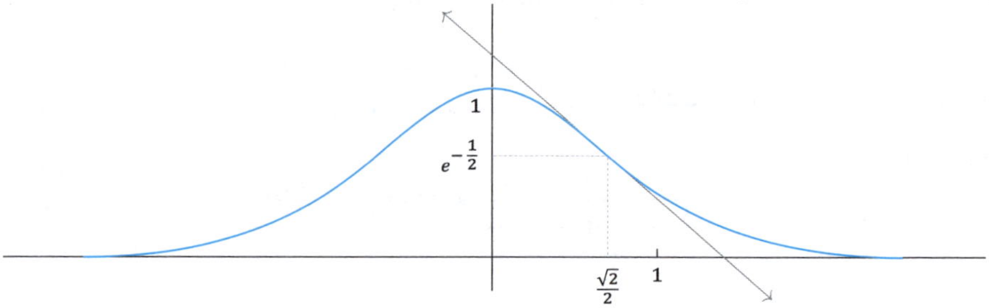

Remarques
La fonction changeant de concavité au point d'abscisse $x = 1$, on dit que l'on a un point d'inflexion de la courbe.
La fonction $\frac{1}{\sqrt{2\pi}} f$ est la densité de la loi normale centrée réduite des probabilités.

Exercice 2

1) La fonction f est deux fois dérivable sur $]0, +\infty[$ et pour $x > 0, f''(x) = \frac{6}{x^4} \geqslant 0$.
Donc f est convexe sur $]0, +\infty[$.

2) Pour x et y strictement positifs, on a

$$y = f(x) \iff y = \frac{1}{x^2} \iff x = \frac{1}{\sqrt{y}}$$

Cela montre que tout $y > 0$ admet un et un seul antécédent $x = \frac{1}{\sqrt{y}} > 0$ par la fonction f. Donc f est une bijection de $]0, +\infty[$ dans lui-même. En notant g son application réciproque, on a $g : y \mapsto \frac{1}{\sqrt{y}}$.

3) La fonction $g : y \mapsto y^{-1/2}$ est deux fois dérivable sur $]0, +\infty[$ et pour $y > 0$:

$$g'(y) = -\frac{1}{2}y^{-3/2}, \quad g''(y) = \frac{3}{4}y^{-5/2} \geqslant 0.$$

Donc g est convexe sur $]0, +\infty[$.

Exercice 3

Pour $x > 1, \ln(x) > 0$ donc, par composition, f est deux fois dérivable sur $]1, +\infty[$ et pour tout $x > 1$:

$$f'(x) = \frac{1}{x\ln(x)}, \quad f''(x) = -\frac{1 + \ln(x)}{x\ln(x)}.$$

Puisque $f'' \leqslant 0$ sur $]1, +\infty[$, f est concave sur $]1, +\infty[$.
Pour $x > 1$ et $y > 1$, on a $\ln\left(\sqrt{\ln(x)\ln(y)}\right) = \frac{1}{2}\ln(\ln(x)) + \frac{1}{2}\ln(\ln(y))$.
Or f est concave sur $]1, +\infty[$ donc

$$\ln\left(\sqrt{\ln(x)\ln(y)}\right) = \frac{1}{2}f(x) + \frac{1}{2}f(y) \leqslant f\left(\frac{1}{2}x + \frac{1}{2}y\right) = \ln\left(\ln\left(\frac{x+y}{2}\right)\right)$$

Par croissance de exp on obtient

$$\sqrt{\ln(x)\ln(y)} \leqslant \ln\left(\frac{x+y}{2}\right).$$

Exercice 4

1) Sur $\mathbb{R}^*$, p est continue comme quotient de fonctions continues.
La dérivabilité de exp en 0 assure que $\lim_{x\to 0} \frac{e^x - 1}{x} = \exp'(0) = 1$. Comme $p(0) = 1$, p est continue en 0.
Donc p est continue sur $\mathbb{R}$.

2) La fonction exp étant convexe sur $\mathbb{R}$ ($\exp'' = \exp \geqslant 0$), on sait que p est croissante sur $\mathbb{R}^*$.
Puisque p est continue sur $\mathbb{R}$ et est croissante sur $\mathbb{R}^*$, p est croissante sur $\mathbb{R}$.

3) Sur $\mathbb{R}^*$, p est deux fois dérivable et on a pour tout $x \neq 0$:

$$p'(x) = \frac{xe^x - (e^x - 1)}{x^2} = \frac{(x-1)e^x + 1}{x^2}$$

et

$$p''(x) = \frac{x^2(xe^x) - 2x\left((x-1)e^x + 1\right)}{x^4} = \frac{(x^3 - 2x^2 + 2x)e^x - 2x}{x^4}$$

En introduisant $\varphi(x) = e^{-x} - 1 + x - \frac{1}{2}x^2$ on a

$$p''(x) = -\frac{2e^x}{x^3}\varphi(x)$$

Donc $p''(x)$ a le signe opposé de celui de $x\varphi(x)$. On peut déterminer celui de φ de plusieurs façons.

• • Par étude de fonctions

φ est dérivable sur $\mathbb{R}$ et pour tout $x \in \mathbb{R}$, $\varphi'(x) = -e^{-x} + 1 - x$.

La convexité de exp assurant que pour tout $u \in \mathbb{R}$, $e^u \geqslant 1 + u$ on en déduit que pour tout $x \in \mathbb{R}$, $\varphi'(x) \leqslant 0$ et donc que φ est décroissante sur $\mathbb{R}$.

Or $\varphi(0) = 0$ donc φ est positive sur $\mathbb{R}^-$ et négative sur $\mathbb{R}^+$.

• • Par convexité

Notons $\psi(x) = e^{-x} - \frac{1}{2}x^2$. On a pour tout $x \in \mathbb{R}$, $\psi'(x) = -e^{-x} - x$ et $\psi''(x) = e^{-x} - 1$.

Sur $\mathbb{R}^-$, $\psi'' \geqslant 0$ donc ψ est convexe sur $\mathbb{R}^-$. La courbe étant au-dessus de sa tangente en 0 dont l'équation est $y = -x + 1$ (car $\psi'(0) = -1, \psi(0) = 1$) on a

$$\forall x \leqslant 0, \quad e^{-x} - \frac{1}{2}x^2 \geqslant -x + 1$$

On en conclut que φ est positive sur $\mathbb{R}^-$.

De même ψ est concave sur $\mathbb{R}^+$ et on en déduit que φ négative sur $\mathbb{R}^+$.

Exercices axés sur le raisonnement

Exercice 5

1) Soit $x_0 \in I$. Puisque I est ouvert, il existe $\alpha > 0$ tels que $]x_0 - \alpha, x_0 + \alpha[\subset I$.

On sait que la fonction $p : x \mapsto \frac{f(x) - f(x_0)}{x - x_0}$ est croissante sur $I \setminus \{x_0\}$.

Donc pour tout $x \in]x_0 - \alpha, x_0[$, on a $p(x) \leqslant p(x_0 + \alpha/2)$.

Ainsi p est croissante et majorée sur $]x_0 - \alpha, x_0[$ donc p admet une limite réelle en x_0 à gauche. Cela montre que f admet une dérivée à gauche en x_0.

De même, p est croissante et minorée par $p(x_0 - \alpha/2)$ sur $]x_0, x_0 + \alpha[$. Donc p admet une limite réelle en x_0 à droite. Cela montre que f admet une dérivée à droite en x_0.

Cela étant valable pour tout $x_0 \in I$, f admet en tout point de I une dérivée à droite et à gauche.

2) En particulier en tout point de I, f est continue à droite et à gauche donc continue. Donc f est continue sur I.

3) On considère l'application définie sur $\mathbb{R}^+$ par $g(0) = 1$ et $g(x) = 0$ si $x > 0$. La fonction g n'étant pas continue sur $\mathbb{R}^+$, on va montrer que g est convexe par la définition.

   Néanmoins, il est clair que g est convexe sur $]0, +\infty[$ donc il nous reste à établir l'inégalité de convexité pour les segments $[a, b]$ avec $a = 0$.

   Soit $b > 0$ et $\lambda \in [0, 1]$.

   D'une part $\lambda g(0) + (1 - \lambda)g(b) = \lambda$.

   D'autre part $g\big(\lambda \cdot 0 + (1 - \lambda)b\big) = g\big((1 - \lambda)b\big)$

   Pour $\lambda \in [0, 1[$ on a $(1 - \lambda)b > 0$ donc $g\big((1 - \lambda)b\big) = 0$.

   Or $0 \leqslant \lambda$, donc $g\big(\lambda \cdot 0 + (1 - \lambda)b\big) \leqslant \lambda\lambda g(0) + (1 - \lambda)g(b)$.

   Pour $\lambda = 1$, l'inégalité est vraie car on a $g(0) \leqslant g(0)$.

   Donc on a montré :

$$\forall \lambda \in [0, 1], \quad g\big(\lambda \cdot 0 + (1 - \lambda)b\big) \leqslant \lambda g(0) + (1 - \lambda)g(b).$$

   Finalement g est convexe sur $\mathbb{R}^+$.

   Cet exemple et la question précédente montrent que si une fonction est convexe sur un intervalle I alors elle est continue sur l'intérieur de I mais on ne peut pas conclure pour les bornes de I.

Exercice 6

1) Supposons que f admette un minimum local en a.

   Il existe un voisinage $]a - \alpha, a + \alpha[$ sur lequel $f \geqslant f(a)$.

   On sait que $p : x \mapsto \frac{f(x)-f(a)}{x-a}$ est croissante sur $\mathbb{R} \setminus \{a\}$.

   Pour tout $x < a$, il existe $t \in]a - \alpha, a[$ tel que $x < t$. On a alors $p(x) \leqslant p(t)$. Or $p(t) \leqslant 0$ (car $t - a < 0$) donc pour tout $x < a, p(x) \leqslant 0$ d'où $f(x) - f(a) \geqslant 0$ (car $x - a < 0$).

   De même pour $t \in]a, a + \alpha[, p(t) \geqslant 0$ (car $t - a > 0$). On en déduit de la même façon que pour tout $x > a, p(x) \geqslant 0$ et $f(x) - f(a) \geqslant 0$.

   Finalement pour tout $x \in \mathbb{R}, f(x) \geqslant a$. Donc un minimum local de f est un minimum global.

2) La fonction f étant bornée sur $\mathbb{R}$, il existe M tel que

$$\forall x \in \mathbb{R}, \quad |f(x)| \leqslant M.$$

   Soit a et b des réels tels que $a < b$.

   La fonction f étant convexe sur $\mathbb{R}$, on sait que $p_a : x \mapsto \frac{f(x)-f(a)}{x-a}$ est croissante sur $]a, +\infty[$ donc

$$\forall x > b, \quad \frac{f(b) - f(a)}{b - a} \leqslant \frac{f(x) - f(a)}{x - a}$$

   Or pour $x > b$, on a $\left|\frac{f(x)-f(a)}{x-a}\right| \leqslant \frac{2M}{x-a}$.

Par encadrement $\frac{f(x)-f(a)}{x-a} \xrightarrow[x\to+\infty]{} 0$. Puis par passage à limite quand x tend vers $+\infty$ dans l'inégalité précédente, on obtient $\frac{f(b)-f(a)}{b-a} \leqslant 0$

Les mêmes arguments pour $p_b : x \mapsto \frac{f(x)-f(b)}{x-b}$ sur $]-\infty, b[$ donnent

$$\forall x < a, \quad \frac{f(x)-f(b)}{x-b} \leqslant \frac{f(a)-f(b)}{a-b} = \frac{f(b)-f(a)}{b-a}$$

Par passage à la limite quand $x \to -\infty$, on obtient $0 \leqslant \frac{f(b)-f(a)}{b-a}$.

Compte tenu des deux inégalités, $\frac{f(b)-f(a)}{b-a} = 0$ donc $f(b) = f(a)$.

Cela étant valable pour tous a et b tels que $a < b$, on a montré que f est constante sur $\mathbb{R}$.

Exercice 7

1) Soit $x \in \mathbb{R}$. Pour tout t réel on a d'après l'inégalité de convexité :

$$f\left(\frac{1}{2}x + \frac{1}{2}t\right) \leqslant \frac{1}{2}f(x) + \frac{1}{2}f(t)$$

Or $\lim\limits_{t\to+\infty} f(t) = 0$ donc $\lim\limits_{t\to+\infty} f\left(\frac{1}{2}x + \frac{1}{2}t\right) = 0$ (par composition de limites). Donc par passage à la limite dans l'inégalité, on obtient $0 \leqslant \frac{1}{2}f(x)$.

Donc pour tout $x \in \mathbb{R}, f(x) \geqslant 0$.

2) On va montrer que la fonction $g : x \mapsto f(x) - mx - q$ est convexe sur $\mathbb{R}$.

Soit $a \in \mathbb{R}$.

Pour tout $x \in \mathbb{R} \setminus \{a\}$, $\frac{g(x)-g(a)}{x-a} = \frac{f(x)-f(a)-m(x-a)}{x-a} = \frac{f(x)-f(a)}{x-a} - m$.

f étant convexe $x \mapsto \frac{f(x)-f(a)}{x-a}$ est croissante sur $\mathbb{R} \setminus \{a\}$ donc $x \mapsto \frac{g(x)-g(a)}{x-a}$ l'est aussi.

Cela étant valable pour tout $a \in \mathbb{R}$, on a montré que g est convexe sur $\mathbb{R}$.

Et on a $\lim\limits_{+\infty} g = 0$ donc g est positive d'après la question précédente. Donc pour tout $x \in \mathbb{R}, f(x) \geqslant mx + q$.

On a montré que si la courbe représentative d'une fonction convexe admet une droite asymptote en $+\infty$ alors la courbe est globalement au-dessus de cette asymptote.

Exercice 8

La fonction $x \mapsto x^2$ est convexe sur $\mathbb{R}$ (sa dérivée seconde est constante égale à 2 donc positive).

Donc

$$\left(\frac{x_1 + x_2 + \cdots + x_n}{n}\right)^2 \leqslant \frac{x_1^2 + x_2^2 + \cdots + x_n^2}{n}$$

En prenant la racine carrée :

$$\left|\frac{x_1 + x_2 + \cdots + x_n}{n}\right| \leqslant \sqrt{\frac{x_1^2 + x_2^2 + \cdots + x_n^2}{n}}$$

Enfin pour tout réel m, on a $m \leqslant |m|$ d'où le résultat : la moyenne arithmétique $\frac{x_1+x_2+\cdots+x_n}{n}$ est toujours inférieure à la moyenne quadratique $\sqrt{\frac{x_1^2+x_2^2+\cdots+x_n^2}{n}}$.

Exercice 9

1) On sait que ln est concave sur $]0,+\infty[$. Donc

$$\frac{1}{n}\ln(x_1)+\frac{1}{n}\ln(x_2)+\cdots+\frac{1}{n}\ln(x_n) \leqslant \ln\left(\frac{1}{n}x_1+\frac{1}{n}x_2+\cdots+\frac{1}{n}x_n\right)$$

Or $\frac{\ln(x_1)+\ln(x_2)+\cdots+\ln(x_n)}{n} = \frac{\ln(x_1x_2\ldots x_n)}{n} = \ln\left((x_1x_2\ldots x_n)^{1/n}\right)$.
Par croissance de exp on en déduit :

$$(x_1x_2\ldots x_n)^{1/n} \leqslant \frac{x_1+x_2+\cdots+x_n}{n}.$$

2) En utilisant la relation précédente pour les nombres (positifs) inverses, on obtient

$$\left(\frac{1}{x_1}\cdot\frac{1}{x_2}\cdots\frac{1}{x_n}\right)^{1/n} \leqslant \frac{\frac{1}{x_1}+\frac{1}{x_2}+\cdots+\frac{1}{x_n}}{n}.$$

Or $\left(\frac{1}{x_1}\cdot\frac{1}{x_2}\cdots\frac{1}{x_n}\right)^{1/n} = \frac{1}{(x_1x_2\ldots x_n)^{1/n}}$ et la fonction inverse est décroissante sur $]0,+\infty[$, donc on a :

$$\frac{n}{\frac{1}{x_1}+\frac{1}{x_2}+\cdots+\frac{1}{x_n}} \leqslant (x_1x_2\ldots x_n)^{1/n}.$$

Exercices avec questions ouvertes

Exercice 10

L'exemple le plus connu est le cas de exp dont la bijection réciproque ln est concave. Mais l'exemple de l'exercice 2 montre que la bijection réciproque peut être convexe.

On va montrer que la convexité de $g = f^{-1}$ dépend du sens de variations de f.

On sait que f étant continue sur I et bijective de I sur J, elle est strictement monotone sur I.
On sait aussi que g est également continue sur J et a le même sens de variations que f.
Soit $\lambda \in [0,1]$, a et b dans J.
Les réels $g(a)$ et $g(b)$ appartiennent à I donc puisque f est convexe sur I :

$$f\big(\lambda g(a)+(1-\lambda)g(b)\big) \leqslant \lambda f\big(g(a)\big)+(1-\lambda)f\big(g(b)\big) = \lambda a+(1-\lambda)b.$$

• • Cas f croissante sur I

Si f est (strictement) croissante sur I, on sait que g est croissante sur J et on obtient en prenant l'image par g :

$$\lambda g(a) + (1-\lambda)g(b) \leqslant g(\lambda a + (1-\lambda)b).$$

Cela étant valable pour tout $\lambda \in [0,1]$ et tous a et $b \in J$, on a montré que g est concave sur J.

• • Cas f décroissante sur I

Si f est (strictement) décroissante sur I, on sait que g est décroissante sur J et on obtient en prenant l'image par g :

$$\lambda g(a) + (1-\lambda)g(b) \geqslant g(\lambda a + (1-\lambda)b).$$

Cela étant valable pour tout $\lambda \in [0,1]$ et tous a et $b \in J$, on a montré que g est convexe sur J.

Remarque

Si on suppose que f est dérivable sur I et que sa dérivée ne s'annule pas, on aura g dérivable sur J et

$$g' = \frac{1}{f' \circ g}$$

On peut retrouver la convexité de g : g' est monotone sur J car f' est croissante sur I (f est convexe sur I) et g monotone sur J. Et le sens de variations de g' est l'opposé de celui de g (qui, lui, est le même que celui de f).

Exercice 11

On sait que la courbe est globalement au-dessus de la tangente T et que sur le segment $[a,x]$, la courbe est au-dessous de la sécante qui joint le point $\big(a, f(a)\big)$ au point $\big(x, f(x)\big)$.
Puisque le point $\big(x, f(x)\big)$ appartient à T, la sécante est incluse dans la droite T (par deux points distincts, il ne passe qu'une seule droite). La restriction de f au segment $[a,x]$ est affine.

Exercice 12

Notons $m = \frac{f(b)-f(a)}{b-a}$ le coefficient directeur de la sécante. On a de plus :

$$m = \frac{f(b)-f(c)}{b-c} = \frac{f(c)-f(a)}{c-a}$$

Pour $x \in\,]a,c[$, en utilisant la croissance de $p_b : x \mapsto \frac{f(x)-f(b)}{x-b}$, on a :

$$p_b(a) \leqslant p_b(x) \leqslant p_b(c).$$

Or $p_b(a) = p_b(c) = m$ donc $p_b(x) = m$. Donc le point $\big(x, f(x)\big)$ appartient lui aussi à la sécante.
Pour $x \in\,]c,b[$, on obtient le même résultat en utilisant la croissance de p_a.
On en conclut que f est affine sur $[a,b]$.

Études locales 9

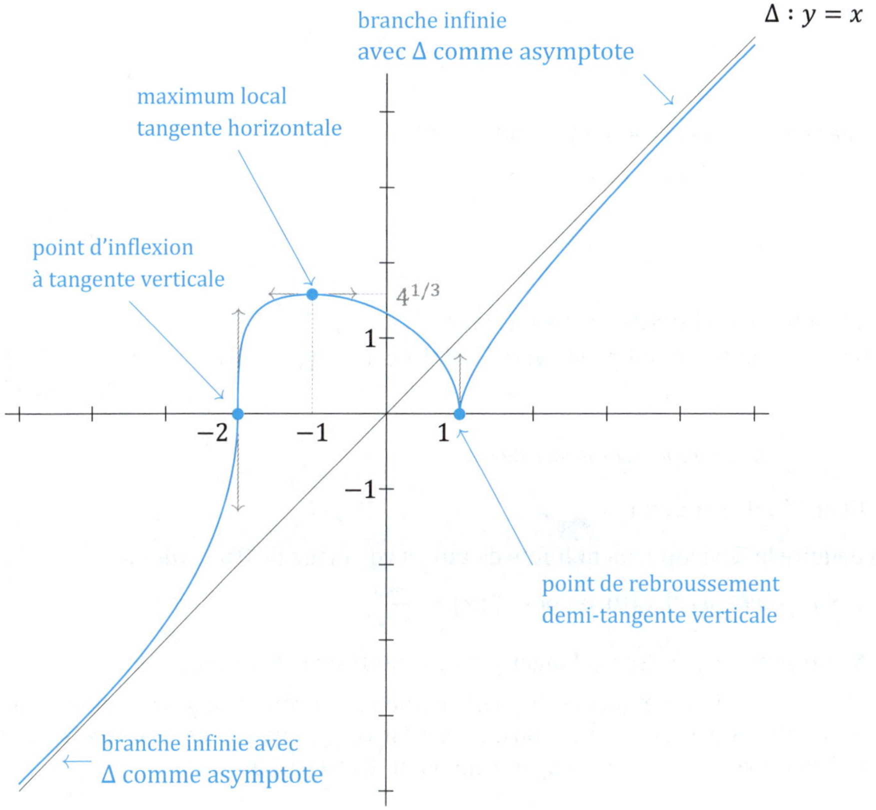

Courbe représentative de la fonction $x \mapsto \sqrt[3]{x^3 - 3x + 2}$ avec ses éléments remarquables.

Exercices axés sur le calcul

Exercice 1 *Classique*

Montrer que pour tout $x \in \mathbb{R}$:

$$\lim_{n\to\infty}\left(1+\frac{x}{n}\right)^n = \mathrm{e}^x.$$

Exercice 2

Déterminer, si elles existent, les limites quand x tend vers 0^+ de x^x et de $\big(\sin(x)\big)^{1/\ln(x)}$.

Exercice 3

Soient n et m dans $\mathbb{N}^*$ et φ la fonction définie sur $]0,+\infty[$ par :

$$\varphi : x \mapsto \frac{(x+1)^{1/n} - x^{1/n}}{x^{1/m}}.$$

1) Donner un équivalent de $\varphi(x)$ quand $x \to 0^+$.
2) Même question quand x tend vers $+\infty$.

D'après CCINP

Exercice 4

Soit a un nombre réel strictement supérieur à 1.
Déterminer la limite, quand n tend vers l'infini, de $a_n = \big((a+1)a^{1/n} - a(a+1)^{1/n}\big)^n$.

D'après Mines-Télécom

Exercice 5 *Développement limité de* tan

1) Justifier l'équivalent $\tan(x) \underset{x\to 0}{\sim} x$.
2) En déduire le développement limité de tan au voisinage de 0 à l'ordre 3.
3) Pour $x \in]-\pi/2, \pi/2[\setminus \{0\}$, on pose $f(x) = \frac{\tan(x)}{\mathrm{sh}(x)}$.
   a) Montrer que f peut se prolonger par continuité en 0. Préciser $f(0)$.
   b) Montrer que f admet un développement limité à l'ordre 2 en 0, justifier qu'alors f est dérivable en 0 et préciser les positions relatives (au voisinage de 0) de la courbe représentative de f et de sa tangente au point d'abscisse 0.

Exercice 6

Déterminer un équivalent de $\dfrac{\mathrm{e}-\left(1+\frac{1}{n}\right)^n}{\big(\ln(n+1)-\ln(n)\big)^2}$ quand n tend vers ∞.

D'après CCINP

Exercice 7

1) Donner un équivalent au voisinage de 0 de $\sin(3x) - \sin(2x)$.
   En déduire la valeur de $\lim\limits_{x\to 0} \frac{\sin(3x)-\sin(2x)}{\sin(x)}$.
2) Déterminer $\lim\limits_{x\to 0} \frac{2\sin(3x)-3\sin(2x)}{\sin^3(x)}$.

Exercice 8

Soit f la fonction définie sur $\mathbb{R}$ par :

$$f(x) = \begin{cases} \frac{x}{\operatorname{sh}(x)} & \text{si } x \neq 0 \\ 1 & \text{sinon} \end{cases}$$

1) Montrer que la fonction f est dérivable en 0 et préciser $f'(0)$.
2) Justifier que f est de classe $\mathcal{C}^1$ sur $\mathbb{R} \setminus \{0\}$ et préciser $f'(x)$ pour $x \neq 0$.
3) La fonction f est-elle de classe $\mathcal{C}^1$ sur $\mathbb{R}$?

Exercice 9

Soit f la fonction définie sur $\mathbb{R}^+$ par :

$$f(x) = \begin{cases} \frac{1}{x} - \frac{1}{\ln(1+x)} & \text{si } x > 0 \\ -1/2 & \text{si } x = 0 \end{cases}.$$

1) Montrer que la fonction f est continue sur $\mathbb{R}^+$.
2) Calculer $f'(x)$ pour $x \neq 0$.
3) Montrer que f' admet une limite réelle en 0. Que peut-on en conclure ?

Exercice 10

Pour $\theta \in [-\pi, \pi] \setminus \{\pi/2\}$, on pose :

$$\rho(\theta) = \frac{\sin(\theta) + \sin(2\theta) + \sin(3\theta)}{1 - \sin(\theta)}.$$

1) Donner un équivalent simple, quand h tend vers 0, de $\rho\left(\frac{\pi}{2} + h\right)$.
2) Que dire du signe de $\rho(\theta)$ pour θ au voisinage de $\frac{\pi}{2}$?
3) Préciser, si elles existent, les valeurs de $\lim\limits_{\theta\to\pi/2} \rho(\theta)$ et de $\lim\limits_{\theta\to\pi/2} \rho(\theta)\sin\left(\theta - \frac{\pi}{2}\right)$.

D'après CCINP

Exercices axés sur le raisonnement

Exercice 11 ⋆

On cherche les fonctions f deux fois dérivables sur $\mathbb{R}$ vérifiant :

$$\forall x \in \mathbb{R}, \forall h \in \mathbb{R}, \qquad f(x+h) = f(x) + hf'\left(x + \frac{1}{2}h\right) \tag{$\star$}$$

1) Montrer que si f'' est constante, f vérifie $(\star)$.

2) On suppose maintenant que f vérifie $(\star)$.

   a) Dans cette question, on suppose en outre que f est trois fois dérivable sur $\mathbb{R}$.
   À l'aide de la formule de Taylor-Young, montrer que pour tout $x \in \mathbb{R}$, $f'''(x) = 0$.

   b) Dans cette question, on suppose seulement que f est deux fois dérivable sur $\mathbb{R}$.
   En dérivant $(\star)$ d'une part par rapport à x et d'autre part par rapport à h, montrer que f'' est constante .

Exercice 12

Pour tout x réel positif, on pose :

$$F(x) = \frac{x}{(1+x)} + x - 2\ln(1+x).$$

On cherche à obtenir le meilleur encadrement de la forme :

$$\forall x \in \mathbb{R}^+, \qquad 0 \leqslant F(x) \leqslant kx^3 \tag{$\star$}$$

où k est une constante.

1) Calculer F' et montrer que pour tout $x \geqslant 0$, $0 \leqslant F(x)$.

2) Justifier que pour tout $k > 0$, il existe un voisinage de $+\infty$ sur lequel on a $F(x) \leqslant kx^3$.

3) Déterminer le développement limité de F à l'ordre 3 en 0.

4) En déduire que si k est tel que $(\star)$ soit vraie, alors $k \geqslant 1/3$.

5) Est-ce que $k = 1/3$ convient ?

Exercice 13 ⋆⋆

On considère pour $x > 0$:

$$f(x) = \frac{\ln\left(e^x + \sqrt{e^{2x} - 1}\right)}{\sqrt{e^{2x} - 1}}.$$

1) Au voisinage de 0

   a) Donner un équivalent simple de $\sqrt{e^{2x} - 1}$ quand x tend vers 0 à droite.

b) Puis donner un équivalent simple, quand x tend vers 0 à droite, de :

$$u(x) = e^x + \sqrt{e^{2x} - 1} - 1.$$

c) En déduire $\lim_{x \to 0^+} f(x)$.

2) Au voisinage de $+\infty$

a) Donner un équivalent simple de $\sqrt{e^{2x} - 1}$ quand x tend vers $+\infty$.

b) Déterminer $\lim_{x \to +\infty} f(x)$.

Indication : Écrire $e^x + \sqrt{e^{2x} - 1} = e^x v(x)$.

D'après Mines-Ponts

Exercice 14 ⋆ arccos *au voisinage de* 1

1) Justifier :

$$\theta \underset{\theta \to 0^+}{\sim} \sqrt{2}\sqrt{1 - \cos(\theta)}.$$

En déduire :

$$\arccos(x) \underset{x \to 1^-}{\sim} \sqrt{2}\sqrt{1 - x}.$$

2) Soit C un réel. Pour $x \in]-1, 1[$, on pose :

$$f(x) = C\frac{1}{\sqrt{1 - x^2}} + \arccos(x)\frac{1}{\sqrt{1 - x^2}}.$$

Déterminer la valeur de C pour laquelle f est prolongeable par continuité en 1.

3) On choisit alors un tel C et on prolonge f sur $]-1, 1]$.

a) Déterminer un équivalent de $\theta \cos(\theta) - \sin(\theta)$ quand θ tend vers 0.

b) La fonction f est-elle de classe $\mathcal{C}^1$ sur $]-1, 1]$?

Exercices avec questions ouvertes

Exercice 15 *Dérivée symétrique*

Soient f une fonction définie sur $\mathbb{R}$ et $x_0 \in \mathbb{R}$.

1) Si f est dérivable en x_0, $\lim_{h \to 0} \frac{f(x_0+h)-f(x_0-h)}{2h}$ existe-t-elle ? Si oui, quelle est sa valeur ?

2) Réciproquement, si $\lim_{h \to 0} \frac{f(x_0+h)-f(x_0-h)}{2h} = \ell \in \mathbb{R}$, f est-elle dérivable en x_0 ?

Exercice 16

Soient f et g deux fonctions définies au voisinage de $\ell \in \mathbb{R} \cup \{-\infty, +\infty\}$. On suppose que :

$$f(x) \underset{x\to\ell}{\sim} g(x).$$

1) A-t-on $e^{f(x)}$ équivalent à $e^{g(x)}$ quand $x \to \ell$?

2) Dans les cas suivants, a-t-on $\ln\big(f(x)\big) \underset{x\to\ell}{\sim} \ln\big(g(x)\big)$?

a) $\lim\limits_{x\to\ell} f(x) = +\infty$ b) $\lim\limits_{x\to\ell} f(x) = 0^+$ c) $\lim\limits_{x\to\ell} f(x) = 1.$

Exercice 17

Soit f une fonction continue sur $\mathbb{R}$ telle que $f(x) \underset{x\to 0}{\sim} x$.

1) La fonction f est-elle nécessairement dérivable en 0 ?

2) Existe-t-il un voisinage de 0 sur lequel f est croissante ?

Corrections

Exercices axés sur le calcul

Exercice 1

Pour $n \in \mathbb{N}^*$ et $x \in \mathbb{R}$, notons $f_n(x) = \left(1 + \frac{x}{n}\right)^n$.
Soit $x \in \mathbb{R}$. On a $\lim\limits_{n\to\infty}\left(1 + \frac{x}{n}\right) = 1 > 0$. Donc il existe un rang n_0 tel que pour $n \geqslant n_0$, $1 + \frac{x}{n} > 0$.
Pour $n \geqslant n_0$, on a $\left(1 + \frac{x}{n}\right) > 0$, donc $\ln\big(f_n(x)\big) = n\ln\left(1 + \frac{x}{n}\right)$.
Or, $u = \frac{x}{n} \xrightarrow[n\to\infty]{} 0$ et $\ln(1+u) \underset{u\to 0}{\sim} u$, donc :

$$n\ln\left(1 + \frac{x}{n}\right) \underset{n\to\infty}{\sim} n\frac{x}{n} = x.$$

Donc $\lim\limits_{n\to\infty} \ln\big(f_n(x)\big) = x$, puis par continuité de l'exponentielle, $\lim\limits_{n\to\infty} f_n(x) = e^x$.
Finalement :

$$\forall x \in \mathbb{R}, \quad \lim_{n\to\infty}\left(1 + \frac{x}{n}\right)^n = e^x.$$

Exercice 2

Pour les problèmes de limites, « 0^0 » est une forme indéterminée.
Pour $x > 0$, $x^x = \exp(x\ln(x))$. On sait que $\lim\limits_{x\to 0^+} x\ln(x) = 0$, donc $\lim\limits_{x\to 0^+} x^x = e^0 = 1$ par continuité de la fonction exponentielle.
Pour $x \in \left]0, \frac{\pi}{2}\right[$, $\sin(x) > 0$, donc $\sin(x)^{1/\ln(x)} = \exp\left(\frac{1}{\ln(x)}\ln(\sin(x))\right)$.
Or $\ln(\sin(x)) = \underbrace{\ln(x)}_{\to+\infty} + \underbrace{\ln\left(\frac{\sin(x)}{x}\right)}_{\to\ln(1)=0} \underset{x\to 0^+}{=} \ln(x) + o(\ln(x))$.

Donc $\lim\limits_{x\to 0^+} \frac{\ln(\sin(x))}{\ln(x)} = 1$ et par continuité de l'exponentielle, $\lim\limits_{x\to 0^+} \sin(x)^{1/\ln(x)} = e^1 = e$.

Remarque

Sachant que $\sin(x) \underset{x\to 0}{\sim} x$ et $\lim\limits_{x\to 0^+} x = 0$, on aurait pu affirmer directement (par propriété spéciale du logarithme népérien, voir exercice 16) que $\ln(\sin(x)) \underset{x\to 0}{\sim} \ln(x)$.

Exercice 3

1) Le numérateur tendant vers 1 quand x tend vers 0, $\varphi(x) \underset{x\to 0}{\sim} \frac{1}{x^{1/m}}$.

2) Notons $N(x) = (x+1)^{1/n} - x^{1/n}$ le numérateur.
On a $N(x) = (x+1)^{1/n} - x^{1/n} = x^{1/n}\left((1+1/x)^{1/n} - 1\right)$, en factorisant par le terme prépondérant en $+\infty$.
En utilisant $(1+u)^\alpha \underset{u\to 0}{=} 1 + \alpha u + o(u)$ avec $\alpha = 1/n$ et $u = 1/x \xrightarrow[x\to+\infty]{} 0$, on obtient $\left((1+1/x)^{1/n} - 1\right) \underset{x\to+\infty}{\sim} \frac{1}{n}\cdot\frac{1}{x}$.
Donc $N(x) \underset{x\to+\infty}{\sim} \frac{1}{n}x^{\frac{1}{n}-1}$, puis $\varphi(x) \underset{x\to+\infty}{\sim} \frac{1}{n}x^{\frac{1}{n}-\frac{1}{m}-1}$.

Exercice 4

En notant $u_n = (a+1)a^{1/n} - a(a+1)^{1/n}$, on a $u_n \xrightarrow[n\to\infty]{} 1$.
Plus précisément, en utilisant $e^h \underset{h\to 0}{=} 1 + h + o(h)$:

$$\begin{array}{rclclccc}
a^{1/n} & = & \exp\left(\frac{1}{n}\ln(a)\right) & \underset{n\to\infty}{=} & 1 & + & \ln(a)\,\frac{1}{n} & + \; o\left(\frac{1}{n}\right) \\
(a+1)^{1/n} & = & \exp\left(\frac{1}{n}\ln(a+1)\right) & \underset{n\to\infty}{=} & 1 & + & \ln(a+1)\,\frac{1}{n} & + \; o\left(\frac{1}{n}\right)
\end{array}$$

Donc $u_n \underset{n\to\infty}{=} 1 + \left((a+1)\ln(a) - a\ln(a+1)\right)\frac{1}{n} + o\left(\frac{1}{n}\right)$.
Puisque $\ln(1+h) \underset{h\to 0}{\sim} h$, on a $\ln(u_n) \underset{n\to\infty}{\sim} (u_n - 1) \underset{n\to\infty}{\sim} \left((a+1)\ln(a) - a\ln(a+1)\right)\frac{1}{n}$.
D'où :

$$\ln(a_n) = n\ln(u_n) \underset{n\to\infty}{\sim} n\cdot\left((a+1)\ln(a) - a\ln(a+1)\right)\frac{1}{n}.$$

On en déduit $\ln(a_n) \xrightarrow[n\to\infty]{} (a+1)\ln(a) - a\ln(a+1)$ et par continuité de l'exponentielle :

$$\lim_{n\to\infty}\left((a+1)a^{1/n} - a(a+1)^{1/n}\right)^n = \exp\left((a+1)\ln(a) - a\ln(a+1)\right) = \frac{a^{a+1}}{(a+1)^a}.$$

Exercice 5

1) On sait que $\sin(x) \underset{x\to 0}{\sim} x$ et $\lim\limits_{x\to 0} \cos(x) = 1$, donc $\tan(x) = \frac{\sin(x)}{\cos(x)} \underset{x\to 0}{\sim} \frac{x}{1} = x$.

2) D'après l'équivalent précédent, on a $\tan(x) \underset{x\to 0}{=} x + o(x)$.

Or, $\tan'(x) = 1 + \tan^2(x)$, donc $\tan'(x) \underset{x\to 0}{=} 1 + x^2 + o(x^2)$. Par intégration, on en déduit $\tan(x) = \tan(0) + x + \frac{1}{3}x^3 + o(x^3) = x + \frac{1}{3}x^3 + o(x^3)$.

Remarques

Si on ne veut que l'ordre 3, utiliser tan = sin / cos est possible. Mais la méthode utilisée est la plus facilement généralisable pour obtenir l'ordre 5, par exemple.

Ce résultat figure dans le programme officiel de 2021, donc peut être utilisé sans démonstration dans un exercice.

3) a) D'après $\operatorname{sh}(x) \underset{x\to 0}{\sim} x$ et 1), $f(x) \underset{x\to 0}{\sim} \frac{x}{x} = 1$.

Donc $\lim\limits_{0} f = 1$. En posant $f(0) = 1$, on prolonge f par continuité en 0.

b) À cause de la simplification par x, on va utiliser les développements limités à l'ordre 3. D'après 2) et $\operatorname{sh}(x) \underset{x\to 0}{=} x + \frac{1}{6}x^3 + o(x^3) = x\left(1 + \frac{1}{6}x^2 + o(x^2)\right)$, on a, après simplification par x, $f(x) = \frac{1+\frac{1}{3}x^2+o(x^2)}{1+\frac{1}{6}x^2+o(x^2)}$.

Si $u \underset{x\to 0}{=} -\frac{1}{6}x^2 + o(x^2)$, on a $u \underset{x\to 0}{=} O(x^2)$, donc $\lim\limits_{x\to 0} u = 0$ et $o(u) \underset{x\to 0}{=} o(x^2)$.

Par substitution dans le développement limité $\frac{1}{1+u} \underset{u\to 0}{=} 1 - u + o(u)$, on obtient :

$$\frac{1}{1 + \frac{1}{6}x^2 + o(x^2)} \underset{x\to 0}{=} 1 - \frac{1}{6}x^2 + o(x^2).$$

D'où :

$$\begin{aligned} f(x) &= \frac{1+\frac{1}{3}x^2+o(x^2)}{1+\frac{1}{6}x^2+o(x^2)} \\ &= \left(1 + \frac{1}{3}x^2 + o(x^2)\right)\left(1 - \frac{1}{6}x^2 + o(x^2)\right) \\ &= 1 + \frac{1}{6}x^2 + o(x^2). \end{aligned}$$

$\frac{1}{1+u} \underset{u\to 0}{=} 1 - u + o(u)$

$\frac{1}{3} - \frac{1}{6} = \frac{1}{6}$

Par troncature à l'ordre 1, $f(x) \underset{x\to 0}{=} 1 + 0x + o(x)$. Cela prouve que f est dérivable en 0 et que $f'(0) = 0$.

La tangente T à la courbe représentative de f au point $(0, 1)$ a pour équation cartésienne $y = 1 + 0x$. Comme $\left(f(x) - 1\right) \underset{x\to 0}{\sim} \frac{1}{6}x^2$, $\left(f(x) - 1\right) \geqslant 0$ au voisinage de 0.

La courbe est localement au-dessus de cette tangente T.

Exercice 6

L'étude du dénominateur est classique :

$$\ln(n+1)-\ln(n)=\ln\left(\frac{n+1}{n}\right)=\ln\left(1+\frac{1}{n}\right)\underset{n\to\infty}{\sim}\frac{1}{n}.$$

On sait que le numérateur tend vers 0 (voir exercice 1). Plus précisément :

$$\begin{aligned}
\mathrm{e}-\left(1+\frac{1}{n}\right)^n &= \mathrm{e}-\mathrm{e}^{n\ln\left(1+\frac{1}{n}\right)} \\
&\underset{n\to\infty}{=} \mathrm{e}-\mathrm{e}^{n\left(\frac{1}{n}-\frac{1}{2n^2}+o\left(\frac{1}{n^2}\right)\right)} \\
&= \mathrm{e}-\mathrm{e}^{1-\frac{1}{2n}+o\left(\frac{1}{n}\right)} \\
&= \mathrm{e}-\mathrm{e}\cdot\mathrm{e}^{-\frac{1}{2n}+o\left(\frac{1}{n}\right)} \\
&= \mathrm{e}-\mathrm{e}\left(1-\frac{1}{2n}+o\left(\frac{1}{n}\right)\right) \\
&= \frac{\mathrm{e}}{2n}+o\left(\frac{1}{n}\right).
\end{aligned}$$

$\ln(1+h)\underset{h\to 0}{=}h-\frac{1}{2}h^2+o\left(h^2\right)$

$\mathrm{e}^{1+h}\underset{h\to 0}{=}\mathrm{e}\cdot\mathrm{e}^h$

$\mathrm{e}^h=1+h+o(h)$

Donc $\mathrm{e}-\left(1+\frac{1}{n}\right)^n\underset{n\to\infty}{\sim}\frac{\mathrm{e}}{2n}$. Finalement :

$$\frac{\mathrm{e}-\left(1+\frac{1}{n}\right)^n}{\left(\ln(n+1)-\ln(n)\right)^2}\underset{n\to\infty}{\sim}n^2\frac{\mathrm{e}}{2n}=\frac{\mathrm{e}}{2}n.$$

Exercice 7

1) On sait que $\sin(x)\underset{x\to 0}{=}x+o(x)$.

Comme $\lim_{x\to 0}2x=0$ et $\lim_{x\to 0}3x=0$, on a par substitution :

$$\begin{aligned}
\sin(2x)&=2x+o(x)\\
\sin(3x)&=3x+o(x)\\
\sin(3x)-\sin(2x)&\underset{x\to 0}{=}x+o(x).
\end{aligned}$$

L_2-L_1

Donc $\sin(3x)-\sin(2x)\underset{x\to 0}{\sim}x$.

Comme $\sin(x)\underset{x\to 0}{\sim}x$, on a $\frac{\sin(3x)-\sin(2x)}{\sin(x)}\underset{x\to 0}{\sim}\frac{x}{x}=1$.

Deux fonctions équivalentes ayant la même limite, $\lim_{x\to 0}\frac{\sin(3x)-\sin(2x)}{\sin(x)}=1$.

Remarques

On utilise des développements, car on ne peut pas ajouter des équivalents sans précaution.

On peut montrer que $\frac{\sin(3x)-\sin(2x)}{\sin(x)}=4\cos^2(x)-2\cos(x)-1$ (voir exercice 1 du chapitre 7), ce qui permet aussi de déterminer la limite.

2) Pour le dénominateur, on a $\sin^3(x) \underset{x\to 0}{\sim} x^3$, par élévation au cube.

Pour le numérateur, les termes d'ordre 1 se simplifiant, on utilise le développement à l'ordre 3 pour avoir un terme de plus :

$$\begin{aligned} \sin(x) &= x - \tfrac{1}{6}x^3 + o\left(x^3\right) \\ \sin(2x) &= 2x - \tfrac{4}{3}x^3 + o\left(x^3\right) \\ \sin(3x) &= 3x - \tfrac{9}{2}x^3 + o\left(x^3\right) \\ 2\sin(3x) - 3\sin(2x) &= 0x - 5x^3 + o\left(x^3\right). \end{aligned} \quad 2L_3 - 3L_2$$

Donc $2\sin(3x) - 3\sin(2x) \underset{x\to 0}{\sim} -5x^3$.

D'où $\frac{2\sin(3x)-3\sin(2x)}{\sin(x^3)} \underset{x\to 0}{\sim} \frac{-5x^3}{x^3} = -5$. Donc $\lim\limits_{x\to 0} \frac{2\sin(3x)-3\sin(2x)}{\sin(x^3)} = -5$.

Exercice 8

1) On forme le taux d'accroissement de f entre 0 et x :

$$\tau(x) = \frac{f(x) - f(0)}{x - 0} = \frac{\frac{x}{\operatorname{sh}(x)} - 1}{x} = \frac{x - \operatorname{sh}(x)}{x\operatorname{sh}(x)}.$$

Comme $\operatorname{sh}(x) \underset{x\to 0}{=} x + \frac{x^3}{6} + o\left(x^3\right)$, on a $\operatorname{sh}(x) \underset{x\to 0}{\sim} x$ et $\left(\operatorname{sh}(x) - x\right) \underset{x\to 0}{\sim} \frac{x^3}{6}$.

Donc $\tau(x) \underset{x\to 0}{\sim} \frac{-\frac{x^3}{6}}{x\cdot x} = -\frac{x}{6}$. D'où $\lim\limits_{x\to 0} \frac{f(x)-f(0)}{x-0} = 0$.

Donc f est dérivable en 0 et $f'(0) = 0$.

2) D'après les théorèmes généraux sur la dérivabilité, f est de classe $\mathcal{C}^1$ sur $\mathbb{R} \setminus \{0\}$.

Et pour $x \neq 0$, $f'(x) = \frac{\operatorname{sh}(x) - x\operatorname{ch}(x)}{\operatorname{sh}^2(x)}$.

3) On a $\operatorname{sh}^2(x) \underset{x\to 0}{\sim} x^2$, par élévation au carré. Et (au voisinage de 0) :

$$\begin{aligned} \operatorname{ch}(x) &= 1 + \tfrac{1}{2}x^2 + o\left(x^2\right) \\ x\operatorname{ch}(x) &= x + \tfrac{1}{2}x^3 + o\left(x^3\right) \\ \operatorname{sh}(x) &= x + \tfrac{1}{6}x^3 + o\left(x^3\right) \\ \operatorname{sh}(x) - x\operatorname{ch}(x) &= 0 - \tfrac{1}{3}x^3 + o\left(x^3\right). \end{aligned}$$

$x\,o\left(x^2\right) \underset{x\to 0}{=} o\left(x^3\right)$; $\frac{1}{6} - \frac{1}{2} = -\frac{1}{3}$

Donc $f'(x) = \frac{\operatorname{sh}(x) - x\operatorname{ch}(x)}{\operatorname{sh}^2(x)} \underset{x\to 0}{\sim} -\frac{1}{6}x$.

D'où $f'(x) \xrightarrow[x\to 0]{} 0$. Or, $f'(0) = 0$, donc f' est continue en 0.

Compte tenu du 2), f est de classe $\mathcal{C}^1$ sur $\mathbb{R}$.

Exercice 9

1) La fonction f est continue sur $]0,+\infty[$ d'après les théorèmes sur les inverses et les sommes de fonctions continues.
Pour $x>0$, on a $f(x)=\frac{\ln(1+x)-x}{x\ln(1+x)}$.
On sait que $\ln(1+x)\underset{x\to 0}{\sim} x$, donc $x\ln(1+x)\underset{x\to 0}{\sim} x^2$.
On sait que $\ln(1+x)\underset{x\to 0}{=} x-\frac{x^2}{2}+o\left(x^2\right)$, donc $\ln(1+x)-x\underset{x\to 0}{=}-\frac{x^2}{2}+o\left(x^2\right)$.
D'où $f(x)\underset{x\to 0}{\sim}\frac{-x^2/2}{x^2}=-\frac{1}{2}$. Donc $\lim\limits_{x\to 0} f(x)=-\frac{1}{2}$.
Comme $f(0)=-1/2$, f est continue en 0.
Donc f est continue sur $\mathbb{R}^+$.

2) Pour $x\neq 0$, $f'(x)=-\frac{1}{x^2}+\frac{1}{1+x}\cdot\frac{1}{(\ln(1+x))^2}=\frac{x^2-(1+x)(\ln(1+x))^2}{x^2(1+x)((\ln(1+x))^2}$.

3) Pour le dénominateur, on a $x^2(1+x)\left(\ln(1+x)\right)^2\underset{x\to 0}{\sim} x^4$.
On souhaite un développement du numérateur à l'ordre 4. On va développer le produit de $\ln(1+x)$ par lui-même, en ne conservant que les termes de degré au plus 4.
On a $\ln(1+x)\underset{x\to 0}{=} x-\frac{1}{2}x^2+\frac{1}{3}x^3+o\left(x^3\right)$ et $xo\left(x^3\right)\underset{x\to 0}{=} o\left(x^4\right), x^5\underset{x\to 0}{=} o\left(x^4\right)$:

$$\begin{aligned}\left(\ln(1+x)\right)^2&=\ln(1+x)\ln(1+x)\\&=x\left(x-\tfrac{1}{2}x^2+\tfrac{1}{3}x^3\right)-\tfrac{x^2}{2}\left(x-\tfrac{1}{2}x^2\right)+\tfrac{1}{3}x^3x+o\left(x^4\right)\\&=x^2-\tfrac{1}{2}x^3-\tfrac{1}{2}x^3+\tfrac{1}{3}x^4+\tfrac{1}{4}x^4+\tfrac{1}{3}x^4+o\left(x^4\right)\\&=x^2-x^3+\tfrac{11}{12}x^4+o\left(x^4\right)\end{aligned}$$

$$x\left(\ln(1+x)\right)^2\underset{x\to 0}{=}0+x^3-x^4+o\left(x^4\right).$$

D'où $x^2-(1+x)\left(\ln(1+x)\right)^2\underset{x\to 0}{=}0+x^4-\frac{11}{12}x^4+o\left(x^4\right)\underset{x\to 0}{=}\frac{1}{12}x^4+o\left(x^4\right)$.
On en déduit $f'(x)\underset{x\to 0}{\sim}\frac{1}{12}$ et $\lim\limits_{x\to 0} f'(x)=\frac{1}{12}$.
Donc, f est continue sur $\mathbb{R}^+$, f est de classe $\mathcal{C}^1$ sur $\mathbb{R}^+\setminus\{0\}$ et f' admet une limite réelle en 0. Ces trois points assurent, d'après le théorème de la limite de la dérivée, que f est de classe $\mathcal{C}^1$ sur $\mathbb{R}^+$.

Exercice 10

1) Pour $h\in[-\pi/2,\pi/2]\setminus\{0\}$, on a $\rho\left(\frac{\pi}{2}+h\right)=\frac{\sin(\pi/2+h)+\sin(\pi+2h)+\sin(3\pi/2+3h)}{1-\sin(\pi/2+h)}$.
Or $\sin(\pi/2+h)=\cos(h)$, $\sin(\pi+2h)=-\sin(2h)$ et $\sin(3\pi/2+3h)=-\cos(3h)$, donc :

$$\rho(\pi/2+h)=\frac{\cos(h)-\sin(2h)-\cos(3h)}{1-\cos(h)}.$$

Comme $\cos(h)\underset{h\to 0}{=}1-\frac{h^2}{2}+o\left(h^2\right)$, on a $\left(1-\cos(h)\right)\underset{h\to 0}{\sim}\frac{h^2}{2}$.

À l'ordre 1, $\cos(h) \underset{h\to 0}{=} 1 + o(h)$, $\cos(3h) \underset{h\to 0}{=} 1 + o(h)$ et $\sin(2h) \underset{h\to 0}{=} 2h + o(h)$, donc : $\cos(h) - \sin(2h) - \cos(3h) \underset{h\to 0}{=} 2h + o(h)$. D'où :

$$\rho(\pi/2 + h) \underset{h\to 0}{\sim} \frac{-2h}{h^2/2} = -\frac{4}{h}.$$

2) Deux fonctions équivalentes en $\pi/2$ ayant localement le même signe, ρ est positif au voisinage de $\pi/2$ à gauche et négatif au voisinage de $\pi/2$ à droite.

3) D'après l'équivalent obtenu, on a $\lim\limits_{(\pi/2)^-} \rho = +\infty$ et $\lim\limits_{(\pi/2)^+} \rho = -\infty$. En particulier, ρ n'admet pas de limite en $\pi/2$.

En posant $h = \theta - \pi/2$, $\rho(\theta)\sin(\theta - \pi/2) = \rho(\pi/2 + h)\sin(h) \underset{h\to 0}{\sim} -4\frac{h}{h} = -4$.

Donc $\lim\limits_{\theta\to\pi/2} \rho(\theta)\sin(\theta - \pi/2) = -4$.

Exercices axés sur le raisonnement

Exercice 11

1) Si f'' est constante, f est polynomiale de degré au plus 2. Il existe a, b et c réels tels que pour tout $x \in \mathbb{R}$, $f(x) = ax^2 + bx + c$.

Pour x et h réels, on a $f'\left(x + \frac{1}{2}h\right) = 2a\left(x + \frac{1}{2}h\right) + b = 2ax + ah + b$ et :

$$\begin{aligned} f(x+h) &= a(x+h)^2 + b(x+h) + c \\ &= ax^2 + bx + c + 2axh + ah^2 + bh \\ &= f(x) + h(2ax + ah + b). \end{aligned}$$

Donc f vérifie $(\star)$.

2) a) Soit $x \in \mathbb{R}$. La formule de Taylor-Young à l'ordre 3 donne pour f :

$$f(x+h) \underset{h\to 0}{=} f(x) + f'(x)h + \frac{f''(x)}{2}h^2 + \frac{f'''(x)}{6}h^3 + o\left(h^3\right).$$

Pour f' à l'ordre 2, on obtient :

$$f'(x+h) \underset{h\to 0}{=} f'(x) + f''(x)h + \frac{f'''(x)}{2}h^2 + o\left(h^2\right).$$

Alors $f'\left(x + \frac{h}{2}\right) \underset{h\to 0}{=} f'(x) + \frac{f''(x)}{2}h + \frac{f'''(x)}{8}h^2 + o\left(h^2\right)$

et $f(x) + hf'\left(x + \frac{h}{2}\right) \underset{h\to 0}{=} f(x) + f'(x)h + \frac{f''(x)}{2}h^2 + \frac{f'''(x)}{8}h^3 + o\left(h^3\right)$.

Puisque f vérifie $(\star)$, on a $\frac{1}{6}f'''(x) = \frac{1}{8}f'''(x)$ par unicité du développement limité.

Donc $f'''(x) = 0$. Et cela est valable pour tout $x \in \mathbb{R}$.

b) L'égalité ($\star$) étant valable pour tous x et h, on obtient en dérivant par rapport à x :

$$f'(x+h) = f'(x) + hf''\left(x+\frac{h}{2}\right) \qquad (\star\star)$$

Et en dérivant par rapport à h :

$$\begin{aligned} f'(x+h) &= 0 + f'\left(x+\tfrac{h}{2}\right) + \tfrac{h}{2}f''\left(x+\tfrac{h}{2}\right) \\ &= f'(x) + \tfrac{h}{2}f''\left(x+\tfrac{h}{4}\right) + \tfrac{h}{2}f''\left(x+\tfrac{h}{2}\right). \end{aligned}$$

($\star\star$) pour $\frac{h}{2}$

Compte tenu des deux égalités, on obtient $\frac{h}{2}f''\left(x+\frac{h}{2}\right) = \frac{h}{2}f''\left(x+\frac{h}{4}\right)$.

Donc pour tous x et h, $f''\left(x+\frac{h}{2}\right) = f''\left(x+\frac{h}{4}\right)$ (y compris pour $h=0$).

On prouve alors que f est constante :

Soit $t \in \mathbb{R}$. On pose $x=-t$ et $h=4t$.

On a $x+h/2 = t$ et $x+h/4=0$, donc $f''(t) = f''(0)$.

Exercice 12

1) D'après les théorèmes sur les sommes et les quotients, F est dérivable sur $\mathbb{R}^+$.

Pour $x \geqslant 0$, on a :

$$F'(x) = -\frac{x}{(1+x)^2} + \frac{1}{(1+x)} + 1 - 2\frac{1}{1+x} = \frac{-x+(1+x)^2-(1+x)}{(1+x)^2} = \frac{x^2}{(1+x)^2}.$$

Puisque $F' \geqslant 0$, F est croissante sur $\mathbb{R}^+$.

Comme $F(0)=0$, on a pour tout $x \geqslant 0$, $0 \leqslant F(x)$.

2) Tous les termes étant, au voisinage de $+\infty$, négligeables devant x^3, on a $F(x) \underset{x\to+\infty}{=} o\left(x^3\right)$.

D'où $\lim\limits_{x\to+\infty} \frac{F(x)}{x^3} = 0$. Donc pour tout $k>0$, il existe un voisinage de $+\infty$ sur lequel on a $\frac{F(x)}{x^3} \leqslant k$, donc $F(x) \leqslant kx^3$ (car $x^3>0$).

3) On a (au voisinage de 0) :

$$\frac{1}{1+x} = 1 - x + x^2 + o\left(x^2\right)$$

$$\frac{x}{1+x} = x - x^2 + x^3 + o\left(x^3\right)$$

$xo\left(x^2\right) = o\left(x^3\right)$

$$\ln(1+x) = x - \frac{1}{2}x^2 + \frac{1}{3}x^3 + o\left(x^3\right)$$

$$F(x) = 0x + 0x^2 + \left(1-\frac{2}{3}\right)x^3 + o\left(x^3\right).$$

Donc $F(x) \underset{x\to0}{=} \frac{1}{3}x^3 + o\left(x^3\right)$.

4) Si ($\star$) est vraie, alors pour tout $x>0$, $F(x)/x^3 \leqslant k$.

Or, d'après la question précédente, $\frac{F(x)}{x^3} \underset{x\to0}{\longrightarrow} \frac{1}{3}$, donc $\frac{1}{3} \leqslant k$ par passage à la limite dans l'inégalité.

5) On forme la différence $\delta(x) = \frac{1}{3}x^3 - F(x)$.

On a pour $x \geqslant 0$, $\delta'(x) = x^2 - F'(x) = x^2 - \frac{x^2}{(1+x)^2} \geqslant 0$, car $1 + x \geqslant 1$.

Puisque $\delta(0) = 0$, on a $\delta \geqslant 0$ par croissance de δ sur $\mathbb{R}^+$.

Donc $1/3$ convient.

Exercice 13

1) a) On sait que $e^x \underset{x\to 0}{=} 1 + x + o(x)$. Donc $e^x - 1 \underset{x\to 0}{=} x + o(x)$.

D'où $\left(e^x - 1\right) \underset{x\to 0^+}{\sim} x$, et par substitution $\left(e^{2x} - 1\right) \underset{x\to 0^+}{\sim} 2x$.

En prenant la racine carrée, on obtient $\sqrt{e^{2x} - 1} \underset{x\to 0^+}{\sim} \sqrt{2x}$.

Puisque $x \underset{x\to 0^+}{=} o\left(\sqrt{x}\right)$, on a $e^x - 1 \underset{x\to 0^+}{=} o\left(\sqrt{x}\right)$.

Donc $u(x) \underset{x\to 0^+}{=} e^x - 1 + \sqrt{e^{2x} - 1} = \sqrt{2x} + o\left(\sqrt{x}\right)$.

$$u(x) \underset{x\to 0^+}{\sim} \sqrt{2x}.$$

b) En utilisant $\ln(1+h) \underset{h\to 0}{\sim} h$ avec $h = u(x) \xrightarrow[x\to 0^+]{} 0$, on obtient $f(x) \underset{x\to 0^+}{\sim} \frac{u(x)}{\sqrt{2x}}$. Comme $u(x) \underset{x\to 0^+}{\sim} \sqrt{2x}$, $\lim\limits_{x\to 0^+} f(x) = 1$.

2) a) En factorisant par le terme prépondérant, on a :

$$\begin{aligned}\sqrt{e^{2x} - 1} &= \sqrt{e^{2x}(1 - e^{-2x})} \\ &= e^x\sqrt{1 - e^{-2x}} \\ &\underset{x\to+\infty}{\sim} e^x.\end{aligned}$$

$\sqrt{e^{2x}} = e^x$

$\lim\limits_{x\to+\infty} \sqrt{1 - e^{-2x}} = 1$

b) En posant $v(x) = 1 + \sqrt{1 - e^{-2x}}$, on a $e^x + \sqrt{e^{2x} - 1} = e^x v(x)$.

Donc $\ln\left(e^x + \sqrt{e^{2x} - 1}\right) = x + \ln\left(v(x)\right)$.

Comme $v(x) \xrightarrow[x\to+\infty]{} 2$, $\ln\left(v(x)\right) \xrightarrow[x\to+\infty]{} \ln(2)$, par continuité du ln.

Donc $\ln\left(e^x + \sqrt{e^{2x} - 1}\right) \underset{x\to+\infty}{\sim} x$ et $f(x) \underset{x\to+\infty}{\sim} \frac{x}{e^x} = xe^{-x}$.

Finalement, $\lim\limits_{x\to+\infty} f(x) = 0$.

Exercice 14

1) On sait que $\cos(\theta) = 1 - \frac{\theta^2}{2} \underset{\theta\to 0}{=} o\left(\theta^2\right)$.

D'où $1 - \cos(\theta) \underset{\theta\to 0}{=} \frac{\theta^2}{2} + o\left(\theta^2\right)$. Donc $2\left(1 - \cos(\theta)\right) \underset{\theta\to 0}{\sim} \theta^2$.

En prenant la racine carrée, on a $\sqrt{2}\sqrt{1 - \cos(\theta)} \underset{\theta\to 0}{\sim} |\theta| \underset{\theta\to 0^+}{\sim} \theta$.

De plus, arccos étant définie sur $[-1, 1]$ et à valeur dans $[0, \pi]$, en utilisant $\theta = \arccos(x)$, on a $\cos(\theta) = x$, $\theta \geqslant 0$ et $\theta \xrightarrow[x\to 1^-]{} 0$. L'équivalent précédent devient :

$$\arccos(x) \underset{x\to 1^-}{\sim} \sqrt{2}\sqrt{1 - x}.$$

2) On cherche C tel que $\lim_{1^-} f \in \mathbb{R}$.

Comme $\lim_{x\to 1^-} \frac{1}{\sqrt{1-x^2}} = +\infty$, $\lim_{x\to 1^-} \arccos(x) = 0$ et $f(x) = \frac{C+\arccos(x)}{\sqrt{1-x^2}}$, il faut que $C = 0$.
Et pour $C = 0$, on a d'après la question précédente :

$$\begin{aligned} f(x) &= \frac{\arccos(x)}{\sqrt{1-x^2}} \\ &\underset{x\to 1^-}{\sim} \frac{\sqrt{2}\sqrt{1-x}}{\sqrt{1-x^2}} \\ &\underset{x\to 1^-}{\sim} \frac{\sqrt{2}}{\sqrt{1+x}} \\ &\underset{x\to 1^-}{\sim} \frac{\sqrt{2}}{\sqrt{2}}. \end{aligned}$$

$1 - x^2 = (1-x)(1+x)$

$\lim_{x\to 1^-} \sqrt{1+x} = \sqrt{2}$

Donc $\lim_{1^-} f = 1$. On prolonge f par continuité en 1 en posant $f(1) = 1$.

3) On choisit alors $C = 0$ et on prolonge f sur $]-1, 1]$.

a) Les développements limités de cos et sin au voisinage de 0 donnent :

$$\begin{aligned} \cos(\theta) &= 1 - \tfrac{1}{2}\theta^2 + o\left(\theta^2\right) \\ \theta\cos(\theta) &= \theta - \tfrac{1}{2}\theta^3 + o\left(\theta^3\right) \\ \sin(\theta) &= \theta - \tfrac{1}{6}\theta^3 + o\left(\theta^3\right) \\ \theta\cos(\theta) - \sin(\theta) &= \quad - \tfrac{1}{3}\theta^3 + o\left(\theta^3\right). \end{aligned}$$

$\frac{1}{6} - \frac{1}{2} = -\frac{1}{3}$

Donc :

$$\left(\theta\cos(\theta) - \sin(\theta)\right) \underset{\theta\to 0}{\sim} -\frac{1}{3}\theta^3.$$

b) On sait que arccos et $u : x \mapsto \sqrt{1-x^2}$ sont de classe $\mathcal{C}^1$ sur $]-1, 1[$, donc f l'est aussi comme quotient dont le dénominateur ne s'annule pas.

On a pour $x \in]-1, 1[$, $\arccos'(x) = -\frac{1}{\sqrt{1-x^2}}$ et $u'(x) = -2x\frac{1}{2\sqrt{1-x^2}}$ par composition.

En dérivant f, on a donc :

$$\begin{aligned} f'(x) &= \frac{\arccos'(x)u(x) - \arccos(x)u'(x)}{(u(x))^2} \\ &= \frac{-1 + x\arccos(x)/\sqrt{1-x^2}}{1-x^2} \\ &= \frac{x\arccos(x) - \sqrt{1-x^2}}{(1-x^2)^{3/2}}. \end{aligned}$$

En utilisant $\theta = \arccos(x)$, on a $x = \cos(\theta)$, $1 - x^2 = \sin^2(\theta)$ et $\sqrt{1-x^2} = \left|\sin(\theta)\right|$.
Comme $\theta \in [0, \pi]$, $\sqrt{1-x^2} = \sin(\theta) \geqslant 0$.

On a alors $f(x) = \frac{\theta\cos(\theta) - \sin(\theta)}{\sin^3(\theta)}$. Or, d'après a), $\frac{\theta\cos(\theta)-\sin(\theta)}{\sin^3(\theta)} \underset{\theta\to 0}{\sim} \frac{-\theta^3/3}{\theta^3} = -\frac{1}{3}$.

Comme $\lim_{x\to 1^-} \arccos(x) = 0$, on en déduit $\lim_{1^-} f' = -\frac{1}{3}$.

Donc f est continue sur $]-1, 1]$, f est de classe $\mathcal{C}^1$ sur $]-1, 1[$ et f' admet une limite réelle en 1 :

D'après le théorème de la limite de la dérivée, f est de classe $\mathcal{C}^1$ sur $]-1, 1]$.

Exercices avec questions ouvertes

Exercice 15

1) Si f est dérivable en x_0, on a d'après la formule de Taylor-Young :

$$f(x_0+h) \underset{h\to 0}{=} f(x_0) + hf'(x_0) + o(h)$$

$$f(x_0-h) \underset{h\to 0}{=} f(x_0) - hf'(x_0) + o(h)$$

$$f(x_0+h) - f(x_0-h) \underset{h\to 0}{=} 2hf'(x_0) + o(h).$$

Donc $\lim\limits_{h\to 0} \frac{f(x_0+h)-f(x_0-h)}{2h}$ existe et vaut $f'(x_0)$.

2) La réciproque est fausse. La fonction valeur absolue n'est pas dérivable en 0, mais on a $\lim\limits_{h\to 0} \frac{|0+h|-|0-h|}{2h} = 0$ (car $|h| = |-h|$).

Exercice 16

On suppose que $f(x) \underset{x\to\ell}{\sim} g(x)$.

1) Contre-exemple : $(x+1) \underset{x\to+\infty}{\sim} x$ et $\mathrm{e}^{x+1} = \mathrm{e}\cdot\mathrm{e}^x$ n'est pas équivalent à e^x.

Donc $\mathrm{e}^{f(x)}$ n'est pas nécessairement équivalent à $\mathrm{e}^{g(x)}$ quand $x \to \ell$.

2) a) Les fonctions tendant vers $+\infty$, elles sont strictement positives au voisinage de ℓ et on a $\ln(f(x)) = \ln(g(x)) + \ln\left(\frac{f(x)}{g(x)}\right)$. Or, $\frac{f(x)}{g(x)} \xrightarrow[x\to\ell]{} 1$, donc $\ln\left(\frac{f(x)}{g(x)}\right) \xrightarrow[x\to\ell]{} 0$.

Or, $\ln(g(x)) \xrightarrow[x\to\ell]{} +\infty$, donc $\ln(f(x)) \underset{x\to\ell}{\sim} \ln(g(x))$.

b) On a encore $\ln(f(x)) \underset{x\to\ell}{\sim} \ln(g(x))$ avec l'hypothèse $\lim\limits_{x\to\ell} f(x) = 0^+$. On peut reprendre la démonstration précédente ou utiliser le résultat précédent pour les fonctions $1/f$ et $1/g$:

On a $\frac{1}{f(x)} \underset{x\to\ell}{\sim} \frac{1}{g(x)}$ et $\lim\limits_{x\to\ell} \frac{1}{f(x)} = +\infty$, donc $\ln\left(\frac{1}{f(x)}\right) \underset{x\to\ell}{\sim} \ln\left(\frac{1}{g(x)}\right)$.

Or, $\ln\left(\frac{1}{f(x)}\right) = -\ln(f(x))$, donc en multipliant par -1 : $\ln(f(x)) \underset{x\to\ell}{\sim} \ln(g(x))$.

c) Donnons un contre-exemple : Posons pour $x \in \mathbb{R}$, $f(x) = 1+x$ et $g(x) = 1+x^2$.

On a $f(x) \xrightarrow[x\to 0]{} 1$, $g(x) \xrightarrow[x\to 0]{} 1$, $f(x) \underset{x\to 0}{\sim} g(x)$, $\ln(f(x)) = \ln(1+x) \underset{x\to 0}{\sim} x$ et $\ln(g(x)) = \ln(1+x^2) \underset{x\to 0}{\sim} x^2$.

Donc $\ln(f(x))$ et $\ln(g(x))$ ne sont pas équivalents au voisinage de 0.

Exercice 17

1) D'une part, $\lim\limits_{x\to 0} f(x) = f(0)$ par continuité. D'autre part, $\lim\limits_{x\to 0} f(x) = 0$ d'après $f(x) \underset{x\to 0}{\sim} x$. Donc $f(0) = 0$.

Puisque $f(x) \underset{x\to 0}{\sim} x$, on a $f(x) \underset{x\to 0}{=} x + o(x)$. Donc f est dérivable en 0 et $f'(0) = 1$.

2) La réponse est négative. Considérons $f : x \mapsto \begin{cases} x + x^2\sin(1/x) & \text{si } x \neq 0 \\ 0 & \text{sinon} \end{cases}$.

On vérifie que f est définie et continue sur $\mathbb{R}$.
Comme sin est bornée, on a $f(x) \underset{x\to 0}{=} x + O\left(x^2\right) \underset{x\to 0}{=} x + o\left(x\right)$. Donc $f(x) \underset{x\to 0}{\sim} x$.
Par ailleurs, f est dérivable sur $\mathbb{R}^*$ par composition et :

$$f'(x) = 1 + 2x\sin(1/x^2) - \frac{2}{x}\cos(1/x^2).$$

En particulier, pour tout $n \in \mathbb{N}^*$, $f'\left(1/\sqrt{n\pi}\right) = 1+0-2\sqrt{n\pi}\cos\left(\sqrt{n\pi}\right) = 1-2(-1)^n\sqrt{n\pi}$.
On a ainsi $\lim\limits_{n\to\infty} 1/\sqrt{n\pi} = 0$ et $f'\left(1/\sqrt{n\pi}\right) \underset{n\to\infty}{\sim} 2(-1)^n\sqrt{n\pi}$.
D'où f' change de signe sur tout intervalle du type $]0,\alpha[$.
En conclusion, f n'est pas croissante au voisinage de 0.

« *Le premier terme d'un développement limité donne un équivalent.* »

Primitives et intégrales 10

	0	1	2	3	4	5	6	7	8		$p+q$
0	2	2	$\frac{8}{3}$	4	$\frac{32}{5}$	$\frac{32}{3}$	$\frac{128}{7}$	32	$\frac{512}{9}$		$I_{0,p+q}$
1	2	$\frac{4}{3}$	$\frac{4}{3}$	$\frac{8}{5}$	$\frac{32}{15}$	$\frac{64}{21}$	$\frac{32}{7}$	$\frac{64}{9}$			
2	$\frac{8}{3}$	$\frac{4}{3}$	$\frac{16}{15}$	$\frac{16}{15}$	$\frac{128}{105}$	$\frac{32}{21}$	$\frac{128}{63}$				
3	4	$\frac{8}{5}$	$\frac{16}{15}$	$\frac{32}{35}$	$\frac{32}{35}$	$\frac{64}{63}$					
4	$\frac{32}{5}$	$\frac{32}{15}$	$\frac{128}{105}$	$\frac{32}{35}$	$\frac{256}{315}$		$I_{p-3,q+3}$				
5	$\frac{32}{3}$	$\frac{64}{21}$	$\frac{32}{21}$	$\frac{64}{63}$		$I_{p-2,q+2}$					
6	$\frac{128}{7}$	$\frac{32}{7}$	$\frac{128}{63}$		$I_{p-1,q+1}$						
7	32	$\frac{64}{9}$		$I_{p,q}$							
8	$\frac{512}{9}$										

$$I_{pq} = \int_{-1}^{1} (1-t)^p (1+t)^q \,\mathrm{d}t$$

Dans l'exercice n° 5, on calcule les intégrales $I_{p,q} = \int_{-1}^{1} (1-t)^p (1+t)^q \,\mathrm{d}t$.
Ces intégrales peuvent être rangées dans un tableau à double entrée, c'est-à-dire une sorte de matrice infinie (qui est ici symétrique).
On arrive à établir une relation permettant de calculer $I_{p,q}$ en fonction de $I_{p-1,q+1}$, ce qui permet de se déplacer de proche en proche sur une contre-diagonale jusqu'à $I_{0,p+q}$ que l'on peut calculer directement.

Conformément au programme de MPSI, on notera $\int^x f(t)\,dt$ une primitive générique de f. Les exercices concernant, entre autres, la positivité et la croissance de l'intégrale sont regroupés au chapitre **Intégration**.

Exercices axés sur le calcul

Exercice 1 *Décomposition en éléments simples*

1) Préciser les primitives sur $]1,+\infty[$ de $x \mapsto \frac{1}{x^2-1}$.

2) Préciser la primitive sur $]-1,1[$ de $x \mapsto \frac{1}{x^4-1}$ qui s'annule en 0.

3) Préciser les primitives sur $]-\infty,-1[$ de $x \mapsto \frac{8x^2+8x+1}{x(x+1)(2x+1)}$.

4) Calculer $\int_2^3 \frac{1}{x(x+1)(2x+1)^2}\,dx$.

Exercice 2 *Polynômes et exponentielles*

On considère les fonctions suivantes :

$$f : x \mapsto x^2 e^x, \quad g : x \mapsto x e^{x^2}.$$

1) Justifier que f et g admettent des primitives sur $\mathbb{R}$.

2) Préciser les primitives de f.

3) Préciser les primitives de g.

Exercice 3 *Intégration par parties*

1) Justifier que $g : x \mapsto \frac{\arctan(x)}{x^2}$ admet des primitives sur $]0,+\infty[$.

2) Déterminer la primitive de g sur $]0,+\infty[$ qui s'annule en 1.

Exercice 4 *Changement de variable*

Déterminer les primitives de la fonction :

$$f : x \mapsto \frac{e^{x/2}\,\mathrm{ch}(x/2)}{\mathrm{ch}(x)}.$$

En particulier, préciser la primitive de f qui s'annule en 0.

Exercice 5 *Classique*

Pour p et q dans $\mathbb{N}$, on pose :

$$I_{p,q} = \int_{-1}^{1} (1-t)^p (1+t)^q \, dt.$$

1) Soit $n \in \mathbb{N}$. À l'aide de $I_{0,n}$, donner une expression simplifiée de la somme $\sum_{k=0}^{n} \binom{n}{k} \frac{1+(-1)^k}{k+1}$.

2) Pour $p \geqslant 1$, exprimer $I_{p,q}$ en fonction de $I_{p-1,q+1}$.

3) En déduire $I_{p,q}$ en fonction de p et q et en particulier $I_{n,n}$ en fonction de n.

Exercice 6

1) Calculer $I_0 = \int_0^1 \sqrt{1-x^2} \, dx$.

2) Calculer $I_1 = \int_0^1 x\sqrt{1-x^2} \, dx$

Exercice 7

1) Déterminer les primitives sur $]-1,1[$ de $\varphi : u \mapsto \frac{u}{(1-u)(1+u)^2}$.
Préciser en particulier celle qui s'annule en $1/2$ que l'on notera A.

2) On pose pour $t \in \left]0, \frac{\pi}{2}\right[$, $f(t) = \frac{1}{\sin(t)+\tan(t)}$.

   a) Justifier l'existence de primitives de f sur $\left]0, \frac{\pi}{2}\right[$.

   b) À l'aide du changement $u = \cos(t)$, préciser la primitive F de f qui s'annule en $\frac{\pi}{3}$.

   c) Vérifier que F admet une limite réelle ℓ (que l'on précisera) en $\frac{\pi}{2}$ (par valeurs inférieures).

Exercice 8 *Relation de Chasles*

Soit $g : [0,\pi] \to \mathbb{R}$ telle que

$$\text{pour } x \in [0,1], g(x) = \frac{\pi-1}{2} x \text{ et pour } x \in]1,\pi], g(x) = \frac{\pi-x}{2}.$$

1) Représenter le graphe de g sur $[0,\pi]$.

2) Calculer $\int_0^{\pi} g(t)^2 \, dt$.

3) Pour $n \in \mathbb{N}^*$, calculer $b_n = \int_0^{\pi} g(t)\sin(nt) \, dt$.

Exercices axés sur le raisonnement

Exercice 9 ⋆

1) Soit f une fonction continue sur $[0, \pi]$ à valeurs réelles vérifiant :

$$\forall x \in [0, \pi], \qquad f(\pi - x) = f(x) \qquad (\star)$$

Montrer que :

$$\int_0^{\pi} x f(x)\, \mathrm{d}x = \frac{\pi}{2} \int_a^b f(x)\, \mathrm{d}x.$$

2) Calculer $I = \int_0^{\pi} \frac{x \sin(x)}{1+\cos^2(x)}\, \mathrm{d}x$.

D'après CCINP

Exercice 10 ⋆

1) Soit f une fonction continue sur $\mathbb{R}$. On définit la fonction F sur $\mathbb{R}$ par :

$$F(x) = \int_0^x (t-x) f(t)\, \mathrm{d}t + \frac{x^2}{2} \int_0^1 f(t)\, \mathrm{d}t.$$

a) Montrer que F est de classe $\mathcal{C}^1$ sur $\mathbb{R}$ et que

$$\forall x \in \mathbb{R}, \quad F'(x) = -\int_0^x f(t)\, \mathrm{d}t + x \int_0^1 f(t)\, \mathrm{d}t.$$

b) Montrer que F est de classe $\mathcal{C}^2$ sur $\mathbb{R}$ et calculer F''.

c) Préciser $F(0)$, $F'(0)$ et $F'(1)$.

2) Réciproquement, soit F de classe $\mathcal{C}^2$ sur $\mathbb{R}$ telle que $F(0) = 0$, $F'(0) = 0$ et $F'(1) = 0$. Que dire de $G : x \mapsto \int_0^x (t-x) F''(t)\, \mathrm{d}t + \frac{x^2}{2} \int_0^1 F''(t)\, \mathrm{d}t$?

Exercice 11 ⋆⋆

Pour tout $s \in [0, 1]$, on définit la fonction k_s par :

$$\forall t \in [0,1], \quad k_s(t) = \begin{cases} t(1-s) \text{ si } t < s \\ s(1-t) \text{ sinon.} \end{cases}$$

1) Tracer les courbes représentatives de $k_{1/4}$ et de $k_{1/2}$.

2) Vérifier que pour tout $s \in \,]0, 1[$, k_s est continue sur $[0, 1]$.

3) Soit f une fonction continue sur $[0, 1]$. On définie la fonction F par :

$$\forall s \in [0,1], \quad F(s) = \int_0^1 k_s(t) f(t)\, \mathrm{d}t.$$

a) Calculer $F(0)$ et $F(1)$.

b) Montrer que F est de classe $\mathcal{C}^1$ sur $[0, 1]$ et exprimer $F'(s)$ à l'aide de deux intégrales.

c) En déduire que F est de classe $\mathcal{C}^2$ sur $[0, 1]$ et préciser F''.

D'après Centrale MP 2020 Mathématiques 2

Exercices avec questions ouvertes

Exercice 12

Soit f une fonction continue sur $\mathbb{R}$ à valeurs dans $\mathbb{R}$.

1) Si f est impaire, ses primitives sont-elles paires ?

2) Si f est paire, ses primitives sont-elles impaires ?

3) Si f est T-périodique, ses primitives sont-elles T-périodiques ?

Corrections

Exercices axés sur le calcul

Exercice 1

1) Comme $X^2 - 1 = (X-1)(X+1)$, la fraction rationnelle $\frac{1}{X^2-1}$ a deux pôles simples. On sait qu'il existe a et $b \in \mathbb{R}$ tels que :

$$\frac{1}{X^2-1} = \frac{a}{X-1} + \frac{b}{X+1}$$

et que $a = \frac{1}{1+1} = \frac{1}{2}$ et $b = \frac{1}{-1-1} = -\frac{1}{2}$.
Donc $\int^x \frac{1}{t^2-1}\,\mathrm{d}t = \int^x \left(\frac{1}{2}\cdot\frac{1}{t-1} - \frac{1}{2}\cdot\frac{1}{t+1}\right)\mathrm{d}t = \frac{1}{2}\ln(|x-1|) - \frac{1}{2}\ln(|x+1|) + C$.
Sur $]1, +\infty[$, $x-1>0$ et $x+1>0$, donc :

$$\int^x \frac{1}{t^2-1}\,\mathrm{d}t = \frac{1}{2}\ln(x-1) - \frac{1}{2}\ln(x+1) + C$$

où C est une constante.

2) Comme $X^4 - 1 = (X-1)(X+1)(X-\mathrm{i})(X+\mathrm{i})$, la fraction rationnelle $\frac{1}{X^4-1}$ a quatre pôles simples complexes. On sait qu'il existe a, b, c et $d \in \mathbb{C}$ tels que :

$$\frac{1}{X^4-1} = \frac{a}{X-1} + \frac{b}{X+1} + \frac{c}{X-\mathrm{i}} + \frac{d}{X+\mathrm{i}}$$

et que $a = \frac{1}{(1+1)(1-\mathrm{i})(1+\mathrm{i})} = \frac{1}{4}$, $b = \frac{1}{(-1-1)((-1-\mathrm{i})(-1+\mathrm{i})} = -\frac{1}{4}$ et $c = \frac{1}{(\mathrm{i}-1)(\mathrm{i}+1)(\mathrm{i}+\mathrm{i})} = \frac{1}{2\mathrm{i}}$.
On peut calculer d de la même façon ou utiliser que d est le conjugué de c. D'où $d = -\frac{1}{2\mathrm{i}}$.
La décomposition en éléments simples dans $\mathbb{C}(X)$ est donc :

$$\frac{1}{X^4-1} = \frac{1}{4}\cdot\frac{1}{X-1} - \frac{1}{4}\cdot\frac{1}{X+1} + \frac{1}{2\mathrm{i}}\cdot\frac{1}{X-\mathrm{i}} - \frac{1}{2\mathrm{i}}\cdot\frac{1}{X+\mathrm{i}}$$

En regroupant les parties polaires des pôles conjugués, on a :

$$\frac{1}{X^4-1} = \frac{1}{4}\cdot\frac{1}{X-1} - \frac{1}{4}\cdot\frac{1}{X+1} + \frac{1}{2\mathrm{i}}\cdot\frac{X+\mathrm{i}-(X-\mathrm{i})}{(X-\mathrm{i})(X+\mathrm{i})} = \frac{1}{4}\cdot\frac{1}{X-1} - \frac{1}{4}\cdot\frac{1}{X+1} + \frac{1}{X^2+1}.$$

Donc :

$$\begin{aligned}\int_0^x \tfrac{1}{t^4-1}\,\mathrm{d}t &= \int_0^x \left(\tfrac{1}{4}\cdot\tfrac{1}{t-1} - \tfrac{1}{4}\cdot\tfrac{1}{t+1} + \tfrac{1}{t^2+1}\right)\mathrm{d}t\\ &= \left[\tfrac{1}{4}\ln(|t-1|) - \tfrac{1}{4}\ln(|t+1|) + \arctan(t)\right]_0^x\\ &= \tfrac{1}{4}\ln(|x-1|) - \tfrac{1}{4}\ln(|x+1|) + \arctan(x) - 0.\end{aligned}$$

$\ln(1) = 0$, $\arctan(0) = 0$

Sur $]-1,1[$, $1+x>0$, mais $x-1<0$. Donc la primitive demandée est :

$$x \mapsto \frac{1}{4}\ln(1-x) - \frac{1}{4}\ln(x+1) + \arctan(x).$$

3) La fraction rationnelle $\frac{8X^2+8X+1}{X(X+1)(2X+1)} = \frac{8X^2+8X+1}{2X(X+1)(X+1/2)}$ a trois pôles simples. On sait qu'il existe a, b et $c \in \mathbb{R}$ tels que :

$$\frac{8X^2+8X+1}{X(X+1)(2X+1)} = \frac{a}{X} + \frac{b}{X+1} + \frac{c}{X+\frac{1}{2}}$$

et que $a = \frac{1}{1} = 1$, $b = \frac{1}{1} = 1$ et $c = \frac{2-4+1}{2(-1/2)(1/2)} = 2$. D'où :

$$\frac{8X^2+8X+1}{X(X+1)(2X+1)} = \frac{1}{X} + \frac{1}{X+1} + \frac{2}{x+1/2}.$$

Donc $\int^x \frac{8t^2+8t+1}{t(t+1)(2t+1)}\,\mathrm{d}t = \ln(|x|) + \ln(|x+1|) + 2\ln(|x+1/2|) + C$.

Sur $]-\infty,-1[$, x, $x+1$ et $x+1/2$ sont négatifs donc :

$$\int^x \frac{8t^2+8t+1}{t(t+1)(2t+1)}\,\mathrm{d}t = \ln(-x) + \ln(-x-1) + 2\ln(-x-1/2)) + C$$

4) La fraction rationnelle $\frac{1}{X(X+1)(2X+1)^2} = \frac{1}{4X(X+1)(X+1/2)^2}$ a deux pôles simples et un double. On sait qu'il existe a, b, c et $c \in \mathbb{R}$ tels que :

$$\frac{1}{X(X+1)(2X+1)^2} = \frac{a}{X} + \frac{b}{X+1} + \frac{c}{X+\frac{1}{2}} + \frac{d}{(X+\frac{1}{2})^2}$$

et que $a = \frac{1}{1} = 1$, $b = \frac{1}{-1} = -1$ et $d = \frac{1}{4(-1/2)(1/2)} = -1$. D'où :

$$\frac{1}{X(X+1)(2X+1)^2} = \frac{1}{X} - \frac{1}{X+1} + \frac{c}{X+\frac{1}{2}} - \frac{1}{(X+\frac{1}{2})^2}.$$

Pour déterminer le dernier coefficient, il suffit d'évaluer en un point. En évaluant en 1, on obtient :

$$\frac{1}{18} = 1 - \frac{1}{2} + \frac{2}{3}c - \frac{4}{9}.$$

On obtient $\frac{2}{3}c = \frac{1}{18} + \frac{4}{9} - \frac{1}{2} = \frac{1+8-9}{18} = 0$, donc $c = 0$. D'où :

$$\begin{aligned}\int_2^3 \frac{1}{x(x+1)(2x+1)^2}\,\mathrm{d}x &= \int_2^3 \left(\frac{1}{x} - \frac{1}{x+1} - \frac{1}{(x+1/2)^2}\right)\mathrm{d}x \\ &= \left[\ln(x) - \ln(x+1) + \frac{1}{x+1/2}\right]_2^3 \\ &= \ln(3) - \ln(4) + \frac{2}{7} - \ln(2) + \ln(3) - \frac{2}{5} \\ &= 2\ln(3) - 3\ln(2) - \frac{4}{35}.\end{aligned}$$

$\ln(4) = 2\ln(2)$

Exercice 2

1) Les fonctions f et g sont continues sur $\mathbb{R}$ donc admettent des primitives sur $\mathbb{R}$.

2) On peut trouver les primitives de f par double intégration par parties.

$$\begin{aligned}\int^x t^2\mathrm{e}^t\,\mathrm{d}t &= x^2\mathrm{e}^x - \int^x 2t\mathrm{e}^t\,\mathrm{d}t \\ &= x^2\mathrm{e}^x - 2x\mathrm{e}^x + \int^x 2\mathrm{e}^t\,\mathrm{d}t \\ &= x^2\mathrm{e}^x - 2x\mathrm{e}^x + 2\mathrm{e}^x + C\end{aligned}$$

seconde intégration par parties

où C est une constante.

3) Pour les primitives de g, on reconnaît la dérivée de $\exp(x^2)$:

$$\int^x t\mathrm{e}^{t^2}\,\mathrm{d}t = \frac{1}{2}\mathrm{e}^{x^2} + C$$

où C est une constante.

Exercice 3

1) La fonction $x \mapsto \frac{\arctan(x)}{x^2}$ étant continue sur $]0, +\infty[$, elle admet des primitives sur $]0, +\infty[$.

2) Soit G la primitive de g sur $]0, +\infty[$ qui s'annule en 1. On sait que $G(x) = \int_1^x \frac{\arctan(t)}{t^2}\,\mathrm{d}t$. On intègre par parties, en dérivant arctan et en primitivant $1/t^2$ en $-1/t$:

$$G(x) = \left[-\frac{\arctan(t)}{t}\right]_1^x + \int_1^x \frac{1}{t(1+t^2)}\,\mathrm{d}t = \frac{\pi}{4} - \frac{\arctan(x)}{x} + \int_1^x \frac{1}{t(1+t^2)}\,\mathrm{d}t.$$

On va décomposer en éléments simples la fraction $F = \frac{1}{X(1+X^2)}$. Il y a trois pôles simples 0, i et $-$i. Il existe trois complexes a, b et c tels que

$$\frac{1}{X(X-\mathrm{i})(X+\mathrm{i})} = \frac{a}{X} + \frac{b}{X-\mathrm{i}} + \frac{c}{X+\mathrm{i}}$$

et on a $a = \frac{1}{(0-i)(0+i)} = 1, b = \frac{1}{i(i+i)} = -\frac{1}{2}$ et $c = \frac{1}{-i(-i-i)} = -\frac{1}{2}$.

Donc $F = \frac{1}{X} - \frac{1}{2}\left(\frac{1}{X-i} + \frac{1}{X+i}\right) = \frac{1}{X} - \frac{1}{2} \cdot \frac{2X}{X^2+1}$.

$$\int_1^x \frac{1}{t(1+t^2)}\,dt = \int_1^x \left(\frac{1}{t} - \frac{2t}{1+t^2}\right)dt = \left[\ln(t) - \frac{1}{2}\ln(1+t^2)\right]_1^x = \ln x - \frac{1}{2}\ln(1+x^2) + \frac{1}{2}\ln$$

Finalement :

$$G(x) = \frac{\pi}{4} - \frac{\arctan(x)}{x} + \ln x - \frac{1}{2}\ln(1+x^2) + \frac{1}{2}\ln(2).$$

Exercice 4

Comme ch ne s'annule pas sur $\mathbb{R}$, f est continue sur $\mathbb{R}$, donc elle admet des primitives sur cet intervalle.

Pour $x \in \mathbb{R}$, on a :

$$\frac{e^{x/2}\operatorname{ch}(x/2)}{\operatorname{ch}(x)} = \frac{e^{x/2}(e^{x/2}+e^{-x/2})}{e^x+e^{-x}} = \frac{e^x+1}{e^x+e^{-x}}.$$

$e^{x/2}e^{x/2} = e^x, e^{x/2}e^{-x/2} = 1$

La fonction $]0,+\infty[\to \mathbb{R}, u \mapsto \ln(u)$ est de classe $\mathcal{C}^1$ sur $]0,+\infty[$. Avec le changement de variable $x = \ln(u)$ et on a $dx = \frac{1}{u}du$, et $\frac{e^x+1}{e^x+e^{-x}} = \frac{u+1}{u+\frac{1}{u}} = u\frac{u+1}{u^2+1}$. Donc :

$$\begin{aligned}\int^x \frac{e^{t/2}\operatorname{ch}(t/2)}{\operatorname{ch}(t)}\,dt &= \int^{e^x} \frac{u+1}{u^2+1}\,du \\ &= \int^{e^x} \frac{u}{u^2+1}\,du + \int^{e^x} \frac{1}{u^2+1}\,du \\ &= \frac{1}{2}\ln\left(e^{2x}+1\right) + \arctan\left(e^x\right) + C\end{aligned}$$

par linéarité

où C est une constante.

La primitive F_0 qui s'annule en $x = 0$ est celle telle que $\frac{1}{2}\ln(2) + \arctan(1) + C = 0$.

$$F_0 : x \mapsto \frac{1}{2}\ln\left(e^{2x}+1\right) + \arctan\left(e^x\right) - \frac{1}{2}\ln(2) - \frac{\pi}{4}.$$

Exercice 5

1) Soit $I_{0,n} = \int_{-1}^1 (1+t)^n\,dt$. En développant $(1+t)^n$ à l'aide de la formule du binôme, on obtient :

$$\begin{aligned}I_{0,n} &= \int_{-1}^1 \left(\sum_{k=0}^n \binom{n}{k} t^k\right)dt \\ &= \sum_{k=0}^n \binom{n}{k} \int_{-1}^1 t^k\,dt \\ &= \sum_{k=0}^n \binom{n}{k} \left[\frac{t^{k+1}}{k+1}\right]_{-1}^1 \\ &= \sum_{k=0}^n \binom{n}{k} \frac{1+(-1)^k}{k+1}\end{aligned}$$

par linéarité

les intégrales se calculent directement

$-(-1)^{k+1} = (-1)^k$

D'autre part $t \mapsto (1+t)^n$ se primitive directement en $t \mapsto \frac{(1+t)^{n+1}}{n+1}$:

$$I_{0,n} = \int_{-1}^{1} (t+1)^n \,\mathrm{d}t = \left[\frac{(1+t)^{n+1}}{n+1}\right]_0^1 = \frac{2^{n+1}}{n+1}.$$

Compte tenu de ces deux calculs, $\sum\limits_{k=0}^{n} \binom{n}{k} \frac{1+(-1)^k}{k+1} = \frac{2^{n+1}}{n+1}$.

2) Si $p \geqslant 1$, on pose $u(t) = (1-t)^p$ et $v(t) = \frac{(1+t)^{q+1}}{q+1}$. On a alors par intégration par parties :

$$\begin{aligned} I_{p,q} &= \int_0^1 u(t)v'(t)\,\mathrm{d}t \\ &= \left[\frac{(1+t)^{q+1}}{q+1}(1-t)^p\right]_0^1 + \frac{p}{q+1}\int_0^1 (1-t)^{p-1}(1+t)^{q+1}\,\mathrm{d}t \\ &= \frac{p}{q+1} I_{p-1,q+1}. \end{aligned}$$

$u'(t) - p(1-t)^{p-1}$

le crochet est nul

3) De proche en proche $I_{p,q} = \frac{p-1}{q+2} I_{p-2,q+2} = \frac{p}{q+1} \cdot \frac{p-1}{q+2} \cdots \frac{1}{p+q} I_{0,p+q} = \frac{p!q!}{(p+q)!} \cdot \frac{2^{p+q+1}}{p+q+1}$.

En particulier $I_{n,n} = \frac{(n!)^2}{(2n)!} \cdot \frac{2^{2n+1}}{2n+1}$.

Exercice 6

1) Dans $I_0 = \int_0^1 \sqrt{1-x^2}\,\mathrm{d}x$, on pose $x = \sin(\theta)$. Les bornes deviennent 0 et $\pi/2$, $\mathrm{d}x = \cos(\theta)\,\mathrm{d}\theta$ et on a $\sqrt{1-x^2} = \sqrt{1-\sin^2(\theta)} = \sqrt{\cos^2(\theta)} = \cos(\theta)$, car $\theta \in [0, \pi/2]$.

$$\begin{aligned} \int_0^1 \sqrt{1-x^2}\,\mathrm{d}x &= \int_0^{\pi/2} \cos^2(\theta)\,\mathrm{d}\theta \\ &= \int_0^{\pi/2} \frac{1+\cos(2\theta)}{2}\,\mathrm{d}\theta \\ &= \frac{1}{2}\left[\theta + \frac{1}{2}\sin(2\theta)\right]_0^{\pi/2} \\ &= \frac{\pi}{4}. \end{aligned}$$

$\cos(2\theta) = 2\cos^2(\theta) - 1$

$\sin(\pi) = 0$

Remarque

La courbe d'équation cartésienne $y = \sqrt{1-x^2}$ est incluse dans le cercle centré à l'origine et de rayon 1 (car $x^2 + y^2 = 1$) et est située dans le premier quadrant $x \geqslant 0$ et $y \geqslant 0$.

$\int_0^1 \sqrt{1-x^2}\,\mathrm{d}x$ est donc l'aire d'un quart de disque de rayon 1. Cette aire vaut donc $\frac{1}{4} \cdot \pi \cdot 1^2$.

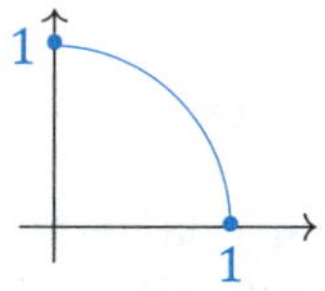

2) Pour I_1 on reconnaît une dérivée. $I_1 = \int_0^1 x\sqrt{1-x^2}\,\mathrm{d}x = \left[-\frac{1}{3}(1-x^2)^{3/2}\right]_0^1 = \frac{1}{3}$.

Exercice 7

1) On commence par décomposer en éléments simples la fraction rationnelle $\frac{X}{(1-X)(1+X)^2}$. La fraction a un pôle simple 1 et un pôle double -1. On sait qu'il existe a, b et c tels que :

$$\frac{X}{(1-X)(1+X)^2} = \frac{a}{X-1} + \frac{b}{X+1} + \frac{c}{(X+1)^2}.$$

On a $a = -\frac{1}{(1+1)^2} = -\frac{1}{4}$ et $c = \frac{(-1)}{1-(-1)} = -\frac{1}{2}$. Donc $\frac{X}{(1-X)(1+X)^2} = -\frac{1}{4} \cdot \frac{1}{X-1} + \frac{b}{X+1} - \frac{1}{2} \cdot \frac{1}{(X+1)^2}$. Une évaluation suffit pour déterminer le dernier coefficient. En évaluant en 0, on obtient $0 = \frac{1}{4} + b - \frac{1}{2}$. D'où $b = \frac{1}{4}$.

$$\forall u \in \,]-1,1[, \quad \frac{u}{(1-u)(1+u)^2} = -\frac{1}{4} \cdot \frac{1}{u-1} + \frac{1}{4} \cdot \frac{1}{u+1} - \frac{1}{2} \cdot \frac{1}{(u+1)^2}.$$

Les primitives sont donc de la forme $u \mapsto -\frac{1}{4}\ln(|u-1|) + \frac{1}{4}\ln(|u+1|) + \frac{1}{2} \cdot \frac{1}{1+u} + C$. Sur $]-1,1[$, on a $1+u > 0$ et $1-u > 0$. On en déduit que les primitives sur $]-1,1[$ de la fonction $u \mapsto \frac{u}{(1-u)(1+u)^2}$ sur $]-1,1[$ sont les fonctions de la forme :

$$u \mapsto -\frac{1}{4}\ln(1-u) + \frac{1}{4}\ln(1+u) + \frac{1}{2} \cdot \frac{1}{1+u} + C$$

où C est une constante.
Cette primitive s'annule en $1/2$ si, et seulement si, :

$$C = \frac{1}{4}\ln(1-1/2) - \frac{1}{4}\ln(1+1/2) - \frac{1}{2} \cdot \frac{1}{1+1/2} = -\frac{1}{4}\ln(3) - \frac{1}{3}.$$

En conclusion :

$$A : u \mapsto -\frac{1}{4}\ln(1-u) + \frac{1}{4}\ln(1+u) + \frac{1}{2} \cdot \frac{1}{1+u} - \frac{1}{4}\ln(3) - \frac{1}{3}.$$

2) a) Pour $t \in \left]0, \frac{\pi}{2}\right[$, $\tan(t)$ existe et $\sin(t) + \tan(t) > 0 + 0$. Donc f est continue sur $\left]0, \frac{\pi}{2}\right[$ comme quotient de fonctions continues dont le dénominateur ne s'annule pas. La continuité de f sur $\left]0, \frac{\pi}{2}\right[$ assure l'existence de primitives de f sur $\left]0, \frac{\pi}{2}\right[$.

b) Pour $t \in \left]0, \frac{\pi}{2}\right[$, en notant $u = \cos(t)$, on a

$$f(t) = \frac{1}{\sin t} \cdot \frac{1}{1 + \frac{1}{\cos t}} = -\frac{1}{\sin^2 t} \cdot \frac{\cos t}{\cos t + 1}\big(-\sin(t)\big) = -\varphi\big(\cos(t)\big)\big(-\sin(t)\big).$$

On reconnaît la dérivée de $t \mapsto -A\big(\cos(t)\big)$. De plus $-A\big(\cos(\pi/3)\big) = A(1/2) = 0$. Donc pour tout $t \in \,]0, \pi/2[$:

$$F(t) = -A\big(\cos(t)\big) = \frac{1}{4}\ln\big(1-\cos(t)\big) + \frac{1}{4}\ln\big(1+\cos(t)\big) + \frac{1}{2} \cdot \frac{1}{1+\cos(t)} - \frac{1}{4}\ln(3) - \frac{1}{3}.$$

c) Comme $\lim_{t \to \pi/2} \cos(t) = 0$ et $\lim_{u \to 0} A(u) = \frac{1}{2} - \frac{1}{4}\ln(3) - \frac{1}{3}$, on a :

$$F(t) \xrightarrow[t \to (\pi/2)^-]{} -\frac{1}{6} + \frac{1}{4}\ln 3.$$

Exercice 8

1) La fonction étant affine sur $[0,1]$ et sur $]1,\pi]$, on obtient sans peine le dessin suivant (qui permet de constater que g est continue sur $[0,\pi]$) :

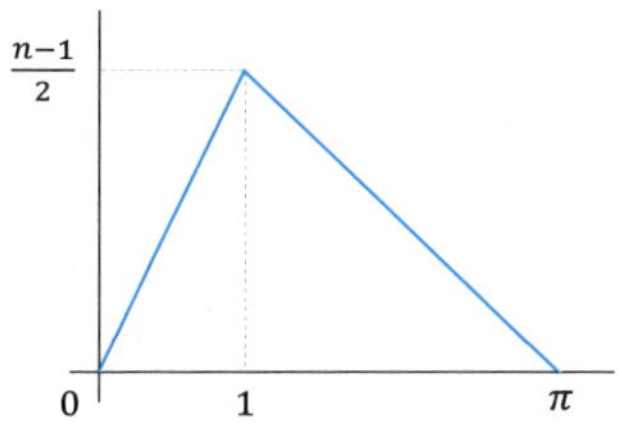

2) À l'aide de la relation de Chasles :

$$\begin{aligned}\int_0^\pi g(t)^2\,\mathrm{d}t &= \int_0^1 g(t)^2\,\mathrm{d}t + \int_1^\pi g(t)^2\,\mathrm{d}t\\ &= \tfrac{(\pi-1)^2}{4}\int_0^1 t^2\,\mathrm{d}t + \tfrac{1}{4}\int_1^\pi (\pi-t)^2\,\mathrm{d}t\\ &= \tfrac{(\pi-1)^2}{4}\left[\tfrac{t^3}{3}\right]_0^1 + \tfrac{1}{4}\left[-\tfrac{(\pi-t)^3}{3}\right]_1^\pi\\ &= \tfrac{(\pi-1)^2}{12} + \tfrac{(\pi-1)^3}{12}\\ &= \tfrac{\pi(\pi-1)^2}{12}.\end{aligned}$$

3) Soit $n \in \mathbb{N}^*$. On a de même, à l'aide de la relation de Chasles :

$$\begin{aligned}b_n(g) &= \int_0^1 g(t)\sin(nt)\,\mathrm{d}t + \int_1^\pi g(t)\sin(nt)\,\mathrm{d}t\\ &= \tfrac{\pi-1}{2}\int_0^1 t\sin(nt)\,\mathrm{d}t + \tfrac{1}{2}\int_1^\pi (\pi-t)\sin(nt)\,\mathrm{d}t.\end{aligned}$$

On calcule les deux intégrales par intégration par parties :

$$\begin{aligned}\int_0^1 t\sin(nt)\,\mathrm{d}t &= \left[-\tfrac{t}{n}\cos(nt)\right]_0^1 + \tfrac{1}{n}\int_0^1 \cos(nt)\,\mathrm{d}t\\ &= -\tfrac{1}{n}\cos(n) + \tfrac{1}{n^2}\sin(n).\end{aligned}$$

$$\begin{aligned}\int_1^\pi (\pi-t)\sin(nt)\,\mathrm{d}t &= \left[-\tfrac{\pi-t}{n}\cos(nt)\right]_1^\pi - \tfrac{1}{n}\int_1^\pi \cos(nt)\,\mathrm{d}t\\ &= \tfrac{\pi-1}{n}\cos(n) + \tfrac{1}{n^2}\sin(n).\end{aligned}$$

Compte tenu de ces résultats, on obtient $b_n(g) = \frac{\pi\sin(n)}{2n^2}$.

Exercices axés sur le raisonnement

Exercice 9

1) • Première méthode (par changement de variable)

On pose $x = \pi - u$ dans l'intégrale $\int_0^\pi xf(x)\,\mathrm{d}x$: $\mathrm{d}x = -\,\mathrm{d}u$, les bornes deviennent π et 0 et on a $xf(x) = (\pi - u)f(\pi - u) = (\pi - u)f(u)$. D'où :

$$\begin{aligned}\int_0^\pi xf(x)\,\mathrm{d}x &= \int_\pi^0 (\pi - u)f(u)(-1)\,\mathrm{d}u \\ &= \int_0^\pi (\pi - u)f(u)\,\mathrm{d}u \\ &= \pi\int_0^\pi f(u)\,\mathrm{d}u - \int_0^\pi uf(u)\,\mathrm{d}u.\end{aligned}$$

Or, la variable étant muette, $\int_0^\pi uf(u)\,\mathrm{d}u = \int_0^\pi xf(x)\,\mathrm{d}x$, donc :

$$\int_0^\pi xf(x)\,\mathrm{d}x = \frac{\pi}{2}\int_0^\pi f(x)\,\mathrm{d}x.$$

• Seconde méthode (par utilisation de symétrie)

On veut justifier que l'intégrale $\int_0^\pi (x - \pi/2)f(x)\,\mathrm{d}x$ est nulle.

D'après $(\star)$, la courbe représentative de f dans un repère orthonormé admet la droite d'équation $x = \pi/2$ comme axe de symétrie. Donc celle de $g : x \mapsto (\pi/2 - x)f(x)$ admet le point $(\pi/2, 0)$ comme centre de symétrie car $g(\pi - x) = -g(x)$. Le segment étant symétrique par rapport à $\pi/2$, l'intégrale de g sur $[0, \pi]$ est nulle, ce qui donne le résultat.

2) On pose pour $x \in [0, \pi]$, $f(x) = \frac{\sin(x)}{1+\cos^2 x}$. On a $f(\pi - x) = f(x)$ donc on peut utiliser le 1) :

$$\begin{aligned}I &= \frac{\pi}{2}\int_0^\pi \frac{\sin(x)}{1+\cos^2 x}\,\mathrm{d}x \\ &= \frac{\pi}{2}\Big[-\arctan\big(\cos(x)\big)\Big]_0^\pi \\ &= \frac{\pi}{2}\big(\arctan(1) + \arctan(1)\big) \\ &= \frac{\pi^2}{4}.\end{aligned}$$

(on reconnaît une dérivée ; $\arctan\big(\cos(\pi)\big) = \arctan(-1) = -\arctan(1)$; $\arctan(1) = \frac{\pi}{4}$)

Exercice 10

1) a) La fonction $x \mapsto \frac{x^2}{2}\int_0^1 f(t)\,\mathrm{d}t$ est de classe $\mathcal{C}^1$ sur $\mathbb{R}$, car c'est un monôme.

Par linéarité, on a $\int_0^x (t - x)f(t)\,\mathrm{d}t = \int_0^x tf(t)\,\mathrm{d}t - x\int_0^x f(t)\,\mathrm{d}t$. On reconnaît des primitives de f et de $t \mapsto tf(t)$.

D'après les théorèmes sur les sommes et les produits de fonctions de classe $\mathcal{C}^1$, F est de classe $\mathcal{C}^1$ sur $\mathbb{R}$. Et on a pour tout $x \in \mathbb{R}$:

$$\begin{aligned}F'(x) &= xf(x) - \int_0^x f(t)\,\mathrm{d}t - xf(x) + x\int_0^1 f(t)\,\mathrm{d}t \\ &= -\int_0^x f(t)\,\mathrm{d}t + x\int_0^1 f(t)\,\mathrm{d}t.\end{aligned}$$

b) D'après le résultat précédent, F' de classe $\mathcal{C}^1$ sur $\mathbb{R}$. Donc F est de classe $\mathcal{C}^2$ sur $\mathbb{R}$ et on a :

$$\forall x \in \mathbb{R}, \quad F''(x) = -f(x) + \int_0^1 f(t)\,\mathrm{d}t.$$

c) On a $F(0) = 0 + 0 = 0$, $F'(0) = 0 + 0 = 0$ et $F'(1) = -\int_0^1 f(t)\,\mathrm{d}t + \int_0^1 f(t)\,\mathrm{d}t = 0$.

2) Soit F de classe $\mathcal{C}^2$ sur $\mathbb{R}$ telle que $F(0) = 0$, $F'(0) = 0$ et $F'(1) = 0$. On note $G : x \mapsto \int_0^x (t-x)F''(t)\,\mathrm{d}t + \frac{x^2}{2}\int_0^1 F''(t)\,\mathrm{d}t$.

• Première méthode (par le calcul)

D'une part, on a $\int_0^1 F''(t)\,\mathrm{d}t = [F'(t)]_0^1 = F'(1) - F'(0) = 0$.

D'autre part, en intégrant par parties :

$$\int_0^x (t-x)F''(t)\,\mathrm{d}t = \big[(t-x)F'(t)\big]_0^x - \int_0^x F'(t)\,\mathrm{d}t.$$

Or $\big[(t-x)F'(t)\big]_0^x = 0F'(x) + xF'(0) = 0$ et $\int_0^x F'(t)\,\mathrm{d}t = F(x) - F(0) = F(x)$.

Compte tenu de ces résultats, $G(x) = -F(x)$.

• Seconde méthode (en utilisant la question précédente)

D'après la question précédente, $G'' = -F'' + \int_0^1 F''(t)\,\mathrm{d}t$. Comme $\int_0^1 F''(t)\,\mathrm{d}t = 0$, on a $G'' = -F''$.

Donc il existe une constante C_1 telle que $G' = -F' + C_1$. Comme $G'(0) = 0$ et $F'(0) = 0$, on a $C_1 = 0$.

Donc $G' = -F'$. Il existe une constante C_2 telle que $G = -F + C_2$. Comme $G(0) = 0$ et $F(0) = 0$, on a $C_2 = 0$. Donc $G = -F$.

Exercice 11

1) Les fonctions $k_{1/4}$ et de $k_{1/2}$ sont affines par morceaux. On obtient le dessin suivant :

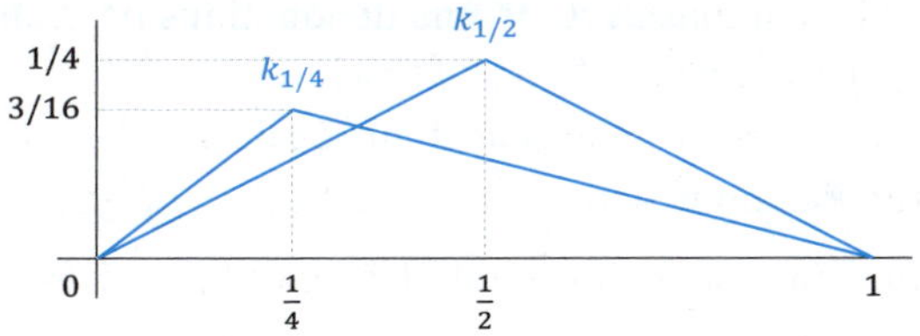

2) Soit $s \in]0,1[$. La fonction k_s est continue sur $[0,s[$ et sur $]s,1]$, car elle est affine sur ces intervalles.

En outre $f(s) = s(1-s) = \lim\limits_{t\to s^+} k_s(t)$ et $\lim\limits_{t\to s^-} k_s(t) = \lim\limits_{t\to s^-} t(1-s) = s(1-s)$.

Donc f est également continue en s. Finalement f est continue sur $[0,1]$.

3) a) La fonction k_0 est la fonction nulle sur $[0,1]$, donc $F(0) = \int_0^1 0\,\mathrm{d}t = 0$.

De même, k_1 est la fonction nulle sur $[0,1]$, donc $F(1) = \int_0^1 0\,\mathrm{d}t = 0$.

b) À l'aide de la relation de Chasles, on a :

$$\begin{aligned}F(s) &= \int_0^s k_s(t)f(t)\,\mathrm{d}t + \int_s^1 k_s(t)f(t)\,\mathrm{d}t\\ &= \int_0^s t(1-s)f(t)\,\mathrm{d}t + \int_s^1 s(1-t)f(t)\,\mathrm{d}t\\ &= (1-s)\int_0^s tf(t)\,\mathrm{d}t + s\int_s^1 (1-t)f(t)\,\mathrm{d}t.\end{aligned}$$

s ne dépend pas de t

Or, f étant continue sur $[0,1]$, les fonctions $t \mapsto tf(t)$ et $t \mapsto (1-t)f(t)$ le sont aussi (par produits). D'après le théorème fondamental du calcul intégral $s \mapsto \int_0^s tf(t)\,\mathrm{d}t$ est de classe $\mathcal{C}^1$ sur $[0,1]$ et a pour dérivée $s \mapsto sf(s)$. De même, $s \mapsto \int_s^1 (1-t)f(t)\,\mathrm{d}t$ est de classe $\mathcal{C}^1$ sur $[0,1]$ et a pour dérivée $s \mapsto -(1-s)f(s)$.

Comme somme de produits de fonctions de classe $\mathcal{C}^1$, F est de classe $\mathcal{C}^1$ sur $[0,1]$ et on a :

$$\begin{aligned}F'(s) &= -\int_0^s tf(t)\,\mathrm{d}t + (1-s)sf(s) + \int_s^1 (1-t)f(t)\,\mathrm{d}t - s(1-s)f(s)\\ &= -\int_0^s tf(t)\,\mathrm{d}t + \int_s^1 (1-t)f(t)\,\mathrm{d}t.\end{aligned}$$

c) De même F est de classe $\mathcal{C}^2$ sur $[0,1]$ et on a :

$$F''(s) = -sf(s) - (1-s)f(s) = -f(s).$$

Donc $F'' = -f$.

Exercices avec questions ouvertes

Exercice 12

Soit f une fonction continue sur $\mathbb{R}$ à valeurs dans $\mathbb{R}$.

1) Si f est impaire. Notons F une primitive de f et $\varphi : x \mapsto F(x) - F(-x)$:

$$F \text{ est paire si, et seulement si, } \varphi = 0.$$

φ est dérivable sur $\mathbb{R}$ (composée et somme de fonctions dérivables sur $\mathbb{R}$) et pour tout $x \in \mathbb{R}, \varphi'(x) = F'(x) + F'(-x) = f(x) + f(-x)$.

Or f est impaire donc $\varphi' = 0$ et φ est constante égale à $\varphi(0) = F(0) - F(0) = 0$.

Donc φ est nulle sur $\mathbb{R}$ et donc pour tout $x \in \mathbb{R}, F(x) = F(-x)$.

Les primitives d'une fonction impaire sont des fonctions paires.

2) Si f est paire, ses primitives non nulles en 0 ne seront pas impaires.

Soit F la primitive de f nulle en 0.

- Première méthode

  Soit $\Phi : x \mapsto F(x) + F(-x)$:

  $$F \text{ est impaire si, et seulement si, } \Phi = 0.$$

  Pour tout $x \in \mathbb{R}, \Phi'(x) = f(x) - f(-x) = 0$ car f est paire.
  Donc Φ est constante égale à $\Phi(0) = 2F(0) = 0$.
  Donc Φ est nulle sur $\mathbb{R}$ et donc pour tout $x \in \mathbb{R}, F(x) = -F(-x)$.

- Seconde méthode

D'après le théorème fondamental du calcul intégral :

$$\forall x \in \mathbb{R}, \quad F(x) = \int_0^x f(t)\,\mathrm{d}t.$$

On a alors pour tout $x \in \mathbb{R}$:

$$\begin{aligned} F(-x) &= \int_0^{-x} f(t)\,\mathrm{d}t \\ &= \int_0^{x} f(-u)(-1)\,\mathrm{d}u && \text{changement } t=-u \\ &= -\int_0^{x} f(u)\,\mathrm{d}u && f \text{ est paire} \\ &= -F(x) \end{aligned}$$

Si f est paire, seule la primitive de f nulle en 0 est impaire.

3) Si f est T-périodique. Notons F une primitive de f.

- Première méthode

Soit $\psi : x \mapsto F(x+T) - F(x)$:

$$F \text{ est } T\text{-périodique si, et seulement si, } \psi = 0.$$

Pour tout $x \in \mathbb{R}$, $\psi'(x) = f(x+T) - f(x) = 0$.

Donc ψ est constante égale à $\psi(0) = F(T) - F(0) = \int_0^T f(t)\,\mathrm{d}t$.

Donc : F est T-périodique si, et seulement si, $\int_0^T f(t)\,\mathrm{d}t = 0$.

- Seconde méthode

D'après le théorème fondamental du calcul intégral :

$$\forall x \in \mathbb{R}, \quad F(x) - F(0) = \int_0^x f(t)\,\mathrm{d}t.$$

Donc :

$$\begin{aligned} F(x+T) - F(x) &= \int_0^{x+T} f(t)\,\mathrm{d}t - \int_0^{x} f(t)\,\mathrm{d}t \\ &= \int_0^{x+T} f(t)\,\mathrm{d}t + \int_x^{0} f(t)\,\mathrm{d}t && \text{relation de Chasles} \\ &= \int_x^{x+T} f(t)\,\mathrm{d}t && \text{par } T\text{-périodicité de } f \\ &= \int_0^{T} f(t)\,\mathrm{d}t. \end{aligned}$$

On retrouve ainsi la condition pour que F soit aussi T-périodique.

Les primitives d'une fonction T-périodique sont T-périodiques si, et seulement si, l'intégrale de la fonction sur une période est nulle.

Équations différentielles linéaires

11

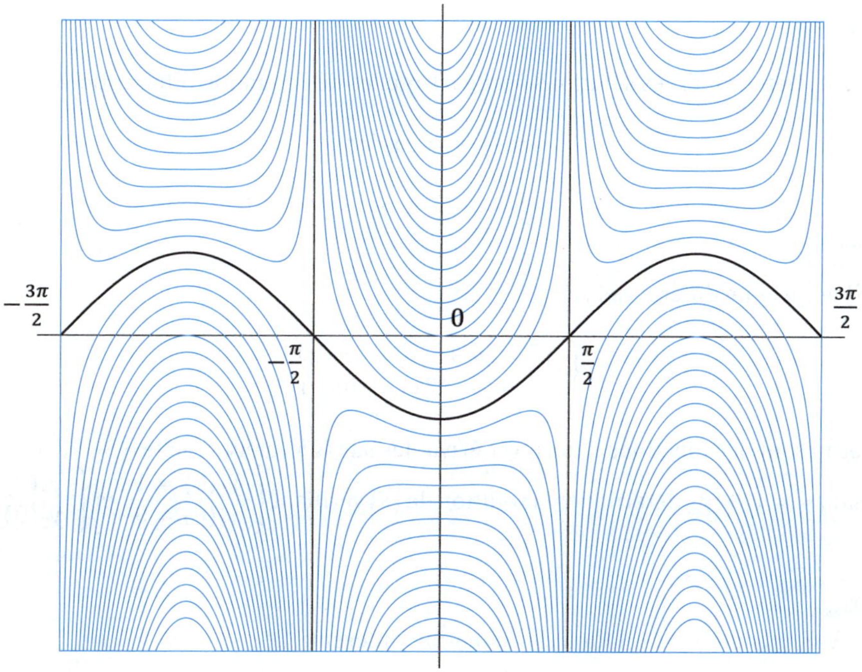

Les solutions de l'équation différentielle $y' \cos(x) - y\sin(x) = \sin(2x)$ de l'exercice n° 8.
Ce sont les fonctions de la forme $x \longmapsto -\cos(x) + \frac{K}{\cos x}$

Exercices axés sur le calcul

Exercice 1

Résoudre, en précisant les intervalles de résolution, les équations différentielles suivantes :
1) $(x^2+1)y'+(x-1)^2y = 0$ 2) $(x^2-1)y'+(x^2+1)y = 0$ 3) $(x^2 - x)y' + y = x^2$.

Exercice 2

1) Soit $n \in \mathbb{N}$. Résoudre sur $]0, +\infty[$, l'équation différentielle $xy' - y = x^n$.
2) Vérifier que pour $n \neq 1$, toutes les solutions peuvent se prolonger en une fonction dérivable sur $[0, +\infty[$ (on précisera la valeur en 0 des prolongements).
Qu'en est-il pour $n = 1$?

Exercice 3

Soit $n \in \mathbb{N}$. Déterminer les solutions à valeurs réelles de l'équation différentielle

$$y'' + y = \cos(nt) \qquad (E_n)$$

Exercice 4

Soit (S) le système différentiel :

$$\begin{cases} y_1'' = y_1 + 2y_2' + \cos(x) \\ y_2'' = y_2 - 2y_1' + \sin(x) \end{cases}$$

où y_1 et y_2 sont des fonctions deux fois dérivables sur $\mathbb{R}$ à valeurs réelles.
En posant $y = y_1 + \mathrm{i}y_2$, déterminer la solution de (S) vérifiant $\begin{cases} y_1(0) = 1 \\ y_1'(0) = 0 \end{cases}$ et $\begin{cases} y_2(0) = 0 \\ y_2'(0) = 1 \end{cases}$.

Exercice 5

Pour $n \in \mathbb{N}$, on note f_n la solution de l'équation différentielle :

$$(n + 1)y'' - (2n + 1)y' + ny = 0$$

vérifiant les conditions initiales $y(0) = 0$ et $y'(0) = 1$.

1) Expliciter $t \mapsto f_n(t)$.
2) Pour $\alpha \in \mathbb{R}$, donner une solution de $(n + 1)y'' - (2n + 1)y' + ny = \mathrm{e}^{\alpha t}$.

Exercices axés sur le raisonnement

Exercice 6

On cherche les fonctions y dérivable sur $\mathbb{R}$ et solution sur $\mathbb{R}$ de l'équation différentielle :

$$x^2y' + y = 0 \qquad (\star)$$

1) Montrer que si y est solution sur $\mathbb{R}$ de $(\star)$, alors il existe un scalaire μ tel que :

$$\forall x \geqslant 0, \quad y(x) = \begin{cases} \mu e^{1/x} & \text{si } x < 0, \\ 0 & \text{si } x \geqslant 0. \end{cases}$$

2) Étudier la réciproque.

Exercice 7

On considère l'équation différentielle :

$$2xy' - 3y = x^2 \qquad (\star)$$

1) Soit f une fonction définie sur $\mathbb{R}_+^*$. On note g la fonction définie sur $\mathbb{R}_-^*$ par $x \mapsto f(-x)$. Montrer que f est solution de $(\star)$ sur $\mathbb{R}_+^*$ si, et seulement si, g est solution de $(\star)$ sur $\mathbb{R}_-^*$.
2) Déterminer les fonctions f solutions de $(\star)$ sur $\mathbb{R}_+^*$.
3) Existe-t-il des fonctions solutions de $(\star)$ sur $\mathbb{R}$?

Exercice 8

Résoudre l'équation différentielle $(\star)$ suivante sur $\mathbb{R}$: $\quad y'\cos(x) - y\sin(x) = \sin(2x)$.

Exercice 9

Déterminer les fonctions $f : \mathbb{R} \to \mathbb{R}$ dérivables sur $\mathbb{R}$ et telles que :

$$\forall x \in \mathbb{R}, \quad f'(x) = f(\pi - x).$$

Exercice 10

Montrer que toute solution sur $\mathbb{R}$ de l'équation différentielle $y' + e^{-x^2}y = 0$ tend vers 0 en $+\infty$.

Exercice 11

Déterminer toutes les fonctions $f : \mathbb{R} \to \mathbb{R}$, dérivables sur $\mathbb{R}$ et telles que :

$$\forall x \in \mathbb{R}, \quad f'(x) + f(x) = f(0) + f(1).$$

Exercices avec questions ouvertes

Exercice 12

Soient a une fonction continue sur $\mathbb{R}$ et $b \in \mathbb{R}$.
Discuter l'existence et l'unicité de solutions du problème suivant :

$$y' + a(x)y = 0 \quad \text{et} \quad y'(0) = b \qquad (\star)$$

Exercice 13

Soit a une fonction continue sur $\mathbb{R}$. On considère l'équation différentielle :

$$y' + a(x)y = 0 \qquad (\star)$$

Existe-t-il des implications logiques entre les assertions suivantes :
- « a est T-périodique »,
- « Toute solution de $(\star)$ est T-périodique » ?

Exercice 14

Pour quelles valeurs du réel λ, existe-t-il des fonctions numériques de classe $\mathcal{C}^2$ sur $\mathbb{R}$ vérifiant $\lambda f'' = f$, $f(0) = f(1) = 0$ et différentes de la fonction nulle ?

D'après Centrale-Supélec MP 2020 Mathématiques 2

Corrections

Exercices axés sur le calcul

Exercice 1

1) Sur $\mathbb{R}$, l'équation se met sous la forme $y' = -\frac{(x-1)^2}{x^2+1}y$.

On remarque que $\frac{(x-1)^2}{x^2+1} = \frac{x^2+1-2x}{x^2+1} = 1 - \frac{2x}{x^2+1}$ donc une primitive de $x \mapsto -\frac{(x-1)^2}{x^2+1}$ est $x \mapsto -x + \ln(x^2+1)$.

Comme $\mathrm{e}^{-x+\ln(x^2+1)} = (x^2+1)\mathrm{e}^{-x}$, on conclut :

Les solutions sont les fonctions de la forme $x \mapsto a(x^2+1)\mathrm{e}^{-x}$ où a est un scalaire.

2) On se place sur un intervalle I ne contenant pas 1 ni -1. Sur I, l'équation se met sous la forme $y' = -\frac{x^2+1}{x^2-1}y$.

On écrit $\frac{x^2+1}{x^2-1} = \frac{x^2-1+2}{x^2-1} = 1 + \frac{2}{x^2-1} = 1 + \frac{1}{x-1} - \frac{1}{x+1}$.

Sur I, les signes de $x-1$ et de $x+1$ sont constants, une primitive de $x \mapsto -\frac{x^2+1}{x^2-1}$ peut s'écrire $x \mapsto -x + \ln(|x-1|) + \ln(|x+1|)$.

Puisqu'on a $e^{-x-\ln(|x-1|)+\ln(|x+1|)} = e^{-x}\frac{|x+1|}{|x-1|}$ et que le signe de $\frac{x+1}{x-1}$ est constant sur I, on peut conclure :

Sur I ne contenant pas 1 ni -1, les solutions sont les fonctions de la forme $x \mapsto ae^{-x}\frac{x+1}{x-1}$ où a est un scalaire.

3) On se place sur un intervalle I ne contenant pas 0 ni 1.

• Solutions de l'équation homogène

Sur I, l'équation homogène se met sous la forme $y' = -\frac{1}{x^2-x}y$.

On écrit $-\frac{1}{x(x-1)} = \frac{1}{x} - \frac{1}{x-1}$.

Sur I, les signes de $x-1$ et de x sont constants, une primitive de $x \mapsto -\frac{1}{x(x-1)}$ peut s'écrire $x \mapsto \ln(|x|) - \ln(|x-1|)$.

Puisqu'on a $e^{\ln(|x|)-\ln(|x-1|)} = \frac{|x|}{|x-1|}$ et que le signe de $\frac{x}{x-1}$ est constant sur I, on peut conclure :

Sur I ne contenant ni 1, ni 0, les solutions de l'équation homogène sont les fonctions de la forme $x \mapsto a\frac{x}{x-1}$ où a est un scalaire.

• Solutions de l'équation complète

On cherche une solution sous la forme $\varphi(x) = C(x)\frac{x}{x-1}$ avec C dérivable sur I.

On a $x(x-1)\varphi'(x) + \varphi(x) = C'(x)x^2$, donc φ est solution si, et seulement si, $C' = 1$.

La fonction $\varphi : x \mapsto \frac{x^2}{x-1}$ est solution sur I de $(x^2-x)y' + y = x^2$.

Sur I ne contenant pas 0 ni 1, les solutions de $(x^2-x)y' + y = x^2$ sont les fonctions de la forme $x \mapsto a\frac{x}{x-1} + \frac{x^2}{x-1}$ où a est un scalaire.

Exercice 2

1) • Solutions de l'équation homogène $y' = \frac{1}{x}y$

Une primitive de $x \mapsto 1/x$ sur $]0,+\infty[$ étant ln, on sait que y est solution sur $]0,+\infty[$ si, et seulement si, il existe un scalaire c tel que :

$$y : x \mapsto ce^{\ln(x)} = cx.$$

• Solutions de l'équation complète $xy' - y = x^n$

On peut chercher une solution particulière sous la forme $\varphi(x) = C(x)x$ où C est une fonction dérivable sur $]0,+\infty[$.

Ainsi $x\varphi'(x) - \varphi(x) = x^2C'(x)$, donc φ est solution si, et seulement si, $C'(x) = x^{n-2}$ pour tout $x > 0$.

Pour $n \neq 1$, on peut choisir $C(x) = \frac{x^{n-1}}{n-1}$.

Donc y est solution sur $]0,+\infty[$ de $xy' - y = x^n$ si, et seulement si, il existe un scalaire c tel que :

$$y : x \mapsto cx + \frac{x^n}{n-1}.$$

Pour $n = 1$, on peut choisir $C(x) = \ln(x)$.
Donc y est solution sur $]0, +\infty[$ de $xy' - y = 1$ si, et seulement si, il existe un scalaire c tel que :

$$y : x \mapsto cx + x\ln(x).$$

2) • Pour $n = 0$, $y : x \mapsto cx - 1$ se prolonge clairement en une fonction dérivable sur $[0, +\infty[$ (en posant $y(0) = -1$).

• Pour $n \geqslant 2$, les solutions $y : x \mapsto cx + \frac{x^n}{n-1}$ sont prolongeables par continuité en 0 en posant $y(0) = 0$. Comme $\frac{y(x)-0}{x-0} = c + \frac{x^{n-1}}{n-1} \xrightarrow[x\to 0^+]{} c \in \mathbb{R}$, le prolongement est dérivable en 0.

• Cas $n = 1$. Comme $\lim\limits_{x\to 0^+} x\ln(x) = 0$, les solutions $y : x \mapsto cx + x\ln(x)$ sont prolongeables par continuité en 0, en posant $y(0) = 0$.
En revanche, $\frac{y(x)-0}{x-0} = \ln(x) \xrightarrow[x\to 0^+]{} -\infty$, aucun de ces prolongements n'est dérivable en 0.

Exercice 3

Soit $n \in \mathbb{N}$. Il s'agit d'une équation différentielle du second ordre à coefficients constants dont l'équation caractéristique est $r^2 + 1$.

• Solutions de l'équation homogène $y'' + y = 0$

Les solutions à valeurs réelles sont les fonctions de la forme $a\cos + b\sin$ avec a et $b \in \mathbb{R}$.

• Solutions de l'équation complète

Si $n \neq 1$, on peut chercher une solution du type $\varphi : t \mapsto c\cos(nt)$. On a $\varphi'' + \varphi = c(1-n^2)\varphi$, donc φ est solution quand $c = 1/(1-n^2)$.
Les solutions de (E_n) sont les fonctions de la forme $t \mapsto a\cos(t) + b\sin(t) + \frac{1}{1-n^2}\cos(nt)$ avec a et $b \in \mathbb{R}$ (car on cherche les solutions à valeurs réelles).

Cas $n = 1$. On sait que $\cos(t)$ est la partie réelle de $\mathrm{e}^{\mathrm{i}t}$. On peut commencer par chercher une solution $\varphi : t \mapsto ct\mathrm{e}^{\mathrm{i}t}$ de l'équation différentielle $y'' + y = \mathrm{e}^{\mathrm{i}t}$.
On a $\varphi'(t) = \mathrm{i}ct\mathrm{e}^{\mathrm{i}t} + c\mathrm{e}^{\mathrm{i}t}$ et $\varphi''(t) = -ct\mathrm{e}^{\mathrm{i}t} + 2\mathrm{i}c\mathrm{e}^{\mathrm{i}t}$. On en déduit que $\varphi : t \mapsto \frac{1}{2\mathrm{i}}t\mathrm{e}^{\mathrm{i}t}$ est une solution de $y'' + y = \mathrm{e}^{\mathrm{i}t}$.
On a alors $\mathrm{Re}(\varphi) : t \mapsto \frac{1}{2}t\sin(t)$ est solution de $y'' + y = \cos(t)$.
Les solutions de (E_1) sont les fonctions de la forme $t \mapsto a\cos(t) + b\sin(t) + \frac{1}{2}t\sin(t)$ avec a et $b \in \mathbb{R}$.

Exercice 4

Soient y_1 et y_2 des fonctions de $\mathbb{R}$ dans $\mathbb{R}$ et $y = y_1 = \mathrm{i}y_2$.
On commence par démontrer que le problème posé pour (y_1, y_2) est équivalent à un problème de Cauchy pour y.
On a facilement à l'aide des parties réelle et imaginaire :

$$\begin{cases} y_1(0) &= 1 \\ y_1'(0) &= 0 \end{cases} \text{et} \begin{cases} y_2(0) &= 0 \\ y_2(0) &= 1 \end{cases} \quad\Leftrightarrow\quad \begin{cases} y(0) &= 1 \\ y'(0) &= \mathrm{i} \end{cases}.$$

• Condition nécéssaire sur y

Soit (y_1, y_2) une solution du système différentiel.
On sait que $y = y_1 + \mathrm{i}y_2$ est deux fois dérivable sur $\mathbb{R}$ et pour tout $x \in \mathbb{R}$:

$$y''(x) = y_1''(x) + \mathrm{i}y_2''(x) = y_1 + \mathrm{i}y_2 + 2y_2' - 2\mathrm{i}y_1' + \cos(x) + \mathrm{i}\sin(x) = y - 2\mathrm{i}y' + \mathrm{e}^{\mathrm{i}x}.$$

Donc y est solution de l'équation différentielle $y'' + 2\mathrm{i}y' - y = \mathrm{e}^{\mathrm{i}x}$.

• Condition suffisante

Si y est solution de l'équation différentielle $y'' + 2\mathrm{i}y' - y = \mathrm{e}^{\mathrm{i}x}$, alors on a par linéarité de la dérivation $y_1'' + \mathrm{i}y_2'' + 2\mathrm{i}(y_1' + \mathrm{i}y_2') - y_1 - \mathrm{i}y_2 = \mathrm{e}^{\mathrm{i}x}$. Donc $\begin{cases} y_1'' - 2y_2' - y_1 = \cos(x) \\ y_2'' + 2y_1' - y_1 = \sin(x) \end{cases}$, par unicité des parties réelle et imaginaire.

On a montré que (y_1, y_2) est solution du problème posé si, et seulement si, y est solution du problème de Cauchy $y'' + 2\mathrm{i}y' - y = \mathrm{e}^{\mathrm{i}x}$ et $\begin{cases} y(0) = 1 \\ y'(0) = \mathrm{i} \end{cases}$.

• Résolution du problème de Cauchy pour y

L'équation caractéristique est $r^2 + 2\mathrm{i}r - 1 = 0$ qui a une solution double $-\mathrm{i}$.
Les solutions de l'équation homogène sont les fonctions du type $x \mapsto ax\mathrm{e}^{-\mathrm{i}x} + b\mathrm{e}^{-\mathrm{i}x}$ avec a et $b \in \mathbb{C}$.
On peut chercher une solution de l'équation complète sous la forme $\varphi : x \mapsto c\mathrm{e}^{\mathrm{i}x}$. On a alors :

$$\varphi'' + 2\mathrm{i}\varphi' - \varphi = c(-1 - 2 - 1)\varphi.$$

En choisissant $c = -1/4$, on a une solution de $y'' + 2\mathrm{i}y' - y = \mathrm{e}^{\mathrm{i}x}$.
Donc, il existe a et $b \in \mathbb{C}$ tels que $y : x \mapsto ax\mathrm{e}^{-\mathrm{i}x} + b\mathrm{e}^{-\mathrm{i}x} - \frac{1}{4}\mathrm{e}^{\mathrm{i}x}$.
En outre, $y(0) = 1$ et $y(0) = \mathrm{i}$. Donc $b - \frac{1}{4} = 1$ et $a - \mathrm{i}b - \mathrm{i}\frac{1}{4} = \mathrm{i}$, d'où $b = \frac{5}{4}$ et $a = \frac{5}{2}\mathrm{i}$.
L'unique solution y est :

$$y : x \mapsto \frac{5}{2}\mathrm{i}x\mathrm{e}^{-\mathrm{i}x} + \frac{5}{4}\mathrm{e}^{-\mathrm{i}x} - \frac{1}{4}\mathrm{e}^{\mathrm{i}x}.$$

• Conclusion pour y_1 et y_2

Il y a une seule solution pour (y_1, y_2) et, pour cette solution, on a pour tout $x \in \mathbb{R}$:

$$y_1(x) = \mathrm{Re}\big(y(x)\big) = \frac{5}{2}x\sin(x) + \cos(x) \text{ et } y_2(x) = \mathrm{Im}\big(y(x)\big) = \frac{5}{2}x\cos(x) - \frac{3}{2}\sin(x).$$

Exercice 5

1) Il s'agit d'une équation différentielle du second ordre à coefficients constants dont l'équation caractéristique est $(n+1)r^2 - (2n+1)r + n = 0$. Comme il y a deux solutions 1 et $n/(n+1)$, il existe deux scalaires a et b tels que $f_n : t \mapsto a\mathrm{e}^t + b\mathrm{e}^{\frac{n}{n+1}t}$.
Ainsi $f_n(0) = a + b$ et $f_n'(0) = a + b\frac{n}{n+1}$. On trouve $a = -b = n + 1$.

$$f_n : t \mapsto (n+1)\mathrm{e}^t - (n+1)\mathrm{e}^{\frac{n}{n+1}t}.$$

2) • Si $\alpha \neq 1$ et $\alpha \neq n/(n+1)$, on cherche une solution de la forme $\varphi : t \mapsto c\mathrm{e}^{\alpha t}$. On a $(n+1)\varphi'' - (2n+1)\varphi' + n\varphi = \big((n+1)^2\alpha - (2n+1)\alpha + n\big)\varphi$, φ est solution quand $c = 1/\big((n+1)^2\alpha - (2n+1)\alpha + n\big)$.
Une solution est :

$$\varphi : t \mapsto \frac{1}{(n+1)^2\alpha - (2n+1)\alpha + n}\mathrm{e}^{\alpha t}.$$

• Sinon, on cherche une solution de la forme $\varphi : t \mapsto ct\mathrm{e}^{\alpha t}$. On a :

$$\varphi(t) = ct\mathrm{e}^{\alpha t}$$

$$\varphi'(t) = c\alpha t\mathrm{e}^{\alpha t} + c\mathrm{e}^{\alpha t}$$ dérivée d'un produit

$$\varphi''(t) = ct\alpha^2\mathrm{e}^{\alpha t} + 2c\alpha\mathrm{e}^{\alpha t}.$$

Comme $(n+1)\alpha^2 - (2n+1)\alpha + n = 0$, on a :

$$(n+1)\varphi''(t) - (2n+1)\varphi'(t) + n\varphi(t) = c\big(2\alpha(n+1) - (2n+1)\big)\mathrm{e}^{t}.$$

Si $\alpha = 1$, $2\alpha(n+1) - (2n+1) = 1$. On a une solution quand $c = 1$.
La fonction $t \mapsto t\mathrm{e}^{t}$ est une solution de $(n+1)y'' - (2n+1)y' + ny = \mathrm{e}^{t}$.

Si $\alpha = n/(n+1)$, $2\alpha(n+1) - (2n+1) = -1$. On a une solution quand $c = 1$.
La fonction $t \mapsto -t\mathrm{e}^{\frac{nt}{n+1}}$ est une solution de $(n+1)y'' - (2n+1)y' + ny = \mathrm{e}^{\frac{nt}{n+1}}$.

Exercices axés sur le raisonnement

Exercice 6

1) Si y est solution sur $\mathbb{R}$ de $(\star)$, alors $y(0) = 0$ et y est solution de $(\star)$ sur $\mathbb{R}_+^*$ et sur $\mathbb{R}_-^*$.
Sur $\mathbb{R}_+^*$, $(\star)$ s'écrit $y' = -\frac{1}{x^2}y$. Une primitive de $x \mapsto -\frac{1}{x^2}$ étant $x \mapsto \frac{1}{x}$ sur cet intervalle, il existe un scalaire α tel que pour tout $x > 0$, $y(x) = \alpha\mathrm{e}^{1/x}$.
Les arguments sont les mêmes sur l'intervalle $\mathbb{R}_+^*$, donc il existe un scalaire μ tel que pour tout $x < 0$, $y(x) = \mu\mathrm{e}^{1/x}$.
De plus, y doit être continue en 0. Or, $\lim\limits_{x\to 0^+} \mathrm{e}^{1/x} = +\infty$ par composition de limites, donc $\alpha = 0$.
Il existe un scalaire μ tel que :

$$\forall x \geqslant 0, \quad y(x) = \begin{cases} \mu\mathrm{e}^{1/x} & \text{si } x < 0, \\ 0 & \text{si } x \geqslant 0. \end{cases}$$

2) Réciproquement, soit μ un scalaire et y définie comme ci-dessus.
La fonction y est solution de $(\star)$ sur $\mathbb{R}_+^*$ et sur $\mathbb{R}_-^*$. Elle est continue en 0, car $\lim\limits_{x\to 0^-} \mathrm{e}^{1/x} = 0$.
Elle est clairement dérivable à gauche en 0. Comme $\lim\limits_{x\to 0^-} \frac{y(x)}{x} = \lim\limits_{x\to 0^-} \frac{\mathrm{e}^{1/x}}{x} = 0$ (car $\lim\limits_{t\to -\infty} t\mathrm{e}^{t} = 0$), elle est aussi dérivable à droite en 0. Les dérivées à gauche et à droite étant identiques, y est dérivable en 0. Et $(\star)$ est aussi vraie en $x = 0$.
Donc y est solution de $(\star)$ sur $\mathbb{R}$.

Exercice 7

1) Pour $x \neq 0$, $(\star)$ peut s'écrire $y' - \frac{3}{2x}y = \frac{x}{2}$. On raisonne par double implication.

$\Longrightarrow$ On suppose que f est solution de $(\star)$ sur $\mathbb{R}_+^*$. La fonction g est dérivable par composition et on a pour tout $x < 0$:

$$\begin{aligned} g'(x) &= -f'(-x) \\ &= -\frac{3}{2(-x)}f(-x) - \frac{(-x)}{2} \\ &= \frac{3}{2x}g(x) + \frac{x}{2}. \end{aligned}$$

($(\star)$ pour $-x > 0$; on reconnaît $g(x)$)

On a montré que g est solution de $(\star)$ sur $\mathbb{R}_-^*$.

$\Longleftarrow$ De façon semblable, en utilisant pour $x > 0$, $f(x) = g(-x)$ et $-x < 0$, on montre que si g est solution de $(\star)$ sur $\mathbb{R}_-^*$, alors f est solution de $(\star)$ sur $\mathbb{R}_+^*$.

2) • Solutions de l'équation homogène $y' - \frac{3}{2x}y = 0$

Sur $\mathbb{R}_+^*$, une primitive de $x \mapsto 1/x$ est ln. Et on a $e^{\frac{3}{2}\ln(x)} = x^{3/2}$.
Les solutions de l'équation homogène sont les fonctions de la forme $x \mapsto ax^{3/2}$ avec a un scalaire.

• Solutions de l'équation complète

On cherche une solution sous la forme $\varphi(x) = C(x)x^{3/2}$.
On a alors $\varphi'(x) - \frac{3}{2x}\varphi(x) = C'(x)x^{3/2}$. Donc φ est solution de $(\star)$ sur $\mathbb{R}_+^*$ quand pour tout $x > 0$, $C'(x) = \frac{x^{-1/2}}{2}$. On peut choisir $C : x \mapsto x^{1/2}$.
Une solution de $(\star)$ sur $\mathbb{R}_+^*$ est $\varphi : x \mapsto x^2$.
Les solutions de $(\star)$ sur $\mathbb{R}_+^*$ sont les fonctions de la forme $x \mapsto ax^{3/2} + x^2$ avec a un scalaire.

3) On raisonne par analyse-synthèse.

• Analyse

Si f de $(\star)$ sur $\mathbb{R}$, alors $f(0) = 0$ et f est solution de $(\star)$ sur $\mathbb{R}_+^*$ et sur $\mathbb{R}_-^*$. D'après les deux questions précédentes, il existe a et b scalaires tels que :

$$\forall x \in \mathbb{R}, \quad f(x) = \begin{cases} ax^{3/2} + x^2 & \text{si } x > 0, \\ 0 & \text{si } x = 0, \\ b(-x)^{3/2} + x^2 & \text{si } x < 0. \end{cases} \qquad (\bullet)$$

• Synthèse

Soit a et b deux scalaires et f définie par $(\bullet)$. On a f solution de $(\star)$ sur $\mathbb{R}_+^*$ et sur $\mathbb{R}_-^*$.
En outre, pour $x > 0$, $\frac{f(x)-f(0)}{x-0} = \frac{ax^{3/2}+x^2}{x} = ax^{1/2} + x \xrightarrow[x\to 0^+]{} 0$ et
pour $x < 0$, $\frac{f(x)-f(0)}{x-0} = \frac{b(-x)^{3/2}+x^2}{x} = -b(-x)^{1/2} + x \xrightarrow[x\to 0^-]{} 0$.
Donc f est dérivable en 0. Et $(\star)$ est aussi vraie en $x = 0$.
Donc f est solution de $(\star)$ sur $\mathbb{R}$.

Exercice 8

L'équation $(\star)$ n'est pas normalisable sur $\mathbb{R}$. On commence par la résoudre sur les intervalles $\left]-\frac{\pi}{2}+k\pi, \frac{\pi}{2}+k\pi\right[$ (où $k \in \mathbb{Z}$) sur lesquels elle est normalisable.

Dans la suite, I désigne un intervalle de la forme $\left]-\frac{\pi}{2}+k\pi, +\frac{\pi}{2}+k\pi\right[$ pour un $k \in \mathbb{Z}$.

• Résolution de l'équation homogène

Le cosinus ne s'annulant pas sur I, on a :

$$\begin{aligned} y'\cos(x) - y\sin(x) = 0 &\Leftrightarrow y' - \tan(x)\cdot y = 0 \\ &\Leftrightarrow y' = \tan(x)\cdot y \\ &\Leftrightarrow \frac{y'}{y} = \tan(x) \\ &\Leftrightarrow \frac{\mathrm{d}}{\mathrm{d}x}\ln|y| = \tan(x). \end{aligned}$$

Une primitive de la fonction tan sur I est $-\ln\left|\cos(x)\right|$.

$$y' - \tan(x)\cdot y = 0 \Leftrightarrow \ln|y| = -\ln\left|\cos(x)\right| + K \Leftrightarrow |y| = \mathrm{e}^K \cdot \frac{1}{|\cos(x)|} \Leftrightarrow y = \frac{C}{\cos(x)} \quad (C \in \mathbb{R})$$

La solution générale de l'équation homogène (sur l'intervalle I) est donc $\frac{C}{\cos(x)}$

On note y_0 la fonction $y_0 : x \longmapsto \frac{1}{\cos(x)}$ (c'est *une* solution de l'équation homogène).

• Résolution de l'équation complète

On peut dire que $-\cos(x)$ est une solution particulière **évidente** de l'équation complète.

La solution générale de l'équation complète est donc $-\cos(x) + \frac{C}{\cos(x)}$ sur un intervalle $\left]-\frac{\pi}{2}+k\pi, +\frac{\pi}{2}+k\pi\right[$.

On peut aussi appliquer la **méthode de variation de la constante** pour déterminer une solution de l'équation complète.

On cherche une solution particulière sous la forme $y(x) = C(x)\cdot y_0(x)$ où C est une fonction dérivable sur I.

$$\begin{aligned} y \text{ est solution} &\Leftrightarrow \cos(x)\big(C'y_0 + Cy_0'\big) - \sin(x)\cdot Cy_0 = \sin(2x) \\ &\Leftrightarrow C'\cdot\cos(x)\cdot y_0 + C(\cos(x)\cdot y_0' - \sin(x)\cdot y_0) = \sin(2x) \\ &\Leftrightarrow C'\cdot\cos(x)\cdot y_0 = \sin(2x) \\ &\Leftrightarrow C' = \sin(2x) \\ &\Leftrightarrow C = -\frac{1}{2}\cos(2x) + A. \end{aligned}$$

Une solution particulière de l'équation complète est donc $\left(-\frac{1}{2}\cos(2x)\right)y_0 = -\frac{\cos(2x)}{2\cos(x)}$.

La solution générale de l'équation complète est donc $-\frac{\cos(2x)}{2\cos(x)} + \frac{C}{\cos(x)}$.

En prenant $C = -\frac{1}{2}$, on retrouve la solution particulière précédente :

$$-\frac{\cos(2x)}{2\cos(x)} + \frac{-\frac{1}{2}}{\cos(x)} = \frac{-\cos(2x)-1}{2\cos(x)} = -\frac{1+\cos(2x)}{2\cos(x)} = -\frac{1+2\cos^2(x)-1}{2\cos(x)} = -\cos(x).$$

• Résolution de l'équation sur $\mathbb{R}$

Pour résoudre l'équation ($\star$) sur $\mathbb{R}$, on doit effectuer un « recollement de solutions ».

On sait déjà que la fonction $-\cos$ est une solution de l'équation complète sur $\mathbb{R}$, néanmoins, ce n'est peut-être pas la seule.

Soit y une fonction telle que pour tout $x \in \mathbb{R}$, $y'(x)\cos(x) - y(x)\sin(x) = \sin(2x)$.

En particulier, y est solution sur $\left]-\frac{\pi}{2}, \frac{\pi}{2}\right[$, donc il existe $C \in \mathbb{R}$ tel que :

$$\forall x \in \left]-\frac{\pi}{2}, \frac{\pi}{2}\right[, \quad y(x) = -\cos(x) + \frac{C}{\cos(x)}.$$

La fonction y devant être continue en $\frac{\pi}{2}$, on en déduit que $\quad C = 0$.

En raisonnant ainsi de proche en proche en chaque point de recollement (c'est-à-dire en chaque réel de la forme $\frac{\pi}{2} + k\pi$), on en déduit que, nécessairement :

$$\forall x \in \mathbb{R}, \quad y(x) = -\cos(x).$$

La seule solution de l'équation ($\star$) sur $\mathbb{R}$ est donc la fonction $-\cos$.

Exercice 9

On raisonne par analyse-synthèse.

• Analyse

On suppose que f vérifie pour tout $x \in \mathbb{R}$, $f'(x) = f(\pi - x)$.
Comme composée de f et d'une fonction affine, f' est dérivable sur $\mathbb{R}$ et :

$$\forall x \in \mathbb{R}, f''(x) = -f'(\pi - x) = -f\big(\pi - (\pi - x)\big) = -f(x).$$

Donc f est une solution de l'équation différentielle $y'' + y = 0$. Il existe a et $b \in \mathbb{R}$ tels que $f = a\cos + b\sin$.
En outre, on a $f'(0) = f(\pi)$, donc $b = -a$.

• Synthèse

Soient $a \in \mathbb{R}$ et $f = a\cos - a\sin$. Pour tout $x \in \mathbb{R}$, on a :

$$f(\pi - x) = a\cos(\pi - x) - a\sin(\pi - x) = -a\cos(x) - a\sin(x) = f'(x).$$

Donc f est solution du problème posé.

Exercice 10

La fonction $x \mapsto -\mathrm{e}^{x^2}$ est continue sur $\mathbb{R}$, la fonction $F : x \mapsto -\int_0^x \mathrm{e}^{-t^2}\,\mathrm{d}t$ est l'une de ses primitives.
Pour $x \geqslant 0$, on a pour tout $t \in [0, x]$, $\mathrm{e}^{t^2} \geqslant 1$, donc $F(x) \leqslant -\int_0^x 1\,\mathrm{d}t = -x$.
Pour $x \geqslant 0$, on a alors $0 \leqslant \mathrm{e}^{F(x)} \leqslant \mathrm{e}^{-x}$. Donc $\mathrm{e}^{F(x)} \xrightarrow[x\to+\infty]{} 0$ par encadrement.
Toute solution, étant de la forme $x \mapsto a\mathrm{e}^{F(x)}$ avec a un scalaire, a donc une limite nulle en $+\infty$.

Exercice 11

On raisonne par analyse-synthèse.

• Analyse

Si f convient, alors en notant $c = f(0) + f(1)$, f est solution de $y' + y = c$.
On sait résoudre cette équation. Il existe $\lambda \in \mathbb{R}$ tel que $f(x) = \lambda e^{-x} + c$, pour tout $x \in \mathbb{R}$.
Et on doit avoir $c = f(0) + f(1) = \lambda(1 + e^{-1}) + 2c$. Donc $c = -\lambda(1 + e^{-1})$.
Par conséquent, il existe $\lambda \in \mathbb{R}$ tel que $f(x) = \lambda(e^{-x} - e^{-1} - 1)$, pour tout $x \in \mathbb{R}$.

• Synthèse

Soient $\lambda \in \mathbb{R}$ et $f : x \mapsto \lambda(e^{-x} - e^{-1} - 1)$.
D'une part, $f(0) + f(1) = \lambda(-e^{-1} - 1)$. D'autre part, f est dérivable sur $\mathbb{R}$ et :

$$\forall x \in \mathbb{R}, \quad f'(x) + f(x) = -\lambda e^{-x} + \lambda(e^{-x} - e^{-1} - 1) = \lambda(-e^{-1} - 1).$$

Donc f est solution du problème posé.

Exercices avec questions ouvertes

Exercice 12

Si y est solution de l'équation différentielle, on a en particulier $y'(0) + a(0)y(0) = 0$.

• Cas $a(0) \neq 0$

Dans ce cas, on a :

$$y'(0) = b \iff y(0) = -b/a(0).$$

On sait qu'il y a existence et unicité pour le problème de Cauchy :

$$y' + a(x)y = 0 \quad \text{et} \quad y(0) = -b/a(0).$$

On en déduit l'existence et unicité pour le problème $(\star)$.

• Cas $a(0) = 0$

Dans ce cas, si $b \neq 0$, alors il n'y a aucune solution au problème $(\star)$.
Cas $b = 0$. On sait que l'équation différentielle $y' + a(x)y = 0$ a une infinité de solutions (que l'on saurait exprimer à l'aide d'une primitive de a). Et toutes les solutions vérifient $y'(0) = 0$.

Exercice 13

On désigne par A une primitive sur $\mathbb{R}$ de a (qui est continue sur $\mathbb{R}$).
On sait que les fonctions de $(\star)$ sont colinéaires à $G : x \mapsto e^{-A(x)}$.
Si toute solution de $(\star)$ est T-périodique, en particulier G l'est. Alors G' l'est aussi et, comme G ne s'annule pas sur $\mathbb{R}$, G'/G aussi. Or, $G'/G = -a$, donc a est T-périodique.

En revanche, la réciproque est fausse car les primitives d'une fonction périodique ne sont pas nécessairement périodique.
Par exemple $\cos^2$ est π-périodique, comme $\cos^2(x) = \frac{\cos(2x)+1}{2}$, $\cos^2$ a pour primitives les fonctions $x \mapsto \frac{\sin(2x)}{4} + \frac{x}{2} + c$ qui ne sont pas π-périodique. L'équation $y' + \cos^2(x)y = 0$ n'a pas de solutions π-périodique à part la fonction nulle.

Exercice 14

Si $\lambda = 0$, seule la fonction nulle vérifie $\lambda f'' = f$. On suppose dans la suite $\lambda \neq 0$.
Soit f une fonction vérifiant $\lambda f'' = f$.
Comme $\lambda \neq 0$, $y'' = \frac{1}{\lambda} y$ est une équation différentielle du second ordre à coefficients constants dont l'équation caractéristique est $r^2 = \frac{1}{\lambda}$.
On distingue deux cas selon le signe de λ.

- Si $\lambda > 0$, il existe deux scalaires a et b tels que $f(x) = a\mathrm{e}^{x/\sqrt{\lambda}} + b\mathrm{e}^{-x/\sqrt{\lambda}}$, pour tout $x \in \mathbb{R}$.

$$\begin{cases} f(0) = 0 \\ f(1) = 0 \end{cases} \Leftrightarrow \begin{cases} a + b = 0 \\ \mathrm{e}a + \mathrm{e}^{-1}b = 0 \end{cases} \Leftrightarrow \begin{cases} a = 0 \\ b = 0 \end{cases}.$$

  Seule la fonction nulle convient.

- Si $\lambda < 0$, il existe deux scalaires a et b tels que $f(x) = a\cos\left(\frac{x}{\sqrt{-\lambda}}\right) + b\sin\left(\frac{x}{\sqrt{-\lambda}}\right)$, pour tout $x \in \mathbb{R}$.

$$\begin{cases} f(0) = 0 \\ f(1) = 0 \end{cases} \Leftrightarrow \begin{cases} a = 0 \\ b\sin\left(\frac{1}{\sqrt{-\lambda}}\right) = 0 \end{cases}.$$

  Si $\sin\left(\frac{1}{\sqrt{-\lambda}}\right) \neq 0$, seule la fonction nulle convient.
  Sinon, $x \mapsto \sin\left(\frac{x}{\sqrt{-\lambda}}\right)$ convient et n'est pas la fonction nulle.

$$\sin\left(\frac{1}{\sqrt{-\lambda}}\right) = 0 \Leftrightarrow \exists k \in \mathbb{N}^*, \frac{1}{\sqrt{-\lambda}} = k\pi.$$

  En conclusion, il existe des fonctions numériques de classe $\mathcal{C}^2$ sur $\mathbb{R}$ vérifiant $\lambda f'' = f$, $f(0) = f(1) = 0$ et différentes de la fonction nulle si, et seulement si, il existe $k \in \mathbb{N}^*$ tel que $\lambda = -\frac{1}{k^2\pi^2}$.

« *On obtient la solution générale de l'équation complète en faisant la somme de la solution générale de l'équation homogène et d'une solution (particulière) de l'équation complète.* »

Intégration

12

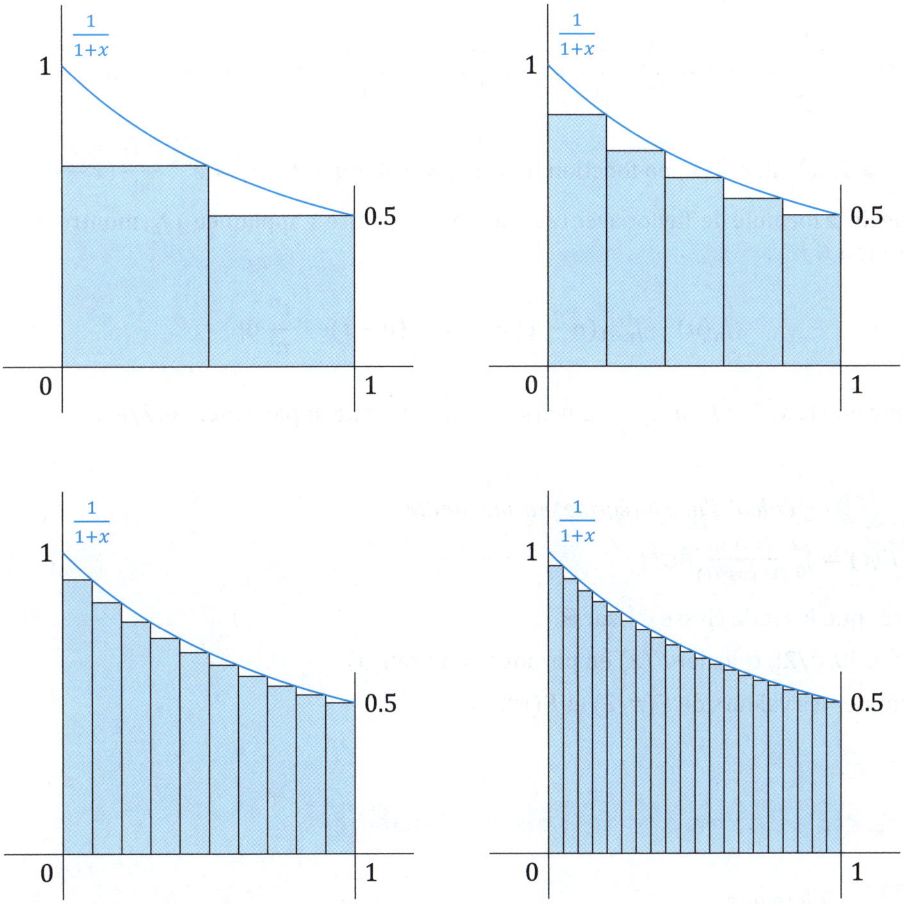

Les premières sommes de Riemann associées à l'intégrale $\int_0^1 \frac{\mathrm{d}x}{1+x}$ (voir exercice n° 1).

On a regroupé ici les exercices concernant la formule de Taylor avec reste intégral, les sommes de Riemann, la positivité et la croissance de l'intégrale.

Exercices axés sur le calcul

Exercice 1 *Somme de Riemann*

Pour $n \in \mathbb{N}^*$, on pose $c_n = \frac{1}{n+1} + \frac{1}{n+2} + \cdots + \frac{1}{n+n-1} + \frac{1}{n+n}$.
Déterminer la limite de $(c_n)_{n \in \mathbb{N}^*}$.

Exercice 2

Pour $x \in \mathbb{R}$ et $n \in \mathbb{N}$, on pose :

$$S_n(x) = \sum_{k=0}^{n} \frac{x^k}{k!} = 1 + \frac{x^1}{1!} + \frac{x^2}{2!} + \cdots + \frac{x^k}{k!} + \cdots + \frac{x^n}{n!} \quad \text{et} \quad f_n(x) = \mathrm{e}^{-x} S_n(x).$$

1) Pour $n \geqslant 1$, calculer $f_n'(x)$ en fonction de x puis vérifier que $f_n''(x) = \mathrm{e}^{-x} \frac{x^{n-1}}{n!}(x - n)$.
2) À l'aide de la formule de Taylor avec reste intégral à l'ordre 1 appliquée à f_n, montrer que pour tout $n \in \mathbb{N}^*$:

$$f_n(n) - f_{n-1}(n-1) = -\int_{n-1}^{n} (n-t)\mathrm{e}^{-t} \frac{t^n}{n!}\,\mathrm{d}t.$$

3) Montrer que la suite $\left(f_n(n)\right)_{n \in \mathbb{N}}$ converge et que sa limite appartient à $[0, 2/\mathrm{e}]$.

Exercice 3 ⋆ *Calcul d'une intégrale par une limite*

On pose $F(t) = \int_0^x \frac{1}{1+\cos^2(t)}\mathrm{d}t$.

1) Montrer que F est de classe $\mathcal{C}^1$ sur $\mathbb{R}$.
2) Pour $x \in [0, \pi/2[$, calculer $F(x)$ en posant $t = \arctan(u)$.
3) Déterminer les valeurs de $F(\pi/2)$ et $F(\pi)$.

Exercices axés sur le raisonnement

Exercice 4 *Classique*

Soit f une fonction continue sur $[0, 1]$ à valeurs dans $\mathbb{R}$ telle que $\int_0^1 f(t)\,\mathrm{d}t = \frac{1}{2}$.
Montrer que f possède au moins un point fixe.

Exercice 5

On considère les intégrales suivantes :

$$I = \int_0^1 \frac{\sqrt{x}}{\sqrt{4-x^2}}\,\mathrm{d}x, \qquad J = \int_0^1 \frac{x}{\sqrt{4-x^2}}\,\mathrm{d}x, \qquad K = \int_0^1 \frac{1}{\sqrt{4-x^2}}\,\mathrm{d}x.$$

Le but de l'exercice est d'obtenir un encadrement de I.

1) Donner des valeurs exactes de J et de K.

2) Représenter sur un même dessin les courbes représentatives des fonctions suivantes sur $[0,1]$:

$$x \mapsto x, x \mapsto \sqrt{x}, x \mapsto x + \frac{1}{4} \text{ et } x \mapsto \frac{1}{2}(x+1).$$

3) Proposer un encadrement de I.

Exercice 6

Pour $n \in \mathbb{N}$, on pose $u_n = \int_0^1 \frac{t^n}{1+t^2}\,\mathrm{d}t$.

1) Montrer que pour tout $n \in \mathbb{N}$, $0 \leqslant u_n \leqslant \frac{1}{n+1}$.

2) À l'aide d'une intégration par parties, montrer que pour tout $n \in \mathbb{N}$:

$$nu_n = \frac{n}{2(n+1)} + \frac{2n}{n+1}\int_0^1 \frac{t^{n+2}}{(1+t^2)^2}\mathrm{d}t.$$

3) Déterminer $\lim\limits_{n\to\infty} nu_n$ et en déduire un équivalent de u_n quand n tend vers l'infini.

Exercice 7

Pour $n \in \mathbb{N}$, on pose $I_n = \int_0^1 \frac{t^n}{1+t+t^2}\,\mathrm{d}t$.

1) Montrer que $(I_n)_{n\in\mathbb{N}}$ est décroissante.

2) Calculer $I_n + I_{n+1} + I_{n+2}$ en fonction de n.

3) Montrer que pour $n \geqslant 2$, $\frac{1}{n+1} \leqslant 3I_n \leqslant \frac{1}{n-1}$

4) En déduire la limite de nI_n quand n tend vers ∞ et en déduire un équivalent de I_n quand n tend vers l'infini.

Exercice 8 *Caractérisation des fonctions linéaires*

Soit f définie sur $\mathbb{R}$ à valeurs dans $\mathbb{C}$, continue en 0, telle que :

$$\forall x, y \in \mathbb{R}, \qquad f(x+y) = f(x) + f(y) \tag{$\star$}$$

On veut démontrer qu'il existe $a \in \mathbb{C}$ tel que $f : x \mapsto ax$.

1) Déterminer $f(0)$. Montrer que f est continue sur $\mathbb{R}$.

2) Montrer que, pour tout x réel :

$$\int_x^{x+1} f(u)\mathrm{d}u = f(x) + \int_0^1 f(y)\mathrm{d}y.$$

3) En déduire que f est dérivable sur $\mathbb{R}$ et que $f'(x) = f(1)$ pour tout x réel.
Conclure.

Exercice 9 ⋆ *Classique*

Pour $x \in]0,1[$, on pose $F(x) = \int_x^{x^2} \frac{1}{\ln(t)}\,\mathrm{d}t$ et $F(1) = \ln(2)$.

1) Montrer que F est de classe $\mathcal{C}^1$ sur $]0,1[$.
Pour $x \in]0,1[$, préciser le signe de $F'(x)$ et celui de $F(x)$.

2) Montrer que :

$$\forall t \in \left[\frac{1}{2}, 1\right[, \quad 0 \leqslant \frac{t-1}{t\ln(t)} \leqslant \frac{1}{t}.$$

En déduire que $\lim\limits_{x\to 1^-} \int_x^{x^2} \frac{t-1}{t\ln(t)}\,\mathrm{d}t = 0$.

3) Calculer pour $x \in]0,1[$, $\int_x^{x^2} \frac{1}{t\ln(t)}\,\mathrm{d}t$.

4) Montrer que F est continue en 1.

5) La fonction F est-elle de classe $\mathcal{C}^1$ sur $]0,1]$?

Exercices avec questions ouvertes

Exercice 10 ⋆⋆

Soit f une fonction continue sur un segment $[a,b]$ à valeurs réelles.
Donner une condition nécessaire et suffisante sur f pour que $\left|\int_a^b f(t)\,\mathrm{d}t\right| = \int_a^b |f(t)|\,\mathrm{d}t$.
Que devient cette condition pour f continue sur $[a,b]$ à valeurs complexes ?

Corrections

Exercices axés sur le calcul

Exercice 1

En écrivant $c_n = \frac{1}{n}\left(\frac{1}{1+\frac{1}{n}} + \frac{1}{1+\frac{2}{n}} + \cdots + \frac{1}{1+\frac{n}{n}}\right) = \frac{1}{n}\sum_{k=1}^{n}\frac{1}{1+\frac{k}{n}}$, on reconnaît une somme de Riemann pour la fonction $f : x \mapsto \frac{1}{1+x}$ pour la subdivision régulière de $[0,1]$ de pas $\frac{1}{n}$.
La fonction f étant continue sur $[0,1]$, $\lim\limits_{n\to\infty} c_n = \frac{1}{1-0}\int_0^1 \frac{1}{1+x}\,\mathrm{d}x = \big[\ln(1+x)\big]_0^1 = \ln(2)$.

Exercice 2

1) Comme produit d'une exponentielle et d'un polynôme, f_n est de classe $\mathcal{C}^2$ sur $\mathbb{R}$.
Pour $x \in \mathbb{R}$, on a $f_n'(x) = -\mathrm{e}^{-x}S_n(x) + \mathrm{e}^{-x}S_n'(x)$.
Or, en utilisant $\frac{k}{k!} = \frac{1}{(k-1)!}$, $S_n'(x) = 0 + 1 + \frac{x^1}{1!} + \frac{x^2}{2!} + \cdots + \frac{x^{n-1}}{(n-1)!} = S_{n-1}(x)$. Donc :

$$f_n'(x) = \mathrm{e}^{-x}\big(S_{n-1}(x) - S_n(x)\big) = -\frac{x^n}{n!}\mathrm{e}^{-x}.$$

On a ensuite $f_n''(x) = \frac{x^n}{n!}\mathrm{e}^{-x} - \frac{nx^{n-1}}{n!}\mathrm{e}^{-x} = \mathrm{e}^{-x}\frac{x^{n-1}}{n!}(x-n)$.

2) En appliquant la formule de Taylor avec reste intégral à l'ordre 1 à f_n sur $[n-1,n]$, on a :

$$f_n(n) = f_n(n-1) + f_n'(n-1)\big(n-(n-1)\big) + \int_{n-1}^{n}(n-t)f_n''(t)\,\mathrm{d}t.$$

Le reste intégral est égal à $-\int_{n-1}^{n}(n-t)^2\frac{t^n}{n!}\mathrm{e}^{-t}\,\mathrm{d}t$ d'après la question 1).
D'après la question 1), on a aussi $f_n'(n-1) = -\frac{(n-1)^n}{n!}\mathrm{e}^{-(n-1)}$. Donc :

$$f_n(n-1) + f_n'(n-1) = \mathrm{e}^{-(n-1)}\left(S_n(n-1) - \frac{(n-1)^n}{n!}\right) = \mathrm{e}^{-(n-1)}S_{n-1}(n-1).$$

D'où, pour tout $n \in \mathbb{N}^*$, $f_n(n-1) + f_n'(n-1) = f_{n-1}(n-1)$ et :

$$f_n(n) - f_{n-1}(n-1) = -\int_{n-1}^{n}(n-t)\mathrm{e}^{-t}\frac{t^n}{n!}\,\mathrm{d}t.$$

3) La fonction $t \mapsto (n-t)\mathrm{e}^{-t}t^n$ étant positive sur $[n-1,n]$, l'intégrale précédente est positive.
D'après la question précédente, la suite $\big(f_n(n)\big)_{n\in\mathbb{N}}$ est décroissante. Comme elle est minorée par 0, elle est convergente. Et sa limite appartient à $[0, f_1(1)] = [0, 2/\mathrm{e}]$.

Exercice 3

1) La fonction $f : t \mapsto \frac{1}{1+\cos^2(t)}$ est continue sur $\mathbb{R}$, comme inverse de fonction continue qui ne s'annule pas.
La fonction F est la primitive de f nulle en 0, en particulier F est de classe $\mathcal{C}^1$ sur $\mathbb{R}$.

2) Soit $x \in [0, \pi/2[$. Pour tout $t \in [0, x]$, $t \in [0, \pi/2[$, on peut poser $t = \arctan(u)$, avec $u \in [0, \tan(x)]$. On a $\mathrm{d}t = \frac{1}{1+u^2}\,\mathrm{d}u$ et $\cos^2(t) = \frac{1}{1+\tan^2(t)} = \frac{1}{1+u^2}$. Donc $\frac{1}{1+\cos^2(t)} = \frac{1+u^2}{2+u}$.
Donc $F(x) = \int_0^{\tan(x)} \frac{1}{2+u^2}\,\mathrm{d}u = \left[\frac{1}{\sqrt{2}} \arctan\left(\frac{u}{\sqrt{2}}\right)\right]_0^{\tan(x)} = \frac{1}{\sqrt{2}} \arctan\left(\frac{\tan(x)}{\sqrt{2}}\right)$.

3) La fonction F est en particulier continue sur $\mathbb{R}$, donc $F(\pi/2) = \lim_{x \to \pi/2} F(x)$.
Or, si $x \to \frac{\pi}{2}^-$ alors $\tan(x) \to +\infty$, donc $\arctan\left(\frac{\tan(x)}{\sqrt{2}}\right) \underset{x \to \frac{\pi}{2}}{\longrightarrow} \frac{\pi}{2}$, par composition de limites.
On en déduit $F\left(\frac{\pi}{2}\right) = \lim_{x \to \frac{\pi}{2}} F(x) = \frac{\pi}{2\sqrt{2}}$.
En remarquant que f est paire et π-périodique, on a :

$$\begin{aligned} F(\pi) &= \int_0^{\pi} f(t)\,\mathrm{d}t \\ &= \int_{-\pi/2}^{\pi/2} f(t)\,\mathrm{d}t && f \text{ est } \pi\text{-périodique} \\ &= 2\int_0^{\pi/2} f(t)\,\mathrm{d}t && f \text{ est paire} \\ &= \frac{\pi}{\sqrt{2}}. && \text{on reconnaît } F(\pi/2) \end{aligned}$$

Exercices axés sur le raisonnement

Exercice 4

Pour tout $t \in [0, 1]$:

$$f(t) = t \iff f(t) - t = 0.$$

Posons $g : t \mapsto f(t) - t$. Par linéarité

$$\int_0^1 g(t)\,\mathrm{d}t = \int_0^1 f(t)\,\mathrm{d}t - \int_0^1 t\,\mathrm{d}t = \frac{1}{2} - \left[\frac{1}{2}t^2\right]_0^1 = 0.$$

Donc g change de signe sur $[0, 1]$ et elle est continue sur $[0, 1]$ donc elle s'annule sur $[0, 1]$ d'après le théorème des valeurs intermédiaires.
Donc il y a au moins un $t \in [0, 1]$ tel que $f(t) = t$: f possède au moins un point fixe.

Exercice 5

1) Pour J on reconnaît une dérivée : $J = \left[-\sqrt{4-x^2}\right]_0^1 = 2 - \sqrt{3}$.

Avec le changement de variable $x = 2u$, on obtient $K = \int_0^{1/2} \frac{1}{\sqrt{1-u^2}}\,du = \arcsin\left(\frac{1}{2}\right) = \frac{\pi}{6}$.

2) On obtient le dessin suivant :

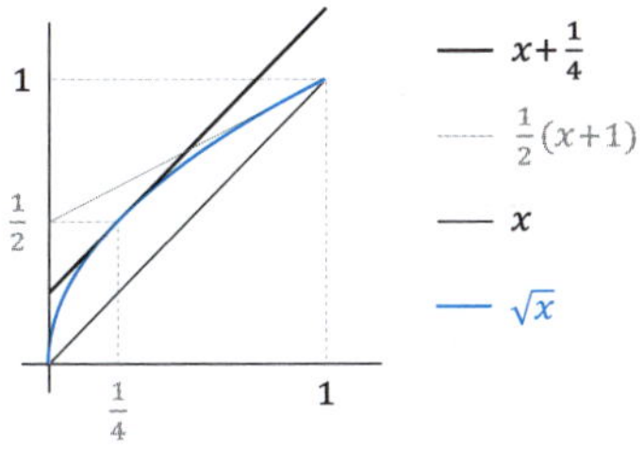

Pour $x \in [0,1]$, $x \leqslant \sqrt{x}$ est claire. $\sqrt{x} \leqslant \frac{1}{2}(x+1)$ est vraie, car $x+1-2\sqrt{x} = (\sqrt{x}-1)^2 \geqslant 0$.

Et $\sqrt{x} \leqslant x + \frac{1}{4}$ est vraie, car $x + \frac{1}{4} - \sqrt{x} = \left(\sqrt{x} - \frac{1}{2}\right)^2 \geqslant 0$.

Remarque

Les trois inégalités peuvent également être justifiées à l'aide de la concavité de la fonction racine carrée.

Les deux majorations de $\sqrt{x}$ sont des cas particuliers de $ab \leqslant \frac{1}{2}(a^2 + b^2)$.

3) • Minoration On a donc pour tout $x \in [0,1]$, $\frac{x}{\sqrt{4-x^2}} \leqslant \frac{\sqrt{x}}{\sqrt{4-x^2}}$. Donc $J \leqslant I$, par intégration.

• Majorations De $\frac{\sqrt{x}}{\sqrt{4-x^2}} \leqslant \frac{x+1/4}{\sqrt{4-x^2}}$, on obtient $I \leqslant \int_0^1 \frac{x+1/4}{\sqrt{4-x^2}}\,dx = J + \frac{1}{4}K$, par linéarité.

De $\sqrt{x} \leqslant \frac{1}{2}(x+1)$, on obtient une autre majoration de I : $I \leqslant \frac{1}{2}(J + K)$.

Remarque

Graphiquement, la majoration $\sqrt{x} \leqslant \frac{x+1}{2}$ semble meilleure. Avec une calculatrice, on obtient $J + \frac{1}{4}K \approx 0,399$ et $\frac{1}{2}(J+K) \approx 0,396$, ce qui confirme l'impression graphique.

Exercice 6

1) Pour $t \in [0,1]$, on a $0 \leqslant \frac{t^n}{1+t^2} \leqslant t^n$.

Les bornes étant dans le sens croissant, on a par intégration :

$$0 \leqslant u_n \leqslant \int_0^1 t^n \mathrm{d}t = \left[\frac{1}{n+1}t^{n+1}\right]_0^1 = \frac{1}{n+1}.$$

2) On pose $u(t) = \frac{1}{1+t^2}$ et $v(t) = \frac{1}{n+1}t^{n+1}$ pour que $v'(t) = t^n$. On a $u'(t) = -\frac{2t}{(1+t^2)^2}$ et $v'(t) = t^n$. Par intégration par parties, on a :

$$u_n = \int_0^1 u(t)v'(t)\,\mathrm{d}t = \left[\frac{1}{1+t^2}\cdot\frac{1}{n+1}t^{n+1}\right]_0^1 + \frac{2}{n+1}\int_0^1 t\frac{t}{(1+t^2)^2}\,\mathrm{d}t.$$

Ainsi on a effectivement : $nu_n = \frac{n}{2(n+1)} + \frac{2n}{n+1}\int_0^1 \frac{t^{n+2}}{(1+t^2)^2}\mathrm{d}t$.

3) On a facilement $\lim\limits_{n\to\infty} \frac{n}{2(n+1)} = \frac{1}{2}$ et $\lim\limits_{n\to\infty} \frac{2n}{n+1} = 2$.

Comme au 1), on a $0 \leqslant \int_0^1 \frac{t^{n+2}}{(1+t^2)^2}\mathrm{d}t \leqslant \frac{1}{n+3}$. Donc $\int_0^1 \frac{t^{n+2}}{(1+t^2)^2}\mathrm{d}t$ tend vers 0 par encadrement.

Donc $\lim\limits_{n\to\infty} nu_n = \frac{1}{2}$, puis $u_n \underset{n\to\infty}{\sim} \frac{1}{2n}$.

Exercice 7

1) Soit $n \in \mathbb{N}$. Pour $t \in [0,1]$, $t^{n+1} \leqslant t^n$, d'où $\frac{t^{n+1}}{1+t+t^2} \leqslant \frac{t^n}{1+t+t^2}$.

Les bornes étant dans le sens croissant, on obtient par intégration $I_{n+1} \leqslant I_n$.

Donc la suite $(I_n)_{n\in\mathbb{N}}$ est décroissante.

2) Soit $n \in \mathbb{N}$. Par linéarité de l'intégrale :

$$I_n + I_{n+1} + I_{n+2} = \int_0^1 \frac{t^n(1+t+t^2)}{1+t+t^2}\,\mathrm{d}t = \int_0^1 t^n\,\mathrm{d}t = \frac{1}{n+1}.$$

3) Soit $n \in \mathbb{N}$. La suite étant décroissante, on a $3I_{n+2} \leqslant I_n + I_{n+1} + I_{n+2} \leqslant 3I_n$.

D'après la question précédente, $\frac{1}{n+1} \leqslant 3I_n$.

Pour $n \geqslant 2$, on a également $3I_n \leqslant I_{n-2} + I_{n-1} + I_n = \frac{1}{n-1}$.

Donc $\frac{1}{n+1} \leqslant 3I_n \leqslant \frac{1}{n-1}$.

4) Comme $\lim\limits_{n\to\infty} \frac{n}{n+1} = 1$ et $\lim\limits_{n\to\infty} \frac{n}{n-1} = 1$, on a $nI_n \xrightarrow[n\to\infty]{} \frac{1}{3}$ par encadrement. Donc $I_n \underset{n}{\sim} \frac{1}{3n}$.

Exercice 8

1) En utilisant $x = 0$ et $y = 0$, on a $f(0) = f(0+0) = 2f(0)$, donc $f(0) = 0$.

Soit $x \in \mathbb{R}$. On a $f(x+y) = f(x) + f(y) \xrightarrow[y\to 0]{} f(x) + f(0)$, car f est continue en 0. Donc $f(x+y) \xrightarrow[y\to 0]{} f(x)$ et f est continue en x.

Donc f est continue sur $\mathbb{R}$.

2) Soit $x \in \mathbb{R}$. En intègrant $(\star)$ sur $[0,1]$ par rapport à y, On obtient :

$$\int_0^1 f(x+y)\,\mathrm{d}y = \int_0^1 \big(f(x) + f(y)\big)\,\mathrm{d}y = 1\cdot f(x) + \int_0^1 f(y)\,\mathrm{d}y.$$

Dans la première intégrale, on pose $u = x + y$ (changement affine) :
On a $du = dy$ et u varie de x à $x+1$, d'où $\int_0^1 f(x+y)\,dy = \int_x^{x+1} f(u)du$.
Finalement $\int_x^{x+1} f(u)du = f(x) + \int_0^1 f(y)dy$.

3) Notons F l'une des primitives de f.
Pour tout $x \in \mathbb{R}$, $f(x) = F(x+1) - F(x) - F(1) + F(0)$. Or, F est dérivable sur $\mathbb{R}$, donc f est dérivable sur $\mathbb{R}$ comme composée et somme de fonctions dérivables. Pour tout $x \in \mathbb{R}$:

$$f'(x) = 1 \cdot F'(x+1) - F'(x) + 0 = f(x+1) - f(x) = f(x) + f(1) - f(x) = f(1).$$

En notant $a = f(1)$, il existe $c \in \mathbb{C}$ tel que $f(x) = ax + c$, pour tout $x \in \mathbb{R}$.
Or, $f(0) = 0$, donc $c = 0$.
On a montré qu'il existe $a \in \mathbb{C}$ tel que $f : x \mapsto ax$.

Exercice 9

1) La fonction $1/\ln$ est continue sur $]0,1[$, notons ψ une de ses primitives.
Pour $x \in]0,1[$, on a $F(x) = \psi(x^2) - \psi(x)$.
Donc F est de classe $\mathcal{C}^1$ sur $]0,1[$, comme composée et somme de fonctions de classe $\mathcal{C}^1$.
Pour $x \in]0,1[$, on a :

$$\begin{aligned} F'(x) &= 2x\psi'(2x) - \psi(x) && \psi' = 1/\ln \\ &= \frac{2x}{\ln(x^2)} - \frac{1}{\ln(x)} && \ln(x^2) = 2\ln(x) \\ &= \frac{x-1}{\ln(x)}. \end{aligned}$$

Or, $x - 1 < 0$ et $\ln(x) < 0$, donc $F'(x) > 0$.
Pour $x \in]0,1[$, $x^2 < x$. On a $F(x) = -\int_x^{x^2} \frac{1}{\ln(t)}\,dt$. L'intégrande est négative sur l'intervalle $[x^2, x]$, donc l'intégrale est négative. D'où $F(x) \geqslant 0$.

2) On sait que $\ln(t) \leqslant t - 1$. Or, $\ln(t) < 0$, donc $\frac{t-1}{\ln(t)} \leqslant 1$. Donc, en multipliant par $1/t > 0$:

$$\forall t \in [1/2, 1[, \quad 0 \leqslant \frac{t-1}{t\ln(t)} \leqslant \frac{1}{t}.$$

En intégrant de x^2 à x, on obtient $0 \leqslant -F(x) \leqslant \int_{x^2}^x \frac{1}{t}\,dt = \ln(x) - \ln(x^2) = -\ln(x)$.
Comme $\lim\limits_{x\to 1} \ln(x) = 0$, on a $\lim\limits_{x\to 1^-} \int_x^{x^2} \frac{t-1}{t\ln(t)}\,dt = 0$ par encadrement.

3) Pour $x \in]0,1[$, on sait que $1/t = \ln'(t)$. D'où :

$$\begin{aligned} \int_x^{x^2} \frac{1}{t\ln(t)}\,dt &= \big[\ln(-\ln(t))\big]_x^{x^2} \\ &= \ln\big(-\ln(x^2)\big) - \ln\big(-\ln(x)\big) && \ln(x^2) = 2\ln(x) \\ &= \ln\big(-2\ln(x)\big) - \ln\big(-\ln(x)\big) && \ln\big(-2\ln(x)\big) = \ln(2) + \ln\big(-\ln(x)\big) \\ &= \ln(2). \end{aligned}$$

4) $F(x) - F(1) = F(x) - \ln(2) = \int_x^{x^2} \frac{1}{\ln(t)}\,\mathrm{d}t - \int_x^{x^2} \frac{1}{t\ln(t)}\,\mathrm{d}t = \int_x^{x^2} \frac{t-1}{t\ln(t)}\,\mathrm{d}t \underset{x\to 1^-}{\longrightarrow} 0.$
   Donc F est continue en 1.
5) $F'(x) = \frac{x-1}{\ln(x)} \underset{x\to 1^-}{\longrightarrow} 1$. Donc F est continue sur $]0,1]$, de classe $\mathcal{C}^1$ sur $]0,1[$ et F' a une limite réelle en 1, par conséquent F est de classe $\mathcal{C}^1$ sur $]0,1]$ d'après le cours.

Exercices avec questions ouvertes

Exercice 10

- Cas f à valeurs réelles

  Si f est à valeurs réelles, $\int_a^b f(t)\,\mathrm{d}t \in \mathbb{R}$ donc $\left|\int_a^b f(t)\,\mathrm{d}t\right| = \pm\int_a^b f(t)\,\mathrm{d}t$.

  Supposons $\int_a^b |f(t)|\,\mathrm{d}t = \int_a^b f(t)\,\mathrm{d}t$.

  On a alors $\int_a^b |f(t)| - f(t)\,\mathrm{d}t = 0$. Or $\varphi : t \mapsto |f(t)| - f(t)$ est positive sur $[a,b]$ (car $f \leqslant |f|$), continue sur $[a,b]$ et d'intégrale sur $[a,b]$ nulle donc φ est nulle sur $[a,b]$. Donc pour tout $t \in [a,b]$, $|f(t)| = f(t)$, f est positive sur $[a,b]$.

  Supposons $\int_a^b |f(t)|\,\mathrm{d}t = -\int_a^b f(t)\,\mathrm{d}t$.
  En utilisant le résultat précédent pour $-f$, on obtient f est négative sur $[a,b]$.

  Réciproquement : si f est positive sur $[a,b]$, $|f| = f$ donc $\int_a^b |f(t)|\,\mathrm{d}t = \int_a^b f(t)\,\mathrm{d}t \geqslant 0$, si f est négative sur $[a,b]$, $|f| = -f$ donc $\int_a^b |f(t)|\,\mathrm{d}t = \int_a^b -f(t) = -\int_a^b f(t)\,\mathrm{d}t \geqslant 0$.
  Dans les deux cas, $\left|\int_a^b f(t)\,\mathrm{d}t\right| = \int_a^b |f(t)|\,\mathrm{d}t$.

  On a ainsi démontré :

  $\left|\int_a^b f(t)\,\mathrm{d}t\right| = \int_a^b |f(t)|\,\mathrm{d}t$ si, et seulement si, f est de signe constant sur $[a,b]$.

- Cas f à valeurs complexes

  Si f est d'argument constant, c'est-à-dire s'il existe $\theta_0 \in \mathbb{R}$ tel que :

$$\forall t \in [a,b], \quad f(t) = \mathrm{e}^{\mathrm{i}\theta_0}\,|f(t)|,$$

  alors, par linéarité, $\int_a^b f(t)\,\mathrm{d}t = \mathrm{e}^{\mathrm{i}\theta_0}\int_a^b |f(t)|\,\mathrm{d}t$ donc $\left|\int_a^b f(t)\,\mathrm{d}t\right| = \int_a^b |f(t)|\,\mathrm{d}t$.

  Réciproquement, supposons $\left|\int_a^b f(t)\,\mathrm{d}t\right| = \int_a^b |f(t)|\,\mathrm{d}t$.

  Notons θ un argument du nombre complexe $\int_a^b f(t)\,\mathrm{d}t$.

  On a alors $\int_a^b f(t)\,\mathrm{d}t = \mathrm{e}^{\mathrm{i}\theta}\left|\int_a^b f(t)\,\mathrm{d}t\right| = \mathrm{e}^{\mathrm{i}\theta}\int_a^b |f(t)|\,\mathrm{d}t$ donc :

$$\int_a^b |f(t)|\,\mathrm{d}t = \mathrm{e}^{-\mathrm{i}\theta}\int_a^b f(t)\,\mathrm{d}t = \int_a^b \mathrm{e}^{-\mathrm{i}\theta} f(t)\,\mathrm{d}t.$$

  En notant u et v les parties réelle et imaginaire de $\mathrm{e}^{-\mathrm{i}\theta} f$, on a :

$$\int_a^b |f(t)|\,\mathrm{d}t = \int_a^b u(t)\,\mathrm{d}t + \mathrm{i}\int_a^b v(t)\,\mathrm{d}t.$$

Or $\int_a^b |f(t)|\,\mathrm{d}t$ est un réel, donc on a :

$$\int_a^b v(t)\,\mathrm{d}t = 0 \quad \text{et} \quad \int_a^b u(t)\,\mathrm{d}t = \int_a^b |f(t)|\,\mathrm{d}t.$$

Or $u(t) = \mathrm{Re}(\mathrm{e}^{-\mathrm{i}\theta} f(t))$ donc $|u(t)| \leqslant |\mathrm{e}^{-\mathrm{i}\theta} f(t)| = |f(t)|$, on en déduit :

$$\int_a^b u(t)\,\mathrm{d}t \leqslant \int_a^b |u(t)|\,\mathrm{d}t \leqslant \int_a^b |f(t)|\,\mathrm{d}t = \int_a^b u(t)\,\mathrm{d}t$$

Donc $\int_a^b u(t)\,\mathrm{d}t = \int_a^b |u(t)|\,\mathrm{d}t = \int_a^b |f(t)|\,\mathrm{d}t$.

Donc $\int_a^b |f(t)| - u(t)\,\mathrm{d}t = 0$.

La fonction $|f| - u$ étant continue et positive sur $[a,b]$ on en déduit qu'elle est nulle.

Finalement pour tout $t \in [a,b], u(t) = |f(t)|$ donc $v(t) = 0$ et $u(t) = \mathrm{e}^{-\mathrm{i}\theta} f(t)$:

$$\forall t \in [a,b], \quad f(t) = \mathrm{e}^{\mathrm{i}\theta}|f(t)|.$$

On a montré :

$\left|\int_a^b f(t)\,\mathrm{d}t\right| = \int_a^b |f(t)|\,\mathrm{d}t$ si, et seulement si, f est d'argument constant sur $[a,b]$.

« *Il y a les intégrales que l'on calcule…*
et celles que l'on encadre. »

Séries numériques 13

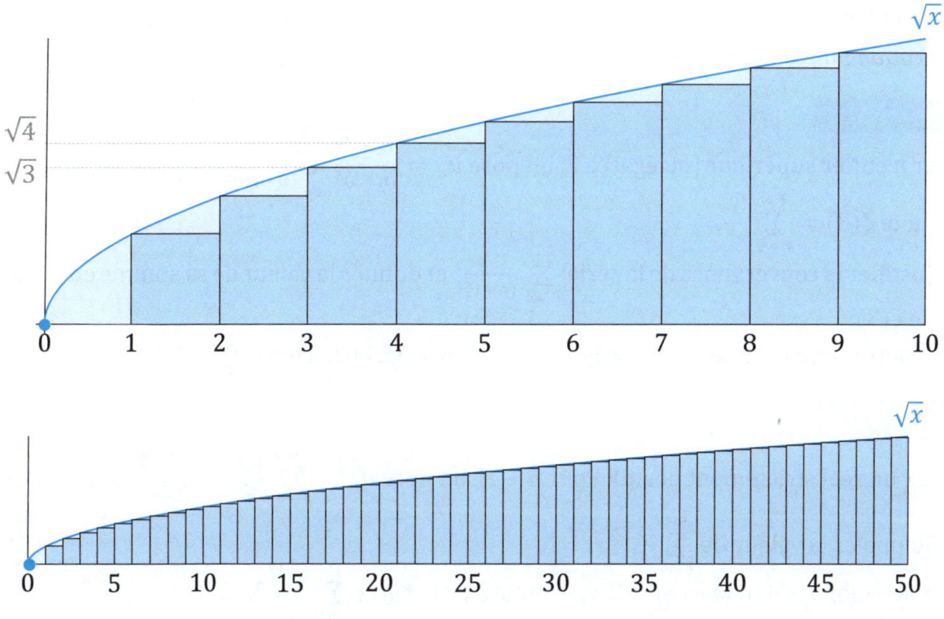

Dans l'exercice n° 8, on compare $\sum_{k=1}^{n} \sqrt{k}$ (en bleu foncé) avec $\int_0^n \sqrt{t}\,\mathrm{d}t$ (en bleu clair). Il s'agit d'un exemple classique de comparaison série-intégrale.

Exercices axés sur le calcul

Exercice 1

Vérifier l'existence et calculer les sommes suivantes :

1) $S_1 = \sum_{n=1}^{+\infty} \frac{1}{2^{n+1}}$ 2) $S_2 = \sum_{n=1}^{+\infty} \frac{1}{n(n+1)}$ 3) $S_3 = \sum_{n=1}^{+\infty} \frac{3n+2}{n(n+1)(n+2)}$.

Exercice 2

Soit $(u_n)_{n\in\mathbb{N}}$ une suite telle que $u_0 = 0, u_1 = 1$ et $u_{n+2} = \frac{5}{6}u_{n+1} - \frac{1}{6}u_n$ pour tout $n \in \mathbb{N}$.
Vérifier que la série $\sum_{n\geqslant 0} u_n$ converge et calculer sa somme.

Exercice 3 *Classique*

Justifier l'existence de $S_2 = \sum_{n=1}^{+\infty} \frac{(-1)^{n-1}}{n^2}$ et calculer sa valeur en admettant $S_1 = \sum_{n=1}^{+\infty} \frac{1}{n^2} = \frac{\pi^2}{6}$.
Indication : Introduire $S_1 - S_2$.

Exercice 4

Pour n entier supérieur (ou égal) à 2, on pose $u_n = \frac{1}{(n-1)^3} + \frac{1}{(n+1)^3} - 2\frac{1}{n^3}$.

On note $\zeta(3) = \sum_{n=1}^{+\infty} \frac{1}{n^3}$.

1) Justifier la convergence de la série $\sum_{n\geqslant 2} \frac{1}{(n+1)^3}$ et donner la valeur de sa somme en fonction de $\zeta(3)$.
2) Montrer que la série de terme général u_n converge et calculer $\sum_{n=2}^{+\infty} u_n$.

Exercice 5 ⋆

Soit x un réel strictement positif. Pour $n \in \mathbb{N}$, on pose $a_n = \sum_{k=0}^{n} \frac{1}{k!}$.

1) Rappeler la valeur de $\sum_{k=0}^{+\infty} \frac{1}{k!}$.
2) Déterminer, selon la valeur de x, la nature de la série $\sum_{n\geqslant 0} a_n x^n$.
3) En cas de convergence, calculer $(1-x)\left(\sum_{k=0}^{+\infty} a_k x^k\right)$ et en déduire la valeur de $\sum_{k=0}^{+\infty} a_k x^k$.

Exercice 6

1) Justifier la convergence de la série $\sum_{k\geqslant 0} \frac{(-1)^k}{2k+1}$.
2) Soit $n \in \mathbb{N}$. Calculer, pour $x \in [0,1]$, la somme $\sum_{k=0}^{n} (-1)^k x^{2k}$.
3) En intégrant l'égalité précédente entre 0 et 1, montrer que $\sum_{k=0}^{+\infty} \frac{(-1)^k}{2k+1} = \frac{\pi}{4}$.

Exercice 7

Pour n entier supérieur (ou égal) à 2, on pose :

$$u_n = \frac{1}{\sqrt{n-1}} - 2\frac{1}{\sqrt{n}} + \frac{1}{\sqrt{n+1}}.$$

1) Montrer que la série de terme général u_n converge .

2) Calculer $\sum_{n=2}^{+\infty} u_n$.

Exercice 8 *Comparaison série-intégrale*

Pour tout $n \geqslant 1$, on pose $S_n = \sum_{k=1}^{n} \sqrt{k}$.

1) Préciser la limite de S_n quand n tend vers l'infini.

2) Pour $k \geqslant 1$, comparer $\int_{k-1}^{k} \sqrt{t}\,\mathrm{d}t$, $\sqrt{k}$ et $\int_{k}^{k+1} \sqrt{t}\,\mathrm{d}t$.

3) En déduire un équivalent de S_n quand n tend vers l'infini.

Exercice 9 *Comparaison série-intégrale*

1) Montrer que la série $\sum_{n\geqslant 2} \frac{\ln(n)}{n^2}$ est convergente.

2) Pour $k \geqslant 3$, montrer que $\int_{k}^{k+1} \frac{\ln(t)}{t^2}\,\mathrm{d}t \leqslant \frac{\ln(k)}{k^2} \leqslant \int_{k-1}^{k} \frac{\ln(t)}{t^2}\,\mathrm{d}t$.

3) En déduire que pour n et p entiers tels que $p > n \leqslant 4$, on a :

$$\frac{\ln(n+1)}{(n+1)^2} + \frac{1}{n+1} - \frac{\ln(p+1)}{(p+1)^2} - \frac{1}{p+1} \leqslant \sum_{k=n+1}^{p} \frac{\ln(k)}{k^2} \leqslant \frac{\ln(n)}{n^2} + \frac{1}{n} - \frac{\ln(p)}{p^2} - \frac{1}{p}.$$

4) En déduire un équivalent du reste R_n quand n tend vers l'infini.

Exercice 10

Pour n et k dans $\mathbb{N}^*$, on pose :

$$u_{n,k} = \frac{1}{k}\left(\frac{k-1}{k}\right)^n - \frac{1}{k+1}\left(\frac{k}{k+1}\right)^n.$$

La famille $(u_{n,k})_{(n,k)\in\mathbb{N}^*\times\mathbb{N}^*}$ est-elle sommable ?
Indication : Calculer les sommes doubles.

Exercices axés sur le raisonnement

Exercice 11

Soit $\alpha \in \mathbb{R} \setminus \{0\}$. Pour $n \in \mathbb{N}^*$, on pose $u_n = \frac{1}{n^\alpha + \alpha^n}$.
Étudier la nature de la série de terme général u_n.

D'après Mines-Ponts PSI

Exercice 12

Pour $n \in \mathbb{N}$, on pose :

$$u_n = \frac{1! + 2! + \cdots + n!}{(n+1)!} \quad \text{et} \quad v_n = \frac{1! + 2! + \cdots + n!}{(n+2)!}.$$

Étudier la nature des séries numériques $\sum_{n\geqslant 0} u_n$ et $\sum_{n\geqslant 0} v_n$.

Exercice 13 ⋆

Pour $x > -1$ on envisage :

$$S(x) = \sum_{n=1}^{+\infty} \left(\frac{1}{n+x} - \frac{1}{n} \right).$$

1) Pour tout $x > -1$, vérifier que $S(x)$ existe.
2) Vérifier que S est monotone sur $]-1, +\infty[$.
3) Que vaut $S(0)$? $S(1)$? Plus généralement, que vaut $S(k)$ pour $k \in \mathbb{N}^*$?
4) Justifier que S admet une limite réelle ou infinie en $+\infty$ et montrer que $\lim_{+\infty} S = -\infty$.

Exercice 14

Soit $\theta \in]0, \pi[$.

1) Montrer qu'au moins une des deux séries $\sum_{n\geqslant 1} \frac{\sin(n\theta)}{n}$ ou $\sum_{n\geqslant 1} \frac{\cos(n\theta)}{n}$ n'est pas absolument convergente.
2) On suppose que la série $\sum_{n\geqslant 1} \frac{\sin(n\theta)}{n}$ est absolument convergente .
   a) Montrer que la série $\sum_{n\geqslant 1} \frac{\sin((n-1)\theta)}{n}$ est absolument convergente.
   b) Montrer que $\sum_{n\geqslant 1} \frac{\cos(n\theta)}{n}$ est aussi absolument convergente.
   c) Que peut-on en conclure ?

Exercice 15 *Classique*

Soit $(u_n)_{n\in\mathbb{N}^*}$ une suite réelle positive décroissante telle que la série $\sum_{n\geqslant 1} u_n$ converge.

1) Montrer que $nu_n \xrightarrow[n\to\infty]{} 0$.

   Indication : Considérer $\sum_{k=n+1}^{2n} u_k$.

2) Montrer que $\sum_{n=1}^{+\infty} n(u_n - u_{n+1})$ existe et est égale à $\sum_{n=1}^{+\infty} u_n$.

3) *Application*

   Montrer que $\sum_{n=1}^{+\infty} \frac{n(n-1)2^n}{(n+1)!} = e^2 - 1$.

Exercices avec questions ouvertes

Exercice 16

Soit $\sum_{n\geqslant 1} u_n$ et $\sum_{n\geqslant 1} v_n$ deux séries réelles convergentes.

1) En supposant que les deux séries sont à termes positifs, montrer que $\sum_{n\geqslant 1} \sqrt{u_n v_n}$ converge.

2) On suppose dans cette question que pour tout $n \in \mathbb{N}$, $u_n v_n \geqslant 0$.

   La série $\sum_{n\geqslant 0} \sqrt{u_n v_n}$ est-elle toujours convergente ?

D'après CCINP

Exercice 17

Soit $(u_n)_{n\in\mathbb{N}^*}$ une suite de nombres réels.

1) On suppose que pour tout $n \in \mathbb{N}^*, u_n > 0$.

   Les séries $\sum_{n\geqslant 1} u_n$ et $\sum_{n\geqslant 1} \ln(1+u_n)$ sont-elles de même nature ?

2) On suppose que pour tout $n \in \mathbb{N}^*, 1 + u_n > 0$.

   Les séries $\sum_{n\geqslant 1} u_n$ et $\sum_{n\geqslant 1} \ln(1+u_n)$ sont-elles de même nature ?

Corrections

Exercices axés sur le calcul

Exercice 1

1) On reconnaît une série géométrique de raison 1/2 donc convergente car $|1/2| < 1$.

Et on a $S_1 = \sum\limits_{n=1}^{+\infty} \frac{1}{2^{n+1}} = \frac{1}{4} \sum\limits_{n=1}^{+\infty} \frac{1}{2^{n-1}} = \frac{1}{4} \cdot \frac{1}{1-\frac{1}{2}} = \frac{1}{2}$.

2) Pour $n \in \mathbb{N}^*$, $0 \leqslant \frac{1}{n(n+1)} \leqslant \frac{1}{n^2}$. Donc $\sum\limits_{n\geqslant 1} \frac{1}{n(n+1)}$ converge par comparaison à la série de Riemann de paramètre 2.

La fraction rationnelle $F = \frac{1}{X(X+1)}$ a deux pôles simples 0 et -1. On sait qu'il existe a et $b \in \mathbb{R}$ tels que :

$$F = \frac{a}{X} + \frac{b}{X+1}$$

et que $a = \frac{1}{(0+1)} = 1$ et $b = \frac{1}{(-1)} = -1$. Donc :

$$\forall n \in \mathbb{N}^*, \quad \frac{1}{n(n+1)} = \frac{1}{n} - \frac{1}{n+1}.$$

On a ainsi une somme télescopique :

$$\sum_{n=1}^{p} \frac{1}{n(n+1)} = \sum_{n=1}^{p} \left(\frac{1}{n} - \frac{1}{n+1}\right) = \frac{1}{1} - \frac{1}{p+1} \xrightarrow[p\to\infty]{} 1.$$

Donc $S_2 = \sum\limits_{n=1}^{+\infty} \frac{1}{n(n+1)} = 1$.

3) • Convergence de la série

On a $\frac{3n+2}{n(n+1)(n+2)} \underset{n\to\infty}{\sim} \frac{3}{n^2} > 0$. La série $\sum\limits_{n\geqslant 1} \frac{3n+2}{n(n+1)(n+2)}$ converge d'après le critère des équivalents pour les séries à termes positifs.

• Décomposition de la fraction

La fraction rationnelle $F = \frac{3X+2}{X(X+1)(X+2)}$ a trois pôles simples 0, -1 et -2. On sait qu'il existe a, b et $c \in \mathbb{R}$ tels que :

$$F = \frac{a}{X} + \frac{b}{X+1} + \frac{c}{X+2}$$

et que $a = \frac{0+2}{(0+1)(0+2)} = 1$, $b = \frac{-3+2}{(-1)(-1+2)} = 1$ et $c = \frac{-6+4}{(-2)(-2+1)} = -2$. Donc :

$$\forall n \in \mathbb{N}^*, \quad \frac{3n+2}{n(n+1)(n+2)} = \frac{1}{n} + \frac{1}{n+1} - \frac{2}{n+2}.$$

• Calcul de la somme

Soit $p \in \mathbb{N}$. On calcule la somme partielle au rang p :

$$\begin{aligned}
\sum_{n=1}^{p} u_n &= \sum_{n=1}^{p} \left(\frac{1}{n} + \frac{1}{n+1} - \frac{2}{n+2}\right) && \text{linéarité}\\
&= \sum_{n=1}^{p} \frac{1}{n} + \sum_{n=1}^{p} \frac{1}{n+1} - 2\sum_{n=1}^{p} \frac{1}{n+2} && \text{changement d'indices}\\
&= \sum_{n=1}^{p} \frac{1}{n} + \sum_{n=2}^{p+1} \frac{1}{n} - 2\sum_{n=3}^{p+2} \frac{1}{n} && \text{les termes s'éliminent}\\
&= \frac{1}{1} + \frac{1}{2} + \frac{1}{2} + \frac{1}{p+1} - 2\left(\frac{1}{p+1} + \frac{1}{p+2}\right)\\
&= 2 - \frac{1}{p+1} - \frac{2}{p+2}.
\end{aligned}$$

En faisant tendre p vers l'infini on obtient :

$$\sum_{n=0}^{+\infty} \frac{3n+2}{n(n+1)(n+2)} = 2.$$

Exercice 2

Il s'agit une suite linéaire récurrente d'ordre 2 d'équation caractéristique $q^2 = \frac{5}{6}q - \frac{1}{6}$. Le discriminant du trinôme $X^2 - \frac{5}{6}X = \frac{1}{6}$ vaut $\frac{25}{36} - \frac{4}{6} = \frac{1}{36}$. Le trinôme a deux racines réelles qui sont $\frac{\frac{5}{6}-\frac{1}{6}}{2} = \frac{1}{3}$ et $\frac{\frac{5}{6}+\frac{1}{6}}{2} = \frac{1}{2}$. Il existe deux réels a et b tels que $u_n = a\frac{1}{3^n} + b\frac{1}{2^n}$ pour tout $n \in \mathbb{N}$. De plus $u_0 = 0$ et $u_1 = 1$. Or :

$$\begin{cases} a + b = 0 \\ \frac{1}{3}a + \frac{1}{2}b = 1 \end{cases} \underset{L_2 \leftarrow 3L_2 - L_1}{\Longleftrightarrow} \begin{cases} a + b = 0 \\ \frac{1}{2}b = 3 \end{cases} \Longleftrightarrow \begin{cases} a = -6 \\ b = 6 \end{cases},$$

donc $u_n = -6\frac{1}{3^n} + 6\frac{1}{2^n}$ pour tout $n \in \mathbb{N}$.

Puisque $1/3$ et $1/2$ appartiennent à $]-1, 1[$, on a une combinaison linéaire de deux séries géométriques convergentes. Donc la série $\sum_{n\geqslant 0} u_n$ converge et :

$$\sum_{n=0}^{+\infty} u_n = -6\sum_{n=0}^{+\infty} \frac{1}{3^n} + 6\sum_{n=0}^{+\infty} \frac{1}{2^n} = -6\frac{1}{1-\frac{1}{3}} + 6\frac{1}{1-\frac{1}{2}} = -9 + 12 = 3.$$

Exercice 3

• Existence de S_2

La série $\sum_{n\geqslant 1} \frac{(-1)^{n-1}}{n^2}$ est absolument convergente donc convergente.

• Valeur de S_2

On a par linéarité :

$$\begin{aligned} S_1 - S_2 &= \sum_{n=1}^{+\infty} \frac{1+(-1)^{n-1}}{n^2} \\ &= 0 + \sum_{k=1}^{+\infty} \frac{2}{(2k)^2} \\ &= \frac{1}{2} S_1. \end{aligned}$$

$1-(-1)^{n-1} = 2$ si n est pair
$1-(-1)^{n-1} = 0$ si n est impair

l'indice est muet

En conclusion, $S_2 = \frac{1}{2} S_1 = \frac{\pi^2}{12}$.

Exercice 4

1) On a $\frac{1}{(n+1)^3} \underset{n\to\infty}{\sim} \frac{1}{n^3}$. La série de Riemann $\sum \frac{1}{n^3}$ converge et le terme général est positif, donc $\sum_{n\geqslant 2} \frac{1}{(n+1)^3}$ converge également.

   Par changement d'indice, $\sum_{n=2}^{+\infty} \frac{1}{(n+1)^3} = \sum_{k=3}^{+\infty} \frac{1}{k^3} = \zeta(3) - 1 - \frac{1}{2^3} = \zeta(3) - \frac{9}{8}$.

2) De même $\sum_{n\geqslant 2} \frac{1}{(n-1)^3}$ converge et $\sum_{n=2}^{+\infty} \frac{1}{(n-1)^3} = \sum_{k=1}^{+\infty} \frac{1}{k^3} = \zeta(3)$.

   Par combinaison linéaire de séries convergentes, $\sum_{n\geqslant 2} u_n$ converge et :

$$\begin{aligned} \sum_{n=2}^{+\infty} u_n &= \sum_{n=2}^{+\infty} \frac{1}{(n+1)^3} + \sum_{n=2}^{+\infty} \frac{1}{(n-1)^3} - 2 \sum_{n=2}^{+\infty} \frac{1}{n^3} \\ &= \zeta(3) - \frac{9}{8} + \zeta(3) - 2\big(\zeta(3) - 1\big) \\ &= \frac{7}{8}. \end{aligned}$$

$2 - \frac{9}{8} = \frac{7}{8}$

Exercice 5

1) On sait que $\sum_{k=0}^{+\infty} \frac{1}{k!} = \exp(1) = \mathrm{e}$.

2) Puisque $a_n \xrightarrow[n\to\infty]{} \mathrm{e}$, on a $a_n x^n \underset{n\to\infty}{=} O\big(|x|^n\big)$.

   Si $|x| < 1$, la convergence de $\sum_{n\geqslant 0} |x|^n$ entraîne l'absolue convergence de $\sum_{n\geqslant 0} a_n x^n$. Donc $\sum_{n\geqslant 0} a_n x^n$ converge.

   Si $|x| \geqslant 1$, on a $|a_n x^n| \geqslant a_n$. La série $\sum_{n\geqslant 0} a_n x^n$ est divergente car son terme général ne tend pas vers 0.

3) Soit $|x| < 1$. On a :

$$\begin{aligned}(1-x)\left(\sum_{k=0}^{+\infty} a_k x^k\right) &= \sum_{k=0}^{+\infty} a_k x^k(1-x) && x^k(1-x) = x^k - x^{k+1}\\ &= \sum_{k=0}^{+\infty} a_k x^k - \sum_{k=0}^{+\infty} a_k x^{k+1} && \text{on réindexe la seconde somme}\\ &= \sum_{k=0}^{+\infty} a_k x^k - \sum_{k=1}^{+\infty} a_{k-1} x^k && \text{par linéarité}\\ &= a_0 + \sum_{k=1}^{+\infty} (a_k - a_{k-1})x^k && a_0 = 1,\, a_k - a_{k-1} = \tfrac{1}{k!}\\ &= 1 + \sum_{k=1}^{+\infty} \frac{1}{k!}x^k && \sum_{k=0}^{+\infty} \tfrac{x^k}{k!} = \exp(x)\\ &= \mathrm{e}^x.\end{aligned}$$

En conclusion :

$$\forall x \in]-1,1[, \quad \sum_{k=0}^{+\infty} a_k x^k = \frac{\mathrm{e}^x}{1-x}.$$

Exercice 6

1) On pose $u_k = \frac{1}{2k+1}$, pour tout $k \in \mathbb{N}$.
La suite $(u_k)_{n\in\mathbb{N}}$ est une suite réelle positive décroissante de limite nulle.
Donc la série alternée $\sum_{k\geqslant 0} \frac{(-1)^k}{2k+1}$ est convergente.

2) Soient $n \in \mathbb{N}$ et $x \in [0,1]$. En reconnaissant une suite de termes d'une suite géométrique de raison $-x^2$ (donc différente de 1), on a $\sum_{k=0}^{n} (-1)^k x^{2k} = \frac{1-(-x^2)^{n+1}}{1+x^2}$.

3) En intégrant l'égalité précédente sur $[0,1]$, on obtient :

$$\int_0^1 \sum_{k=0}^{n} (-1)^k x^{2k}\,\mathrm{d}x = \int_0^1 \frac{1-(-x^2)^{n+1}}{1+x^2}\,\mathrm{d}x.$$

D'une part, par linéarité on a $\int_0^1 \sum_{k=0}^{n} (-1)^k x^{2k}\,\mathrm{d}x = \sum_{k=0}^{n} \int_0^1 \sum_{k=0}^{n} (-1)^k x^{2k}\,\mathrm{d}x = \sum_{k=0}^{n} (-1)^k \frac{1}{2k+1}$.
D'autre part, on a $\int_0^1 \frac{1-(-x^2)^{n+1}}{1+x^2}\,\mathrm{d}x = \int_0^1 \frac{1}{1+x^2}\,\mathrm{d}x + (-1)^n \int_0^1 \frac{x^{2n+2}}{1+x^2}\,\mathrm{d}x$.
La première intégrale
Compte tenu de ces résultats, on a $\left|\frac{\pi}{4} - \sum_{k=0}^{n} \frac{(-1)^k}{2k+1}\right| \leqslant \frac{1}{2n+3}$ pour tout $n \in \mathbb{N}$.

En passant à la limite dans l'inégalité (la série converge), on a $\left|\frac{\pi}{4} - \sum_{k=0}^{+\infty} \frac{(-1)^k}{2k+1}\right| \leqslant 0$.

Donc $\sum_{k=0}^{+\infty} \frac{(-1)^k}{2k+1} = \frac{\pi}{4}$.

Exercice 7

1) Les trois quotients sont équivalents à $1/\sqrt{n}$, on commence par factoriser par $1/\sqrt{n}$:

$$u_n = \frac{1}{\sqrt{n}}\left(\left(1-\frac{1}{n}\right)^{-1/2} - 2 + \left(1+\frac{1}{n}\right)^{-1/2}\right).$$

En utilisant $(1+u)^{-1/2} \underset{u\to 0}{=} 1 - \frac{1}{2}u + \frac{3}{8}u^2 + o(u^2)$, on obtient :

$$\left(1-\frac{1}{n}\right)^{-1/2} \underset{n\to\infty}{=} 1 - \frac{1}{2}\cdot\frac{1}{n} + \frac{3}{8}\cdot\frac{1}{n^2} + o\left(\frac{1}{n^2}\right)$$

$$\left(1+\frac{1}{n}\right)^{-1/2} \underset{n\to\infty}{=} 1 + \frac{1}{2}\cdot\frac{1}{n} + \frac{3}{8}\cdot\frac{1}{n^2} + o\left(\frac{1}{n^2}\right)$$

Donc $\left(1-\frac{1}{n}\right)^{-1/2} - 2 + \left(1+\frac{1}{n}\right)^{-1/2} = \frac{3}{4}\cdot\frac{1}{n^2} + o\left(\frac{1}{n^2}\right)$. D'où :

$$u_n \underset{n\to\infty}{\sim} \frac{1}{\sqrt{n}}\cdot\frac{3}{4}\cdot\frac{1}{n^2} = \frac{3}{4}\cdot\frac{1}{n^{5/2}}.$$

La série de Riemann $\sum \frac{1}{n^{5/2}}$ converge. Comme les termes généraux sont positifs, la série de terme général u_n converge d'après l'équivalent obtenu.

Remarque

En écrivant $u_n = \frac{1}{\sqrt{n-1}} - \frac{1}{\sqrt{n}} + \frac{1}{\sqrt{n+1}} - \frac{1}{\sqrt{n}}$, on peut faire apparaître des séries télescopiques et obtenir ainsi la convergence de la série $\sum\limits_{n\geqslant 2} u_n$.

2) • Première méthode (par les sommes partielles)

$$\begin{aligned} S_n &= u_2 + u_3 + \cdots + u_{n-1} + u_n \\ &= 1 - 2\frac{1}{\sqrt{2}} + \frac{1}{\sqrt{3}} + \frac{1}{\sqrt{2}} - 2\frac{1}{\sqrt{3}} + \cdots + \frac{1}{\sqrt{n-2}} - 2\frac{1}{\sqrt{n-1}} + \frac{1}{\sqrt{n}} + \frac{1}{\sqrt{n-1}} - 2\frac{1}{\sqrt{n}} + \frac{1}{\sqrt{n+1}} \\ &= 1 - \frac{1}{\sqrt{2}} + \frac{1}{\sqrt{n+1}} - \frac{1}{\sqrt{n}}. \end{aligned}$$

On en déduit que $\sum\limits_{n=2}^{+\infty} u_n = \lim\limits_{n\to\infty} S_n = 1 - \frac{1}{\sqrt{2}}$

• Deuxième méthode (par des séries télescopiques)

Comme $\frac{1}{\sqrt{n}} \xrightarrow[n\to\infty]{} 0$, on a $\sum\limits_{n=2}^{+\infty}\left(\frac{1}{\sqrt{n-1}} - \frac{1}{\sqrt{n}}\right) = \frac{1}{\sqrt{1}} - 0 = 1.$

De même $\sum\limits_{n=2}^{+\infty}\left(\frac{1}{\sqrt{n+1}} - \frac{1}{\sqrt{n}}\right) = 0 - \frac{1}{\sqrt{2}}.$

Par addition, on en déduit $\sum\limits_{n=2}^{+\infty} u_n = \sum\limits_{n=2}^{+\infty}\left(\frac{1}{\sqrt{n-1}} - \frac{1}{\sqrt{n}} + \frac{1}{\sqrt{n+1}} - \frac{1}{\sqrt{n}}\right) = 1 - \frac{1}{\sqrt{2}}.$

Exercice 8

1) On a $S_n \geqslant \sqrt{n}$, donc $\lim\limits_{n\to\infty} S_n = +\infty$ par minoration.

2) Soit $k \geqslant 1$. La fonction $t \mapsto \sqrt{t}$ étant croissante sur $[k, k+1]$, on a :

$$\forall t \in [k, k+1], \quad \sqrt{k} \leqslant \sqrt{t}.$$

Les bornes étant dans le sens croissant, on obtient $\sqrt{k} = \int_k^{k+1} \sqrt{k}\,\mathrm{d}t \leqslant \int_k^{k+1} \sqrt{t}\,\mathrm{d}t$.
De même, pour $t \in [k-1, k]$, $\sqrt{t} \leqslant \sqrt{k}$, puis $\int_{k-1}^{k} \sqrt{t}\,\mathrm{d}t \leqslant \sqrt{k}$.

3) En sommant les inégalités précédentes pour $k \in [\![1, n]\!]$, on obtient :

$$\sum_{k=1}^{n} \int_{k-1}^{k} \sqrt{t}\,\mathrm{d}t \leqslant \sum_{k=1}^{n} \sqrt{k} \leqslant \sum_{k=1}^{n} \int_{k}^{k+1} \sqrt{k}\,\mathrm{d}t.$$

Par la relation de Chasles, $\sum\limits_{k=1}^{n} \int_{k-1}^{k} \sqrt{t}\,\mathrm{d}t = \int_0^n \sqrt{t}\,\mathrm{d}t = \left[\frac{2}{3}t^{3/2}\right]_0^n = \frac{2}{3}n^{3/2}$.
De même, $\sum\limits_{k=1}^{n} \int_{k}^{k+1} \sqrt{t}\,\mathrm{d}t = \int_0^n \sqrt{t}\,\mathrm{d}t = \left[\frac{2}{3}t^{3/2}\right]_1^{n+1} = \frac{2}{3}(n+1)^{3/2} - \frac{2}{3}$.
Donc $\frac{2}{3}n^{3/2} \leqslant S_n \leqslant \frac{2}{3}(n+1)^{3/2} - \frac{2}{3}$.
Puisque $\left(\frac{2}{3}(n+1)^{3/2} - \frac{2}{3}\right) \underset{n\to\infty}{\sim} \frac{2}{3}(n+1)^{3/2} \underset{n\to\infty}{\sim} \frac{2}{3}n^{3/2}$, on a $S_n \underset{n\to\infty}{\sim} \frac{2}{3}n^{3/2}$ par encadrement.

Exercice 9

1) L'encadrement $\frac{1}{n^2} \leqslant \frac{\ln(n)}{n^2} \leqslant \frac{1}{n}$ ne permet pas de conclure, mais $n^{\frac{3}{2}}\frac{\ln(n)}{n^2} = \frac{\ln(n)}{n^{1/2}} \xrightarrow[n\to\infty]{} 0$.
D'où $\frac{\ln(n)}{n^2} \underset{n\to\infty}{=} o\left(\frac{1}{n^{3/2}}\right)$. Comme $3/2 > 1$, la série de Riemann de paramètre $3/2$ est convergente. Donc a série $\sum\limits_{n\geqslant 2} \frac{\ln(n)}{n^2}$ est convergente.

2) Notons $\varphi : t \mapsto \frac{\ln(t)}{t^2}$. On a $\varphi'(t) = \frac{1}{t^3} - 2\frac{\ln(t)}{t^3} = \frac{1-2\ln(t)}{t^3}$. Donc φ est décroissante sur $[\mathrm{e}^{1/2}, +\infty[$. Comme $\mathrm{e} \leqslant 2 \leqslant 4$, $\mathrm{e}^{1/2} \leqslant 2$. Donc φ est décroissante sur $[2, +\infty[$.
Soit $k \geqslant 3$. La fonction φ étant décroissante sur $[k-1, k]$, on a :

$$\forall t \in [k-1, k], \quad \varphi(k) \leqslant \varphi(t).$$

Les bornes étant dans le sens croissant, on obtient $\frac{\ln(k)}{k^2} = \int_{k-1}^{k} \frac{\ln(k)}{k^2}\,\mathrm{d}t \leqslant \int_{k-1}^{k} \frac{\ln(t)}{t^2}\,\mathrm{d}t$.
De même, pour $t \in [k, k+1]$, $\varphi(t) \leqslant \varphi(k)$, puis $\int_k^{k+1} \frac{\ln(t)}{t^2}\,\mathrm{d}t \leqslant \frac{\ln(k)}{k^2}$.

3) En sommant les inégalités précédentes pour $k \in [\![n+1, p]\!]$, on obtient :

$$\sum_{k=n+1}^{p} \int_{k}^{k+1} \frac{\ln(t)}{t^2}\,\mathrm{d}t \leqslant \sum_{k=n+1}^{p} \frac{\ln(k)}{k^2} \leqslant \sum_{k=n+1}^{p} \int_{k-1}^{k} \frac{\ln(t)}{t^2}\,\mathrm{d}t.$$

Par la relation de Chasles, $\sum_{k=n+1}^{p} \int_k^{k+1} \frac{\ln(t)}{t^2}\,\mathrm{d}t = \int_{n+1}^{p+1} \frac{\ln(t)}{t^2}\,\mathrm{d}t$.

L'intégrale se calcule par intégration par parties :

$$\begin{aligned}\int_{n+1}^{p+1} \frac{\ln(t)}{t^2}\,\mathrm{d}t &= \int_{n+1}^{p+1} \ln(t)\frac{1}{t^2}\,\mathrm{d}t \\ &= \left[-\frac{\ln(t)}{t}\right]_{n+1}^{p+1} + \int_{n+1}^{p+1} \frac{1}{t^2}\,\mathrm{d}t \\ &= \frac{\ln(n+1)}{(n+1)^2} - \frac{\ln(p+1)}{(p+1)^2} + \left[-\frac{1}{t}\right]_{n+1}^{p+1} \\ &= \frac{\ln(n+1)}{(n+1)^2} - \frac{\ln(p+1)}{(p+1)^2} + \frac{1}{n+1} - \frac{1}{p+1}.\end{aligned}$$

$u(t) = \ln(t), u'(t) = 1/t$
$v'(t) = 1/t^2, v(t) = -1/t$

l'intégrale se calcule

De même, $\sum_{k=n+1}^{p} \int_{k-1}^{k} \frac{\ln(t)}{t^2}\,dt = \int_n^p \frac{\ln(t)}{t^2}\,dt = \frac{\ln(n)}{n^2} + \frac{1}{n} - \frac{\ln(p)}{p^2} - \frac{1}{p}$.

Cela montre l'encadrement souhaité.

4) En passant à la limite dans l'encadrement précédent quand p tend vers l'infini, on a :

$$\frac{\ln(n+1)}{(n+1)^2} + \frac{1}{n+1} \leqslant \sum_{k=n+1}^{+\infty} \frac{\ln(k)}{k^2} \leqslant \frac{\ln(n)}{n^2} + \frac{1}{n}.$$

On reconnaît le reste de la série au rang n : $R_n = S - S_n = \sum_{k=n+1}^{+\infty} \frac{\ln(k)}{k^2}$.

Or, $\frac{\ln(n)}{n^2} = \frac{\ln(n)}{n} \cdot \frac{1}{n} \underset{n\to\infty}{=} o\left(\frac{1}{n}\right)$, donc $\left(\frac{\ln(n)}{n^2} + \frac{1}{n}\right) \underset{n\to\infty}{\sim} \frac{1}{n}$.

D'où $\left(\frac{\ln(n+1)}{(n+1)^2} + \frac{1}{n+1}\right) \underset{n\to\infty}{\sim} \frac{1}{n+1} \underset{n\to\infty}{\sim} \frac{1}{n}$.

Donc $R_n \underset{n\to\infty}{\sim} \frac{1}{n}$ par encadrement.

Exercice 10

• Premier calcul

On repère une expression télescopique (par rapport à k). Pour $n \in \mathbb{N}^*$, on a :

$$\sum_{k=1}^{+\infty} u_{n,k} = \frac{1}{1}\left(\frac{1-1}{1}\right)^n - \lim_{k\to\infty} \frac{1}{k+1}\left(\frac{k}{k+1}\right)^n = 0,$$

car $\frac{k}{k+1} \in]-1, 1[$. D'où $\sum_{n=1}^{+\infty}\left(\sum_{k=1}^{+\infty} u_{n,k}\right) = 0$.

• Second calcul

Pour $k \in \mathbb{N}^*$, on a des suites géométriques de raison $\frac{k-1}{k}$ et $\frac{k}{k+1}$. Ces deux raisons appartenant à $]-1, 1[$, on a :

$$\begin{aligned}\sum_{n=1}^{+\infty} u_{n,k} &= \frac{1}{k}\sum_{n=1}^{+\infty}\left(\frac{k-1}{k}\right)^n - \frac{1}{k+1}\sum_{n=1}^{+\infty}\left(\frac{k}{k+1}\right)^n \\ &= \frac{1}{k} \cdot \frac{\frac{k-1}{k}}{1-\frac{k-1}{k}} - \frac{1}{k+1} \cdot \frac{\frac{k}{k+1}}{1-\frac{k}{k+1}} \\ &= \frac{k-1}{k} - \frac{k}{k+1}.\end{aligned}$$

$\sum_{n=1}^{+\infty} q^n = \frac{q}{1-q}$

D'où, par télescopage, $\sum_{k=1}^{+\infty}\left(\sum_{n=1}^{+\infty} u_{n,k}\right) = 0 - \lim_{k\to\infty} \frac{k}{k+1} = -1.$

• Conclusion

Comme $\sum_{k=1}^{+\infty}\left(\sum_{n=1}^{+\infty} u_{n,k}\right) \neq \sum_{n=1}^{+\infty}\left(\sum_{k=1}^{+\infty} u_{n,k}\right)$, la famille n'est pas sommable.

Exercices axés sur le raisonnement

Exercice 11

On envisage différents cas pour déterminer un équivalent simple de u_n.

- Si $|\alpha| > 1, n^\alpha \underset{n\to\infty}{=} o(\alpha^n)$ donc $u_n \underset{n\to\infty}{\sim} \frac{1}{\alpha^n}$.
  Comme $q = \frac{1}{|\alpha|} < 1$, la série géométrique $\sum_{n\geqslant 1} q^n$ converge. On a $|u_n| \underset{n\to\infty}{\sim} \frac{1}{|\alpha|^n}$.
  D'après le critère des équivalents pour les séries à termes positifs, $\sum_{n\geqslant 1} u_n$ est absolument convergente. D'où $\sum_{n\geqslant 1} u_n$ est convergente.
- Si $|\alpha| < 1, \alpha^n \underset{n\to\infty}{=} o(n^\alpha)$ donc $u_n \underset{n\to\infty}{\sim} \frac{1}{n^\alpha}$.
  Comme $\alpha < 1$, la série de Riemann de paramètre α diverge. D'où $\sum_{n\geqslant 1} u_n$ est divergente.
- Si $\alpha = 1$, on a $u_n = \frac{1}{n+1}$ et on sait que $\sum_{n\geqslant 1} u_n$ diverge (série harmonique).
- Si $\alpha = -1$, $u_n = \frac{1}{n^{-1}+(-1)^n} \underset{n\to\infty}{\sim} n$. Donc la série $\sum_{n\geqslant 1} u_n$ diverge grossièrement (le terme général ne tend pas vers 0).

Exercice 12

On a $u_n \geqslant \frac{n!}{(n+1)!} = \frac{1}{n+1} > 0$. Or, $\sum_{n\geqslant 0} \frac{1}{n+1}$ diverge (série harmonique), donc $\sum_{n\geqslant 0} u_n$ diverge par comparaison.

L'encadrement $\frac{n!}{(n+2)!} \leqslant v_n \leqslant \frac{n!n}{(n+2)!}$ ne permettant pas de conclure, on a, en isolant le plus grand terme du numérateur :

$$\begin{aligned} v_n &= \frac{1!+2!+\cdots+(n-1)!}{(n+2)!} + \frac{n!}{(n+2)!} \\ &\leqslant \frac{(n-1)!(n-1)}{(n+2)!} + \frac{n!}{(n+2)!} \\ &= \frac{(n-1)}{(n+2)(n+1)n} + \frac{1}{(n+2)(n+1)} \\ &\leqslant \frac{2}{(n+2)(n+1)}. \end{aligned}$$

les $n-1$ termes sont inférieurs à $(n-1)!$

on simplifie les factorielles

Finalement $0 \leqslant v_n \leqslant \frac{2}{n^2}$ et $\sum_{n\geqslant 0} v_n$ converge par comparaison à la série de Riemann de paramètre 2.

Exercice 13

1) Soit $x > -1$. Pour tout $n \in \mathbb{N}^*$, $n + x \neq 0$ et $\frac{1}{n+x} - \frac{1}{n} = \frac{-x}{n(n+x)}$.
Donc $\frac{1}{n+x} - \frac{1}{n} \underset{n\to\infty}{=} O\left(\frac{1}{n^2}\right)$. La série $\sum\limits_{n\geqslant 1}\left(\frac{1}{n+x} - \frac{1}{n}\right)$ est absolument convergente (par comparaison), donc convergente.

2) Soient x et y dans $]-1, +\infty[$ tels que $x < y$.
Pour tout $n \in \mathbb{N}^*$, on a $\frac{1}{n+x} - \frac{1}{n} > \frac{1}{n+y} - \frac{1}{n}$.
En sommant ces inégalités pour $n \in \mathbb{N}^*$, on a $S(x) \geqslant S(y)$.
Donc S est décroissante sur $]-1, +\infty[$.

3) On a clairement $S(0) = 0$. Et $S(1) = \sum\limits_{n=1}^{+\infty}\left(\frac{1}{n+1} - \frac{1}{n}\right) = 0 - 1$ par télescopage.
Soit $k \in \mathbb{N}^*$. Notons $u_n = \frac{1}{n+k} - \frac{1}{n}$.
Le premier terme de la série est $u_0 = \frac{1}{k+1} - \frac{1}{1}$. Les termes vont se simplifier à partir de $u_{k+1} = \frac{1}{k+1+k} - \frac{1}{k+1}$. Donc $S(k) = -\frac{1}{k} - \frac{1}{k-1} - \cdots - 1 = -\sum\limits_{m=1}^{k}\frac{1}{m}$.

4) Puisque S est décroissante sur $]-1, +\infty[$, $\lim\limits_{+\infty} S$ existe dans $\mathbb{R} \cup \{-\infty\}$.
En particulier, on a $\lim\limits_{+\infty} S = \lim\limits_{k\to\infty} S(k)$. Or, on sait que $\sum\limits_{m=1}^{k}\frac{1}{m} \xrightarrow[k\to\infty]{} +\infty$ (série harmonique), donc $F(k) = -\sum\limits_{m=1}^{k}\frac{1}{m} \xrightarrow[k\to\infty]{} -\infty$.
En conclusion, $\lim\limits_{+\infty} S = -\infty$.

Exercice 14

1) On sait que $\cos(n\theta) + \mathrm{i}\sin(n\theta) = \mathrm{e}^{\mathrm{i}n\theta}$. Comme $\left|\mathrm{e}^{\mathrm{i}n\theta}\right| = 1$, la série $\sum\limits_{n\geqslant 1}\frac{\mathrm{e}^{\mathrm{i}n\theta}}{n}$ n'est pas absolument convergente. Donc, au moins l'une des séries $\sum\limits_{n\geqslant 1}\frac{\mathrm{Re}(\mathrm{e}^{\mathrm{i}n\theta})}{n}$ ou $\sum\limits_{n\geqslant 1}\frac{\mathrm{Im}(\mathrm{e}^{\mathrm{i}n\theta})}{n}$ n'est pas absolument convergente. Cela prouve le résultat annoncé.

2) On suppose que la série $\sum\limits_{n\geqslant 1}\frac{\sin(n\theta)}{n}$ est absolument convergente.

   a) Par décalage $\sum \frac{\sin((n-1)\theta)}{n-1}$ est absolument convergente.
   Comme $\frac{|\sin((n-1)\theta)|}{n} \underset{n}{\sim} \frac{|\sin((n-1)\theta)|}{n-1}$, la série $\sum\limits_{n\geqslant 1}\frac{\sin((n-1)\theta)}{n}$ est absolument convergente.

   b) On sait que $\sin\big((n-1)\theta\big) = \cos(\theta)\sin(n\theta) - \sin(\theta)\cos(n\theta)$.
   Comme $\sin(\theta) \neq 0$, $\frac{\cos(n\theta)}{n} = \frac{\cos(\theta)}{\sin(\theta)} \cdot \frac{\sin(n\theta)}{n} - \frac{1}{\sin(\theta)} \cdot \frac{\sin((n-1)\theta)}{n}$.
   Donc $\sum\limits_{n\geqslant 1}\frac{\cos(n\theta)}{n}$ est aussi absolument convergente (comme combinaison linéaire de séries absolument convergentes).

c) On obtient une contradiction avec le résultat de la première question.
Donc $\sum_{n\geqslant 1} \frac{\sin(n\theta)}{n}$ n'est pas absolument convergente.

Exercice 15

Pour $n \in \mathbb{N}^*$, on note $S_n = \sum_{k=1}^{n} u_k$ la somme partielle de rang n.

1) La suite étant décroissante, on a pour $n \in \mathbb{N}^*$:

$$nu_{2n} = \sum_{k=n+1}^{2n} u_{2n} \leqslant \sum_{k=n+1}^{2n} u_k \leqslant \sum_{k=n+1}^{2n} u_{n+1} = nu_{n+1}.$$

Les termes de la suites étant positifs, on a $0 \leqslant nu_{2n} \leqslant S_{2n} - S_n$.
La série étant convergente, la suite $(S_n)_{n\in\mathbb{N}^*}$ est convergente.
On en déduit que $S_{2n} - S_n \xrightarrow[n\to\infty]{} 0$, puis que $2nu_{2n} \xrightarrow[n\to\infty]{} 0$ par encadrement.
On raisonne de même pour la suite $\left((2n+1)u_{2n+1}\right)_{n\in\mathbb{N}}$:

$$0 \leqslant nu_{2n+1} = \sum_{k=n+2}^{2n+1} u_{2n} \leqslant \sum_{k=n+2}^{2n+1} u_k = S_{2n+1} - S_{n+1}$$

Et on en déduit $\lim_{n\to\infty} 2nu_{2n+1} = 0$.
Comme le terme général d'une série convergente tend vers 0, on a $\lim_{n\to\infty} u_n = 0$.
Donc $u_{2n+1} \xrightarrow[n\to\infty]{} 0$, puis $(2n+1)u_{2n+1} = 2nu_{2n+1} + u_{2n+1} \xrightarrow[n\to\infty]{} 0$.
Les deux suites $\left((2n+1)u_{2n+1}\right)_{n\in\mathbb{N}}$ et $\left(2nu_{2n}\right)_{n\in\mathbb{N}^*}$ étant convergentes vers la même limite nulle, la suite $(nu_n)_{n\in\mathbb{N}^*}$ converge vers 0.

2) Soit $p \in \mathbb{N}^*$. On a :

$$\begin{aligned}\sum_{n=1}^{p} n(u_n - u_{n+1}) &= u_1 - u_2 + 2(u_2 - u_3) + \cdots + (p-1)(u_{p-1} - u_p) + p(u_p - u_{p+1}) \\ &= u_1 + u_2 + \cdots + u_p - pu_{p+1} \\ &= S_p - pu_{p+1}.\end{aligned}$$

Or, $\lim_{p\to\infty} S_p = \sum_{n=1}^{+\infty} u_n$ et $\lim_{p\to\infty} pu_{p+1} = 0$ (d'après 1)), donc $\sum_{n\geqslant 1} n(u_n - u_{n+1})$ converge et :

$$\sum_{n=1}^{+\infty} n(u_n - u_{n+1}) = \sum_{n=1}^{+\infty} u_n.$$

3) On pose $u_n = \frac{2^n}{n!}$ pour tout $n \in \mathbb{N}^*$. On a $u_{n+1} = \frac{2}{n+1}u_n \leqslant u_n$, pour tout $n \in \mathbb{N}^*$.
La suite $(u_n)_{n\in\mathbb{N}^*}$ est une suite réelle positive décroissante et la série $\sum_{n\geqslant 1} u_n$ converge.

D'après 2), on a $\sum_{n=1}^{+\infty} n(u_n - u_{n+1}) = \sum_{n=1}^{+\infty} u_n$.

On sait que $\sum_{n=1}^{+\infty} u_n = \sum_{n=1}^{+\infty} \frac{2^n}{n!} = e^2 - 1$.

On a $n(u_n - u_{n+1}) = n\left(\frac{2^n}{n!} \frac{2^{n+1}}{(n+1)!}\right) = n\frac{2^n}{(n+1)!}(n+1-2) = n(n-1)\frac{2^n}{(n+1)!}$.

Donc $\sum_{n=1}^{+\infty} \frac{n(n-1)2^n}{(n+1)!}$ existe et vaut $e^2 - 1$.

Exercices avec questions ouvertes

Exercice 16

1) On a pour tous réels positifs x et y : $\sqrt{xy} \leqslant \frac{x+y}{2}$ car $x + y - 2\sqrt{xy} = \left(\sqrt{x} - \sqrt{y}\right)^2$.
Donc, on a (les termes généraux des suites sont tous positifs) pour tout $n \in \mathbb{N}^*$:

$$0 \leqslant \sqrt{u_n v_n} \leqslant \frac{u_n + v_n}{2}.$$

La série $\sum_{n\geqslant 1} (u_n + v_n)$ convergeant par addition, $\sum_{n\geqslant 1} \sqrt{u_n v_n}$ converge par comparaison.

2) La réponse est négative. Voici un contre-exemple :
   - On pose pour tout $n \in \mathbb{N}^*$, $u_n = v_n = \frac{(-1)^n}{n}$.
   - $\sum_{n\geqslant 1} u_n$ et $\sum_{n\geqslant 1} v_n$ convergent.
   - Pour tout $n \in \mathbb{N}^*$, $u_n v_n = +\frac{1}{n^2} \geqslant 0$.
   - La série $\sum_{n\geqslant 1} \sqrt{u_n v_n}$ diverge car $\sqrt{u_n v_n} = \frac{1}{n}$ et la série harmonique $\sum_{n\geqslant 1} \frac{1}{n}$ diverge.

Exercice 17

1) On suppose pour tout $n \in \mathbb{N}^*$, $u_n \geqslant 0$.
Si $\sum_{n\geqslant 1} u_n$ converge, alors $u_n \xrightarrow[n\to\infty]{} 0$. Donc $\ln(1 + u_n) \underset{n\to\infty}{\sim} u_n$.
Les termes généraux étant positifs, cet équivalent assure la convergence de $\sum_{n\geqslant 1} \ln(1+u_n)$.
Réciproquement, si $\sum_{n\geqslant 1} \ln(1 + u_n)$ converge, alors $\ln(1 + u_n) \xrightarrow[n\to\infty]{} 0$.
Donc $u_n \xrightarrow[n\to\infty]{} e^1 - 1 = 0$ et on conclut comme précédemment.

2) En supposant seulement que (pour tout $n \in \mathbb{N}^*$, $1 + u_n > 0$) on peut proposer le contre-exemple suivant :
   - On pose pour tout $n \in \mathbb{N}^*$, $u_n = \frac{(-1)^{n-1}}{n^{2/3}}$.
   - $\sum_{n\geqslant 1} u_n$ est alternée, $\left(\frac{1}{n^{2/3}}\right)_{n\in\mathbb{N}^*}$ tend vers 0 en décroissant donc la série $\sum_{n\geqslant 1} u_n$ converge.
   - Pour tout $n \in \mathbb{N}^*$, $1 + u_n > 0$.

- On démontre que la série $\sum\limits_{n\geqslant 1} \ln(1+u_n)$ diverge :

  En utilisant $\left(\ln(1+u)-u\right) \underset{u\to 0}{\sim} -\frac{1}{2}u^2$ on a :

$$\left(u_n - \ln(1+u_n)\right) \underset{n\to\infty}{\sim} \frac{1}{2}\cdot\frac{1}{n^{4/3}}$$

  Or $4/3 > 1$ donc $\sum\limits_{n\geqslant 1} \frac{1}{n^{4/3}}$ diverge donc $\sum\limits_{n\geqslant 1} \left(u_n - \ln(1+u_n)\right)$ diverge aussi.

  En écrivant $\ln(1+u_n) = u_n - \left(u_n - \ln(1+u_n)\right)$ on obtient que $\sum\limits_{n\geqslant 1} \ln(1+u_n)$ diverge par addition d'une série convergente et d'une série divergente.

« *La convergence, c'est bien. La convergence absolue, c'est mieux.* »

Injections, surjections 14

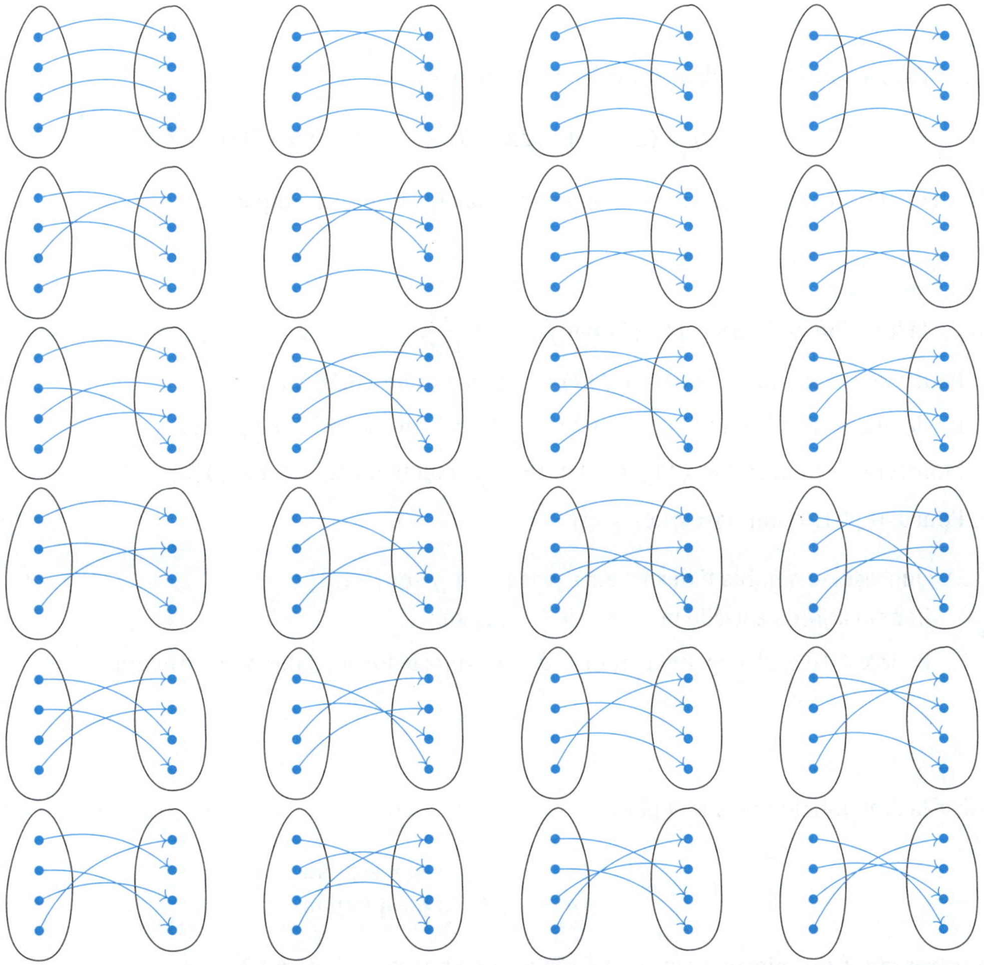

Les 24 bijections existantes entre deux ensembles de cardinal 4.

Exercices axés sur le calcul

Exercice 1

1) Soit $f : \mathbb{R} \to \mathbb{R}, x \mapsto \frac{2x}{1+x^2}$.
   Résoudre les équations $f(x) = 1/2$ et $f(x) = 2$.
   L'application f est-elle injective ? surjective ?
2) Soit $g : [0,1] \to [0,1], x \mapsto \frac{2x}{1+x^2}$.
   Montrer que g est une bijection de $[-1,1]$ sur lui-même et déterminer sa bijection réciproque.

Exercice 2

Soit f l'application de $\mathbb{R}^3$ dans lui-même définie par :

$$f(x,y,z) = (x+y+z, 2x+3y+4z, 5x+6y+8z).$$

Montrer que f est une bijection et déterminer sa bijection réciproque.

Exercice 3

Soit f la fonction définie sur $\mathbb{R} \setminus \{1\}$ par $f : x \mapsto \frac{1+x}{1-x}$.

1) Pour $y \in \mathbb{R}$, résoudre l'équation $f(x) = y$ d'inconnue $x \in \mathbb{R} \setminus \{1\}$.
2) En déduire que f est une bijection de $\mathbb{R} \setminus \{1\}$ sur un ensemble J à préciser.
3) Montrer que pour $x \in \mathbb{R} \setminus \{1\}$, $f(x) \geqslant 0$ si, et seulement si, $x \in [-1,1[$.
4) Pour $x \in [-1,1[$, on pose $g(x) = \sqrt{f(x)}$.
   a) Quel est l'ensemble V des valeurs prises par g sur $[-1,1[$?
      L'application g est-elle bijective de $[-1,1[$ sur V ?
   b) Pour $x \in]-1,1[$, exprimer $g(x) + g(-x)$ sous la forme d'une seule fraction.

Exercice 4

Soit f la fonction définie sur $\mathbb{N}$ par :

$$f(n) = \begin{cases} n/2 & \text{si } n \text{ est pair} \\ -(n+1)/2 & \text{si } n \text{ est impair} \end{cases}$$

Montrer que f est injective puis que f réalise une bijection de $\mathbb{N}$ sur $\mathbb{Z}$.

Exercice 5

Soit E un ensemble. Pour $A \subset E$, on note $\mathbb{1}_A$ l'application caractéristique de A.

1) Soient A et B des parties de E.

   a) Montrer que $\mathbb{1}_{A \cap B} = \mathbb{1}_A \mathbb{1}_B$ et que $\mathbb{1}_{A \cup B} = \mathbb{1}_A + \mathbb{1}_B - \mathbb{1}_A \mathbb{1}_B$

   b) On pose $A \Delta B = (A \setminus B) \cup (B \setminus A)$.
   Montrer que $\mathbb{1}_{A \Delta B} = (\mathbb{1}_A - \mathbb{1}_B)^2$.

2) Montrer que $\cap$ est distributive par rapport à Δ, c'est-à-dire que pour toutes parties A, B et C de E, on a :

$$(A \Delta B) \cap C = (A \cap C) \Delta (B \cap C).$$

Exercices axés sur le raisonnement

Exercice 6

Soient I et J des intervalles de $\mathbb{R}$ contenant 0.

1) Dans chacun des cas suivants, donner quand c'est possible des intervalles I et J pour que les assertions proposées soient vraies.

   a) « $f : I \to J, x \mapsto x^2$ est injective mais pas surjective ».

   b) « $f : I \to J, x \mapsto x^2$ est surjective mais pas injective ».

   c) « $f : I \to J, x \mapsto x^2$ n'est ni injective, ni surjective ».

   d) « $f : I \to J, x \mapsto x^2$ est injective et surjective ».

2) Reprendre les questions précédentes pour la fonction $g : I \mapsto J, x \mapsto x^3$.

Exercice 7 *Classique*

Soient E, F et G trois ensembles, et soient $f : E \to F$ et $g : F \to G$ deux applications.

1) Montrer que si $g \circ f$ est injective, alors f est injective.
   L'implication réciproque est-elle vraie ?

2) Montrer que si $g \circ f$ est surjective, alors g est surjective.
   L'implication réciproque est-elle vraie ?

3) Si à présent $g : F \to E$, que peut-on dire dans les cas suivants :

   a) $g \circ f = \mathrm{Id}_E$.

   b) $f \circ g = \mathrm{Id}_F$.

   c) $f \circ f = \mathrm{Id}_E$.

Exercice 8

Soient f, g et h trois applications d'un ensemble E dans lui-même.
Montrer que si $g \circ f$ et $h \circ g$ sont bijectives, alors f, g et h sont bijectives.
La réciproque est-elle vraie ?

Exercice 9

On s'intéresse aux applications f d'un ensemble E à valeurs dans lui-même vérifiant :

$$f \circ f \circ f = f \qquad (\star)$$

1) Dans cette question $E = \mathbb{R}$ et $f : \mathbb{R} \to \mathbb{R}, x \mapsto |x|$.
Cette fonction est-elle injective ? est-elle surjective ? vérifie-t-elle $(\star)$?

2) Plus généralement, montrer que si $f \circ f = f$, alors f vérifie $(\star)$.

3) Dans cette question $E = \mathbb{R}^*$ et $f : \mathbb{R}^* \to \mathbb{R}^*, x \mapsto \frac{1}{x}$.
Cette fonction est-elle injective ? est-elle surjective ? vérifie-t-elle $(\star)$?

4) Plus généralement, montrer que $f \circ f = \mathrm{Id}_E$ si, et seulement si, f est bijective et vérifie $(\star)$.

5) On reprend le cas général. Soit $f : E \to E$ vérifiant $(\star)$.

   a) Montrer que si deux éléments x_1 et x_2 de E vérifient $f\big(f(x_1)\big) = f\big(f(x_2)\big)$, alors $f(x_1) = f(x_2)$.

   b) Montrer que pour une fonction f vérifiant $(\star)$, on a f est injective si, et seulement si, f est surjective.

Exercices avec questions ouvertes

Exercice 10

Soient E et F deux ensembles et f une application de E vers F. Pour une partie A de E, on note $f(A)$ son image directe. Pour une partie L de F, on note $f^{-1}(L)$ son image réciproque. Donner une condition nécessaire et suffisante sur f pour que :

$$\forall L \subset F, \quad f\big(f^{-1}(L)\big) = L \qquad (\star)$$

Corrections

Exercices axés sur le calcul

Exercice 1

1) Pour $x \in \mathbb{R}$, on a :

$$f(x) = 1/2 \iff 4x = 1 + x^2 \iff x^2 - 4x + 1 = 0 \iff (x-2)^2 - 3 = 0.$$

Donc l'équation $f(x) = 1/2$ a deux solutions $2 - \sqrt{3}$ et $2 + \sqrt{3}$. Cela montre que f n'est pas injective.

Pour $x \in \mathbb{R}$, on a :

$$f(x) = 2 \iff x = 1 + x^2 \iff x^2 - x + 1 = 0 \iff \left(x - \frac{1}{2}\right)^2 + \frac{3}{4} = 0.$$

Donc l'équation $f(x) = 2$ n'a pas de solution. Cela montre que f n'est pas surjective.

2) Soit $y \in [0,1]$. Pour $x \in [0,1]$, on a :

$$f(x) = y \iff yx^2 - 2x + y = 0.$$

Si $y = 0$, l'équation $f(x) = 0$ a une unique solution qui est 0.

Si $y \in]0,1]$, le discriminant du trinôme $yX^2 - 2X + y$ vaut $4 - 4y^2$.

Comme $4 - 4y^2 = 4(1-y^2) > 0$, le trinôme a deux racines $\frac{1-\sqrt{1-y^2}}{y}$ et $\frac{1+\sqrt{1-y^2}}{y}$.

On a facilement $\frac{1+\sqrt{1-y^2}}{y} > \frac{1}{y} \geqslant 1$ et $\frac{1-\sqrt{1-y^2}}{y} \geqslant 0$. En outre :

$$\frac{1-\sqrt{1-y^2}}{y} \leqslant 1 \underset{y>0}{\iff} 1 - y \leqslant \sqrt{1-y^2} \underset{1-y\geqslant 0}{\iff} (1-y)^2 \leqslant 1 - y^2.$$

Or $1 - y^2 - (1-y)^2 = (1-y)\big((1+y) - (1-y)\big) = (1-y)(2y) \geqslant 0$, donc $\frac{1-\sqrt{1-y^2}}{y} \leqslant 1$ d'après l'équivalence ci-dessus.

Donc l'équation $g(x) = y$ a une unique solution dans $[0,1]$, qui est $\frac{1-\sqrt{1-y^2}}{y}$.

Cela montre que g est bijective de $[0,1]$ sur lui-même et que sa bijection réciproque est donnée par :

$$\forall y \in [0,1], \quad g^{-1}(y) = \begin{cases} 0 & \text{si } y = 0, \\ \frac{1-\sqrt{1-y^2}}{y} & \text{si } y \in]0,1]. \end{cases}$$

Exercice 2

Soient a b et c trois réels. On a pour $(x,y,z) \in \mathbb{R}^3$:

$$f(x,y,z) = (a,b,c) \Leftrightarrow \begin{cases} x + y + z = a \\ 2x + 3y + 4z = b \\ 5x + 6y + 8z = c \end{cases}$$

$L_2 \leftarrow L_2 - 2L_1$, $L_3 \leftarrow L_3 - 5L_1$

$$\Leftrightarrow \begin{cases} x + y + z = a \\ y + 2z = b - 2a \\ y + 3z = c - 5a \end{cases}$$

$L_3 \leftarrow L_3 - L_2$

$$\Leftrightarrow \begin{cases} x + y + z = a \\ y + 2z = b - 2a \\ z = c - b - 3a \end{cases}$$

$L_1 \leftarrow L_1 - L_3$, $L_2 \leftarrow L_2 - 2L_3$

$$\Leftrightarrow \begin{cases} x + y = -c + b + 4a \\ y = -2c + 3b + 4a \\ z = c - b - 3a \end{cases}$$

$L_1 \leftarrow L_1 - L_2$

$$\Leftrightarrow \begin{cases} x = c - 2b \\ y = -2c + 3b + 4a \\ z = c - b - 3a \end{cases}.$$

Donc f est une bijection de $\mathbb{R}^3$ sur lui-même (tout élément de $\mathbb{R}^3$ a un unique antécédent par f) et la bijection réciproque de f est :

$$f^{-1} : (a,b,c) \mapsto (-2b + c, 4a + 3b - 2c, -3a - b + c).$$

Exercice 3

1) Pour $y \in \mathbb{R}$, on a :

$$f(x) = y \Leftrightarrow \frac{1+x}{1-x} = y \Leftrightarrow (1+y)x = y - 1.$$

- Si $y = -1$, il n'y a pas de solution.
- Si $y \neq -1$, l'équation a une unique solution $x = \frac{y+1}{y-1}$ qui est un réel différent de 1.

2) Tout élément de $\mathbb{R} \setminus \{-1\}$ ayant un unique antécédent par f, f est une bijection de $\mathbb{R} \setminus \{1\}$ sur $\mathbb{R} \setminus \{-1\}$.

3) Pour $x \neq 1$, on a :

$$\frac{1+x}{1-x} \geqslant 0 \Leftrightarrow (1+x)(1-x) \geqslant 0 \Leftrightarrow x \in [-1,1].$$

On a montré que $f(x) \geqslant 0$ si, et seulement si, $x \in [-1,1[$.

a) D'après la question précédente, g est définie sur $[-1,1[$. Il est clair que g est à valeurs dans $\mathbb{R}^+$.

Réciproquement, soit v un réel positif. Comme $v^2 \in \mathbb{R} \setminus \{-1\}$, il existe $x \in \mathbb{R} \setminus \{1\}$ tel que $f(x) = v^2$. Comme $f(x) \geqslant 0$, on a vu que $x \in [-1, 1[$.

Et on a $g(x) = \sqrt{f(x)} = \sqrt{v^2} = |v| = v$, car $v \geqslant 0$.

Par double inclusion, on a montré que $V = \mathbb{R}^+$.

L'application $g : [-1, 1[\to \mathbb{R}^+$ est surjective par définition de V.

La restriction de f à $[1, 1[$ et la fonction racine carrée étant injectives, g est injective par composition de fonctions injectives.

Donc $g : [-1, 1[\to \mathbb{R}^+$ est bijective.

b) Pour $x \in]-1, 1[$, $g(x)$ et $g(-x)$ existent et on a :

$$\begin{aligned}
g(x) + g(-x) &= \sqrt{\tfrac{1+x}{1-x}} + \sqrt{\tfrac{1-x}{1+x}} && a \geqslant 0 \text{ et } b > 0 \Longrightarrow \sqrt{a/b} = \sqrt{a}/\sqrt{b} \\
&= \tfrac{\sqrt{1+x}}{\sqrt{1-x}} + \tfrac{\sqrt{1-x}}{\sqrt{1+x}} && \left(\sqrt{1 \pm x}\right)^2 = 1 \pm x \\
&= \tfrac{1+x+1-x}{\sqrt{1-x}\sqrt{1+x}} && \sqrt{a}\sqrt{b} = \sqrt{ab},\ (1-x)(1+x) = 1 - x^2 \\
&= \tfrac{2}{\sqrt{1-x^2}}.
\end{aligned}$$

Exercice 4

Tout entier étant soit pair, soit impair, f est bien définie sur $\mathbb{N}$. Si n est pair, $n/2 \in \mathbb{N}$. Si n est impair, $n + 1$ est pair et $-(n + 1)/2 \in \mathbb{Z}$. L'application f est à valeurs dans $\mathbb{Z}$.
Plus précisément, remarquons que l'on a :

$$f(n) \in \mathbb{N} \quad \Leftrightarrow \quad n \text{ est pair.}$$

• Injectivité

Soient n_1 et $n_2 \in \mathbb{N}$ tels que $f(n_1) = f(n_2)$.

- Si n_1 est pair, alors $f(n_2) = f(n_1) \in \mathbb{N}$, donc n_2 est également pair.
  L'égalité $f(n_2) = f(n_1)$ devient $n_1/2 = n_2/2$, d'où $n_1 = n_2$.
- Sinon, n_1 est impair. Donc $f(n_2) = f(n_1) \notin \mathbb{N}$ et n_2 est également impair.
  L'égalité $f(n_2) = f(n_1)$ devient $-(n_1 + 1)/2 = -(n_2 + 1)/2$, d'où $n_1 = n_2$.

Dans tous les cas, $n_1 = n_2$.
On a montré que f est injective.

• Surjectivité

Soit $k \in \mathbb{Z}$.

- Si $k \in \mathbb{N}$, alors $n = 2k$ est un entier naturel pair. Et on a $f(n) = 2k/2 = k$.
- Sinon, $k \leqslant -1$. On pose $n = -2k - 1$. C'est un entier impair et $n \geqslant 2 - 1 = 1$.
  D'où n est un entier naturel pair et $f(n) = -(n + 1)/2 = -(-2k)/2 = k$.

Dans tous les cas, k admet un antécédent par f.
On a montré que f est surjective.

Étant injective et surjective, f est une bijection de $\mathbb{N}$ sur $\mathbb{Z}$.

Exercice 5

1) Soient A et B des parties de E.

a) Soit $x \in E$. On raisonne par disjonction de cas.

- Si $x \in A \cap B$, alors par définition $\mathbb{1}_{A\cap B}(x) = 1$. D'autre part, par définition de l'intersection, $x \in A$ et $x \in B$. Donc $\mathbb{1}_A(x)\mathbb{1}_B(x) = 1 \times 1 = 1$.
- Sinon, $\mathbb{1}_{A\cap B}(x) = 0$. D'autre part, par définition de l'intersection, $x \notin A$ ou $x \notin B$. Donc $\mathbb{1}_A(x)\mathbb{1}_B(x) = 0$, car l'un des facteurs est nul.

Dans tous les cas, $\mathbb{1}_{A\cap B}(x) = \mathbb{1}_A(x)\mathbb{1}_B(x)$.

Donc $\mathbb{1}_{A\cap B} = \mathbb{1}_A\mathbb{1}_B$.

Pour la réunion, on va envisager quatre cas.

- Si $x \in A \cap B$, alors $\mathbb{1}_{A\cup B}(x) = 1$ et $\mathbb{1}_A(x) + \mathbb{1}_B(x) - \mathbb{1}_A(x)\mathbb{1}_B(x) = 1 + 1 - 1 = 1$.
- Si $x \in A \setminus B$, alors $\mathbb{1}_{A\cup B}(x) = 1$ et $\mathbb{1}_A(x) + \mathbb{1}_B(x) - \mathbb{1}_A(x)\mathbb{1}_B(x) = 1 + 0 - 0 = 1$.
- Si $x \in B \setminus A$, alors $\mathbb{1}_{A\cup B}(x) = 1$ et $\mathbb{1}_A(x) + \mathbb{1}_B(x) - \mathbb{1}_A(x)\mathbb{1}_B(x) = 0 + 1 - 0 = 1$.
- Sinon, $x \notin A \cup B$, $\mathbb{1}_{A\cup B}(x) = 0$ et $\mathbb{1}_A(x) + \mathbb{1}_B(x) - \mathbb{1}_A(x)\mathbb{1}_B(x) = 0 + 0 - 0 = 0$.

Dans tous les cas $\mathbb{1}_{A\cup B}(x) = (\mathbb{1}_A + \mathbb{1}_B - \mathbb{1}_A\mathbb{1}_B)(x)$.

Donc les fonctions $\mathbb{1}_{A\cup B}$ et $\mathbb{1}_A + \mathbb{1}_B - \mathbb{1}_A\mathbb{1}_B$ sont égales.

b) On pose $A \,\Delta\, B = (A \setminus B) \cup (B \setminus A)$. On a $A \,\Delta\, B = (A \cap \overline{B}) \cup (B \cap \overline{A})$, donc :

$$\begin{aligned}
\mathbb{1}_{A\Delta B} &= \mathbb{1}_{(A\cap\overline{B})\cup(B\cap\overline{A})} \\
&= \mathbb{1}_{A\cap\overline{B}} + \mathbb{1}_{B\cap\overline{A}} - \mathbb{1}_{A\cap\overline{B}}\mathbb{1}_{B\cap\overline{A}} \\
&= \mathbb{1}_A\mathbb{1}_{\overline{B}} + \mathbb{1}_B\mathbb{1}_{\overline{A}} - \mathbb{1}_A\mathbb{1}_{\overline{B}}\mathbb{1}_B\mathbb{1}_{\overline{A}} \\
&= \mathbb{1}_A(1 - \mathbb{1}_B) + \mathbb{1}_B(1 - \mathbb{1}_A) \\
&= \mathbb{1}_A - 2\mathbb{1}_A\mathbb{1}_B + \mathbb{1}_B.
\end{aligned}$$

cas d'une réunion

cas d'une intersection

$\mathbb{1}_B\mathbb{1}_{\overline{B}} = 0$

$\mathbb{1}_{\overline{B}} = 1 - \mathbb{1}_B$

D'autre part, $(\mathbb{1}_A - \mathbb{1}_B)^2 = \mathbb{1}_A^2 - 2\mathbb{1}_A\mathbb{1}_B + \mathbb{1}_B^2$.

Comme $\mathbb{1}_A^2 = \mathbb{1}_A$ et $\mathbb{1}_A^2 = \mathbb{1}_A$, on obtient $\mathbb{1}_{A\Delta B} = (\mathbb{1}_A - \mathbb{1}_B)^2$.

2) D'après les questions précédentes :

$$\mathbb{1}_{(A\Delta B)\cap C} = \mathbb{1}_{(A\Delta B)}\mathbb{1}_C = (\mathbb{1}_A - \mathbb{1}_B)^2\mathbb{1}_C.$$

D'autre part :

$$\begin{aligned}
\mathbb{1}_{(A\cap C)\Delta(B\cap C)} &= (\mathbb{1}_{A\cap C} - \mathbb{1}_{B\cap C})^2 \\
&= (\mathbb{1}_A\mathbb{1}_C - \mathbb{1}_B\mathbb{1}_C)^2 \\
&= (\mathbb{1}_A - \mathbb{1}_B)^2\mathbb{1}_C^2 \\
&= (\mathbb{1}_A - \mathbb{1}_B)^2\mathbb{1}_C.
\end{aligned}$$

cas d'une intersection

$\mathbb{1}_C^2 = \mathbb{1}_C$

Les parties $(A \,\Delta\, B) \cap C$ et $(A \cap C) \,\Delta\, (B \cap C)$ ayant la même fonction caractéristique, elles sont égales :

$$(A \,\Delta\, B) \cap C = (A \cap C) \,\Delta\, (B \cap C).$$

Exercices axés sur le raisonnement

Exercice 6

1) • Cas de $f : I \to J, x \mapsto x^2$

   a) Si $I = \mathbb{R}^+$ et $J = \mathbb{R}$, alors $f : x \mapsto x^2$ est injective mais pas surjective. Sur tout intervalle I' strictement plus grand que I, f n'est plus injective, car I' contient un réel $a < 0$ et son opposé.

   b) Si $I = \mathbb{R}$ et $J = \mathbb{R}^+$, alors f est surjective mais pas injective.

   c) Si $I = \mathbb{R}$ et $J = \mathbb{R}$, alors f n'est ni injective, ni surjective.

   d) Si $I = \mathbb{R}^+$ et $J = \mathbb{R}^+$, alors f est injective et surjective.

2) • Cas de $g : I \to J, x \mapsto x^3$

   a) Si $I = \mathbb{R}^+$ et $J = \mathbb{R}$, alors $g : x \mapsto x^3$ est injective mais pas surjective.
   Plus généralement, pour tout $a < 0$, on peut proposer $I = [a, +\infty[$ et $J = \mathbb{R}$

   b) Cette situation n'est pas possible car pour tout $I \subset \mathbb{R}$, la fonction $g : x \mapsto x^3$ est injective.

   c) Comme précédemment, cette situation n'est pas possible.

   d) Si $I = \mathbb{R}$ et $J = \mathbb{R}$, alors g est injective et surjective.

Exercice 7

1) On suppose $g \circ f$ injective.
   Soient a et $b \in E$ tel que $f(a) = f(b)$.
   En prenant l'image par g on a $g \circ f(a) = g\big(f(a)\big) = g\big(f(b)\big) = g \circ f(b)$.
   D'après l'injectivité de $g \circ f$, on obtient $a = b$.
   On a montré que f est injective.

   L'implication réciproque est fausse. On peut proposer le contre-exemple $f = \mathrm{Id}_{\mathbb{R}}$ (qui est injective) et g la fonction nulle. On a alors $g \circ f$ n'est pas injective, car c'est la fonction nulle.

2) On suppose $g \circ f$ surjective.
   Soit $y \in G$. Comme $g \circ f : E \to G$ est surjective, il existe un $a \in E$ tel que $y = g \circ f(a)$.
   En notant $x = f(a)$, on a $x \in F$ et $g(x) = g\big(f(a)\big) = y$.
   Donc y admet un antécédent par g.
   On a montré que g est surjective.

   L'implication réciproque est fausse également. On peut reprendre le contre-exemple précédent en inversant les rôles : On choisit $g = \mathrm{Id}_{\mathbb{R}}$ (qui est surjective) et f l'application nulle. Alors $g \circ f$ n'est pas surjective, car c'est la fonction nulle.

3) a) Si $g \circ f = \mathrm{Id}_E$, alors f est injective (car Id_E l'est) et g est surjective (car Id_E l'est).

   b) Si $f \circ g = \mathrm{Id}_F$, alors g est injective et f est surjective .

   c) Si $f \circ f = \mathrm{Id}_E$, alors f est injective et surjective donc f est bijective. Et en composant par l'application f^{-1} , on obtient $f = f^{-1} \circ \mathrm{Id}_E = f^{-1}$.

Exercice 8

$\Rightarrow$ On suppose $g \circ f$ et $h \circ g$ bijectives.
Comme $g \circ f$ est en particulier surjective, on a g surjective (voir exercice 7).
De même, $h \circ g$ étant injective, g est aussi injective.
Donc g est bijective. On note g^{-1} sa bijection réciproque.
Par associativité de la composition, on a alors $g^{-1} \circ (g \circ f) = (g^{-1} \circ g) \circ f = \mathrm{Id}_E \circ f = f$.
Donc f est bijective comme composée de bijections.
De même, on a $h = (h \circ g) \circ g^{-1}$. Donc h est bijective.

$\Leftarrow$ La réciproque est vraie, car si f, g et h sont bijectives, les composées $g \circ f$ et $h \circ g$ sont bijectives.

Exercice 9

1) • Cas de la valeur absolue

On a $|-1| = |1|$, donc la fonction valeur absolue n'est pas injective. Le réel -1 n'ayant pas d'antécédent, la fonction valeur absolue n'est pas surjective.

Pour tout $x \in \mathbb{R}$, on a $\big||x|\big| = |x|$, car $|x| \geqslant 0$. Donc $\Big|\big||x|\big|\Big| = \big||x|\big| = |x|$.

La fonction valeur absolue vérifie $(\star)$.

2) Si $f \circ f = f$, alors $f \circ f \circ f = f \circ (f \circ f) = f \circ f = f$. Donc f vérifie $(\star)$.

3) • Cas de la fonction inverse

On sait que $x \mapsto 1/x$ est bijective de $\mathbb{R}^*$ sur lui-même. Elle est donc injective et surjective.
Pour tout $x \in \mathbb{R}^*$, on a $1/(1/x) = x$. Donc $1\big(1/(1/x)\big) = 1/x$.
La fonction inverse vérifie $(\star)$.

4) On raisonne par double implication.

$\Rightarrow$ Si $f \circ f = \mathrm{Id}_E$, alors f est bijective (sa bijection réciproque étant elle-même).
En outre, en composant par f, on a $f \circ f \circ f = f \circ (f \circ f) = f \circ \mathrm{Id}_E = f$.
Donc f vérifie $(\star)$.

$\Leftarrow$ Si f vérifie $(\star)$ et est bijective, on a en composant par f^{-1} :
$\mathrm{Id}_E = f \circ f^{-1} = (f \circ f \circ f) \circ f^{-1} = f \circ f \circ (f \circ f^{-1}) = f \circ f \circ \mathrm{Id}_E = f \circ f$.

5) Soit f une fonction vérifiant $(\star)$.

a) Si $f\big(f(x_1)\big) = f\big(f(x_2)\big)$, alors en prenant l'image par f on a $f\Big(f\big(f(x_1)\big)\Big) = f\Big(f\big(f(x_2)\big)\Big)$.
Donc $f(x_1) = f(x_2)$, car $f\Big(f\big(f(x_1)\big)\Big) = f(x_1)$ et $f\Big(f\big(f(x_2)\big)\Big) = f(x_2)$.

b) On raisonne par double implication.

$\Rightarrow$ On suppose que f est injective.

Soit $y \in E$. On a $f\Big(f\big(f(y)\big)\Big) = f(y)$, car f vérifie $(\star)$.
Puisque f est injective, on en déduit $f\big(f(y)\big) = y$.
En notant $x = f(y)$, on a $f(x) = y$. D'où y admet un antécédent par f.
Donc f est surjective.

($\Longleftarrow$) On suppose que f est surjective.
Soient x_1 et $x_2 \in E$ tels que $f(x_1) = f(x_2)$. D'après la surjectivité de f, il existe x_1' et $x_2' \in E$ tels que $x_1 = f(x_1')$ et $x_2 = f(x_2')$. On a alors $f\big(f(x_1')\big) = f\big(f(x_2')\big)$.
D'après la question précédente, on a $f(x_1') = f(x_2')$, c'est-à-dire $x_1 = x_2$.
Donc f est injective.

Exercices avec questions ouvertes

Exercice 10

On va montrer que f vérifie $(\star)$ si, et seulement si, f est surjective.

• Condition nécessaire

Si on suppose que f vérifie $(\star)$, on a pour tout $y \in F$, $f\Big(f^{-1}\big(\{y\}\big)\Big) = \{y\}$. En particulier, il existe un $x \in f^{-1}\big(\{y\}\big)$ tel que $f(x) = y$.
Donc f est surjective, car tout $y \in F$ admet un antécédent par f.

• Condition suffisante

On suppose que f est surjective. Soit L une partie de F. On va montrer $f\big(f^{-1}(L)\big) = L$ par double inclusion.

($\subset$) Soit $y \in f\big(f^{-1}(L)\big)$. Par définition, il existe $x \in f^{-1}(L)$ tel que $f(x) = y$.
Puisque $x \in f^{-1}(L)$, on a $f(x) \in L$. Donc $y \in L$.

Remarque
L'inclusion $f\big(f^{-1}(L)\big) \subset L$ est vraie sans l'hypothèse de surjectivité de f.

($\supset$) Soit $y \in L$, Comme f est surjective et $L \subset F$, il existe $x \in E$ tel que $f(x) = y$. Choisissons un tel x. Ce x est un antécédent de y qui appartient à L, donc $x \in f^{-1}(L)$. Comme $y = f(x)$, cela prouve que $y \in f\big(f^{-1}(L)\big)$.

On a montré que $f\big(f^{-1}(L)\big) = L$.
Cela étant vrai pour toute partie L de F, f vérifie $(\star)$.

« *L'intérêt d'une bijection, c'est sa bijection réciproque.* »

Trigonométrie, nombres complexes

15

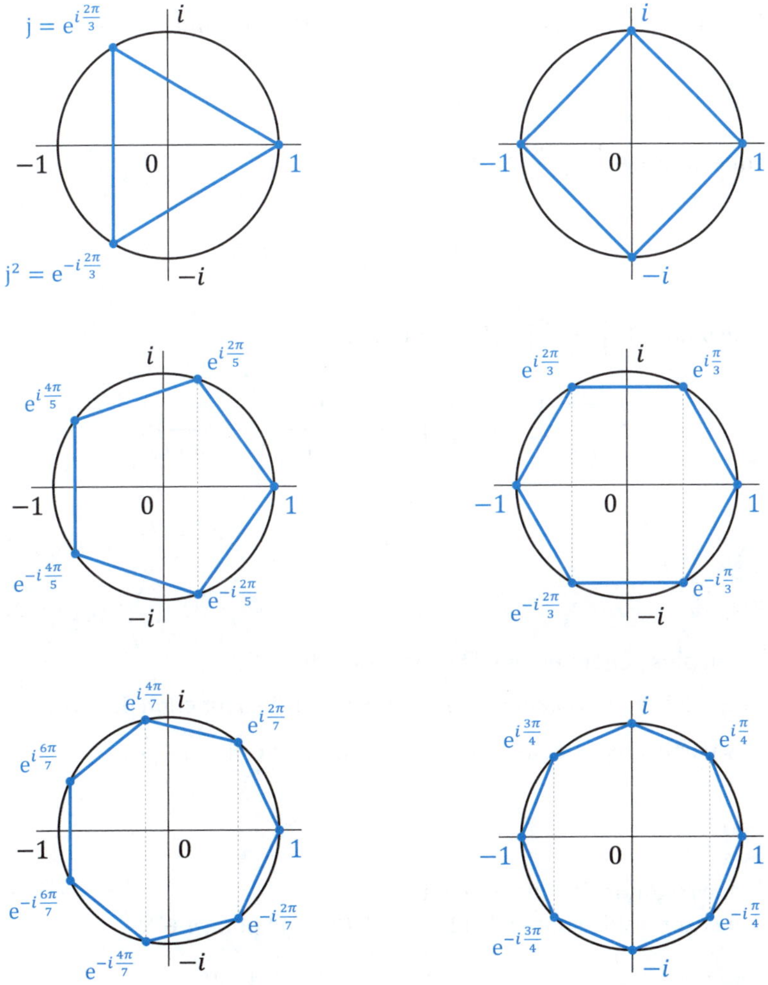

Les n racines n-ièmes de l'unité, pour $n = 3, 4, 5, 6, 7$ et 8

Exercices axés sur le calcul

Exercice 1 *linéarisation et antilinéarisation*

1) Linéariser $\sin^5(\theta)$.
2) Déterminer un polynôme P tel que :

$$\forall \theta \in \mathbb{R}, \quad P(\cos(\theta)) = \cos(6\theta).$$

Exercice 2

Résoudre de deux façons l'équation $\cos(3\theta) = \cos(\theta)$ d'inconnue $\theta \in \mathbb{R}$.

Exercice 3

1) Montrer que pour $t \in \left]-\frac{\pi}{4}, \frac{\pi}{4}\right[\setminus \{0\}$:

$$\tan(t) = \frac{1}{\tan(t)} - \frac{2}{\tan(2t)}.$$

2) Vérifier que pour $x \in \left]-\frac{\pi}{4}, \frac{\pi}{4}\right[\setminus \{0\}$ et $n \in \mathbb{N}^*$:

$$\sum_{k=1}^{n} \frac{1}{2^k} \tan\left(\frac{x}{2^k}\right) = \frac{1}{2^n \tan\left(\frac{x}{2^n}\right)} - \frac{1}{\tan(x)}.$$

Exercice 4

Soit $\mathrm{j} = \mathrm{e}^{\mathrm{i}2\pi/3}$.

1) Préciser j^3 et, plus généralement, j^n en fonction de $n \in \mathbb{Z}$.
2) Calculer $1 + \mathrm{j} + \mathrm{j}^2$ et, plus généralement, $1 + \mathrm{j}^n + \mathrm{j}^{2n}$ en fonction de $n \in \mathbb{Z}$.
3) Préciser les parties réelle et imaginaire de j ainsi que celles de $\frac{1}{1-\mathrm{j}}$.

Exercice 5

Donner la forme trigonométrique de $1 + \mathrm{i}$.
En déduire une expression simple de $(1+\mathrm{i})^n + (1-\mathrm{i})^n$ pour $n \in \mathbb{N}$.

Exercice 6

Donner les parties réelle et imaginaire de $z = \frac{(1+\mathrm{i})^4}{(1-\mathrm{i})^3} + \frac{(1-\mathrm{i})^4}{(1+\mathrm{i})^3}$.

Exercice 7

1) Déterminer les parties réelle et imaginaire du produit $e^{i\pi/3}e^{-i\pi/4}$.
2) En déduire $\tan(\pi/12)$.

Exercice 8 *Racines quatrièmes d'un nombre complexe*

Résoudre l'équation d'inconnue $z \in \mathbb{C}$:

$$z^4 = -\frac{1}{2} - i\frac{\sqrt{3}}{2}.$$

Exercice 9

Résoudre l'équation d'inconnue $z \in \mathbb{C}$:

$$z^2 + \left(-\frac{1}{2} + i\frac{\sqrt{3}}{2}\right)z - \frac{1}{2} - i\frac{\sqrt{3}}{2} = 0.$$

Exercice 10

On considère l'équation suivante d'inconnue $z \in \mathbb{C}$:

$$z^3 + (1-3i)z^2 - (6-i)z + 10i = 0 \qquad (\star)$$

1) Montrer qu'il existe un unique réel x, que l'on déterminera, solution de $(\star)$.
2) Déterminer α et β tels que, pour tout $z \in \mathbb{C}$:

$$z^3 + (1-3i)z^2 - (6-i)z + 10i = (z-x)(z^2 + \alpha z + \beta).$$

3) Résoudre, dans $\mathbb{C}$, l'équation $(\star)$.

Exercice 11

Soit $n \in \mathbb{N}^*$. Résoudre, dans $\mathbb{C}$, l'équation $(z+i)^n = (z-i)^n$.

Exercice 12

On désigne par ω le complexe $e^{i2\pi/5}$ et on pose :

$$\alpha = \omega + \omega^4 \quad \text{et} \quad \beta = \omega^2 + \omega^3.$$

1) Justifier $1 + \omega + \omega^2 + \omega^3 + \omega^4 = 0$ et en déduire les valeurs de $\alpha + \beta$ et de $\alpha\beta$.
2) En déduire que α et β sont les racines d'un trinôme du second degré que l'on précisera.
3) En déduire $\cos(2\pi/5)$.

Exercice 13

Déterminer les solutions de l'équation d'inconnue $z \in \mathbb{C}$:

$$z^6 + 2z^3 + 2 = 0.$$

On donnera les solutions sous leurs formes trigonométriques.

Exercice 14 ⋆

On note $z_0 = 3 + i\sqrt{3}$ et f la fonction définie sur $\mathbb{C}$ par :

$$f : z \mapsto -\frac{1 + i\sqrt{3}}{2}\,\overline{z} + z_0.$$

1) Préciser $f(0)$ et $f(z_0)$.
2) Montrer que, pour tous z_1 et $z_2 \in \mathbb{C}$, $\left|f(z_1) - f(z_2)\right| = |z_1 - z_2|$.
3) Pour tout $z \in \mathbb{C}$ tel que $f(z) = z$, montrer que $|z| = |z - z_0|$.
4) Soit z un complexe tel que $|z| = |z - z_0|$.
   Montrer que $\overline{z} = -\frac{1-i\sqrt{3}}{2}z + \overline{z_0}$ et enfin que $f(z) = z$.

Exercices axés sur le raisonnement

Exercice 15

Résoudre de deux façons (soit sous forme algébrique, soit sous forme trigonométrique) l'équation d'inconnue $z \in \mathbb{C}$:

$$z^2 = \frac{\sqrt{2}}{2} + i\frac{\sqrt{2}}{2}.$$

En déduire les valeurs exactes de $\cos(\pi/8)$, $\sin(\pi/8)$ et vérifier :

$$\tan(\pi/8) = \sqrt{2} - 1.$$

Exercice 16

Soit $f : \mathbb{C} \to \mathbb{C}, z \mapsto z(1 - z)$.

1) Déterminer les éventuels points fixes de f c'est-à-dire les $z \in \mathbb{C}$ tels que $f(z) = z$.
2) Montrer que si $\left|z - \frac{1}{2}\right| < \frac{1}{2}$, alors $\left|f(z) - \frac{1}{2}\right| < \frac{1}{2}$.
   Indication : On pourra utiliser la forme canonique de $f(z)$.

Exercice 17

On considère la fonction f définie sur $\mathbb{C}^*$ par :

$$f : z \mapsto \frac{1}{2}\left(z + \frac{1}{z}\right).$$

1) Déterminer les points fixes de f c'est-à-dire les $z \in \mathbb{C}^*$ tels que $f(z) = z$.
2) On note $\mathbb{U}$ l'ensemble des complexes de module 1.
   Déterminer l'image directe de $\mathbb{U}$ par f.

Exercice 18

Pour $z \in \mathbb{C} \setminus \{1\}$, montrer l'équivalence :

$$|z| = 1 \quad \Leftrightarrow \quad \frac{1+z}{1-z} \text{ est un imaginaire pur.}$$

Exercice 19

Montrer que pour tous complexes u et v, on a $|u| + |v| \leqslant |u - v| + |u + v|$.

Exercice 20

Montrer, à l'aide de l'inégalité triangulaire, que pour tout complexe z :

$$\text{si } |z - 1 - \mathrm{i}| \leqslant 1, \text{ alors } \sqrt{10} - 1 \leqslant |z - 4| \leqslant \sqrt{10} + 1.$$

Exercice 21

Soient p et n des entiers naturels. On considère le système d'inconnue $z \in \mathbb{C}$ suivant :

$$(\mathcal{S}) \quad \begin{cases} z^{3p} = 1 \\ (1+z)^{3n} = 1 \end{cases}.$$

1) On suppose dans cette question que le système $(\mathcal{S})$ admet au moins une solution $z_1 \in \mathbb{C}$.
   a) Montrer qu'alors le conjugué de z_1 est aussi solution.
   b) Justifier l'existence de $\theta \in]-\pi, \pi]$ tel que $z_1 = \mathrm{e}^{\mathrm{i}\theta}$ et $\left|\cos(\theta/2)\right| = 1/2$.
   c) En déduire que $z_1 = \mathrm{e}^{\mathrm{i}2\pi/3}$ ou que $z_1 = \mathrm{e}^{-\mathrm{i}2\pi/3}$.
2) Montrer que $(\mathcal{S})$ admet au moins une solution si, et seulement si, n est pair.

Exercice 22

Pour tous z et z' de $\mathbb{C}$, on définit $z \,\mathcal{R}\, z'$ par :

$$z \,\mathcal{R}\, z' \quad \Leftrightarrow \quad |z + \mathrm{i}| \times |z' - \mathrm{i}| = |z - \mathrm{i}| \times |z' + \mathrm{i}|.$$

1) Préciser les z tels que $(z \,\mathcal{R}\, \mathrm{i})$ et ceux tels que $\big(z \,\mathcal{R}\, (-\mathrm{i})\big)$.
2) Montrer que $\mathcal{R}$ est une relation d'équivalence sur $\mathbb{C}$.
3) Soit $z \in \mathbb{C}$. Montrer que :

$$z \,\mathcal{R}\, \overline{z} \quad \Leftrightarrow \quad z \in \mathbb{R}.$$

Exercice 23

Le plan complexe est rapporté un repère orthonormé $\mathcal{R} = (O, \vec{u}, \vec{v})$.

1) Résoudre dans $\mathbb{C}$ l'équation :

$$(z-1)^4 = (z+1)^4 \qquad (\star)$$

Représenter dans le plan les points d'affixes respectives 1 et -1 ainsi que les points autres que O dont l'affixe est solution de (E_1). Quelle figure obtient-on ?

2) Soient a et b deux complexes distincts. On considère l'équation d'inconnue $z \in \mathbb{C}$:

$$(z-a)^4 = (z-b)^4 \qquad (\star\star)$$

On note A, B et I les points d'affixes respectives a, b et $z_I = \frac{a+b}{2}$.

a) Montrer que les points images des solutions de $(\star\star)$ sont sur la médiatrice des points A et B.

b) Montrer que $(\star\star)$ admet trois solutions dans $\mathbb{C}$ dont z_I.

c) En notant C et D les points autres que I dont l'affixe est solution de $(\star\star)$, montrer que le quadrilatère $ACBD$ est un carré.

Exercices avec questions ouvertes

Exercice 24

Soit $z \in \mathbb{C}$ tel que $z^{2022} = 1$.
Existe-t-il nécessairement un $n \in \mathbb{N}$ tel que $z^n = -1$?

Exercice 25

Soit z un complexe non nul.

1) Si z est un réel, alors $z + 1/z$ est un réel. La réciproque est-elle vraie ?

2) Vérifier que si z est un imaginaire pur, alors $z + 1/z$ l'est aussi. La réciproque est-elle vraie ?

Exercice 26

Soient u et v des nombres complexes tels que $z = u + iv$ soit non nul.
On sait que si u et v sont des réels, alors $|z|^2 = u^2 + v^2$. La réciproque est-elle vraie ?

Exercice 27

Soient a, b et c des réels. On note A, B et C les points d'affixes respectives e^{ia}, e^{ib} et e^{ic}.
On suppose que :

$$\mathrm{e}^{ia} + \mathrm{e}^{ib} + \mathrm{e}^{ic} = 0 \qquad (\star)$$

Que dire du triangle ABC ?

Corrections

Exercices axés sur le calcul

Exercice 1

1) On utilise la formule d'Euler puis on développe :

$$\begin{aligned}\sin^5(\theta) &= \left(\frac{e^{i\theta}-e^{-i\theta}}{2i}\right)^5\\ &= \frac{e^{i5\theta}-5e^{i4\theta}e^{-i\theta}+10e^{i3\theta}e^{-i2\theta}-10e^{i2\theta}e^{-i3\theta}+5e^{i\theta}e^{-4i5\theta}-e^{-i5\theta}}{2^5 i^5} \quad \text{(formule du binôme)}\\ &= \frac{e^{i5\theta}-e^{-i5\theta}-5e^{i3\theta}+5e^{-3i\theta}+10e^{i\theta}-10e^{-i\theta}}{32i} \quad (i^4=1, i^5=i)\\ &= \frac{\sin(5\theta)-5\sin(3\theta)+10\sin(\theta)}{16}. \quad \text{(formule d'Euler à l'envers)}\end{aligned}$$

2) On utilise la formule d'Euler puis on développe par la formule du binôme :

$$\begin{aligned}\cos(6\theta)+i\sin(6\theta) &= \big(\cos(\theta)+i\sin(\theta)\big)^6\\ &= \cos^6(\theta)+6i\cos^5(\theta)\sin(\theta)+15i^2\cos^4(\theta)\sin^2(\theta)\\ &+20i^3\cos^3(\theta)\sin^3(\theta)+15i^4\cos(\theta)\sin^4(\theta)\\ &+5i^5\cos(\theta)\sin^5(\theta)+i^6\sin^6(\theta).\end{aligned}$$

Comme $i^2=-1$, $i^3=-i$, $i^4=1$, $i^5=i$ et $i^6=-1$, on obtient :

$$\begin{aligned}\cos(6\theta) &= \mathrm{Re}\big(\cos(6\theta)+i\sin(6\theta)\big)\\ &= \cos^6(\theta)-15\cos^4(\theta)\sin^2(\theta)+15\cos(\theta)\sin^4(\theta)+\sin^6(\theta)\end{aligned}$$

Comme $\sin^2(\theta)=1-\cos^2(\theta)$, on obtient bien une expression polynomiale en $\cos(\theta)$.
En posant $P=X^6-15X^4(1-X^2)+15X^2(1-X^2)^2-(1-X^2)^3$, on a $P(\cos(\theta))=\cos(6\theta)$, pour tout réel θ.
En développant P, on trouve $P=32X^6-48X^4+18X^2-1$.

Exercice 2

• Par l'équivalence $\cos(p)=\cos(q) \iff p\equiv \pm q\ [2\pi]$

$$\begin{aligned}\cos(3\theta)=\cos(\theta) &\iff 3\theta\equiv\theta\ [2\pi] \text{ ou } 3\theta\equiv-\theta\ [2\pi]\\ &\iff 2\theta\equiv 0\ [2\pi] \text{ ou } 4\theta\equiv 0\ [2\pi]\\ &\iff \theta\equiv 0\ [\pi] \text{ ou } \theta\equiv 0\ [\pi/2]\\ &\iff \theta\equiv 0\ [\pi/2].\end{aligned}$$

En effet un multiple entier de π est, en particulier, un multiple entier de $\pi/2$:

$$\theta\equiv 0\ [\pi] \iff \exists k\in\mathbb{Z}, \theta=k\pi \underset{k\pi=2k\pi/2}{\implies} \theta\equiv 0\ [\pi/2].$$

• En exprimant $\cos(3\theta)$ en fonction de $\cos(\theta)$

Classiquement, en utilisant $\cos(2\theta+\theta)$ ou la partie réelle de $\big(\cos(\theta)+\mathrm{i}\sin(\theta)\big)^3$, on a :

$$\cos(3\theta) = 4\cos^3(\theta) - 3\cos(\theta).$$

On a donc :

$$\cos(3\theta) = \cos(\theta) \iff 4\cos^3(\theta) = 4\cos(\theta) \iff \cos(\theta) = 0 \text{ ou } \cos^2(\theta) = 1.$$

Donc, θ est solution si, et seulement si, θ est congru à $0, \pi/2, \pi$ ou $3\pi/2$ modulo 2π.

Exercice 3

1) Soit $t \in \left]-\frac{\pi}{4}, \frac{\pi}{4}\right[\setminus \{0\}$. On a $2t \in \left]-\frac{\pi}{2}, \frac{\pi}{2}\right[\setminus \{0\}$, donc $\tan(t)$ et $\tan(2t)$ existent et sont non nuls. Et :

$$\begin{aligned}
\frac{1}{\tan(t)} - \frac{2}{\tan(2t)} &= \frac{\cos(t)}{\sin(t)} - \frac{2\cos(2t)}{\sin(2t)} \\
&= \frac{\cos(t)}{\sin(t)} - \frac{2\cos^2(t)-1}{\sin(t)\cos(t)} \qquad \cos(2t) = 2\cos^2(t)-1,\ \sin(2t) = 2\sin(t)\cos(t) \\
&= \frac{\cos^2(t)-2\cos^2(t)+1}{\sin(t)\cos(t)} \\
&= \frac{\sin^2(t)}{\sin(t)\cos(t)} \qquad 1-\cos^2 = \sin^2 \\
&= \frac{\sin(t)}{\cos(t)}.
\end{aligned}$$

Donc :

$$\forall t \in \left]-\frac{\pi}{4}, \frac{\pi}{4}\right[\setminus \{0\}, \quad \tan(t) = \frac{1}{\tan(t)} - \frac{2}{\tan(2t)}.$$

2) Soient $x \in \left]-\frac{\pi}{4}, \frac{\pi}{4}\right[\setminus \{0\}$ et $n \in \mathbb{N}^*$.

Pour tout $k \in [\![1, n]\!]$, $\frac{x}{2^k} \in \left]-\frac{\pi}{4}, \frac{\pi}{4}\right[\setminus \{0\}$, donc, d'après la question précédente :

$$\begin{aligned}
S_n &= \sum_{k=1}^{n} \left(\frac{1}{2^k \tan\left(\frac{x}{2^k}\right)} - \frac{2}{2^k \tan\left(2\frac{x}{2^k}\right)} \right) \qquad 2/2^k = 1/2^{k-1} \\
&= \sum_{k=1}^{n} \left(\frac{1}{2^k \tan\left(\frac{x}{2^k}\right)} - \frac{1}{2^{k-1} \tan\left(\frac{x}{2^{k-1}}\right)} \right) \qquad \text{somme téléscopique} \\
&= \frac{1}{2^n \tan\left(\frac{x}{2^n}\right)} - \frac{1}{\tan(x)}.
\end{aligned}$$

Exercice 4

1) On a $\mathrm{j}^3 = \mathrm{e}^{\mathrm{i}2\pi} = 1$. Ainsi pour tout $q \in \mathbb{Z}$, $\mathrm{j}^{3q} = 1^q = 1$. Pour $n \in \mathbb{Z}$, on écrit la division euclidienne de n par 3 : $n = 3q + r$ avec $r \in \{0, 1, 2\}$ et on a :

$$\mathrm{j}^n = \mathrm{j}^{3q+r} = \mathrm{j}^{3q}\mathrm{j}^r = \mathrm{j}^r.$$

On peut aussi rédiger la conclusion ainsi :

$$\forall k \in \mathbb{Z}, \quad \mathrm{j}^{3k} = 1, \mathrm{j}^{3k+1} = \mathrm{j} \text{ et } \mathrm{j}^{3k+2} = \mathrm{j}^2.$$

2) On a $1 + \mathrm{j} + \mathrm{j}^2 = \frac{1-\mathrm{j}^3}{1-\mathrm{j}} = 0$.
Plus généralement :
Si $\mathrm{j}^n \neq 1$, $1 + \mathrm{j}^n + \mathrm{j}^{2n} = 1 + \mathrm{j}^n + (\mathrm{j}^n)^2 = \frac{1-(\mathrm{j}^n)^3}{1-\mathrm{j}} = \frac{1-\mathrm{j}^{3n}}{1-\mathrm{j}} = 0$.
Si $\mathrm{j}^n = 1$, alors $\mathrm{j}^{2n} = 1^2 = 1$ et $1 + \mathrm{j}^n + \mathrm{j}^{2n} = 1 + 1 + 1 = 3$.
En conclusion :

$$\forall n \in \mathbb{Z}, \quad 1 + \mathrm{j}^n + \mathrm{j}^{2n} = \begin{cases} 3 & \text{si } n \text{ est un multiple de 3} \\ 0 & \text{sinon.} \end{cases}$$

3) On a $\mathrm{j} = \cos(2\pi/3) + \mathrm{i}\sin(2\pi/3) = -\frac{1}{2} + \mathrm{i}\frac{\sqrt{3}}{2}$. Et :

$$\frac{1}{1-\mathrm{j}} = \frac{1}{\frac{3}{2} - \mathrm{i}\frac{\sqrt{3}}{2}} = \frac{\frac{3}{2} + \mathrm{i}\frac{\sqrt{3}}{2}}{\frac{9}{4} + \frac{3}{4}} = \frac{1}{2} + \mathrm{i}\frac{\sqrt{3}}{6}.$$

Exercice 5

On a $|1 + \mathrm{i}| = \sqrt{2}$ donc $1 + \mathrm{i} = \sqrt{2}\left(\frac{1}{\sqrt{2}} + \mathrm{i}\frac{1}{\sqrt{2}}\right)$.
Comme $\cos(\pi/4) = \sin(\pi/4) = \frac{\sqrt{2}}{2} = \frac{1}{\sqrt{2}}$, on a :

$$1 + \mathrm{i} = \sqrt{2}\big(\cos(\pi/4) + \mathrm{i}\sin(\pi/4)\big) = \sqrt{2}\mathrm{e}^{\mathrm{i}\pi/4}.$$

Donc, pour $n \in \mathbb{N}$, $(1 + \mathrm{i})^n = 2^{n/2}\mathrm{e}^{\mathrm{i}n\pi/4}$ et $(1 - \mathrm{i})^n = 2^{n/2}\mathrm{e}^{-\mathrm{i}n\pi/4}$, car $\overline{z}^n = \overline{z^n}$.
Comme $\mathrm{e}^{\mathrm{i}\theta} + \mathrm{e}^{-\mathrm{i}\theta} = 2\cos(\theta)$, on a :

$$(1 + \mathrm{i})^n + (1 - \mathrm{i})^n = 2^{n/2}\big(\mathrm{e}^{\mathrm{i}n\pi/4} + \mathrm{e}^{-\mathrm{i}n\pi/4}\big) = 2^{1+n/2}\cos(n\pi/4).$$

Exercice 6

Notons $z_1 = \frac{(1+\mathrm{i})^4}{(1-\mathrm{i})^3}$. On remarque que $\overline{z_1} = \frac{(1+\mathrm{i})^4}{(1+\mathrm{i})^3}$, car $\bar{\mathrm{i}} = -\mathrm{i}$.*
On a donc $z = z_1 + \overline{z_1} = 2\mathrm{Re}(z_1)$. Par conséquent, la partie imaginaire de z est nulle.
De plus, $z_1 = \frac{(1+\mathrm{i})^4}{(1-\mathrm{i})^3} = \frac{(1+\mathrm{i})^4(1+\mathrm{i})^3}{(1-\mathrm{i})^3(1+\mathrm{i})^3}$. Comme $(1 - \mathrm{i})(1 + \mathrm{i}) = 2$, le dénominateur vaut $2^3 = 8$.
Comme $1 + \mathrm{i} = \sqrt{2}\mathrm{e}^{\mathrm{i}\pi/4}$, on a $(1 + \mathrm{i})^7 = 2^{7/2}\mathrm{e}^{\mathrm{i}7\pi/4} = 2^3\sqrt{2}\mathrm{e}^{-\mathrm{i}\pi/4} = 2^3(1 - \mathrm{i})$.
Donc $z_1 = 1 - \mathrm{i}$. En conclusion, $z = 2\mathrm{Re}(z_1) = 2$.

---

*Si on ne remarque pas cela, on réduit au même dénominateur $z = \frac{(1+\mathrm{i}^{\;7}+(1-\mathrm{i}^{\;7}}{(1-\mathrm{i}^{\;3}(1+\mathrm{i}^{\;3}}$. Ensuite, les calculs sont les mêmes.

Exercice 7

1) On sait que $e^{i\pi/3} = \cos(\pi/3) + i\sin(\pi/3) = \frac{1}{2} + i\frac{\sqrt{3}}{2}$.

De même, $e^{-i\pi/4} = \cos(\pi/4) - i\sin(\pi/4) = \frac{\sqrt{2}}{2} - i\frac{\sqrt{2}}{2}$. Donc :

$$e^{i\pi/3}e^{-i\pi/4} = \frac{\sqrt{6}}{4} + \frac{\sqrt{2}}{4} + i\frac{\sqrt{6}}{4} - i\frac{\sqrt{2}}{4}.$$

La partie réelle de $e^{i\pi/3}e^{-i\pi/4}$ est $\frac{\sqrt{6}+\sqrt{2}}{4}$ et sa partie imaginaire est $\frac{\sqrt{6}-\sqrt{2}}{4}$.

2) Comme $e^{i\pi/3}e^{-i\pi/4} = e^{i\pi(1/3-1/4)} = e^{i\pi/12}$, on en déduit :

$$\cos(\pi/12) = \frac{\sqrt{2}}{4}(\sqrt{3}+1) \quad \text{et} \quad \sin(\pi/12) = \frac{\sqrt{2}}{4}(\sqrt{3}-1).$$

Donc :

$$\begin{aligned}\tan(\pi/12) &= \frac{\sin(\pi/12)}{\cos(\pi/12)}\\ &= \frac{\sqrt{3}-1}{\sqrt{3}+1}\\ &= \frac{(\sqrt{3}-1)^2}{3-1}\\ &= \frac{3+1-2\sqrt{3}}{2}\\ &= 2-\sqrt{3}.\end{aligned}$$

on multiplie en haut et en bas par l'expression conjuguée du dénominateur

$\sqrt{3}^2 = 3$

Exercice 8

On remarque que $-\frac{1}{2}-i\frac{\sqrt{3}}{2} = e^{-i2\pi/3}$. On cherche les solutions z sous forme trigonométrique $z = re^{i\theta}$ avec $r \geqslant 0$ et $\theta \in [0, 2\pi[$:

$$\begin{aligned} z^4 = -\frac{1}{2} - i\frac{\sqrt{3}}{2} &\Leftrightarrow r^4 e^{4i\theta} = e^{-i2\pi/3}\\ &\Leftrightarrow \left(r^4 = 1 \text{ et } 4\theta \equiv -2\pi/3\ [2\pi]\right)\\ &\Leftrightarrow \left(r = 1 \text{ et } \theta \equiv -\pi/6\ [\pi/2]\right).\end{aligned}$$

Comme on a imposé $\theta \in [0, 2\pi[$, on trouve quatre valeurs pour θ :

$$-\pi/6 + \pi/2 = \pi/3, -\pi/6 + \pi = 5\pi/6, -\pi/6 + 3\pi/2 = 4\pi/3 \text{ et } -\pi/6 + 2\pi = 11\pi/6.$$

Les quatre solutions de l'équation $z^4 = -\frac{1}{2} - i\frac{\sqrt{3}}{2}$ sont :

$$e^{i\pi/3} = \frac{1}{2} + i\frac{\sqrt{3}}{2}, e^{5i\pi/6} = -\frac{\sqrt{3}}{2} + i\frac{1}{2}, e^{4i\pi/3} = -\frac{1}{2} - i\frac{\sqrt{3}}{2} \text{ et } e^{11i\pi/6} = \frac{\sqrt{3}}{2} - i\frac{1}{2}.$$

Exercice 9

On reconnaît $\mathrm{j} = -\frac{1}{2} + \mathrm{i}\frac{\sqrt{3}}{2} = \mathrm{e}^{\mathrm{i}2\pi/3}$ et $\mathrm{j}^2 = -\frac{1}{2} - \mathrm{i}\frac{\sqrt{3}}{2}$.
Le trinôme s'écrit $X^2 + \mathrm{j}X + \mathrm{j}^2$ et a pour discriminant $\Delta = \mathrm{j}^2 - 4\mathrm{j}^2 = -3\mathrm{j}^2$.
En posant $\delta = \sqrt{3}\mathrm{ij}$, on a $\delta^2 = \Delta$.
On a $\delta = -\frac{3}{2} - \mathrm{i}\frac{\sqrt{3}}{2}$ et le trinôme a deux racines distinctes :

$$\frac{-\mathrm{j}+\delta}{2} = \frac{1}{2}\left(\frac{1}{2} - \mathrm{i}\frac{\sqrt{3}}{2} - \frac{3}{2} - \mathrm{i}\frac{\sqrt{3}}{2}\right) = -\frac{1}{2} - \mathrm{i}\frac{\sqrt{3}}{2}$$

et

$$\frac{-\mathrm{j}-\delta}{2} = \frac{1}{2}\left(\frac{1}{2} - \mathrm{i}\frac{\sqrt{3}}{2} + \frac{3}{2} + \mathrm{i}\frac{\sqrt{3}}{2}\right) = 1.$$

Remarque

Si on ne reconnaît pas les racines cubiques de l'unité, on fait les calculs suivants :

$$\Delta = \left(-\frac{1}{2} + \mathrm{i}\frac{\sqrt{3}}{2}\right)^2 + 4\left(\frac{1}{2} + \mathrm{i}\frac{\sqrt{3}}{2}\right) = \frac{1}{4} - \frac{3}{4} - \mathrm{i}\frac{\sqrt{3}}{2} + 2 + \mathrm{i}2\sqrt{3} = \frac{3}{2} + \mathrm{i}\frac{3\sqrt{3}}{2}.$$

Puis $|\Delta| = \frac{\sqrt{36}}{2} = 3$ et $\Delta = 3\left(\frac{1}{2} + \mathrm{i}\frac{\sqrt{3}}{2}\right) = 3\mathrm{e}^{\mathrm{i}\pi/3}$. On peut choisir $\delta = \sqrt{3}\mathrm{e}^{\mathrm{i}\pi/6} = \frac{3}{2} + \mathrm{i}\frac{\sqrt{3}}{2}$ pour avoir $\delta^2 = \Delta$. Et on obtient bien les mêmes solutions.

Exercice 10

1) Soit x un réel. On sait qu'un nombre complexe est nul si, et seulement si, ses parties réelle et imaginaire sont nulles. On a donc :

$$x^3 + (1-3\mathrm{i})x^2 - (6-\mathrm{i})x + 10\mathrm{i} = 0 \Leftrightarrow \begin{cases} x^3 + x^2 - 6x = 0 \\ -3x^2 + x + 10 = 0 \end{cases}$$

$$\overset{x \neq 0}{\Leftrightarrow} \begin{cases} x^2 + x - 6 = 0 \\ -3x^2 + x + 10 = 0 \end{cases}$$

$$\overset{L_2 \leftarrow L_2 + 3L_1}{\Leftrightarrow} \begin{cases} x^2 + x - 6 = 0 \\ 4x - 8 = 0 \end{cases}$$

$$\Leftrightarrow \begin{cases} 2^2 + 2 - 6 = 0 \\ x = 2 \end{cases}$$

L'unique réel solution de $(\star)$ est 2.

2) Pour α et $\beta \in \mathbb{C}$, on a $(X-2)(X^2 + \alpha X + \beta) = X^3 + (\alpha - 2)X^2 + (\beta - 2\alpha)X - 2\beta$.

Deux polynômes étant égaux si, et seulement si, ils ont les mêmes coefficients, on a :

$$X^3 + (1-3\mathrm{i})X^2 - (6-\mathrm{i})X + 10\mathrm{i} = (X-2)(X^2+\alpha X+\beta) \iff \begin{cases} \alpha - 2 = 1 - 3\mathrm{i} \\ \beta - 2\alpha = \mathrm{i} - 6 \end{cases}$$

$$\iff \begin{cases} \alpha = 3 - 3\mathrm{i} \\ \beta = -5\mathrm{i} \end{cases}$$

Donc, pour tout $z \in \mathbb{C}$:

$$z^3 + (1-3\mathrm{i})z^2 - (6-\mathrm{i})z + 10\mathrm{i} = (z-2)\big(z^2 + (3-3\mathrm{i})z - 5\mathrm{i}\big).$$

3) D'après la question précédente, on a :

$$z^3 + (1-3\mathrm{i})z^2 - (6-\mathrm{i})z + 10\mathrm{i} = 0 \iff z = 2 \text{ ou } z^2 + (3-3\mathrm{i})z - 5\mathrm{i} = 0.$$

Déterminons les racines du trinôme du second degré $X^2 + (3-3\mathrm{i})X - 5\mathrm{i}$:
Son discriminant vaut :

$$\Delta = (3-3\mathrm{i})^2 - 4(-5\mathrm{i}) = -18\mathrm{i} + 20\mathrm{i} = 2\mathrm{i}.$$

Or $2\mathrm{i} = 2\mathrm{e}^{\mathrm{i}\pi/2} = \left(\sqrt{2}\mathrm{e}^{\mathrm{i}\pi/4}\right)^2 = (1+\mathrm{i})^2$, donc les deux racines sont :

$$\frac{-3+3\mathrm{i}+1+\mathrm{i}}{2} = -1+2\mathrm{i} \quad \text{et} \quad \frac{-3+3\mathrm{i}-1-\mathrm{i}}{2} = -2+\mathrm{i}.$$

Finalement $(\star)$ a trois solutions 2, $-1+2\mathrm{i}$ et $-2+\mathrm{i}$.

Exercice 11

Le complexe i n'étant pas solution, on a :

$$\begin{aligned}
(z+\mathrm{i})^n = (z-\mathrm{i})^n &\iff \left(\frac{z+\mathrm{i}}{z-\mathrm{i}}\right)^n = 1 \\
&\iff \exists k \in [\![0, n-1]\!], \frac{z+\mathrm{i}}{z-\mathrm{i}} = \mathrm{e}^{\mathrm{i}2k\pi/n} \\
&\iff \exists k \in [\![0, n-1]\!], z + \mathrm{i} = (z-\mathrm{i})\mathrm{e}^{\mathrm{i}2k\pi/n} \\
&\iff \exists k \in [\![0, n-1]\!], \left(\mathrm{e}^{\mathrm{i}2k\pi/n} - 1\right)z = \mathrm{i}\left(\mathrm{e}^{\mathrm{i}2k\pi/n} + 1\right) \\
&\iff \exists k \in [\![1, n-1]\!], z = \mathrm{i}\frac{\mathrm{e}^{\mathrm{i}2k\pi/n}+1}{\mathrm{e}^{\mathrm{i}2k\pi/n}-1} \\
&\iff \exists k \in [\![1, n-1]\!], z = \frac{\cos(k\pi/n)}{\sin(k\pi/n)}.
\end{aligned}$$

$\frac{z+\mathrm{i}}{z-\mathrm{i}} \in \mathbb{U}_n$

$(\bullet)$

$\mathrm{e}^{\mathrm{i}\theta} + 1 = 2\cos(\theta/2)\mathrm{e}^{\mathrm{i}\theta/2}$
$\mathrm{e}^{\mathrm{i}\theta} - 1 = 2\mathrm{i}\sin(\theta/2)\mathrm{e}^{\mathrm{i}\theta/2}$

$(\bullet)$ Pour $k = 0$, l'équation $0z = 2\mathrm{i}$ n'a pas de solution.
L'équation a $n-1$ solutions qui sont les $\cot(k\pi/n)$ avec $k \in [\![1, n-1]\!]$.

Exercice 12

1) On reconnaît une somme de termes consécutifs d'une suite géométrique de raison ω et on a $1+\omega+\omega^2+\omega^3+\omega^4 = \frac{1-\omega^5}{1-\omega} = 0$, car $\omega^5 = e^{i2\pi} = 1$.

Remarque
Classiquement, la somme des cinq racines 5-ième de l'unité est nulle.

$$\begin{aligned}\alpha+\beta &= (\omega+\omega^4)+(\omega^2+\omega^3)\\ &= (1+\omega+\omega^2+\omega^3+\omega^4)-1\\ &= -1.\end{aligned}$$

Puis, en développant, on a :

$$\begin{aligned}\alpha\beta &= (\omega+\omega^4)(\omega^2+\omega^3)\\ &= \omega^3+\omega^4+\omega^6+\omega^7 \\ &= \omega^3+\omega^4+\omega+\omega^2.\end{aligned}$$

$\omega^6 = \omega, \omega^7 = \omega^2$

On a donc $\alpha\beta = \alpha+\beta = -1$.

2) On a $(X-\alpha)(X-\beta) = X^2-(\alpha+\beta)X+\alpha\beta = X^2+X-1$.
Donc α et β sont les racines de X^2+X-1.

3) Ce trinôme admet deux racines réelles : $x_1 = \frac{-1-\sqrt{5}}{2}$ et $x_2 = \frac{-1+\sqrt{5}}{2}$.
D'autre part, comme $\omega^5 = 1$, on a $\omega^4 = 1/\omega = \overline{\omega}$ (car $|\omega| = 1$)*.
Donc $\alpha = e^{i2\pi/5} + e^{-i2\pi/5} = 2\cos(2\pi/5)$.
De plus, $2\pi/5 \in [0, \pi/2]$, donc $\cos(2\pi/5) \geqslant 0$.
Comme $x_1 < 0$, on a donc $x_2 = 2\cos(2\pi/5)$. Finalement :

$$\cos(2\pi/5) = \frac{x_2}{2} = \frac{-1+\sqrt{5}}{4}.$$

Exercice 13

En posant $Z = z^3$, on a :

$$z^6+2z^3+2=0 \iff Z^2+2Z+2=0.$$

• Racines de X^2+2X+2

On peut calculer le discriminant (on trouve $\Delta = -4 = (2i)^2$) mais, ici, il est plus rapide d'utiliser la forme canonique :

$$X^2+2X+2 = (X^2+2X+1)+1 = (X+1)^2+1.$$

On en déduit que les deux racines du trinôme sont $Z_1 = -1+i$ et $Z_2 = -1-i = \overline{Z_1}$.

*Si on n'y pense pas, on peut dire que $8\pi/5$ est un argument de z^4 et que $8\pi/5 = 2\pi - 2\pi/5$.

• Racines cubiques de Z_1

En plaçant le point d'affixe Z_1 dans le plan complexe, on voit que $Z_1 = \sqrt{2}\mathrm{e}^{\mathrm{i}3\pi/4}$.

On cherche les racines cubiques de Z_1 sous forme trigonométrique $z = r\mathrm{e}^{\mathrm{i}\theta}$ avec $r \geqslant 0$ et $\theta \in [0, 2\pi[$:

$$\begin{aligned} z^3 = Z_1 \iff & r^3\mathrm{e}^{3\mathrm{i}\theta} = \sqrt{2}\mathrm{e}^{\mathrm{i}3\pi/4} \\ \iff & \left(r^3 = \sqrt{2} \text{ et } 3\theta \equiv 3\pi/4\ [2\pi]\right) \\ \iff & \left(r = 2^{1/6} \text{ et } \theta \equiv \pi/4\ [2\pi/3]\right). \end{aligned}$$

Comme on a imposé $\theta \in [0, 2\pi[$, on trouve trois valeurs pour θ qui sont $\pi/4$, $\pi/4 + 2\pi/3 = 11\pi/12$ et $\pi/4 + 4\pi/3 = 19\pi/12$.

Sous forme trigonométrique, les trois racines cubiques de Z_1 sont :

$$2^{1/6}\mathrm{e}^{\mathrm{i}\pi/4}, 2^{1/6}\mathrm{e}^{\mathrm{i}11\pi/12} \text{ et } 2^{1/6}\mathrm{e}^{\mathrm{i}19\pi/12}.$$

• Racines cubiques de Z_2

Comme $Z_2 = \overline{Z_1}$ et $\left(\overline{z}\right)^3 = \overline{z^3}$, les racines cubiques de Z_2 sont les conjuguées de celles de Z_1.

En conclusion, l'équation $z^6 + 2z^3 + 2 = 0$ a six solutions qui sont $2^{1/6}\mathrm{e}^{\mathrm{i}\pi/4}$, $2^{1/6}\mathrm{e}^{\mathrm{i}11\pi/12}$, $2^{1/6}\mathrm{e}^{\mathrm{i}19\pi/12}$ et leurs conjuguées $2^{1/6}\mathrm{e}^{-\mathrm{i}\pi/4}$, $2^{1/6}\mathrm{e}^{-\mathrm{i}11\pi/12}$, $2^{1/6}\mathrm{e}^{-\mathrm{i}19\pi/12}$.

Exercice 14

1) On a $f(0) = 3 + \mathrm{i}\sqrt{3} = z_0$ et

$$f(z_0) = -\frac{1+\mathrm{i}\sqrt{3}}{2}\left(3 - \mathrm{i}\sqrt{3}\right) + 3 + \mathrm{i}\sqrt{3} = -\frac{1}{2}\left(3 - \mathrm{i}\sqrt{3} + \mathrm{i}3\sqrt{3} + 3\right) + 3 + \mathrm{i}\sqrt{3} = 0.$$

2) Soient z_1 et $z_2 \in \mathbb{C}$. On a $f(z_1) - f(z_2) = -\frac{1+\mathrm{i}\sqrt{3}}{2}\left(\overline{z_1} - \overline{z_2}\right)$.

Or, $\left|\frac{1+\mathrm{i}\sqrt{3}}{2}\right| = 1$ et $\left|\overline{z_1} - \overline{z_2}\right| = \left|\overline{z_1 - z_2}\right| = |z_1 - z_2|$, donc $\left|f(z_1) - f(z_2)\right| = |z_1 - z_2|$.

3) Si $f(z) = z$, on a $|z| = |z - 0| = |f(z) - f(0)| = |z - z_0|$.

4) On suppose $|z| = |z - z_0|$. On a $|z|^2 = |z - z_0|^2$. Or $|z|^2 = z\overline{z}$ et :

$$\begin{aligned} |z - z_0|^2 &= (z - z_0)(\overline{z} - \overline{z_0}) \\ &= z\overline{z} - \overline{z_0}z - z_0\overline{z} + z_0\overline{z_0}. \end{aligned}$$

Donc $z_0\overline{z} = -\overline{z_0}z + z_0\overline{z_0}$, puis $\overline{z} = -\frac{\overline{z_0}}{z_0}z + \overline{z_0}$.

Comme $\frac{\overline{z_0}}{z_0} = \frac{\overline{z_0}^2}{z_0\overline{z_0}} = \frac{(3-\mathrm{i}\sqrt{3})^2}{9+3} = \frac{9-3-6\mathrm{i}\sqrt{3}}{12} = \frac{1-\mathrm{i}\sqrt{3}}{2}$, on a :

$$\overline{z} = -\frac{1-\mathrm{i}\sqrt{3}}{2}z + \overline{z_0}.$$

On a donc :

$$f(z) = \frac{1+\mathrm{i}\sqrt{3}}{2} \cdot \frac{1-\mathrm{i}\sqrt{3}}{2}z - \frac{1+\mathrm{i}\sqrt{3}}{2}\overline{z_0} + z_0.$$

Or, $\frac{1+i\sqrt{3}}{2}\cdot\frac{1-i\sqrt{3}}{2}=\frac{1+3}{4}=1$ et :

$$\frac{1+i\sqrt{3}}{2}\overline{z_0}=\frac{(1+i\sqrt{3})(3-i\sqrt{3})}{2}=\frac{3+3+2i\sqrt{3}}{2}=3+i\sqrt{3}=z_0,$$

donc $f(z)=1z-z_0+z_0=z$.

Remarque

L'application $z\mapsto\overline{f(z)}$ est une similitude directe car $\overline{f(z)}=-\frac{1-i\sqrt{3}}{2}z+\overline{z_0}$.

Plus précisément, c'est une rotation car $\left|-\frac{1-i\sqrt{3}}{2}\right|=1$.

Exercices axés sur le raisonnement

Exercice 15

D'une part, en utilisant la forme trigonométrique, $\frac{\sqrt{2}}{2}+i\frac{\sqrt{2}}{2}=e^{i\pi/4}$. Donc :

$$z^2=\frac{\sqrt{2}}{2}+i\frac{\sqrt{2}}{2}\iff z=\pm e^{i\pi/8}.$$

D'autre part, en utilisant la forme algébrique $z=a+ib$ (avec a et b réels), la partie réelle de z^2 est a^2-b^2, sa partie imaginaire est $2ab$ et, de plus, $|z^2|=|z|^2=a^2+b^2$. D'où les équivalences suivantes :

$$z^2=\frac{\sqrt{2}}{2}+i\frac{\sqrt{2}}{2}\iff\begin{cases}a^2+b^2&=&1\\a^2-b^2&=&\frac{\sqrt{2}}{2}\\2ab&=&\frac{\sqrt{2}}{2}\end{cases}\iff\begin{cases}2a^2&=1+\frac{\sqrt{2}}{2}\\2b^2&=1-\frac{\sqrt{2}}{2}\\ab&>0\end{cases}.$$

On trouve $a=\pm\frac{\sqrt{2+\sqrt{2}}}{2}$, $b=\pm\frac{\sqrt{2-\sqrt{2}}}{2}$ avec $ab>0$. Donc, les deux solutions de l'équation sont :

$$z_1=\frac{\sqrt{2+\sqrt{2}}}{2}+i\frac{\sqrt{2-\sqrt{2}}}{2}\quad\text{et}\quad z_2=-z_1.$$

Comme $\pi/8\in[0,\pi/2]$, on a $\cos(\pi/8)>0$. Donc, $e^{i\pi/8}=z_1$ et :

$$\cos(\pi/8)=\frac{\sqrt{2+\sqrt{2}}}{2},\quad\sin(\pi/8)=\frac{\sqrt{2-\sqrt{2}}}{2}.$$

Puis :

$$\begin{aligned}\tan(\pi/8) &= \frac{\sin(\pi/8)}{\cos(\pi/8)} \\ &= \sqrt{\frac{2-\sqrt{2}}{2+\sqrt{2}}} \\ &= \sqrt{\frac{(2-\sqrt{2})^2}{4-2}} \\ &= \frac{2-\sqrt{2}}{\sqrt{2}} \\ &= \sqrt{2}-1.\end{aligned}$$

$\sqrt{b}/\sqrt{a} = \sqrt{b/a}$

on multiplie numérateur et dénominateur
par l'expression conjuguée du dénominateur

$\sqrt{x^2} = |x|$

$\frac{2}{\sqrt{2}} = \sqrt{2}$

Exercice 16

1) On a facilement :

$$f(z) = z \iff z - z^2 = z \iff z = 0.$$

2) La forme canonique est $f(z) = -\left(z-\frac{1}{2}\right)^2 + \frac{1}{4}$. On en déduit que si $\left|z-\frac{1}{2}\right| < \frac{1}{2}$, alors :

$$\begin{aligned}\left|f(z)-\frac{1}{2}\right| &= \left|-\left(z-\frac{1}{2}\right)^2 - \frac{1}{4}\right| \\ &\leqslant \left|z-\frac{1}{2}\right|^2 + \frac{1}{4} \\ &< \frac{1}{2}.\end{aligned}$$

inégalité triangulaire

car $\left|z-\frac{1}{2}\right|^2 < \frac{1}{4}$

Exercice 17

1) Pour $z \in \mathbb{C}^*$, on a :

$$f(z) = z \iff z + \frac{1}{z} = 2z \iff \frac{1}{z} = z \iff z^2 = 1 \iff z = \pm 1.$$

Donc f a deux points fixes qui sont -1 et 1.

2) On va montrer que $E = [-1, 1]$.

($\subset$) Soit $x \in E$. Il existe $z \in \mathbb{U}$ tel que $f(z) = x$. On sait aussi qu'il existe θ tel que $z = e^{i\theta}$. On a alors :

$$\begin{aligned}x &= f\left(e^{i\theta}\right) \\ &= \frac{1}{2}\left(e^{i\theta} + \frac{1}{e^{i\theta}}\right) \\ &= \frac{1}{2}\left(e^{i\theta} + e^{-i\theta}\right) \\ &= \cos(\theta).\end{aligned}$$

$1/e^{i\theta} = e^{-i\theta}$

formule d'Euler à l'envers

Donc $x \in [-1, 1]$.

($\supset$) Soit $x \in [-1, 1]$. Il existe $\theta \in \mathbb{R}$ tel que $x = \cos(\theta)$. On pose $z = e^{i\theta}$. On a alors $z \in \mathbb{U}$ et $f(z) = \cos(\theta) = x$. Donc $x \in E$.

Exercice 18

On sait que $|z| = 1 \iff z\overline{z} = 1$ et qu'un complexe est un imaginaire pur si, et seulement si, son conjugué est égal à son opposé. D'où :

$$\begin{aligned}
\frac{1+z}{1-z} \in i\mathbb{R} &\iff \overline{\left(\frac{1+z}{1-z}\right)} = -\frac{1+z}{1-z} \\
&\iff \frac{1+\overline{z}}{1-\overline{z}} = -\frac{1+z}{1-z} && \text{propriétés de la conjugaison} \\
&\iff (1+\overline{z})(1-z) = (-1-z)(1-\overline{z}) && z \neq 1 \\
&\iff 1 - z + \overline{z} - \overline{z}z = -1 + \overline{z} - z + z\overline{z} && \text{on développe} \\
&\iff 2z\overline{z} = 2 \\
&\iff |z| = 1.
\end{aligned}$$

Exercice 19

Soient u et v deux complexes.

D'après l'inégalité triangulaire, pour tous z_1 et z_2 dans $\mathbb{C}$, on a $|z_1 + z_2| \leqslant |z_1| + |z_2|$.

En posant $z_1 = u + v$ et $z_2 = u - v$, on a $z_1 + z_2 = 2u$. D'où $2\,|u| \leqslant |u - v| + |u + v|$ d'après l'inégalité triangulaire.

De même, $2\,|v| \leqslant |u - v| + |u + v|$, car $2v = (u + v) + (v - u)$ et $|v - u| = |u - v|$.

En ajoutant ces deux résultats (et en divisant par 2), on obtient :

$$|u| + |v| \leqslant |u - v| + |u + v|\,.$$

Remarque

Interprétation géométrique : Le demi-périmètre d'un parallélogramme est inférieur à la somme des longueurs des diagonales.

Exercice 20

On écrit $z - 4$ (dont on veut encadrer le module) en fonction de $z - 1 - i$ (dont on peut majorer le module) :

$$z - 4 = (z - 1 - i) - (3 - i).$$

D'une part, $|z - 4| \leqslant |z - 1 - i| + |3 - i| \leqslant 1 + \sqrt{10}$.

D'autre part, $|z - 4| \geqslant \big||z - 1 - i| - |3 - i|\big|$. Comme $|z - 1 - i| \leqslant 1$ et $|3 - i| = \sqrt{10} > 1$, on a :

$$|z - 4| \geqslant \sqrt{10} - |z - 1 - i| \geqslant \sqrt{10} - 1.$$

Exercice 21

1) a) On sait que le conjugué d'un produit (respectivement d'une somme) est le produit respectivement la somme) des conjugués. Le conjugué de z_1 est aussi solution, car $\overline{z}_1^{\,3p} = \overline{z_1^{3p}} = \overline{1} = 1$ et, de même, $(1 + \overline{z}_1)^{3n} = \overline{(1 + z_1)^{3n}} = 1$.

b) On a $z_1^{3p} = 1$, donc $|z_1| = 1$. Par conséquent, il existe $\theta \in]-\pi, \pi]$ tel que $z_1 = e^{i\theta}$.
De même $|1 + z_1| = 1$. Or, $1 + e^{i\theta} = e^{i\theta/2}(e^{i\theta/2} + e^{-i\theta/2}) = 2\cos(\theta)e^{i\theta/2}$.
D'où $|2\cos(\theta)| = |1 + z_1| = 1$ et $|\cos(\theta/2)| = 1/2$.

c) Comme $\theta \in]-\pi, \pi]$, on a $\theta/2 \in]-\pi/2, \pi/2]$, donc $\cos(\theta/2) \geqslant 0$. D'après la question précédente, $\cos(\theta/2) = 1/2$. Donc $\theta/2 = \pm\pi/3$ et :

$$z_1 = e^{i2\pi/3} \text{ ou } z_1 = e^{-i2\pi/3}.$$

2) D'après les questions 1)a) et 1)c), on a :
Le système $(\mathcal{S})$ admet au moins une solution si, et seulement si, $e^{i2\pi/3}$ est solution.
Classiquement, notons $j = e^{i2\pi/3}$.
On a, pour tout $p \in \mathbb{N}$, $j^{3p} = e^{i2\pi} = 1$.
Et $1 + j = \frac{1}{2} + i\frac{\sqrt{3}}{2} = e^{i\pi/3}$, donc, pour $n \in \mathbb{N}$:

$$(1 + j)^{3n} = e^{in\pi} = (-1)^n.$$

En conclusion :
Le système $(\mathcal{S})$ admet au moins une solution si, et seulement si, n est pair.

Remarque

On aurait pu utiliser $1 + j + j^2 = \frac{1-j^3}{1-j} = 0$, donc :

$$(1 + j)^{3n} = (-j^2)^{3n} = (-1)^{3n}j^{6n} = (-1)^n.$$

Exercice 22

1) On a : $z \mathcal{R} i \iff 0 = |z - i| \times |i + i|$. Donc i est le seul élément en relation avec lui-même.
De même $-i$ est le seul élément en relation avec $-i$, car $z \mathcal{R} -i \iff |z + i| \times |-2i| = 0$.

2) Par commutativité de la multiplication, la relation $\mathcal{R}$ est clairement réflexive et symétrique.
Soient z, z' et $z'' \in \mathbb{C}$ tels que $(z \mathcal{R} z')$ et $(z' \mathcal{R} z'')$.
On a $|z + i| \times |z' - i| = |z - i| \times |z' + i|$ et $|z' + i| \times |z'' - i| = |z' - i| \times |z'' + i|$.
Si $z' = i$, on a vu que $z = i$ et $z'' = i$. En particulier $(z \mathcal{R} z')$.
Sinon les trois sont différents de i et $|z - i| \neq 0$ ainsi que $|z' - i|$ et $|z'' - i|$.
Donc on a $\frac{|z+i|}{|z-i|} = \frac{|z'+i|}{|z'-i|}$ et $\frac{|z'+i|}{|z'-i|} = \frac{|z''+i|}{|z''-i|}$. D'où $\frac{|z+i|}{|z-i|} = \frac{|z''+i|}{|z''-i|}$. On en déduit $(z \mathcal{R} z'')$. On a montré que la relation est transitive.

La relation $\mathcal{R}$ étant réflexive, transitive et symétrique, c'est une relation d'équivalence.

3) Pour tout $z \in \mathbb{C}$, $|\overline{z} - i| = \left|\overline{z + i}\right| = |z + i|$. De même $|\overline{z} + i| = |z - i|$. Donc

$$z \mathcal{R} \overline{z} \iff |z + i|^2 = |z - i|^2 \iff M(z) \in \mathcal{D}$$

où $\mathcal{D}$ est la médiatrice des points d'affixes i et $-$i.

La droite $\mathcal{D}$ étant l'axe des réels, on a : $z \mathcal{R} \overline{z} \iff z \in \mathbb{R}$.

Remarque

On peut obtenir le résultat à l'aide des partie réelle a et imaginaire b de z :

$$a^2 + (b+1)^2 = a^2 + (b-1)^2 \iff b^2 + 2b + 1 = b^2 - 2b + 1 \iff b = 0 \iff z \in \mathbb{R}.$$

On encore en utilisant $|z+\mathrm{i}|^2 = (z+\mathrm{i})(\overline{z}-\mathrm{i}) = z\overline{z} + 1 + \mathrm{i}\overline{z} - \mathrm{i}z$:

$$|z+\mathrm{i}|^2 = |z-\mathrm{i}|^2 \iff \mathrm{i}\overline{z} - \mathrm{i}z = -\mathrm{i}\overline{z} + \mathrm{i}z \iff z = \overline{z} \iff z \in \mathbb{R}.$$

Exercice 23

1) Soit z solution de $(\star)$. On a $z \neq -1$ et, en posant $Z = (z-1)/(z+1)$, $Z^4 = 1$. Donc $Z = \pm 1$ ou $Z = \pm\mathrm{i}$.

   On résout chacune des quatre équations :
   - L'équation $z - 1 = z + 1$ n'a pas de solution ;
   - l'équation $z - 1 = -(z+1)$ a pour unique solution $z = 0$;
   - l'équation $z - 1 = \mathrm{i}(z+1)$ a pour unique solution $z = \frac{1+\mathrm{i}}{1-\mathrm{i}} = \frac{(1+\mathrm{i})^2}{1^2+1^2} = \frac{2\mathrm{i}}{2} = \mathrm{i}$;
   - l'équation $z - 1 = -\mathrm{i}(z+1)$ a pour unique solution $z = \frac{1-\mathrm{i}}{1+\mathrm{i}} = \overline{\left(\frac{1+\mathrm{i}}{1-\mathrm{i}}\right)} = -\mathrm{i}$.

   Réciproquement, 0, i et $-$i sont effectivement des solutions de $(\star)$.

   L'équation $(\star)$ a trois solutions 0, i et $-$i.

   Le quadrilatère $A(1)B(\mathrm{i})C(-1)D(-\mathrm{i})$ est un carré de centre O.

2) a) Si z vérifie $(z-a)^4 = (z-b)^4$, alors en particulier $|z-a| = |z-b|$. En notant M le point image de z, on a $AM = BM$.

   Donc les points images des solutions de $(\star\star)$ sont sur la médiatrice des points A et B.

   b) On reproduit la démarche de la question 1).

   Soit z solution de $(\star\star)$. On a $(z-a) = \pm(z-b)$ ou $(z-a) = \pm\mathrm{i}(z-b)$.

   On résout chacune des quatre équations :
   - L'équation $z - a = z - b$ n'a pas de solution (car $a \neq b$) ;
   - l'équation $z - a = -(z-b)$ a pour unique solution $z_1 = \frac{a+b}{2} = z_I$;
   - l'équation $z - a = \mathrm{i}(z-b)$ a pour unique solution $z_2 = \frac{a-\mathrm{i}b}{1-\mathrm{i}}$;
   - l'équation $z - a = -\mathrm{i}(z-b)$ a pour unique solution $z_3 = \frac{a+\mathrm{i}b}{1+\mathrm{i}}$.

   La réciproque étant vraie, $(\star\star)$ a trois solutions dont z_I.

   c) Il y beaucoup de façons de montrer le résultat. En notant C le point d'affixe z_2 et D celui d'affixe z_3, la question précédente donne $AC = BC$ et $AD = BD$. De plus :
   - Puisque $(z_2 - a) = \mathrm{i}(z_2 - b)$, on a $\arg\left(\frac{a-z_2}{b-z_2}\right) \equiv \frac{\pi}{2}\ [2\pi]$. Donc $\left(\widehat{\overrightarrow{CB}, \overrightarrow{CA}}\right) \equiv \pi/2\ [2\pi]$.
   - De même, puisque $(z_3 - a) = -\mathrm{i}(z_3 - b)$, on a $\left(\widehat{\overrightarrow{DB}, \overrightarrow{DA}}\right) \equiv -\pi/2\ [2\pi]$.

Les points C et D étant à la fois sur le cercle de diamètre $[A, B]$ et sur la médiatrice de A et B, on en déduit que $AC = AD$.
On peut également prouver $AC = AD$ par le calcul :
D'une part, $z_2 - a = \frac{a-\mathrm{i}b}{1-\mathrm{i}} - a = \mathrm{i}\frac{a-b}{1-\mathrm{i}}$ donc $AC = \frac{|a-b|}{\sqrt{2}}$.
D'autre part, $z_3 - a = \frac{a+\mathrm{i}b}{1+\mathrm{i}} - a = \mathrm{i}\frac{b-a}{1+\mathrm{i}}$ donc $AD = \frac{|a-b|}{\sqrt{2}} = AC$.

Le quadrilatère $ACBD$ est un carré car les quatre côtés sont égaux et l'angle $\widehat{\overrightarrow{CB}, \overrightarrow{CA}}$ est droit.

Exercices avec questions ouvertes

Exercice 24

La réponse est négative. Par exemple : Si $\mathrm{j} = \mathrm{e}^{\mathrm{i}\,2\pi/3}$, on a $\mathrm{j}^{2022} = 1$, car $\mathrm{j}^3 = 1$ et 2022 est un multiple de 3.
Il n'existe pas de $n \in \mathbb{N}$ tel que $\mathrm{j}^n = -1$, car les puissances de j sont uniquement 1, j et j^2.

Exercice 25

1) La réciproque est fausse, car pour $z = \mathrm{i}$, z n'est pas un réel, mais $z + \frac{1}{z} = \mathrm{i} - \mathrm{i} = 0 \in \mathbb{R}$.

Remarque
Plus généralement, avec $z = \mathrm{e}^{\mathrm{i}\theta} \neq \pm 1$, on a $z + 1/z = \mathrm{e}^{\mathrm{i}\theta} + \mathrm{e}^{-\mathrm{i}\theta} = 2\cos(\theta) \in \mathbb{R}$.

2) Si z est un imaginaire pur (non nul), il existe $b \in \mathbb{R}^*$ tel que $z = \mathrm{i}b$.
On a alors $z + 1/r = \mathrm{i}(b - 1/b)$ qui est un imaginaire pur.
Réciproquement, on suppose que $Z = z + 1/z$ est un imaginaire pur.

• Première méthode

Il existe un réel b tel que $z + 1/z = \mathrm{i}b$. Donc $z^2 - \mathrm{i}bz + 1 = 0$.
Le trinôme $X^2 - \mathrm{i}bX + 1$ a pour discriminant $\Delta = -b^2 - 4 < 0$. Ses racines sont $\frac{\mathrm{i}b \pm \mathrm{i}\sqrt{b^2+4}}{2}$, donc ce sont deux imaginaires purs. Donc z est un imaginaire pur.

• Seconde méthode

On a alors $Z + \overline{Z} = 2\mathrm{Re}(Z) = 0$ donc :

$$z + \overline{z} + \frac{1}{z} + \frac{1}{\overline{z}} = 0.$$

Or, $z + \overline{z} = 2\mathrm{Re}(z)$, $\frac{1}{z} + \frac{1}{\overline{z}} = \frac{z+\overline{z}}{z\overline{z}} = \frac{2\mathrm{Re}(z)}{|z|^2}$. Donc, on a :

$$2\mathrm{Re}(z)(1 + 1/|z|^2) = 0.$$

Comme $1 + 1/|z|^2$ est un réel strictement positif, on a $\mathrm{Re}(z) = 0$ ce qui montre que z est un imaginaire pur.

Exercice 26

On va montrer que la réciproque est vraie.
D'une part, $|z|^2 = z\overline{z} = (u + \mathrm{i}v)(\overline{u} - \mathrm{i}\overline{v})$, car $\overline{u + \mathrm{i}v} = \overline{u} - \mathrm{i}\overline{v}$.
D'autre part, $u^2 + v^2 = (u + \mathrm{i}v)(u - \mathrm{i}v)$.
Donc, si $|z|^2 = u^2 + v^2$, on a $u - \mathrm{i}v = \overline{u} - \mathrm{i}\overline{v}$, car $u + \mathrm{i}v = z \neq 0$.
On en déduit $u - \overline{u} = \mathrm{i}(v - \overline{v})$. Or, $u - \overline{u}$ est un imaginaire pur et $\mathrm{i}(v - \overline{v})$ est un réel, on a donc $u - \overline{u} = 0$ et $v - \overline{v} = 0$, ce qui montre que u et v sont des réels.

Remarque

L'hypothèse $z \neq 0$ est nécessaire, car sinon, en prenant $u = -\mathrm{i}$ et $v = 1$, on obtiendrait $z = u + \mathrm{i}v = 0$ et $u^2 + v^2 = \mathrm{i}^2 + 1 = 0$. Donc $z = u + \mathrm{i}v$, $|z|^2 = u^2 + v^2$ et $u \notin \mathbb{R}$.

Exercice 27

Les trois points A, B et C appartiennent au cercle trigonométrique.
On va montrer que le triangle ABC est équilatéral. Plusieurs démonstrations sont possibles.
D'après (⋆), on a $\mathrm{e}^{\mathrm{i}a} + \mathrm{e}^{\mathrm{i}b} = -\mathrm{e}^{\mathrm{i}c}$. Donc $\left|\mathrm{e}^{\mathrm{i}a} + \mathrm{e}^{\mathrm{i}b}\right| = 1$.
Or $\mathrm{e}^{\mathrm{i}a} + \mathrm{e}^{\mathrm{i}b} = \mathrm{e}^{\mathrm{i}\frac{a+b}{2}}\left(\mathrm{e}^{\mathrm{i}\frac{a-b}{2}} + \mathrm{e}^{-\mathrm{i}\frac{a-b}{2}}\right) = \mathrm{e}^{\mathrm{i}\frac{a+b}{2}}\left(2\cos\left(\frac{a-b}{2}\right)\right)$, d'où $\left|\cos\left(\frac{a-b}{2}\right)\right| = \frac{1}{2}$.
De même $\mathrm{e}^{\mathrm{i}a} - \mathrm{e}^{\mathrm{i}b} = \mathrm{e}^{\mathrm{i}\frac{a+b}{2}}\left(2\mathrm{i}\sin\left(\frac{a-b}{2}\right)\right)$, donc :

$$BA^2 = \left|\mathrm{e}^{\mathrm{i}a} - \mathrm{e}^{\mathrm{i}b}\right|^2 = 4\sin^2\left(\frac{a-b}{2}\right) = 4\left(1 - \frac{1}{4}\right) = 3.$$

Les rôles de A, B et C étant les mêmes, on a $CB^2 = 3$ et $AC^2 = 3$.
Donc le triangle ABC est équilatéral (et le cercle circonscrit au triangle est le cercle trigonométrique).

« *Forme algébrique $(x + iy)$ et forme exponentielle $(re^{i\theta})$ sont comme les deux faces d'une feuille.* »

Arithmétique 16

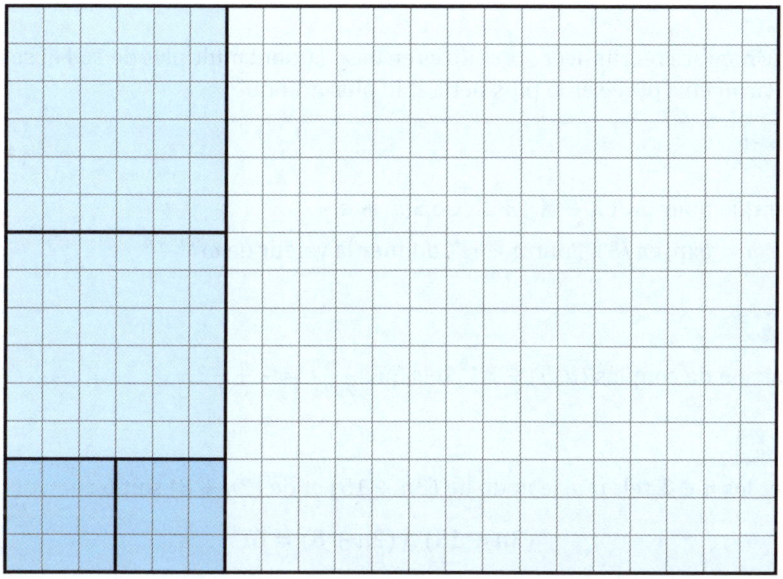

Voici une interprétation géomérique de l'algorithme d'Euclide de calcul du PGCD.

Quel est le plus grand carré avec lequel on peut paver un rectangle de longueur 21 et de largeur 15 ?

On commence par mettre le plus grand nombre possible de carrés de côté 15. On peut en mettre un. Il reste à paver un rectangle de largeur 6 et de longueur 15. On met dans ce rectangle le plus grand nombre possible de carrés de côté 6. On peut en mettre 2 (quotient de la division de 15 par 6) et il reste une bande de largeur 3 (reste de la division de 15 par 6). On voit que l'on peut paver cette bande avec deux carrés de côté 3.

Le PGCD de 21 et de 15 est donc égal à 3.

Pour deux entiers non nuls a et b, on notera $a \wedge b$ (respectivement $a \vee b$) le PGCD (respectivement le PPCM) de a et de b.

Exercices axés sur le calcul

Exercice 1

1) Combien y a-t-il de nombres multiples de 9 et écrits (en base dix) avec quatre chiffres pairs distincts ?
2) Trouver le reste obtenu dans la division par 9 du nombre n à 45 chiffres suivant :

$$n = 1\,22\,333\,4444\,55555\,666666\,7777777\,88888888\,999999999.$$

Exercice 2

Combien de nombres écrits avec six chiffres en base 10 sont multiples de 164 et se terminent par 164 ? Parmi eux, préciser le plus petit et le plus grand.

Exercice 3

1) Montrer que pour tout $n \in \mathbb{N}^*$, 3 divise $5n^3 + n$.
2) On note $\omega = \exp(\mathrm{i}\,\pi/3)$. Pour $n \in \mathbb{N}^*$, donner la valeur de ω^{5n^3+n}.

Exercice 4

Combien a-t-on de couples $(a, b) \in {\mathbb{N}^*}^2$ tels que $\frac{a+b}{2024} = \frac{1}{a} + \frac{1}{b}$?

Exercice 5

Déterminer les $n \in \mathbb{Z}$ tels que le PGCD de $(3n + 15)$ et de $(2n + 8)$ soit 6 :

$$(3n + 15) \wedge (2n + 8) = 6.$$

Exercice 6 *Équation diophantienne*

Justifier l'existence de $(x, y) \in \mathbb{Z}^2$ tel que $323x + 391y = 612$, puis déterminer toutes les solutions.

Exercice 7

Un phare émet un premier signal lumineux à 00 h 02, puis tous les quarts d'heure. Un autre phare émet un signal du même type à 00 h 08, puis toutes les 28 min. Les deux phares n'émettent plus à partir de 08 h 00.

1) Déterminer le nombre de signaux émis par chacun des deux phares.
2) Y aura-t-il des émissions simultanées ? Si oui combien ? et à quelle heure aura lieu la première ?

Exercices axés sur le raisonnement

Exercice 8 *Entiers versus entiers naturels*

1) Déterminer des entiers u_0 et v_0 tels que $5u_0 + 17v_0 = 1$.
2) Soit $n \in \mathbb{N}$. Déterminer tous les couples d'entiers (u, v) tels que $5u + 17v = n$.
3) Montrer que pour tout $n \geqslant 85$, il existe $(a, b) \in \mathbb{N}^2$ tel que $5a + 17b = n$.
4) Quel est le plus grand entier naturel n pour lequel il n'existe pas de couple d'entiers naturels (a, b) tel que $5a + 17b = n$?

Exercice 9

Pour quels nombres entiers positifs n le nombre $3^n - 2n - 1$ est-il divisible par 4 ?

Exercice 10

Déterminer les $n \in \mathbb{N}$ tels que $n^2 - 10n + 23$, $n^2 - 9n + 31$ et $n^2 - 12n + 46$ soient des nombres premiers.

Exercice 11

Soient a et b des entiers naturels tels que :

$$a \times (a \wedge b) + b \times (a \vee b) = a^2 + b^2.$$

Préciser la valeur de $(2022^a - 1) \wedge (2022^b - 1)$.

Exercice 12

Quel est le chiffre des unités en base dix de 7^{7^7} ?
On rappelle que $7^{7^7} = 7^{(7^7)}$.

D'après Mines-Ponts

Exercice 13 ⋆

1) Soient a et b des entiers naturels.

   Montrer que a et b sont premiers entre eux si, et seulement si, $a + b$ et ab sont premiers entre eux :

$$a \wedge b = 1 \Leftrightarrow (a + b) \wedge ab = 1.$$

2) Application

   Déterminer les couples (a, b) d'entiers naturels tels que $a + b = 96$ et $a \vee b = 180$.

Exercice 14

Trouver tous les triplets (p, q, r) de nombres premiers tels que :

$$15p + 7pq + qr = pqr.$$

Exercice 15

Déterminer les triplets (p, q, r) de nombres premiers tels que $p > q > r$ et tels que les nombres $p - q$, $p - r$ et $q - r$ soient aussi premiers.

Exercice 16 ⋆

Soit n un naturel non nul. On note :

$$\mathcal{D} = \{d \in \mathbb{N} \mid d \text{ divise } n\}, \quad N = \text{card}(\mathcal{D}), \quad P = \prod_{d \in \mathcal{D}} d.$$

Donner une relation entre P, N et n.

D'après Mines-Ponts

Exercice 17

Montrer qu'un entier naturel non nul est le carré d'un entier si, et seulement si, le nombre de ses diviseurs positifs est impair.

Exercice 18 *Nombres premiers et coefficients binomiaux*

1) Soit p un nombre premier.
Montrer que pour tout $k \in [\![1, p-1]\!]$, p divise $k!\binom{p}{k}$, puis que p divise $\binom{p}{k}$.

2) Soit n un entier supérieur à 2 tel que pour tout $k \in [\![1, n-1]\!]$, n divise $\binom{n}{k}$.
Montrer que n est premier.
Indication : On pourra raisonner par l'absurde.

Exercices avec questions ouvertes

Exercice 19

Existe-t-il $n \in \mathbb{N}^*$ tel que $\sqrt{\frac{n}{n+2}}$ soit un nombre rationnel ?

Exercice 20

On note j le nombre complexe tel que $\mathrm{j} = \mathrm{e}^{2\mathrm{i}\pi/3}$.
Vérifier que si $z = \mathrm{ij}$, alors $z^{12} = 1$.
Réciproquement, pour $\omega \in \mathbb{C}$ tel que $\omega^{12} = 1$, existe-t-il a et b entiers tels que $\omega = \mathrm{i}^a \mathrm{j}^b$?

Corrections

Exercices axés sur le calcul

Exercice 1

1) Notons $n = abcd$. Les quatre chiffres étant pairs, ils appartiennent à $\{0, 2, 4, 6, 8\}$.

On sait que n est un multiple de 9 si, et seulement si, $s = a + b + c + d$ est un multiple de 9.

Or, les quatre chiffres étant distincts $0 + 2 + 4 + 6 = 12 \leqslant s \leqslant 2 + 4 + 6 + 8 = 20$. Le seul multiple de 9 possible est $s = 18$.

La seule possibilité est d'utiliser les quatre chiffres 0, 4, 6 et 8.

Comme $a \neq 0$, il y a 3 possibilités pour le premier chiffre. Ce chiffre choisi, il y a 3! permutations possibles pour les trois autres.

Il y a donc $3 \times 3! = 18$ nombres solutions du problème posé.

2) Il y a bien 45 chiffres, car chaque chiffre k est répété k fois et $\sum_{k=1}^{9} k = \frac{9 \times 10}{2} = 45$.

On a $10 \equiv 1\ [9]$. Donc $10^p \equiv 1\ [9]$ pour tout $p \in \mathbb{N}$ et $k \cdot 10^p \equiv k\ [9]$ pour tout $p \in \mathbb{N}$.

Comme chaque chiffre $k \in [\![1, 9]\!]$ est répété k fois, on a $s \equiv \sum_{k=1}^{9} k^2\ [9]$.

Or $\sum_{k=1}^{9} k^2 = \frac{9 \times 10 \times 19}{6} = 15 \times 19$, donc $s \equiv 6 \times 1\ [9]$.

Le reste obtenu dans la division par 9 du nombre n est donc 6 .

Exercice 2

Si n s'écrit avec six chiffres et se termine par 164, il existe un entier $a \in [\![100, 999]\!]$ tel que $n = 1000a + 164$.

Si 164 divise n, il divise $1000a$. Or $164 = 2 \times 82 = 2^2 \times 41$. Comme 41 est un nombre premier qui ne divise pas 1000, il doit diviser a.

Réciproquement, si a est un multiple de 41, $1000a$ est divisible par 4×41.

Il y a autant de solutions que de multiples de 41 entre 100 et 999.

Comme $100 = 2 \times 41 + 18$ et $999 = 24 \times 41 + 15$, les multiples de 41 entre 100 et 999 sont les $41k$ avec $k \in [\![3, 24]\!]$.

Il y a 22 nombres à six chiffres multiples de 164 et se terminant par 164.

Le plus petit est obtenu avec $a = 3 \times 41$, c'est $m = 123\,164$.

Le plus grand est obtenu avec $a = 41 \times 24$, c'est $M = 984\,164$.

Exercice 3

1) Soit $n \in \mathbb{N}^*$. Montrons que 3 divise $5n^3 + n = n(5n^2 + 1)$.

Si n est un multiple de 3, le résultat est évident.

Sinon, le reste r de la division de n par 3 est 1 ou 2.

Si $r = 1$, alors $n^2 \equiv 1^2$ [3]. Si $r = 2$, alors $n^2 \equiv 4$ [3].
Dans ces deux cas, $n^2 \equiv 1$ [3]. Puis $5n^2 + 1 \equiv 5 + 1$ [3], donc $5n^2 + 1 \equiv 0$ [3].
Dans tous les cas, 3 divise $n(5n^2 + 1)$.

2) Soient $\omega = \exp(\mathrm{i}\,\pi/3)$ et $n \in \mathbb{N}^*$.
Puisque 3 divise $5n^3 + n$, il existe $q \in \mathbb{N}^*$ tel que $5n^3 + n = 3q$. On a alors :

$$\omega^{5n^3+n} = \omega^{3q} = (-1)^q,$$

car $\omega^3 = e^{\mathrm{i}\pi} = -1$. Les entiers q et $5n^3 + n$ ayant même parité, on distingue deux cas selon la parité de n.
Si n est pair, $5n^3 + n = n(5n^2 + 1)$ est pair. Sinon n est impair, ainsi que le produit $5n \times n$. Donc $(5n^2 + 1)$ est pair. Dans tous les cas, $n(5n^2 + 1)$ est pair.
Donc $\omega^{5n^3+n} = 1$ pour tout $n \in \mathbb{N}^*$.

Remarque
En conclusion, 2 et 3 divisant $n(5n^2 + 1)$, 6 divise $5n^3 + n$ pour tout $n \in \mathbb{N}^*$.

Exercice 4

Comme $(a, b) \in \mathbb{N}^{*2}$, $a + b \neq 0$ et $ab \neq 0$. Et on a :

$$\frac{a+b}{2024} = \frac{1}{a} + \frac{1}{b} \quad \Leftrightarrow \quad \frac{a+b}{2024} = \frac{a+b}{ab} \quad \Leftrightarrow \quad ab = 2024.$$

Il s'agit de compter le nombre de diviseurs $a \in \mathbb{N}^*$ de 2024 (b étant alors égal à $2024/a$).
On a $2024 = 4 \times 506 = 8 \times 253$. Or 253 est un multiple de 11 (car $2 + 3 = 5$), plus précisément $253 = 23 \times 11$.
La décomposition de 2024 en facteurs premiers est donc $2024 = 2^3 \times 11 \times 23$.
Un diviseur a de 2024 est de la forme $2^\alpha \times 11^\beta \times 23^\gamma$ avec $\alpha \in [\![0, 3]\!]$, $\beta \in [\![0, 1]\!]$ et $\gamma \in [\![0, 1]\!]$.
Il y a donc $4 \times 2 \times 2 = 16$ diviseurs de 2024, donc 16 couples (a, b) solutions.

Exercice 5

En utilisant $a \wedge b = b \wedge (a - b)$, on obtient :

$3n + 15 = (2n + 8) + (n + 7)$
$2n + 8 = (n + 7) + (n + 1)$
$n + 7 = (n + 1) + 6.$

$(3n + 15) \wedge (2n + 8) = (2n + 8) \wedge (n + 7)$
$(2n + 8) \wedge (n + 7) = (n + 7) \wedge (n + 1)$

Donc $(3n + 15) \wedge (2n + 8) = (n + 1) \wedge 6$. D'où

$$(3n + 15) \wedge (2n + 8) = 6 \quad \Leftrightarrow \quad (n + 1) \wedge 6 = 6 \quad \Leftrightarrow \quad 6 \text{ divise } (n + 1).$$

On peut conclure en disant que les entiers recherchés sont les $n \in \mathbb{Z}$ tels que $n \equiv 5$ [6], c'est-à-dire ceux dont le reste dans la division euclidienne par 6 est 5.

Exercice 6

- PGCD de 323 et 391

On utilise l'algorithme d'Euclide :
$391 = 1 \times 323 + 68, 323 = 4 \times 68 + 51, 68 = 1 \times 51 + 17$ et $51 = 3 \times 17$.
Donc $323 \wedge 391 = 17$. Comme 17 divise 612, l'équation $323x - 391y = 612$ a des solutions dans $\mathbb{Z}^2$.
Plus précisément, $323 = 17 \times 19, 391 = 17 \times 23$ et $612 = 17 \times 36$, l'équation est équivalente à :

$$19x + 23y = 36.$$

- Coefficients de Bézout de 19 et 23

Comme $19 \wedge 23 = 1$, on sait qu'il existe $(u, v) \in \mathbb{Z}^2$ tel que $19u + 23v = 1$.
On peut déterminer un tel couple par l'algorithme d'Euclide :

$$\begin{aligned} 23 &= 1 \times 19 + 4 \\ 19 &= 4 \times 4 + 3 \\ 4 &= 1 \times 3 + 1. \end{aligned}$$

$23 \wedge 19 = 19 \wedge 4$

$19 \wedge 4 = 4 \wedge 3$

Puis, en remontant les calculs :

$$\begin{aligned} 1 &= 4 - 3 \\ &= 5 \times 4 - 19 \\ &= 5 \times 23 - 6 \times 19. \end{aligned}$$

$3 = 19 - 4 \times 4$

$4 = 23 - 19$

- Une solution

En posant $x_0 = -6 \times 36 = -216$ et $y_0 = 5 \times 36 = 180$, on a :

$$19x_0 + 23y_0 = 36(-6 \times 19 + 5 \times 23) = 36.$$

- Toutes les solutions

On obtient par soustraction :

$$19x + 23y = 36 \quad \Leftrightarrow \quad 19(x - x_0) + 23(y - y_0) = 0.$$

Pour un couple (x, y) solution, on a, d'après l'équation homogène ci-dessus, 23 divise le produit $19(x - x_0)$. Comme $19 \wedge 23 = 1$, 23 divise $(x - x_0)$ d'après le théorème de Gauss. Donc il existe $k \in \mathbb{Z}$ tel que $x - x_0 = 23k$. En reportant et en divisant par 23, on a $y - y_0 = -19k$.
Réciproquement, si $x = x_0 + 23k$ et $y = y_0 - 19k$, alors (x, y) est solution.
L'ensemble $\mathcal{S}$ des solutions est donc :

$$\mathcal{S} = \{(-216 + 23k, 180 - 19k), k \in \mathbb{Z}\}.$$

Exercice 7

1) On compte le temps en minutes après 00 h 00.
Pour le premier phare, il est clair qu'il émet 4 fois par heure et qu'il y aura 32 émissions au cours des 8 heures de fonctionnement.
Pour le second phare, son premier signal est émis à $t_1 = 8$. Le n-ième signal sera émis à $t_n = 8 + 28(n - 1)$ tant que $t_n \leqslant 480 = 8 \times 60$. On doit donc avoir $n - 1 \leqslant \frac{472}{28} = \frac{118}{7}$.
Comme $118 = 7 \times 16 + 8$, $n \leqslant 17$. Le second phare émettra 17 fois.

2) Pour avoir une émission simultanée, il faut et il suffit qu'il existe un entier $u \in [\![0,16]\!]$ et un entier $v \in [\![0,31]\!]$ tels que $8+28u = 2+15v$, c'est-à-dire $15v - 28u = 6$.

Il y a des solutions dans $\mathbb{Z}^2$, car $15 = 3\times 5$ et $28 = 4\times 7$ sont premiers entre eux.

• Coefficients de Bézout de 28 et 15

On peut déterminer un tel couple par l'algorithme d'Euclide :

$$\begin{aligned} 28 &= 1\times 15 + 13 \\ 15 &= 1\times 13 + 2 \\ 13 &= 6\times 2 + 1. \end{aligned}$$

$28 \wedge 15 = 15 \wedge 13$

$15 \wedge 13 = 13 \wedge 2$

Puis en remontant les calculs :

$$\begin{aligned} 1 &= 13 - 6\times 2 \\ &= 7\times 13 - 6\times 15 \\ &= 7\times 28 - 13\times 15. \end{aligned}$$

$2 = 15 - 13$

$13 = 28 - 15$

En multipliant par 6, on obtient $6 = 42\times 28 - 78\times 15$. En posant $(u_0, v_0) = (-42, -78)$, on a $15v_0 - 28u_0 = 6$.

• Solutions dans $\mathbb{Z}^2$

On obtient par soustraction :

$$15v - 28u = 6 \quad \Leftrightarrow \quad 15(v - v_0) - 28(u - u_0) = 0.$$

Pour un couple (u, v) solution, on a, d'après l'équation homogène ci-dessus, 28 divise $15(v - v_0)$. Comme $15 \wedge 28 = 1$, 28 divise $(u - u_0)$ d'après le théorème de Gauss. Donc il existe $k \in \mathbb{Z}$ tel que $v - v_0 = 28k$. En reportant et en divisant par 28, on a $u - u_0 = 15k$.

Réciproquement, si $v = v_0 + 28k$ et $u = u_0 + 15k$, alors (u, v) est solution.

L'ensemble $\mathcal{S}$ des solutions dans $\mathbb{Z}^2$ est donc :

$$\mathcal{S} = \{(-42 + 15k, -78 + 28k), k \in \mathbb{Z}\}.$$

• Solutions dans $[\![0,16]\!] \times [\![0,31]\!]$

On souhaite $u = -42 + 15k$ avec $k \in \mathbb{Z}$ et $u \in [\![0,16]\!]$.

$$0 \leqslant -42 + 15k \leqslant 16 \quad \Leftrightarrow \quad \frac{42}{15} \leqslant k \leqslant \frac{58}{15}.$$

Comme $\frac{42}{15} = 2 + \frac{12}{15}$ et $\frac{58}{15} = 3 + \frac{13}{15}$, il n'y a qu'une solution $k = 3$.

Cela donne $u = 3$, $v = 6$ et $t = 8 + 28\times 3 = 92 = 60 + 32$.

Il y a une seule émission simultanée et elle a lieu à 01 h 32 min.

Exercices axés sur le raisonnement

Exercice 8

1) On a $17 = 3 \times 5 + 2$, puis $5 = 2 \times 2 + 1$. Donc $1 = 5 - 2(17 - 3 \times 5) = 7 \times 5 - 2 \times 17$.
En choisissant $u_0 = 7$ et $v_0 = -2$, on a $5u_0 + 17v_0 = 1$.

2) Soit $n \in \mathbb{N}$. D'après la question précédente, $5nu_0 + 17nv_0 = n$.
En soustrayant, on a :

$$5u + 17v = n \quad \Leftrightarrow \quad 5(u - nu_0) + 17(v - nv_0) = 0.$$

Pour un couple (u, v) solution, on a, d'après l'équation homogène ci-dessus, 5 divise le produit $17(v - nv_0)$. Comme $5 \wedge 17 = 1$, 5 divise $(v - nv_0)$ d'après le théorème de Gauss. Donc il existe $k \in \mathbb{Z}$ tel que $v - nv_0 = 5k$. En reportant et en divisant par 5, on a $u - nu_0 = -17k$.
Réciproquement, si $v = nv_0 + 5k$ et $u = nu_0 - 17k$, alors (u, v) est solution.
L'ensemble $\mathcal{S}$ des solutions dans $\mathbb{Z}^2$ est donc :

$$\mathcal{S} = \{(7n - 17k, -2n + 5k), k \in \mathbb{Z}\}.$$

3) On cherche $k \in \mathbb{Z}$ tel que $a = 7n - 17k$ et $b = -2n + 5k$ soient des entiers naturels. Il faut et il suffit que $7n/17 \geqslant k$ et $k \geqslant 2n/5$, c'est-à-dire que l'intervalle $I_n = \left[\frac{2n}{5}, \frac{7n}{17}\right]$ contienne un entier.
La longueur de l'intervalle I_n est $\frac{7n}{17} - \frac{2n}{5} = \frac{n}{85}$.
Si $n \geqslant 85$, cette longueur est supérieure à 1, donc l'intervalle contient au moins un entier.
Pour tout $n \geqslant 85$, il existe un couple d'entiers naturels (a, b) tel que $5a + 17b = n$.

4) Pour éviter de tester toutes les valeurs à partir de 84 de façon décroissante, on remarque que l'intervalle I_n contient un entier si, et seulement si, $2n/5$ est un entier ou I_n contient $\lfloor 2n/5 \rfloor + 1$.
On va raisonner selon le reste de n dans la division par 5 : on écrit $n = 5q + r$ avec $q \in \mathbb{N}$ et $r \in [\![0, 4]\!]$.
   - Si $r = 0$, il est clair que $2n/5 = 2q$ est un entier.
   - Si $r = 1$, $\lfloor 2n/5 \rfloor + 1 = \lfloor 2q + 2/5 \rfloor + 1 = 2q + 1$. On a :

   $$2q + 1 \in I_n \Leftrightarrow 2q + 1 \leqslant \frac{7n}{17} \Leftrightarrow 34q + 17 \leqslant 35q + 7 \Leftrightarrow 10 \leqslant q.$$

   Le plus grand n de ce type pour lequel $I_n \cap \mathbb{N} = \emptyset$ est $n = 5 \times 9 + 1 = 46$.
   - Si $r = 2$, $\lfloor 2n/5 \rfloor + 1 = \lfloor 2q + 4/5 \rfloor + 1 = 2q + 1$. On a :

   $$2q + 1 \in I_n \Leftrightarrow 2q + 1 \leqslant \frac{7n}{17} \Leftrightarrow 34q + 17 \leqslant 35q + 14 \Leftrightarrow 3 \leqslant q.$$

   Le plus grand n de ce type pour lequel $I_n \cap \mathbb{N} = \emptyset$ est $n = 5 \times 2 + 2 = 12$.
   - Si $r = 3$, $\lfloor 2n/5 \rfloor + 1 = \lfloor 2q + 6/5 \rfloor + 1 = 2q + 2$. On a :

   $$2q + 2 \in I_n \Leftrightarrow 2q + 2 \leqslant \frac{7n}{17} \Leftrightarrow 34q + 34 \leqslant 35q + 21 \Leftrightarrow 13 \leqslant q.$$

   Le plus grand n de ce type pour lequel $I_n \cap \mathbb{N} = \emptyset$ est $n = 5 \times 12 + 3 = 63$.

- Si $r = 4$, $\lfloor 2n/5 \rfloor + 1 = \lfloor 2q + 8/5 \rfloor + 1 = 2q + 2$. On a :

$$2q + 2 \in I_n \iff 2q + 2 \leqslant \frac{7n}{17} \iff 34q + 34 \leqslant 35q + 28 \iff 6 \leqslant q.$$

Le plus grand n de ce type pour lequel $I_n \cap \mathbb{N} = \emptyset$ est $n = 5 \times 5 + 4 = 24$.

Finalement, le plus grand entier naturel n pour lequel il n'existe pas de couple d'entiers naturels (a, b) tel que $5a + 17b = n$ est 63.

Remarque

Il y a une façon élémentaire de répondre aux questions 3) et 4) en raisonnant sur le dernier chiffre de l'écriture décimale :

Il est clair que l'on peut obtenir tous les multiples de 5, donc tous les n dont le chiffre des unités est 5 ou 0.

En utilisant 17 et $22 = 17 + 5$, on obtient tous les n se terminant par 7 sauf 7 lui-même et tous ceux se terminant par 2 sauf 2 et 12.

En utilisant $34 = 2 \times 17$ et $39 = 34 + 5$, on obtient tous les n se terminant par 4 à partir de 34 et tous ceux se terminant par 9 à partir de 39.

En utilisant $51 = 3 \times 17$ et $56 = 51 + 5$, on obtient tous les n se terminant par 1 à partir de 51 et tous ceux se terminant par 6 à partir de 56.

En utilisant $68 = 4 \times 17$ et $73 = 68 + 5$, on obtient tous les n se terminant par 8 à partir de 68 et tous ceux se terminant par 3 à partir de 73.

Tous les cas ont été envisagés et le plus grand nombre qui n'est pas obtenu est 63.

Exercice 9

Le nombre $3^n - 1$ est pair. Donc $3^n - 2n - 1$ est pair.
Si n est pair, $2n$ est un multiple de 4. Puisque $3^2 \equiv 1$ [4], on a $3^n \equiv 1$ [4]. Donc $3^n - 1$ est aussi multiple de 4 et $3^n - 2n - 1$ est aussi multiple de 4.
Si n est impair, d'une part $2n \equiv 2$ [4] et d'autre part $3^n \equiv 3$ [4]. Donc $3^n - 2n - 1 \equiv 0$ [4].
Le nombre $3^n - 2n - 1$ est multiple de 4.
Pour tout $n \in \mathbb{N}$, $3^n - 2n - 1$ est multiple de 4.

Exercice 10

- Conditions nécessaires

Soit $n \in \mathbb{N}$ tel que $n^2 - 10n + 23$, $n^2 - 9n + 29$ et $n^2 - 12n + 46$ soient des nombres premiers.
Si n est pair, $n^2 - 12n + 46$ est pair. Donc $n^2 - 12n + 46 = 2$, car 2 est le seul nombre premier pair.
On a alors $n^2 - 12n + 44 = 0$. Or, le discriminant de ce trinôme est $\Delta = 144 - 176 < 0$.
Le trinôme n'ayant pas de racine réelle, *a fortiori* aucun $n \in \mathbb{N}$ ne convient.
Donc n est impair. Donc n^2 l'est aussi. Par conséquent, $n^2 - 10n + 23$ est pair.
Donc $n^2 - 10n + 23 = 2$ et $n^2 - 10n + 21 = 0$.
Ce trinôme a pour discriminant 16 et pour racines $\frac{10-4}{2} = 3$ et $\frac{10+4}{2} = 7$.

- Conditions suffisantes

Si $n = 3$, on a $n^2 - 10n + 23 = 2$, $n^2 - 9n + 31 = 13$ et $n^2 - 12n + 46 = 19$.

Si $n = 7, n^2 - 10n + 23 = 2, n^2 - 9n + 31 = 17$ et $n^2 - 12n + 46 = 11$.
Dans les deux cas, on obtient trois nombres premiers.

Finalement, les solutions du problème posé sont 3 et 7.

Exercice 11

Soient a et b des entiers naturels tels que :

$$a \times (a \wedge b) + b \times (a \vee b) = a^2 + b^2.$$

Notons $\delta = a \wedge b$.
En notant c et d les entiers naturels tels que $a = \delta c, b = \delta d$, on sait que $a \vee b = \delta cd$.
On obtient $\delta^2 c + \delta^2 cd^2 = \delta^2 c^2 + \delta^2 d^2$. Donc $c + cd^2 = c^2 + d^2$. D'où c divise d^2, car $d^2 = c + cd^2 - c^2$. Puisque c et d sont premiers entre eux, on a $c = 1$.
Par conséquent $a = \delta, b = ad$ et on a $(2022^b - 1) = \left((2022^a)^d - 1\right)$.
Or $n^d - 1 = (n-1)(n^{d-1} + n^{d-2} + \cdots + d + 1)$, donc $n - 1$ divise $n^d - 1$.
D'où $(2022^a - 1)$ divise $(2022^b - 1)$ et $(2022^a - 1) \wedge (2022^b - 1) = 2022^a - 1$.

Remarque

Plus généralement, en remarquant que pour $b > a$:

$$(2022^b - 1) = 2022^{b-a}(2022^a - 1) + 2022^{b-a} - 1$$

on a $(2022^a - 1) \wedge (2022^b - 1) = (2022^a - 1) \wedge (2022^{b-a} - 1)$. On en déduit que $(2022^a - 1) \wedge (2022^b - 1) = (2022^a - 1) \wedge (2022^r - 1)$, où $r = b - qa$ est le reste de la division de b par a. À l'aide de l'algorithme d'Euclide, on en déduit :

$$(2022^a - 1) \wedge (2022^b - 1) = (2022^{a \wedge b} - 1).$$

Quand $a \wedge b = a$, on retrouve le résultat de l'exercice.

Exercice 12

En base dix, le chiffre des unités de n est le reste de la division euclidienne de n par 10.

• Puissances successives de 7 modulo dix

On a $7^0 \equiv 1\ [10]$, $7^1 \equiv 7\ [10]$, $7^2 = 49 \equiv 9\ [10]$, $7^3 \equiv 63\ [10]$, donc $7^3 \equiv 3\ [10]$. Puis $7^4 \equiv 21\ [10]$, d'où $7^4 \equiv 1\ [10]$.

Remarque

On peut aussi écrire $7^1 \equiv -3\ [10]$, $7^2 \equiv -1\ [10]$, $7^3 \equiv 3\ [10]$, donc $7^4 \equiv 1\ [10]$.

Pour $n \in \mathbb{N}$, si r est le reste de la division euclidienne de n par 4, on a $7^n = 7^{4q+r} \equiv 7^r\ [10]$.

• Puissances successives de 7 modulo quatre

De même $7^1 \equiv -1\ [4]$, $7^2 \equiv 1\ [4]$. En notant $n = 7^7 = 7^{3 \cdot 2 + 1}$, on $n \equiv 7^1\ [4]$. Donc $n \equiv 3\ [4]$.

Puisque $n \equiv 3\ [4]$, on a $7^n \equiv 7^3\ [10]$. D'où $7^n \equiv 3\ [10]$.

En conclusion, le chiffre des unités en base dix de 7^{7^7} est un 3.

Exercice 13

1) ($\Longrightarrow$) On suppose que $(a+b) \wedge ab = 1$. Notons $\delta = a \wedge b$. Il divise $a+b$ et ab, donc il divise $(a+b) \wedge ab$.

Comme $(a+b) \wedge ab = 1$, on en déduit $\delta = 1$.

($\Longleftarrow$) On suppose que $a \wedge b = 1$. Notons $\delta' = (a+b) \wedge ab$.

On raisonne par l'absurde. On suppose $\delta' \neq 1$. Notons p un nombre premier divisant δ'. Il divise le produit ab, donc il divise a ou b. Comme il divise également la somme $a+b$, il divise les deux nombres a et b. Cela contredit $a \wedge b = 1$.

On a montré, par l'absurde, que $(a+b) \wedge ab = 1$.

2) Soient a et b tels que $a+b = 96$ et $a \vee b = 180$.

Notons $\delta = a \wedge b$. On sait que δ divise la somme $a+b = 96$ et le PPCM qui vaut 180.

Donc δ divise $96 \wedge 180$.

Plus précisément, il existe a' et b' premiers entre eux tels que $a = \delta a'$ et $b = \delta b'$. Ainsi, on a $a' + b' = 96/\delta \in \mathbb{N}$ et $a'b' = 180/\delta \in \mathbb{N}$.

D'après la question 1) utilisée pour a' et b', les entiers $96/\delta$ et $180/\delta$ sont premiers entre eux. Donc $\delta = 96 \wedge 180$.

On peut calculer $96 \wedge 180$ par l'algorithme d'Euclide :

$180 = 96 + 84, 96 = 84 + 12$, puis $84 = 7 \times 12$. Donc $96 \wedge 180 = 12$.

Remarque

Ici, les factorisations en facteurs premiers sont rapides et on trouve :

$$96 = 3 \times 32 = 2^5 \times 3, \quad 180 = 4 \times 45 = 2^2 \times 3^2 \times 5.$$

On en déduit que $96 \wedge 180 = 2^2 \times 3 = 12$.

Donc $\delta = 12$, $a' + b' = 8$ et $a'b' = 15$. Les nombres a' et b' sont les racines du trinôme $X^2 - 8X + 15$, c'est-à-dire 3 et 5.

Donc $(a', b') = (3, 5)$ ou $(5, 3)$ et $(a, b) = (36, 60)$ ou $(60, 36)$.

Réciproquement, on vérifie sans peine que si $(a, b) = (36, 60)$ ou $(60, 36)$, on a bien $a + b = 96$, et $a \vee b = 180$.

Exercice 14

Soient p, q et r des nombres premiers tels que $15p + 7pq + qr = pqr$.
Comme p divise $15p + 7pq - pqr$, il divise qr. Les nombres étant premiers, $p = q$ ou $p = r$.

- Cas $p = r$

Si $p = r$, on obtient, après simplification, $15 + 7q + q = qr$. Donc q divise $15 = 3 \times 5$, d'où $q = 3$ ou $q = 5$.
Si $q = 3$, on obtient, après simplification, $5 + 8 = r$. Donc $(p, q, r) = (13, 3, 13)$.
Si $q = 5$, on obtient, après simplification, $3 + 8 = r$. Donc $(p, q, r) = (11, 5, 11)$.

• Cas $p = q$

Si $p = q$, on obtient, après simplification, $15 + 7q + r = qr$. Donc $qr - 7q - r = 15$.
Or $qr - 7q - r = (q-1)(r-7) - 7$, donc $(q-1)(r-7) = 22$.
Donc $(q-1)$ vaut 1, 2, 11 ou 22.
Si $q = 23$, $r - 7 = 1$. C'est impossible, car 8 n'est pas premier.
De même, $q = 12$ est impossible.
Si $q = 3$, $r - 7 = 11$. C'est impossible, car 18 n'est pas premier.
Si $q = 2$, $r = 29$ qui est un nombre premier. Donc $(p, q, r) = (2, 2, 29)$.

Réciproquement, on vérifie que les trois triplets conviennent :

Si $(p, q, r) = (13, 3, 13)$:

$$15p + 7pq + qr = 15 \times 13 + 7 \times 13 \times 3 + 3 \times 13 = 13 \times 3 \times (5 + 7 + 1) = pqr.$$

Si $(p, q, r) = (11, 5, 11)$:

$$15p + 7pq + qr = 15 \times 11 + 7 \times 11 \times 5 + 5 \times 11 = 13 \times 5 \times (3 + 7 + 1) = pqr.$$

Si $(p, q, r) = (2, 2, 29)$:

$$15p + 7pq + qr = 15 \times 2 + 7 \times 2 \times 2 + 2 \times 29 = 2 \times (15 + 14 + 29) = pqr.$$

Exercice 15

Les nombres premiers, à l'exception de 2, sont impairs. La différence de deux nombres impairs est un nombre pair. Il est impossible que p, q et r soient impairs, car sinon les trois différences seraient des nombres premiers pairs, donc égales à 2 et on aurait $p - q = 2$ et $p - r = 2$ alors que $q > r$.
L'un des trois nombres premiers est donc pair, donc vaut 2. Comme r est le plus petit des trois, $r = 2$.
Et p et q sont impairs, donc on a aussi $p - q = 2$.
Donc $p - r = q - 2$, q et $p = q + 2$ sont des nombres premiers impairs.
Par ailleurs, parmi trois nombres impairs consécutifs, l'un est multiple de 3.
Compte tenu de ces deux renseignements, on a $q - 2 = 3$ ou $q = 3$ ou $q + 2 = 3$.
Les deux derniers cas sont impossibles, car 1 n'est pas un nombre premier.
Donc $q - 2 = 3$. D'où $q = 5$ et $p = 7$.
Réciproquement, $(7, 5, 2)$ est un triplet (p, q, r) de nombres premiers. On a bien $p > q > r$ et $p - q = 2$, $p - r = 5$ et $q - r = 3$ sont aussi premiers.

Exercice 16

Si d est un diviseur de n, il existe $d' \in \mathbb{N}^*$ tel que $dd' = n$ et d' est également un diviseur de n.
L'application $f : d \mapsto n/d$ est une bijection de $\mathcal{D}$ sur lui-même. Par réindexation, on a donc :

$$P = \prod_{d \in \mathcal{D}} d = \prod_{d \in \mathcal{D}} \frac{n}{d} = \frac{\prod_{d \in \mathcal{D}} n}{\prod_{d \in \mathcal{D}} d} = \frac{n^N}{P}.$$

En conclusion $P^2 = n^N$.

Exercice 17

Soit $n \in \mathbb{N}^*$. Notons $\mathcal{D}$ des diviseurs positifs de n.

• Première méthode (par regroupement)

Si d est un diviseur de n, il existe $d' \in \mathbb{N}^*$ tel que $dd' = n$ et d' est également un diviseur de n.

Et on a : $d = d' \iff n = d^2 \iff d = \sqrt{n}$.

Si $d \neq d'$, alors l'un des deux est strictement inférieur à $\sqrt{n}$.

Notons $\mathcal{A}$ l'ensemble des $d \in \mathcal{D}$ qui sont strictement inférieurs à $\sqrt{n}$.

L'application $d \mapsto n/d$ est une bijection de $\mathcal{A}$ sur l'ensemble $\mathcal{A}'$ des diviseurs positifs de n strictement supérieurs à $\sqrt{n}$. Donc, $\text{card}(\mathcal{A}) = \text{card}(\mathcal{A}')$.

Si n n'est pas un carré, alors $\mathcal{D} = \mathcal{A} \cup \mathcal{A}'$ et $\text{card}(\mathcal{D}) = \text{card}(\mathcal{A}) + \text{card}(\mathcal{A}') = 2\,\text{card}(\mathcal{A})$.

Si n est un carré, alors $\mathcal{D} = \mathcal{A} \cup \mathcal{A}' \cup \{\sqrt{n}\}$ et $\text{card}(\mathcal{D}) = 2\,\text{card}(\mathcal{A}) + 1$.

Finalement : n est un carré si, et seulement si, le nombre de ses diviseurs positifs est impair.

• Seconde méthode (par la décomposition en facteurs premiers)

On sait qu'il existe une suite finie $p_1, p_2, \dots, p_r$ de nombres premiers distincts et des naturels $v_1, v_2, \dots, v_r$ tels que :

$$n = p_1^{v_1} p_2^{v_2} \cdots p_r^{v_r}.$$

On a l'équivalence suivante :

$$n \text{ est un carré} \iff \text{pour tout } k \in [\![1, r]\!],\ v_k \text{ est pair.}$$

D'autre part, un entier naturel d est un diviseur de n si, et seulement si, $d = p_1^{k_1} p_2^{k_2} \cdots p_r^{k_r}$ avec $(k_1, k_2, \dots, k_r) \in [\![0, v_1]\!] \times [\![0, v_2]\!] \times \cdots \times [\![0, v_r]\!]$.

$$\text{card}\,(\mathcal{D}) = \text{card}\left(\prod_{i=1}^{r} [\![0, v_i]\!]\right) = \prod_{i=1}^{r} (1 + v_i).$$

Or, un produit de facteurs est impair si, et seulement si, tous ses facteurs le sont, donc :

$$\text{card}\,(\mathcal{D}) \text{ est impair} \iff \text{pour tout } k \in [\![1, r]\!],\ v_k \text{ est pair.}$$

On a ainsi montré que n est un carré si, et seulement si, le nombre de ses diviseurs positifs est impair.

Exercice 18

1) Soit p un nombre premier et $k \in [\![1, p-1]\!]$. On a $k!\binom{p}{k} = \frac{p!}{(p-k)!} = p(p-1)\cdots(p-k+1)$ qui est un entier multiple de p.

   Comme p est premier et $k \in [\![1, p-1]\!]$, on a $p \wedge k! = 1$, donc p divise $\binom{p}{k}$ d'après le théorème de Gauss.

2) Soit n un entier supérieur à 2 tel que pour tout $k \in [\![1, n-1]\!]$, n divise $\binom{n}{k}$.

   On suppose que n n'est pas un nombre premier. Il existe un nombre premier p divisant n. Comme $p \in [\![1, n-1]\!]$, n divise $\binom{n}{p} = n\frac{(n-1)(n-2)\cdots(n-p+1)}{p!}$. Donc $\frac{(n-1)(n-2)\cdots(n-p+1)}{p!} \in \mathbb{N}$ et, en particulier, p divise l'un des facteurs du numérateur. Il existe $k \in [\![1, p-1]\!]$ tel que p divise $(n-k)$. Comme p divise aussi n, p divise k. C'est contradictoire avec $k \in [\![1, p-1]\!]$.

   On a montré par l'absurde que n est un nombre premier.

Exercices avec questions ouvertes

Exercice 19

Montrons par l'absurde que la réponse est négative.

On suppose que $\sqrt{\frac{n}{n+2}} \in \mathbb{Q}$ pour un $n \in \mathbb{N}^*$.

Il existe p et $q \in \mathbb{N}^*$, premiers entre eux tels que $\sqrt{\frac{n}{n+2}} = \frac{p}{q}$.

On a $p < q$ et $q^2n = p^2(n+2)$.
Comme $p \wedge q = 1$, on a aussi $p^2 \wedge q^2 = 1$. Comme p^2 divise q^2n et est premier avec q^2, on a p^2 divise n d'après le théorème de Gauss. Il existe $a \in \mathbb{N}^*$ tel que $n = p^2a$.
De même, q^2 divise $n+2$, il existe $b \in \mathbb{N}^*$ tel que $n+2 = q^2b$.
En reportant dans $q^2n = p^2(n+2)$, on a $q^2p^2a = p^2q^2b$, donc $a = b$.
Ainsi, $n = p^2a$ et $n+2 = q^2a$. En soustrayant les deux, on obtient $2 = q^2a - p^2a$. D'où :

$$2 = (q^2 - p^2)a = (q-p)(q+p)a.$$

Or, $a, q-p$ et $q+p$ sont des entiers naturels et 2 est un nombre premier, un des trois facteurs vaut 2 et les deux autres valent 1. Comme $q-p < q+p$, on a $a = 1, q-p = 1, q+p = 2$.
Donc, $2q = 3$, ce qui contredit $q \in \mathbb{N}$.

On a montré par l'absurde que pour tout $n \in \mathbb{N}^*$, $\sqrt{\frac{n}{n+2}} \notin \mathbb{Q}$.

Exercice 20

On a $\mathrm{i}^2 = -1$, donc $\mathrm{i}^{12} = (-1)^6 = 1$. De même, $\mathrm{j}^3 = \mathrm{e}^{2\mathrm{i}\pi} = 1$ et $\mathrm{j}^{12} = 1^4 = 1$.
Donc $z^{12} = \mathrm{i}^{12}\mathrm{j}^{12} = 1$.
Réciproquement, si $\omega^{12} = 1$, on sait qu'il existe $k \in \mathbb{Z}$ tel que $\omega = \mathrm{e}^{2\mathrm{i}k\pi/12} = \mathrm{e}^{\mathrm{i}k\pi/6}$.
Pour a et b entiers, on a $\mathrm{i}^a\mathrm{j}^b = \mathrm{e}^{\mathrm{i}a\pi/2}\mathrm{e}^{2\mathrm{i}b\pi/6} = \mathrm{e}^{\mathrm{i}(3a+4b)\pi/6}$.
Puisque $3 \wedge 4 = 1$, on sait qu'il existe a et b entiers tels que $3a + 4b = k$. On a alors $\mathrm{i}^a\mathrm{j}^b = \omega$.

On a montré que pour tout $\omega \in \mathbb{C}$ tel que $\omega^{12} = 1$, il existe a et b entiers tels que $\omega = \mathrm{i}^a\mathrm{j}^b$.

« *Le Petit Théorème de Fermat est nettement plus facile à montrer que le Grand.* »

Groupes, anneaux 17

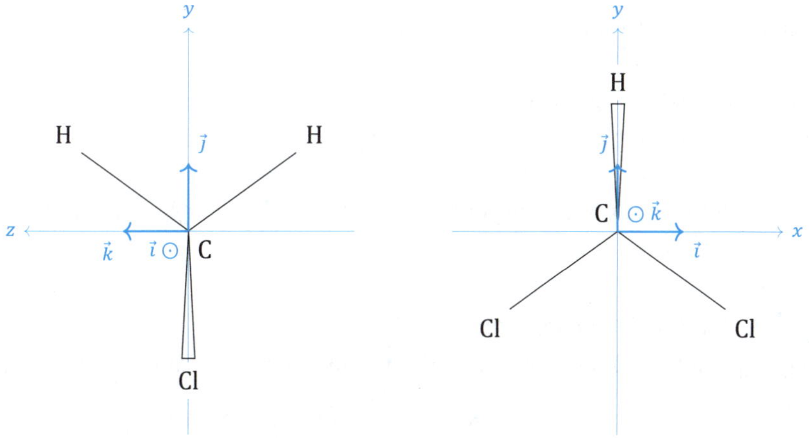

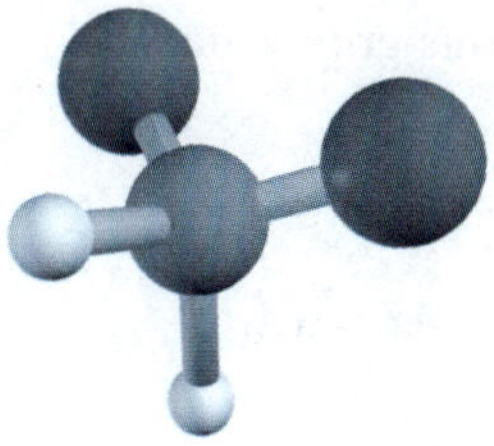

	Id	s_y	s_{H}	s_{Cl}
Id	Id	s_y	s_{H}	s_{Cl}
s_y	s_y	Id	s_{Cl}	s_{H}
s_{H}	s_{H}	s_{Cl}	Id	s_y
s_{Cl}	s_{Cl}	s_{H}	s_y	Id

Une molécule de dichlorométhane CH_2Cl_2 a quatre isométries qui la laissent invariante : l'identité Id, la symétrie s_y par rapport à la droite $(Oy$, la réflexion s_{H} par rapport à xOy, qui échange les atomes d'hydrogène, et la réflexion s_{Cl} par rapport à yOz, qui échange les atomes de chlore.
Le groupe formé par ces quatre isométries (pour la loi $\circ$) est appelé le *groupe de symétrie* de la molécule. Il s'agit du groupe de Klein, isomorphe à $(\mathbb{Z}/2\mathbb{Z}) \times (\mathbb{Z}/2\mathbb{Z})$.

Exercices axés sur le calcul

Exercice 1

On note $\mathrm{i}\mathbb{Q} = \{\mathrm{i}\,r, r \in \mathbb{Q}\}$ et $\mathbb{Q}[\mathrm{i}] = \{a + \mathrm{i}\,b, (a,b) \in \mathbb{Q}^2\}$.

1) Montrer que $\mathrm{i}\mathbb{Q}$ et $\mathbb{Q}[\mathrm{i}]$ sont des sous-groupes de $(\mathbb{C}, +)$.
L'ensemble $\mathbb{Q} \cup \mathrm{i}\mathbb{Q}$ est-il un sous-groupe de $(\mathbb{C}, +)$?

2) Montrer que $\mathbb{Q}[\mathrm{i}]$ est un sous-anneau de $(\mathbb{C}, +, \times)$.
Muni des lois induites, $(\mathbb{Q}[\mathrm{i}], +, \times)$ est-il un corps ?

Exercice 2

Soient G un ensemble et $\star$ une loi de composition interne sur E. On suppose que $\star$ est associative et qu'elle admet un élément neutre e.

1) On suppose que $(G, \star)$ est un groupe.
Montrer que pour tout $a \in G$, l'application $f_a : x \mapsto x \star a$ est bijective et préciser sa bijection réciproque.

2) Réciproquement, on suppose que pour tout $a \in G$, l'application $f_a : x \mapsto x \star a$ est bijective.
Montrer que $(G, \star)$ est un groupe.

Exercice 3 *Relation de conjugaison*

Soit G un groupe noté multiplicativement. On définit une relation binaire $\mathcal{R}$ sur G par :

$$\forall x, y \in G, \qquad x \,\mathcal{R}\, y \quad \Leftrightarrow \quad \exists a \in G, y = axa^{-1}.$$

Montrer que $\mathcal{R}$ est une relation d'équivalence sur G.

Exercice 4 ⋆

Soient G un groupe noté multiplicativement et A un sous-groupe de G.
Pour $x \in G$, on note :

$$Ax = \{ax, a \in A\} \quad \text{et} \quad xA = \{xa, a \in A\}.$$

On considère l'ensemble B des éléments $x \in G$ tels que $Ax = xA$.

1) Montrer $A \subset B$.

2) Montrer que pour tout $x \in B$ et tout $a \in A$, on a $xax^{-1} \in A$.

3) Montrer que pour tout $x \in B$, on a $x^{-1} \in B$.

4) L'ensemble B est-il un sous-groupe de G ?

Exercice 5

On note $G =]-1, 1[$ et pour x et $y \in G$, $x \star y = \frac{x+y}{1+xy}$.
Montrer que $\star$ est une loi de composition interne sur G et que $(G, \star)$ est un groupe abélien.

Exercice 6 *Sous-groupes de $(\mathbb{Z},+)$*

1) Soit $a \in \mathbb{N}$. Montrer que $a\mathbb{Z} = \{aq, q \in \mathbb{Z}\}$ est un sous-groupe de $(\mathbb{Z},+)$.
2) Réciproquement, montrer que si H est un sous-groupe de $(\mathbb{Z},+)$, alors il existe $a \in \mathbb{N}$ tel que $H = a\mathbb{Z}$.
3) Quels sont les sous-anneaux de $(\mathbb{Z},+,\times)$?
4) Soit $a \in \mathbb{Z}$. Montrer que $f_a : n \mapsto an$ est un morphisme du groupe $(\mathbb{Z},+)$ dans lui-même.
5) Réciproquement, montrer que si f est un morphisme du groupe $(\mathbb{Z},+)$ dans lui-même, alors il existe $a \in \mathbb{Z}$ tel que $f = f_a$.
6) Quels sont les morphismes de l'anneau $(\mathbb{Z},+,\times)$ dans lui-même ?

Exercice 7 *Anneau de Boole*

$(A,+,\times)$ anneau tel que :

$$\forall x \in A, \quad x^2 = x \qquad (\diamond)$$

Montrer que pour tout $x \in A$, $2x = 0$, puis que $\times$ est commutative.

Exercices axés sur le raisonnement

Exercice 8 *Sous-groupes de $(\mathbb{C}^*,\times)$ de cardinal 3*

1) Soit G un sous-groupe de $(\mathbb{C}^*,\times)$.
On suppose que G a trois éléments et on note $G = \{1, a, b\}$.
Montrer que $a^2 = b$ et $a^3 = 1$.
2) Combien y a-t-il de sous-groupes de $(\mathbb{C}^*,\times)$ de cardinal 3 ?

Exercice 9 *Commutant d'un élément*

1) Soient G un groupe noté multiplicativement et $a \in G$. On note :

$$C_a = \{x \in G \mid xa = ax\}.$$

Montrer que C_a est un sous-groupe de G.

2) Soit $n \in \mathbb{N}$ tel que $n \geqslant 3$. On note $\mathfrak{S}_n$ le groupe des permutations de $[\![1,n]\!]$ et $\tau = \langle 1,2 \rangle$ la transposition qui échange 1 et 2 (et laisse les autres éléments invariants).
Montrer que pour $\sigma \in \mathfrak{S}_n$, on a :

$$\sigma \in C_\tau \quad \Leftrightarrow \quad \{\sigma(1),\sigma(2)\} = \{1,2\}.$$

3) Dans cette question $n = 3$.
Préciser C_τ et C_c où $c = \langle 1,2,3 \rangle$ est le cycle qui envoie 1 sur 2, 2 sur 3 et 3 sur 1.

Exercice 10 ⋆

$(A, +, \times)$ anneau. On envisage la propriété suivante :

$$\forall x, y \in A, \quad (xy)^2 = x^2y^2 \qquad (\bowtie)$$

1) Montrer que si la loi $\times$ est commutative, alors $(\bowtie)$ est vraie.
2) On se propose de montrer la réciproque.
   On suppose que $(\bowtie)$ est vraie.
   Montrer que :
   $$\forall x, y \in A, \quad y^2x = yxy = xy^2 \qquad (\Delta)$$
   Indication : Utiliser $(1_A + x)^2$.
   En déduire que $\times$ est commutative.

Corrections

Exercices axés sur le calcul

Exercice 1

1) Les ensembles $\mathrm{i}\mathbb{Q}$ et $\mathbb{Q}[\mathrm{i}]$ sont des parties de $\mathbb{C}$ contenant 0.
   - Stabilité par addition
   - Soient x_1 et $x_2 \in \mathrm{i}\mathbb{Q}$. Il existe r_1 et $r_2 \in \mathbb{Q}$ tels que $x_1 = \mathrm{i}r_1$ et $x_2 = \mathrm{i}r_2$. On a alors $x_1 + x_2 = \mathrm{i}(r_1 + r_2) \in \mathrm{i}\mathbb{Q}$, car $r_1 + r_2 \in \mathbb{Q}$.
   - Soient z_1 et $z_2 \in \mathbb{Q}[\mathrm{i}]$. Il existe a_1, a_2, b_1 et $b_2 \in \mathbb{Q}$ tels que $z_1 = a_1 + \mathrm{i}b_1$ et $z_2 = a_2 + \mathrm{i}b_2$. On a alors $z_1 + z_2 = a_1 + a_2 + \mathrm{i}(b_1 + b_2) \in \mathbb{Q}[\mathrm{i}]$, car $a_1 + a_2$ et $b_1 + b_2 \in \mathbb{Q}$.
   - Stabilité par passage à l'opposé
   - Soit $x \in \mathrm{i}\mathbb{Q}$. Il existe $r \in \mathbb{Q}$ tel que $x = \mathrm{i}r$. On a alors $-x = \mathrm{i}(-r) \in \mathrm{i}\mathbb{Q}$, car $-r \in \mathbb{Q}$.
   - Soit $z \in \mathbb{Q}[\mathrm{i}]$. Il existe a et $b \in \mathbb{Q}$ tels que $z = a + \mathrm{i}b$. On a alors $-z = -a + \mathrm{i}(-b) \in \mathbb{Q}[\mathrm{i}]$, car $-a$ et $-b \in \mathbb{Q}$.

   On a montré que $\mathrm{i}\mathbb{Q}$ et $\mathbb{Q}[\mathrm{i}]$ sont des sous-groupes de $(\mathbb{C}, +)$.

   L'ensemble $\mathbb{Q} \cup \mathrm{i}\mathbb{Q}$ n'est pas un sous-groupe de $(\mathbb{C}, +)$, car il n'est pas stable par addition. En effet, 1 et i appartiennent à $\mathbb{Q} \cup \mathrm{i}\mathbb{Q}$, mais $1 + \mathrm{i} \notin \mathbb{Q} \cup \mathrm{i}\mathbb{Q}$.
2) Comme $1 = 1 + \mathrm{i}0$, on a $1 \in \mathbb{Q}[\mathrm{i}]$.
   Soient z_1 et $z_2 \in \mathbb{Q}[\mathrm{i}]$. Il existe a_1, a_2, b_1 et $b_2 \in \mathbb{Q}$ tels que $z_1 = a_1 + \mathrm{i}b_1$ et $z_2 = a_2 + \mathrm{i}b_2$. On a alors $z_1z_2 = a_1a_2 - b_1b_2 + \mathrm{i}(b_1a_2 + a_1b_2) \in \mathbb{Q}[\mathrm{i}]$, car $a_1a_2 - b_1b_2$ et $b_1a_2 + a_1b_2 \in \mathbb{Q}$.
   On a montré que $\mathbb{Q}[\mathrm{i}]$ est stable pour la multiplication usuelle de $\mathbb{C}$.
   Donc $\mathbb{Q}[\mathrm{i}]$ est un sous-anneau de $(\mathbb{C}, +, \times)$.

   Soit $z \in \mathbb{Q}[\mathrm{i}] \setminus \{0\}$. Il existe a et $b \in \mathbb{Q}$ tels que $z = a + \mathrm{i}b$. On a $a^2 + b^2 = |z|^2 \neq 0$.
   En outre, $\frac{1}{z} = \frac{\overline{z}}{z\overline{z}} = \frac{a - \mathrm{i}b}{|z|^2} = \frac{a}{a^2+b^2} + \mathrm{i}\frac{(-b)}{a^2+b^2}$. Donc $\frac{1}{z} \in \mathbb{Q}[\mathrm{i}]$, car $\frac{a}{a^2+b^2}$ et $\frac{(-b)}{a^2+b^2} \in \mathbb{Q}$.
   Donc $(\mathbb{Q}[\mathrm{i}], +, \times)$ est un corps.

Exercice 2

1) On suppose que $(G, \star)$ est un groupe.

Soit $a \in G$. On a pour tous x et y dans G :

$$\begin{aligned} f_a(x) = y &\Longrightarrow x \star a = y \\ &\Longrightarrow (x \star a) \star a' = y \star a' \quad \text{on note } a' \text{ l'inverse de } a \text{ pour } \star \\ &\Longrightarrow x \star (a \star a') = y \star a' \quad \text{associativité de } \star \\ &\Longrightarrow x \star e = y \star a' \quad a \star a' = e \\ &\Longrightarrow x = y \star a'. \quad e \text{ est l'élément neutre} \end{aligned}$$

Réciproquement, on montre de même que si $x = y \star a'$, alors $x \star a = y$ (car $a' \star a = e$).

Tout élément y de G admettant un unique antécédent par f_a, on a montré que f_a est bijective de G sur G.

En outre, l'application réciproque de f_a est $y \mapsto y \star a'$, c'est-à-dire $f_{a'}$.

2) Il s'agit de montrer que tout élément $a \in G$ admet un inverse pour $\star$.

Soit $a \in G$. L'élément neutre e admet un unique antécédent par f_a. En le notant a', on a $a' \star a = e$.

On a alors pour tout $x \in G$, $f_a(x \star a') = (x \star a') \star a = x \star (a' \star a) = x$.

On a donc $f_a \circ f_{a'} = \mathrm{Id}_G$. D'où $f_{a'}$ est l'application réciproque de f_a, car on sait que f_a est bijective. On en déduit que l'on a également $f_{a'} \circ f_a = \mathrm{Id}_G$. D'où :

$$\begin{aligned} e &= f_{a'} \circ f_a(e) \quad f_a(e) = e \star a = a \\ &= a \star a'. \end{aligned}$$

Donc a est inversible pour $\star$, car $a' \star a = e$ et $a \star a' = e$.

Cela étant valable pour tout $a \in G$, on a montré que $(G, \star)$ est un groupe.

Exercice 3

• Réflexivité

Soit $x \in G$. Comme $1_G^{-1} = 1_G$, on a $1_G x 1_G^{-1} = x$. Donc $x \mathcal{R} x$.

La relation $\mathcal{R}$ est réflexive.

• Transitivité

Soient x, y et $z \in G$ tels que $x \mathcal{R} y$ et $y \mathcal{R} z$.

On note a et b deux éléments de G tels que $y = axa^{-1}$ et $z = byb^{-1}$.

La loi étant associative, on a :

$$z = b(axa^{-1})b^{-1} = (ba)x(a^{-1}b^{-1}).$$

Comme $(ba)^{-1} = a^{-1}b^{-1}$, on a $z = (ab)x(ab)^{-1}$, donc $x \mathcal{R} z$.

On a montré que la relation $\mathcal{R}$ est transitive.

• Symétrie

Soient x et $y \in G$ tels que $x \mathcal{R} y$.

On note a un élément de G tel que $y = axa^{-1}$.

$$\begin{aligned} a^{-1}ya &= a^{-1}(axa^{-1})a && \text{par associativité} \\ &= (a^{-1}a)x(a^{-1}a) && aa^{-1} = e \text{ et } a^{-1}a = e \\ &= exe && e \text{ est l'élément neutre} \\ &= x. \end{aligned}$$

En notant $b = a^{-1}$, on a $b^{-1} = a$ et $x = byb^{-1}$, donc $y \mathcal{R} x$.
On a montré que la relation $\mathcal{R}$ est symétrique.

La relation $\mathcal{R}$ étant réflexive, transitive et symétrique, c'est une relation d'équivalence.

Exercice 4

1) Soit $x \in A$. Montrons que $Ax = xA$ par double inclusion.

$\subset$ Soit $b \in Ax$. Il existe $a \in A$ tel que $b = ax$. Comme $xx^{-1} = 1_G$, on a (par associativité) :

$$b = 1_G(ax) = (xx^{-1})(ax) = x(x^{-1}ax).$$

Puisque A est un sous-groupe et $x \in A$, on a $x^{-1} \in A$.
Donc $x^{-1}ax \in A$, car A est stable par la loi de G. D'où $b \in xA$.

$\supset$ Soit $b \in xA$. Il existe $a \in A$ tel que $b = xa$. En utilisant $x^{-1}x = 1_G$, on obtient :

$$b = (xa)1_G = (xa)(x^{-1}x) = (xax^{-1})x.$$

Puisque A est un sous-groupe, on a $xax^{-1} \in A$, d'où $b \in Ax$.

2) Soient $x \in B$ et $a \in A$.
Comme $xa \in xA$ et $Ax = xA$, il existe $a_1 \in A$ tel que $xa = a_1x$.
En multipliant à droite par l'inverse de x, on a $xax^{-1} = a_1$. Donc $xax^{-1} \in A$.

3) Soit $x \in B$. Montrons $Ax^{-1} = x^{-1}A$ par double inclusion.

$\subset$ Soit $b \in Ax^{-1}$. Il existe $a \in A$ tel que $b = ax^{-1}$. Comme $x^{-1}x = 1_G$, on a (par associativité) :

$$b = (x^{-1}x)(ax^{-1}) = x^{-1}(xax^{-1}).$$

Comme $x \in B$ et $a \in A$, on a vu que $xax^{-1} \in A$. Donc $b \in x^{-1}A$.

$\supset$ Soit $b \in x^{-1}A$. Il existe $a \in A$ tel que $b = x^{-1}a$. D'où $b = (x^{-1}ax)x^{-1}$.
Comme $ax \in Ax$ et $Ax = xA$, donc il existe $a_2 \in A$ tel que $ax = xa_2$. On en déduit que :

$$x^{-1}ax = x^{-1}(ax) = x^{-1}(xa_2) = (x^{-1}x)a_2 = a_2 \qquad (\bullet)$$

D'où $b = a_2x^{-1}$ avec $a_2 \in A$. Donc $b \in Ax^{-1}$.

On a montré que $Ax^{-1} = x^{-1}A$, donc que $x^{-1} \in B$.

4) On a vu que $A \subset B$. Or, A étant un sous-groupe, il contient 1_G. Donc $1_G \in B$.

Remarque
On a facilement $1_G A = A$ et $A 1_G = A$. En particulier $1_G A = A 1_G$. Donc $1_G \in B$.

On a vu la stabilité par passage à l'inverse à la question précédente.

• Stabilité pour la loi de G

Soient x et $y \in B$. Montrons que $(xy)A = A(xy)$.

($\subset$) Soit $b \in (xy)A$. Il existe $a \in A$ tel que $b = (xy)a$. Comme $(xy)^{-1} = y^{-1}x^{-1}$, on a (par associativité) :

$$b = (xyay^{-1}x^{-1})(xy).$$

Or, $a \in A$ et $y \in B$, donc $a_1 = yay^{-1} \in A$ d'après 2). Comme $a_1 \in A$ et $x \in B$, on a aussi $a_2 = xa_1x^{-1} \in A$.
Donc $b = a_2(xy)$ avec $a_2 \in A$. D'où $b \in A(xy)$.

($\supset$) Soit $b \in A(xy)$. Il existe $a \in A$ tel que $b = a(xy)$. Comme $(xy)^{-1} = y^{-1}x^{-1}$, on a (par associativité) :

$$b = (xy)(y^{-1}x^{-1}axy).$$

Or, $a \in A$ et $x \in B$, donc $a_3 = x^{-1}ax \in A$ d'après (•). Comme $a_3 \in A$ et $y \in B$, on a aussi $a_4 = y^{-1}a_3y \in A$.
Donc $b = (xy)a_4$ avec $a_4 \in A$. D'où $b \in (xy)A$.

Donc $(xy) \in B$.
Étant une partie de G contenant 1_G, stable pour la loi de G et par passage à l'inverse, B est un sous-groupe de G.

Exercice 5

Pour x et $y \in G$, $|xy| = |x|\,|y| < 1$. En particulier $1 + xy > 0$ et $x \star y$ existe.

• Loi interne

Soient x et $y \in G$.

$$1 - x \star y = 1 - \frac{x+y}{1+xy} = \frac{1 + xy - x - y}{1+xy} = \frac{1 - y + x(y-1)}{1+xy} = (1-y)\frac{1-x}{1+xy}.$$

Or, $1 - y > 0$, $1 - x > 0$ et $1 + xy > 0$, donc $1 - x \star y > 0$, puis $x \star y < 1$.
On montre $-1 < x \star y$ de façon similaire.
On a montré $x \star y \in G$.

• Associativité (et commutativité)

La commutativité est évidente (car + et × sont commutatives), montrons l'associativité.
Soient x, y et $z \in G$. On a :

$$(x \star y) \star z = \frac{(x \star y) + z}{1 + (x \star y)z}.$$

Or, $(x \star y) + z = \frac{x+y}{1+xy} + z = \frac{(x+y)+z+(xy)z}{1+xy} = \frac{x+y+z+xyz}{1+xy}$.

De même, $1 + (x \star y)z = \frac{1+xy+(x+y)z}{1+xy} = \frac{1+xy+xz+yz}{1+xy}$.

$$(x \star y) \star z = \frac{x + y + z + xyz}{1 + xy + xz + yz}.$$

On peut calculer $x \star (y \star z)$ de façon similaire, ou bien utiliser la commutativité et le calcul précédent :

$$x \star (y \star z) = (y \star z) \star x = \frac{y + z + x + yzx}{1 + yz + yx + zx}.$$

Les commutativités de l'addition et de la multiplication donnent $x \star (y \star z) = (x \star y) \star z$.

• Élément neutre

On remarque que pour tout $y \in G$, $y \star 0 = 0 \star y = \frac{0+y}{1+0} = y$.

Par unicité, 0 est l'élément neutre de $(g, \star)$.

• Inverse d'un élément pour $\star$

Soit $x \in G$. On a $-x \in G$ et $(-x) \star x = x \star (-x) = 0$.

On a ainsi montré que $(G, \star)$ est un groupe commutatif.

Remarque

À l'aide de la fonction *tangente hyperbolique*, on peut montrer que $(\mathbb{R}, +)$ et $(G, \star)$ sont isomorphes.

Exercice 6 *Sous-groupes de $(\mathbb{Z}, +)$*

1) Soit $a \in \mathbb{N}$. On a clairement pour tous q_1 et $q_2 \in \mathbb{Z}$, $a_q + aq_2 = a(q_1 + q_2) \in a\mathbb{Z}$ et $-aq_1 = a(-q_1) \in \mathbb{Z}$.

   L'ensemble $a\mathbb{Z} = \{aq, q \in \mathbb{Z}\}$ est une partie de $\mathbb{Z}$, contenant 0, stable par addition et par passage à l'opposé. C'est un sous-groupe de $(\mathbb{Z}, +)$.

2) Réciproquement, soit H un sous-groupe de $(\mathbb{Z}, +)$.

   Si $H = \{0\}$, alors $H = 0\mathbb{Z}$.

   Si $H \neq \{0\}$, H contient un élément non nul x. Étant un sous-groupe, H contient aussi $-x$ et ainsi $|x| > 0$ est dans H. L'ensemble $A = \{x \in H \mid x > 0\}$ est une partie non vide de $\mathbb{N}^*$, donc il possède un plus petit élément a.

   On a alors $a\mathbb{Z} \subset H$. Montrons l'inclusion réciproque.

   Soit $n \in H$. Par division euclidienne, il existe $q \in \mathbb{Z}$ et $r \in [\![1, a-1]\!]$ tels que $n = aq + r$. On a alors $r = n - aq \in H$, car H est un sous-groupe. Or, $r \in [\![0, a-1]\!]$ et a est le minimum de A, donc $r = 0$. Ainsi $n \in a\mathbb{Z}$.

   Donc $H = a\mathbb{Z}$.

3) Si E est un sous-anneau de $(\mathbb{Z}, +, \times)$, alors il existe $a \in \mathbb{N}$ tel que $E = a\mathbb{Z}$, car E est en particulier un sous-groupe. D'autre part $1 \in E$, donc 1 est un multiple entier de a. Donc $a = 1$ et $E = \mathbb{Z}$.

   En conclusion, le seul sous-anneau de $(\mathbb{Z}, +, \times)$ est $\mathbb{Z}$.

4) Soit $a \in \mathbb{Z}$. On a pour tous n et $m \in \mathbb{Z}$, $f_a(n+m) = a(n+m) = an + am = f_a(n) + f_a(m)$. Donc $f_a : n \mapsto an$ est un morphisme du groupe $(\mathbb{Z}, +)$ dans lui-même.

5) Réciproquement, soit f un morphisme du groupe $(\mathbb{Z},+)$ dans lui-même. Notons $a = f(1)$.
Pour $n \in \mathbb{N}$, on a :

$$f(n) = f(\underbrace{1+1+\cdots+1}_{n \text{ fois}}) = \underbrace{f(1)+f(1)+\cdots+f(1)}_{n \text{ fois}} = na.$$

Pour $n \in \mathbb{Z} \setminus \mathbb{N}$, $f(n) = -f(-na) = -(-na) = na$.
Donc $f = f_a$.

6) Si f est un morphisme de l'anneau $(\mathbb{Z},+,\times)$ dans lui-même, en particulier c'est un morphisme de groupe. De plus $f(1) = 1$, donc $f = f_1 = \mathrm{Id}_{\mathbb{Z}}$.
En conclusion, le seul morphisme de l'anneau $(\mathbb{Z},+,\times)$ dans lui-même est $\mathrm{Id}_{\mathbb{Z}}$.

Exercice 7

Soit $x \in A$. Puisque 1_A et x commutent pour $\times$, on a $(1_A + x)^2 = 1_A^2 + 2x + x^2 = 1_A + 2x + x$, car $x^2 = x$. D'autre part, d'après $(\diamond)$, $(1_A + x)^2 = 1_A + x$.
Compte tenu des deux résultats, $1_A + x = 1_A + 2x + x$, donc $2x = 0$, car $(A,+)$ est un groupe.

Soient x et $y \in A$. On a :

$$\begin{aligned} x + y &= (x+y)^2 && \text{développement de } (x+y)(x+y) \\ &= x^2 + xy + yx + y^2 && \text{d'après } \diamond \text{ utilisée pour } x \text{ et pour } y \\ &= x + xy + yx + y. \end{aligned}$$

Donc $xy + yx = 0$. En ajoutant xy dans les deux membres, on obtient $yx = xy$, car $2xy = 0$.
Cela étant valable pour tous x et y, on a montré que $\times$ est commutative.

Exercices axés sur le raisonnement

Exercice 8

1) On a $a^2 \in G$, car G est stable par multiplication. Donc $a^2 = 1$, $a^2 = a$ ou $a^2 = b$.
Le cas $a^2 = a$ est impossible, car $a \neq 0$ et $a \neq 1$.
Montrons par l'absurde que $a^2 = b$.
On suppose $a^2 \neq b$. On a alors $a^2 = 1$, donc $a = -1$ (car $a \neq 1$). Puis $-b = ab \in G$.
Or, $-b \neq 1$ car $b \neq a$, $-b \neq a$ car $b \neq 1$, $-b \neq b$ car $b \neq 0$, donc les trois éventualités sont impossibles.
On a montré que $a^2 = b$.
On a alors $a^3 = ab \in G$. Le cas $ab = a$ est impossible, car $a \neq 0$ et $b \neq 1$. De même $ab \neq b$. Donc $ab = 1$, ce qui montre que $a^3 = 1$.

2) On sait que $\mathbb{U}_3 = \{z \in \mathbb{C} \mid z^3 = 1\}$ est un sous-groupe de $(\mathbb{C}^*,\times)$ et que $\mathbb{U}_3 = \{1, \mathrm{j}, \mathrm{j}^2\}$, en notant $\mathrm{j} = \mathrm{e}^{2\mathrm{i}\pi/3}$.
Réciproquement, si $G = \{1, a, b\}$ est un sous-groupe de $(\mathbb{C}^*,\times)$ de cardinal 3, on a vu que $a \in \mathbb{U}_3$ et $b = a^2$.
Si $a = \mathrm{j}$, alors $b = \mathrm{j}^2$ et $G = \mathbb{U}_3$. Si $a = \mathrm{j}^2$, alors $b = \mathrm{j}^4 = \mathrm{j}$ et $G = \mathbb{U}_3$.
En conclusion, $\mathbb{U}_3$ est le seul sous-groupe de cardinal 3 de $(\mathbb{C}^*,\times)$.

Exercice 9

1) Soit $a \in G$. Par définition, C_a est une partie de G.
   - On a $1_G a = a 1_G$, donc $1_G \in C_a$.
   - Soit x_1 et x_2 deux éléments de C_a. On a, par associativité :

$$\begin{aligned}(x_1x_2)a &= x_1(x_2a) && \text{x_2 et a commutent}\\ &= x_1(ax_2) && \text{associativité}\\ &= (x_1a)x_2 && \text{x_1 et a commutent}\\ &= (ax_1)x_2 && \text{associativité}\\ &= a(x_1x_2)\end{aligned}$$

   Donc $x_1x_2 \in C_a$.
   - Soit x un élément de C_a. On a $xa = ax$. En multipliant à gauche et à droite par x^{-1} l'inverse de x, on obtient $1_G ax^{-1} = x^{-1}a1_G$, d'où $ax^{-1} = x^{-1}a$.
   Donc $x' \in Z(G)$.

   On a montré que C_a est un sous-groupe de G.

2) Soit $n \in \mathbb{N}$ tel que $n \geqslant 3$. On va montrer l'équivalence par double implication.

($\Longrightarrow$) Soit $\sigma \in C_\tau$. On a $\sigma \circ \tau = \tau \circ \sigma$.
On va montrer par l'absurde que $\sigma(1) = 1$ ou $\sigma(1) = 2$.
On suppose que $\sigma(1) \notin \{1, 2\}$. On a alors $\tau(\sigma(1)) = \sigma(1)$. Puisque τ et σ commutent pour la loi $\circ$, on a :

$$\sigma(1) = \tau \circ \sigma(1) = \sigma \circ \tau(1) = \sigma(2).$$

C'est contradictoire avec l'injectivité de σ.
On a donc $\sigma(1) \in \{1, 2\}$.
On établit de même $\sigma(2) \in \{1, 2\}$. Comme $\sigma(1) \neq \sigma(2)$, on a $\{\sigma(1), \sigma(2)\} = \{1, 2\}$.

($\Longleftarrow$) Soit $\sigma \in \mathfrak{S}_n$ tel que $\{\sigma(1), \sigma(2)\} = \{1, 2\}$.
Pour $k \in [\![3, n]\!]$, σ étant bijective $\sigma(k) \notin \{\sigma(1), \sigma(2)\}$. Donc $\sigma(k) \notin \{1, 2\}$.
D'où $\sigma \circ \tau(k) = \sigma(k)$ (car $k \geqslant 3$) et $\tau \circ \sigma(k) = \tau(\sigma(k)) = \sigma(k)$ (car $\sigma(k) \geqslant 3$).
Il reste à distinguer deux cas selon la valeur de $\sigma(1)$.

- Premier cas $\sigma(1) = 1$

Si $\sigma(1) = 1$, alors $\sigma(2) = 2$. Et on a $\sigma \circ \tau(1) = \sigma(2) = 2$ et $\tau \circ \sigma(1) = \tau(1) = 2$.
On a aussi $\sigma \circ \tau(2) = \sigma(1) = 1$ et $\tau \circ \sigma(2) = \tau(2) = 1$.

- Second cas $\sigma(1) = 2$

Si $\sigma(1) = 2$, alors $\sigma(2) = 1$. Et on a $\sigma \circ \tau(1) = \sigma(2) = 1$ et $\tau \circ \sigma(1) = \tau(2) = 1$.
On a aussi $\sigma \circ \tau(2) = \sigma(1) = 2$ et $\tau \circ \sigma(2) = \tau(1) = 2$.
Dans tous les cas , on a $\sigma \circ \tau(k) = \tau \circ \sigma(k)$ pour tout $k \in [\![1, n]\!]$.
On a montré que $\sigma \circ \tau = \tau \circ \sigma$.

3) Dans cette question $n = 3$.
Si $\sigma \in C_\tau$, alors $\{\sigma(1), \sigma(2)\} = \{1, 2\}$. Donc $\sigma(3) = 3$, car σ est une permutation de $\{1, 2, 3\}$.
Donc $\sigma = \mathrm{Id}_{\{1,2,3\}}$ ou $\sigma = \tau$.
Réciproquement, il est clair que $\mathrm{Id}_{\{1,2,3\}}$ et τ commutent avec τ.

$$C_\tau = \{\mathrm{Id}_{\{1,2,3\}}, \tau\}.$$

De même, $c = \langle 1, 2, 3\rangle$ commute avec $\mathrm{Id}_{\{1,2,3\}}$ et avec lui-même. Comme C_c est un sous-groupe, il contient aussi $c^{-1} = \langle 1, 3, 2\rangle$.
On a vu que τ ne commute pas avec $c = \langle 1, 2, 3\rangle$. Pour des raisons semblables, les transpositions $\langle 1, 3\rangle$ et $\langle 2, 3\rangle$ ne commutent pas avec c.
Comme $\mathfrak{S}_3$ est de cardinal 6, tous ses éléments ont été envisagés.

$$C_c = \{\mathrm{Id}_{\{1,2,3\}}, \langle 1, 2, 3\rangle, \langle 1, 3, 2\rangle\}.$$

Exercice 10

1) Si la loi $\times$ est commutative, on a, à l'aide de son associativité :

$$(xy)^2 = xyxy \underset{xy=yx}{=} xxyy = x^2y^2.$$

2) Soient x et $y \in A$.
En utilisant ($\bowtie$) pour $(1_A + x)$ et y on obtient :

$$\begin{aligned}(y + xy)^2 &= \left((1_A + x)y\right)^2 \\ &= (1_A + x)^2y^2 && \bowtie \\ &= (1_A + 2x + x^2)y^2 && \text{formule du binôme car } 1_A \text{ et } x \text{ commutent} \\ &= y^2 + 2xy^2 + x^2y^2. && \text{distributivité}\end{aligned}$$

D'autre part :

$$\begin{aligned}(y + xy)^2 &= (y + xy)(y + xy) \\ &= y^2 + yxy + xy^2 + xyxy \\ &= y^2 + yxy + xy^2 + x^2y^2. && (xy)^2 = x^2y^2\end{aligned}$$

On en déduit $2xy^2 = yxy + xy^2$, puis $xy^2 = yxy$.
De même $(y + yx)^2 = y^2 + y^2x + yxy + (yx)^2$ et $y^2(1_A + x)^2 = y^2 + 2y^2x + y^2x^2$, d'où l'on obtient $y^2x = yxy$.

Cela étant valable pour tous x et y, on a montré (Δ).

En utilisant (Δ) pour x et $1_A + y$, on a $(1_A + y)x(1_A + y) = x(1_A + y)^2$.
Or, $(1_A + y)x(1_A + y) = (1_A + y)(x + xy) = x + xy + yx + yxy$
et $x(1_A + y)^2 = x(1_A + 2y + y^2) = x + 2xy + xy^2 = x + 2xy + yxy$,
donc $xy = yx$.
Cela étant valable pour tous x et y, on a montré que $\times$ est commutative.

Calcul matriciel 18

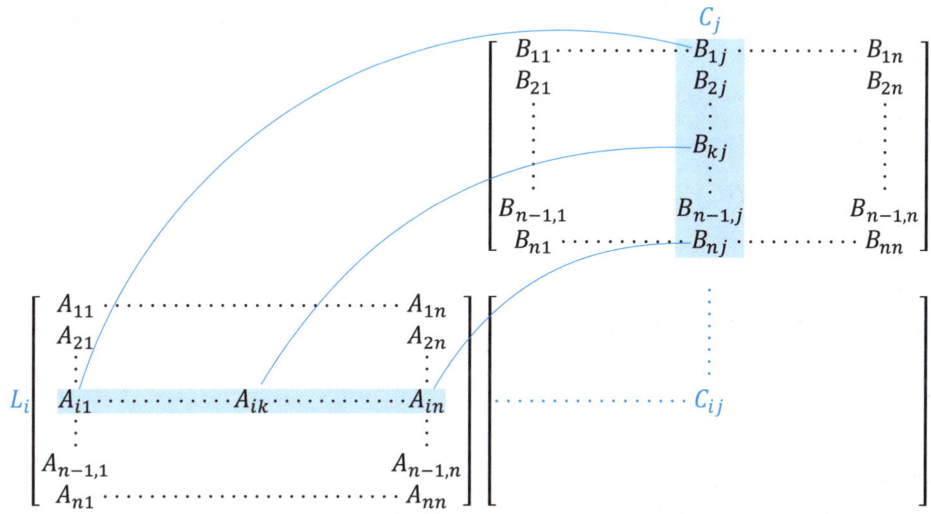

La disposition pratique pour le produit matriciel.
Ici, on a représenté le produit d'une matrice A par une matrice B. Pour obtenir le coefficient en ligne i et colonne j de la matrice C, produit de A et B (dans ce sens), on fait la somme des produits des composantes de la ligne i de A et de la colonne j de B.

Exercices axés sur le calcul

Exercice 1

Pour les matrices suivantes, calculer les produits AB et BA lorsque c'est possible.

1) $A = \begin{pmatrix} 1 & 2 \\ 3 & 4 \end{pmatrix}, B = \begin{pmatrix} -1 & 1 \\ 2 & 0 \end{pmatrix}$

2) $A = \begin{pmatrix} 1 & 2 & -1 \\ 3 & -2 & 0 \end{pmatrix}, B = \begin{pmatrix} -3 & -1 \\ 2 & 1 \end{pmatrix}$

3) $A = \begin{pmatrix} 1 & 0 & 0 \\ 0 & 1 & 0 \end{pmatrix}, B = \begin{pmatrix} 1 & 0 \\ 0 & 1 \\ 0 & 0 \end{pmatrix}$

4) $A = \begin{pmatrix} 1 & 1 \\ 1 & 1 \end{pmatrix}, B = \begin{pmatrix} -1 & -1 \\ 1 & 1 \end{pmatrix}$.

Exercice 2 *Méthode de Gauss-Jordan*

Montrer que la matrice $M = \begin{pmatrix} 0 & 0 & 2 & 1 \\ 0 & 1 & -1 & 0 \\ -1 & 0 & 3 & 1 \\ 0 & -1 & -2 & -1 \end{pmatrix}$ est inversible et calculer son inverse.

Exercice 3

Soient $A = \begin{pmatrix} 1 & 1 \\ 0 & 1 \end{pmatrix}$ et $(U_n)_{n\in\mathbb{N}}$ une suite de $\mathbb{R}^2$ vérifiant $U_0 = \begin{pmatrix} 2 \\ 1 \end{pmatrix}$ et $U_{n+1} = AU_n$ pour tout $n \in \mathbb{N}$.

1) Montrer que pour tout $n \in \mathbb{N}$, $U_n = A^n U_0$.

2) Préciser U_n en fonction de $n \in \mathbb{N}$.

Exercice 4

Soit $a \in \mathbb{R}$ et $M = \begin{pmatrix} a & 1 & 1 \\ 1 & a & 1 \\ 1 & 1 & a \end{pmatrix}$.

1) Montrer que M^2 est une combinaison linéaire de M et de I_3.

2) En déduire que si $(-a^2 - a + 2) \neq 0$, alors M est inversible et préciser M^{-1}.

3) En discutant selon la valeur a, résoudre le système $M\begin{pmatrix} x \\ y \\ z \end{pmatrix} = \begin{pmatrix} 0 \\ 0 \\ 0 \end{pmatrix}$.

Exercice 5

On note A la matrice $\begin{pmatrix} 2 & 4 & 6 \\ 0 & 2 & 3 \\ 0 & 0 & 2 \end{pmatrix}$.

1) Montrer que pour tout $n \in \mathbb{N}$, $A^n = 2^{n-1}\begin{pmatrix} 2 & 4n & 3n(n+1) \\ 0 & 2 & 3n \\ 0 & 0 & 2 \end{pmatrix}$.

2) Retrouver A^n en écrivant $A = 2I_3 + K$ et en utilisant la formule du binôme.

Exercice 6 *Classique*

Soient $m \in \mathbb{R}^*$. On note A la matrice $\begin{pmatrix} 0 & m & m^2 \\ m^{-1} & 0 & m \\ m^{-2} & m^{-1} & 0 \end{pmatrix}$.

1) Calculer A^2 et en déduire $(A + I_3)(A - 2I_3)$.
2) On pose $B = \frac{1}{3}(A + I_3)$ et $C = \frac{1}{3}(A - 2I_3)$.
   Préciser B^n et C^n pour tout $\mathbb{N}^*$.
3) En déduire A^n en fonction de B, de C et de $n \in \mathbb{N}^*$.
   Ce résultat est-il valable pour $n = 0$? pour $n = -1$?

Exercices axés sur le raisonnement

Exercice 7

Soient a, b, c, x, y et z des réels. On pose $L = \begin{pmatrix} a & b & c \end{pmatrix} \in \mathcal{M}_{1,3}(\mathbb{R})$ et $B = \begin{pmatrix} x \\ y \\ z \end{pmatrix} \in \mathbb{R}^3$.

1) Calculer $M = CL$ et $\alpha = LC$.
2) Que dire de M^2 ? de M^n pour $n \in \mathbb{N}^*$?

Exercice 8

Pour $t \in \mathbb{R}$, on note $M(t)$ la matrice $\begin{pmatrix} \mathrm{ch}(t) & \mathrm{sh}(t) \\ \mathrm{sh}(t) & \mathrm{ch}(t) \end{pmatrix}$.

1) Montrer que pour tous réels t_1 et t_2, on a $M(t_1)M(t_2) = M(t_1 + t_2)$.
2) Montrer que pour tout réel t, $M(t)$ est inversible et préciser son inverse.
3) Que peut-on dire de l'ensemble $\{M(t), t \in \mathbb{R}\}$?

Exercice 9

Soit $A = \begin{pmatrix} 0 & 1 & -1 \\ -3 & 4 & -3 \\ -1 & 1 & 0 \end{pmatrix}$.

1) Calculer A^2 et vérifier qu'il existe α, β réels tels que $A^2 = \alpha A + \beta I_3$ (on précisera α et β).
2) Montrer que A est inversible et préciser A^{-1}.
3) Préciser $(A - I_3) \times (A - 2I_3)$.
   Les matrices $A - I_3$ et $A - 2I_3$ sont-elles inversibles ?

Exercice 10

Soient $A = \begin{pmatrix} 1/5 & 0 \\ 0 & 2 \end{pmatrix}$, $B = \begin{pmatrix} 1 \\ 1 \end{pmatrix}$ et $(U_n)_{n\in\mathbb{N}}$ une suite de $\mathbb{R}^2$ vérifiant $U_0 = \begin{pmatrix} 2 \\ 1 \end{pmatrix}$ et $U_{n+1} = AU_n + B$ pour tout $n \in \mathbb{N}$.

1) Montrer qu'il existe $V \in \mathbb{R}^2$ tel que $V = AV + B$.
2) Préciser U_n en fonction de $n \in \mathbb{N}$.

Exercice 11

Soit $p \in \mathbb{N} \setminus \{0,1\}$ et $M = (M_{i,j})_{1\leqslant i,j\leqslant p}$ dont tous les coefficients valent 1 sauf ceux de la diagonale qui valent 0 :

$$\forall i,j \in [\![1,p]\!], \quad M_{i,j} = \begin{cases} 1 \text{ si } & i \neq j \\ 0 \text{ si } & i = j \end{cases}$$

Calculer M^n pour $n \in \mathbb{N}^*$.

D'après Mines-Télécom

Exercices avec questions ouvertes

Exercice 12

Que dire d'une matrice $M \in \mathcal{M}_n(\mathbb{K})$ qui commute avec toutes les matrices de $\mathcal{M}_n(\mathbb{K})$?
Que dire d'une matrice $M \in \mathcal{M}_n(\mathbb{K})$ qui commute avec toutes les matrices de $\mathrm{GL}_n(\mathbb{K})$?

Corrections

Exercices axés sur le calcul

Exercice 1

1) $AB = \begin{pmatrix} 1 & 2 \\ 3 & 4 \end{pmatrix}\begin{pmatrix} -1 & 1 \\ 2 & 0 \end{pmatrix} = \begin{pmatrix} 3 & 1 \\ 5 & 3 \end{pmatrix}$. $BA = \begin{pmatrix} -1 & 1 \\ 2 & 0 \end{pmatrix}\begin{pmatrix} 1 & 2 \\ 3 & 4 \end{pmatrix} = \begin{pmatrix} 2 & 2 \\ 2 & 4 \end{pmatrix}$.
2) Le produit A n'est pas possible, car A a 3 colonnes et B n'a que 2 lignes.
$BA = \begin{pmatrix} -3 & -1 \\ 2 & 1 \end{pmatrix}\begin{pmatrix} 1 & 2 & -1 \\ 3 & -2 & 0 \end{pmatrix} = \begin{pmatrix} -6 & -4 & 3 \\ 5 & 2 & -2 \end{pmatrix}$.
3) $AB = \begin{pmatrix} 1 & 0 & 0 \\ 0 & 1 & 0 \end{pmatrix}\begin{pmatrix} 1 & 0 \\ 0 & 1 \\ 0 & 0 \end{pmatrix} = \begin{pmatrix} 1 & 0 \\ 0 & 1 \end{pmatrix}$. $BA = \begin{pmatrix} 1 & 0 \\ 0 & 1 \\ 0 & 0 \end{pmatrix}\begin{pmatrix} 1 & 0 & 0 \\ 0 & 1 & 0 \end{pmatrix} = \begin{pmatrix} 1 & 0 & 0 \\ 0 & 1 & 0 \\ 0 & 0 & 0 \end{pmatrix}$.
4) $AB = \begin{pmatrix} 1 & 1 \\ 1 & 1 \end{pmatrix}\begin{pmatrix} -1 & -1 \\ 1 & 1 \end{pmatrix} = \begin{pmatrix} 0 & 0 \\ 0 & 0 \end{pmatrix}$, $BA = \begin{pmatrix} -1 & -1 \\ 1 & 1 \end{pmatrix}\begin{pmatrix} 1 & 1 \\ 1 & 1 \end{pmatrix} = \begin{pmatrix} -2 & -2 \\ 2 & 2 \end{pmatrix}$.

Exercice 2

On peut présenter les calculs en résolvant le système $MX = Y$ ou en formant la matrice augmentée de M en rajoutant les colonnes de I_4, on transforme M en I_4 à l'aide d'opérations élémentaires sur les lignes.

$$\left(\begin{array}{cccc|cccc} 0 & 0 & 2 & 1 & 1 & 0 & 0 & 0 \\ 0 & 1 & -1 & 0 & 0 & 1 & 0 & 0 \\ -1 & 0 & 3 & 1 & 0 & 0 & 1 & 0 \\ 0 & -1 & -2 & -1 & 0 & 0 & 0 & 1 \end{array}\right)$$

$$\left(\begin{array}{cccc|cccc} -1 & 0 & 3 & 1 & 0 & 0 & 1 & 0 \\ 0 & 1 & -1 & 0 & 0 & 1 & 0 & 0 \\ 0 & 0 & 2 & 1 & 1 & 0 & 0 & 0 \\ 0 & -1 & -2 & -1 & 0 & 0 & 0 & 1 \end{array}\right) \quad L_1 \leftrightarrow L_3$$

$$\left(\begin{array}{cccc|cccc} -1 & 0 & 3 & 1 & 0 & 0 & 1 & 0 \\ 0 & 1 & -1 & 0 & 0 & 1 & 0 & 0 \\ 0 & 0 & 2 & 1 & 1 & 0 & 0 & 0 \\ 0 & 0 & -3 & -1 & 0 & 1 & 0 & 1 \end{array}\right) \quad L_4 \leftarrow L_4 + L_2$$

$$\left(\begin{array}{cccc|cccc} -1 & 0 & 3 & 1 & 0 & 0 & 1 & 0 \\ 0 & 1 & -1 & 0 & 0 & 1 & 0 & 0 \\ 0 & 0 & 1 & 1/2 & 1/2 & 0 & 0 & 0 \\ 0 & 0 & -3 & -1 & 0 & 1 & 0 & 1 \end{array}\right) \quad L_3 \leftrightarrow \frac{1}{2} L_3$$

$$\left(\begin{array}{cccc|cccc} -1 & 0 & 0 & -1/2 & -3/2 & 0 & 1 & 0 \\ 0 & 1 & 0 & 1/2 & 1/2 & 1 & 0 & 0 \\ 0 & 0 & 1 & 1/2 & 1/2 & 0 & 0 & 0 \\ 0 & 0 & 0 & 1/2 & 3/2 & 1 & 0 & 1 \end{array}\right) \quad \begin{array}{l} L_1 \leftarrow L_1 - 3L_3 \\ L_2 \leftarrow L_2 + L_3 \\ \\ L_2 \leftarrow L_2 + 3L_3 \end{array}$$

$$\left(\begin{array}{cccc|cccc} -1 & 0 & 0 & 0 & 0 & 1 & 1 & 1 \\ 0 & 1 & 0 & 0 & -1 & 0 & 0 & -1 \\ 0 & 0 & 1 & 0 & -1 & -1 & 0 & -1 \\ 0 & 0 & 0 & 1/2 & 3/2 & 1 & 0 & 1 \end{array}\right) \quad \begin{array}{l} L_1 \leftarrow L_1 + L_4 \\ L_2 \leftarrow L_2 - L_4 \\ L_3 \leftarrow L_3 - 3L_4 \\ \end{array}$$

$$\left(\begin{array}{cccc|cccc} 1 & 0 & 0 & 0 & 0 & -1 & -1 & -1 \\ 0 & 1 & 0 & 0 & -1 & 0 & 0 & -1 \\ 0 & 0 & 1 & 0 & -1 & -1 & 0 & -1 \\ 0 & 0 & 0 & 1 & 3 & 2 & 0 & 2 \end{array}\right) \quad \begin{array}{l} L_1 \leftarrow -L_1 \\ \\ \\ L_4 \leftarrow 2L_4 \end{array}$$

Donc M est inversible et $M^{-1} = \begin{pmatrix} 0 & -1 & -1 & -1 \\ -1 & 0 & 0 & -1 \\ -1 & -1 & 0 & -1 \\ 3 & 2 & 0 & 2 \end{pmatrix}$.

Exercice 3

1) On a facilement $U_0 = A^0 U_0$, car $A^0 = I_2$.
Soit $n \in \mathbb{N}$. Si $U_n = A^n U_0$, alors $U_{n+1} = AU_n = A(A^n U_0) = (AA^n)U_0 = A^{n+1}U_0$.
Cela montre que pour tout $n \in \mathbb{N}$, $U_n = A^n U_0$.

2) Il suffit de calculer les puissances de A. Le calcul donne $A^2 = \begin{pmatrix} 1 & 2 \\ 0 & 1 \end{pmatrix}$, puis $A^3 = \begin{pmatrix} 1 & 3 \\ 0 & 1 \end{pmatrix}$.

Pour tout $n \in \mathbb{N}$, on note $\mathcal{P}(n)$: « $A^n = \begin{pmatrix} 1 & n \\ 0 & 1 \end{pmatrix}$ ».

- Initialisation
  On a $A^0 = I_2$, donc $\mathcal{P}(0)$ est vraie.
- Hérédité
  Soit $n \in \mathbb{N}$. On suppose $\mathcal{P}(n)$ vraie. On a alors :

$$A^{n+1} = AA^n = \begin{pmatrix} 1 & 1 \\ 0 & 1 \end{pmatrix}\begin{pmatrix} 1 & n \\ 0 & 1 \end{pmatrix} = \begin{pmatrix} 1 & 1n + 1 \cdot 1 \\ 0 & 1 \end{pmatrix} = \begin{pmatrix} 1 & n+1 \\ 0 & 1 \end{pmatrix}.$$

  Donc $\mathcal{P}(n+1)$ est vraie.

On a montré par récurrence que pour tout $n \in \mathbb{N}$, $\mathcal{P}(n)$ est vraie.
Donc :

$$\forall n \in \mathbb{N}, \quad U_n = A^n U_0 = \begin{pmatrix} 1 & n \\ 0 & 1 \end{pmatrix}\begin{pmatrix} 2 \\ 1 \end{pmatrix} = \begin{pmatrix} 2+n \\ 1 \end{pmatrix}.$$

Remarque
On aurait pu calculer A^n en écrivant $A = I_2 + \begin{pmatrix} 0 & 1 \\ 0 & 0 \end{pmatrix}$ et la formule du binôme.

Exercice 4

1) Le calcul donne $M^2 = \begin{pmatrix} a & 1 & 1 \\ 1 & a & 1 \\ 1 & 1 & a \end{pmatrix}\begin{pmatrix} a & 1 & 1 \\ 1 & a & 1 \\ 1 & 1 & a \end{pmatrix} = \begin{pmatrix} a^2+2 & 2a+1 & 2a+1 \\ 2a+1 & a^2+2 & 2a+1 \\ 2a+1 & 2a+1 & a^2+2 \end{pmatrix}$.

Donc $M^2 - (2a+1)M = \begin{pmatrix} -a^2-a+1 & 0 & 0 \\ 0 & -a^2-a+1 & 0 \\ 0 & 0 & -a^2-a+1 \end{pmatrix} = (-a^2-a+2)I_3$.

$$M^2 = (2a+1)M + (-a^2-a+2)I_3.$$

2) Si $\alpha = -a^2 - a + 2 \neq 0$, alors $\left(\frac{1}{\alpha}M - \frac{2a+1}{\alpha}I_3\right)M = I_3$.
Donc la matrice carrée M est inversible et :

$$M^{-1} = \frac{1}{\alpha}\big(M - (2a+1)I_3\big) = \frac{1}{-a^2-a+2}\begin{pmatrix} -a-1 & 1 & 1 \\ 1 & -a-1 & 1 \\ 1 & 1 & -a-1 \end{pmatrix}.$$

3) On a $a^2+a-2=(a-1)(a+2)$.

- Si $a \notin \{1,-2\}$, alors $-a^2-a+2 \neq 0$. La matrice M étant inversible, le système $MX=0$ a pour solution unique la colonne nulle.
- Si $a=1$, alors $MX=0 \iff x+y+z=0$. L'ensemble des solutions est l'hyperplan d'équation $x+y+z=0$.
- Si $a=-2$, on résout le système :

$$\begin{cases} -2x+y+z=0 \\ x-2y+z=0 \\ x+y-2z=0 \end{cases} \iff \begin{cases} 3y-3z=0 \\ -3y+3z=0 \\ x+y-2z=0 \end{cases} \iff \begin{cases} y=z \\ x=z \end{cases} \iff X=z\begin{pmatrix}1\\1\\1\end{pmatrix}.$$

L'ensemble des solutions est la droite dirigée par $\begin{pmatrix}1\\1\\1\end{pmatrix}$.

Exercice 5

1) Pour tout $n\in\mathbb{N}$, on note $\mathcal{P}(n)$: « $A^n = 2^{n-1}\begin{pmatrix}2 & 4n & 3n(n+1)\\ 0 & 2 & 3n\\ 0 & 0 & 2\end{pmatrix}$ ».

- Initialisation

On a $A^0 = I_3 = \frac{1}{2}\begin{pmatrix}2&0&0\\0&2&0\\0&0&2\end{pmatrix}$, donc $\mathcal{P}(0)$ est vraie.

- Hérédité

Soit $n\in\mathbb{N}$. On suppose $\mathcal{P}(n)$ vraie. On a alors :

$$\begin{aligned} A^{n+1} &= A^nA \\ &= 2^{n-1}\begin{pmatrix}2 & 4n & 3n(n+1)\\ 0 & 2 & 3n\\ 0 & 0 & 2\end{pmatrix}\begin{pmatrix}2&4&6\\0&2&3\\0&0&2\end{pmatrix} \\ &= 2^{n-1}\begin{pmatrix}4 & 8+8n & 12+12n+6n(n+1)\\ 0 & 4 & 6+6n\\ 0 & 0 & 4\end{pmatrix} \\ &= 2^n\begin{pmatrix}2 & 4(1+n) & 3(n+1)(n+2)\\ 0 & 2 & 3(n+1)\\ 0&0&2\end{pmatrix}. \end{aligned}$$

d'après $\mathcal{P}(n)$

factorisation par 2
$6(n+1)+3n(n+1)$
$=3(n+1)(2+n)$

Donc $\mathcal{P}(n+1)$ est vraie.

On a montré par récurrence que pour tout $n\in\mathbb{N}$, $\mathcal{P}(n)$ est vraie.

2) On pose $K=A-2I_3$. Puisque K et I_3 commmutent, on a :

$$A^n=(2I_3+K)^n=\sum_{k=0}^{n}\binom{n}{k}(2I_3)^{n-k}K^k=\sum_{k=0}^{n}\binom{n}{k}2^{n-k}K^k.$$

Or, $K = \begin{pmatrix} 0 & 4 & 6 \\ 0 & 0 & 3 \\ 0 & 0 & 0 \end{pmatrix}$, donc $K^2 = \begin{pmatrix} 0 & 4 & 6 \\ 0 & 0 & 3 \\ 0 & 0 & 0 \end{pmatrix}\begin{pmatrix} 0 & 4 & 6 \\ 0 & 0 & 3 \\ 0 & 0 & 0 \end{pmatrix} = \begin{pmatrix} 0 & 0 & 12 \\ 0 & 0 & 0 \\ 0 & 0 & 0 \end{pmatrix}$.

On trouve ensuite $K^3 = KK^2 = 0$. Puis, pour $k \geqslant 3$, $K^k = K^{k-3}K^3 = 0$.

Finalement :

$$A^n = 2^n I_3 + n2^{n-1}K + \frac{n(n-1)}{2}2^{n-2}K^2 = 2^{n-1}\left(2I_3 + nK + \frac{n(n-1)}{4}K^2 = 2^{n-1}\right).$$

Comme $6n + 3n(n-1) = 3n(n+1)$, on retrouve bien les neuf coefficients de A^n obtenus au 1).

Exercice 6

1) On obtient $A^2 = \begin{pmatrix} 0 & m & m^2 \\ m^{-1} & 0 & m \\ m^{-2} & m^{-1} & 0 \end{pmatrix}\begin{pmatrix} 0 & m & m^2 \\ m^{-1} & 0 & m \\ m^{-2} & m^{-1} & 0 \end{pmatrix} = \begin{pmatrix} 2 & m & m^2 \\ m^{-1} & 2 & m \\ m^{-2} & m^{-1} & 2 \end{pmatrix}$.

   On remarque que $A^2 = A + 2I_3$.

   Donc $(A + I_3)(A - 2I_3) = A^2 - 2AI_3 + I_3A - 2I_3^2 = A^2 - A - 2I_3 = 0$.

2) On a $(A + I_3)^2 = A^2 + 2A + I_3$, car A et I_3 commutent. Donc $(A + I_3)^2 = 3A + 3I_3$.

   D'où $B^2 = \frac{1}{9}(A + I_3)^2 = \frac{1}{9}(3A + 3I_3) = B$. Puis $B^3 = B^2B = BB = B$ et de proche en proche, $B^n = B$ pour tout $n \in \mathbb{N}^*$.

   De même, $C^2 = \frac{1}{9}(A - 2I_3)^2 = \frac{1}{9}(A^2 - 4A + 4I_3) = \frac{1}{9}(-3A + 6I_3) = -C$.

   Puis, $C^3 = -C^2 = +C$ et $C^n = (-1)^{n-1}C$ pour tout $n \in \mathbb{N}^*$.

3) On a $\begin{cases} A + I_3 = 3B \\ A - 2I_3 = 3C \end{cases}$. Donc $A = 2B + C$, en utilisant $\frac{2}{3}L_1 + \frac{1}{3}L_2$.

   Comme A et I_3 commutent, B et C aussi et la question 1) donne $BC = 0$.

   Donc pour $n \in \mathbb{N}^*$:

$$A^n = (2B + C)^n = \sum_{k=0}^{n} \binom{n}{k}(2B)^k C^{n-k} = (2B)^n + 0 + C^n = 2^n B + (-1)^{n-1}C.$$

   Pour $n = 0$, $2^0B + (-1)^{0-1}C = B - C = \frac{1}{3}(0A + 3I_3) = I_3$. Comme $A^0 = I_3$, l'égalité est vraie pour $n = 0$.

   Posons $M = 2^{-1}B + (-1)^{-1-1}C = \frac{1}{2}B + C = \frac{1}{6}(3A - 3I_3) = \frac{1}{2}(A - I_3)$.

   On a $MA = \frac{1}{2}(A^2 - A) = \frac{1}{2}(A + 2I_3 - A) = I_3$. Donc la matrice carrée A est inversible et $A^{-1} = M = 2^{-1}B + (-1)^{-2}C$, ce qui montre que l'égalité est valable pour $n = -1$.

Exercices axés sur le raisonnement

Exercice 7

1) Le calcul matriciel donne pour $M = CL$ et $\alpha = LC$:

$$M = \begin{pmatrix} x \\ y \\ z \end{pmatrix} \begin{pmatrix} a & b & c \end{pmatrix} = \begin{pmatrix} xa & xb & xc \\ ya & yb & yc \\ za & zb & zc \end{pmatrix} \text{ et } \alpha = \begin{pmatrix} a & b & c \end{pmatrix} \begin{pmatrix} x \\ y \\ z \end{pmatrix} = ax + by + cz.$$

2) On a $M^2 = (CL)(CL) = C(LC)L = \alpha CL$, car $\alpha \in \mathbb{R}$. Donc $M^2 = \alpha M$.
On en déduit que $M^n = \alpha^{n-1} M$ pour $n \in \mathbb{N}^*$.

Exercice 8

1) Soient t_1 et $t_2 \in \mathbb{R}$. Le calcul matriciel donne :

$$\begin{pmatrix} \operatorname{ch}(t_1) & \operatorname{sh}(t_1) \\ \operatorname{sh}(t_1) & \operatorname{ch}(t_1) \end{pmatrix} \begin{pmatrix} \operatorname{ch}(t_2) & \operatorname{sh}(t_2) \\ \operatorname{sh}(t_2) & \operatorname{ch}(t_2) \end{pmatrix} = \begin{pmatrix} a & b \\ b & a \end{pmatrix} \text{ avec } \begin{cases} a = \operatorname{ch}(t_1)\operatorname{ch}(t_2) + \operatorname{sh}(t_1)\operatorname{sh}(t_2) \\ b = \operatorname{ch}(t_1)\operatorname{sh}(t_2) + \operatorname{sh}(t_1)\operatorname{ch}(t_2) \end{cases}$$

On vérifie (voir exercice 1 du chapitre 4) que $a = \operatorname{ch}(t_1 + t_2)$ et $b = \operatorname{sh}(t_1 + t_2)$.
Donc $M(t_1)M(t_2) = M(t_1 + t_2)$.

2) Soit $t \in \mathbb{R}$. On a $M(t)M(-t) = M(t - t) = M(0) = \begin{pmatrix} \operatorname{ch}(0) & \operatorname{sh}(0) \\ \operatorname{sh}(0) & \operatorname{ch}(0) \end{pmatrix} = \begin{pmatrix} 1 & 0 \\ 0 & 1 \end{pmatrix}$.

Cela prouve que la matrice carrée $M(t)$ est inversible et que $M(t)^{-1} = M(-t)$.

3) L'ensemble $G = \{M(t), t \in \mathbb{R}\}$ est une partie de $\mathrm{GL}_2(\mathbb{R})$ contenant I_2, stable par multiplication et passage à l'inverse, donc c'est un sous-groupe du groupe linéaire.

Comme $M(t) = 0 \iff \big(\operatorname{ch}(t) = 0 \text{ et } \operatorname{sh}(t) = 0\big) \iff t = 0_R$, l'application $t \mapsto M(t)$ est un morphisme de groupe injectif, donc un isomorphisme sur son image.

Finalement, les groupes $(G, \times)$ et $(\mathbb{R}, +)$ sont isomorphes.

Exercice 9

1) Le calcul donne $A^2 = \begin{pmatrix} 0 & 1 & -1 \\ -3 & 4 & -3 \\ -1 & 1 & 0 \end{pmatrix} \begin{pmatrix} 0 & 1 & -1 \\ -3 & 4 & -3 \\ -1 & 1 & 0 \end{pmatrix} = \begin{pmatrix} -2 & 3 & -3 \\ -9 & 10 & -9 \\ -9 & 9 & -2 \end{pmatrix}$.

On a alors $A^2 - 3A = \begin{pmatrix} -2 & 0 & 0 \\ 0 & -2 & 0 \\ 0 & 0 & -2 \end{pmatrix} = -2I_3$. Donc $A^2 = 3A - 2I_3$.

2) D'après la question précédente, on a $(A - I_3)(A - 2I_3) = A^2 - 3A + 2I_2 = 0$.
On va raisonner par l'absurde pour montrer que $A - I_3$ et $A - 2I_3$ ne sont pas inversibles.
On suppose que la matrice $A - I_3$ est inversible.
En multipliant à gauche par son inverse, on obtient $A - 2I_3 = 0(A - I_3)^{-1} = 0$. C'est impossible, car $A \neq 2I_3$.
Donc la matrice $A - I_3$ n'est pas inversible.
On démontre que $A - 2I_3$ n'est pas inversible de façon similaire.

Exercice 10

1) Pour $V = \begin{pmatrix} x \\ y \end{pmatrix} \in \mathbb{R}^2$, on a $AV + B = \begin{pmatrix} 1/5 & 0 \\ 0 & 2 \end{pmatrix}\begin{pmatrix} x \\ y \end{pmatrix} + \begin{pmatrix} 1 \\ 1 \end{pmatrix} = \begin{pmatrix} x/5+1 \\ 2y+1 \end{pmatrix}$.

Donc :

$$V = AV + B \Leftrightarrow \begin{pmatrix} x \\ y \end{pmatrix} = \begin{pmatrix} x/5+1 \\ 2y+1 \end{pmatrix} \Leftrightarrow \begin{cases} x = 5/4 \\ y = -1 \end{cases} \Leftrightarrow V = \begin{pmatrix} 5/4 \\ -1 \end{pmatrix}.$$

2) En utilisant $V = \begin{pmatrix} 5/4 \\ -1 \end{pmatrix}$, on a pour tout $n \in \mathbb{N}$, $U_{n+1} - V = AU_n - AV + 0 = A(U_n - V)$.

On en déduit (comme à l'exercice 3) que $U_n - V = A^n(U_0 - V)$.

La matrice A étant diagonale, on a $A^n = \begin{pmatrix} 1/5^n & 0 \\ 0 & 2^n \end{pmatrix}$. Et $U_0 - V = \begin{pmatrix} 2 - 5/4 \\ 1+1 \end{pmatrix} = \begin{pmatrix} 3/4 \\ 2 \end{pmatrix}$.

D'où :

$$U_n = V + A^n(U_0 - V) = \begin{pmatrix} \frac{5}{4} + \frac{3}{4} \cdot \frac{1}{5^n} \\ -1 + 2^{n+1} \end{pmatrix}.$$

Exercice 11

La matrice $U = M + I_p$ a tous ses coefficients égaux à 1. On a alors facilement $U^2 = pU$, puis $U^n = p^{n-1}U$ pour $n \in \mathbb{N}^*$. Comme $UI_p = I_p$, on a par la formule du binôme :

$$\begin{aligned} M^n &= (U - I_p)^n \\ &= \sum_{k=0}^{n} \binom{n}{k} U^k (-I_p)^{n-k} && U \text{ et } I_p \text{ commutent} \\ &= (-1)^n I_p + \sum_{k=1}^{n} \binom{n}{k} (-1)^{n-k} p^{k-1} U && U^0 = I_n,\ U^k = p^{k-1}U \text{ pour } k \geqslant 1 \\ &= (-1)^n I_p + \frac{1}{p}\left(\sum_{k=1}^{n} \binom{n}{k}(-1)^{n-k}p^k\right) U \\ &= (-1)^n I_p + \frac{1}{p}\left((p-1)^n - (-1)^n\right) U. && \sum_{k=0}^{n} \binom{n}{k}(-1)^{n-k}p^k = (p-1)^n \end{aligned}$$

Ce résultat s'écrit aussi $M^n = \frac{1}{p}\left((p-1)^n + (p-1)(-1)^n\right) I_p + \frac{1}{p}\left((p-1)^n - (-1)^n\right) M$.

Exercices avec questions ouvertes

Exercice 12

Pour i et $j \in [\![1, n]\!]$, on note $E_{i,j}$ la matrice de $\mathcal{M}_n(\mathbb{K})$ dont tous les coefficients sont nuls sauf celui de la ligne i et colonne j qui vaut 1.

- Matrices commutant avec les matrices inversibles (Centre de $\mathcal{M}_n(\mathbb{K})$)

On sait que I_n et plus généralement les matrices colinéaires à I_n commutent avec toutes les matrices de $\mathcal{M}_n(\mathbb{K})$.

Réciproquement, soit $M = (M_{k,\ell})_{1\leqslant k,\ell\leqslant n}$ une matrice commutant avec toutes les matrices de $\mathcal{M}_n(\mathbb{K})$.

En particulier, M commute avec les matrices $E_{i,j}$.

On note $ME_{i,j} = (d_{k,\ell})_{1\leqslant k,\ell\leqslant n}$ et $E_{i,j}M = (g_{k,\ell})_{1\leqslant k,\ell\leqslant n}$.

Soient i et $j \in [\![1,n]\!]$.
Pour $\ell \in [\![1,n]\!] \setminus \{j\}$, les colonnes C_ℓ de la matrice $E_{i,j}$ étant nulles, celles de $ME_{i,j}$ le sont aussi.

$$\text{Pour } k \in [\![1,n]\!],\ d_{k,j} = \begin{pmatrix} M_{k,1} & M_{k,2} & \cdots & M_{k,n}\end{pmatrix}\begin{pmatrix}0\\ \vdots\\ 0\\ 1\\ 0\\ \vdots\\ 0\end{pmatrix} = 0 + M_{k,i}1 + 0 = M_{k,i}.$$

En résumé, les colonnes de $ME_{i,j}$ sont nulles sauf la j-ème qui est égale à la i-ème colonne de M.
De même, on obtient la i-ème ligne de $E_{i,j}M$ est la j-ème ligne de M et les autres sont nulles.

$$ME_{i,j} = \begin{pmatrix} 0 & \cdots & 0 & M_{1,i} & 0 & \cdots & 0\\ \vdots & & \vdots & \vdots & \vdots & & \vdots\\ 0 & \cdots & 0 & M_{1,i} & 0 & \cdots & 0\end{pmatrix} \text{ et } E_{i,j}M = \begin{pmatrix} 0 & \cdots & 0\\ \vdots & & \vdots\\ 0 & \cdots & 0\\ M_{j,1} & \cdots & M_{j,n}\\ 0 & \cdots & 0\\ \vdots & & \vdots\\ 0 & \cdots & 0\end{pmatrix}.$$

Deux matrices égales ayant les mêmes coefficients, on obtient $M_{i,i} = M_{j,j}$ et pour $k \neq i$, $M_{k,i} = 0$.

Cela étant valable pour tous i et $j \in [\![1,n]\!]$, les coefficients diagonaux de M sont égaux entre eux et les autres sont nuls.

Donc M est colinéaire à I_n.

• Matrices commutant avec les matrices inversibles
En particulier, les matrices colinéaires à I_n conviennent.

Réciproquement, soit $M = (M_{k,\ell})_{1\leqslant k,\ell\leqslant n}$ une matrice commutant avec toutes les matrices de $\mathrm{GL}_n(\mathbb{K})$.

Pour i et $j \in [\![1,n]\!]$, on note $A_{i,j} = I_n + E_{i,j}$.

Si $i \neq j$, la matrice $A_{i,j}$ est triangulaire avec des coefficients diagonaux à 1, donc $A_{i,j}$ est inversible.

Si $i = j$, la matrice $A_{j,j}$ est diagonale avec des coefficients diagonaux non nuls (car égaux à 1 ou à 2), donc $A_{j,j}$ est inversible.

Pour tous i et $j \in [\![1, n]\!]$, la matrice $A_{i,j}$ est inversible.

En particulier, M commute avec toutes les matrices $A_{i,j}$. Or , on a :

$$MA_{i,j} = A_{i,j}M \iff M + ME_{i,j} = M + E_{i,j}M \iff ME_{i,j} = E_{i,j}M.$$

D'après le premier point, M est colinéaire à I_n.

« *La formule du binôme ne s'applique que pour des matrices qui commutent.* »

Polynômes et fractions rationnelles 19

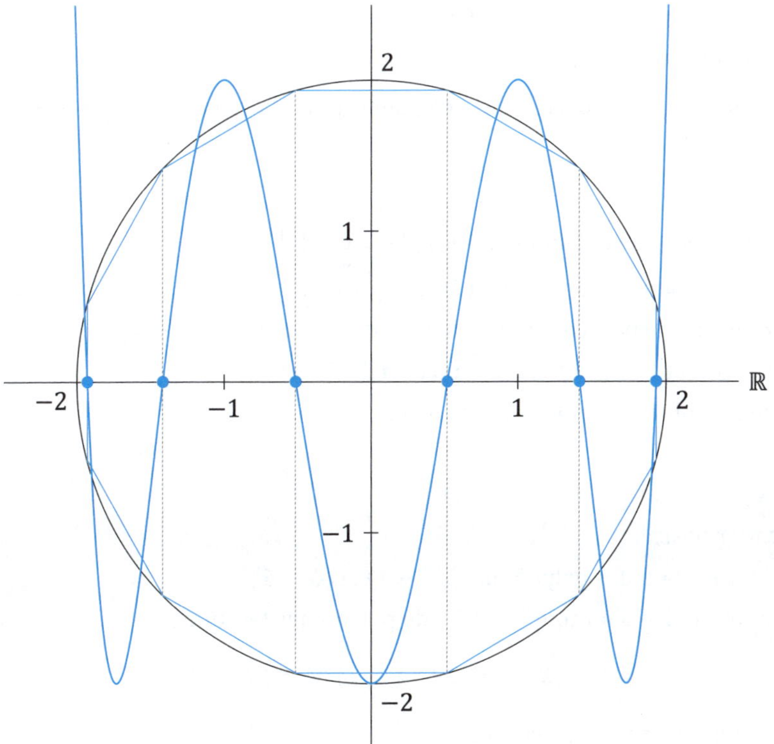

Courbe représentative du polynôme $P_6 = X^6 - 6X^4 + 9X^2 - 2$ de l'exercice n° 8. Ses racines sont les $2\cos\left(\frac{2k+1}{2n}\pi\right)$ pour k variant de 0 à $n-1$. On les obtient donc comme les abscisses des sommets d'un polynôme régulier à 12 côtés (dodécagone) inscrit dans le cercle de centre O et de rayon 2.

Exercices axés sur le calcul

Exercice 1

Soit α un réel. On note P le polynôme $X^6 + 4X^5 + 8X^4 + 10X^3 + \alpha X^2 + 4X + 1$.
On suppose que -1 est une racine de P. On note j le nombre complexe $\exp(2i\pi/3)$.

1) Déterminer α.
2) Montrer que -1 est une racine de P d'ordre de multiplicité au moins 2.
3) Montrer que j est également une racine multiple de P.
4) Décomposer P en produit de facteurs irréductibles dans $\mathbb{C}[X]$, puis dans $\mathbb{R}[X]$.

Exercice 2

On note P le polynôme $X^3 - 5X^2 + 6X - 1$.

1) Montrer que P a trois racines distinctes dans $\mathbb{C}$.
2) En notant α, β et γ les trois racines de P, déterminer la valeur de $\frac{1}{1-\alpha} + \frac{1}{1-\beta} + \frac{1}{1-\gamma}$.

Exercice 3

Soit $n \in \mathbb{N}^*$. On note P le polynôme $(X+1)^n - (X-1)^n$.

1) Déterminer le coefficient dominant et le degré de P.
2) Montrer que les racines complexes de P sont des racines simples.
3) Préciser le produit et la somme des racines de P.
4) Déterminer explicitement les racines de P.

Exercice 4

Soit n un entier positif.

1) Déterminer le PGCD des polynômes $(X^n - 1)$ et $(X-1)^n$.
2) Montrer l'existence d'un couple (U, V) de polynômes tels que :

$$(X^3 - 1)U + (X-1)^3 V = (X-1).$$

Donner explicitement un tel couple.

Exercice 5

Soit $a \in \mathbb{R}$. On note P le polynôme $X^3 - 3X^2 + 3aX - 1$.

1) Déterminer le reste de la division euclidienne du polynôme P par P'.
2) Donner une condition nécessaire et suffisante sur a pour que P ait une racine multiple et factoriser P lorsque c'est le cas.

Exercice 6

Pour $n \in \mathbb{N}^*$, on note P_n le polynôme $(1+X)(1+X^2)\left(1+X^4\right)\cdots\left(1+X^{2^n}\right)$.

1) Préciser $P_n(1)$.
2) Montrer que $P_n = \sum_{k=0}^{2^{n+1}-1} X^k$ pour tout $n \in \mathbb{N}^*$.
3) Préciser les racines de P_n.

Exercices axés sur le raisonnement

Exercice 7

Soient U et V deux polynômes vérifiant :

$$\forall x > 0, \quad U(x)\sin(x) + V(x)\cos(x) = 0.$$

Montrer que U et V sont tous deux égaux au polynôme nul.

Exercice 8

Soit $(P_n)_{n\in\mathbb{N}}$ une suite de polynômes telle que $P_0 = 2, P_1 = X$ et :

$$\forall n \in \mathbb{N}, \quad P_{n+2} = XP_{n+1} - P_n.$$

1) Déterminer le degré et le coefficient dominant de P_n.
2) Montrer que pour tout $z \in \mathbb{C}^*$, on a :

$$\forall n \in \mathbb{N}, \quad P_n\left(z + \frac{1}{z}\right) = z^n + \frac{1}{z^n}.$$

3) Soit $\theta \in \mathbb{R}$. Calculer $P_n\big(2\cos(\theta)\big)$ en fonction de n et de θ.
4) Pour $n \in \mathbb{N}^*$, déterminer les racines de P_n.

Exercice 9

Pour tout $n \in \mathbb{N}^*$, montrer que $\prod_{k=0}^{n-1}\left(X^2 - 2X\cos\left(\frac{2k\pi}{n}\right) + 1\right) = (X^n - 1)^2$.

Exercice 10

Déterminer les polynômes $P \in \mathbb{R}_7[X]$ tels que $(X+1)^4$ divise $P-1$ et $(X-1)^4$ divise $P+1$.
Indication : On pourra préciser la factorisation de P' .

Exercice 11

Soient P et Q deux polynômes de $\mathbb{R}[X]$. On suppose que Q divise P.
Montrer que Q^2 divise $P'Q - PQ'$.

Exercice 12

Soient n un entier naturel non nul et P un polynôme de $\mathbb{R}_n[X]$ tel que $P(k) = \frac{k}{k+1}$ pour tout $k \in [\![0, n]\!]$.
Déterminer la valeur de $P(n+1)$.

Exercice 13

Montrer, sans faire aucun calcul, que $(X-1)(X^{15}-1)$ est divisible par $(X^5-1)(X^3-1)$.

Exercice 14

Soit $k \in \mathbb{R}$. On note P le polynôme $X^3 - X^2 + k$.

1) Déterminer une condition nécessaire et suffisante sur k pour que P ait une racine multiple.
2) Donner le tableau de variations de la fonction polynôme $x \mapsto P(x)$ sur $\mathbb{R}$.
3) Déterminer une condition nécessaire et suffisante sur k pour que P ait trois racines réelles distinctes.
4) Déterminer une condition nécessaire et suffisante sur k pour que P soit scindé dans $\mathbb{R}[X]$.

Exercice 15 ⋆

Soient $n \in \mathbb{N}^*$ et $b_1, b_2, \dots, b_n$ des réels strictement positifs.
On note P le polynôme $X^n - b_1X^{n-1} - \cdots - b_{n-1}X - b_n$.

1) Montrer que P a une seule racine x_0 réelle strictement positive.
   Indication : On pourra introduire $f : x \mapsto \frac{P(x)}{x^n}$.
2) Montrer que x_0 est racine simple de P.
3) Montrer que pour toute autre racine z de P, on a $|z| \leqslant x_0$.

Exercice 16

Soit P un polynôme de $\mathbb{R}[X]$ non constant et scindé dans $\mathbb{R}[X]$.
Montrer que P' est également scindé dans $\mathbb{R}[X]$.

Exercices avec questions ouvertes

Exercice 17 *Polynôme divisible par son polynôme dérivé*

Soit $n \in \mathbb{N}^*$.
Existe-t-il des polynômes P de $\mathbb{K}[X]$ de degré n et divisibles par P' ? Si oui, lesquels ?

Exercice 18

Soient B un polynôme de degré au moins 1 et P un polynôme non nul.
On note Q et R le quotient et le reste de la division euclidienne de P par B.

1) Les polynômes B et R sont-ils les quotient et reste de la division euclidienne de P par Q ?
2) A-t-on $\operatorname{pgcd}(P, Q) = \operatorname{pgcd}(Q, R)$?

Exercice 19

Soit $n \in \mathbb{N}$. Que dire de deux polynômes P et Q de $\mathbb{R}_n[X]$ tels que $P(x) - Q(x) \underset{x \to 0}{=} o\left(x^n\right)$?
Même question avec $P(x) - Q(x) \underset{x \to +\infty}{=} o\left(x^n\right)$.

Exercice 20

Que dire d'un polynôme P tel que l'image par P de tout rationnel soit un rationnel ?

Exercice 21

Existe-t-il un polynôme P tel que $P(x) = \mathrm{e}^x$ pour une infinité de valeurs du réel x ?

Corrections

Exercices axés sur le calcul

Exercice 1

1) On a $P(-1) = 10 + \alpha - 18$. Or, $P(-1) = 0$, donc $\alpha = 8$.
2) On a alors $P' = 6X^5 + 20X^4 + 32X^3 + 30X^2 + 16X + 4$.
   En particulier $P'(-1) = 20 + 30 + 4 - 6 - 32 - 16 = 0$. Donc -1 est une racine au moins double de P.
3) On sait que $\mathrm{j}^3 = 1$, $\mathrm{j}^4 = \mathrm{j}$, $\mathrm{j}^5 = \mathrm{j}^2$ et $\mathrm{j}^6 = 1$. On a aussi $1 + \mathrm{j} + \mathrm{j}^2 = \frac{1-\mathrm{j}^3}{1-\mathrm{j}} = 0$.*
   D'où $P(\mathrm{j}) = 1 + 4\mathrm{j}^2 + 8\mathrm{j} + 10 + 8\mathrm{j}^2 + 4\mathrm{j} + 1 = 12(1 + \mathrm{j} + \mathrm{j}^2) = 0$.
   Et $P'(-\mathrm{j}) = 6\mathrm{j}^2 + 20\mathrm{j} + 32 + 30\mathrm{j}^2 + 16\mathrm{j} + 4 = 36(1 + \mathrm{j} + \mathrm{j}^2) = 0$.
   Donc j est une racine multiple de P.
4) Le polynôme P étant à coefficients réels, le conjugué de j est aussi racine multiple de P.
   Or, $\deg P = 6$, donc P admet au plus six racines complexes comptées avec multiplicité.
   Compte tenu de ces résultats, les racines de P sont -1, j et $\overline{\mathrm{j}}$ et chacune est de multiplicité 2.
   Le polynôme étant unitaire, $P = (X+1)^2(X-\mathrm{j})^2\left(X - \overline{\mathrm{j}}\right)^2$.
   On a facilement $(X - \mathrm{j})\left(X - \overline{\mathrm{j}}\right) = X^2 - \left(\mathrm{j} + \overline{\mathrm{j}}\right)X + 1 = X^2 + X + 1$, donc la factorisation de P dans $\mathbb{R}[X]$ est $(X+1)^2(X^2 + X + 1)^2$.

*Le somme des trois racines cubiques de l'unité est nulle.

Exercice 2

1) Étant de degré 3, P admet 3 racines comptées avec multiplicité dans $\mathbb{C}$.
Vérifions que P n'a pas de racines multiples :

$$\begin{cases} P(z) = 0 \\ P'(z) = 0 \end{cases} \Leftrightarrow \begin{cases} z^3 - 5z^2 + 6z - 1 = 0 \\ 3z^2 - 10z + 6 = 0 \end{cases}$$

$L_1 \leftarrow 3L_1 - zL_2$

$$\Leftrightarrow \begin{cases} -5z^2 + 12z - 1 = 0 \\ 3z^2 - 10z + 6 = 0 \end{cases}$$

$L_1 \leftarrow 3L_1 + 5L_2$

$$\Leftrightarrow \begin{cases} 6z + 27 = 0 \\ 3z^2 - 10z + 6 = 0 \end{cases}$$

Le système n'a pas de solution, car $-9/2$ n'est pas solution de $3z^2 - 10z + 6 = 0$.
Les racines de P étant simples, P admet 3 racines distinctes.

2) • Première méthode par les relations coefficients et racines

On a $z = \frac{1}{1-\alpha} + \frac{1}{1-\beta} + \frac{1}{1-\gamma} = \frac{(1-\beta)(1-\gamma)+(1-\alpha)(1-\gamma)+(1-\alpha)(1-\beta)}{(1-\alpha)(1-\beta)(1-\gamma)}$.
Puisque $P = (X-\alpha)(X-\beta)(X-\gamma)$, le dénominateur D vaut $P(1)$.
D'où $D = P(1) = 1 - 5 + 6 - 1 = 1$.

En notant N le numérateur, on a en développant :

$$N = (1-\beta)(1-\gamma) + (1-\alpha)(1-\gamma) + (1-\alpha)(1-\beta) = 3 - 2(\alpha+\beta+\gamma) + \beta\gamma + \alpha\gamma + \alpha\beta.$$

On a $\alpha + \beta + \gamma = -\frac{(-5)}{1} = 5$ et $\alpha\beta\gamma = -\frac{(-1)}{1} = 1$, d'après les relations coefficients et racines.
En développant $(X-\alpha)(X-\beta)(X-\gamma)$, on retrouve que $\beta\gamma + \alpha\gamma + \alpha\beta$ est le coefficient de X divisé par le coefficient dominant, donc $\beta\gamma + \alpha\gamma + \alpha\beta = 6/1 = 6$.
D'où $N = 3 - 2 \cdot 5 + 6 = -1$. En conclusion, $z = -1$.

• Seconde méthode par la décomposition de P'/P

Puisque les trois racines de P sont simples, on a $\frac{P'}{P} = \frac{1}{X-\alpha} + \frac{1}{X-\beta} + \frac{1}{X-\gamma}$.

$$\frac{1}{1-\alpha} + \frac{1}{1-\beta} + \frac{1}{1-\gamma} = \frac{P'(1)}{P(1)} = \frac{3 - 10 + 6}{1 - 5 + 6 - 1} = -1.$$

Exercice 3

1) À l'aide de la formule du binôme, on a :

$(X+1)^n = X^n + nX^{n-1} + \frac{n(n-1)}{2}X^{n-2} + \cdots + 1$,

$(X-1)^n = X^n - nX^{n-1} + \frac{n(n-1)}{2}X^{n-2} + \cdots + (-1)^n$,

donc $P = 2nX^{n-1} + 0X^{n-2} + \cdots + 1 - (-1)^n$.
Comme $2n \neq 0$, le coefficient dominant de P est $2n$ et le degré de P est $n-1$.

2) On raisonne par l'absurde.

On suppose que z est racine multiple de P. On a ainsi $P(z) = 0$ et $P'(z) = 0$.

On a alors $\begin{cases} (z+1)^n &= (z-1)^n \\ n(z+1)^{n-1} &= n(z-1)^{n-1} \end{cases}$. On en déduit $z+1 = z-1$, ce qui est impossible.

Donc P n'a que des racines simples.

3) D'après le cours, en notant $P = a_0 + a_1X + \cdots + a_{n-1}X^{n-1}$, le produit des racines est
$(-1)^{n-1}\frac{a_0}{a_{n-1}} = (-1)^{n-1}\frac{1-(-1)^n}{2n} = \begin{cases} 0 & \text{si } n \text{ est pair,} \\ 1/n & \text{sinon.} \end{cases}$

Et la somme des racines est $-\frac{a_{n-2}}{a_{n-1}} = 0$.

4) Le nombre 1 n'est pas une racine de P. Pour $z \neq 1$, on a :

$$\begin{aligned}
P(z) = 0 &\iff (z+1)^n = (z-1)^n \\
&\iff \left(\tfrac{z+1}{z-1}\right)^n = 1 \\
&\iff \tfrac{z+1}{z-1} \in \mathbb{U}_n \setminus \{1\} \qquad z+1 \neq z-1 \\
&\iff \exists k \in [\![1, n-1]\!], \tfrac{z+\mathrm{i}}{z-\mathrm{i}} = \mathrm{e}^{\mathrm{i}2k\pi/n} \\
&\iff \exists k \in [\![1, n-1]\!], z+1 = (z-1)\mathrm{e}^{\mathrm{i}2k\pi/n} \\
&\iff \exists k \in [\![1, n-1]\!], \left(\mathrm{e}^{\mathrm{i}2k\pi/n} - 1\right)z = \mathrm{e}^{\mathrm{i}2k\pi/n} + 1 \qquad \mathrm{e}^{\mathrm{i}2k\pi/n} - 1 \neq 0 \\
&\iff \exists k \in [\![1, n-1]\!], z = \tfrac{\mathrm{e}^{\mathrm{i}2k\pi/n}+1}{\mathrm{e}^{\mathrm{i}2k\pi/n}-1} \qquad \mathrm{e}^{\mathrm{i}\theta} + 1 = 2\cos(\theta/2)\mathrm{e}^{\mathrm{i}\theta/2},\ \mathrm{e}^{\mathrm{i}\theta} - 1 = 2\mathrm{i}\sin(\theta/2)\mathrm{e}^{\mathrm{i}\theta/2} \\
&\iff \exists k \in [\![1, n-1]\!], z = \tfrac{\cos(k\pi/n)}{\mathrm{i}\sin(k\pi/n)} \qquad 1/\mathrm{i} = -\mathrm{i} \\
&\iff \exists k \in [\![1, n-1]\!], z = -\mathrm{i}\cot(k\pi/n),
\end{aligned}$$

où $\cot = \frac{\cos}{\sin}$ est la fonction *cotangente*.

Exercice 4

1) Puisque l'unique racine de $(X-1)^n$ est 1 et que 1 est racine simple de $(X^n - 1)$, le PGCD de $(X^n - 1)$ et $(X-1)^n$ est $(X-1)$.

2) Le PGCD de $(X^3 - 1)$ et $(X-1)^3$ étant $(X-1)$, on sait qu'il existe un couple (U, V) de polynômes tels que $(X^3 - 1)U + (X-1)^3V = (X-1)$.

Comme $(X^3 - 1) = (X-1)(X^2 + X + 1)$, on préfère appliquer l'algorithme d'Euclide aux polynômes $X^2 + X + 1$ et $(X-1)^2 = X^2 - 2X + 1$:

$$X^2 + X + 1 = (X^2 - 2X + 1) + 3X$$

$$X^2 - 2X + 1 = \tfrac{1}{3}(X-2)(3X) + 1.$$

En remontant les calculs :

$$\begin{aligned}1 &= (X^2-2X+1)-3X\left(\tfrac{1}{3}X-\tfrac{2}{3}\right)\\ &= (X^2-2X+1)-\left((X^2+X+1)-(X^2-2X+1)\right)\left(\tfrac{1}{3}X-\tfrac{2}{3}\right)\\ &= \tfrac{1}{3}(X+1)(X^2-2X+1)-\tfrac{1}{3}(X-2)(X^2+X+1).\end{aligned}$$

En multipliant par $(X-1)$, on obtient donc :

$$\frac{1}{3}(X+1)(X-1)^3-\frac{1}{3}(X-2)(X^3-1)=(X-1).$$

Exercice 5

1) On a $P=X^3-3X^2+3aX-1$ et $P'=3X^2-6X+3a$.

En posant la division euclidienne de P par P', on a les calculs suivants :

$$\begin{aligned}P-\tfrac{1}{3}XP' &= -3X^2+3aX-1+2X^2-aX\\ &= -X^2+2aX-1\\ P-\tfrac{1}{3}XP'+\tfrac{1}{3}P' &= 2aX-1-2X+a\\ P-\tfrac{1}{3}(X+1)P' &= 2(a-1)X+(a-1).\end{aligned}$$

Le reste de la division euclidienne de P par P' est $R=(a-1)(2X+1)$.

2) Si P a une racine multiple α, alors α est aussi racine du reste R, car α est racine de P et de P'.

Si $a\neq 1$, l'unique racine de R est $-\frac{1}{2}$.

On a $P\left(-\frac{1}{2}\right)=-\frac{1}{8}-\frac{3}{4}-\frac{3}{2}a-1=-\frac{15}{8}-\frac{3}{2}a$ et $P'\left(-\frac{1}{2}\right)=\frac{3}{4}+3+3a=\frac{15}{4}+3a$.

Donc $-1/2$ est racine de P et de P' si, et seulement si, $a=-5/4$.*

Si $a=1$, le reste R est nul. Donc, P' divisant P, P a une racine multiple.

Si $a\in\mathbb{R}\setminus\{1,-5/4\}$, alors P n'a pas de racine multiple.

• Factorisation de P quand $a=1$

Si $a=1$, alors on a $P=X^3-3X^2+3X-1=(X-1)^3$.

• Factorisation de P quand $a=-5/4$

Si $a=-5/4$, alors on a $P=X^3-3X^2-\frac{15}{4}X-1$. On sait que $-1/2$ est racine au moins double, donc il existe un réel b tel que $P=(X+1/2)^2(X-b)$. Comme $P(0)=-1$, on obtient $b=4$.

$$P=X^3-3X^2-\frac{15}{4}X-1=\left(X+\frac{1}{2}\right)^2(X-4).$$

*En fait, $P(-1/2)=0$ entraîne $P'(-1/2)=0$, car $P-\frac{1}{3}(X+1)P'=R$ et $R(-1/2)=0$.

Exercice 6

1) On a $P_n(1) = 2 \cdot 2 \cdots 2 = 2^{n+1}$, car il y a $n+1$ facteurs.

2) Pour tout $n \in \mathbb{N}^*$, on note $Q(n)$: « $P_n = \sum_{k=0}^{2^{n+1}-1} X^k$ ».

- Initialisation

  On a $P_0 = 1 + X$ et $\sum_{k=0}^{2-1} X^k = 1 + X$, donc $Q(0)$ est vraie.

- Hérédité

  Soit $n \in \mathbb{N}$. On suppose $Q(n)$ vraie.

  On a alors :

$$
\begin{aligned}
P_{n+1} &= \left(1 + X^{2^{n+1}}\right) P_n \\
&= P_n + X^{2n+1} P_n \\
&= \sum_{k=0}^{2^{n+1}-1} X^k + \sum_{k=0}^{2^{n+1}-1} X^{2^{n+1}+k} \\
&= \sum_{k=0}^{2^{n+1}-1} X^k + \sum_{m=2^{n+1}}^{2^{n+2}-1} X^m \\
&= \sum_{k=0}^{2^{n+2}-1} X^k.
\end{aligned}
$$

  d'après $\mathcal{P}(n)$

  changement d'indice dans la 2e somme $2^{n+1} + 2^{n+1} - 1 = 2^{n+2} - 1$

  Donc $Q(n+1)$ est vraie.

On a montré par récurrence que pour tout $n \in \mathbb{N}$, $P_n = \sum_{k=0}^{2^{n+1}-1} X^k$.

3) D'après 1), 1 n'est pas racine de P_n.

Pour $z \neq 1$, $P_n(z) = \sum_{k=0}^{2^{n+1}-1} z^k = \frac{1-z^{2^{n+1}}}{1-z}$ (somme de termes d'une suite géométrique).

Les racines de P_n sont les racines 2^{n+1}-ièmes de l'unité sauf 1, c'est-à-dire les nombres de la forme $\exp\left(\frac{2ik\pi}{2^{n+1}}\right)$ avec $k \in [\![1, 2^{n+1} - 1]\!]$.

Exercices axés sur le raisonnement

Exercice 7

Pour $k \in \mathbb{N}^*$, en utilisant $x = 2k\pi$, on a $0 + V(2k\pi) = 0$.
Le polynôme V ayant une infinité de racines est le polynôme nul.
On peut utiliser de même $x = \pi/2 + 2k\pi$ pour obtenir que U est le polynôme nul.

Exercice 8

1) On raisonne par récurrence double.

Pour tout $n \in \mathbb{N}$, on note $Q(n)$: « $\deg P_n = n$ ».

- Initialisation

  On a $\deg P_0 = 0$ et $\deg P_1 = 1$, donc $Q(0)$ et $Q(1)$ sont vraies.

- Hérédité
  Soit $n \in \mathbb{N}$. On suppose $Q(n)$ et $Q(n+1)$ vraies.
  On a alors $\deg(XP_{n+1}) = n+2 > n = \deg P_n$, donc $\deg(XP_{n+1} - P_n) = n+2$.
  Donc $Q(n+2)$ est vraie.

On a montré par récurrence que pour tout $n \in \mathbb{N}$, $\deg P_n = n$.

De plus, d'après la démonstration ci-dessus, le coefficient dominant de P_{n+2} est égal à celui de P_{n+1}. Comme P_1 est unitaire, P_n l'est aussi à partir du rang 1.

En revanche, le coefficient dominant de P_0 vaut 2.

2) On peut à nouveau raisonner par récurrence double ou utiliser une suite linéaire récurrente d'ordre 2 :
Soit $z \in \mathbb{C}^*$. Pour $n \in \mathbb{N}$, on pose $u_n = P_n\left(z + \frac{1}{z}\right)$.
On a $u_0 = 2$, $u_1 = z + \frac{1}{z}$ et $u_{n+2} = \left(z + \frac{1}{z}\right)u_{n+1} - u_n$ pour tout $n \in \mathbb{N}$.
L'équation caractéristique $q^2 - \left(z + \frac{1}{z}\right)q + 1 = 0$ ayant pour solution z et $\frac{1}{z}$, il existe deux complexes a et b tels que $u_n = az^n + b\frac{1}{z^n}$ pour tout $n \in \mathbb{N}$. Les conditions initiales donnent $a = 1$ et $b = 1$. Finalement :

$$\forall n \in \mathbb{N}, \quad P_n\left(z + \frac{1}{z}\right) = z^n + \frac{1}{z^n}.$$

3) Soit $\theta \in \mathbb{R}$. En utilisant $z = \mathrm{e}^{\mathrm{i}\theta}$, on a $z + \frac{1}{z} = \mathrm{e}^{\mathrm{i}\theta} + \frac{1}{\mathrm{e}^{\mathrm{i}\theta}} = \mathrm{e}^{\mathrm{i}\theta} + \mathrm{e}^{-\mathrm{i}\theta} = 2\cos(\theta)$. D'après la question précédente :

$$\forall n \in \mathbb{N}, \quad P_n\big(2\cos(\theta)\big) = \mathrm{e}^{\mathrm{i}n\theta} + \frac{1}{\mathrm{e}^{\mathrm{i}n\theta}} = \mathrm{e}^{\mathrm{i}n\theta} + \mathrm{e}^{-\mathrm{i}n\theta} = 2\cos(n\theta).$$

4) Soit $n \in \mathbb{N}^*$. Le polynôme P_n admet n racines complexes (comptées avec multiplicité), car $\deg P_n = n$.
Pour $\theta \in \mathbb{R}$, on a :

$$P_n\big(2\cos(\theta)\big) = 0 \iff \cos(n\theta) = 0 \iff \exists k \in \mathbb{Z}, n\theta = \frac{\pi}{2} + k\pi.$$

Pour $k \in [\![0, n-1]\!]$, on obtient n valeurs distinctes $\theta_k = \frac{\pi}{2n} + \frac{k\pi}{n}$ appartenant toutes à $]0,\pi[$. La fonction cos étant injective sur $]0,\pi[$, on obtient n réels $2\cos(\theta_k)$ deux à deux distincts. Et ces n réels sont des racines de P_n. Donc il n'y a pas d'autres racines.

En conclusion, P_n admet n racines distinctes qui sont les $2\cos\left(\frac{1+2k}{2n}\pi\right)$ avec $k \in [\![0, n-1]\!]$.

Exercice 9

Soit $k \in [\![0, n-1]\!]$.
Le discriminant Δ_k du trinôme du second degré $X^2 - 2X\cos\left(\frac{2k\pi}{n}\right) + 1$ est $4\cos^2\left(\frac{2k\pi}{n}\right) - 4$.

Donc $\Delta_k = -4\sin^2\left(\frac{2k\pi}{n}\right)$. Les deux racines complexes (confondues si $k = 0$) du trinôme sont $\frac{2\cos\left(\frac{2k\pi}{n}\right)-2\mathrm{i}\sin\left(\frac{2k\pi}{n}\right)}{2} = \mathrm{e}^{2\mathrm{i}k\pi/n}$ et son conjugué $\mathrm{e}^{-2\mathrm{i}k\pi/n}$. Donc :

$$X^2 - 2X\cos\left(\frac{2k\pi}{n}\right) + 1 = \left(X - \mathrm{e}^{\frac{2\mathrm{i}k\pi}{n}}\right)\left(X - \mathrm{e}^{-\frac{2\mathrm{i}k\pi}{n}}\right).$$

Or, $X^n - 1 = \prod_{\omega\in\mathbb{U}_n}(X-\omega) = \prod_{k=0}^{n-1}\left(X - \mathrm{e}^{\frac{2\mathrm{i}k\pi}{n}}\right)$, car les racines n-ièmes de l'unité sont les $\mathrm{e}^{\frac{2\mathrm{i}k\pi}{n}}$ pour $k \in [\![0, n-1]\!]$.

Comme on a aussi $\mathbb{U}_n = \{\mathrm{e}^{\frac{2\mathrm{i}k\pi}{n}}, k \in [\![-n+1, 0]\!]\}$, on a également $X^n - 1 = \prod_{k=0}^{n-1}\left(X - \mathrm{e}^{-\frac{2\mathrm{i}k\pi}{n}}\right)$.

Donc :

$$\prod_{k=0}^{n-1}\left(X^2 - 2X\cos\left(\frac{2k\pi}{n}\right) + 1\right) = \prod_{k=0}^{n-1}\left(X - \mathrm{e}^{\frac{2\mathrm{i}k\pi}{n}}\right) \times \prod_{k=0}^{n-1}\left(X - \mathrm{e}^{-\frac{2\mathrm{i}k\pi}{n}}\right) = (X^n-1)^2.$$

Exercice 10

• Analyse

Soit P un polynôme solution. Le réel -1 est racine d'ordre au moins 4 de $P - 1$. Donc -1 est racine d'ordre au moins 3 de $(P-1)'$. Comme $(P-1)' = P'$, -1 est racine d'ordre au moins 3 de P'.

De même, 1 est racine d'ordre au moins 3 de $(P+1)' = P'$.

Or, $\deg P' \leqslant 6$, donc il existe $\alpha \in \mathbb{R}$ tel que $P' = \alpha(X+1)^3(X-1)^3$.

On a alors $P' = \alpha(X^2-1)^3 = \alpha(X^6 - 3X^4 + 3X^2 - 1)$.

Il existe un réel c tel que $P = \alpha(X^7/7 - 3/5X^5 + X^3 - X) + c$.

Or, -1 étant racine de $P-1$, on a $P(-1) = 1$. De même $P(1) = -1$, car 1 est racine de $P+1$.

Or, $P(1) = (1/7 - 3/5)\alpha + c = -16/35\alpha + c$ et $P(-1) = (-1/7 + 3/5)\alpha + c = 16/35\alpha + c$, et :

$$\begin{cases} P(1) = -1 \\ P(-1) = 1 \end{cases} \Leftrightarrow \begin{cases} -\frac{16}{35}\alpha + c = -1 \\ \frac{16}{35}\alpha + c = 1 \end{cases} \Leftrightarrow \begin{cases} c = 0 \\ \alpha = \frac{35}{16} \end{cases}.$$

Donc $P = \frac{35}{16}\left(\frac{1}{7}X^7 - \frac{3}{5}X^5 + X^3 - X\right)$.

• Synthèse

Soit $P = \frac{35}{16}\left(\frac{1}{7}X^7 - \frac{3}{5}X^5 + X^3 - X\right)$. On a $P(1) + 1 = 0$, donc 1 est racine de $P+1$.

Et $P(-1) - 1 = 0$, donc -1 est racine de $P - 1$.

Comme $P' = \frac{35}{16}(X^6 - 3X^4 + 2X^2 - 1) = \frac{35}{16}(X^2-1)^3$, on a 1 est racine de $(P+1)' = P'$ d'ordre au moins 3. Finalement 1 est racine de $(P+1)$ d'ordre au moins 4.

De même $(X+1)^4$ divise $P - 1$, car -1 est racine de $P-1$ d'ordre au moins 4.

Finalement $\frac{35}{16}\left(\frac{1}{7}X^7 - \frac{3}{5}X^5 + X^3 - X\right)$ est l'unique solution du problème posé.

Exercice 11

Puisque Q divise P, la fraction $F = P/Q$ est polynôme. Donc F' est un polynôme.
Or, $F' = (P'Q - PQ')/Q^2$, donc Q^2 divise $P'Q - PQ'$.

Remarque

Si on ne pense pas aux fractions, on peut procéder comme suit :
Il existe un polynôme R tel que $P = QR$. On a alors $P' = Q'R + QR'$.
Ainsi $P'Q - PQ' = QQ'R + Q^2R' - RQQ' = Q^2R$ (car la multiplication est commutative).
D'où Q^2 divise $P'Q - PQ'$.

Exercice 12

On note F la fraction $P - \frac{X}{X+1}$. On a $F = \frac{Q}{X+1}$ où $Q = (X+1)P - X$.

- Utilisation des zéros de F

Pour tout $k \in [\![0, n]\!]$, on a $F(k) = P(k) - \frac{k}{k+1} = 0$. Donc tout $k \in [\![0, n]\!]$ est racine de Q.

Le polynôme Q étant de degré au plus n, il existe $\alpha \in \mathbb{R}$ tel que $Q = \alpha \prod_{k=0}^{n} (X - k)$.

- Utilisation du pôle de F

Le réel -1 est l'unique pôle de F. On a $Q(-1) = 0P(-1) + 1 = 1$.

Donc α est l'inverse de $\prod_{k=0}^{n} (-1-k)$:

$$\alpha = \frac{(-1)^{n+1}}{\prod_{k=0}^{n}(1+k)} = \frac{(-1)^{n+1}}{1 \cdot 2 \cdots (1+n)} = \frac{(-1)^{n+1}}{(n+1)!}.$$

- Valeur de $P(n+1)$

D'une part, $F(n+1) = P(n+1) - \frac{n+1}{n+2}$. D'autre part, $F(n+1) = \frac{Q(n+1)}{n+2} = \frac{(-1)^{n+1}}{(n+1)!} \cdot \frac{\prod_{k=0}^{n}(n+1-k)}{n+2}$.
Or, $\prod_{k=0}^{n}(n+1-k) = (n+1)n(n-1)\cdots 1 = (n+1)!$, donc $F(n+1) = \frac{(-1)^{n+1}}{n+2}$. D'où :

$$P(n+1) = \frac{n+1}{n+2} + \frac{(-1)^{n+1}}{n+2} = \frac{n+1+(-1)^{n+1}}{n+2}.$$

Remarque

De même qu'un problème algébrique portant sur des nombres rationnels se ramène à un problème sur des nombres entiers, on a introduit ici une fraction rationnelle, mais seul le polynôme Q s'est avéré utile.

Exercice 13

On sait que pour tout $n \in \mathbb{N}^*$, $X^n - 1$ a n racines simples (et aucune racine multiple).
Les polynômes $(X^5 - 1)$ et $(X^3 - 1)$ ont une seule racine commune qui est 1 [*]. Donc 1 est racine double de $(X^5 - 1)(X^3 - 1)$. Et 1 est également racine double de $(X - 1)(X^{15} - 1)$.

[*] Si $z^3 = 1$ et $z^5 = 1$, alors $z^9 = 1^3 = 1$ et $z^{10} = 1^2 = 1$. Donc $z = z^{10}/z^9 = 1$.

Toute autre racine de $(X^5-1)(X^3-1)$ est simple et elle vérifie $z^3 = 1$ ou $z^5 = 1$. Elle vérifie $z^{15} = 1$ dans les deux cas.
Toute racine simple de $(X^5-1)(X^3-1)$ est racine de $(X-1)(X^{15}-1)$ et la seule racine double est aussi racine double de $(X-1)(X^{15}-1)$. Donc $(X^5-1)(X^3-1)$ divise $(X-1)(X^{15}-1)$.

Exercice 14

1) On a $P' = 3X^2 - 2X = 3X\left(X - \frac{2}{3}\right)$ dont les deux racines sont 0 et 2/3.
On a $P(0) = k$. On en déduit que 0 est racine multiple de P si, et seulement si, $k = 0$.
Comme $P\left(\frac{2}{3}\right) = \frac{8}{27} - \frac{4}{9} + k = -\frac{4}{27} + k$, $\frac{2}{3}$ est racine multiple de P si, et seulement si, $k = \frac{4}{27}$.
En conclusion, P a une racine multiple si, et seulement si, $k \in \{0, 4/27\}$.

2) On a facilement le signe de $P'(x)$ d'où le tableau de variations suivant :

x	$-\infty$		0		$\frac{2}{3}$		$+\infty$
$P'(x)$		$+$	0	$-$	0	$+$	
$P(x)$	$-\infty$	$\nearrow$	k	$\searrow$	$-\frac{4}{27} + k$	$\nearrow$	$+\infty$

3) D'après le tableau ci-dessus, P a trois racines réelles distinctes si, et seulement si, P a une racine dans chacun des intervalles ouverts $]-\infty, 0[$, $]0, 2/3[$ et $]2/3, +\infty[$. On en déduit que P a trois racines réelles distinctes si, et seulement si, $k > 0$ et $-\frac{4}{27} + k < 0$.
Une condition nécessaire et suffisante pour que P ait trois racines réelles distinctes est $k \in]0, 4/27[$.

4) Pour que le polynôme P, qui est de degré 3, soit scindé dans $\mathbb{R}[X]$, il faut et il suffit qu'il ait trois racines simples réelles ou une racine réelle double (ou triple).
D'après les questions 1) et 3), P est scindé dans $\mathbb{R}[X]$ si, et seulement si, $k \in [0, 4/27]$.

Exercice 15

1) Soit $f : x \mapsto \frac{P(x)}{x^n}$. La fonction f est dérivable sur $]0, +\infty[$ comme quotient de fonctions dérivables dont le dénominateur ne s'annule pas.
En écrivant $f(x) = 1 - b_1x^{-1} - \cdots - b_nx^{-n}$, on obtient :

$$\forall x > 0, \quad f'(x) = b_1x^{-2} + 2b_2x^{-3} - \cdots + nb_nx^{-n-1} > 0.$$

Donc f est une bijection croissante de $]0, +\infty[$ sur $]\lim\limits_{0^+} f, \lim\limits_{+\infty} f[$.
D'une part, $f(x) = 1 - b_1x^{-1} - \cdots - b_nx^{-n} \xrightarrow[x\to\infty]{} 1$.
D'autre part, $f(x) = \frac{P(x)}{x^n} \underset{x\to 0}{\sim} \frac{P(0)}{x^n} = -\frac{b_n}{x^n}$. Donc $\lim\limits_{0^+} f = -\infty$, car $b_n > 0$.
Ainsi l'intervalle $]\lim\limits_{0^+} f, \lim\limits_{+\infty} f[=]-\infty, 1[$ contient 0. Donc f a un unique zéro dans $]0, +\infty[$, ce qui montre le résultat.

2) Pour $x > 0$, on a aussi $f'(x) = P'(x)x^{-n} - nP(x)x^{-n-1}$.
Comme $P(x_0) = 0$, on a $P'(x_0) = x_0^n f'(x_0) > 0$.
Donc $P'(x_0) \neq 0$ et x_0 est une racine simple de P.

3) Soit $z \in \mathbb{C}$ tel que $P(z) = 0$. On a $z \neq 0$ et $z^n = \sum\limits_{k=0}^{n-1} b_k z^k$.
Donc $|z|^n = |z^n| \leqslant \sum\limits_{k=0}^{n-1} b_k |z|^k$. On en déduit que $f(|z|) = |z|^n - \sum\limits_{k=0}^{n-1} b_k |z|^k \leqslant 0$.
D'après la stricte croissance de f, on a $|z| \leqslant x_0$.

Exercice 16

Soit P un polynôme de $\mathbb{R}[X]$ non constant et scindé dans $\mathbb{R}[X]$.
Le polynôme a au moins une racine réelle. On note d le nombre de racines distinctes de P.
Si $d = 1$, alors il existe $\alpha \in \mathbb{R}^*$, $x_0 \in \mathbb{R}$ et $n \in \mathbb{N}^*$ tels que $P = \alpha(X - x_0)^n$.
D'où $P' = n\alpha(X - x_0)^{n-1}$, qui est un polynôme scindé dans $\mathbb{R}[X]$.
Sinon, $d > 1$. On note $x_1 < x_2 < \ldots < x_d$ les racines distinctes de P rangées dans l'ordre croissant.
Pour $k \in [\![1, d-1]\!]$, le polynôme P est continu sur $[x_k, x_{k+1}]$, dérivable sur $]x_k, x_{k+1}[$ et on a $P(x_k) = P(x_{k+1})$, car $P(x_k)$ et $P(x_{k+1})$ sont nuls. D'après le théorème de Rolle, il existe un reél $y_k \in]x_k, x_{k+1}[$ tel que $P'(y_k) = 0$.
Donc P' admet au moins $d - 1$ racines $y_1, y_2, \ldots, y_{d-1}$. Ces racines sont bien deux à deux distinctes et différentes des valeurs $x_1, x_2, \ldots, x_d$, car :

$$x_1 < y_1 < x_2 < \ldots < x_{d-1} < y_{d-1} < x_d.$$

De plus, notons n_k l'ordre de multiplicité de la racine x_k de P. Si $n_k > 1$, alors x_k est une racine de P' d'ordre $n_k - 1$. Sinon, $n_k - 1 = 0$.
Comptées avec multiplicité, on a trouvé au moins $N = d - 1 + \sum\limits_{k=1}^{d} (n_k - 1)$ racines de P'.
Or, $\sum\limits_{k=1}^{d} (n_k - 1) = \left(\sum\limits_{k=1}^{d} n_k\right) - d = \deg(P) - d$, donc $N = d - 1 + \deg(P) - d = \deg(P) - 1$.

On a au moins $\deg(P')$ racines réelles de P'. Comme P' admet au plus $\deg(P')$ racines dans $\mathbb{C}$, cela prouve que toutes les racines de P' sont réelles. Donc P' est scindé dans $\mathbb{R}[X]$.

Exercices avec questions ouvertes

Exercice 17

Montrons que les polynômes P de degré n et divisibles par P' sont les polynômes ayant une unique racine d'ordre de multiplicité n.

• Condition suffisante.
Soit $\alpha \in \mathbb{K}^*$ et $a \in \mathbb{K}$. On pose $P = \alpha(X - a)^n$. On a $P' = n\alpha(X - a)^{n-1}$ et P' divise P.

• Condition nécessaire.
On suppose que P est de degré n et que P' divise P.

Puisque $\deg P' = n-1$, $P = P'Q$ où Q est un polynôme de degré 1.
Le coefficient dominant de Q devant être $\frac{1}{n}$, il existe $a \in \mathbb{K}$ tel que $Q = \frac{1}{n}(X-a)$.

Ainsi a est racine de P. Notons $k \in [\![1,n]\!]$ son ordre de multiplicité.
Il existe un polynôme Q_0 tel que $P = (X-a)^k Q_0$ et $Q_0(a) \neq 0$.
On a alors $P' = k(X-a)^{k-1}Q_0 + (X-a)^k Q_0'$. En reportant dans $P = \frac{1}{n}(X-a)P'$, on a
$(X-a)^k Q_0 = \frac{1}{n}(X-a)\left(k(X-a)^{k-1}Q_0 + (X-a)^k Q_0'\right) = \frac{k}{n}(X-a)^k Q_0 + \frac{1}{n}(X-a)^{k+1}Q_0'$.
Puisque $\mathbb{K}[X]$ est intègre, on peut simplifier par $(X-a)^k$ et on a $Q_0 = \frac{k}{n}Q_0 + (X-a)Q_0'$.
Puisque $Q_0(a) \neq 0$, on obtient $k = n$.

En notant α le coefficient dominant de P, on a prouvé que $P = \alpha(X-a)^n$.

Exercice 18

1) On a $P = QB + R$, mais la condition $\deg R < \deg B$ n'entraînant pas $\deg R < \deg Q$, cette égalité n'est pas nécessairement celle de la division euclidienne. On a un contre exemple explicite en prenant $P = X^3 + X$ et $B = X^2$. On a $P = XB + X$. Comme $\deg X = 1 < \deg B$, on a $Q = X$ et $R = X$. Mais le reste de la division de P par X est clairement 0.

2) La réponse est positive, car les diviseurs communs à P et Q sont bien les diviseurs communs à Q et R.

Exercice 19

Les deux polynômes étant de degré au plus n, si $P(x) \underset{x\to 0}{=} Q(x) + o(x^n)$, alors $P = Q$ par unicité du développement limité au voisinage de 0.
Au voisinage de $+\infty$, $x^k = o(x^n)$ si $k < n$. En notant $P = a_0 + a_1X + \cdots + a_nX^n$, on a $P(x) \underset{x\to+\infty}{=} a_nx^n + o(x^n)$.
On a $P(x) - Q(x) \underset{x\to+\infty}{=} o(x^n)$ si, et seulement si, P et Q ont le même coefficient de degré n.

Exercice 20

Si $P \in \mathbb{Q}[X]$, alors $P(r) \in \mathbb{Q}$ pour tout $r \in \mathbb{Q}$. On va montrer que la réciproque est vraie.
Soit P un polynôme tel que l'image par P de tout rationnel soit un rationnel.
Si P est le polynôme nul, alors $P \in \mathbb{Q}[X]$. Sinon, notons n le degré de P.
On sait que P est entièrement déterminé par les images de $n+1$ points distincts. Plus précisément, en notant $L_0, L_1, \dots, L_n$ les $n+1$ polynômes de Lagrange associés aux $n+1$ points $0, 1, \dots, n$, on a :

$$P = \sum_{k=0}^{n} P(k)L_k = \sum_{k=0}^{n} P(k) \prod_{\substack{i\neq k \\ 0\leqslant i\leqslant n}} \frac{(X-i)}{(k-i)}.$$

Pour tout $k \in [\![0,n]\!]$, $P(k) \in \mathbb{Q}$ et $L_k \in \mathbb{Q}[X]$. Donc $P \in \mathbb{Q}[X]$.

Exercice 21

En raisonnant par l'absurde, on va montrer qu'un tel polynôme n'existe pas.
On suppose qu'il existe un polynôme P vérifiant « $P(x) = \mathrm{e}^x$ pour une infinité de valeurs du réel x », propriété que l'on note $\mathcal{P}(P)$. Le polynôme nul n'étant pas solution, on note A l'ensemble suivant :

$$A = \{\deg(P), P \text{ tel que } \mathcal{P}(P) \text{ est vraie}\}.$$

Par hypothèse, A est une partie non vide de $\mathbb{N}$ donc admet un plus petit élément d_0.
Notons P_0 un polynôme de degré d_0 tel que $\mathcal{P}(P_0)$ est vraie.
Parmi l'infinité de zéros de la fonction $f : x \mapsto \mathrm{e}^x - P(x)$, on choisit une suite strictement croissante $(u_n)_{n\in\mathbb{N}}$.
Soit $n \in \mathbb{N}^*$.
La fonction f est continue sur $[u_{n-1}, u_n]$, dérivable sur $]u_{n-1}, u_n[$ et $f(u_{n-1}) = f(u_n)$.
D'après le théorème de Rolle, il existe un $x_n \in\ ]u_{n-1}, u_n[$ tel que $f'(x_n) = 0$.
On a ainsi construit une suite $(x_n)_{n\in\mathbb{N}^*}$ strictement croissante de zéros de f', car pour tout $n \in \mathbb{N}^*, x_n < u_n < x_{n+1}$.
Or, $f' : x \mapsto \mathrm{e}^x - P'(x)$, donc on aurait un polynôme P' de degré strictement inférieur à d_0 et tel que $\mathcal{P}(P')$ est vraie. C'est impossible puisque $d_0 = \min(A)$.

On a montré que pour aucun polynôme l'équation $P(x) = \mathrm{e}^x$ n'a une infinité de solutions.

« *Un polynôme est nul si et seulement si tous ses coefficients sont nuls.* »

Espaces vectoriels 20

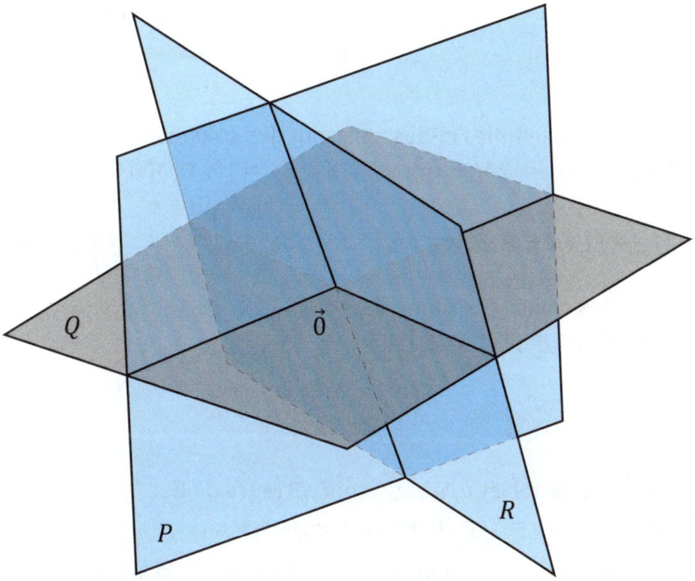

Dans l'espace vectoriel $\mathbb{R}^3$, trois hyperplans P, Q et R en position dite « quelconque » ont pour intersection le sous-espace nul $\{\vec{0}\}$. Plus généralement, dans un espace de dimension n, n hyperplans en position quelconque ont pour intersection $\{\vec{0}\}$.

Exercices axés sur le calcul

Exercice 1

Déterminer lesquels des ensembles ci-dessous sont des sous-espaces vectoriels de $\mathbb{R}^3$.

1) $E_1 = \{(x, y, z) \in \mathbb{R}^3 \mid 2x = 3z\}$,
2) $E_2 = \{(x, y, z) \in \mathbb{R}^3 \mid x^2 + y^2 = 0\}$,
3) $E_3 = \{(x, y, z) \in \mathbb{R}^3 \mid x(y^2 + z^2) = 0\}$,
4) $E_4 = \{(x, y, z) \in \mathbb{R}^3 \mid \exists a \in \mathbb{R}, y = az\}$,
5) $E_5 = \{(x, y, z) \in \mathbb{R}^3 \mid \forall a \in \mathbb{R}, y = az\}$,
6) $E_6 = \{(a+2b, 3a-b, 2a+b), a \text{ et } b \in \mathbb{R}\}$.

Exercice 2

On note E l'espace vectoriel des fonctions de $\mathbb{R}$ dans $\mathbb{R}$. Déterminer lesquels des ensembles ci-dessous sont des sous-espaces vectoriels de E.

1) $E_1 = \{f \in E \mid f(1) = 0\}$,
2) $E_2 = \{f \in E \mid f(0) = 1\}$,
3) $E_3 = \{f \in E \mid f(0) = f(1)\}$,
4) E_4 l'ensemble des fonctions $f \in E$ admettant une limite réelle en $+\infty$.

Exercice 3

Déterminer lesquels des ensembles ci-dessous sont des sous-espaces vectoriels de $\mathcal{M}_3(\mathbb{R})$.

1) $E_1 = \{M \in \mathcal{M}_3(\mathbb{R}) \mid M^T = 2M - I_2\}$,
2) $E_2 = \{M \in \mathcal{M}_3(\mathbb{R}) \mid \exists a \in \mathbb{R}, M^2 = aM\}$,
3) $E_3 = \{M \in \mathcal{M}_3(\mathbb{R}) \mid \forall a \in \mathbb{R}, M^T = aM\}$,
4) $E_4 = \left\{\begin{pmatrix} a & b & c \\ b & c & a \\ c & a & b \end{pmatrix}, (a, b, c) \in \mathbb{R}^3\right\}$,
5) L'ensemble E_5 des matrices dont la somme des coefficients de la première ligne est nulle.

Exercice 4

Soient E un $\mathbb{K}$-espace vectoriel et u, v et w trois vecteurs de E.

1) Montrer que $\text{Vect}(u, v, w) = \text{Vect}(u + v, v + w, w + u)$.
2) Montrer que la famille (u, v, w) est libre si, et seulement si, la famille $(u+v, v+w, w+u)$ l'est.

Exercice 5

Dans l'espace $\mathbb{R}^3$, on considère $\mathcal{D}$ la droite dirigée par le vecteur $u = \begin{pmatrix} 1 \\ -2 \\ 1 \end{pmatrix}$ et $\mathcal{P}$ le plan d'équation cartésienne $x + 2y - z = 0$ (dans la base canonique).

Justifier que $\mathcal{D}$ et $\mathcal{P}$ sont des sous-espaces supplémentaires dans $\mathbb{R}^3$.

Donner la décomposition associée d'un vecteur $\begin{pmatrix} x \\ y \\ z \end{pmatrix} \in \mathbb{R}^3$.

Exercice 6

On note F l'ensemble des vecteurs $\begin{pmatrix} x_1 \\ x_2 \\ x_3 \\ x_4 \end{pmatrix}$ de $\mathbb{R}^4$ vérifiant :

$$x_1 - 2x_2 + 3x_3 + 4x_4 = 0 \quad \text{et} \quad 4x_1 - 7x_2 + x_3 - x_4 = 0.$$

1) Justifier que F est un sous-espace vectoriel de $\mathbb{R}^4$ et donner une base de F.

2) Soient $u = \begin{pmatrix} 1 \\ -1 \\ 1 \\ 1 \end{pmatrix}$ et $v = \begin{pmatrix} 1 \\ 1 \\ -1 \\ 1 \end{pmatrix}$. On note $G = \text{Vect}(u, v)$.

   Les sous-espaces F et G sont-ils supplémentaires dans $\mathbb{R}^4$?

Exercice 7 *Commutant d'une matrice carrée*

Soit $n \in \mathbb{N}^*$. Pour une matrice $A \in \mathcal{M}_n(\mathbb{K})$, on appelle *commutant* de A l'ensemble des matrices qui commutent avec A :

$$\mathcal{C}(A) = \{M \in \mathcal{M}_n(\mathbb{K}) \mid MA = AM\}$$

1) Soit $A \in \mathcal{M}_n(\mathbb{K})$. Montrer que $\mathcal{C}(A)$ est un sous-espace vectoriel de $(\mathcal{M}_n(\mathbb{K}), +, .)$.

2) Est-il également un sous-anneau de $(\mathcal{M}_n(\mathbb{K}), +, \times)$?

3) Dans cette question $n = 2$. On pose $A = \begin{pmatrix} 1 & 0 \\ 0 & -1 \end{pmatrix}$ et $B = \begin{pmatrix} 1 & 1 \\ 0 & 1 \end{pmatrix}$.

   Déterminer $\mathcal{C}(A)$ et $\mathcal{C}(B)$.

Exercices axés sur le raisonnement

Exercice 8

On note E l'espace vectoriel des fonctions de $\mathbb{R}$ dans $\mathbb{R}$.
On note L l'ensemble des fonctions ℓ de E de la forme $x \mapsto ax$ où a est une constante et G l'ensemble des fonctions g de E qui sont nulles en 1.

1) Montrer que L et G sont des sous-espaces vectoriels de E.

2) Montrer qu'ils sont supplémentaires dans E.

Exercice 9

Dans l'espace vectoriel des fonctions de $\mathbb{R}$ dans $\mathbb{R}$, on considère pour $n \in \mathbb{N}^*$, la fonction :

$$f_n : x \mapsto \mathrm{e}^{x\sqrt{n}}.$$

Montrer que pour tout $n \in \mathbb{N}^*$, la famille $(f_1, f_2, \dots f_n)$ est libre.

Exercice 10 ⋆⋆ *Réunion de sous-espaces stricts*

Soit E un espace vectoriel réel. On se propose de montrer que E n'est pas réunion d'une famille finie de sous-espaces stricts.
De façon équivalente, on va montrer que si $E_1, E_2, \dots, E_n$ sont des sous-espaces vectoriels de E dont la réunion est E, alors il existe $i \in [\![1, n]\!]$, tel que $E = E_i$.

1) Montrer le résultat pour $n = 2$.

2) Montrer que le résultat est vrai pour tout $n \in \mathbb{N}^*$.

Exercice 11 ⋆⋆

Soit $(e_1, \dots, e_n)$ une base d'un espace vectoriel E.
On choisit un vecteur $x \in E$ et on écrit $x = \sum_{i=1}^{n} x_i e_i$.
On pose pour tout $k \in [\![1, n]\!]$, $v_k = x + e_k$.

1) Exprimer $\sum_{k=1}^{n} x_k v_k$ à l'aide du vecteur x.

2) Montrer que si $\sum_{k=1}^{n} x_k = -1$, alors la famille $(v_1, v_2, \dots, v_n)$ est liée.

3) On suppose dans cette question que la famille $(v_1, v_2, \dots, v_n)$ est libre.
Montrer qu'alors $(v_1, v_2, \dots, v_n)$ est une base de E et donner les coordonnées du vecteur x dans cette base.

4) Établir :

$$(v_1, \dots, v_n) \text{ est liée} \qquad \Leftrightarrow \qquad \sum_{i=1}^{n} x_i = -1.$$

Exercice 12

Pour $a \in \mathbb{R}$, on note E_a l'ensemble des polynômes P divisibles par $X - a$.

1) Montrer que E_a est un sous-espace vectoriel de $\mathbb{R}[X]$.

2) Soient a et $b \in \mathbb{R}$ tels que $a \neq b$.
Montrer qu'il existe α et $\beta \in \mathbb{R}$ tels que $1 = \alpha(X - a) + \beta(X - b)$.
En déduire que $E_a + E_b = \mathbb{R}[X]$. La somme est-elle directe ?

Exercice 13

Soit $n \in \mathbb{N}^*$. Pour $k \in [\![0, n]\!]$, on note P_k le polynôme $(X - 1)^k X^{n-k}$.

Montrer que la famille $(P_0, P_1, \dots, P_n)$ est une base de $\mathbb{R}_n[X]$.

Exercice 14 *Polynômes factoriels (ou de Newton)*

On considère les polynômes suivants :

$$P_0 = 1, P_1 = X, P_2 = \frac{X(X-1)}{2} \text{ et } P_3 = \frac{X(X-1)(X-2)}{6}.$$

1) Montrer que la famille (P_0, P_1, P_2, P_3) est une base de $\mathbb{K}_3[X]$.

2) Décomposer X^3 dans cette base.

3) Soit $P \in \mathbb{K}_3[X]$. On pose :
$\alpha_0 = P(0), \alpha_1 = P(1)-P(0), \alpha_2 = P(2)-2P(1)+P(0), \alpha_3 = P(3)-3P(2)+3P(1)-P(0)$
et $Q = \alpha_0 P_0 + \alpha_1 P_1 + \alpha_2 P_2 + \alpha_3 P_3$.

Calculer $Q(k)$ pour $k \in [\![0, 3]\!]$. Que peut-on en déduire ?

Exercice 15

On considère pour tout k dans $\mathbb{N}^*$ les fonctions suivantes :

$$f_k : \theta \mapsto \cos(k\theta) \quad \text{et} \quad g_k : \theta \mapsto \big(\cos(\theta)\big)^k.$$

On notera $f_0 = g_0$ la fonction constante égale à 1.

1) Montrer que pour tout $n \in \mathbb{N}$, la famille $(g_0, g_1, \dots, g_n)$ est libre.

2) Montrer que pour tout $n \in \mathbb{N}$, la famille $(f_0, f_1, \dots, f_n)$ est libre.

3) *Utilisation des polynômes de Tchebychev*
On admet qu'il existe une suite de polynômes $(T_n)_{n\in\mathbb{N}}$ telle que pour tout $n \in \mathbb{N}$, T_n est de degré au plus n et :

$$\forall \theta \in \mathbb{R}, \quad T_n\big(\cos(\theta)\big) = \cos(n\theta).$$

Montrer que pour tout $n \in \mathbb{N}$, $\mathrm{Vect}(g_0, g_1, \dots, g_n) = \mathrm{Vect}(f_0, f_1, \dots, f_n)$.

Exercices avec questions ouvertes

Exercice 16

1) Un polynôme P tel que l'image par P de tout entier soit un entier est-il nécessairement à coefficients entiers ?

2) Que dire d'un polynôme $P \in \mathbb{K}_3[X]$ tel que l'image par P de tout entier soit un entier ?
Indication : On pourra utiliser l'exercice 14.

Corrections

Exercices axés sur le calcul

Exercice 1

1) On reconnaît le plan d'équation $2x - 3z = 0$. En particulier, E_1 est un sous-espace vectoriel de $\mathbb{R}^3$ ce que l'on peut vérifier par la caractérisation des sous-espaces vectoriels :
   - E_1 est une partie de $\mathbb{R}^3$ contenant le vecteur nul $(0,0,0)$.
   - Stabilité par combinaison linéaire

     Soient u et $v \in \mathbb{R}^3$, α et $\beta \in \mathbb{R}$. En écrivant $u = (u_1, u_2, u_3)$ et $v = (v_1, v_2, v_3)$, on a $\alpha u + \beta v = (\alpha u_1 + \beta v_1, \alpha u_2 + \beta v_2, \alpha u_3 + \beta v_3)$. Et on a :
     $$\begin{aligned} 2(\alpha u_1 + \beta v_1) &= \alpha(2u_1) + \beta(2v_1) \\ &= \alpha(3u_3) + \beta(3v_3) \quad (u \text{ et } v \in E_1) \\ &= 3(\alpha u_3 + \beta v_3). \end{aligned}$$
     Donc $\alpha u + \beta v \in E_1$.
2) On sait que pour tous réels x et y : $x^2 + y^2 = 0 \iff x = 0$ et $y = 0$.
   Donc $E_2 = \{(x,y,z) \in \mathbb{R}^3 \mid x^2 + y^2 = 0\} = \{(0,0,z), z \in \mathbb{R}\}$ et on reconnaît la droite vectorielle engendrée par $e_3 = (0,0,1)$.
   L'ensemble E_2 est un sous-espace vectoriel de $\mathbb{R}^3$.
3) Soient x, y et $z \in \mathbb{R}$. On a :
   $$x(y^2 + z^2) = 0 \qquad \iff \qquad x = 0 \text{ ou } (y = 0 \text{ et } z = 0).$$
   On pose $u = (0,1,2)$ et $v = (3,0,0)$. Les vecteurs u et v appartiennent à E_3. En revanche, $u + v = (3,1,2) \notin E_3$. N'étant pas stable par addition, E_3 n'est pas un sous-espace vectoriel de $\mathbb{R}^3$.
4) L'ensemble E_4 n'est pas stable par addition. On a un contre-exemple explicite en posant $u = (1,2,1)$ et $v = (0,3,-1)$:
   On a $u \in E_4$ (car $2 = 2 \cdot 1$), $v \in E_4$ (car $3 = (-3) \cdot (-1)$), mais $u + v = (1,5,0)$ et ce vecteur n'appartient pas à E_4, car il n'existe pas de $a \in \mathbb{R}$ tel que $5 = a \cdot 0$.
   Donc E_4 n'est pas un sous-espace vectoriel de $\mathbb{R}^3$.
5) Soient y et $z \in \mathbb{R}$. On a :
   $$(\forall a \in \mathbb{R}, y = az) \qquad \iff \qquad y = 0 \text{ et } z = 0.$$
   Donc $E_5 = \{(x,0,0), x \in \mathbb{R}\}$. On reconnaît la droite vectorielle engendrée par le vecteur $e_1 = (1,0,0)$.
   En particulier, E_5 est un sous-espace vectoriel de $\mathbb{R}^3$.
6) Pour tous a et $b \in \mathbb{R}$, on a :
   $$(a + 2b, 3a - b, 2a + b) = (a, 3a, 2a) + (2b, -b, b) = a(1,3,2) + b(2,-1,1).$$
   Donc $E_6 = \text{Vect}(u,v)$ en notant $u = (1,3,2)$ et $v = (2,-1,1)$.
   En particulier, E_6 est un sous-espace vectoriel de $\mathbb{R}^3$.

Exercice 2

1) On va montrer que E_1 est un sous-espace vectoriel de E :
   - E_1 est une partie de E contenant la fonction nulle.
   - Stabilité par combinaison linéaire
     Soient f et $g \in E_1$, α et $\beta \in \mathbb{R}$. Notons h la fonction $\alpha f + \beta g$.
     On a par définition des lois de E :
     $$\begin{aligned} h(0) &= \alpha f(0) + \beta g(0) \\ &= \alpha \cdot 0 + \beta \cdot 0 \quad (f \text{ et } g \in E_1) \\ &= 0. \end{aligned}$$
     Donc $\alpha f + \beta g \in E_1$.
2) Comme il ne contient pas la fonction nulle, E_2 n'est pas un sous-espace vectoriel de E.
3) On va montrer que E_3 est un sous-espace vectoriel de E :
   - E_3 est une partie de E contenant la fonction nulle.
   - Stabilité par combinaison linéaire
     Soient f et $g \in E$, α et $\beta \in \mathbb{R}$. Notons h la fonction $\alpha f + \beta g$.
     On a par définition des lois de E :
     $$\begin{aligned} h(0) &= \alpha f(0) + \beta g(0) \\ &= \alpha f(1) + \beta g(1) \quad (f \text{ et } g \in E_3) \\ &= h(1). \end{aligned}$$
     Donc $\alpha f + \beta g \in E_3$.
4) On va montrer que E_4 est un sous-espace vectoriel de E :
   - E_4 est une partie de E contenant la fonction nulle.
   - Stabilité par combinaison linéaire
     Soient f et $g \in E$, α et $\beta \in \mathbb{R}$.
     Les fonctions f et g admettant une limite réelle en $+\infty$, d'après les théorèmes sur les limites, la fonction $\alpha f + \beta g$ admet elle aussi une limite réelle en $+\infty$.
     Donc $\alpha f + \beta g \in E_4$.

Exercice 3

1) E_1 n'est pas un sous-espace vectoriel de $\mathcal{M}_3(\mathbb{R})$, car $0 \notin E_1$.
2) L'ensemble E_2 n'est pas stable par addition, donc n'est pas un sous-espace vectoriel.

   On a un contre-exemple explicite avec I_3 et $M = \begin{pmatrix} 0 & 0 & 1 \\ 0 & 0 & 0 \\ 0 & 0 & 0 \end{pmatrix}$.

   On a $I_3^2 = I_3 = 1I_3$ et $M^2 = 0 = 0M$. Donc I_3 et $M \in E_2$. Montrons que $N = I_3 + M \notin E_2$:

   On a $N^2 = \begin{pmatrix} 1 & 0 & 1 \\ 0 & 1 & 0 \\ 0 & 0 & 1 \end{pmatrix}\begin{pmatrix} 1 & 0 & 1 \\ 0 & 1 & 0 \\ 0 & 0 & 1 \end{pmatrix} = \begin{pmatrix} 1 & 0 & 2 \\ 0 & 1 & 0 \\ 0 & 0 & 1 \end{pmatrix}$.

   Il n'existe pas de $a \in \mathbb{R}$ tel que $N^2 = aN$. Donc $N \notin E_2$.

3) Si $M = E_3$, alors $M^T = 0$. Donc M est la matrice nulle. La réciproque est évidente, donc E_3 est le sous-espace vectoriel réduit à la matrice nulle.

4) Pour tous a, b et $c \in \mathbb{R}$, on a :

$$\begin{pmatrix} a & b & c \\ b & c & a \\ c & a & b \end{pmatrix} = a \underbrace{\begin{pmatrix} 1 & 0 & 0 \\ 0 & 0 & 1 \\ 0 & 1 & 0 \end{pmatrix}}_{=A} + b \underbrace{\begin{pmatrix} 0 & 1 & 0 \\ 1 & 0 & 0 \\ 0 & 0 & 1 \end{pmatrix}}_{=B} + c \underbrace{\begin{pmatrix} 0 & 0 & 1 \\ 0 & 1 & 0 \\ 1 & 0 & 0 \end{pmatrix}}_{=C}.$$

Donc $E_4 = \text{Vect}(A, B, C)$ et, en particulier, E_4 est un sous-espace vectoriel de $\mathbb{R}^3$.

5) On va montrer que E_5 est un sous-espace vectoriel de $\mathbb{R}^3$.
- E_5 est une partie de $\mathcal{M}_3(\mathbb{R})$ contenant la matrice nulle.
- Stabilité par combinaison linéaire
  Soient M et $N \in E_5$, α et $\beta \in \mathbb{R}$.
  On a $\alpha M + \beta N = (\alpha M_{i,j} + \beta N_{i,j})_{1 \leqslant i,j \leqslant 3}$ et par linéarité :

$$\begin{aligned} \sum_{j=1}^{3} (\alpha M_{1,j} + \beta N_{1,j}) &= \alpha \sum_{j=1}^{3} M_{1,j} + \beta \sum_{j=1}^{3} N_{1,j} \\ &= \alpha \cdot 0 + \beta \cdot 0 \quad (M \text{ et } N \in E_5) \\ &= 0. \end{aligned}$$

  Donc $\alpha M + \beta N \in E_5$.

Exercice 4

1) On raisonne par double inclusion.

($\supset$) Les vecteurs $u + v$, $v + w$ et $w + u$ appartenant à $\text{Vect}(u, v, w)$, toute combinaison linéaire de ces trois vecteurs appartient aussi au sous-espace $\text{Vect}(u, v, w)$.

Donc $\text{Vect}(u + v, v + w, w + u) \subset \text{Vect}(u, v, w)$.

($\subset$) On a $u = \frac{1}{2}(u + v + w + u) - \frac{1}{2}(v + w) = \frac{1}{2}(u + v) - \frac{1}{2}(v + w) + \frac{1}{2}(w + u)$. Donc $u \in \text{Vect}(u + v, v + w, w + u)$.
De même, $v = \frac{1}{2}(u+v)+\frac{1}{2}(v+w)-\frac{1}{2}(w+u)$ et $w = -\frac{1}{2}(u+v)+\frac{1}{2}(v+w)+\frac{1}{2}(w+u)$, donc v et $w \in \text{Vect}(u + v, v + w, w + u)$.
Les trois vecteurs u, v et w appartenant au sous-espace $\text{Vect}(u + v, v + w, w + u)$, le sous-espace qu'ils engendrent est un sous-espace de $\text{Vect}(u + v, v + w, w + u)$.

Donc $\text{Vect}(u, v, w) \subset \text{Vect}(u + v, v + w, w + u)$.

Par double inclusion, $\text{Vect}(u, v, w) = \text{Vect}(u + v, v + w, w + u)$.

2) • Première méthode (par double implication)

($\Longrightarrow$) On suppose que la famille (u, v, w) est libre.

Soient a, b et c des scalaires tels que $a(u+v)+b(v+w)+c(w+u)=0_E$.

On a $(a+c)u+(a+b)v+(b+c)w=0_E$. Puisque la famille (u, v, w) est libre, les trois coefficients sont nuls et on a :

$$\begin{cases} a+c=0 \\ a+b=0 \\ b+c=0 \end{cases} \underset{L_2 \leftarrow L_2 - L_1}{\Longleftrightarrow} \begin{cases} a+c=0 \\ b-c=0 \\ b+c=0 \end{cases} \underset{L_3 \leftarrow L_3 - L_1}{\Longleftrightarrow} \begin{cases} a+c=0 \\ b-c=0 \\ 2c=0 \end{cases} \Longleftrightarrow \begin{cases} a=0 \\ b=0 \\ c=0 \end{cases}$$

Donc la famille $(u+v, v+w, w+u)$ est libre.

($\Longrightarrow$) On suppose que la famille $(u+v, v+w, w+u)$ est libre.

Soient a, b et c des scalaires tels que $au+bv+cw=0_E$.

En utilisant les combinaisons linéaires vues au 1), on a :

$$\begin{aligned} 0_E &= au+bv+cw \\ &= \tfrac{a}{2}\big((u+v)-(v+w)+(w+u)\big)+\tfrac{b}{2}\big((u+v)+(v+w)-(w+u)\big) \\ &\quad + \tfrac{c}{2}\big(-(u+v)+(v+w)+(w+u)\big) \\ &= \tfrac{a+b-c}{2}(u+v)+\tfrac{-a+b+c}{2}(v+w)+\tfrac{a-b+c}{2}(w+u). \end{aligned}$$

Puisque la famille $(u+v, v+w, w+u)$ est libre, les trois coefficients sont nuls et on a :

$$\begin{cases} a+b-c=0 \\ -a+b+c=0 \\ a-b+c=0 \end{cases} \underset{\substack{L_2 \leftarrow L_2 + L_1 \\ L_3 \leftarrow L_3 - L_1}}{\Longleftrightarrow} \begin{cases} a+b-c=0 \\ 2b=0 \\ -2b+2c=0 \end{cases} \Longleftrightarrow \begin{cases} a=0 \\ b=0 \\ c=0 \end{cases}$$

Donc la famille (u, v, w) est libre.

• Seconde méthode (par la dimension)

On sait que $\dim \mathrm{Vect}(u, v, w) \leqslant 3$ et que $\dim \mathrm{Vect}(u, v, w) = 3$ si, et seulement si, la famille (u, v, w) est libre.

Compte tenu de la première question, on a les équivalences suivantes :

$$\begin{aligned} \text{la famille } (u, v, w) \text{ est libre} &\Longleftrightarrow \dim \mathrm{Vect}(u, v, w) = 3 \\ &\Longleftrightarrow \dim \mathrm{Vect}(u+v, v+w, w+u) = 3 \quad \text{(d'après 1))} \\ &\Longleftrightarrow \text{la famille } (u+v, v+w, w+u) \text{ est libre.} \end{aligned}$$

Exercice 5

Le vecteur u n'appartient pas au plan E_1 (car ses coordonnées ne vérifient pas l'équation du plan). L'espace E_2 étant la droite dirigée par u, on a $E_1 \cap E_2 = \{0\}$. Le plan E_1 et la droite E_2 sont supplémentaires dans $\mathbb{R}^3$ (car $\dim E_1 \oplus E_2 = 1 + 2 = 3 = \dim \mathbb{R}^3$).

Soit $\begin{pmatrix} x \\ y \\ z \end{pmatrix} \in \mathbb{R}^3$. On sait qu'il existe $u_1 \in E_1$ et $\alpha \in \mathbb{R}$ tels que $\begin{pmatrix} x \\ y \\ z \end{pmatrix} = u_1 + \alpha u$.

Donc $u_1 = \begin{pmatrix} x \\ y \\ z \end{pmatrix} - \alpha \begin{pmatrix} 1 \\ -2 \\ 1 \end{pmatrix} = \begin{pmatrix} x - \alpha \\ y + 2\alpha \\ z - \alpha \end{pmatrix}$.

D'où :

$$u_1 \in E_1 \iff x - \alpha + 2(y + 2\alpha) - z + \alpha = 0 \iff 4\alpha = -x - 2y + z.$$

Donc $\alpha = \frac{-x-2y+z}{4}$ et $u_1 = \frac{1}{4}\begin{pmatrix} 3x + 2y - z \\ -2x + 0y + 2z \\ x + 2y + 3z \end{pmatrix}$.

En conclusion :

$$\forall \begin{pmatrix} x \\ y \\ z \end{pmatrix} \in \mathbb{R}^3, \quad \begin{pmatrix} x \\ y \\ z \end{pmatrix} = \frac{1}{4}\begin{pmatrix} 3x + 2y - z \\ -2x + 0y + 2z \\ x + 2y + 3z \end{pmatrix} + \frac{-x - 2y + z}{4}\begin{pmatrix} 1 \\ -2 \\ 1 \end{pmatrix}.$$

Exercice 6

1) On sait que l'ensemble des solutions d'un système homogène est un sous-espace vectoriel. De plus, le système est clairement de rang 2 et à 4 inconnues, donc $\dim F = 4-2 = 2$.

$$\begin{cases} x_1 - 2x_2 + 3x_3 + 4x_4 = 0 \\ 4x_1 - 7x_2 + x_3 - x_4 = 0 \end{cases} \underset{L_2 \leftarrow L_2 - 4L_1}{\iff} \begin{cases} x_1 - 2x_2 + 3x_3 + 4x_4 = 0 \\ x_2 - 11x_3 - 17x_4 = 0 \end{cases}$$

$$\iff \begin{cases} x_1 = 19x_3 + 30x_4 \\ x_2 = 11x_3 + 17x_4 \end{cases}$$

En posant $u_1 = \begin{pmatrix} 19 \\ 11 \\ 1 \\ 0 \end{pmatrix}$ et $u_2 = \begin{pmatrix} 30 \\ 17 \\ 0 \\ 1 \end{pmatrix}$, la famille (u_1, u_2) est une base de F.

2) Les vecteurs u et v étant non colinéaires, $G = \mathrm{Vect}(u, v)$ est plan de $\mathbb{R}^4$.

- Première méthode (somme directe et dimension)

Soit $x \in F \cap G$. Puisque $x \in G$, il existe a et $b \in \mathbb{R}$ tels que $x = au + bv = \begin{pmatrix} a + b \\ -a + b \\ a - b \\ a + b \end{pmatrix}$.

De plus $x \in F$, donc en utilisant 1) :

$$\begin{cases} a + b = 19(a - b) + 30(a + b) = 49a + 11b \\ -a + b = 11(a - b) + 17(a + b) = 28a + 6b \end{cases} \iff \begin{cases} 18a + 10b = 0 \\ 29a + 5b = 0 \end{cases} \iff \begin{cases} a = 0 \\ b = 0 \end{cases}.$$

Donc x est le vecteur nul.

Les sous-espaces F et G sont en somme directe.

De plus, $\dim(F \oplus G) = \dim F + \dim G = 2 + 2 = \dim \mathbb{R}^4$, donc $F \oplus G = \mathbb{R}^4$.

• Seconde méthode (concaténation des bases)

Il suffit de vérifier si (u, v, u_1, u_2) est, ou non, une base de $\mathbb{R}^4$.

Soient a, b, c et $d \in \mathbb{R}$ tels que $au + bv + cu_1 + du_2 = 0$. Les quatre coordonnées devant être nulles, on a :

$$\begin{cases} a + b + 19c + 30d = 0 \\ -a + b + 11c + 17d = 0 \\ a + b + c = 0 \\ a + b + d = 0 \end{cases} \underset{\substack{L_2 \leftarrow L_2 + L_1 \\ L_3 \leftarrow L_3 - L_1 \\ L_4 \leftarrow L_4 - L_1}}{\Longleftrightarrow} \begin{cases} a + b + 19c + 30d = 0 \\ 2b + 30c + 47d = 0 \\ -18c - 30d = 0 \\ -19c - 29d = 0 \end{cases}$$

$$\underset{L_4 \leftarrow 18L_4 - 19L_3}{\Longleftrightarrow} \begin{cases} a + b + 19c + 30d = 0 \\ 2b + 30c + 47d = 0 \\ -18c - 30d = 0 \\ 48d = 0 \end{cases}$$

On en déduit que les quatre scalaires a, b, c et d sont nuls.

La famille (u, v, u_1, u_2) est une famille libre de $\mathbb{R}^4$.

Comme elle comporte 4 vecteurs et $\dim \mathbb{R}^4 = 4$, (u, v, u_1, u_2) est une base de $\mathbb{R}^4$.

Les sous-espaces F et G sont supplémentaires dans $\mathbb{R}^4$.

Exercice 7

1) Soit $A \in \mathcal{M}_n(\mathbb{K})$.

- Par définition, $\mathcal{C}(A)$ est une partie de $\mathcal{M}_n(\mathbb{K})$.
- La matrice nulle appartient à $\mathcal{C}(A)$, car $A \times 0 = 0 = 0 \times A$.
- Stabilité par combinaison linéaire

  Soient M et $N \in \mathcal{C}(A)$, α et $\beta \in \mathbb{R}$. On a, par distributivité à droite : :

$$\begin{aligned} (aM + bN)A &= aMA + bNA \\ &= aAM + bAN \quad \text{(} M \text{ et } N \text{ commutent avec } A\text{)} \\ &= A(aM + bN). \quad \text{(distributivité à gauche)} \end{aligned}$$

  Donc $aM + bN \in \mathcal{C}(A)$.

$\mathcal{C}(A)$ est un sous-espace vectoriel de $\mathcal{M}_n(\mathbb{K})$.

2) • D'après la question précédente, $\mathcal{C}(A)$ est un sous-groupe additif.
- Le neutre multiplicatif I_n appartient à $\mathcal{C}(A)$, car $AI_n = A = I_nA$.

- Stabilité par multiplication

  Soient M et $N \in \mathcal{C}(A)$. On a, par associativité de la multiplication :

$$\begin{aligned}(MN)A &= M(NA) && \text{N commute avec A}\\ &= M(AN) && \text{associativité}\\ &= (MA)N && \text{M commute avec A}\\ &= (AM)N && \text{associativité}\\ &= A(MN).\end{aligned}$$

Donc $\mathcal{C}(A)$ est un sous-anneau de $(\mathcal{M}_n(\mathbb{K}), +, \times)$

3) Soit $M = \begin{pmatrix} a & b \\ c & d \end{pmatrix}$. On a :

$$AM = \begin{pmatrix} 1 & 0 \\ 0 & -1 \end{pmatrix}\begin{pmatrix} a & b \\ c & d \end{pmatrix} = \begin{pmatrix} a & b \\ -c & -d \end{pmatrix} \text{ et } MA = \begin{pmatrix} a & b \\ c & d \end{pmatrix}\begin{pmatrix} 1 & 0 \\ 0 & -1 \end{pmatrix} = \begin{pmatrix} a & -b \\ c & -d \end{pmatrix}.$$

Deux matrices étant égales si, et seulement si, elles sont les mêmes coefficients, on a :

$$AM = MA \iff \begin{cases} b = -b \\ -c = c \end{cases} \iff \begin{cases} b = 0 \\ c = 0 \end{cases} \iff M = \begin{pmatrix} a & 0 \\ 0 & d \end{pmatrix}.$$

Donc $\mathcal{C}(A)$ est le sous-espace des matrices diagonales.

De même :

$$BM = \begin{pmatrix} 1 & 1 \\ 0 & 1 \end{pmatrix}\begin{pmatrix} a & b \\ c & d \end{pmatrix} = \begin{pmatrix} a+c & b+d \\ c & d \end{pmatrix} \text{ et } MA = \begin{pmatrix} a & b \\ c & d \end{pmatrix}\begin{pmatrix} 1 & 1 \\ 0 & 1 \end{pmatrix} = \begin{pmatrix} a & a+b \\ c & c+d \end{pmatrix}.$$

D'où :

$$BM = MB \iff \begin{cases} a + c = a \\ b + d = a+b \\ d = c+d \end{cases} \iff \begin{cases} d = a \\ c = 0 \end{cases} \iff M = \begin{pmatrix} a & b \\ 0 & a \end{pmatrix}.$$

Comme $\begin{pmatrix} a & b \\ 0 & a \end{pmatrix} = aI_2 + b\begin{pmatrix} 0 & 1 \\ 0 & 0 \end{pmatrix} = aI_2 + b(B - I_2)$, on peut conclure que la famille $(I_2, M - I_2)$ est une base de $\mathcal{C}(B)$.

Remarque

Une autre base de $\mathcal{C}(B)$ est (I_2, M).

Exercices axés sur le raisonnement

Exercice 8

1) • L est une partie de E contenant la fonction nulle.

 • Stabilité par combinaison linéaire

 Soient f et $g \in L$, α et $\beta \in \mathbb{R}$. Notons h la fonction $\alpha f + \beta g$.
 Il existe a et b dans $\mathbb{R}$ tels que $f : x \mapsto ax$ et $g : x \mapsto bx$.
 On a alors $h : x \mapsto (\alpha a + \beta b)x$, ce qui prouve que $\alpha f + \beta g \in L$.

Donc L est un sous-espace vectoriel de E.

Remarque
On aurait pu dire que L est le sous-espace de E engendré par la fonction $\mathrm{Id}_{\mathbb{R}} : x \mapsto x$.

On a montré que G est un sous-espace vectoriel de E à l'exercice 2.

2) Soit $f \in E$. On va montrer qu'il existe un unique couple $(\ell, g) \in L \times G$ tel que $f = \ell + g$.

 • Unicité

 On suppose que $f = \ell + g$ avec $(\ell, g) \in L \times G$.
 On a alors $f(1) = \ell(1) + g(1) = \ell(1)$, car $g(1) = 0$.
 En notant $a = f(1)$, on a $a = \ell(1)$. Donc $\ell : x \mapsto ax$ et $g = f - h$, ce qui assure l'unicité.

 • Existence

 On note $a = f(1)$ et on pose $\ell : x \mapsto ax$ et $g = f - \ell$.
 Par construction, on a $f = \ell + g$ et $\ell \in L$. On a $g(1) = f(1) - \ell(1) = a - a = 0$, donc $g \in G$.

 On a montré que L et G sont supplémentaires dans E.

Exercice 9

Pour $n \in \mathbb{N}^*$, on note $\mathcal{P}_n$: « la famille $(f_1, f_2, \dots, f_n)$ est libre ».

• Initialisation

 Pour $n = 1$, $\mathcal{P}_1$ est vraie, car f_1 n'est pas la fonction nulle.

• Hérédité

 Soit $n \in \mathbb{N}^*$. On suppose $\mathcal{P}_n$ vraie.
 Soient $a_1, a_2, \dots, a_n, a_{n+1}$ des réels tels que :

$$a_1 f_1 + a_2 f_2 + \cdots + a_n f_n + a_{n+1} f_{n+1} = 0 \qquad (\star)$$

 • Méthode 1 (par dérivation)

 En dérivant $(\star)$ on obtient :

$$a_1 f_1 + a_2\sqrt{2} f_2 + \cdots + a_n \sqrt{n} f_n + a_{n+1}\sqrt{n+1} f_{n+1} = 0 \qquad (\star\star)$$

 En formant $\sqrt{n+1}(\star) - (\star\star)$, on a :

$$a_1\big(\sqrt{n+1} - 1\big) f_1 + \cdots + a_n\big(\sqrt{n+1} - \sqrt{n}\big) f_n = 0.$$

La famille $(f_1, f_2, \dots, f_n)$ étant libre d'après $\mathcal{P}_n$, on a, pour $k \in [\![1, n]\!]$, $a_k\left(\sqrt{n+1} - \sqrt{k}\right) = 0$, donc $a_k = 0$.
La relation $(\star)$ devient $a_{n+1}f_{n+1} = 0$. Donc $a_{n+1} = 0$, car f_{n+1} n'est pas la fonction nulle.

- Méthode 2 (par une limite)

En évaluant $(\star)$ en $x \in \mathbb{R}$, on a $\sum_{k=1}^{n+1} a_k e^{x\sqrt{k}} = 0$, puis en divisant par $e^{x\sqrt{n+1}} \neq 0$ et en utilisant $\frac{e^{x\sqrt{k}}}{e^{x\sqrt{n+1}}} = e^{x(\sqrt{k}-\sqrt{n+1})}$, on obtient $\sum_{k=1}^{n+1} a_k e^{x(\sqrt{k}-\sqrt{n+1})} = 0$.
Pour $k \in [\![1, n]\!]$, $\sqrt{k} - \sqrt{n+1} < 0$, donc $\lim_{x\to+\infty} e^{x(\sqrt{k}-\sqrt{n+1})} = 0$.
Donc $\lim_{x\to+\infty} \sum_{k=1}^{n+1} a_k e^{x(\sqrt{k}-\sqrt{n+1})} = 0 + a_{n+1}$. Par unicité de la limite $a_{n+1} = 0$.
La relation $(\star)$ devient $\sum_{k=1}^{n} a_k f_k = 0$.
Comme $(f_1, f_2, \dots, f_n)$ est libre d'après $\mathcal{P}_n$, on a, pour $k \in [\![1, n]\!]$, $a_k = 0$.

Donc pour tout $k \in [\![1, n+1]\!]$, $a_k = 0$. On a montré que la famille $(f_1, \dots, f_{n+1})$ est libre.
Donc $\mathcal{P}_{n+1}$ est vraie.
On a montré par récurrence que pour tout $n \in \mathbb{N}^*$, la famille $(f_1, f_2, \dots, f_n)$ est libre.

Exercice 10

1) Soient E_1 et E_2 des sous-espaces vectoriels de E dont la réunion est E.
On raisonne par l'absurde.
On suppose $E \neq E_1$ et $E \neq E_2$. Il existe un vecteur $x_1 \notin E_1$ et un vecteur $x_2 \notin E_2$.
Comme E est un espace vectoriel, $x_1 + x_2 \in E$. Puisque $E = E_1 \cup E_2$, on a $x_1 + x_2 \in E_1$ ou $x_1 + x_2 \in E_2$.
Les rôles de E_1 et de E_2 étant symétriques, on peut supposer $x_1 + x_2 \in E_1$.
Puisque x_2 et $x_1 + x_2$ appartiennent à E_1, on a $(x_1 + x_2) - x_2 \in E_1$, car E_1 est un sous-espace vectoriel. C'est impossible, car $(x_1 + x_2) - x_2 = x_1 \notin E_1$.
On a montré que ($E \neq E_1$ et $E \neq E_2$) est fausse, donc ($E = E_1$ ou $E = E_2$) est vraie.

Remarque
Ce résultat revient à montrer que si la réunion de deux sous-espaces vectoriels E_1 et E_2 est un sous-espace vectoriel, alors l'un est inclus dans l'autre.

2) On raisonne par récurrence. Pour $n \in \mathbb{N}^*$, on note $\mathcal{P}(n)$: « si $E_1, E_2, \dots, E_n$ sont des sous-espaces vectoriels de E dont la réunion est E, alors il existe $i \in [\![1, n]\!]$ tel que $E = E_i$ ».

- Initialisation

Pour $n = 1$, il n'y a rien à démontrer. $\mathcal{P}(1)$ est vraie.

- Hérédité

Soit $n \in \mathbb{N}^*$. On suppose $\mathcal{P}(n)$ vraie.
Soient $E_1, E_2, \dots, E_n, E_{n+1}$ des sous-espaces vectoriels de E tels que $\bigcup_{i=1}^{n+1} E_i = E$.

On raisonne par l'absurde.

On suppose que $E_{n+1} \neq E$ et $\bigcup_{i=1}^{n} E_i \neq E$.

Il existe un vecteur $x_{n+1} \notin E_{n+1}$ et un vecteur $y \notin \bigcup_{i=1}^{n} E_i$.

Soit $\lambda \in \mathbb{R}$. Comme E est un espace vectoriel, $x_{n+1} + \lambda y \in E$. Puisque $E = \bigcup_{i=1}^{n+1} E_i$, il existe un $i \in [\![1, n+1]\!]$ (qui dépend de λ) tel que $x_{n+1} + \lambda y \in E_i$.
Puisque $\mathbb{R}$ est infini et qu'on a une famille finie de sous-espaces, il existe α et β distincts tels que les vecteurs $x_{n+1} + \alpha y$ et $x_{n+1} + \beta y$ appartiennent au même sous-espace E_{i_0}.

* Si $i_0 \in [\![1, n]\!]$, on a $x_{n+1} + \alpha y - (x_{n+1} + \beta y) = (\alpha - \beta) y \in E_{i_0}$.
  Comme $\alpha - \beta \neq 0$, on a $y = \frac{1}{\alpha - \beta}(\alpha - \beta) y \in E_{i_0}$. C'est impossible, car $y \notin \bigcup_{i=1}^{n} E_i$.
* Si $i_0 = n+1$, on a $\beta(x_{n+1} + \alpha y) - \alpha(x_{n+1} + \beta y) = (\beta - \alpha) x_{n+1} \in E_{n+1}$. Donc $x_{n+1} = \frac{1}{\beta - \alpha}(\beta - \alpha) x_{n+1} \in E_{n+1}$. C'est impossible, car $x_{n+1} \notin E_{n+1}$.

On a montré que $E_{n+1} = E$ ou $\bigcup_{i=1}^{n} E_i = E$. Dans le second cas, il existe $i \in [\![1, n]\!]$ tel que $E = E_i$ d'après $\mathcal{P}(n)$.
Dans les deux cas, il existe $i \in [\![1, n+1]\!]$ tel que $E = E_i$. Donc $\mathcal{P}(n+1)$ est vraie.

On a montré par récurrence que $\mathcal{P}(n+1)$ est vraie pour tout $n \in \mathbb{N}^*$.

Exercice 11

1) En utilisant les règles de calcul dans un espace vectoriel, on a :

$$\begin{aligned}
\sum_{k=1}^{n} x_k v_k &= \sum_{k=1}^{n} x_k (x + e_k) && \text{par distributivité de la loi externe} \\
&= \sum_{k=1}^{n} (x_k x + x_x e_k) && \text{par linéarité de la somme} \\
&= \sum_{k=1}^{n} x_k x + \sum_{k=1}^{n} x_x e_k && \text{on reconnaît le vecteur } x \\
&= \left(\sum_{k=1}^{n} x_k x\right) + x && \text{le vecteur } x \text{ ne dépend pas de l'indice } k \\
&= \left(\sum_{k=1}^{n} x_k\right) x + x \\
&= \left(1 + \sum_{k=1}^{n} x_k\right) x.
\end{aligned}$$

2) Si $\sum_{k=1}^{n} x_k = -1$, alors $\sum_{k=1}^{n} x_k v_k = 0_E$ et au moins un des coefficients x_k est non nul (sinon leur somme serait nulle). Donc la famille $(v_1, v_2, \dots, v_n)$ est liée.

3) On suppose que la famille $(v_1, v_2, \dots, v_n)$ est libre.
Puisque $(e_1, \dots, e_n)$ est une base de E, E est de dimension n
Étant une famille libre de E et de cardinal $n = \dim E$, $(v_1, v_2, \dots, v_n)$ est une base de E.

D'après la question 2), on a $\alpha = 1 + \sum_{k=1}^{n} x_k \neq 0$ (par contraposition).

D'après la question 1), on a $x = \frac{1}{\alpha}\left(\sum_{k=1}^{n} x_k v_k\right) = \sum_{k=1}^{n} \frac{x_k}{\alpha} v_k$.

4) Il s'agit de montrer l'implication réciproque de la question 2).

On raisonne par contraposition. On suppose que $\sum_{k=1}^{n} x_k \neq -1$.

Soit $\alpha_1, \alpha_2, \dots, \alpha_n$ des scalaires tels que $\sum_{k=1}^{n} \alpha_k v_k = 0_E$.

On a $\sum_{k=1}^{n} \alpha_k v_k = \sum_{k=1}^{n} \alpha_k (x + e_k) = \left(\sum_{k=1}^{n} \alpha_k\right) x + \sum_{k=1}^{n} \alpha_k e_k$.

En notant $A = \sum_{k=1}^{n} \alpha_k$, on a $Ax + \sum_{k=1}^{n} \alpha_k e_k = 0_E$.

Or, $(e_1, e_2, \dots, e_n)$ est une base de E et $x = \sum_{k=1}^{n} x_k e_k$, donc par unicité des coordonnées dans une base :

$$\forall k \in [\![1, n]\!], \quad Ax_k + \alpha_k = 0 \qquad (\bullet)$$

En ajoutant ces n égalités, on obtient $A\left(\sum_{k=1}^{n} x_k\right) + \left(\sum_{k=1}^{n} \alpha_k\right) = 0$. Donc $A\left(\sum_{k=1}^{n} x_k\right) + A = 0$.

Comme $1 + \sum_{k=1}^{n} x_k \neq 0$, on obtient $A = 0$.

En reportant cela dans $(\bullet)$, on a $\alpha_k = 0$ pour tout $k \in [\![1, n]\!]$.

On a montré que la famille $(v_1, v_2, \dots, v_n)$ est libre.

Exercice 12

1) • E_a est une partie de $\mathbb{R}[X]$ contenant le polynôme nul.

• Stabilité par combinaison linéaire

Soient P_1 et $P_2 \in E_a$, α_1 et $\alpha_2 \in \mathbb{R}$.

Il existe deux polynômes Q_1 et Q_2 tels que $P_1 = (X-a)Q_1$ et $P_2 = (X-a)Q_2$.

On a alors $\alpha_1 P_1 + \alpha_2 P_2 = \alpha_1 (X-a)Q_1 + \alpha_2 (X-a)Q_2 = (X-a)Q$, en appelant Q le polynôme $\alpha_1 Q_1 + \alpha_2 Q_2$.

Étant divisible par $(X-a)$, le polynôme $\alpha_1 P_1 + \alpha_2 P_2$ appartient à E_a.

On a montré que E_a est un sous-espace vectoriel de $\mathbb{R}[X]$.

Remarque

On aurait pu rédiger comme à l'exercice 2 en remarquant $E_a = \{P \in \mathbb{R}[X] \mid P(a) = 0\}$.

2) Soient a et $b \in \mathbb{R}$ tels que $a \neq b$.

Pour α et $\beta \in \mathbb{R}$, on a $\alpha(X-a) + \beta(X-b) = (\alpha+\beta)X - a\alpha - b\beta$.

Deux polynômes étant égaux si, et seulement si, ils ont les mêmes coefficients, on a :

$$1 = \alpha(X-a) + \beta(X-b) \iff \begin{cases} \alpha + \beta = 0 \\ a\alpha + b\beta = -1 \end{cases} \underset{L_2 \leftarrow L_2 - aL_1}{\iff} \begin{cases} \alpha + \beta = 0 \\ (b-a)\beta = -1 \end{cases}.$$

Puisque $a \neq b$, le système a une solution*.

Donc il existe α et $\beta \in \mathbb{R}$ tels que $1 = \alpha(X-a) + \beta(X-b)$.

*Plus précisément, l'unique solution est $(\alpha, \beta) = \big(1/(b-a), -1/(b-a)\big)$.

On raisonne par double inclusion.

($\subset$) Puisque E_a et E_b sont des sous-espaces de $\mathbb{R}[X]$, on a $E_a + E_b \subset \mathbb{R}[X]$.

($\supset$) Soit $P \in \mathbb{R}[X]$. On a $P = 1 \cdot P = \alpha(X-a)P + \beta(X-b)P$.
Puisque $\alpha(X-a)P \in E_a$ et $\beta(X-b)P \in E_b$, cela prouve que $P \in E_a + E_b$.

Par double inclusion, $E_a + E_b = \mathbb{R}[X]$.

La somme n'est pas directe, car le polynôme $(X-a)(X-b)$ est différent du polynôme nul et appartient à $E_a \cap E_b$.

Exercice 13

Pour tout $k \in [\![0, n]\!]$, $\deg(P_k) = k + n - k = n$. En particulier, $P_k \in \mathbb{R}_n[X]$.
On a une famille de $n+1$ polynômes de $\mathbb{R}_n[X]$ qui est de dimension $n+1$. Il suffit de vérifier que la famille est libre.

Soient $\alpha_0, \alpha_1, \dots, \alpha_n$ des réels tels que $\alpha_0 P_0 + \alpha_1 P_1 + \cdots + \alpha_n P_n = 0_{\mathbb{R}[X]}$.
En évaluant en 1, on obtient $\alpha_0 = 0$, car 1 est racine de P_k quand $k \geqslant 1$ et $P_0(1) = 1$. Donc :

$$\alpha_1(X-1)X^{n-1} + \alpha_2(X-1)^2X^{n-2} + \cdots + \alpha_n(X-1)^n = 0_{\mathbb{R}[X]}.$$

L'anneau $\mathbb{R}[X]$ étant intègre, on peut simplifier par $(X-1)$:

$$\alpha_1 X^{n-1} + \alpha_2(X-1)X^{n-2} + \cdots + \alpha_n(X-1)^{n-1} = 0_{\mathbb{R}[X]}.$$

En évaluant à nouveau en 1, on obtient $\alpha_1 = 1$. De proche en proche, tous les α_k sont nuls.

On a montré que $(P_0, P_1, \dots, P_n)$ est une famille libre de $\mathbb{R}_n[X]$.

Finalement $(P_0, P_1, \dots, P_n)$ est une base de $\mathbb{R}_n[X]$.

Exercice 14

1) On sait que $\dim \mathbb{K}_3[X] = 4$ et on a $\deg(P_k) = k$ pour tout $k \in [\![0, 3]\!]$.
On a donc une famille échelonnée en degré de 4 polynômes de $\mathbb{K}_3[X]$, donc (P_0, P_1, P_2, P_3) est une base de $\mathbb{K}_3[X]$

2) On sait qu'il existe a_0, a_1, a_2 et $a_3 \in \mathbb{K}$ tels que $X^3 = a_0P_0 + a_1P_1 + a_2P_2 + a_3P_3$.
Or, $P_2 = \frac{X^2-X}{2}$ et $P_3 = \frac{X^3-3X^2+2X}{6}$, donc :

$$\begin{aligned} X^3 &= a_0 + a_1X + \tfrac{a_2}{2}(X^2 - X) + \tfrac{a_3}{6}(X^3 - 3X^2 + 2X) \\ &= a_0 + \left(a_1 - \tfrac{a_2}{2} + \tfrac{a_3}{6}\right)X + \left(\tfrac{a_2}{2} - \tfrac{a_3}{2}\right)X^2 + \tfrac{a_3}{6}X^3. \end{aligned}$$

Deux polynômes égaux ayant les mêmes coefficients, on obtient :

$$\begin{cases} a_0 = 0 \\ 6a_1 - 3a_2 + 2a_3 = 0 \\ a_2 - a_3 = 0 \\ a_3 = 6 \end{cases} \Leftrightarrow \begin{cases} a_0 = 0 \\ a_1 = 1 \\ a_2 = 6 \\ a_3 = 6 \end{cases}$$

En conclusion, $X^3 = 0P_0 + P_1 + 6P_2 + 6P_3$.

3) Le calcul donne :

$Q(0) = \alpha_0 P_0(0) + \alpha_1 P_1(0) + \alpha_2 P_2(0) + \alpha_3 P_3(0) = \alpha_0 = P(0)$.

$Q(1) = \alpha_0 P_0(1) + \alpha_1 P_1(1) + \alpha_2 P_2(1) + \alpha_3 P_3(1) = \alpha_0 + \alpha_1 = P(1)$.

$Q(2) = \alpha_0 + 2\alpha_1 + \alpha_2 = P(0) + 2P(1) - 2P(0) + P(2) - 2P(1) + P(0) = P(2)$.

$$\begin{aligned} Q(3) &= \alpha_0 + 3\alpha_1 + 3\alpha_2 + \alpha_3 \\ &= P(0)+3P(1)-3P(0)+3P(2)-6P(1)+3P(0)+P(3)-3P(2)+3P(1)-P(0) \\ &= P(3). \end{aligned}$$

Donc $Q(k) = P(k)$ pour $k \in [\![0, 3]\!]$.

Les deux polynômes étant de degré au plus 3 et coïncidant en 4 points distincts, ils sont égaux. Donc $P = \alpha_0 P_0 + \alpha_1 P_1 + \alpha_2 P_2 + \alpha_3 P_3$. En d'autre termes, $(\alpha_0, \alpha_1, \alpha_2, \alpha_3)$ sont les coordonnées de P dans la base (P_0, P_1, P_2, P_3).

Exercice 15

1) Soit $n \in \mathbb{N}$. Soient $a_0, a_1, \dots, a_n$ des réels tels que $\sum_{k=0}^{n} a_k g_k = 0$. On a :

$$\forall \theta \in \mathbb{R}, \quad \sum_{k=0}^{n} a_k \big(\cos(\theta)\big)^k = 0_{\mathbb{R}}.$$

En notant $x = \cos(\theta)$, on a $\sum_{k=0}^{n} a_k x^k = 0_{\mathbb{R}}$ pour tout $x \in [-1, 1]$.

Cela montre que le polynôme $P = \sum_{k=0}^{n} a_k X^k$ admet une infinité de racines. Ainsi, P est le polynôme nul, donc tous ses coefficients sont nuls. D'où $a_k = 0$ pour tout $k \in [\![0, n]\!]$.

On a montré que la famille $(g_0, g_1, \dots, g_n)$ est libre.

2) Pour $n \in \mathbb{N}$, on note $\mathcal{P}_n$: « la famille $(f_0, f_2, \dots, f_n)$ est libre ».

- Initialisation
  Pour $n = 0$, $\mathcal{P}_0$ est vraie, car f_0 n'est pas la fonction nulle.
- Hérédité
  Soit $n \in \mathbb{N}$. On suppose $\mathcal{P}_n$ vraie.
  Soient $a_0, a_1, \dots, a_{n+1}$ des réels tels que :

$$a_0 f_0 + a_1 f_1 + \cdots + a_n f_n + a_{n+1} f_{n+1} = 0 \qquad (\star)$$

Comme $f_k'' = -k^2 f_k$, en dérivant deux fois $(\star)$, on obtient :

$$0^2 a_0 f_0 - 1^2 a_1 f_1 - \cdots - n^2 a_n f_n - (n+1)^2 a_{n+1} f_{n+1} = 0 \qquad (\star\star)$$

En formant $(n+1)^2(\star) + (\star\star)$, on a :

$$\big((n+1)^2 - 1\big) a_0 f_0 + \cdots + \big((n+1)^2 - n^2\big) a_n f_n = 0 \qquad (\star\star\star)$$

D'après $\mathcal{P}_n$, la famille $(f_0, f_1, \dots, f_n)$ est libre, donc tous les coefficients de la combinaison linéaire $(\star\star\star)$ sont nuls. Pour tout $k \in [\![0, n]\!]$, $\left((n+1)^2 - k^2\right)a_k = 0$, donc $a_k = 0$.
La relation $(\star)$ devient $a_{n+1}f_{n+1} = 0$. Donc $a_{n+1} = 0$, car f_{n+1} n'est pas la fonction nulle.
Donc pour tout $k \in [\![1, n+1]\!]$, $a_k = 0$.
On a montré que la famille $(f_0, f_1, \dots, f_{n+1})$ est libre.
Donc $\mathcal{P}_{n+1}$ est vraie.

On a montré par récurrence que pour tout $n \in \mathbb{N}^*$, la famille $(f_0, f_1, \dots, f_n)$ est libre.

3) Soit $n \in \mathbb{N}$. On note $G_n = \text{Vect}(g_0, g_1, \dots, g_n)$ et $F_n = \text{Vect}(f_0, f_1, \dots, f_n)$.
D'après les questions précédentes, ces deux espaces sont de dimension $n+1$. Il suffit de montrer une inclusion.
Soit $n \in \mathbb{N}$. En notant $T_n = \sum\limits_{k=0}^{n} a_k X^k$, on a :

$$\forall \theta \in \mathbb{R}, \quad \sum_{k=0}^{n} a_k\left(\cos(\theta)\right)^k = \cos(n\theta).$$

Ce résultat signifie que $\sum\limits_{k=0}^{n} a_k g_k = f_n$. Donc $f_n \in G_n$.
Comme la suite des espaces $(G_k)_{k\in\mathbb{N}}$ est croissante pour l'inclusion, on a $f_k \in G_n$ pour tout $k \in [\![0, n]\!]$. Donc $F_n = \text{Vect}(f_0, f_1, \dots, f_n) \subset G_n$.
En conclusion, $F_n = G_n$.

Exercices avec questions ouvertes

Exercice 16

1) La réponse est négative. Par exemple, le polynôme $P_2 = \frac{X(X-1)}{2}$ n'est pas à coefficients entiers. Mais, pour tout $n \in \mathbb{Z}$, le nombre $n(n-1)$ est nécessairement pair. Donc :

$$\forall n \in \mathbb{Z}, \quad P_2(n) = \frac{n(n-1)}{2} \in \mathbb{Z}.$$

Remarque
Le polynôme $P_3 = X(X-1)(X-2)/6$ est un autre contre-exemple, car pour tout $n \in \mathbb{Z}$, le nombre $n(n-1)(n-2)$ est un multiple de 6.

2) Soit $P \in \mathbb{K}_3[X]$.
D'après l'exercice 14, en posant $\alpha_0 = P(0)$, $\alpha_1 = P(1) - P(0)$, $\alpha_2 = P(2) - 2P(1) + P(0)$ et $\alpha_3 = P(3) - 3P(2) + 3P(1) - P(0)$, on a $P = \alpha_0 P_0 + \alpha_1 P_1 + \alpha_2 P_2 + \alpha_3 P_3$.
Si l'image par P de tout entier est un entier, alors $\alpha_0, \alpha_1, \alpha_2$ et α_3 sont des entiers.
Montrons que la réciproque est vraie.
Si $\alpha_0, \alpha_1, \alpha_2$ et α_3 sont des entiers, alors $P(n) \in \mathbb{Z}$ pour tout $n \in \mathbb{Z}$, car $P_0(n), P_1(n), P_2(n)$ et $P_3(n)$ sont des entiers.

Applications linéaires 21

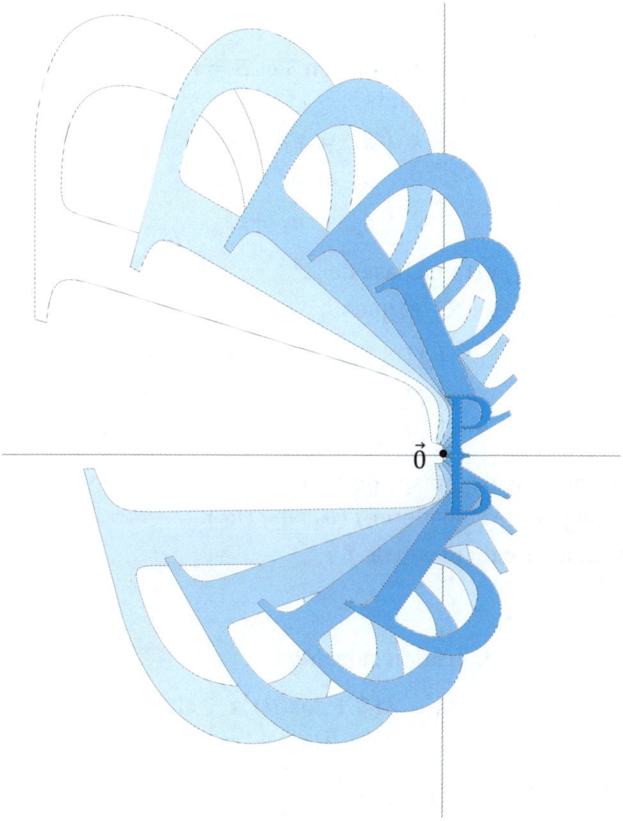

Toutes les lettres P de cette figure se déduisent les unes des autres par une application linéaire. Schématiquement, les applications linéaires se traduisent par des rotations, des homothéties, des réflexions et des déformations obliques, par mise en italique de la lettre (si on peut dire).

Exercices axés sur le calcul

Exercice 1

Soient E espace vectoriel sur $\mathbb{R}$ de dimension 3 et $\mathcal{B} = (e_1, e_2, e_3)$ une base de E. On considère les trois vecteurs suivants :

$$\begin{cases} u = -3e_1 + e_2 + e_3 \\ v = -2e_1 + e_2 + 4e_3 \\ w = 4e_1 - e_2 + 2e_3 \end{cases}$$

1) La famille (u, v, w) est-elle ou non une base de E ?
2) Soit f l'application linéaire telle que $f(e_1) = u$, $f(e_2) = v$ et $f(e_3) = w$. Déterminer le noyau de f.

Exercice 2

Soient E espace vectoriel sur $\mathbb{R}$ de dimension 3 et $\mathcal{B} = (e_1, e_2, e_3)$ une base de E. On considère les trois vecteurs suivants :

$$\begin{cases} u_1 = e_1 + e_2 \\ u_2 = e_2 + e_3 \\ u_3 = e_1 + e_3 \end{cases}$$

1) Montrer que (u_1, u_2, u_3) est une base de $\mathbb{R}^3$.
2) Soit f l'endomorphisme de $\mathbb{R}^3$ tel que :

$$\begin{cases} f(u_1) = e_1 + 2e_2 + 3e_3 \\ f(u_2) = e_1 - e_3 \\ f(u_3) = e_1 + e_2 + e_3 \end{cases}$$

   a) Déterminer une base de l'image de f.
   Indication : On pourra considérer $f(u_1) + f(u_2)$.
   b) Déterminer une base du noyau de f.

Exercice 3

Soit $\theta \in \mathbb{R}$. On considère l'application suivante :

$$f : \begin{pmatrix} x \\ y \end{pmatrix} \mapsto \begin{pmatrix} \big(1 + \cos(\theta)\big)x + \sin(\theta)y \\ \sin(\theta)x + \big(1 - \cos(\theta)\big)y \end{pmatrix}.$$

1) Vérifier que f est un endomorphisme de $\mathbb{R}^2$.
2) a) Préciser $f\begin{pmatrix} -\sin(\theta) \\ 1 + \cos(\theta) \end{pmatrix}$. L'application f est-elle injective ?
   b) Montrer que le noyau de f est la droite dirigée par $\begin{pmatrix} -\sin(\theta/2) \\ \cos(\theta/2) \end{pmatrix}$.
3) Préciser l'image de f.

Exercices axés sur le raisonnement

Exercice 4

Soit $u : \mathbb{R}_3[X] \to \mathbb{R}^2, P \mapsto \big(P(1), P(-1)\big)$.

1) Vérifier que u est une application linéaire.

2) Donner une base du noyau de u.

3) Préciser l'image de u.

Exercice 5

Soient n un entier supérieur (ou égal) à 3 et $E = \mathbb{R}_n[X]$.
Pour tout P dans E, on note $f(P)$ le polynôme $(X^2+1)P'' - 2XP'$.

1) Préciser $f(1), f(X), f(X^2)$ et $f(X^3)$.

2) Montrer que f est un endomorphisme de E.

3) Montrer que $\mathrm{Ker}(f) \subset \mathbb{R}_3[X]$. Puis donner une base de $\mathrm{Ker}(f)$.

4) Donner une base de l'image de f.

Exercice 6 ⋆

On note $E = \mathbb{R}_4[X]$. Pour $P \in E$, on note $\Psi(P)$ le polynôme $\frac{1}{2}\big(P+P(2-X)\big)$ où conformément à l'usage $P(2-X)$ désigne $P \circ (2-X)$ par abus de notation.

1) Vérifier que $\Psi(X+1) = 1$.

2) Vérifier que Ψ est un projecteur de E.

3) Montrer que $\big(1, (X-1), (X-1)^2, (X-1)^3, (X-1)^4\big)$ est une base de E et préciser l'image par Ψ des vecteurs de cette base.

4) En déduire une base de $\mathrm{Im}(\Psi)$ et une base de $\mathrm{Ker}(\Psi)$.

Exercice 7 ⋆ *Noyaux itérés*

Soient E un espace vectoriel sur $\mathbb{R}$ de dimension $p \in \mathbb{N}^*$ et u un endomorphisme de E.
Pour $n \in \mathbb{N}$, on note $K_n = \mathrm{Ker}(u^n)$ et $L_n = \mathrm{Im}(u^n)$.

1) Soit $n \in \mathbb{N}$. Vérifier que $K_n \subset K_{n+1}$ et montrer que si $K_n = K_{n+1}$, alors $K_{n+1} = K_{n+2}$.

2) Montrer qu'il existe $n \in \mathbb{N}$ tel que $K_n = K_{n+1}$.
Indication : Utiliser la suite $(\dim K_n)_{n\in\mathbb{N}}$.

3) Soit $n_0 \in \mathbb{N}$ tel que $K_{n_0} = K_{n_0+1}$.

   a) Montrer que $L_{n_0} = L_{n_0+1}$.

   b) Montrer que $L_{n_0} \cap K_{n_0} = \{0_E\}$ et que ces sous-espaces sont supplémentaires dans E.

Exercice 8

Soit f un endomorphisme de $\mathbb{R}^3$ non nul vérifiant $f^2 = 0_{\mathcal{L}(\mathbb{R}^3)}$.
Déterminer les dimensions du noyau et de l'image de f.

Exercice 9

Soient E un $\mathbb{K}$-espace vectoriel, p et q deux projecteurs de E de même image :

$$\mathrm{Im}(p) = \mathrm{Im}(q).$$

1) Montrer que $q \circ p = p$ et $p \circ q = q$.
2) Soit $\lambda \in \mathbb{R}$. On pose $f = \lambda p + (1 - \lambda)q$.
   Montrer que f est un projecteur. Quelle est son image ?

Exercice 10

Soient p_1 et p_2 deux projecteurs de E tels que $p_1 \circ p_2 = 0_{\mathcal{L}(E)}$. On pose :

$$q = p_1 + p_2 - p_2 \circ p_1.$$

1) Montrer que q est un projecteur de E.
2) Montrer que $\mathrm{Ker}(q) = \mathrm{Ker}(p_1) \cap \mathrm{Ker}(p_2)$ et $\mathrm{Im}(q) = \mathrm{Im}(p_1) + \mathrm{Im}(p_2)$.

Exercices avec questions ouvertes

Exercice 11

Soient E un espace vectoriel de dimension finie, f et g deux endomorphismes de E tels que :

$$f + g = \mathrm{Id}_E \quad \text{et} \quad g \circ f = 0.$$

Que peut-on dire de f et de g ? et du nombre $\mathrm{rg}(f) + \mathrm{rg}(g)$?

Exercice 12

Que peut-on dire d'un endomorphisme f de $\mathbb{R}^3$ non nul vérifiant $f^3 = 0_{\mathcal{L}(\mathbb{R}^3)}$?

Corrections

Exercices axés sur le calcul

Exercice 1

1) La famille (u, v, w) est une famille de 3 vecteurs de E. L'espace étant de dimension 3, il suffit d'étudier la liberté de la famille.

Soient α, β et γ trois réels.

On a $\alpha u + \beta v + \gamma w = (-3\alpha - 2\beta + 4\gamma)e_1 + (\alpha + \beta - \gamma)e_2 + (\alpha + 4\beta + 2\gamma)e_3$.

La famille (e_1, e_2, e_3) étant libre (car c'est une base), on a :

$$\alpha u + \beta v + \gamma w = 0_E \iff \begin{cases} -3\alpha - 2\beta + 4\gamma = 0 \\ \alpha + \beta - \gamma = 0 \\ \alpha + 4\beta + 2\gamma = 0 \end{cases}$$

$$\iff \begin{cases} \beta + \gamma = 0 \\ \alpha + \beta - \gamma = 0 \\ 3\beta + 3\gamma = 0 \end{cases} \quad \begin{matrix} L_1 \leftarrow L_1 + 3L_2 \\ L_3 \leftarrow L_3 - L_2 \end{matrix}$$

$$\iff \begin{cases} \beta = -\gamma \\ \alpha = 2\gamma \end{cases}.$$

En particulier, $2u - v + w = 0$, donc la famille (u, v, w) est liée. *A fortiori*, (u, v, w) n'est pas une base de E.

2) Soit $x \in E$. On note (α, β, γ) ses coordonnées dans la base $\mathcal{B}$.

$$\begin{aligned} x \in \operatorname{Ker}(f) &\iff f(x) = 0_E \\ &\iff f(\alpha e_1 + \beta e_2 + \gamma e_3) = 0_E && \text{écriture de } x \text{ dans la base } \mathcal{B} \\ &\iff \alpha f(e_1) + \beta f(e_2) + \gamma f(e_3) = 0_E && \text{par linéarité de } f \\ &\iff \alpha u + \beta v + \gamma w = 0_E \\ &\iff \alpha = 2\gamma \text{ et } \beta = -\gamma && \text{calculs précédents} \\ &\iff x = \gamma(2e_1 - e_2 + e_3). && \text{on revient à } x \end{aligned}$$

Le noyau de f est la droite vectorielle dirigée par le vecteur $2e_1 - e_2 + e_3$.

Exercice 2

1) La famille (u_1, u_2, u_3) étant une famille de 3 vecteurs de E. L'espace étant de dimension 3, il suffit de montrer qu'elle est libre.

Soient α, β et γ trois réels tels que $\alpha u_1 + \beta u_2 + \gamma u_3 = 0_E$.

D'après les expressions de ces vecteurs dans la base $\mathcal{B}$:

$\alpha u_1 + \beta u_2 + \gamma u_3 = \alpha(e_1 + e_2) + \beta(e_2 + e_3) + \gamma(e_1 + e_3) = (\alpha + \gamma)e_1 + (\alpha + \beta)e_2 + (\beta + \gamma)e_3$.

La famille (e_1, e_2, e_3) étant libre, on obtient :

$$\begin{cases} \alpha \quad\quad + \gamma = 0 \\ \alpha + \beta \quad\quad = 0 \\ \quad\quad \beta + \gamma = 0 \end{cases} \underset{L_2 \leftarrow L_2 - L_1}{\Longleftrightarrow} \begin{cases} \alpha \quad\quad + \gamma = 0 \\ \quad\quad \beta - \gamma = 0 \\ \quad\quad \beta + \gamma = 0 \end{cases} \Longleftrightarrow \begin{cases} \alpha = 0 \\ \beta = 0 \\ \gamma = 0 \end{cases}.$$

La famille (u_1, u_2, u_3) est libre. Donc c'est une base de E.

2) a) On a $\mathrm{Im}(f) = \mathrm{Vect}\big(f(u_1), f(u_2), f(u_3)\big)$, car (u_1, u_2, u_3) est une base de E.
On remarque que $f(u_1) + f(u_2) = 2e_1 + 2e_2 + 2e_3 = 2f(u_3)$.
Donc $\mathrm{Im}(f) = \mathrm{Vect}\big(f(u_1), f(u_2)\big)$.
Par ailleurs, $f(u_1)$ et $f(u_2)$ ne sont pas colinéaires, donc la famille $\big(f(u_1), f(u_2)\big)$ est libre.
En conclusion, $\big(f(u_1), f(u_2)\big)$ est une base de l'image de f. Donc $\mathrm{Im}(f)$ est de dimension 2.

b) D'après le théorème du rang, $\dim \mathrm{Ker}(f) = \dim \mathbb{R}^3 - \dim \mathrm{Im}(f) = 3 - 2 = 1$. Il suffit de trouver un vecteur directeur de cette droite.
Or, on a vu $f(u_1) + f(u_2) = 2f(u_3)$. Par linéarité de f, on a $f(u_1 + u_2 - 2u_3) = 0$. Donc $u_1 + u_2 - 2u_3 \in \mathrm{Ker}(f)$.
On a $u_1 + u_2 - 2u_3 = -e_1 + 2e_2 - e_3 \neq 0$, donc $-e_1 + 2e_2 - e_3$ est un vecteur directeur de $\mathrm{Ker}(f)$.

Exercice 3

1) L'application f est définie sur $\mathbb{R}^2$ et est à valeurs dans $\mathbb{R}^2$.
Les applications $\begin{pmatrix} x \\ y \end{pmatrix} \mapsto \big(1 + \cos(\theta)\big)x + \sin(\theta)y$ et $\begin{pmatrix} x \\ y \end{pmatrix} \mapsto \sin(\theta)x + \big(1 - \cos(\theta)\big)y$ sont des formes linéaires, donc f est linéaire.
Donc f est un endomorphisme de $\mathbb{R}^2$.

2) a) Notons $x = -\sin(\theta)$ et $y = 1 + \cos(\theta)$. On a :

$$\big(1 + \cos(\theta)\big)x + \sin(\theta)y = -\sin(\theta)\big(1 + \cos(\theta)\big) + \sin(\theta)\big(1 + \cos(\theta)\big) = 0,$$

$$\begin{aligned} \sin(\theta)x + \big(1 - \cos(\theta)\big)y &= -\sin^2(\theta) + \big(1 - \cos(\theta)\big)\big(1 + \cos(\theta)\big) \\ &= -\sin^2(\theta) + 1 - \cos^2(\theta) \\ &= 0. \end{aligned}$$

Donc l'image de $\begin{pmatrix} -\sin(\theta) \\ 1 + \cos(\theta) \end{pmatrix}$ est le vecteur nul.

Si $\begin{pmatrix} -\sin(\theta) \\ 1 + \cos(\theta) \end{pmatrix} \neq 0$, alors f n'est pas injective, car son noyau contient un vecteur non nul.

Si $\begin{pmatrix} -\sin(\theta) \\ 1 + \cos(\theta) \end{pmatrix} = \begin{pmatrix} 0 \\ 0 \end{pmatrix}$, alors $\begin{cases} \sin(\theta) = 0 \\ \cos(\theta) = -1 \end{cases}$ et f est l'application $\begin{pmatrix} x \\ y \end{pmatrix} \mapsto \begin{pmatrix} 0 \\ 2y \end{pmatrix}$ qui n'est pas injective.

Dans tous les cas, f n'est pas injective.

b) On sait que $\sin(\theta) = 2\sin(\theta/2)\cos(\theta/2)$, que $1+\cos(\theta) = 2\cos^2(\theta/2)$ et que $1-\cos^2(\theta/2) = 2\sin^2(\theta/2)$. Donc pour tout $\begin{pmatrix} x \\ y \end{pmatrix} \in \mathbb{R}^2$:

$$\begin{aligned} f\begin{pmatrix} x \\ y \end{pmatrix} &= \begin{pmatrix} 2\cos^2(\theta/2)x + 2\sin(\theta/2)\cos(\theta/2)y \\ 2\sin(\theta/2)\cos(\theta/2)x + 2\sin^2(\theta/2)y \end{pmatrix} \\ &= \begin{pmatrix} 2\cos(\theta/2)\big(\cos(\theta/2)x + \sin(\theta/2)y\big) \\ 2\sin(\theta/2)\big(\cos(\theta/2)x + 2\sin(\theta/2)y\big) \end{pmatrix} \\ &= 2\big(\cos(\theta/2)x + \sin(\theta/2)y\big)\begin{pmatrix} \cos(\theta/2) \\ \sin(\theta/2) \end{pmatrix}. \end{aligned}$$

Comme $\begin{pmatrix} \cos(\theta/2) \\ \sin(\theta/2) \end{pmatrix} \neq 0$, $f\begin{pmatrix} x \\ y \end{pmatrix} = f\begin{pmatrix} 0 \\ 0 \end{pmatrix} \iff \cos(\theta/2)x + \sin(\theta/2)y = 0$.

Le noyau de f est la droite d'équation cartésienne $\cos(\theta/2)x + \sin(\theta/2)y = 0$.

Cette droite est orthogonale au vecteur $\begin{pmatrix} \cos(\theta/2) \\ \sin(\theta/2) \end{pmatrix}$, donc dirigée par $\begin{pmatrix} -\sin(\theta/2) \\ \cos(\theta/2) \end{pmatrix}$.

3) D'après le théorème du rang et la question précédente, $\mathrm{rg}(f) = \dim \mathbb{R}^2 - \dim \mathrm{Ker}(f) = 1$.

D'après la question précédente, $f\begin{pmatrix} x \\ y \end{pmatrix}$ est toujours colinéaire à $\begin{pmatrix} \cos(\theta/2) \\ \sin(\theta/2) \end{pmatrix}$.

Ces deux points entraînent que l'image de f est la droite dirigée par $\begin{pmatrix} \cos(\theta/2) \\ \sin(\theta/2) \end{pmatrix}$.

Exercices axés sur le raisonnement

Exercice 4

1) L'application u est linéaire, car $P \mapsto P(1)$ et $P \mapsto P(-1)$ le sont.

2) Pour $P \in \mathbb{R}_3[X]$, on a :

$$\begin{aligned} u(P) = 0 &\iff \big(P(1), P(-1)\big) = (0,0) \\ &\iff P(1) = 0 \text{ et } P(-1) = 0 \\ &\iff \exists Q \in \mathbb{R}[X], P = (X-1)(X+1)Q & \text{(1 et } -1 \text{ sont des racines distinctes)} \\ &\iff \exists (a,b) \in \mathbb{R}^2, P = (X-1)(X+1)(aX+b) & (\deg P \leqslant 3 \Longrightarrow \deg Q \leqslant 1) \\ &\iff \exists (a,b) \in \mathbb{R}^2, P = aX(X-1)(X+1) + b(X-1)(X+1) \\ &\iff P \in \mathrm{Vect}\big(X(X-1)(X+1), (X-1)(X+1)\big). \end{aligned}$$

Donc $\big(X(X-1)(X+1), (X-1)(X+1)\big)$ est une base du noyau de u.

3) Comme le noyau est de dimension 2, le théorème du rang donne :

$$\dim \mathrm{Im}(f) = \dim \mathbb{R}_3[X] - \dim \mathrm{Ker}(u) = 4 - 2 = 2.$$

Or, $\mathrm{Im}(f)$ est un sous-espace vectoriel de $\mathbb{R}^2$ et $\dim \mathbb{R}^2 = 2$, donc $\mathrm{Im}(f) = \mathbb{R}^2$.

Exercice 5

1) Puisque $f : P \mapsto (X^2+1)P'' - 2XP'$, on a facilement $f(1) = 0_E$, $f(X) = -2X$.
Puis $f(X^2) = 2(X^2+1) - 4X^2 = 2$ et $f(X^3) = 6(X^2+1)X - 6X^3 = 6X$.

2) Soit $P \in E$. P' et P'' sont des polynômes, donc $f(P)$ aussi, car $\mathbb{R}[X]$ est un anneau. De plus, $\deg(P') \leqslant n-1$, donc $\deg(XP') \leqslant n$. De même, $\deg\big((X^2+1)P''\big) = 2 + \deg(P'') \leqslant n$. Donc $\deg\big(f(P)\big) \leqslant n$.
Pour tout $P \in E$, $f(P) \in E$.
Soient P_1 et $P_2 \in E$, α_1 et $\alpha_2 \in \mathbb{R}$. Par linéarité de la dérivation, on a :

$$\begin{aligned} f(\alpha_1 P_1 + \alpha_2 P_2) &= (X^2+1)(\alpha_1 P_1'' + \alpha_2 P_2'') - 2X(\alpha_1 P_1' + \alpha_2 P_2') \\ &= \alpha_1 (X^2+1)P_1'' + \alpha_2 (X^2+1)P_2'' - 2\alpha_1 X P_1' - 2\alpha_2 X P_2' \\ &= \alpha_1\big((X^2+1)P_1'' - 2XP_1'\big) + \alpha_2\big((X^2+1)P_2'' - 2XP_2'\big) \\ &= \alpha_1 f(P_1) + \alpha_2 f(P_2). \end{aligned}$$

(par distributivité)

Étant une application linéaire de E dans E, f est un endomorphisme de E.

3) Soit P un élément non nul de $\mathrm{Ker}(f)$. Notons $d = \deg(P)$ et a_d son coefficient dominant. Le coefficient de X^d de $f(P)$ est $d(d-1)a_d - 2da_d = d(d-3)a_d$. Or, $f(P) = 0_E$, donc ce coefficient est nul. Comme a_d est non nul, on a $d(d-3) = 0$. Donc $d = 0$ ou $d = 3$. Dans les deux cas $d \leqslant 3$, donc $P \in \mathbb{R}_3[X]$.
On a montré $\mathrm{Ker}(f) \subset \mathbb{R}_3[X]$.
Soit $P = a_3X^3 + a_2X^2 + a_1X + a_0 \in \mathbb{R}_3[X]$.
Par linéarité, on a d'après les calculs faits au 1) :

$$f(P) = 6a_3X + 2a_2 + 2a_1X + 0a_0 = 2(3a_3 + a_1)X + 2a_2.$$

Un polynôme étant nul si, et seulement si, ses coefficients sont nuls, on a :

$$f(P) = 0 \iff (a_1 = -3a_3 \text{ et } a_2 = 0) \iff P = a_3(X^3 + 3X) + a_0.$$

Donc $\mathrm{Ker}(f) = \mathrm{Vect}(1, X^3 + 3X)$. Les deux polynômes 1 et $X^3 + 3X$ n'étant pas colinéaires, la famille $(1, X^3 + 3X)$ est une base de $\mathrm{Ker}(f)$.

4) D'après le théorème du rang, $\mathrm{rg}(f) = \dim E - \dim \mathrm{Ker}(f) = n + 1 - 2 = n - 1$.
La base canonique étant une base de E, son image est une famille génératrice de $\mathrm{Im}(f)$. On a vu $f(1) = 0$ et $f(X)$ colinéaire à $f(X^3)$. Donc $\mathcal{F} = \big(f(X^2), f(X^3), \dots, f(X^n)\big)$ est également une famille génératrice de $\mathrm{Im}(f)$.
Or, $\mathrm{card}\,\mathcal{F} = n - 1 = \dim \mathrm{Im}(f)$, donc $\mathcal{F}$ est une base de $\mathrm{Im}(f)$.
Pour $k \geqslant 2$, on a $f(X^k) = k(k-1)(X^2+1)X^{k-2} - 2kX^k = k(k-3)X^k - k(k-1)X^{k-2}$.
En remplaçant $f(X^k)$ par $\frac{1}{k}f(X^k)$, on a $\big(1, 2X, X^4 - 3X^2, \dots, (n-3)X^n - (n-1)X^{n-2}\big)$ est une base de $\mathrm{Im}(f)$.

Remarque
Le calcul montre que $\mathcal{F}$ est une famille de polynômes de degrés deux à deux distincts. C'est un autre argument pour obtenir que $\mathcal{F}$ est une famille libre et finalement que c'est une base de $\mathrm{Im}(f)$.

Exercice 6

1) Pour $P = X + 1$, comme $P(2 - X) = P \circ (2 - X)$ par abus usuel de notation, on a $P(2 - X) = 2 - X + 1 = -X + 3$.

Donc $\Psi(X + 1) = \frac{1}{2}(X + 1 - X + 3) = 1$.

2) • Si $P \in E$, $\frac{1}{2}\big(P + P(2 - X)\big)$ est également un polynôme de degré au plus 4. Donc Ψ est une application de E dans E.

• Soient P_1 et $P_2 \in E$, α_1 et $\alpha_2 \in \mathbb{R}$. Par définition de Ψ, on a :

$$\begin{aligned}\Psi(\alpha_1 P_1 + \alpha_2 P_2) &= \frac{1}{2}\big((\alpha_1 P_1 + \alpha_2 P_2)(X) + (\alpha_1 P_1 + \alpha_2 P_2)(2 - X)\big)\\ &= \frac{1}{2}\big(\alpha_1 P_1 + \alpha_2 P_2 + \alpha_1 P_1(2 - X) + \alpha_2 P_2(2 - X)\big)\\ &= \alpha_1 \frac{1}{2}\big(P_1 + P_1(2 - X)\big) + \alpha_2 \frac{1}{2}\big(P_2 + P_2(2 - X)\big)\\ &= \alpha_1 f(P_1) + \alpha_2 f(P_2).\end{aligned}$$

• Soit $P \in E$. On a :

$$\begin{aligned}\Psi^2(P) &= \Psi\big(\Psi(P)\big)\\ &= \Psi\left(\frac{1}{2}\big(P + P(2 - X)\big)\right) && \text{définition de } \Psi(P)\\ &= \frac{1}{2}\Psi(P) + \frac{1}{2}\Psi\big(P(2 - X)\big) && \text{linéarité de } \Psi\\ &= \frac{1}{2}\Psi(P) + \frac{1}{2}\cdot\frac{1}{2}\Big(P(2 - X) + P\big(2 - (2 - X)\big)\Big) && \text{définition de } \Psi\\ &= \frac{1}{2}\Psi(P) + \frac{1}{2}\Psi(P) && 2 - (2 - X) = X\\ &= \Psi(P).\end{aligned}$$

Cela étant valable pour tout $P \in E$, Ψ est idempotent ($\Psi^2 = \Psi$).

Étant un endomorphisme idempotent de E, Ψ est un projecteur de E.

3) La famille $\big(1, (X-1), (X-1)^2, (X-1)^3, (X-1)^4\big)$ est une famille de polynômes de degrés tous distincts, donc elle est libre. Comme elle a 5 vecteurs, cette famille libre de E est une base de E (car E est de dimension 5).

Soit $k \in [\![0, 4]\!]$. On a :

$$\Psi\big((X - 1)^k\big) = \frac{1}{2}\big((X - 1)^k + (2 - X + 1)^k\big) = \frac{1}{2}\big((X - 1)^k + (-1)^k(X - 1)^k\big).$$

Donc $\Psi\big((X - 1)^k\big) = (X - 1)^k$ si k est pair et $\Psi\big((X - 1)^k\big) = 0$ si k est impair.

4) On sait que l'image de cette base engendre l'image de Ψ. De plus, $\Psi(X - 1)$ et $\Psi\big((X - 1)^3\big)$ sont nuls. Donc $\big(1, (X - 1)^2, (X - 1)^4\big)$ est une famille génératrice de $\mathrm{Im}(\Psi)$.

Étant extraite d'une base, cette famille est libre.

Compte tenu de ces deux résultats, $\big(1, (X - 1)^2, (X - 1)^4\big)$ est une base de $\mathrm{Im}(\Psi)$.

D'après le théorème du rang, $\dim \mathrm{Ker}(\Psi) = \dim E - \mathrm{rg}(\Psi) = 5 - 3 = 2$. Or, $X - 1$ et $(X - 1)^3$ appartiennent à ce plan et ne sont pas colinéaires, $\big(X - 1, (X - 1)^3\big)$ est une base de $\mathrm{Ker}(\Psi)$.

Exercice 7

1) Soit $n \in \mathbb{N}$.

Pour tout $x \in K_n$, on a $u^{n+1}(x) = u\big(u^n(x)\big) = u(0_E) = 0_E$, car u est linéaire. Donc $x \in K_{n+1}$.

On a montré l'inclusion $K_n \subset K_{n+1}$ pour tout $n \in \mathbb{N}$.

Soit $n \in \mathbb{N}$ tel que $K_n = K_{n+1}$.

$\subset$ Comme $n + 1 \in \mathbb{N}$, on a vu l'inclusion $K_{n+1} \subset K_{n+2}$.

$\supset$ Soit $x \in K_{n+2}$, on a $u^{n+1}\big(u(x)\big) = u^{n+2}(x) = 0_E$. Donc $u(x) \in K_{n+1}$.
Or, $K_n = K_{n+1}$, donc $u(x) \in K_n$. On en déduit $x \in K_{n+1}$.

Par double inclusion, $K_{n+1} = K_{n+2}$.

2) Pour tout $n \in \mathbb{N}$, on a $\dim K_n \leqslant \dim K_{n+1}$, car $K_n \subset K_{n+1}$.

On a aussi $\dim K_n \in [\![0, p]\!]$, car K_n est un sous-espace de E.

Donc $(\dim K_n)_{n\in\mathbb{N}}$ est une suite croissante d'entiers compris entre 0 et p. Cette suite n'est donc pas strictement croissante.

On en déduit qu'il existe $n \in \mathbb{N}$ tel que $\dim K_n = \dim K_{n+1}$. L'inclusion $K_n \subset K_{n+1}$ est alors une égalité.

Donc il existe $n \in \mathbb{N}$ tel que $K_n = K_{n+1}$.

3) Soit $n_0 \in \mathbb{N}$ tel que $K_{n_0} = K_{n_0+1}$.

a) Pour tout $x \in E$, $u^{n_0+1}(x) = u^{n_0}\big(u(x)\big) \in \mathrm{Im}(u^{n_0})$.

Cela prouve que $\mathrm{Im}(u^{n_0+1}) \subset \mathrm{Im}(u^{n_0})$, c'est-à-dire que $L_{n_0+1} \subset L_{n_0}$.

De plus, d'après le théorème du rang :

$$\begin{aligned}\dim L_{n_0+1} &= \dim E - \dim \mathrm{Ker}(u^{n_0+1}) && \text{(} K_{n_0} = K_{n_0+1}\text{)}\\ &= \dim E - \dim \mathrm{Ker}(u^{n_0}) && \text{(théorème du rang)}\\ &= \dim L_{n_0}.\end{aligned}$$

Compte tenu de ces deux résultats, $L_{n_0} = L_{n_0+1}$.

b) On a $0_E \in L_{n_0} \cap K_{n_0}$, car $L_{n_0} \cap K_{n_0}$ est un sous-espace vectoriel de E.

Soit $x \in L_{n_0} \cap K_{n_0}$. Il existe $y \in E$ tel que $x = u^{n_0}(y)$.

Comme $u^{n_0}(x) = 0$, on a $u^{2n_0}(y) = u^{n_0}\big(u^{n_0}(y)\big) = u^{n_0}(x) = 0_E$. Donc $y \in K_{2n_0}$.

Comme $K_{n_0} = K_{n_0+1}$, on a $K_{n_0} = K_{n_0+1} = K_{n_0+2} = \ldots = K_{2n_0}$ d'après 1).

Donc $y \in K_{n_0}$ et $x = u^{n_0}(y) = 0_E$.

On a montré que $L_{n_0} \cap K_{n_0}$ est réduit au vecteur nul.

De plus, $\dim L_{n_0} + \dim K_{n_0} = \mathrm{rg}(u^{n_0}) + \dim \mathrm{Ker}(u^{n_0}) = \dim E$, d'après le théorème du rang.

Les sous-espaces L_{n_0} et K_{n_0} sont supplémentaires dans E.

Exercice 8

Le noyau $\mathrm{Ker}(f)$ est un sous-espace vectoriel de $\mathbb{R}^3$, donc $\dim\big(\mathrm{Ker}(f)\big) \in [\![0,3]\!]$.
Comme f n'est pas l'endomorphisme nul, $\mathrm{Ker}(f) \neq \mathbb{R}^3$. D'où $\dim\big(\mathrm{Ker}(f)\big) \neq 3$.
D'après le théorème du rang, $\dim\big(\mathrm{Im}(f)\big) + \dim\big(\mathrm{Ker}(f)\big) = \dim(\mathbb{R}^3) = 3$.
Pour tout $x \in E$, $f\big(f(x)\big) = 0_E$, car $f \circ f = 0_{\mathcal{L}(\mathbb{R}^3)}$. Donc $f(x) \in \mathrm{Ker}(f)$.
Cela prouve que $\mathrm{Im}(f) \subset \mathrm{Ker}(f)$. En particulier, $\dim\big(\mathrm{Im}(f)\big) \leqslant \dim\big(\mathrm{Ker}(f)\big)$.
Donc $3 = \dim\big(\mathrm{Im}(f)\big) + \dim\big(\mathrm{Ker}(f)\big) \leqslant 2\dim\big(\mathrm{Ker}(f)\big)$. D'où $\dim\big(\mathrm{Ker}(f)\big) \geqslant 3/2$.

Finalement, $\dim \mathrm{Ker}(f) = 2$, puis $\dim \mathrm{Im}(f) = 1$.

Exercice 9

1) Puisque p est un projecteur de E, on sait que $\mathrm{Ker}(p) \oplus \mathrm{Im}(p) = E$.

Pour $x \in \mathrm{Ker}(p)$, on a $p(x) = 0_E$. Donc $q \circ p(x) = q(0_E) = 0_E$, car p est linéaire.
En particulier, $q \circ p(x) = p(x)$.

Pour $x \in \mathrm{Im}(p)$, il existe $y \in E$ tel que $x = p(y)$. On a alors $p(x) = p^2(y) = p(y) = x$, car p est un projecteur. Donc $q \circ p(x) = q(x)$.
Puisque $\mathrm{Im}(p) = \mathrm{Im}(q)$, x appartient aussi à l'image du projecteur q et on en déduit $q(x) = x$. Donc $q \circ p(x) = q(x) = x = p(x)$.

Donc $q \circ p = p$, car leurs restrictions coïncident sur deux sous-espaces supplémentaires.

Comme p et q ont le même rôle, on a aussi $p \circ q = q$.

2) Étant une combinaison linéaire d'endomorphismes, f est un endomorphisme de E.

On sait que $\big(\mathcal{L}(E), +, \circ\big)$ est un anneau, donc :

$$\begin{aligned} f \circ f &= \big(\lambda p + (1-\lambda)q\big) \circ f \\ &= \lambda p \circ f + (1-\lambda) q \circ f. \end{aligned} \quad \text{distributivité à droite}$$

$$\begin{aligned} p \circ f &= p \circ \big(\lambda p + (1-\lambda)q\big) && \text{distributivité à gauche} \\ &= \lambda p \circ p + (1-\lambda) p \circ q && p^2 = p, p \circ q = q \\ &= \lambda p + (1-\lambda) q \\ &= f. \end{aligned}$$

$$\begin{aligned} q \circ f &= q \circ \big(\lambda p + (1-\lambda)q\big) && \text{distributivité à droite} \\ &= \lambda q \circ p + (1-\lambda) q \circ q && q^2 = q, q \circ p = p \\ &= \lambda p + (1-\lambda) q \\ &= f. \end{aligned}$$

Compte tenu de ces trois résultats, $f \circ f = \lambda f + (1-\lambda) f = f$.

Étant un endomorphisme idempotent de E, f est un projecteur de E.

• Image de f

On raisonne par double inclusion.

($\subset$) Soit $x \in E$, $f(x) = \lambda \underbrace{p(x)}_{\in \operatorname{Im}(p)} + (1-\lambda) \underbrace{q(x)}_{\in \operatorname{Im}(q)}$.

Or, $\operatorname{Im}(p) = \operatorname{Im}(q)$, donc $f(x) \in \operatorname{Im}(p)$ comme combinaison linéaire de vecteurs de ce sous-espace.

Cela montre que $\operatorname{Im}(f) \subset \operatorname{Im}(p)$.

($\supset$) Soit $x \in \operatorname{Im}(p)$. On a vu au 1) que $p(x) = x$ et $q(x) = x$.

D'où $f(x) = \lambda x + (1-\lambda)x = x$. En particulier, $x = f(x) \in \operatorname{Im}(f)$.

Donc $\operatorname{Im}(p) \subset \operatorname{Im}(f)$.

Par double inclusion, on a montré $\operatorname{Im}(f) = \operatorname{Im}(p)$.

Exercice 10

1) Puisque p_1 et $p_2 \in \mathcal{L}(E)$, $p_2 \circ p_1$ aussi. Donc q est un endomorphisme de E.

On sait que $(\mathcal{L}(E), +, \circ)$ est un anneau, donc :

$$\begin{aligned} q \circ q &= (p_1 + p_2 - p_2 \circ p_1) \circ q \\ &= p_1 \circ q + p_2 \circ q - p_2 \circ p_1 \circ q. \end{aligned} \quad \text{distributivité à droite}$$

De plus :

$$\begin{aligned} p_1 \circ q &= p_1 \circ (p_1 + p_2 - p_2 \circ p_1) && \text{distributivité à gauche} \\ &= p_1 \circ p_1 + p_1 \circ p_2 - p_1 \circ p_2 \circ p_1 && p_1^2 = p_1, p_1 \circ p_2 = 0 \\ &= p_1. \end{aligned}$$

D'où $p_2 \circ p_1 \circ q = p_2 \circ p_1$.

De même, $p_2 \circ q = p_2 \circ p_1 + p_2^2 - p_2^2 \circ p_1 = p_2 \circ p_1 + p_2 - p_2 \circ p_1 = p_2$.

Donc $q \circ q = p_1 + p_2 - p_2 \circ p_1 = q$ et q est un projecteur de E.

2) • Noyau de q

On raisonne par double inclusion.

($\subset$) Soit $x \in \operatorname{Ker}(p_1) \cap \operatorname{Ker}(p_2)$.

On a $p_1(x) = 0_E$ et $p_2(x) = 0_E$. D'où $p_2 \circ p_1(x) = p_2(0_E) = 0_E$, car p_2 est linéaire.

Donc $q(x) = 0_E$, ce qui montre que $x \in \operatorname{Ker}(q)$.

($\supset$) Soit $x \in \operatorname{Ker}(q)$.

On a vu que $p_1 \circ q = p_1$. En particulier, $p_1(x) = p_1(q(x)) = 0_E$, car $q(x) = 0_E$ et p_1 est linéaire.

Comme $p_1(x) = 0_E$, on a aussi $p_2 \circ p_1(x) = 0_E$ et l'égalité $q(x) = 0_E$ devient $p_2(x) = 0_E$.

On a montré $x \in \operatorname{Ker}(p_1)$ et $x \in \operatorname{Ker}(p_2)$, donc $x \in \operatorname{Ker}(p_1) \cap \operatorname{Ker}(p_2)$.

Par double inclusion, on a montré $\operatorname{Ker}(q) = \operatorname{Ker}(p_1) \cap \operatorname{Ker}(p_2)$.

• Image de q

On raisonne à nouveau par double inclusion.

$\subset$ Soit $x \in E$, $q(x) = p_1(x) + p_2(x) - p_2(p_1(x))$.
Les deux vecteurs $p_2(x)$ et $p_2(p_1(x))$ appartiennent au sous-espace $\mathrm{Im}(p_2)$, donc $p_2(x) - p_2(p_1(x)) \in \mathrm{Im}(p_2)$.
Comme $p_1(x) \in \mathrm{Im}(p_1)$, on a $q(x) \in \mathrm{Im}(p_1) + \mathrm{Im}(p_2)$.
Comme cela est vrai pour tout $x \in E$, on a $\mathrm{Im}(q) \subset \mathrm{Im}(p_1) + \mathrm{Im}(p_2)$.

$\supset$ Soit $x \in \mathrm{Im}(p_1)$.
Il existe $y \in E$ tel que $x = p_1(y)$. On a alors $p_1(x) = p_1^2(y) = p_1(y) = x$.
Donc $p_2 \circ p_1(x) = p_2(x)$, puis $q(x) = x + p_2(x) - p_2(x) = x$. Donc $x \in \mathrm{Im}(q)$.
Soit $x \in \mathrm{Im}(p_2)$. On a de même $p_2(x) = x$ (car p_2 est un projecteur).
Donc $p_1(x) = p_1(p_2(x)) = 0_E$, car $p_1 \circ p_2 = 0$. Puis $p_2(p_1(x)) = p_2(0_E) = 0_E$.
On a alors $q(x) = 0_E + x - 0_E = x$, donc $x \in \mathrm{Im}(q)$.
Puisque $\mathrm{Im}(p_1) \subset \mathrm{Im}(q)$ et $\mathrm{Im}(p_2) \subset \mathrm{Im}(q)$, on a $\mathrm{Im}(p_1) + \mathrm{Im}(p_2) \subset \mathrm{Im}(q)$.

Par double inclusion, on a montré $\mathrm{Im}(q) = \mathrm{Im}(p_1) + \mathrm{Im}(p_2)$.

Exercices avec questions ouvertes

Exercice 11

On a $f = \mathrm{Id}_E \circ f = (f + g) \circ f = f^2 + g \circ f = f^2$, car $g \circ f = 0$.
De même, $g = g \circ \mathrm{Id}_E = g \circ (f + g) = g \circ f + g^2 = g^2$.
Donc f et g sont des projecteurs de E.

Puisque $g \circ f = 0$, on a $\mathrm{Im}(f) \subset \mathrm{Ker}(g)$.
Réciproquement, si $x \in \mathrm{Ker}(g)$, alors $x = \mathrm{Id}_E(x) = f(x) + g(x) = f(x) \in \mathrm{Im}(f)$.
Par double inclusion, $\mathrm{Im}(f) = \mathrm{Ker}(g)$.
Donc $\mathrm{rg}(f) + \mathrm{rg}(g) = \dim \mathrm{Ker}(g) + \mathrm{rg}(g) = \dim E$ d'après le théorème du rang.

Exercice 12

Si $f^2 = 0_{\mathcal{L}(\mathbb{R}^3)}$, on a montré à l'exercice 8 que $\mathrm{Im}(f)$ est une droite vectorielle incluse dans $\mathrm{Ker}(f)$ qui, lui, est un plan.

Dans la suite, on suppose $f^2 \neq 0_{\mathcal{L}(\mathbb{R}^3)}$.
Comme $f \circ f \neq 0$, il existe un x_0 tel que $f^2(x_0) \neq 0_{\mathbb{R}^3}$. On montre qu'alors $(f(x_0), f^2(x_0))$ est une famille libre :
Soient a et $b \in \mathbb{R}$ tels que $af(x_0) + bf^2(x_0) = 0_{\mathbb{R}^3}$.
En prenant l'image par f, on a par linéarité $af^2(x_0) + b0_{\mathbb{R}^3} = 0_{\mathbb{R}^3}$.
Donc $a = 0$, car $f^2(x_0) \neq 0_{\mathbb{R}^3}$. Puis $bf^2(x_0) = 0_{\mathbb{R}^3}$ et $b = 0$.

Donc $\mathrm{rg}(f) \geqslant 2$, car $\mathrm{Im}(f)$ contient une famille libre de cardinal 2.

D'autre part, $\mathrm{rg}(f) \leqslant 3$, car $\mathrm{Im}(f)$ est un sous-espace de $\mathbb{R}^3$. Et si $\dim \mathrm{Im}(f) = 3$, alors $\mathrm{Im}(f) = \mathbb{R}^3$. Dans ce cas, f serait surjective et serait donc un automorphisme de $\mathbb{R}^3$. Mais alors f^3 serait bijective par composition, ce qui est en contradiction avec $f^3 = 0_{\mathcal{L}(\mathbb{R}^3)}$.

Finalement, $\mathrm{rg}(f) = 2$ et $\dim \mathrm{Ker}(f) = 3 - 2 = 1$ d'après le théorème du rang.

De plus, on a vu que $f^2(x_0)$ est un vecteur non nul de $\mathrm{Ker}(f)$, donc il dirige cette droite. Or, $f^2(x_0) = f\big(f(x_0)\big) \in \mathrm{Im}(f)$, donc $\mathrm{Ker}(f) = \mathrm{Vect}\big(f^2(x_0)\big) \subset \mathrm{Im}(f)$.

En conclusion, pour un endomorphisme f de $\mathbb{R}^3$ non nul vérifiant $f^3 = 0_{\mathcal{L}(\mathbb{R}^3)}$:

- Si $f^2 = 0_{\mathcal{L}(\mathbb{R}^3)}$, $\mathrm{Im}(f)$ est une droite vectorielle incluse dans $\mathrm{Ker}(f)$ qui est un plan.
- Sinon, $\mathrm{Ker}(f)$ est une droite vectorielle incluse dans $\mathrm{Im}(f)$ qui est un plan.

« *Qui dit sous-espace stable dit endomorphisme induit.* »

Matrices des applications linéaires

22

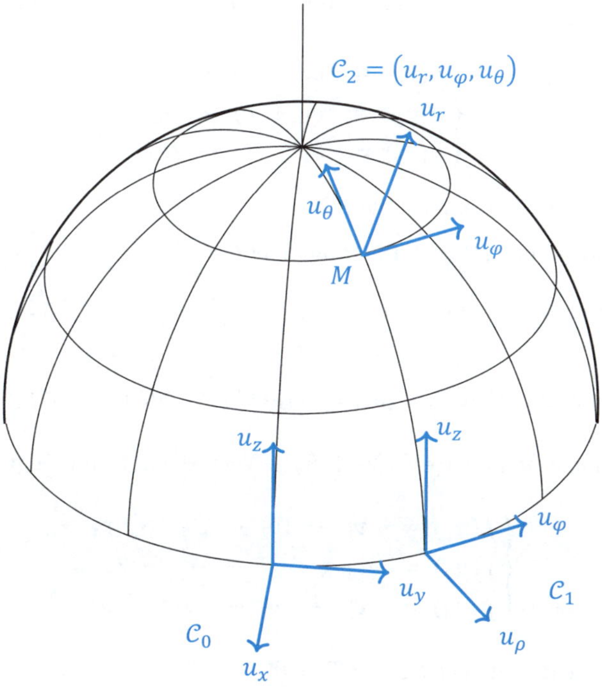

En physique, on considère souvent la base canonique $\mathcal{C}_0 = (u_x, u_y, u_z)$ de $\mathbb{R}^3$ mais aussi la « base locale » associée au point M de longitude φ et de latitude θ, notée ici

$$\mathcal{C}_2 = (u_r, u_\varphi, u_\theta).$$

Dans l'exercice n° 4, on demande de déterminer la matrice de passage de la base $\mathcal{C}_0$ vers la base $\mathcal{C}_2$ (la base $\mathcal{C}_1$ de la figure peut servir d'intermédiaire).

Exercices axés sur le calcul

Exercice 1

Soit $f : \mathbb{R}^4 \to \mathbb{R}^3$ linéaire et canoniquement associée à la matrice $\begin{pmatrix} 1 & 2 & 1 & 3 \\ 1 & 1 & 2 & 1 \\ 1 & -2 & 5 & -5 \end{pmatrix}$.

1) Déterminer une base du noyau de f.

2) Déterminer une base de l'image de f.

Exercice 2

Soient $\mathcal{C} = (e_1, e_2, e_3)$ la base canonique de $\mathbb{R}^3$. On considère l'endomorphisme h de $\mathbb{R}^3$ déterminé par :

$$\begin{cases} h(e_1) = 2e_1 + e_2 - e_3 \\ h(e_2) = e_1 + e_2 - e_3 \\ h(e_3) = e_1 - 2e_3 \end{cases}$$

1) Préciser la matrice M de f dans la base $\mathcal{C}$.

2) Déterminer le noyau de f. Quel est le rang de M ?

Exercice 3

Soient E un espace vectoriel et $\mathcal{B} = (u_1, u_2, u_3)$ et $\mathcal{B}' = (v_1, v_2, v_3, v_4)$ deux familles libres dans E.
On considère l'application linéaire $f : \text{Vect}(\mathcal{B}) \to \text{Vect}(\mathcal{B}')$ déterminée par :

$$\begin{cases} f(u_1) = v_1 + 2v_2 + v_4 \\ f(u_2) = -v_1 + 4v_3 - 3v_4 \\ f(u_3) = v_1 - v_2 + v_3 - v_4 \end{cases}$$

1) Trouver la matrice de f dans les bases $\mathcal{B}$ et $\mathcal{B}'$.

2) Trouver la dimension de l'image et du noyau de f.

Exercice 4 *Coordonnées sphériques*

L'espace est rapporté à un repère orthonormé direct $\mathcal{R} = (O, u_x, u_y, u_z)$ et on utilise les coordonnées sphériques r, φ et θ relativement à ce repère (φ désigne la longitude et θ désigne la latitude).
Un point M de coordonnées sphériques r, φ et θ étant fixé, déterminer la matrice de passage de la base globale (u_x, u_y, u_z) à la base locale $(u_r, u_\varphi, u_\theta)$

Exercice 5

Soit g l'endomorphisme de $\mathbb{R}^3$ canoniquement associé à $A = \begin{pmatrix} 1 & 4 & 4 \\ -1 & -3 & -3 \\ 0 & 2 & 3 \end{pmatrix}$.

On note $\mathcal{C} = (e_1, e_2, e_3)$ la base canonique de $\mathbb{R}^3$ et on pose :

$$\begin{cases} u = e_1 - e_2 + e_3 \\ v = 2e_1 - e_2 + e_3 \\ w = 2e_1 - 2e_2 + e_3 \end{cases}$$

1) Montrer que $\mathcal{B} = (u, v, w)$ est une base de $\mathbb{R}^3$.
2) Déterminer la matrice de passage P de $\mathcal{C}$ à $\mathcal{B}$. Calculer P^{-1}.
3) Déterminer la matrice R de g dans la base B.
4) Calculer R^4 et en déduire A^4.

Exercice 6 ★★ *Matrices semi-magiques*

On note $U = \begin{pmatrix} 1 \\ 1 \\ 1 \end{pmatrix}$. On considère le sous-ensemble de $\mathcal{M}_3(\mathbb{R})$ suivant :

$$\mathcal{M} = \{A \in \mathcal{M}_3(\mathbb{R}) \mid AU = \operatorname{tr}(A)U \text{ et } U^T A = \operatorname{tr}(A)U^T\}.$$

1) Montrer que $\mathcal{M}$ est un sous-espace vectoriel de $\mathcal{M}_3(\mathbb{R})$ et que si $A \in \mathcal{M}$, alors $A^T \in \mathcal{M}$.
2) Les matrices $\begin{pmatrix} 6 & 1 & 8 \\ 7 & 5 & 3 \\ 2 & 9 & 4 \end{pmatrix}$ et $\begin{pmatrix} 1 & 3 & 6 \\ 3 & 5 & 2 \\ 6 & 0 & 4 \end{pmatrix}$ appartiennent-elles à $\mathcal{M}$?
3) Déterminer une base de $\mathcal{M} \cap \mathcal{A}_3(\mathbb{R})$.
   Indication : On cherchera à préciser les coefficients d'une matrice $A \in \mathcal{M} \cap \mathcal{A}_3(\mathbb{R})$.
4) Déterminer de même une base de $\mathcal{M} \cap \mathcal{S}_3(\mathbb{R})$.
5) En déduire la dimension de $\mathcal{M}$.

Exercices axés sur le raisonnement

Exercice 7

Soit f l'endomorphisme de $\mathbb{R}^3$ canoniquement associé à la matrice $A = \begin{pmatrix} 1 & 3 & 5 \\ 2 & 4 & 6 \\ 3 & 5 & 7 \end{pmatrix}$.

1) Déterminer le noyau de f.
2) Donner une équation cartésienne de l'image de f.
3) Déterminer les endomorphismes g de $\mathbb{R}^3$ tels que :

$$\operatorname{Ker}(g) = \operatorname{Im}(f), \operatorname{Im}(g) = \operatorname{Ker}(f) \text{ et } \operatorname{tr}(g) = \operatorname{tr}(f).$$

D'après Mines-Télécom

Exercice 8 *Divers exercices classiques sur la trace*

Soit $n \in \mathbb{N}^*$.

1) Montrer qu'il n'existe pas de matrices A et B dans $\mathcal{M}_n(\mathbb{K})$ telles que $AB - BA = I_n$.
2) Soient A et B dans $\mathcal{M}_n(\mathbb{K})$. Montrer que si $AB - BA = A$, alors A n'est pas inversible.
3) Montrer que si $A \in \mathcal{M}_n(\mathbb{K})$ est de rang 1 alors $A^2 = \text{tr}(A)A$.
   Indication : On pourra utiliser l'endomorphisme canoniquement associé dans une autre base.

Exercice 9

Soit u l'endomorphisme de $\mathbb{R}^3$ canoniquement associé à la matrice $M = \begin{pmatrix} 0 & 1 & 0 \\ 0 & 0 & 1 \\ 0 & 0 & 0 \end{pmatrix}$.

1) Montrer que u^3 est l'endomorphisme nul.
2) Soit $v \in \mathcal{L}(\mathbb{R}^3)$. Montrer l'équivalence suivante :

$$u \circ v = v \circ u \quad \Leftrightarrow \quad \exists a, b, c \in \mathbb{R}, v = a\text{Id}_{\mathbb{R}^3} + bu + cu^2.$$

Exercice 10

Soit f l'endomorphisme de $\mathbb{R}^4$ canoniquement associée à la matrice $A = \begin{pmatrix} 1 & 2 & 4 & 3 \\ 1 & 0 & 0 & 3 \\ 1 & 0 & 0 & 3 \\ 1 & 2 & 4 & 3 \end{pmatrix}$.

On note $\mathcal{B} = (e_1, e_2, e_3, e_4)$ la base canonique de $\mathbb{R}^4$ et on pose :

$$u_1 = e_1 + e_2 + e_3 + e_4 \text{ et } u_2 = e_1 + e_4.$$

1) Expliquer pourquoi (u_1, u_2) est une base de l'image de f.
2) Déterminer une base (u_3, u_4) du noyau de f.
3) Montrer que $\text{Im}(f)$ et $\text{Ker}(f)$ sont supplémentaires dans $\mathbb{R}^4$.
4) On note $\tilde{f}$ l'endomorphisme de $\text{Im}(f)$ défini par :

$$\forall u \in \text{Im}(f), \quad \tilde{f}(u) = f(u).$$

   Déterminer la matrice de $\tilde{f}$ dans la base (u_1, u_2).

Exercice 11 ⋆ *Trigonalisation*

Soit f l'endomorphisme de $\mathbb{C}^2$ canoniquement associé à $A = \begin{pmatrix} 1 & \mathrm{j} & \mathrm{j}^2 \\ \mathrm{j} & \mathrm{j}^2 & 1 \\ \mathrm{j}^2 & 1 & \mathrm{j} \end{pmatrix}$ où $\mathrm{j} = \exp\left(\frac{2i\pi}{3}\right)$.

1) Calculer A^2 et en déduire que $\text{Im}(f) \subset \text{Ker}(f)$.
2) Déterminer une base de $\text{Im}(f)$ et la compléter en une base de $\text{Ker}(f)$.
3) Déterminer une base $\mathcal{B}' = (e_1', e_2', e_3')$ telle que la matrice de f dans la base $\mathcal{B}'$ soit :

$$T = \begin{pmatrix} 0 & 0 & 1 \\ 0 & 0 & 0 \\ 0 & 0 & 0 \end{pmatrix}.$$

   Indication : On pourra chercher des conditions nécessaires sur $\mathcal{B}'$ pour que $\text{mat}_{\mathcal{B}'}(f) = T$.

Exercice 12 *Diagonalisation*

Soit f l'endomorphisme de $\mathbb{R}^3$ canoniquement associé à $M = \begin{pmatrix} 0 & 0 & 1 \\ 0 & 0 & 1 \\ 1 & 1 & 0 \end{pmatrix}$.

On pose $u_1 = \begin{pmatrix} 1 \\ -1 \\ 0 \end{pmatrix}$, $u_2 = \begin{pmatrix} 1 \\ 1 \\ \sqrt{2} \end{pmatrix}$ et $u_3 = \begin{pmatrix} 1 \\ 1 \\ -\sqrt{2} \end{pmatrix}$.

1) Montrer que $\mathcal{B}' = (u_1, u_2, u_3)$ est une base de $\mathbb{R}^3$.

2) a) Que dire de $f(u_1)$?

Calculer $f(u_2)$. Que remarque-t-on ? De même pour $f(u_3)$?

b) Préciser $M' = \text{mat}_{\mathcal{B}'}(f)$, puis rappeler quelle relation on a entre M et M'.

Exercice 13 ⋆⋆

Soient $n \geqslant 3$, E un $\mathbb{R}$-espace vectoriel de dimension n et $\mathcal{B} = (e_1, e_2, \dots, e_n)$ une base de E.

On pose $S = e_1 + e_2 + \cdots + e_n$ et, pour tout $k \in [\![1, n]\!]$, $u_k = S - e_k$.

1) Montrer que la famille $\mathcal{B}' = (u_1, u_2, \dots, u_n)$ est une base de E.

2) Préciser la matrice de passage P de $\mathcal{B}$ à $\mathcal{B}'$.

3) Préciser $(P + I_n)^2$ puis la matrice P^{-1}. En déduire les expressions des vecteurs e_k dans la base $\mathcal{B}'$.

Exercices avec questions ouvertes

Exercice 14

1) Que peut-on dire d'un endomorphisme f de $\mathbb{R}^3$ tel que sa matrice soit toujours la même quelle que soit la base utilisée ?

2) Que peut-on dire d'un endomorphisme f de $\mathbb{R}^3$ tel que sa matrice soit toujours diagonale quelle que soit la base utilisée ?

Corrections

Exercices axés sur le calcul

Exercice 1

1) On détermine le noyau de f en résolvant $MX = 0$:

$$\begin{pmatrix}1 & 2 & 1 & 3\\1 & 1 & 2 & 1\\1 & -2 & 5 & -5\end{pmatrix}\begin{pmatrix}x\\y\\z\\t\end{pmatrix}=\begin{pmatrix}0\\0\\0\\0\end{pmatrix} \underset{\substack{L_2\leftarrow L_2-L_1\\L_3\leftarrow L_3-L_1}}{\Longleftrightarrow} \begin{pmatrix}1 & 2 & 1 & 3\\0 & -1 & 1 & -2\\0 & -4 & 4 & -8\end{pmatrix}\begin{pmatrix}x\\y\\z\\t\end{pmatrix}=\begin{pmatrix}0\\0\\0\\0\end{pmatrix}$$

$$\underset{\substack{L_1\leftarrow L_1+2L_2\\L_3\leftarrow L_3-4L_2}}{\Longleftrightarrow} \begin{pmatrix}1 & 0 & 3 & -1\\0 & -1 & 1 & -2\\0 & 0 & 0 & 0\end{pmatrix}\begin{pmatrix}x\\y\\z\\t\end{pmatrix}=\begin{pmatrix}0\\0\\0\\0\end{pmatrix}.$$

Puis :

$$MX = 0 \Leftrightarrow \begin{cases}x = -3z + t\\ y = z - 2t\end{cases} \Leftrightarrow X = z\begin{pmatrix}-3\\1\\1\\0\end{pmatrix}+t\begin{pmatrix}1\\-2\\0\\1\end{pmatrix}$$

Donc $\left(\begin{pmatrix}-3\\1\\1\\0\end{pmatrix},\begin{pmatrix}1\\-2\\0\\1\end{pmatrix}\right)$ est une base du noyau de f.

2) D'après le théorème du rang, $\operatorname{rg}(f) = \dim \mathbb{R}^4 - \dim \operatorname{Ker}(f) = 4 - 2 = 2$.
Les colonnes de la matrice formant une famille génératrice de $\operatorname{Im}(f)$, il suffit de choisir deux colonnes non colinéaires pour obtenir une base de $\operatorname{Im}(f)$.

Par exemple, $\left(\begin{pmatrix}1\\1\\1\end{pmatrix},\begin{pmatrix}2\\1\\-2\end{pmatrix}\right)$ est une base de l'image de f.

Exercice 2

1) On a $h(e_1) = \begin{pmatrix}2\\1\\-1\end{pmatrix}$, $h(e_2) = \begin{pmatrix}1\\1\\-1\end{pmatrix}$ et $h(e_3) = \begin{pmatrix}1\\0\\-2\end{pmatrix}$ donc $M = \begin{pmatrix}2 & 1 & 1\\1 & 1 & 0\\-1 & -1 & -2\end{pmatrix}$.

2) On détermine le noyau de f en résolvant $MX = 0$:

$$\begin{cases}2x + y + 1z = 0\\ x + y = 0\\ -x - y + z = 0\end{cases} \Leftrightarrow \begin{cases}y = -x\\ z = 0\end{cases} \Leftrightarrow X = \begin{pmatrix}x\\-x\\0\end{pmatrix} = x\begin{pmatrix}1\\-1\\0\end{pmatrix}.$$

Le noyau de f est la droite vectorielle engendrée par $u = \begin{pmatrix}1\\-1\\0\end{pmatrix}$.

3) D'après le théorème du rang, $\mathrm{rg}(f) = \dim \mathbb{R}^3 - \dim \mathrm{Ker}(f) = 3 - 1 = 2$.
Comme le rang de f est celui de M, $\mathrm{rg}(M) = 2$.

Exercice 3

1) Par définition,la matrice de f dans les bases $\mathcal{B}$ et $\mathcal{B}'$ est $M = \begin{pmatrix} 1 & -1 & 1 \\ 2 & 0 & -1 \\ 0 & 4 & 1 \\ 1 & -3 & -1 \end{pmatrix}$ (colonnes $f(u_1)$, $f(u_2)$, $f(u_3)$; lignes v_1, v_2, v_3, v_4)

2) On sait que $\mathrm{rg}(f) = \mathrm{rg}(M)$. On détermine le rang de M par la méthode du pivot :

$$\mathrm{rg}(M) \underset{\substack{L_2 \leftarrow L_2 - 2L_1 \\ L_4 \leftarrow L_4 - L_1}}{=} \mathrm{rg}\begin{pmatrix} 1 & -1 & 1 \\ 0 & 2 & -3 \\ 0 & 4 & 1 \\ 0 & -2 & 2 \end{pmatrix} \underset{\substack{L_3 \leftarrow L_3 - 2L_1 \\ L_4 \leftarrow L_4 + L_2}}{=} \mathrm{rg}\begin{pmatrix} 1 & -1 & 1 \\ 0 & 2 & -3 \\ 0 & 0 & 7 \\ 0 & 0 & -1 \end{pmatrix}.$$

$$\text{Donc } \mathrm{rg}(M) = \mathrm{rg}\begin{pmatrix} 1 & -1 & 1 \\ 0 & 2 & -3 \\ 0 & 0 & 7 \\ 0 & 0 & -1 \end{pmatrix} \underset{\substack{L_3 \leftarrow L_3 - 2L_1 \\ L_4 \leftarrow 7L_4 - L_3}}{=} \mathrm{rg}\begin{pmatrix} 1 & -1 & 1 \\ 0 & 2 & -3 \\ 0 & 0 & 7 \\ 0 & 0 & 0 \end{pmatrix} = 3.$$

Donc $\mathrm{Im}(f)$ est de dimension 3.
D'après le théorème du rang, $\dim \mathrm{Ker}(f) = \dim \mathrm{Vect}(\mathcal{B}) - \mathrm{rg}(f) = 3 - 3 = 0$.

Remarques

Puisque $\mathrm{Ker}(f) = \{0_E\}$, f est injective.

On peut traiter cet exercice en commençant par résoudre $MX = 0$ pour déterminer la dimension du noyau et en déduire le rang ensuite.

Exercice 4 *Coordonnées sphériques*

On note $\mathcal{C}_0$ la base globale et $\mathcal{C}_2$ la base locale des coordonnées sphériques (relative au point M de coordonnées r, φ et θ).
On note $\mathcal{C}_1$ la base obtenue à partir de la base $\mathcal{C}_0$ par rotation d'angle φ autour du vecteur u_z : on peut considérer que $\mathcal{C}_1$ est une base « intermédiaire » entre la base $\mathcal{C}_0$ et la base $\mathcal{C}_2$

La matrice de passage de $\mathcal{C}_0$ à $\mathcal{C}_1$ est : $P_{0\to 1} = \begin{pmatrix} \cos\varphi & -\sin\varphi & 0 \\ \sin\varphi & \cos\varphi & 0 \\ 0 & 0 & 1 \end{pmatrix}$

On obtient la matrice de passage de la $\mathcal{C}_1$ à $\mathcal{C}_2$ par rotation d'angle $-\theta$ autour du deuxième vecteur de la base $\mathcal{C}_1$:

On a donc : $P_{1\to 2} = \begin{pmatrix} \cos\theta & 0 & -\sin\theta \\ 0 & 1 & 0 \\ \sin\theta & 0 & \cos\theta \end{pmatrix}$

On a donc : $P = P_{0\to 2} = P_{0\to 1} \cdot P_{1\to 2} = \begin{pmatrix} \cos\varphi & -\sin\varphi & 0 \\ \sin\varphi & \cos\varphi & 0 \\ 0 & 0 & 1 \end{pmatrix} \begin{pmatrix} \cos\theta & 0 & -\sin\theta \\ 0 & 1 & 0 \\ \sin\theta & 0 & \cos\theta \end{pmatrix}$

On obtient : $P = \begin{pmatrix} \cos\theta\cos\varphi & -\sin\varphi & -\sin\theta\cos\varphi \\ \cos\theta\sin\varphi & \cos\varphi & -\sin\theta\sin\varphi \\ \sin\theta & 0 & \cos\theta \end{pmatrix}$

Exercice 5

1) Compte tenu de la deuxième question, on a intérêt à introduire tout de suite la matrice P du système de vecteurs (u, v, w) dans la base $\mathcal{C}$:

$$P = \begin{pmatrix} 1 & 2 & 2 \\ -1 & -1 & -2 \\ 1 & 1 & 1 \end{pmatrix} \begin{matrix} e_1 \\ e_2 \\ e_3 \end{matrix} \quad (\text{colonnes } u, v, w)$$

Afin de préparer le calcul de l'inverse, on résout le système $PX = Y$ en notation doublement allégée.

$$\left(\begin{array}{ccc|ccc} \textcircled{1} & 2 & 2 & 1 & 0 & 0 \\ -1 & -1 & -2 & 0 & 1 & 0 \\ 1 & 1 & 1 & 0 & 0 & 1 \end{array}\right) \begin{matrix} \\ L_2 \leftarrow L_2 + L_1 \\ L_3 \leftarrow L_3 - L_1 \end{matrix}$$

$$\left(\begin{array}{ccc|ccc} 1 & 2 & 2 & 1 & 0 & 0 \\ 0 & \textcircled{1} & 0 & 1 & 1 & 0 \\ 0 & -1 & -1 & -1 & 0 & 1 \end{array}\right) \begin{matrix} L_1 \leftarrow L_1 - 2L_2 \\ \\ L_3 \leftarrow L_3 + L_2 \end{matrix}$$

$$\left(\begin{array}{ccc|ccc} 1 & 0 & 2 & -1 & -2 & 0 \\ 0 & 1 & 0 & 1 & 1 & 0 \\ 0 & 0 & \textcircled{-1} & 0 & 1 & 1 \end{array}\right)$$

La matrice P est donc de rang 3. Comme elle est carrée d'ordre 3, elle est inversible. Donc $\mathcal{B} = (u, v, w)$ est une base de $\mathbb{R}^3$.

2) La matrice de passage de $\mathcal{C}$ à $\mathcal{B}$ est la matrice P précédente. En poursuivant les calculs précédents avec l'opération $L_1 \leftarrow L_1 + 2L_3$, on obtient :

$$\left(\begin{array}{ccc|ccc} 1 & 0 & 0 & -1 & 0 & 2 \\ 0 & 1 & 0 & 1 & 1 & 0 \\ 0 & 0 & \textcircled{-1} & 0 & 1 & 1 \end{array}\right) \begin{matrix} \\ \\ L_3 \leftarrow -L_3 \end{matrix}$$

$$\left(\begin{array}{ccc|ccc} 1 & 0 & 0 & -1 & 0 & 2 \\ 0 & 1 & 0 & 1 & 1 & 0 \\ 0 & 0 & 1 & 0 & -1 & -1 \end{array}\right)$$

Donc $P^{-1} = \begin{pmatrix} -1 & 0 & 2 \\ 1 & 1 & 0 \\ 0 & -1 & -1 \end{pmatrix}$.

3) On sait que $R = P^{-1}AP$, d'après la formule de changement de bases. Le calcul matriciel donne $AP = \begin{pmatrix} 1 & 4 & 4 \\ -1 & -3 & -3 \\ 0 & 2 & 3 \end{pmatrix}\begin{pmatrix} 1 & 2 & 2 \\ -1 & -1 & -2 \\ 1 & 1 & 1 \end{pmatrix} = \begin{pmatrix} 1 & 2 & -2 \\ -1 & -2 & 1 \\ 1 & 1 & -1 \end{pmatrix}$. Puis :

$$R = P^{-1}(AP) = \begin{pmatrix} -1 & 0 & 2 \\ 1 & 1 & 0 \\ 0 & -1 & -1 \end{pmatrix}\begin{pmatrix} 1 & 2 & -2 \\ -1 & -2 & 1 \\ 1 & 1 & -1 \end{pmatrix} = \begin{pmatrix} 1 & 0 & 0 \\ 0 & 0 & -1 \\ 0 & 1 & 0 \end{pmatrix}.$$

4) On a facilement $R^2 = RR = \begin{pmatrix} 1 & 0 & 0 \\ 0 & -1 & 0 \\ 0 & 0 & -1 \end{pmatrix}$ puis $R^4 = R^2R^2 = I_4$.

Or, $R^4 = \text{mat}_{\mathcal{B}'}(g^4)$, donc $g^4 = \text{Id}_{\mathbb{R}^4}$, puis $A^4 = \text{mat}_{\mathcal{B}}(g^4) = I_4$.

Remarque

On pouvait aussi dire $A^4 = (PRP^{-1})^4 = PR^4P^{-1} = PI_4P^{-1} = I_4$.

Exercice 6

1) • Par définition, $\mathcal{M}$ est une partie de $\mathcal{M}_3(\mathbb{R})$. Pour 0, la matrice nulle de $\mathcal{M}_3(\mathbb{R})$, on a $0U = \begin{pmatrix} 0 \\ 0 \\ 0 \end{pmatrix}$ et $U^T0 = \begin{pmatrix} 0 & 0 & 0 \end{pmatrix}$. De plus, la matrice nulle est de trace nulle.

Compte tenu de tout cela, la matrice nulle appartient à $\mathcal{M}$.

• Stabilité par combinaison linéaire

Soient $A_1, A_2 \in \mathcal{M}$, a_1 et $a_2 \in \mathbb{R}$. On a, par distributivité de la multiplication :

$$\begin{aligned}(a_1A_1 + a_2A_2)U &= a_1A_1U + a_2A_2U \\ &= a_1 \operatorname{tr}(A_1)U + a_2 \operatorname{tr}(A_2)U \quad (A_1 \text{ et } A_2 \in \mathcal{M}) \\ &= \big(a_1 \operatorname{tr}(A_1) + a_2 \operatorname{tr}(A_2)\big)U \quad (\text{propriétés des lois de } \mathcal{M}_n(\mathbb{R})) \\ &= \operatorname{tr}(a_1A_1 + a_2A_2)U. \quad (\text{linéarité la trace})\end{aligned}$$

De même :

$$\begin{aligned}U^T(a_1A_1 + a_2A_2) &= a_1U^TA_1 + a_2U^TA_2 \\ &= a_1 \operatorname{tr}(A_1)U^T + a_2 \operatorname{tr}(A_2)U^T \\ &= \operatorname{tr}(a_1A_1 + a_2A_2)U^T.\end{aligned}$$

Donc $a_1A_1 + a_2A_2 \in \mathcal{M}$.

Donc $\mathcal{M}$ est un sous-espace vectoriel de $\mathcal{M}_3(\mathbb{R})$.

Soit $A \in \mathcal{M}$.

On a $(AU)^T = (\operatorname{tr}(A)U)^T = \operatorname{tr}(A)U^T$, par linéarité de la transposition.

De plus, $\operatorname{tr}\left(A^T\right) = \operatorname{tr}(A)$ et $(AU)^T = U^TA^T$. Donc $U^TA^T = \operatorname{tr}\left(A^T\right)U^T$.

De même, en transposant $U^TA = \operatorname{tr}(A)U^T$, on obtient $A^TU = \operatorname{tr}\left(A^T\right)U$.

Donc $A^T \in \mathcal{M}$.

2) Notons $M = \begin{pmatrix} 6 & 1 & 8 \\ 7 & 5 & 3 \\ 2 & 9 & 4 \end{pmatrix}$ et $N = \begin{pmatrix} 1 & 3 & 6 \\ 3 & 5 & 2 \\ 6 & 0 & 4 \end{pmatrix}$.

On a $\operatorname{tr}(M) = 6 + 5 + 4 = 15$, $MU = \begin{pmatrix} 15 \\ 15 \\ 15 \end{pmatrix} = 15U$ et $U^T M = \begin{pmatrix} 15 & 15 & 15 \end{pmatrix} = 15U^T$.

On a $\operatorname{tr}(N) = 10$, $NU = \begin{pmatrix} 10 \\ 10 \\ 10 \end{pmatrix} = 10U$, mais $U^T N = \begin{pmatrix} 10 & 8 & 12 \end{pmatrix} \neq 10U^T$.

Donc $M \in \mathcal{M}$ et $N \notin \mathcal{M}$.

Remarque

On remarque que $A \in \mathcal{M}$ si, et seulement si, les sommes des coefficients par ligne ou par colonne sont toutes les six égales à la trace.

3) • Base de $\mathcal{M} \cap \mathcal{A}_3(\mathbb{R})$

Une matrice A antisymétrique d'ordre 3 est de la forme $\begin{pmatrix} 0 & a & b \\ -a & 0 & c \\ -b & -c & 0 \end{pmatrix}$.

En particulier, A est de trace nulle. Et on a $\begin{pmatrix} 0 & a & b \\ -a & 0 & c \\ -b & -c & 0 \end{pmatrix} U = \begin{pmatrix} a+b \\ -a+c \\ -b-c \end{pmatrix}$. Ainsi :

$$AU = \operatorname{tr}(A)U \iff \begin{cases} a + b = 0 \\ a - c = 0 \\ b + c = 0 \end{cases} \iff \begin{cases} b = -a \\ c = a \end{cases} \iff A = \begin{pmatrix} 0 & a & -a \\ -a & 0 & a \\ a & -a & 0 \end{pmatrix}.$$

Et quand A est de ce type, la sommes des coefficients par colonnes est nulle, donc on a aussi $U^T A = (0 \quad 0 \quad 0) = \operatorname{tr}(A)U^T$.

$$A \in \mathcal{M} \cap \mathcal{A}_3(\mathbb{R}) \iff \exists a \in \mathbb{R}, A = a \begin{pmatrix} 0 & 1 & -1 \\ -1 & 0 & 1 \\ 1 & -1 & 0 \end{pmatrix}.$$

Donc $\mathcal{M} \cap \mathcal{A}_3(\mathbb{R})$ est la droite dirigée par $M_1 = \begin{pmatrix} 0 & 1 & -1 \\ -1 & 0 & 1 \\ 1 & -1 & 0 \end{pmatrix}$.

4) • Base de $\mathcal{M} \cap \mathcal{S}_3(\mathbb{R})$

Une matrice S symétrique d'ordre 3 est de la forme $\begin{pmatrix} a & b & c \\ b & d & e \\ c & e & f \end{pmatrix}$. On a $SU = \begin{pmatrix} a+b+c \\ b+d+e \\ c+e+f \end{pmatrix}$ et $\operatorname{tr}(S) = a + d + f$.

Donc :

$$SU = \mathrm{tr}(S)U \iff \begin{cases} a+b+c = a+d+f \\ b+d+e = a+d+f \\ c+e+f = a+d+f \end{cases}$$

$$\iff \begin{cases} b+c-d-f = 0 \\ -a+b+e-f = 0 \\ -a+c-d+e = 0 \end{cases}$$

$L_2 \leftarrow L_2 - L_3$

$$\iff \begin{cases} b+c-d-f = 0 \\ b-c+d-f = 0 \\ -a+c-d+e = 0 \end{cases}$$

$L_1 \leftarrow L_1 - L_2$

$$\iff \begin{cases} 2c-2d = 0 \\ b-c+d-f = 0 \\ -a+c-d+e = 0 \end{cases}$$

$$\iff \begin{cases} d = c \\ f = b \\ e = a \end{cases}$$

$$\iff S = \begin{pmatrix} a & b & c \\ b & c & a \\ c & a & b \end{pmatrix} = a\begin{pmatrix} 1 & 0 & 0 \\ 0 & 0 & 1 \\ 0 & 1 & 0 \end{pmatrix} + b\begin{pmatrix} 0 & 1 & 0 \\ 1 & 0 & 0 \\ 0 & 0 & 1 \end{pmatrix} + c\begin{pmatrix} 0 & 0 & 1 \\ 0 & 1 & 0 \\ 1 & 0 & 0 \end{pmatrix}.$$

Pour une matrice de ce type, on vérifie également $U^T A = (a+b+c)U^T$.

En posant $S_1 = \begin{pmatrix} 1 & 0 & 0 \\ 0 & 0 & 1 \\ 0 & 1 & 0 \end{pmatrix}$ $S_2 = \begin{pmatrix} 0 & 1 & 0 \\ 1 & 0 & 0 \\ 0 & 0 & 1 \end{pmatrix}$ et $S_3 = \begin{pmatrix} 0 & 0 & 1 \\ 0 & 1 & 0 \\ 1 & 0 & 0 \end{pmatrix}$, on a (S_1, S_2, S_3) est une base de de $\mathcal{M} \cap \mathcal{S}_3(\mathbb{R})$.

5) • Dimension de $\mathcal{M}$

On sait que toute matrice $M \in \mathcal{M}_3(\mathbb{R})$ se décompose de façon unique $M = S + A$ avec $S \in \mathcal{S}_3(\mathbb{R})$ et $A \in \mathcal{A}_3(\mathbb{R})$. De plus on sait (ou on retrouve) que $S = \frac{M+M^T}{2}$ et $S = \frac{M-M^T}{2}$.

D'après la question 1), si $M \in \mathcal{M}$, alors M^T aussi. Donc les matrices S et A appartiennent aussi à ce sous-espace.

Compte tenu de tout cela, $\mathcal{M} = \big(\mathcal{M} \cap \mathcal{S}_3(\mathbb{R})\big) \oplus \big(\mathcal{M} \cap \mathcal{A}_3(\mathbb{R})\big)$.

Donc $\dim(\mathcal{M}) = \dim\big(\mathcal{M} \cap \mathcal{S}_3(\mathbb{R})\big) + \dim\big(\mathcal{M} \cap \mathcal{A}_3(\mathbb{R})\big) = 3 + 1 = 4$.

Exercices axés sur le raisonnement

Exercice 7

1) Pour déterminer le noyau de f, on résout le système $AX = 0$:

$$\begin{cases} x + 3y + 5z = 0 \\ 2x + 4y + 6z = 0 \\ 3x + 5y + 7z = 0 \end{cases} \underset{\substack{L_2 \leftarrow L_2 - 2L_1 \\ L_3 \leftarrow L_3 - 3L_1}}{\Longleftrightarrow} \begin{cases} x + 3y + 5z = 0 \\ -2y - 4z = 0 \\ -4y - 8z = 0 \end{cases} \Longleftrightarrow \begin{cases} y = -2z \\ x = z \end{cases}.$$

D'où $AX = 0 \iff X = z\begin{pmatrix} 1 \\ -2 \\ 1 \end{pmatrix}$. Donc $\mathrm{Ker}(f)$ est la droite dirigée par $u = \begin{pmatrix} 1 \\ -2 \\ 1 \end{pmatrix}$.

2) D'après le théorème du rang, $\mathrm{rg}(f) = \dim \mathbb{R}^3 - \dim \mathrm{Ker}(f) = 3 - 1 = 2$.
Les deux colonnes C_1 et C_2 ne sont pas colinéaires et appartiennent au plan $\mathrm{Im}(f)$, donc $\mathrm{Im}(f) = \mathrm{Vect}(C_1, C_2)$.

• Première méthode (avec un déterminant)

On sait que $X \in \mathrm{Vect}(C_1, C_2) \iff (C_1, C_2, X)$ est liée $\iff \det(C_1, C_2, X) = 0$.
On calcule le déterminant en développant par rapport à la 3e colonne :

$$\det(C_1, C_2, X) = \begin{vmatrix} 1 & 3 & x \\ 2 & 4 & y \\ 3 & 5 & z \end{vmatrix} = x\begin{vmatrix} 2 & 4 \\ 3 & 5 \end{vmatrix} - y\begin{vmatrix} 1 & 3 \\ 3 & 5 \end{vmatrix} + z\begin{vmatrix} 1 & 3 \\ 2 & 4 \end{vmatrix} = -2x + 4y - 2z.$$

En divisant par -2, on obtient que $x - 2y + z = 0$ est une équation du plan $\mathrm{Im}(f)$.

• Seconde méthode (sans déterminant)

Une équation du plan $\mathrm{Im}(f)$ est de la forme $ax + by + cz = 0$ (avec a, b et c non tous nuls) et doit être vérifiée par C_1 et C_2.

$$\begin{cases} a + 2b + 3c = 0 \\ 3a + 4b + 5c = 0 \end{cases} \underset{L_2 \leftarrow L_2 - 3L_1}{\Longleftrightarrow} \begin{cases} a + 2b + 3c = 0 \\ -2b - 4c = 0 \end{cases} \Longleftrightarrow \begin{cases} b = -2c \\ a = c \end{cases}.$$

En choisissant $c = 1$, on obtient que $x - 2y + z = 0$ est une équation du plan $\mathrm{Im}(f)$.

3) On raisonne par analyse-synthèse, en cherchant à préciser la matrice M de g dans la base canonique.

• Analyse

On suppose que g convient. Puisque $\mathrm{Im}(g) = \mathrm{Ker}(f) = \mathrm{Vect}(u)$, les 3 colonnes de M sont colinéaires à u. Donc il existe a, b et $c \in \mathbb{R}$ tels que :

$$M = \begin{pmatrix} a & b & c \\ -2a & -2b & -2c \\ a & b & c \end{pmatrix}.$$

On a alors $BX = 0 \iff ax + by + cz = 0$. Comme $\mathrm{Ker}(g) = \mathrm{Im}(f)$, les équations $ax + by + cz = 0$ et $x - 2y + z = 0$ doivent être proportionnelles.

Donc $b = -2a$ et $c = a$. D'où $M = \begin{pmatrix} a & -2a & a \\ -2a & 4a & -2a \\ a & -2a & a \end{pmatrix}$. On a alors $\mathrm{tr}(M) = 6a$.

Or, $\mathrm{tr}(M) = \mathrm{tr}(g) = \mathrm{tr}(f) = \mathrm{tr}(A) = 12$, donc $a = 2$. Puis $M = \begin{pmatrix} 2 & -4 & 2 \\ -4 & 8 & -4 \\ 2 & -4 & 2 \end{pmatrix}$.

• Synthèse

Soit g l'endomorphisme de $\mathbb{R}^3$ canoniquement associé à la matrice $\begin{pmatrix} 2 & -4 & 2 \\ -4 & 8 & -4 \\ 2 & -4 & 2 \end{pmatrix}$

On vérifie $\mathrm{tr}(g) = 12 = \mathrm{tr}(f)$, $\mathrm{Im}(g) = \mathrm{Vect}(u) = \mathrm{Ker}(f)$ et $\mathrm{Ker}(g) = \mathrm{Im}(f)$, car ces deux plans ont la même équation.

Cet endomorphisme g est l'unique solution au problème posé.

Exercice 8

1) On raisonne par l'absurde. On suppose qu'on a deux matrices telles que $AB - BA = I_n$.
En particulier $\mathrm{tr}(AB - BA) = \mathrm{tr}(I_n) = n$.
Or, par linéarité de la trace $\mathrm{tr}(AB - BA) = \mathrm{tr}(AB) - \mathrm{tr}(BA) = 0$, car $\mathrm{tr}(AB) = \mathrm{tr}(BA)$.
Donc $n = 0$, ce qui n'est pas possible.
On a montré qu'il n'existe pas A et B dans $\mathcal{M}_n(\mathbb{K})$ telles que $AB - BA = I_n$.

2) On raisonne par l'absurde. On suppose $AB - BA = A$ et A inversible.
En multipliant par A^{-1}, on a $ABA^{-1} - B = I_n$. En raisonnant comme au 1) :
$$n = \mathrm{tr}(I_n) = \mathrm{tr}(ABA^{-1} - B) = \mathrm{tr}(ABA^{-1}) - \mathrm{tr}(B) = 0,$$
car $\mathrm{tr}(ABA^{-1}) = \mathrm{tr}(B)$. On obtient la même contradiction qu'au 1).
On montré que si $AB - BA = A$, alors A n'est pas inversible.

3) Soit $A \in \mathcal{M}_n(\mathbb{K})$ est de rang 1.
On note f l'endomorphisme de $\mathbb{R}^n$ canoniquement associé à A.
D'après le théorème du rang, $\dim \mathrm{Ker}(f) = n - \mathrm{rg}(A) = n - 1$.
On choisit une base $(e_1, e_2, \dots, e_{n-1})$ de $\mathrm{Ker}(f)$, que l'on complète avec un vecteur e_n pour obtenir une base $\mathcal{B}'$ de $\mathbb{R}^n$.
Pour $k \in [\![1, n-1]\!]$, $f(e_k) = 0$ et il existe $(a_1, a_2, \dots, a_n) \in \mathbb{R}^n$ tel que $f(e_n) = \sum_{k=1}^{n} a_k e_k$.
Par linéarité de f, on a $f^2(e_n) = f\left(\sum_{k=1}^{n} a_k e_k\right) = \sum_{k=1}^{n} a_k f(e_k) = 0 + a_n f(e_n)$.
Et pour $k \in [\![1, n-1]\!]$, on a facilement $f^2(e_k) = 0$, en particulier $f^2(e_k) = a_n f(e_k)$.
Donc $f^2 = a_n f$, car ces deux endomorphismes coïncident sur la base $\mathcal{B}'$.

De plus, la matrice A' de f dans la base $\mathcal{B}'$ a toutes ses colonnes nulles sauf la dernière. On a $\mathrm{tr}(A') = 0 + \cdots + 0 + a_n$. Comme la trace est indépendante de la base, on a aussi $\mathrm{tr}(A') = \mathrm{tr}(A)$, donc $a_n = \mathrm{tr}(A)$.

On a donc $f^2 = \mathrm{tr}(A) f$. Comme A^2 est la matrice de f^2 dans la base canonique, on obtient $A^2 = \mathrm{tr}(A) A$.

Exercice 9

1) On sait que u^3 est canoniquement associé à M^3. On calcule M^2 puis $M^3 = M^2M$:
$$M^2 = \begin{pmatrix} 0 & 1 & 0 \\ 0 & 0 & 1 \\ 0 & 0 & 0 \end{pmatrix}\begin{pmatrix} 0 & 1 & 0 \\ 0 & 0 & 1 \\ 0 & 0 & 0 \end{pmatrix} = \begin{pmatrix} 0 & 0 & 1 \\ 0 & 0 & 0 \\ 0 & 0 & 0 \end{pmatrix} \text{ et } M^3 = \begin{pmatrix} 0 & 0 & 1 \\ 0 & 0 & 0 \\ 0 & 0 & 0 \end{pmatrix}\begin{pmatrix} 0 & 1 & 0 \\ 0 & 0 & 1 \\ 0 & 0 & 0 \end{pmatrix} = 0.$$
Donc u^3 est l'endomorphisme nul.

2) Soit $v \in \mathcal{L}(\mathbb{R}^3)$.
En notant A la matrice de v dans la base canonique $\mathcal{C}$, on sait que AM est la matrice de $v \circ u$ dans $\mathcal{C}$ et MA est celle de $u \circ v$. Donc on a $u \circ v = v \circ u \iff MA = AM$.
En notant $A = \begin{pmatrix} a & b & c \\ d & e & f \\ g & h & i \end{pmatrix}$, on a $AM = \begin{pmatrix} a & b & c \\ d & e & f \\ g & h & i \end{pmatrix}\begin{pmatrix} 0 & 1 & 0 \\ 0 & 0 & 1 \\ 0 & 0 & 0 \end{pmatrix} = \begin{pmatrix} 0 & a & b \\ 0 & d & e \\ 0 & g & h \end{pmatrix}$.
Et $MA = \begin{pmatrix} 0 & 1 & 0 \\ 0 & 0 & 1 \\ 0 & 0 & 0 \end{pmatrix}\begin{pmatrix} a & b & c \\ d & e & f \\ g & h & i \end{pmatrix} = \begin{pmatrix} d & e & f \\ g & h & i \\ 0 & 0 & 0 \end{pmatrix}$
On en déduit $AM = MA \iff \begin{cases} d = g = h = 0 \\ a = e = i \\ f = b \end{cases} \iff A = \begin{pmatrix} a & b & c \\ 0 & a & b \\ 0 & 0 & a \end{pmatrix} = aI_3 + bM + cM^2$.
Comme $aI_3 + bM + cM^2$ est la matrice de $a\mathrm{Id}_{\mathbb{R}^3} + bu + cu^2$ dans la base canonique, on a démontré :
$$u \circ v = v \circ u \quad \iff \quad \exists a, b, c \in \mathbb{R}, v = a\mathrm{Id}_{\mathbb{R}^3} + bu + cu^2.$$

Exercice 10

1) On a $\mathrm{Im}(f) = \mathrm{Vect}(C_1, C_2, C_3, C_4)$, car les colonnes C_1, C_2, C_3 et C_4 sont les images des vecteurs de la base canonique.
Or, $C_4 = 3C_1 = 3u_1$, $C_2 = 2u_2$ et $C_3 = 4u_2$, donc $\mathrm{Im}(f) = \mathrm{Vect}(u_1, u_2)$.
Ces deux vecteurs n'étant pas colinéaires, (u_1, u_2) est une base de $\mathrm{Im}(f)$.

2) Pour $X = \begin{pmatrix} x_1 \\ x_2 \\ x_3 \\ x_4 \end{pmatrix}$, on a :
$$AX = 0 \iff \begin{cases} x_1 + 2x_2 + 4x_3 + 3x_4 = 0 \\ x_1 \qquad\qquad\qquad + 3x_4 = 0 \end{cases} \iff \begin{cases} x_1 = -3\ x_4 \\ x_2 = -2\ x_3 \end{cases}.$$
Donc :
$$X \in \mathrm{Ker}(f) \quad \iff \quad \exists x_3, x_4 \in \mathbb{R}, X = \begin{pmatrix} -3x_4 \\ -2x_3 \\ x_3 \\ x_4 \end{pmatrix} = x_4\begin{pmatrix} -3 \\ 0 \\ 0 \\ 1 \end{pmatrix} + x_3\begin{pmatrix} 0 \\ -2 \\ 1 \\ 0 \end{pmatrix}.$$
On note $u_3 = -3e_1 + e_4$ et $u_4 = -2e_2 + e_3$. La famille (u_3, u_4) est une base du noyau de f.

3) Montrons que $\mathrm{Im}(f)$ et $\mathrm{Ker}(f)$ sont en somme directe.
Soit $u \in \mathrm{Im}(f) \cap \mathrm{Ker}(f)$.
Comme $u \in \mathrm{Im}(f)$ et $u \in \mathrm{Ker}(f)$, il existe a_1, a_2, a_3 et a_4 réels tels que :

$$u = a_1 u_1 + a_2 u_2 = a_1 \begin{pmatrix}1\\1\\1\\1\end{pmatrix} + a_2 \begin{pmatrix}1\\0\\0\\1\end{pmatrix} \text{ et } u = a_3 u_3 + a_4 u_4 = a_3 \begin{pmatrix}-3\\0\\0\\1\end{pmatrix} + a_4 \begin{pmatrix}0\\-2\\1\\0\end{pmatrix}.$$

Par unicité des coordonnées dans la base canonique, on obtient le système :

$$\begin{cases} a_1 + a_2 = -3a_3 \\ a_1 = -2a_4 \\ a_1 = a_4 \\ a_1 + a_2 = a_3 \end{cases} \Leftrightarrow \begin{cases} a_1 = 0 \\ a_2 = 0 \\ a_3 = 0 \\ a_4 = 0 \end{cases}$$

Donc $u = 0_{\mathbb{R}^4}$.
On a prouvé que $\mathrm{Im}(f) \cap \mathrm{Ker}(f) \subset \{0_{\mathbb{R}^4}\}$, donc que la somme $\mathrm{Im}(f) + \mathrm{Ker}(f)$ est directe.
De plus, $\dim\big(\mathrm{Im}(f) \oplus \mathrm{Ker}(f)\big) = \dim \mathrm{Im}(f) + \dim \mathrm{Ker}(f) = 4 = \dim \mathbb{R}^4$ (d'après 1) et 2) ou d'après le théorème du rang), donc $\mathrm{Im}(f) \oplus \mathrm{Ker}(f) = \mathbb{R}^4$.

4) On calcule les images des vecteurs u_1 et u_2, que l'on exprime dans la base (u_1, u_2) :

$$f(u_1) = A\begin{pmatrix}1\\1\\1\\1\end{pmatrix} = \begin{pmatrix}10\\4\\4\\10\end{pmatrix} = 10u_1 - 6u_2 \text{ et } f(u_2) = A\begin{pmatrix}1\\0\\0\\1\end{pmatrix} = \begin{pmatrix}6\\0\\0\\6\end{pmatrix} = 6u_1 - 6u_2, \text{ donc :}$$

$$\widetilde{A} = \mathrm{mat}_{(u_1,u_2)}(\tilde{f}) = \begin{matrix} f(u_1) & f(u_2) & \\ \end{matrix}\begin{pmatrix} 10 & 6 \\ -6 & -6 \end{pmatrix}\begin{matrix} u_1 \\ u_2 \end{matrix}$$

Exercice 11

On utilise $\mathrm{j}^3 = \exp(2i\pi) = 1$ et $1 + \mathrm{j} + \mathrm{j}^2 = \frac{1-\mathrm{j}^3}{1-\mathrm{j}} = 0$ (la somme des trois racines cubiques de l'unité est nulle).

1) Notons $A^2 = (m_{k,\ell})_{1 \leqslant k,\ell \leqslant n}$.

$$\begin{aligned} a_{1,1} &= 1 + \mathrm{j}^2 + \mathrm{j}^4 && \big) \ \mathrm{j}^4 = \mathrm{j}^3\mathrm{j} = \mathrm{j} \\ &= 1 + \mathrm{j}^2 + \mathrm{j} && \big) \ 1 + \mathrm{j} + \mathrm{j}^2 = 0 \\ &= 0. \end{aligned}$$

$$\begin{aligned} a_{1,2} &= \mathrm{j} + \mathrm{j}^3 + \mathrm{j}^2 && \big) \ \mathrm{j}^3 = 1 \\ &= 0. \end{aligned}$$

$$\begin{aligned} a_{1,3} &= \mathrm{j}^2 + \mathrm{j} + \mathrm{j}^3 \\ &= 0. \end{aligned}$$

La première ligne de A^2 est donc nulle. Soit par des calculs similaires, soit en remarquant que les 2e et 3e lignes de A sont colinéaires à la 1re (précisément $L_2 = \mathrm{j}L_1, L_3 = \mathrm{j}^2 L_1$), on vérifie que les six autres coefficients sont nuls.

Donc $A^2 = 0$, puis $f^2 = 0_{\mathcal{L}(\mathbb{C}^3)}$.

D'où, pour tout $x \in E$, $f(x) \in \mathrm{Ker}(f)$, car $f\big(f(x)\big) = f^2(x) = 0_{\mathbb{C}^3}$.

On a montré que $\mathrm{Im}(f) \subset \mathrm{Ker}(f)$.

2) Les trois colonnes de A sont colinéaires (précisément $C_2 = \mathrm{j}C_1, C_3 = \mathrm{j}^2 C_1$). Donc $\mathrm{Im}(f)$ est la droite vectorielle engendrée par $C_1 = \begin{pmatrix} 1 \\ \mathrm{j} \\ \mathrm{j}^2 \end{pmatrix}$. D'après 1), on a aussi $C_1 \in \mathrm{Ker}(f)$.

D'après le théorème du rang, $\dim \mathrm{Ker}(f) = \dim \mathbb{C}^3 - \dim \mathrm{Im}(f) = 3 - 1 = 2$. Il suffit de choisir un vecteur de $\mathrm{Ker}(f)$ non colinéaire à C_1.

Par exemple, $U = \begin{pmatrix} 1 \\ 1 \\ 1 \end{pmatrix}$ n'est pas colinéaire à C_1 et $AU = \begin{pmatrix} 1 + \mathrm{j} + \mathrm{j}^2 \\ \mathrm{j} + \mathrm{j}^2 + 1 \\ \mathrm{j}^2 + 1 + \mathrm{j} \end{pmatrix} = 0$, donc U appartient au noyau de f.

La famille (C_1, U) est une base du noyau de f.

3) On raisonne par conditions nécessaires et conditions suffisantes.

• Conditions nécessaires

Supposons que $\mathcal{B}' = (e'_1, e'_2, e'_3)$ soit une base $\mathbb{C}^3$ telle que

$$\begin{matrix} & f(e'_1) & f(e'_2) & f(e'_3) & \\ \mathrm{mat}_{\mathcal{B}'}(f) = & \begin{pmatrix} 0 & 0 & 1 \\ 0 & 0 & 0 \\ 0 & 0 & 0 \end{pmatrix} & & & \begin{matrix} e'_1 \\ e'_2 \\ e'_3 \end{matrix} \end{matrix}$$

On a alors $f(e'_1) = 0, f(e'_2) = 0$ et $f(e'_3) = e'_1$. Donc e'_1 est un vecteur non nul de $\mathrm{Im}(f)$. Le vecteur e'_2 est un vecteur de $\mathrm{Ker}(f)$ non colinéaire à e'_1. Et e'_3 est l'un des antécédents de e'_1 par f.

• Conditions suffisantes

On choisit $e'_1 = C_1$. On a vu $e'_1 \in \mathrm{Im}(f)$ et $f(e'_1) = 0$.

On choisit $e'_2 = U$. On a vu que $U \in \mathrm{Ker}(f)$ et U n'est pas colinéaire à e'_1.

Comme $e'_1 = C_1 = A\begin{pmatrix} 1 \\ 0 \\ 0 \end{pmatrix}$, on pose $e'_3 = \begin{pmatrix} 1 \\ 0 \\ 0 \end{pmatrix}$ et on a $f(e'_3) = e'_1$.

Vérifions que la famille $\mathcal{B}' = (e'_1, e'_2, e'_3)$ est libre.

Soient a, b et $c \in \mathbb{C}$ tel que $ae'_1 + be'_2 + ce'_3 = 0$. On a facilement :

$$a\begin{pmatrix} 1 \\ \mathrm{j} \\ \mathrm{j}^2 \end{pmatrix} + b\begin{pmatrix} 1 \\ 1 \\ 1 \end{pmatrix} + c\begin{pmatrix} 1 \\ 0 \\ 0 \end{pmatrix} = 0 \Leftrightarrow \begin{cases} a + b + c = 0 \\ \mathrm{j}a + b = 0 \\ \mathrm{j}^2 a + b = 0 \end{cases} \Leftrightarrow \begin{cases} a = 0 \\ b = 0 \\ c = 0 \end{cases}.$$

Donc $\mathcal{B}'$ est une famille libre de 3 vecteurs de $\mathbb{C}^3$.

De plus, $\dim \mathbb{C}^3 = 3$, donc $\mathcal{B}'$ est une base de $\mathbb{C}^3$.

Comme $f(e'_1) = 0, f(e'_2) = 0$ et $f(e'_3) = e'_1$, on a $\mathrm{mat}_{\mathcal{B}'}(f) = T$.

Exercice 12

1) La famille (u_1, u_2, u_3) étant une famille de 3 vecteurs de $\mathbb{R}^3$, il suffit de montrer qu'elle est libre, car $\mathbb{R}^3$ est dimension 3.
Soient α, β et γ trois réels tels que $\alpha u_1 + \beta u_2 + \gamma u_3 = 0_{\mathbb{R}^3}$.
L'égalité des trois coordonnées donne le système suivant :

$$\begin{cases} \alpha + \beta + \gamma = 0 \\ -\alpha + \beta + \gamma = 0 \\ \sqrt{2}\beta - \sqrt{2}\gamma = 0 \end{cases} \underset{\substack{L_2 \leftarrow (L_2+L_1)/3 \\ L_3 \leftarrow L_3 \ \sqrt{2}}}{\Longleftrightarrow} \begin{cases} \alpha = 0 \\ \beta + \gamma = 0 \\ \beta - \gamma = 0 \end{cases} \Leftrightarrow \begin{cases} \alpha = 0 \\ \beta = 0 \\ \gamma = 0 \end{cases}.$$

La famille (u_1, u_2, u_3) est libre. Donc c'est une base de $\mathbb{R}^3$.

2) a) On a facilement $f(u_1) = 0_{\mathbb{R}^3}$.
On a $\begin{pmatrix} 0 & 0 & 1 \\ 0 & 0 & 1 \\ 1 & 1 & 0 \end{pmatrix}\begin{pmatrix} 1 \\ 1 \\ \sqrt{2} \end{pmatrix} = \begin{pmatrix} \sqrt{2} \\ \sqrt{2} \\ 2 \end{pmatrix} = \sqrt{2}\begin{pmatrix} 1 \\ 1 \\ \sqrt{2} \end{pmatrix}$. On remarque que $f(u_2) = \sqrt{2}u_2$.
De même, $\begin{pmatrix} 0 & 0 & 1 \\ 0 & 0 & 1 \\ 1 & 1 & 0 \end{pmatrix}\begin{pmatrix} 1 \\ 1 \\ -\sqrt{2} \end{pmatrix} = \begin{pmatrix} -\sqrt{2} \\ -\sqrt{2} \\ 2 \end{pmatrix} = -\sqrt{2}\begin{pmatrix} 1 \\ 1 \\ -\sqrt{2} \end{pmatrix}$, donc $f(u_3) = -\sqrt{2}u_3$.

b) Par définition, $M' = \mathrm{mat}_{\mathcal{B}'}(f) = \begin{array}{c} \begin{matrix} f(e'_1) & f(e'_2) & f(e'_3) \end{matrix} \\ \begin{pmatrix} 0 & 0 & 0 \\ 0 & \sqrt{2} & 0 \\ 0 & 0 & -\sqrt{2} \end{pmatrix} \end{array} \begin{matrix} e'_1 \\ e'_2 \\ e'_3 \end{matrix}$

En notant P la matrice de passage de la base canonique à $\mathcal{B}'$, on a $M' = P^{-1}MP$.

Remarque

Précisément, $P = \begin{pmatrix} 1 & 1 & 1 \\ -1 & 1 & 1 \\ 0 & \sqrt{2} & -\sqrt{2} \end{pmatrix}$. On pourrait calculer son inverse. Mais, on n'en a pas eu besoin dans cet exercice.

Exercice 13

1) La famille $\mathcal{B}'$ est une famille de n vecteurs de E. Comme E est de dimension n, il suffit de montrer qu'elle est libre.
Soient $\alpha_1, \alpha_2, \ldots, \alpha_n$ des réels tels que $\sum_{k=1}^{n} \alpha_k u_k = 0$.
Comme $\sum_{k=1}^{n} \alpha_k u_k = \sum_{k=1}^{n} \alpha_k (S - e_k) = \left(\sum_{k=1}^{n} \alpha_k\right) S - \sum_{k=1}^{n} \alpha_k e_k$, on a $\sum_{k=1}^{n} \alpha_k e_k = mS$ en notant $m = \sum_{k=1}^{n} \alpha_k$.
Par unicité des coordonnées dans la base $\mathcal{B}$, on a, pour tout $k \in [\![1, n]\!]$, $\alpha_k = m$.
D'où $m = m + m + \cdots + m = nm$, puis $m = 0$. Donc les réels α_k sont tous nuls.
On a montré que la famille $\mathcal{B}'$ est libre. Finalement, c'est une base de E.

2) Les colonnes de P sont les coordonnées des vecteurs de $\mathcal{B}'$ dans la base $\mathcal{B}$:

$$\operatorname{mat}_{\mathcal{B}}(u_1) = \begin{pmatrix} 0 \\ 1 \\ \vdots \\ \vdots \\ 1 \end{pmatrix}, \operatorname{mat}_{\mathcal{B}}(u_2) = \begin{pmatrix} 1 \\ 0 \\ 1 \\ \vdots \\ 1 \end{pmatrix}, \ldots, \operatorname{mat}_{\mathcal{B}}(u_n) = \begin{pmatrix} 1 \\ \vdots \\ \vdots \\ 1 \\ 0 \end{pmatrix}, \text{ donc } P = \begin{pmatrix} 0 & 1 & \cdots & 1 \\ 1 & \ddots & \ddots & \vdots \\ \vdots & \ddots & \ddots & 1 \\ 1 & \cdots & 1 & 0 \end{pmatrix}.$$

3) Tous les coefficients de $P + I_n$ valent 1. Donc $(P + I_n)^2 = n(P + I_n)$. Comme I_n et P commutent, on a aussi $(P + I_n)^2 = P^2 + 2P + I_n$. On en déduit $(n-1)I_n = P^2 + (2-n)P$. Sachant que P est inversible, on peut multiplier par $\frac{1}{n-1}P^{-1}$. Donc :

$$P^{-1} = \frac{1}{n-1}P + \frac{2-n}{n-1}I_n = \begin{pmatrix} \frac{2-n}{n-1} & \frac{1}{n-1} & \cdots & \frac{1}{n-1} \\ \frac{1}{n-1} & \ddots & \ddots & \vdots \\ \vdots & \ddots & \ddots & \frac{1}{n-1} \\ \frac{1}{n-1} & \cdots & \frac{1}{n-1} & \frac{2-n}{n-1} \end{pmatrix}.$$

Comme P^{-1} est la matrice de passage de $\mathcal{B}'$ à $\mathcal{B}$, on a :

$$\forall k \in [\![1, n]\!], \quad e_k = \frac{1}{n-1}\left((2-n)u_k + \sum_{\substack{i=1 \\ i \neq k}}^{n} u_i\right) = \frac{1}{n-1}\left(\sum_{i=1}^{n} u_i\right) - u_k.$$

Exercices avec questions ouvertes

Exercice 14

1) Soit f un endomorphisme de $\mathbb{R}^3$. Notons M sa matrice dans la base canonique $\mathcal{C}$.

On sait que si $\mathcal{B}'$ est une autre base de $\mathbb{R}^3$, la matrice P de $\mathcal{B}'$ dans la base $\mathcal{C}$ est inversible et qu'on a $\operatorname{mat}_{\mathcal{B}'} = P^{-1}MP$.

Réciproquement, toute matrice P inversible peut être interprétée comme une matrice de passage de $\mathcal{C}$ à une base $\mathcal{B}'$.

Dire que la matrice de f est toujours la même quelle que soit la base utilisée revient à dire :

$$\forall P \in \mathrm{GL}_3(\mathbb{R}), \quad P^{-1}MP = M.$$

Or, pour une matrice P inversible, on a $P^{-1}MP = M \iff MP = PM$.

On démontre alors (voir l'exercice 12 du chapitre 18) que les matrices commutant avec toutes les matrices inversibles sont les matrices colinéaires à I_3.

Donc les endomorphismes f solutions sont les endomorphismes colinéaires à l'identité, c'est-à-dire les homothéties.

2) On raisonne par analyse-synthèse.

• Analyse

Soit f un endomorphisme de $\mathbb{R}^3$ telle que sa matrice soit toujours diagonale quelle que soit la base utilisée.

En particulier, il existe a_1, a_2 et a_3 réels tels que $D = \begin{pmatrix} a_1 & 0 & 0 \\ 0 & a_2 & 0 \\ 0 & 0 & a_3 \end{pmatrix}$ soit la matrice de f dans la base canonique $\mathcal{C} = (e_1, e_2, e_3)$. Cela signifie que $\begin{cases} f(e_1) &= a_1 e_1 \\ f(e_2) &= a_2 e_2 \\ f(e_3) &= a_3 e_3 \end{cases}$.

Posons $e_1' = e_1 + e_2 + e_3$, $e_2' = e_2$ et $e_3' = e_3$. La famille $\mathcal{B}' = (e_1', e_2', e_3')$ est également une base de $\mathbb{R}^3$.

Puisque la matrice de f dans $\mathcal{B}'$ est également diagonale, il existe a_1', a_2' et a_3' réels tels que $\begin{cases} f(e_1') &= a_1' e_1' \\ f(e_2') &= a_2' e_2' \\ f(e_3') &= a_3' e_3' \end{cases}$.

Donc $f(e_1') = a_1'(e_1 + e_2 + e_3) = a_1' e_1 + a_1' e_2 + a_1' e_3$. Or, par linéarité de f, on a aussi $f(e_1') = f(e_1 + e_2 + e_3) = f(e_1) + f(e_2) + f(e_3) = a_1 e_1 + a_2 e_2 + a_3 e_3$.
On a donc $a_1' e_1 + a_1' e_2 + a_1' e_3 = a_1 e_1 + a_2 e_2 + a_3 e_3$.

Par unicité des coordonnées dans la base $\mathcal{C}$, on obtient $\begin{cases} a_1 &= a_1' \\ a_2 &= a_1' \\ a_3 &= a_1' \end{cases}$.

En particulier $a_3 = a_2 = a_1$, puis $D = a_1 I_3$. Donc $f = a_1 \mathrm{Id}_{\mathbb{R}^3}$.

• Synthèse

Réciproquement, si f est une homothétie, alors il existe $\alpha \in \mathbb{R}$ tel que $f = \alpha \mathrm{Id}_{\mathbb{R}^3}$. Et dans toutes les bases, la matrice de f est αI_3, qui est, en particulier, diagonale.

« *Plus l'image est grande, plus le noyau est petit.* »

Groupe symétrique, déterminants

23

Cette permutation d'un ensemble de cardinal 81 se décompose comme composée (à supports disjoints) d'un cycle de longueur de 13, deux cycles de longueur 9, deux cycles de longueur 8, un cycle de longueur 7, un cycle de longueur 4, deux cycles de longueur 3 et 5 transpositions (et il y a donc 7 points fixes). Il s'agit donc d'une permutation paire.

Exercices axés sur le calcul

Exercice 1

Soit $A = (A_{i,j})_{1\leqslant i,j\leqslant 6} \in \mathcal{M}_6(\mathbb{R})$. De quel signe est précédé le produit $A_{6,1}A_{2,3}A_{4,5}A_{3,6}A_{1,2}A_{5,4}$ dans l'expression développée du déterminant de A ?

Exercice 2

On note $u_1 = \begin{pmatrix} -1 \\ 0 \\ 1 \end{pmatrix}$, $u_2 = \begin{pmatrix} 2 \\ 3 \\ 4 \end{pmatrix}$ et $u_3 = \begin{pmatrix} 8 \\ 9 \\ 10 \end{pmatrix}$.

Montrer que ces trois vecteurs sont coplanaires et donner une équation cartésienne du plan de $\mathbb{R}^3$ qui les contient.

Exercice 3

Calculer les déterminants $\delta = \begin{vmatrix} 0 & 0 & 0 & d \\ 0 & 0 & c & 0 \\ 0 & b & 0 & 0 \\ a & 0 & 0 & 0 \end{vmatrix}$ et $\delta' = \begin{vmatrix} 0 & 0 & c & 0 \\ 0 & b & 0 & 0 \\ a & 0 & 0 & 0 \\ 0 & 0 & 0 & d \end{vmatrix}$.

Exercice 4

Soient a, b et c des réels. On note A la matrice $\begin{pmatrix} 0 & -b & c \\ a & 0 & -c \\ -a & b & 0 \end{pmatrix}$.

Pour $\lambda \in \mathbb{R}$, calculer $P(\lambda) = \det(\lambda I_3 - A)$.
Préciser le nombre de racines réelles de P.

Exercice 5 ⋆ *Matrices « tridiagonales »*

Pour $\theta \in [0, \pi]$ et $n \in \mathbb{N}^*$, on considère le déterminant carré d'ordre n suivant :

$$\Delta_n(\theta) = \begin{vmatrix} x & 1 & 0 & \cdots & \cdots & 0 \\ 1 & \ddots & \ddots & \ddots & & \vdots \\ 0 & \ddots & \ddots & \ddots & \ddots & \vdots \\ \vdots & \ddots & \ddots & \ddots & \ddots & 0 \\ \vdots & & \ddots & \ddots & \ddots & 1 \\ 0 & \cdots & \cdots & 0 & 1 & x \end{vmatrix} \quad \text{où } x = 2\cos(\theta).$$

1) Pour $n \in \mathbb{N}^*$, donner une relation entre $\Delta_{n+2}(\theta)$, $\Delta_{n+1}(\theta)$ et $\Delta_n(\theta)$.
   Comment peut-on choisir la valeur de $\Delta_0(\theta)$ de sorte que la relation précédente soit vraie pour $n = 0$?

2) Déterminer $\Delta_n(0)$ en fonction de n.

3) Déterminer $\Delta_n(\pi)$ en fonction de n.

4) On suppose $\theta \in]0, \pi[$. Déterminer $\Delta_n(\theta)$ en fonction de n.

Exercice 6 ★

1) Soient a, b et c des complexes et $V(a,b,c) = \begin{vmatrix} 1 & 1 & 1 \\ a & b & c \\ a^2 & b^2 & c^2 \end{vmatrix}$.

Rappeler, en démontrant le résultat, la valeur de $V(a,b,c)$ sous forme factorisée.

2) Calculer le déterminant suivant :

$$D(a,b,c) = \begin{vmatrix} a+b & b+c & c+a \\ a^2+b^2 & b^2+c^2 & c^2+a^2 \\ a^3+b^3 & b^3+c^3 & c^3+a^3 \end{vmatrix}.$$

D'après CCINP

Exercice 7

Soient a et b deux scalaires. On note M_λ la matrice définie par :

$$M_\lambda = \begin{pmatrix} \lambda-1/2 & -a-b & 1/2 & -a+b \\ 0 & \lambda-1/2 & 0 & 1/2 \\ 1/2 & -a+b & \lambda-1/2 & -a-b \\ 0 & 1/2 & 0 & \lambda-1/2 \end{pmatrix}.$$

1) Calculer le déterminant de M_λ.
2) Préciser le rang de M_λ en fonction de a et b.

Exercices axés sur le raisonnement

Exercice 8

Soient a et b deux réels.
Pour tout réel x, on pose :

$$P(x) = \begin{vmatrix} 1+x & a+x & a+x & a+x \\ b+x & 1+x & a+x & a+x \\ b+x & b+x & 1+x & a+x \\ b+x & b+x & b+x & 1+x \end{vmatrix}.$$

1) Calculer $P(-a)$ et $P(-b)$.
2) À l'aide d'opérations élémentaires sur les lignes, justifier rapidement qu'il existe m et p réels tels que $P : x \mapsto mx + b$ (on ne cherchera pas à préciser m et p).
3) Dans le cas $a \neq b$, expliciter $P(x)$ en fonction de a, b et x.
4) Traiter le cas $a = b$.

Exercice 9 *Suite de Fibonacci*

On pose $A = \begin{pmatrix} 1 & 1 \\ 1 & 0 \end{pmatrix}$. On considère la suite $(F_n)_{n\in\mathbb{N}}$ vérifiant $F_0 = 0, F_1 = 1$ et :

$$\forall n \in \mathbb{N}, \quad F_{n+2} = F_{n+1} + F_n.$$

En considérant $\det\left(A^n\right)$, montrer que pour $n \geqslant 1$:

$$F_{n+1}F_{n-1} - F_n^2 = (-1)^n.$$

D'après ENTPE

Exercice 10 ⋆

Soit A une matrice carrée d'ordre n à coefficients réels telle que $A^2 = -I_n$.

1) Montrer que le déterminant de A vaut 1 ou -1 et que n est pair.
2) On suppose désormais que $n = 4$ et on note f l'endomorphisme de $\mathbb{R}^4$ canoniquement associé à A.
   a) Montrer que si $x \in \mathbb{R}^4 \setminus \{0\}$, alors $\left(x, f(x)\right)$ est une famille libre de $\mathbb{R}^4$, puis qu'il existe e_1' et e_2' dans $\mathbb{R}^4$ tels que $\mathcal{B}' = \left(e_1', f(e_1'), e_2', f(e_2')\right)$ soit une base de $\mathbb{R}^4$.
   b) En déduire $\det(A)$ en utilisant la matrice A' de f dans la base $\mathcal{B}'$.

Exercices avec questions ouvertes

Exercice 11

Soient $n \in \mathbb{N} \setminus \{0, 1\}$ et $A \in \mathcal{M}_n(\mathbb{R})$. Montrer que si A est inversible, on a l'équivalence :

$$A \text{ est symétrique} \iff \text{la comatrice } A \text{ est symétrique.}$$

Que dire dans le cas général ?

Corrections

Exercices axés sur le calcul

Exercice 1

Il s'agit de déterminer $(-1)^{\varepsilon(\sigma)}$ où σ est la permutation de $[\![1, 6]\!]$ définie par :

$$\sigma = \begin{pmatrix} 1 & 2 & 3 & 4 & 5 & 6 \\ 2 & 3 & 6 & 5 & 4 & 1 \end{pmatrix}.$$

• Première méthode (par la décomposition en produit de cycles)

Les images successives de 1 par σ sont $1 \mapsto 2 \mapsto 3 \mapsto 6 \mapsto 1$. Les éléments 4 et 5 sont échangés par σ. On a ainsi la décomposition de σ en produit de cycles à supports disjoints $\sigma = \langle 1,2,3,6\rangle \circ \langle 3,4\rangle$.

La transposition $\tau = \langle 3,4\rangle$ est de signature -1. Le cycle $c = \langle 1,2,3,6\rangle$ est de longueur 4, donc de signature -1.

La signature étant un homomorphisme de groupe, on a :

$$\varepsilon(\sigma) = \varepsilon(\tau)\varepsilon(c) = 1.$$

• Seconde méthode (par la décomposition en produit de transpositions)

À l'aide de multiplication par des transpositions, on transforme σ en $\mathrm{Id}_{[\![1,6]\!]}$:

$$\sigma_1 = \langle 1,6\rangle \circ \sigma = \begin{pmatrix} 1 & 2 & 3 & 4 & 5 & 6 \\ 2 & 3 & 1 & 5 & 4 & 6 \end{pmatrix}, \quad \sigma_2 = \langle 4,5\rangle \circ \sigma_1 = \begin{pmatrix} 1 & 2 & 3 & 4 & 5 & 6 \\ 2 & 3 & 1 & 4 & 5 & 6 \end{pmatrix},$$

$$\sigma_3 = \langle 1,3\rangle \circ \sigma_2 = \begin{pmatrix} 1 & 2 & 3 & 4 & 5 & 6 \\ 2 & 1 & 3 & 4 & 5 & 6 \end{pmatrix}, \quad \sigma_4 = \langle 1,2\rangle \circ \sigma_3 = \begin{pmatrix} 1 & 2 & 3 & 4 & 5 & 6 \\ 1 & 2 & 1 & 4 & 5 & 6 \end{pmatrix}.$$

Donc σ est un produit de quatre transpositions* et $\varepsilon(\sigma) = (-1)^4 = 1$.

Remarque

On peut déterminer $\varepsilon(\sigma)$ en calculant le nombre d'inversions de σ.

On trouve qu'il y a 8 couples (i,j) tels que $i < j$ et $\sigma(i) > \sigma(j)$. Donc $\varepsilon(\sigma) = (-1)^8 = 1$.

Exercice 2

Calculons le déterminant de ces vecteurs dans la base canonique (en développant selon C_1) :

$$\det(u_1,u_2,u_3) = \begin{vmatrix} -1 & 2 & 8 \\ 0 & 3 & 9 \\ 1 & 4 & 10 \end{vmatrix} = (-1)\begin{vmatrix} 3 & 9 \\ 4 & 10 \end{vmatrix} - 0 + \begin{vmatrix} 2 & 8 \\ 3 & 9 \end{vmatrix} = -(-6) + (-6) = 0.$$

La famille (u_1,u_2,u_3) étant liée, les trois vecteurs sont coplanaires. Comme (u_2,u_3) est libre, $\mathrm{Vect}(u_2,u_3)$ est l'unique plan contenant u_2, u_3 et u_1.

Soit $v = \begin{pmatrix} x \\ y \\ z \end{pmatrix} \in \mathbb{R}^3$. On a :

$$\begin{aligned} v \in \mathrm{Vect}(u_2,u_3) &\iff \det(v,u_2,u_3) = 0 \\ &\iff \begin{vmatrix} x & 2 & 8 \\ y & 3 & 9 \\ z & 4 & 10 \end{vmatrix} = 0 \\ &\iff -6x - y\begin{vmatrix} 2 & 8 \\ 4 & 10 \end{vmatrix} - 6z = 0 \\ &\iff -6x + 12y - 6z = 0. \end{aligned}$$

on utilise les calculs déjà effectués

En divisant par -2, une équation cartésienne du plan $\mathrm{Vect}(u_2,u_3)$ est $x - 2y + z = 0$.

*Précisément $\sigma = \langle 1,6\rangle \circ \langle 4,5\rangle \circ \langle 1,3\rangle \circ \langle 1,2\rangle$.

Exercice 3

De nombreuses rédactions sont possibles.

Pour δ, on peut par exemple commencer par les deux échanges $C_1 \leftrightarrow C_4$ et $C_2 \leftrightarrow C_3$:

$$\delta = \begin{vmatrix} 0 & 0 & 0 & d \\ 0 & 0 & c & 0 \\ 0 & b & 0 & 0 \\ a & 0 & 0 & 0 \end{vmatrix} = (-1)^2 \begin{vmatrix} a & 0 & 0 & 0 \\ 0 & b & 0 & 0 \\ 0 & 0 & c & 0 \\ 0 & 0 & 0 & d \end{vmatrix} = +abcd.$$

Pour δ', on peut par exemple commencer par développer selon C_4 :

$$\delta' = \begin{vmatrix} 0 & 0 & c & 0 \\ 0 & b & 0 & 0 \\ a & 0 & 0 & 0 \\ 0 & 0 & 0 & d \end{vmatrix} = +d \begin{vmatrix} 0 & 0 & c \\ 0 & b & 0 \\ a & 0 & 0 \end{vmatrix} = dc \begin{vmatrix} 0 & b \\ a & 0 \end{vmatrix} = -dcba.$$

Exercice 4

On forme $\lambda I_3 - A$, puis on calcule le déterminant :

$$P(\lambda) = \begin{vmatrix} \lambda & b & -c \\ -a & \lambda & c \\ a & -b & \lambda \end{vmatrix}$$

l'opération $L_1 \leftarrow L_1 + L_2 + L_3$ ne change pas le déterminant

$$= \begin{vmatrix} \lambda & \lambda & \lambda \\ -a & \lambda & c \\ a & -b & \lambda \end{vmatrix}$$

linéarité par rapport à L_1

$$= \lambda \begin{vmatrix} 1 & 1 & 1 \\ -a & \lambda & c \\ a & -b & \lambda \end{vmatrix}$$

$L_2 \leftarrow L_2 + aL_1$
$L_3 \leftarrow L_3 - aL_1$

$$= \lambda \begin{vmatrix} 1 & 1 & 1 \\ 0 & \lambda + a & c + a \\ 0 & -b - a & \lambda - a \end{vmatrix}$$

développement par rapport à C_1

$$= \lambda \cdot 1 \begin{vmatrix} \lambda + a & c + a \\ -b - a & \lambda - a \end{vmatrix} - 0 + 0$$

$$= \lambda\big(\lambda^2 - a^2 + (a+c)(a+b)\big)$$

$$= \lambda(\lambda^2 + ab + ca + bc).$$

- Si $ab + ca + bc = 0$, 0 est l'unique racine de P (et 0 est racine triple).
- Si $ab + ca + bc < 0$, P a trois racines réelles distinctes (0 et deux racines opposées).
- Si $ab + ca + bc > 0$, 0 est l'unique racine réelle de P (0 est racine triple et il y a deux racines conjuguées).

Exercice 5

1) En développant $\Delta_{n+2}(\theta)$ par rapport à L_1, on fait apparaître deux déterminants d'ordre $n+1$, le premier étant $\Delta_{n+1}(\theta)$:

$$\Delta_{n+2}(\theta) = x\Delta_{n+1}(\theta) - \begin{vmatrix} 1 & 0 & 0 & \cdots & 0 \\ 1 & x & 1 & \ddots & \vdots \\ 0 & 1 & x & \ddots & 0 \\ \vdots & \ddots & \ddots & \ddots & 1 \\ 0 & \cdots & 0 & 1 & x \end{vmatrix}.$$

En développant à nouveau le second déterminant, on a $\Delta_{n+2}(\theta) = x\Delta_{n+1}(\theta) - \Delta_n(\theta)$ pour $n \geqslant 1$.

On a $\Delta_1(\theta) = x = 2\cos(\theta)$ et $\Delta_1(\theta) = \begin{vmatrix} x & 1 \\ 1 & x \end{vmatrix} = x^2 - 1 = 4\cos^2(\theta) - 1$.

Ainsi, $\Delta_2(\theta) - x\Delta_1(\theta) = 4\cos^2(\theta) - 1 - 4\cos^2(\theta) = -1$, il suffit de poser $\Delta_0(\theta) = 1$ pour que la relation précédente soit vraie pour $n = 0$:

$$\forall n \in \mathbb{N}, \quad \Delta_{n+2}(\theta) - x\Delta_{n+1}(\theta) + \Delta_n(\theta) = 0.$$

On reconnaît une suite linéaire récurrente d'ordre 2.

2) Pour $\theta = 0$, $x = 2$. L'équation caractéristique est $r^2 - 2r + 1 = 0$ et a pour solution double 1.
Il existe donc a et b réels tels que pour tout $n \in \mathbb{N}$, $\Delta_n(0) = a + nb$.
Comme $\Delta_0(0) = 1$ et $\Delta_2(0) = 2$, on en déduit $a = 1$ et $b = 1$. Donc :

$$\forall n \in \mathbb{N}, \quad \Delta_n(0) = n + 1.$$

3) Pour $\theta = \pi$, $x = -2$. L'équation caractéristique est $r^2 + 2r + 1 = 0$ et a pour solution double -1.
Il existe donc a et b réels tels que pour tout $n \in \mathbb{N}$, $\Delta_n(0) = a(-1)^n + nb(-1)^n$.
Comme $\Delta_0(0) = 1$ et $\Delta_2(0) = -2$, on en déduit $a = 1$ et $b = 1$. Donc :

$$\forall n \in \mathbb{N}, \quad \Delta_n(\pi) = (-1)^n(n + 1).$$

4) Pour $\theta \in \,]0, \pi[$, $x = 2\cos(\theta)$. L'équation caractéristique est $r^2 - 2\cos(\theta)r + 1 = 0$. Son discriminant vaut $4\cos^2(\theta) - 4 = -4\sin^2(\theta) < 0$. L'équation caractéristique a deux solutions distinctes conjuguées qui sont $\frac{2\cos(\theta) \pm 2\mathrm{i}\sin(\theta)}{2} = \mathrm{e}^{\pm\mathrm{i}\theta}$.
Il existe donc a et b réels tels que pour tout $n \in \mathbb{N}$, $\Delta_n(0) = a\cos(n\theta) + b\sin(n\theta)$.
Comme $\Delta_0(0) = 1$ et $\Delta_2(0) = 2\cos(\theta)$, on en déduit $a = 1$ puis $b = \frac{\cos(\theta)}{\sin(\theta)}$. Donc :

$$\forall n \in \mathbb{N}, \quad \Delta_n(\theta) = \cos(n\theta) + \frac{\cos(\theta)}{\sin(\theta)}\sin(n\theta).$$

Exercice 6

1) On reconnaît un déterminant de Vandermonde. On peut retrouver le résultat du cours par opérations élémentaires :

$$\begin{aligned}
V(a,b,c) &= \begin{vmatrix} 1 & 1 & 1 \\ a & b & c \\ a^2 & b^2 & c^2 \end{vmatrix} \\
&= \begin{vmatrix} 1 & 1 & 1 \\ 0 & b-a & c-a \\ 0 & b^2-a^2 & c^2-a^2 \end{vmatrix} \\
&= 1\begin{vmatrix} b-a & c-a \\ b^2-a^2 & c^2-a^2 \end{vmatrix} \\
&= (b-a)(c-a)\begin{vmatrix} 1 & 1 \\ b+a & c+a \end{vmatrix}
\end{aligned}$$

$L_2 \leftarrow L_2 - aL_1$
$L_3 \leftarrow L_3 - a^2L_1$

on développe par rapport à C_1

$b^2 - a^2 = (b-a)(b+a)$
$c^2 - a^2 = (c-a)(c+a)$

On retrouve le résultat du cours :

$$V(a,b,c) = (b-a)(c-a)(c-b).$$

2) Pour $x \in \mathbb{R}$, on note $U_x = \begin{pmatrix} x \\ x^2 \\ x^3 \end{pmatrix}$. On peut écrire

$$D(a,b,c) = \det(U_a + U_b, U_b + U_c, U_c + U_a).$$

• Première méthode (par opérations sur les colonnes)

L'opération $C_1 \leftarrow C_1 + C_2 + C_3$ ne change pas le déterminant :

$$\begin{aligned}
D(a,b,c) &= \begin{vmatrix} 2a+2b+2c & b+c & c+a \\ 2a^2+2b^2+2c^2 & b^2+c^2 & c^2+a^2 \\ 2a^3+2b^3+2c^3 & b^3+c^3 & c^3+a^3 \end{vmatrix} \\
&= 2\begin{vmatrix} a+b+c & b+c & c+a \\ a^2+b^2+c^2 & b^2+c^2 & c^2+a^2 \\ a^3+b^3+c^3 & b^3+c^3 & c^3+a^3 \end{vmatrix} \\
&= 2\begin{vmatrix} a+b+c & -a & -b \\ a^2+b^2+c^2 & -a^2 & -b^2 \\ a^3+b^3+c^3 & -a^3 & -b^3 \end{vmatrix} \\
&= 2\begin{vmatrix} c & -a & -b \\ c^2 & -a^2 & -b^2 \\ c^3 & -a^3 & -b^3 \end{vmatrix} \\
&= +2\begin{vmatrix} c & a & b \\ c^2 & a^2 & b^2 \\ c^3 & a^3 & b^3 \end{vmatrix}
\end{aligned}$$

par linéarité

$C_2 \leftarrow C_2 - C_1$
$C_3 \leftarrow C_3 - C_1$

$C_1 \leftarrow C_1 + C_2 + C_3$

$C_2 \leftarrow -C_2$
$C_3 \leftarrow -C_3$

Avec deux échanges de colonnes $C_1 \leftrightarrow C_2$, puis $C_2 \leftrightarrow C_3$ et la trilinéarité, on obtient $D(a,b,c) = 2abcV(a,b,c)$.

• Seconde méthode (par trilinéarité)

En développant par trilinéarité, on obtient $D(a,b,c)$ sous la forme d'une somme de huit termes du type $\det(U_x, U_y, U_z)$. Un déterminant ayant deux colonnes identiques étant nul, il ne reste que les deux termes où les trois colonnes sont distinctes :

$$D(a,b,c) = \det(U_a, U_b, U_c) + \det(U_b, U_c, U_a)$$

Puis, $\det(U_b, U_c, U_a) = -\det(U_b, U_a, U_c) = +\det(U_a, U_b, U_c)$. D'où :

$$D(a,b,c) = 2\det(U_a, U_b, U_c) = 2\begin{vmatrix} a & b & c \\ a^2 & b^2 & c^2 \\ a^3 & b^3 & c^3 \end{vmatrix} = 2abcV(a,b,c).$$

En conclusion, on a d'après 1)

$$D(a,b,c) = 2abcV(a,b,c) = 2abc(b-a)(c-a)(c-b).$$

Exercice 7

1) En développant selon la première colonne :

$$\det(M_\lambda) = \begin{vmatrix} \lambda-1/2 & -a-b & 1/2 & -a+b \\ 0 & \lambda-1/2 & 0 & 1/2 \\ 1/2 & -a+b & \lambda-1/2 & -a-b \\ 0 & 1/2 & 0 & \lambda-1/2 \end{vmatrix} = (\lambda-1/2)D_1 + (1/2)D_2,$$

avec $D_1 = \begin{vmatrix} \lambda-1/2 & 0 & 1/2 \\ -a+b & \lambda-1/2 & -a-b \\ 1/2 & 0 & \lambda-1/2 \end{vmatrix}$ et $D_2 = \begin{vmatrix} -a-b & 1/2 & -a+b \\ \lambda-1/2 & 0 & 1/2 \\ 1/2 & 0 & \lambda-1/2 \end{vmatrix}$.

On développe D_1 et D_2 par rapport à leurs secondes colonnes qui ont deux coefficients nuls :

$$D_1 = +(\lambda-1/2)\begin{vmatrix} \lambda-1/2 & 1/2 \\ 1/2 & \lambda-1/2 \end{vmatrix} = (\lambda-1/2)\big((\lambda-1/2)^2 - 1/4\big).$$

$$D_2 = -\tfrac{1}{2}\begin{vmatrix} \lambda-1/2 & 1/2 \\ 1/2 & \lambda-1/2 \end{vmatrix} = -\tfrac{1}{2}\big((\lambda-1/2)^2 - 1/4\big).$$

On peut factoriser D_1 et D_2 par $\big((\lambda-1/2)^2 - 1/4\big) = \lambda^2 - \lambda = \lambda(\lambda-1)$. D'où :

$$\det(M_\lambda) = \lambda(\lambda-1)\big((\lambda-1/2)^2 - 1/4\big) = \lambda^2(\lambda-1)^2.$$

2) Puisque $\det(M_\lambda) = 0 \iff \lambda \in \{0,1\}$, on va envisager 3 cas.

• Cas $\lambda \notin \{0,1\}$

Dans ce cas, $\det M_\lambda \neq 0$, donc M_λ est inversible. D'où M_λ est de rang 4.

• Cas $\lambda = 0$

La matrice M_0 n'est pas inversible, donc $\mathrm{rg}(M_0) \leqslant 3$.

$$\text{On a } M_0 = \begin{pmatrix} -1/2 & -a-b & 1/2 & -a+b \\ 0 & -1/2 & 0 & 1/2 \\ 1/2 & -a+b & -1/2 & -a-b \\ 0 & 1/2 & 0 & -1/2 \end{pmatrix}.$$

On peut supprimer la 3e colonne (car $C_3 = -C_1$), ainsi que la 4e ligne (car $L_4 = L_2$). Ensuite, on précise le rang à l'aide de la méthode du pivot :

$$\begin{aligned} \mathrm{rg}(M_0) &= \mathrm{rg}\begin{pmatrix} -1/2 & -a-b & -a+b \\ 0 & -1/2 & 1/2 \\ 1/2 & -a+b & -a-b \end{pmatrix} \\ &\quad L_3 \leftarrow L_3 + L_1 \\ &= \mathrm{rg}\begin{pmatrix} -1/2 & -a-b & -a+b \\ 0 & -1/2 & 1/2 \\ 0 & -2a & -2a \end{pmatrix} \\ &\quad L_3 \leftarrow L_3 - 4aL_2 \\ &= \mathrm{rg}\begin{pmatrix} -1/2 & -a-b & -a+b \\ 0 & -1/2 & 1/2 \\ 0 & 0 & -4a \end{pmatrix}. \end{aligned}$$

Si $a = 0$, le rang de M_0 est 2 et sinon, le rang est 3.

• Cas $\lambda = 1$

La matrice M_1 n'est pas inversible, donc $\mathrm{rg}(M_1) \leqslant 3$.

$$\text{On a } M_1 = \begin{pmatrix} 1/2 & -a-b & 1/2 & -a+b \\ 0 & 1/2 & 0 & 1/2 \\ 1/2 & -a+b & 1/2 & -a-b \\ 0 & 1/2 & 0 & 1/2 \end{pmatrix}.$$ On raisonne comme précédemment :

$$\begin{aligned} \mathrm{rg}(M_1) &= \mathrm{rg}\begin{pmatrix} 1/2 & -a-b & -a+b \\ 0 & 1/2 & 1/2 \\ 1/2 & -a+b & -a-b \end{pmatrix} \\ &\quad L_3 \leftarrow L_3 - L_1 \\ &= \mathrm{rg}\begin{pmatrix} 11/2 & -a-b & -a+b \\ 0 & 1/2 & 1/2 \\ 0 & 2b & -2b \end{pmatrix} \\ &\quad L_3 \leftarrow L_3 - 4bL_2 \\ &= \mathrm{rg}\begin{pmatrix} 1/2 & -a-b & -a+b \\ 0 & 1/2 & 1/2 \\ 0 & 0 & -4b \end{pmatrix}. \end{aligned}$$

Si $b = 0$, le rang de M_1 est 2 et sinon, le rang est 3.

Exercices axés sur le raisonnement

Exercice 8

1) Pour $x = -a$ ou $x = -b$, on a un déterminant triangulaire :

$$P(-a) = \begin{vmatrix} 1-a & 0 & 0 & 0 \\ b-a & 1-a & 0 & 0 \\ b-a & b-a & 1-a & 0 \\ b-a & b-a & b-a & 1-a \end{vmatrix} \quad \text{et} \quad P(-b) = \begin{vmatrix} 1-b & a-b & a-b & a-b \\ 0 & 1-b & a-b & a-b \\ 0 & 0 & 1-b & a-b \\ 0 & 0 & 0 & 1-b \end{vmatrix}.$$

Donc $P(-a) = (1-a)^4$ et $P(-b) = (1-b)^4$, car le déterminant d'une matrice triangulaire est le produit des coefficients diagonaux.

2) Les opérations $L_i \leftarrow L_i - L_1$ pour $i \in [\![2,4]\!]$ ne changeant pas le déterminant, on a :

$$P(x) = \begin{vmatrix} 1+x & a+x & a+x & a+x \\ b-1 & 1-a & 0 & 0 \\ b-1 & b-a & 1-a & 0 \\ b-1 & 0 & b-a & 1-a \end{vmatrix}.$$

D'où $P(x) = (1+x)\cdot m_{1,1} - (a+x)\cdot m_{1,2} + (a+x)\cdot m_{1,3} + (a+x)\cdot m_{1,4}$ en développant par rapport à L_1.

Les 4 mineurs $m_{1,j}$ pour $j \in [\![1,4]\!]$ étant indépendants de x, P est affine comme combinaison linéaire de fonctions affines. Il existe m et p réels tels que $P : x \mapsto mx + b$.

3) D'après les deux questions précédentes, on a le système suivant :

$$\begin{cases} -am + p = (1-a)^4 \\ -bm + p = (1-b)^4 \end{cases} \underset{L_2 \leftarrow L_2 - L_1}{\Longleftrightarrow} \begin{cases} -am + p = (1-a)^4 \\ (a-b)m = (1-b)^4 - (1-a)^4 \end{cases}$$

Comme $a \neq b$, on obtient la valeur de m puis celle de p :

$$m = \frac{1}{b-a}\big((1-a)^4 - (1-b)^4\big) \text{ et } p = \frac{1}{b-a}\big(a(1-b)^4 - b(1-a)^4\big).$$

4) On reprenant l'expression de la question 2) :

$$P(x) = \begin{vmatrix} 1+x & a+x & a+x & a+x \\ a-1 & 1-a & 0 & 0 \\ a-1 & 0 & 1-a & 0 \\ a-1 & 0 & 0 & 1-a \end{vmatrix}$$

linéarité par rapport à chaque ligne

$$= (a-1)^3 \begin{vmatrix} 1+x & a+x & a+x & a+x \\ 1 & -1 & 0 & 0 \\ 1 & 0 & -1 & 0 \\ 1 & 0 & 0 & -1 \end{vmatrix}$$

$C_1 \leftarrow C_1 + C_2 + C_3 + C_4$ ne change pas la valeur du déterminant

$$= (a-1)^3 \begin{vmatrix} 1+3a+4x & a+x & a+x & a+x \\ 0 & -1 & 0 & 0 \\ 0 & 0 & -1 & 0 \\ 0 & 0 & 0 & -1 \end{vmatrix}$$

déterminant triangulaire

$$= (a-1)^3(-1)^3(4x+3a+1).$$

Si $b = a$, on a $p : x \mapsto (1-a)^3(4x+3a+1)$.

Exercice 9

D'une part, $\det\left(A^n\right) = \left(\det(A)\right)^n = (-1)^n$, car $\det(A) = \begin{vmatrix} 1 & 1 \\ 1 & 0 \end{vmatrix} = -1$.

Pour $n \in \mathbb{N}^*$, on note $\mathcal{P}_n$: « $A^n = \begin{pmatrix} F_{n+1} & F_n \\ F_n & F_{n-1} \end{pmatrix}$ ».

• Initialisation

On a $F_0 = 0, F_1 = 1$ et $F_2 = 1 + 0 = 1$. Comme $A^1 = A$, $\mathcal{P}_1$ est vraie.

• Hérédité

Soit $n \in \mathbb{N}^*$. On suppose $\mathcal{P}_n$ vraie.

$$\begin{aligned} A^{n+1} &= AA^n \\ &= \begin{pmatrix} 1 & 1 \\ 1 & 0 \end{pmatrix}\begin{pmatrix} F_{n+1} & F_n \\ F_n & F_{n-1} \end{pmatrix} && \text{d'après } \mathcal{P}_n \\ &= \begin{pmatrix} F_{n+1}+F_n & F_n + F_{n-1} \\ F_{n+1} & F_n \end{pmatrix} && \text{produit matriciel} \\ &= \begin{pmatrix} F_{n+2} & F_{n+1} \\ F_{n+1} & F_n \end{pmatrix} && F_{n+1}+F_n = F_{n+2},\ F_n + F_{n-1} = F_{n+1} \end{aligned}$$

Ce qui prouve que $\mathcal{P}_{n+1}$ est vraie.

On a montré par récurrence que pour tout $n \in \mathbb{N}^*$, $A^n = \begin{pmatrix} F_{n+1} & F_n \\ F_n & F_{n-1} \end{pmatrix}$. Donc :

$$\forall n \in \mathbb{N}^*, \quad F_{n+1}F_{n-1} - F_n^2 = \det(A^n) = \left(\det(A)\right)^n = (-1)^n.$$

Exercice 10

1) Puisque $A^2 = -I_n$, en particulier $\det(A^2) = \det(-I_n) = (-1)^n \det(I_n) = (-1)^n$.
Or, $\det(A)^2 = \det(A^2) \geqslant 0$, car $\det(A) \in \mathbb{R}$. Donc n est pair et $\det(A) = \pm 1$.

2) On suppose désormais que $n = 4$ et on note f l'endomorphisme de $\mathbb{R}^4$ canoniquement associé à A.

   a) Soit $x \in \mathbb{R}^4 \setminus \{0\}$. Montrons que la famille $\left(x, f(x)\right)$ est libre.
   Soient a et b deux réels tels que $ax + bf(x) = 0_{\mathbb{R}^4}$ $(\star)$. Comme f est linéaire, on obtient $af(x) + bf^2(x) = f(0_{\mathbb{R}^4}) = 0_{\mathbb{R}^4}$. Puisque $f^2 = -\mathrm{Id}_{\mathbb{R}^4}$, on a $-bx + af(x) = 0_{\mathbb{R}^4}$ $(\star\star)$. En formant $a\,(\star) + b\,(\star\star)$, il vient $(a^2+b^2)x = 0_{\mathbb{R}^4}$.
   Le vecteur x étant non nul, on a $a^2 + b^2 = 0$, donc $a = b = 0$.
   On a montré que la famille $\left(x, f(x)\right)$ est libre.

   On choisit un vecteur $e'_1 \neq 0$ puis un vecteur $e'_2 \notin \mathrm{Vect}\left(e'_1, f(e'_1)\right)$.
   La famille $\left(e'_1, f(e'_1), e'_2\right)$ est libre.
   Montrons que $\mathcal{B}' = \left(e'_1, f(e'_1), e'_2, f(e'_2)\right)$ est également une famille libre.

Soient a, b, c et d réels tels que $ae'_1 + bf(e'_1) + ce'_2 + df(e'_d) = 0_{\mathbb{R}^4}$ (•).

Comme précédemment, en prenant l'image par f, on a aussi la relation :

$$-be'_1 + af(e'_1) - de'_2 + cf(e'_d) = 0_{\mathbb{R}^4} \ (\bullet\bullet).$$

En formant c (•) $-d$ (••), on a $(ac + bd)e'_1 + (bc - ad)f(e'_1) + (c^2 + d^2)e'_2 = 0_{\mathbb{R}^4}$.

La famille $\left(e'_1, f(e'_1), e'_2\right)$ étant libre, on obtient en particulier $c^2 + d^2 = 0$.

On en déduit $c = d = 0$.

En reportant dans (•), on obtient $ae'_1 + bf(e'_1) = 0_{\mathbb{R}^4}$. D'où $a = b = 0$, car la famille $\left(e'_1, f(e'_1)\right)$ est libre. Les 4 coefficients de (•) sont nuls.

On a montré que $\mathcal{B}'$ est également une famille libre de $\mathbb{R}^4$.

De plus $\operatorname{card}(\mathcal{B}') = 4 = \dim \mathbb{R}^4$, donc $\mathcal{B}'$ est une base de $\mathbb{R}^4$.

b) On connaît les images par f des vecteurs de $\mathcal{B}'$. On a :

$$A' = \operatorname{mat}_{\mathcal{B}'}(f) = \begin{array}{c} \begin{matrix} f(e'_1) & f\big(f(e'_1)\big) & f(e'_2) & f\big(f(e'_2)\big) \end{matrix} \\ \begin{pmatrix} 0 & -1 & 0 & 0 \\ 1 & 0 & 0 & 0 \\ 0 & 0 & 0 & -1 \\ 0 & 0 & 1 & 0 \end{pmatrix} \begin{matrix} e'_1 \\ f(e'_1) \\ e'_2 \\ f(e'_2) \end{matrix} \end{array}$$

Le déterminant de f ne dépendant pas de la base utilisée, on a :

$$\begin{aligned} \det(A) &= \det(A') \\ &= \begin{vmatrix} 0 & -1 & 0 & 0 \\ 1 & 0 & 0 & 0 \\ 0 & 0 & 0 & -1 \\ 0 & 0 & 1 & 0 \end{vmatrix} \\ &= + \begin{vmatrix} 1 & 0 & 0 & 0 \\ 0 & -1 & 0 & 0 \\ 0 & 0 & 1 & 0 \\ 0 & 0 & 0 & -1 \end{vmatrix} \\ &= 1 \cdot (-1) \cdot 1 \cdot (-1) \\ &= 1. \end{aligned}$$

$L_1 \leftrightarrow L_2, L_3 \leftrightarrow L_4$
chaque échange change le signe

la matrice est diagonale

Exercices avec questions ouvertes

Exercice 11

• Cas A inversible

On sait que pour une matrice inversible, sa transposée est inversible et que l'inverse de sa transposée est la transposée de son inverse.

Pour A inversible, on a :

$$\begin{aligned} A \text{ est symétrique} &\Leftrightarrow A^{-1} \text{ est symétrique} \\ &\Leftrightarrow \frac{1}{\det(A)}\left(\text{com}(A)\right)^T \text{ est symétrique} \\ &\Leftrightarrow \left(\text{com}(A)\right)^T \text{ est symétrique} \\ &\Leftrightarrow \text{com}(A) \text{ est symétrique.} \end{aligned}$$

$A^{-1} = \frac{1}{\det(A)}\left(\text{com}(A)\right)^T$

• Cas général

($\not\Leftarrow$) Notons A la matrice $\begin{pmatrix} 1 & 2 & 3 \\ 1 & 2 & 3 \\ 1 & 2 & 3 \end{pmatrix}$.

Sa comatrice est symétrique puisqu'elle est nulle, alors que A n'est pas symétrique.

($\Rightarrow$) Supposons A symétrique et notons $(\gamma_{i,j})_{1\leqslant i,j\leqslant n}$ sa comatrice.

Soient i et $j \in [\![1,n]\!]$.

On sait que $\gamma_{i,j} = (-1)^{i+j}m_{i,j}$ où $m_{i,j}$ est le mineur d'indice (i,j), c'est-à-dire le déterminant de la matrice $M_{i,j}$ carrée d'ordre $n-1$, extraite de A en supprimant la i-ème ligne de A et sa j-ème colonne.

Comme une matrice et sa transposée ont même déterminant, on a $m_{i,j} = \det\left(M_{i,j}^T\right)$.

Or, $M_{i,j}^T$ est la matrice extraite de A^T en supprimant la i-ème colonne de A^T et sa j-ème ligne.

Comme $A = A^T$, on a $m_{i,j} = m_{j,i}$, donc $\gamma_{i,j} = \gamma_{j,i}$.

Cela étant valable pour tous i et $j \in [\![1,n]\!]$, la comatrice de A est symétrique.

« *Une forme factorisée étant préférable pour un déterminant, on mène les calculs en conséquence.* »

Espaces préhilbertiens 24

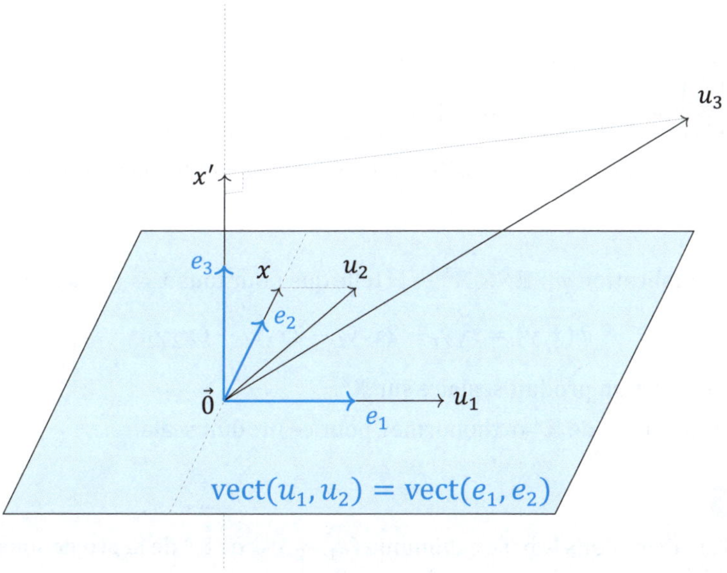

Dans l'exercice n° 2, on applique l'algorithme d'orthonormalisation de Gram-Schmidt à une base (u_1, u_2, u_3) de $\mathbb{R}^3$. La figure ci-dessus illustre l'algorithme : on norme u_1 (en e_1), on projette u_2 sur l'orthogonal de e_1 (dans $\mathrm{vect}(u_1, u_2)$) pour obtenir x que l'on norme en e_2. Puis on projette u_3 sur l'orthogonal de e_1 et e_2 pour obtenir x' que l'on norme en e_3.

Sauf mention contraire, l'espace $\mathbb{R}^n$ est toujours muni du produit scalaire usuel noté $\langle \mid \rangle$.

Exercices axés sur le calcul

Exercice 1

Soient $v = \begin{pmatrix} -3 \\ 5 \\ 8 \end{pmatrix} \in \mathbb{R}^3$ et $w = \begin{pmatrix} 1 \\ -4 \\ 9 \end{pmatrix}$.

1) Calculer le projeté orthogonal de v sur la droite engendrée par w.
2) Donner une équation cartésienne de $\mathcal{P} = \mathrm{Vect}(v, w)$ et en déduire un vecteur orthogonal à v et à w.

Exercice 2

Soient $u_1 = \begin{pmatrix} 1 \\ 1 \\ 1 \end{pmatrix}$, $u_2 = \begin{pmatrix} 1 \\ 0 \\ -1 \end{pmatrix}$ et $u_3 = \begin{pmatrix} -1 \\ 2 \\ 3 \end{pmatrix}$.
Appliquer l'algorithme d'orthonormalisation de Gram-Schmidt à la famille (u_1, u_2, u_3).

Exercice 3

On considère l'application $\varphi : \mathbb{R}^2 \times \mathbb{R}^2 \to \mathbb{R}$ telle que pour tous $x = (x_1, x_2)$ et $y = (y_1, y_2)$:

$$\varphi(x, y) = x_1 y_1 - 2x_1 y_2 - 2x_2 y_1 + 6x_2 y_2.$$

1) Montrer que φ est un produit scalaire sur $\mathbb{R}^2$.
2) Déterminer une base de $\mathbb{R}^2$ orthonormée pour ce produit scalaire.

Exercice 4

Déterminer la matrice dans la base canonique (e_1, e_2, e_3) de $\mathbb{R}^3$ de la projection orthogonale sur le plan $\mathcal{P}$ d'équation $x - y + 2z = 0$.

Exercice 5

Soit F le sous-espace vectoriel de $\mathbb{R}^4$ d'équations :

$$\begin{cases} x_1 + x_2 + x_3 + x_4 = 0 \\ x_1 + 2x_2 + 3x_3 + 4x_4 = 0 \end{cases}$$

1) Déterminer une base orthonormée de F.
2) Soit $u = \begin{pmatrix} 1 \\ 1 \\ 1 \\ 1 \end{pmatrix}$. Calculer la distance de v à F.

Exercice 6

Soit H l'hyperplan de $\mathbb{R}^n$ d'équation cartésienne dans la base canonique $(e_1, e_2, \dots, e_n)$:

$$x_1 + x_2 + \cdots + x_n = 0.$$

Pour tout $k \in [\![1, n-1]\!]$, on pose $u_k = \frac{1}{k}e_1 + \frac{1}{k}e_2 + \cdots + \frac{1}{k}e_k - e_{k+1}$.

1) Montrer que $(u_1, u_2, \dots, u_{n-1})$ est une famille orthogonale de H.
En déduire une base orthonormée de H.

2) Déterminer de deux façons le projeté orthogonal de e_n sur H.

Exercices axés sur le raisonnement

Exercice 7

On rappelle que le produit scalaire usuel de $\mathcal{M}_n(\mathbb{R})$ est défini par :

$$\forall A, B \in \mathcal{M}_n(\mathbb{R}), \quad \langle A|B\rangle = \operatorname{tr}\left(A^T B\right).$$

On note H le sous-espace des matrices de $\mathcal{M}_n(\mathbb{R})$ de trace nulle.

1) Montrer que H et $\operatorname{Vect}(I_n)$ sont supplémentaires et orthogonaux :

$$H \overset{\perp}{\oplus} \operatorname{Vect}(I_n) = \mathcal{M}_n(\mathbb{R}).$$

2) Préciser le projeté orthogonal sur H de la matrice U dont tous les coefficients valent 1.

Exercice 8 ⋆

On munit l'espace $\mathbb{R}_n[X]$ d'un produit scalaire $\langle\ |\ \rangle$ tel que la base canonique $(1, X, \dots, X^n)$ soit une base orthonormée de $\mathbb{R}_n[X]$. On note $\|\ \|$ la norme euclidienne associée.
On pose $H = \{P \in \mathbb{R}_n[X] \mid P(-1) = 0\}$.

1) Calculer $\langle X-1 | X^2 - X\rangle$ et $\|X-1\|$.

2) Préciser la dimension de H.

3) Pour $P \in \mathbb{R}_n[X]$, montrer l'équivalence :

$$P \in H^\perp \quad \Leftrightarrow \quad \forall k \in [\![0, n-1]\!], \langle P | X^{k+1}\rangle = -\langle P | X^k\rangle.$$

En déduire une base de $H^\perp$.

4) Calculer la distance de X à H.

D'après Mines-Télécom

Exercice 9

On munit l'espace $\mathbb{R}_1[X]$ du produit scalaire $\langle \mid \rangle$ défini par :

$$\forall P, Q \in \mathbb{R}_1[X], \quad \langle P|Q\rangle = \int_0^1 P(t)Q(t)\mathrm{d}t.$$

On note $\| \;\|$ la norme associée.

1) Montrer qu'il existe un unique polynôme $U \in \mathbb{R}_1[X]$ tel que :

$$\forall P \in \mathbb{R}_1[X], \quad \langle P|U\rangle = P(0).$$

2) On note S la sphère unité (l'ensemble des $P \in \mathbb{R}_1[X]$ dont la norme est 1).
Justifier que pour tout $P \in S$, $P(0) \leqslant \|U\|$ et déterminer un polynôme P_0 de S tel que $P_0(0) = \|U\|$.

3) En déduire la valeur maximale de $P(0)$ lorsque P décrit S.

Exercice 10

Soient $x_1, x_2, \dots, x_n$ des réels strictement positifs tels que $\sum\limits_{i=1}^{n} x_i = 1$.

Montrer que $\sum\limits_{i=1}^{n} \frac{1}{x_i} \geqslant n^2$.

Exercice 11

Soit $n \in \mathbb{N}^*$. Trouver les réels et $x_1, x_2, \dots, x_n$ vérifiant :

$$x_1 + x_2 + \dots + x_n = n \quad \text{et} \quad x_1^2 + x_2^2 + \dots + x_n^2 = n$$

Exercice 12 ⋆

On munit l'espace $\mathbb{R}_2[X]$ du produit scalaire $\langle \mid \rangle$ défini par :

$$\forall P, Q \in \mathbb{R}_2[X], \quad \langle P|Q\rangle = \int_{-1}^1 P(t)Q(t)\mathrm{d}t.$$

On note $\| \;\|$ la norme associée.

1) Déterminer une base orthonormée (P_0, P_1, P_2) de $\mathbb{R}_2[X]$.

2) Préciser les valeurs de $\sup\limits_{x\in[-1,1]} |P_0(x)|$, $\sup\limits_{x\in[-1,1]} |P_1(x)|$ et $\sup\limits_{x\in[-1,1]} |P_2(x)|$.

3) a) Lemme
Justifier que pour $(a_0, a_1, a_2) \in \mathbb{R}^3$, on a :

$$|a_0 + a_1\sqrt{3} + a_2\sqrt{5}| \leqslant 3\sqrt{a_0^2 + a_1^2 + a_2^2}.$$

b) Montrer que pour tout $P \in \mathbb{R}_2[X]$ de norme 1, on a $\sup\limits_{x\in[-1,1]} |P(x)| \leqslant \frac{3}{\sqrt{2}}$.

Exercice 13

Soient $n \in \mathbb{N}^*$, $m \in \mathbb{N}$, $a, b \in \mathbb{R}$ et $\varphi : \mathbb{R}_n[X] \times \mathbb{R}_n[X] \to \mathbb{R}, (P, Q) \mapsto \sum_{k=0}^{m} P^{(k)}(a)Q^{(k)}(b)$.
Déterminer une condition nécessaire et suffisante sur (a, b, m) pour que φ soit un produit scalaire sur $\mathbb{R}_n[X]$.

D'après Centrale-Supélec

Exercice 14 ★★

Soient $(E, \langle\ |\ \rangle)$ un espace euclidien de dimension $n \geqslant 3$ et α un réel.
Soit $\mathcal{F} = (e_1, \dots, e_n)$ une famille de vecteurs de E vérifiant les trois conditions suivantes :

- La famille $\mathcal{F}$ est liée.
- Les vecteurs de $\mathcal{F}$ sont unitaires et distincts deux à deux.
- Pour tous i et $j \in [\![1, n]\!]$, si $i \neq j$, alors $\langle e_i | e_j \rangle = \alpha$.

1) Montrer que $\alpha < 1$.
2) Soit $\lambda_1, \lambda_2, \dots, \lambda_n$ des réels non tous nuls tels que $\sum_{j=1}^{n} \lambda_j e_j = 0_E$.
   Montrer que les λ_i sont tous égaux entre eux.
3) En déduire que $\sum_{i=1}^{n} e_i = 0$ et que $\alpha = -\frac{1}{n-1}$.
4) Donner un exemple dans $\mathbb{R}^3$ d'une famille vérifiant les trois conditions du préambule.

Exercices avec questions ouvertes

Exercice 15 *Classique*

Soient $n \in \mathbb{N}^*$ et $(E, \langle\ |\ \rangle)$ un espace euclidien de dimension n et $\|\ \|$ la norme associée.
On suppose qu'il existe des vecteurs unitaires $e_1, e_2, \dots, e_n$ tels que :

$$\forall x \in E, \quad \|x\|^2 = \sum_{k=1}^{n} \langle e_k | x \rangle^2 \qquad (\star)$$

La famille $\mathcal{B} = (e_1, e_2, \dots, e_n)$ est-elle nécessairement une base orthonormale de E ?

Exercice 16

Soit u, v et w trois réels non nuls. On considère la matrice suivante :

$$M = \frac{1}{3}\begin{pmatrix} 2 & -\frac{u}{v} & -\frac{u}{w} \\ -\frac{v}{u} & 2 & -\frac{v}{w} \\ -\frac{w}{u} & -\frac{w}{v} & 2 \end{pmatrix}$$

et on note p l'endomorphisme de $\mathbb{R}^3$ canoniquement associé.
Est-il possible que p soit une projection ? Si c'est le cas préciser le noyau de p.
Est-il possible que p soit une projection orthogonale ? Si oui, combien de projections orthogonales obtient-on avec ce type de matrices ?

Corrections

Exercices axés sur le calcul

Exercice 1

1) On a $\|w\|^2 = 1 + 16 + 81 = 98$. Donc $n = \frac{1}{\sqrt{98}} w$ est unitaire.

On a $\langle v|w\rangle = -3 - 20 + 72 = 49$. Donc le projeté orthogonal p de v sur $\mathrm{Vect}(w)$ est :

$$p = \langle v|n\rangle\, n = \frac{\langle v|w\rangle}{\|w\|^2} w = \frac{49}{98} w = \frac{1}{2} w.$$

2) Pour tout $t \in \begin{pmatrix} x \\ y \\ z \end{pmatrix} \in \mathbb{R}^3$, on a :

$$\begin{aligned} t \in \mathrm{Vect}(v, w) &\iff \det(t, v, w) = 0 \\ &\iff \begin{vmatrix} x & -3 & 1 \\ y & 5 & -4 \\ z & 8 & 9 \end{vmatrix} = 0 \\ &\iff x \begin{vmatrix} 5 & -4 \\ 8 & 9 \end{vmatrix} - y \begin{vmatrix} -3 & 1 \\ 8 & 9 \end{vmatrix} + z \begin{vmatrix} -3 & 1 \\ 5 & -4 \end{vmatrix} = 0 \\ &\iff 77x + 35y + 7z = 0 \\ &\iff 11x + 5y + z = 0. \end{aligned}$$

on développe par rapport à C_1

Donc le vecteur $\begin{pmatrix} 11 \\ 5 \\ 1 \end{pmatrix}$ dirige la droite $\mathcal{P}^{\perp}$. Ce vecteur est donc orthogonal à v et à w.

Remarques

Si on ne connaît pas encore les déterminants, on peut chercher une équation de la forme $ax + by + cz = 0$, avec $(a, b, c) \neq 0$, qui soit vérifiée par u et w.

Si on connaît le produit vectoriel, on peut calculer $u \wedge w$ qui donne directement un vecteur orthogonal à v et à w. On en déduit une équation du plan après ce calcul.

Exercice 2

• Première étape

On normalise le vecteur u_1 et on pose $e_1 = \frac{1}{\sqrt{3}} \begin{pmatrix} 1 \\ 1 \\ 1 \end{pmatrix}$.

• Deuxième étape

On pose $x = u_2 - \langle e_1|u_2\rangle\, e_1$. Comme $\langle e_1|u_2\rangle = 0$, on a $x = u_2$.

On normalise le vecteur x et on pose $e_2 = \frac{1}{\sqrt{2}} \begin{pmatrix} 1 \\ 0 \\ -1 \end{pmatrix}$.

• Dernière étape

On pose $x' = u_3 - \langle e_1 | u_3 \rangle e_1 - \langle e_2 | u_3 \rangle e_3$. Comme $\langle e_1 | u_3 \rangle = 4\frac{\sqrt{3}}{3}$ et $\langle e_2 | u_3 \rangle = -4\frac{\sqrt{2}}{2}$, on a :

$$x' = \begin{pmatrix} -1 \\ 2 \\ 3 \end{pmatrix} + \frac{5}{3}\begin{pmatrix} 1 \\ 1 \\ 1 \end{pmatrix} - 2\begin{pmatrix} 1 \\ 0 \\ -1 \end{pmatrix} = \frac{1}{3}\begin{pmatrix} -3-4+6 \\ 6-4 \\ 9-4-2 \end{pmatrix} = \begin{pmatrix} -1 \\ 2 \\ -1 \end{pmatrix}.$$

On normalise le vecteur x' et on pose $e_3 = \frac{1}{\sqrt{6}}\begin{pmatrix} -1 \\ 2 \\ -1 \end{pmatrix}$.

La famille (e_1, e_2, e_3) est une base orthonormée de $\mathbb{R}^3$.

Exercice 3

1) L'application φ est clairement à valeurs réelles et symétrique.
   Pour $y \in \mathbb{R}^2$, l'application $\varphi_y : \mathbb{R}^2 \to \mathbb{R}, x \mapsto (y_1 - 2y_2)x_1 + (-2y_1 + 6y_2)x_2$ est linéaire. Par symétrie, φ est bilinéaire.
   Soit $x = (x_1, x_2) \in \mathbb{R}^2$. On a :
   $$\varphi(x,x) = x_1^2 - 4x_1x_2 + 6x_2^2 = (x_1 - 2x_2)^2 + 2x_2^2 \geqslant 0,$$
   car une somme de nombres positifs est positive. Et si $\varphi(x,x) = 0$, alors $x_1 - 2x_2 = 0$ et $x_2 = 0$, donc $x_1 = x_2 = 0$ et le vecteur x est nul.
   On a montré que φ est une forme bilinéaire, symétrique et définie positive. Donc φ est un produit scalaire sur $\mathbb{R}^2$.
2) Notons (u, v) la base canonique de $\mathbb{R}^2$.
   On a $u = (1,0)$ et $\varphi(u,u) = 1$. Donc u est unitaire (pour ce produit scalaire).
   On a $v = (0,1)$ et $\varphi(u,v) = -2$, donc $y = v - \varphi(u,v)u = v + 2u$ est orthogonal à u.
   On a $y = (2,1)$ et $\varphi(y,y) = 2$. En posant $w = \frac{1}{||y||^2}y = \frac{1}{\sqrt{2}}(2,1)$, la famille (u,w) est une base de $\mathbb{R}^2$ orthonormée pour ce produit scalaire.

Exercice 4

On note $n = \frac{1}{\sqrt{6}}\begin{pmatrix} 1 \\ -1 \\ 2 \end{pmatrix}$ un vecteur unitaire dirigeant la normale $\mathcal{D} = \mathcal{P}^\perp$.

Le projeté orthogonal d'un vecteur v sur $\mathcal{P}$ est $p(v) = v - \langle n | v \rangle n$.
On calcule les images des trois vecteurs de la base canonique :

$$p(e_1) = \begin{pmatrix} 1 \\ 0 \\ 0 \end{pmatrix} - \frac{1}{6}\begin{pmatrix} 1 \\ -1 \\ 2 \end{pmatrix} = \frac{1}{6}\begin{pmatrix} 5 \\ 1 \\ -2 \end{pmatrix}. \quad p(e_2) = \begin{pmatrix} 0 \\ 1 \\ 0 \end{pmatrix} + \frac{1}{6}\begin{pmatrix} 1 \\ -1 \\ 2 \end{pmatrix} = \frac{1}{6}\begin{pmatrix} 1 \\ 5 \\ 2 \end{pmatrix}$$

$$p(e_3) = \begin{pmatrix} 0 \\ 0 \\ 1 \end{pmatrix} - \frac{2}{6}\begin{pmatrix} 1 \\ -1 \\ 2 \end{pmatrix} = \frac{1}{6}\begin{pmatrix} -2 \\ 2 \\ 2 \end{pmatrix}.$$

La matrice dans la base canonique de p est $\frac{1}{6}\begin{pmatrix} 5 & 1 & -2 \\ 1 & 5 & 2 \\ -2 & 2 & 2 \end{pmatrix}$.

Exercice 5

1) Le sous-espace F est un plan car :

$$\begin{cases} x_1 + x_2 + x_3 + x_4 = 0 \\ x_1 + 2x_2 + 3x_3 + 4x_4 = 0 \end{cases} \underset{L_2 \leftarrow L_2 - L_1}{\Longleftrightarrow} \begin{cases} x_1 + x_2 + x_3 + x_4 = 0 \\ x_2 + 2x_3 + 3x_4 = 0 \end{cases}.$$

On obtient une base de F en choisissant deux vecteurs de F indépendants.

Par exemple, on peut choisir $e_1 = \begin{pmatrix} 1 \\ -2 \\ 1 \\ 0 \end{pmatrix}$ et $e_2 = \begin{pmatrix} 2 \\ -3 \\ 0 \\ 1 \end{pmatrix}$.

Ensuite on utilise l'algorithme d'orthonormalisation de Gram-Schmidt :

$u_1 = \frac{1}{\sqrt{6}} e_1 = \frac{1}{\sqrt{6}} \begin{pmatrix} 1 \\ -2 \\ 1 \\ 0 \end{pmatrix}$. Puis $\langle e_2 | u_1 \rangle = 2 + 6 + 0 = 8$, donc :

$u = e_2 - \langle e_2 | u_1 \rangle u_1 = \begin{pmatrix} 2 \\ -3 \\ 0 \\ 1 \end{pmatrix} - \frac{8}{6} \begin{pmatrix} 1 \\ -2 \\ 1 \\ 0 \end{pmatrix} = \frac{1}{3} \begin{pmatrix} 2 \\ -1 \\ -4 \\ 3 \end{pmatrix}$. Puis $u_2 = \frac{1}{\sqrt{30}} \begin{pmatrix} 2 \\ -1 \\ -4 \\ 3 \end{pmatrix}$.

On a ainsi (u_1, u_2) est une base orthonormée de F.

2) Le projeté orthogonal de v sur F est $p(v) = \langle u_1 | v \rangle u_1 + \langle u_2 | v \rangle u_2$.
Le calcul donne $\langle u_1 | v \rangle = \frac{1}{\sqrt{6}}$ et $\langle u_2 | v \rangle = \frac{2}{\sqrt{6}}$.
Puisque (u_1, u_2) est orthonormée , on a $\|p(v)\|^2 = \frac{1}{6} + \frac{4}{6} = \frac{5}{6}$.
On en déduit $d(v, F) = \sqrt{\|v\|^2 - \|p(v)\|^2} = \frac{1}{\sqrt{6}}$.

Exercice 6

1) Soit $k \in [\![1, n-1]\!]$. Le vecteur $u_k = \frac{1}{k} e_1 + \frac{1}{k} e_2 + \cdots + \frac{1}{k} e_k - e_{k+1}$ appartient à l'hyperplan H, car $\underbrace{\frac{1}{k} + \frac{1}{k} + \cdots + \frac{1}{k}}_{k \text{ fois}} - 1 + 0 = 1 - 1 = 0$.
Soient k et $\ell \in [\![1, n]\!]$ tels que $k < \ell$. On a :

$$\langle u_k | u_\ell \rangle = \underbrace{\frac{1}{k} \cdot \frac{1}{\ell} + \frac{1}{k} \cdot \frac{1}{\ell} + \cdots + \frac{1}{k} \cdot \frac{1}{\ell}}_{k \text{ fois}} - 1 \cdot \frac{1}{\ell} + 0 = \frac{1}{\ell} - \frac{1}{\ell} = 0.$$

On a montré que $(u_1, u_2, \ldots, u_n)$ est une famille orthogonale de H.
Calculons la norme du vecteur u_k : $\|u_k\|^2 = \underbrace{\frac{1}{k^2} + \frac{1}{k^2} + \cdots + \frac{1}{k^2}}_{k \text{ fois}} + 1 + 0 = \frac{1}{k} + 1 = \frac{k+1}{k}$.

Pour tout $k \in [\![1, n-1]\!]$, on pose $u'_k = \sqrt{\frac{k}{k+1}} u_k$ et la famille $\mathcal{F}' = (u'_1, u'_2, \dots, u'_{n-1})$ est une famille orthonormée de H.
En particulier, c'est une famille libre. Comme card $\mathcal{F}' = n - 1 = \dim H$, $\mathcal{F}'$ est une base orthonormée de H.

2) On cherche à préciser le projeté orthogonal y de e_1 sur H.

• Première méthode (utilisation de la base orthonormée)

Puisque $\mathcal{F}'$ est une base orthonormée de H, on sait que $y = \sum_{k=1}^{n-1} (u'_k | e_n) u'_k$.

Or pour $k \in [\![1, n-2]\!]$, $(u'_k | e_n) = 0$ et $(u'_{n-1} | e_n) = 0 - \sqrt{\frac{n-1}{n}} = -\sqrt{\frac{n-1}{n}}$. Donc :

$$\begin{aligned} y &= -\sqrt{\frac{n-1}{n}} u'_{n-1} \\ &= -\frac{n-1}{n} u_{n-1} \\ &= -\frac{n-1}{n} \left(\frac{1}{n-1} e_1 + \frac{1}{n-1} e_2 + \dots + \frac{1}{n-1} e_{n-1} - e_n \right) \\ &= -\frac{1}{n}(e_1 + e_2 + \dots + e_n) + \frac{n-1}{n} e_n. \end{aligned}$$

• Seconde méthode (utilisation de $H^\perp$)

D'après l'équation de l'hyperplan, le vecteur $u_n = \begin{pmatrix} 1 \\ \vdots \\ 1 \end{pmatrix}$ dirige la droite $H^\perp$.

Donc $e'_n = \frac{\langle e_n | u_n \rangle}{\|u_n\|^2} u_n$ est le projeté orthogonal de e_n sur $H^\perp$. Donc $y = e_n - e'_n$.

Comme $u_n = e_1 + e_2 + \dots + e_n$, on a $\|u_n\|^2 = n$, $\langle e_n | u_n \rangle = 1$ et :

$$y = e_n - \frac{1}{n}(e_1 + e_2 + \dots + e_n) = -\frac{1}{n}(e_1 + e_2 + \dots + e_{n-1}) + \frac{n-1}{n} e_n.$$

Exercices axés sur le raisonnement

Exercice 7

1) On sait que H est un hyperplan de $\mathcal{M}_n(\mathbb{R})$, car c'est le noyau d'une forme linéaire non nulle.

Pour toute $M \in H$, on a $\langle M | I_n \rangle = \operatorname{tr}\left(M^T I_n\right) = \operatorname{tr}\left(M^T\right) = \operatorname{tr}(M) = 0$, car $M \in H$ et la transposée de M a la même trace que M.

On a montré que I_n appartient à l'orthogonal de H, donc les sous-espaces $\operatorname{Vect}(I_n)$ et H sont orthogonaux.

En particulier, la somme de H et $\operatorname{Vect}(I_n)$ est directe*.

De plus, $\dim\left(H \oplus \operatorname{Vect}(I_n)\right) = \dim H + \dim \operatorname{Vect}(I_n) = n^2 - 1 + 1 = \dim \mathcal{M}_n(\mathbb{R})$.

Tout cela montre que $H \oplus \operatorname{Vect}(I_n) = \mathcal{M}_n(\mathbb{R})$.

*On aurait pu facilement le démontrer directement.

2) On a $\|I_n\|^2 = \text{tr}\left(I_n^T I_n\right) = \text{tr}(I_n) = n$ (on a utilisé $I_n^T = I_n$ et $I_n^2 = I_n$).
Donc le vecteur $N = \frac{1}{\sqrt{n}} I_n$ est un vecteur unitaire dirigeant la droite $H^\perp$.
En notant U' le projeté orthogonal sur H de la matrice U, on a :

$$U' = U - \langle U \,|\, N\rangle\, N = U - \frac{\langle I_n | U\rangle}{\|U\|^2} I_n = U - \frac{\langle I_n | U\rangle}{n} I_n.$$

Or $\langle I_n | U\rangle = \text{tr}\left(I_n^T U\right) = \text{tr}(U) = n$. D'où $U' = U - I_n$.
Donc U' est la matrice dont les coefficients valent 1 sauf ceux de la diagonale qui valent 0.

Exercice 8

1) Par linéarité à gauche :

$$\begin{aligned}\left\langle X - 1 \middle| X^2 - X\right\rangle &= \left\langle X \middle| X^2 - X\right\rangle - \left\langle 1 \middle| X^2 - X\right\rangle \\ &= \left\langle X \middle| X^2\right\rangle - \langle X|X\rangle - \left\langle 1 \middle| X^2\right\rangle + \langle 1|X\rangle \\ &= 0 - 1 + 0 + 0 = -1.\end{aligned}$$

(par linéarité à droite ; la famille est orthonormée)

Puisque $(1, X)$ est orthonormée, $\|X - 1\| = \sqrt{1^2 + (-1)^2} = \sqrt{2}$.

2) L'application $P \mapsto P(-1)$ est une forme linéaire non nulle sur $\mathbb{R}_n[X]$. Donc H est un hyperplan de $\mathbb{R}_n[X]$. À ce titre, $\dim H = \dim \mathbb{R}_n[X] - 1 = n$.

3) Pour $P \in \mathbb{R}_n[X]$ et $k \in [\![0, n-1]\!]$, on a :

$$\left\langle P \middle| X^{k+1}\right\rangle = -\left\langle P \middle| X^k\right\rangle \iff \left\langle P \middle| X^{k+1}\right\rangle + \left\langle P \middle| X^k\right\rangle = 0 \iff \left\langle P \middle| X^{k+1} + X^k\right\rangle = 0.$$

Donc :

$$\forall k \in [\![0, n-1]\!], \left\langle P \middle| X^{k+1}\right\rangle = -\left\langle P \middle| X^k\right\rangle \iff P \in \text{Vect}\left(X + 1, X^2 + X, \dots, X^n + X^{n-1}\right)^\perp.$$

Or, $\mathcal{F} = \left(X + 1, X^2 + X, \dots, X^n + X^{n-1}\right)$ est une famille libre, car les polynômes sont de degrés deux à deux distincts. Ces n polynômes appartiennent à H, car $(-1)^{k+1} + (-1)^k = 0$. Comme card $H = \dim H$, $\mathcal{F}$ est une base de H, donc $H = \text{Vect}\left(X+1, X^2+X, \dots, X^n+X^{n-1}\right)$.

On a montré l'équivalence : $P \in H^\perp \iff \forall k \in [\![0, n-1]\!], \left\langle P \middle| X^{k+1}\right\rangle = -\left\langle P \middle| X^k\right\rangle$.

On sait que $H^\perp$ est de dimension 1, car $H \oplus^\perp H^\perp = \mathbb{R}_n[X]$. On cherche un $P \in H^\perp \setminus \{0\}$. La base $(1, X, \dots, X^n)$ étant orthonormée, les coefficients de P dans cette base sont les produits scalaires $\left\langle P \middle| X^k\right\rangle$.
Le résultat précédent donne :

$$P \in H^\perp \iff \forall k \in [\![0, n]\!], \left\langle P \middle| X^k\right\rangle = (-1)^k \left\langle P \middle| X^0\right\rangle.$$

On en déduit :

$$P \in H^\perp \iff P = \langle P|1\rangle \sum_{k=0}^{n} (-1)^k X^k.$$

La droite $H^\perp$ est dirigée par le polynôme $U = 1 - X + X^2 - \dots + (-1)^n X^n$.

Remarque
On a $\langle P|1\rangle = P(0)$ puisque c'est le coefficient constant de P.

4) On a $\|U\| = \sqrt{n+1}$, donc $N = \frac{1}{\sqrt{n+1}}U$ est un vecteur unitaire dirigeant $H^\perp$. On a donc :

$$d(X,H) = |\langle X|N\rangle| = \frac{|\langle X|U\rangle|}{\|U\|}.$$

Puisque $(1, X, \dots, X^n)$ est une base orthonormée, on a :

$$\|U\|^2 = \left\|\sum_{k=0}^{n}(-1)^k X^k\right\|^2 = \sum_{k=0}^{n}(-1)^{2k} = n+1 \quad \text{et} \quad |\langle X|U\rangle| = 0 - \langle X|X\rangle + 0 = -1.$$

La distance de X à H est donc égale à $\frac{1}{\sqrt{n+1}}$.

Exercice 9

1) On raisonne par analyse-synthèse.
- Analyse

Supposons que $U = aX + b$ convienne. On a en particulier $\langle X|U\rangle = 0$ et $\langle 1|U\rangle = 1$, car X et 1 valent respectivement 1 et 0 en 0. Or, le calcul donne :

$\langle 1|U\rangle = \int_0^1 U(t)\mathrm{d}t = \int_0^1 (at+b)\mathrm{d}t = \frac{1}{2}a + b,$

$\langle X|U\rangle = \int_0^1 tU(t)\mathrm{d}t = \int_0^1 (at^2+bt)\mathrm{d}t = \frac{1}{3}a + \frac{1}{2}b.$

D'où le système suivant :

$$\begin{cases} \frac{1}{2}a + b = 1 \\ \frac{1}{3}a + \frac{1}{2}b = 0 \end{cases} \underset{L_2 \leftarrow 3L_2 - 2L_1}{\Longleftrightarrow} \begin{cases} \frac{1}{2}a + b = 1 \\ \quad -\frac{1}{2}b = -2 \end{cases} \Longleftrightarrow \begin{cases} a = -6 \\ b = 4 \end{cases}$$

Donc $U = -6X + 4$.
- Synthèse

On pose $U = -6X + 4$. On a $U \in \mathbb{R}_1[X]$ et par construction $\langle 1|U\rangle = 1$ et $\langle X|U\rangle = 0$.
Soit $P \in \mathbb{R}_1[X]$. On sait que $P = P(0) + P'(0)X$, d'après la formule de Taylor polynomiale.
Par linéarité à droite du produit scalaire :

$$\langle P|U\rangle = P(0)\langle 1|U\rangle + P'(0)\langle X|U\rangle = P(0).$$

Cela montre que $-6X + 4$ convient.

2) À l'aide de l'inégalité de Cauchy-Schwarz, on a pour tout $P \in S$:

$$P(0) \leqslant |P(0)| = |\langle P|U\rangle| \leqslant \|P\|\|U\| = \|U\|.$$

Et si $P(0) = \|U\|$, alors $P(0) \geqslant 0$ et il y a égalité dans l'inégalité de Cauchy-Schwarz.
Dans ce cas P est colinéaire à U, de même sens (car le produit scalaire $\langle P|U\rangle$ est positif) et de norme 1 (car $P \in S$).
Un seul polynôme vérifie cela : c'est le polynôme $P_0 = \frac{1}{\|U\|}U$.

Calculons la norme de $U = -6X + 4$:

$$\begin{aligned} \|U\|^2 &= \int_0^1 (-6t+4)^2 \mathrm{d}t \\ &= \int_0^1 (36t^2 - 48t + 16)\mathrm{d}t \\ &= \left[12t^3 - 24t^2 + 16t\right]_0^1 \\ &= 4 - 0. \end{aligned}$$

on développe

primitivation d'un polynôme

Donc $\|U\| = 2$ et $P_0 = U/2 = -3X + 2$.

3) En conclusion, la valeur maximale de $P(0)$ lorsque P décrit S est atteinte pour P_0 et vaut $\|U\|$, c'est-à-dire 2.

Exercice 10

On pense à l'inégalité de Cauchy-Schwarz $|\langle u|v\rangle| \leqslant \|u\|\|v\|$, avec des vecteurs u et $v \in \mathbb{R}^n$ (et le produit scalaire usuel).
Après réflexion, on pose $u = \left(1/\sqrt{x_1}, 1/\sqrt{x_2}, \dots, 1/\sqrt{x_n}\right)$.

Pour ce vecteur u, on a $\|u\|^2 = \sum_{i=1}^{n} \frac{1}{x_i}$ (c'est l'expression que l'on souhaite minorer).

On pose $v = \left(\sqrt{x_1}, \sqrt{x_2}, \dots, \sqrt{x_n}\right)$. On a $\|v\|^2 = \sum_{i=1}^{n} x_i = 1$, d'après l'énoncé.

Et, on a $\langle u|v\rangle = \sum_{i=1}^{n} \frac{1}{\sqrt{x_i}}\sqrt{x_i} = \sum_{i=1}^{n} 1 = n$.

En élevant l'inégalité de Cauchy-Schwarz au carré, on obtient $n^2 \leqslant \sum_{i=1}^{n} x_i$.

Exercice 11

On pense à la norme euclidienne usuelle de $\mathbb{R}^n$ (et au produit scalaire associé).

Soient $x_1, x_2, \dots, x_{n-1}$ et $x_n \in \mathbb{R}$.
On pose $x = (x_1, x_2, \dots, x_n)$. On a $\|x\|^2 = x_1^2 + x_2^2 + \cdots + x_n^2$.

On pose $y = (1, 1, \dots, 1, 1)$. On a $\|y\|^2 = n$ et $\langle x|y\rangle = x_1 + x_2 + \cdots + x_n$.

• Analyse

Si $x_1, x_2, \dots, x_n$ conviennent, alors on a $\|x\| = \|y\| = \sqrt{n}$ et $\langle x|y\rangle = \|x\|\|y\|$. Donc le produit scalaire est positif et il y a égalité dans l'inégalité de Cauchy-Schwarz. Les vecteurs x et y sont colinéaires, de même norme et de même sens (car $\langle x|y\rangle \geqslant 0$). On en déduit $x = y$.

• Synthèse

On vérifie facilement que si $(x_1, x_2, \dots, x_n) = (1, 1, \dots, 1)$, alors on a les deux égalités demandées.

En conclusion, Il y a une solution et une seule qui est $x_1 = 1$, $x_2 = 1, \dots, x_n = 1$.

Exercice 12

1) On va appliquer l'algorithme d'orthonormalisation de Gram-Schmidt à la famille $(1, X, X^2)$ qui est une base de $\mathbb{R}_2[X]$.

• Première étape (normalisation du vecteur 1)

On a $\|1\|^2 = \int_{-1}^{1} 1\mathrm{d}t = 2$. On pose $P_0 = \frac{1}{\sqrt{2}}$.

• Deuxième étape

On pose $P = X - \langle P_0 | X\rangle P_0$. Comme $\langle P_0 | X\rangle = \frac{1}{\sqrt{2}} \int_{-1}^{1} t\mathrm{d}t = 0$, on a $P = X$.

On a $\|X\|^2 = \int_{-1}^{1} t^2\mathrm{d}t = \left[\frac{1}{3}t^3\right]_{-1}^{1} = \frac{2}{3}$. On pose $P_1 = \sqrt{\frac{3}{2}}X$.

• Dernière étape

On pose $P = X^2 - \langle P_0 | X^2\rangle P_0 - \langle P_1 | X^2\rangle P_1$.

Comme $\langle P_0 | X^2\rangle = \frac{1}{\sqrt{2}} \int_{-1}^{1} t^2\mathrm{d}t = \frac{1}{\sqrt{2}} \cdot \frac{2}{3}$ et $\langle P_1 | X^2\rangle = \sqrt{\frac{3}{2}} \int_{-1}^{1} t^3\mathrm{d}t = 0$, on obtient $P = X^2 - \frac{1}{\sqrt{2}} \cdot \frac{2}{3} \cdot \frac{1}{\sqrt{2}} = X^2 - \frac{1}{3}$. Calculons la norme de $P = X^2 - \frac{1}{3}$:

$$\begin{aligned}
\|P\|^2 &= \int_{-1}^{1} \left(t^2 - \frac{1}{3}\right)^2 \mathrm{d}t \\
&= \int_{-1}^{1} \left(t^4 - \frac{2}{3}t^2 + \frac{1}{9}\right) \mathrm{d}t \\
&= \left[\frac{1}{5}t^5 - \frac{2}{9}t^3 + \frac{1}{9}t\right]_{-1}^{1} \\
&= \frac{2}{5} - \frac{4}{9} + \frac{2}{9}.
\end{aligned}$$

(on développe ; primitivation d'un polynôme)

Tous calculs faits,

on trouve $\|P\|^2 = \frac{8}{45}$ et on pose $P_2 = \frac{3\sqrt{5}}{2\sqrt{2}} \left(X^2 - \frac{1}{3}\right)$.

La famille (P_0, P_1, P_2) est une base orthonormée de $\mathbb{R}_2[X]$.

2) On a facilement $\sup_{x\in[-1,1]} |P_0(x)| = \frac{1}{\sqrt{2}}$ et $\sup_{x\in[-1,1]} |P_1(x)| = \sqrt{\frac{3}{2}}$.

Une étude de $x \mapsto x^2 - 1/3$, donne facilement le tableau de variations suivant :

x	-1	0	1
$f(x)$	$2/3$ ↘	$-1/3$	↗ $2/3$

On en déduit que $\sup_{x\in[-1,1]} |x^2 - 1/3| = 2/3$, puis que $\sup_{x\in[-1,1]} |P_2(x)| = \sqrt{5}/\sqrt{2}$.

3) a) Lemme

On va utiliser l'inégalité de Cauchy-Schwarz dans $\mathbb{R}^3$ avec les vecteurs $u = (a_0, a_1, a_2)$ et $v = \left(1, \sqrt{3}, \sqrt{5}\right)$. Pour éviter les confusions avec les notations de l'énoncé, on note $u \bullet v$ le produit scalaire usuel de $\mathbb{R}^3$ et $\| \ \|_2$ la norme associée.

On a $\|u\|_2 = \sqrt{a_0^2 + a_1^2 + a_2^2}$, $\|v\|_2 = \sqrt{1+3+5} = 3$ et $u \bullet v = a_0 + a_1\sqrt{3} + a_2\sqrt{5}$.
D'après l'inégalité de Cauchy-Schwarz :

$$\left|a_0 + a_1\sqrt{3} + a_2\sqrt{5}\right| = |u \bullet v| \leqslant \|u\|_2 \|v\|_2 = 3\sqrt{a_0^2 + a_1^2 + a_2^2}.$$

b) Soit P de norme 1.

Puisque (P_0, P_1, P_2) est une base orthonormée de $\mathbb{R}_2[X]$, P s'écrit $aP_0 + bP_1 + cP_2$ avec $a^2 + b^2 + c^2 = 1$.

Pour tout $x \in [-1, 1]$, on a :

$$\begin{aligned}
\left|P(x)\right| &= \left|aP_0(x) + bP_1(x) + cP_2(x)\right| \\
&\leqslant |a||P_0(x)| + |b||P_1(x)| + |c||P_2(x)| && \text{inégalité triangulaire dans } \mathbb{R} \\
&\leqslant \frac{|a|}{\sqrt{2}} + \frac{|b|\sqrt{3}}{\sqrt{2}} + \frac{|c|\sqrt{5}}{\sqrt{2}} && \text{d'après 2)} \\
&\leqslant \frac{3}{\sqrt{2}}\sqrt{a^2 + b^2 + c^2} && \text{d'après le lemme précédent} \\
&= \frac{3}{\sqrt{2}}. && a^2 + b^2 + c^2 = 1
\end{aligned}$$

En effet, avec $a_0 = |a|$, $a_1 = |b|$ et $a_2 = |c|$, on a bien $a_0^2 + a_1^2 + a_2^2 = a^2 + b^2 + c^2$ et $|a_0 + a_1\sqrt{3} + a_2\sqrt{5}| = \left||a| + |b|\sqrt{3} + |c|\sqrt{5}\right| = |a| + |b|\sqrt{3} + |c|\sqrt{5}$.

On a montré que pour tout $x \in [-1, 1]$, $\left|P(x)\right| \leqslant \frac{3}{\sqrt{2}}$, donc on a $\sup\limits_{x \in [-1,1]} |P(x)| \leqslant \frac{3}{\sqrt{2}}$.

Exercice 13

• Forme

Si P et $Q \in \mathbb{R}_n[X]$, leurs dérivées successives aussi. Comme a et $b \in \mathbb{R}$, $P^{(k)}(a)Q^{(k)}(b) \in \mathbb{R}$ pour tout $k \in \mathbb{N}$, donc $\varphi(P, Q)$ est un réel.

• Bilinéarité

Soit $Q \in \mathbb{R}_n[X]$. L'application $P \mapsto \sum\limits_{k=0}^{m} P^{(k)}(a)Q^{(k)}(b)$ est linéaire (la dérivation et l'évaluation le sont).
Il en va de même pour la linéarité à gauche.

• Symétrie

Si $a = b$, alors φ est clairement symétrique.
Montrons que la réciproque est vraie :
Supposons que φ soit symétrique. Choisissons $P = X - a$ et $Q = 1$.
On a $\varphi(P, Q) = P(a)Q(b) + 0 = 0$ et $\varphi(Q, P) = Q(a)P(b) = b - a$. Donc $b = a$.

L'application φ est symétrique si, et seulement si, $a = b$.

• Définie positive

Désormais $a = b$. L'application φ est alors positive, car $\varphi(P,P) = \sum_{k=0}^{m} \left(P^{(k)}(a)\right)^2$ est une somme de termes positifs.
Et si $\varphi(P,P) = 0$, alors $P^{(k)}(a) = 0$ pour $k \in [\![0,m]\!]$. Donc a est racine de P d'ordre au moins $m+1$.
Si $m \geqslant n$, alors $P = 0_{\mathbb{R}[X]}$, car $\deg P \leqslant n$ et a est racine de P d'ordre au moins $m+1$.
Si $m < n$. Choisissons $P_0 = (X-a)^{m+1}$. On a $P_0 \in \mathbb{R}_n[X]$, $P \neq 0_{\mathbb{R}[X]}$ et $\varphi(P,P) = 0$.
Ainsi φ est définie positive si, et seulement si, $m \geqslant n$.

En conclusion, φ est un produit scalaire sur $\mathbb{R}_n[X]$ si, et seulement si, $a = b$ et $m \geqslant n$.

Exercice 14

1) L'inégalité de Cauchy-Schwarz donne $|\alpha| = |\langle e_1 | e_2 \rangle| \leqslant \|e_1\| \|e_2\| = 1$.
En particulier $\alpha \leqslant 1$.
On raisonne par l'absurde.
On suppose que $\alpha = 1$.
On a alors égalité dans l'inégalité de Cauchy-Schwarz, donc e_1 et e_2 sont colinéaires.
Or, ils sont unitaires, donc $e_1 = \pm e_2$. Comme $e_1 \neq e_2$, on a $e_1 = -e_2$.
Mais alors, on a $\langle e_1 | e_2 \rangle = -\langle e_2 | e_2 \rangle = -\|e_2\|^2 = -1$, ce qui contredit $\alpha = 1$.
On a montré que $\alpha < 1$.

2) Soit $i \in [\![1,n]\!]$. Par linéarité du produit scalaire à droite, on a :

$$\left\langle e_i \middle| \sum_{j=1}^{n} \lambda_j e_j \right\rangle = \sum_{j=1}^{n} \lambda_j \langle e_i | e_j \rangle$$

on isole le terme pour $j = i$

$$= \lambda_i \|e_i\|^2 + \sum_{\substack{j=1 \\ j\neq i}}^{n} \lambda_j \langle e_i | e_j \rangle$$

d'après les conditions vérifiées par $\mathcal{F}$

$$= \lambda_i + \sum_{\substack{j=1 \\ j\neq i}}^{n} \lambda_j \alpha$$

par linéarité de la somme

$$= \lambda_i + \alpha \sum_{\substack{j=1 \\ j\neq i}}^{n} \lambda_j$$

on réintroduit le terme pour $j = i$

$$= \lambda_i + \alpha \left(-\lambda_i + \sum_{j=1}^{n} \lambda_j \right)$$

$$= (1-\alpha)\lambda_i + \alpha \sum_{j=1}^{n} \lambda_j.$$

Or, $\sum_{j=1}^{n} \lambda_j e_j = 0_E$, donc on aussi $\left\langle e_i \middle| \sum_{j=1}^{n} \lambda_j e_j \right\rangle = 0$.

Comme $\alpha \neq 1$, on en déduit $\lambda_i = \frac{\alpha}{\alpha - 1} \sum_{j=1}^{n} \lambda_j$.

Donc tous les λ_i sont égaux entre eux, car $\sum_{j=1}^{n} \lambda_j$ ne dépend pas de i.

3) On a donc $0_E = \sum_{j=1}^{n} \lambda_j e_j = \sum_{j=1}^{n} \lambda_1 e_j = \lambda_1 \sum_{j=1}^{n} e_j$.

Comme $\lambda_1 \neq 0$ (sinon tous les coefficients seraient nuls), on en déduit que $\sum_{i=1}^{n} e_i = 0$.

En utilisant le produit scalaire avec e_1, on obtient $1 + \sum_{i=2}^{n} \alpha = 0$, donc $\alpha = -\frac{1}{n-1}$.

4) Comme $\dim \mathbb{R}^3 = 3$, on doit choisir $\alpha = -\frac{1}{2}$. On cherche des vecteurs unitaires formant un angle θ tel que $-\frac{1}{2} = \langle e_i | e_j \rangle = \|e_i\| \|e_j\| \cos(\theta)$. Donc $\theta \equiv \pm\frac{2\pi}{3}\ [2\pi]$.
Inspiré par les images dans le plan complexe des racines cubiques de l'unité, on peut proposer $e_1 = \begin{pmatrix} 1 \\ 0 \end{pmatrix}$, $e_2 = \begin{pmatrix} -1/2 \\ \sqrt{3}/2 \end{pmatrix}$ et $e_3 = \begin{pmatrix} -1/2 \\ -\sqrt{3}/2 \end{pmatrix}$.
La famille (e_1, e_2, e_3) est une famille de 3 vecteurs unitaires distincts et on a bien :

$$\langle e_1 | e_2 \rangle = \langle e_1 | e_3 \rangle = -\frac{1}{2} \text{ et } \langle e_2 | e_3 \rangle = \frac{1}{4} - \frac{3}{4} = -\frac{1}{2}.$$

Remarque

Plus généralement, on peut choisir n'importe quel triangle équilatéral ABC et prendre les 3 vecteurs qui joignent le centre du triangle aux sommets.

Exercices avec questions ouvertes

Exercice 15

La réponse est positive. La dimension de E étant n et $\mathcal{B}$ étant une famille de n vecteurs unitaires, il suffit de montrer que la famille est orthogonale.

Soit $i \in [\![1n]\!]$. La relation $(\star)$ donne pour $x = e_i$:

$$1 = \|e_i\|^2 = \sum_{k=1}^{n} \langle e_k | e_i \rangle^2 = \langle e_i | e_i \rangle^2 + \sum_{k \neq i} \langle e_k | e_i \rangle^2.$$

Comme $\langle e_i | e_i \rangle^2 = \|e_i\|^4 = 1^4 = 1$, on a $\sum_{k \neq i} \langle e_k | e_i \rangle^2 = 0$.

Les termes étant tous positifs, on obtient $\langle e_k | e_i \rangle^2 = 0$ pour tous k et i distincts.
La famille $\mathcal{B}$ est orthogonale et ses n vecteurs sont non nuls (puisque de norme 1) donc $\mathcal{B}$ est une famille libre.

Finalement $(e_1, e_2, \dots, e_n)$ est une base orthonormale de E.

Exercice 16

Soient u, v et w trois réels non nuls et M la matrice de l'énoncé.

• Projection

On calcule $M \times M$:

$$M^2 = \frac{1}{9} \begin{pmatrix} 2 & -\frac{u}{v} & -\frac{u}{w} \\ -\frac{v}{u} & 2 & -\frac{v}{w} \\ -\frac{w}{u} & -\frac{w}{v} & 2 \end{pmatrix} \begin{pmatrix} 2 & -\frac{u}{v} & -\frac{u}{w} \\ -\frac{v}{u} & 2 & -\frac{v}{w} \\ -\frac{w}{u} & -\frac{w}{v} & 2 \end{pmatrix} = \frac{1}{9} \begin{pmatrix} 6 & -3\frac{u}{v} & -3\frac{u}{w} \\ -3\frac{v}{u} & 6 & -3\frac{v}{w} \\ -3\frac{w}{u} & -3\frac{w}{v} & 6 \end{pmatrix}.$$

On a $M^2 = M$, d'où $p^2 = p$. Donc p est une projection.

• Noyau de p

On résout $MX = 0$ en utilisant la notation allégée :

$$M\begin{pmatrix} x \\ y \\ z \end{pmatrix} = 0 \iff \left(\begin{array}{ccc|c} 2 & -\frac{u}{v} & -\frac{u}{w} & 0 \\ -\frac{v}{u} & 2 & -\frac{v}{w} & 0 \\ -\frac{w}{u} & -\frac{w}{v} & 2 & 0 \end{array}\right)$$

$L_2 \leftarrow 2L_2 + \frac{v}{u}L_1$

$L_3 \leftarrow 2L_3 + \frac{v}{u}L_1$

$$\iff \left(\begin{array}{ccc|c} 2 & -\frac{u}{v} & -\frac{u}{w} & 0 \\ 0 & 3 & -3\frac{v}{w} & 0 \\ 0 & -3\frac{w}{v} & 3 & 0 \end{array}\right)$$

$L_3 \leftarrow L_3 + \frac{w}{v}L_1$

$$\iff \left(\begin{array}{ccc|c} 2 & -\frac{u}{v} & -\frac{u}{w} & 0 \\ 0 & 3 & -3\frac{v}{w} & 0 \\ 0 & 0 & 0 & 0 \end{array}\right)$$

on obtient y, puis x en fonction de z

$$\iff \begin{cases} x = \frac{u}{w}z \\ y = \frac{v}{w}z \end{cases}$$

on revient à $X = \begin{pmatrix} x \\ y \\ z \end{pmatrix}$

$$\iff X = \frac{z}{w}\begin{pmatrix} u \\ v \\ w \end{pmatrix}.$$

Le noyau de la projection p est la droite dirigée par le vecteur $n = \begin{pmatrix} u \\ v \\ w \end{pmatrix}$.

• Projections orthogonales

La projection p est orthogonale si, et seulement si, $\mathrm{Im}(p)$ et $\mathrm{Ker}(p)$ sont orthogonaux. Or, $\langle e_1 | n\rangle = \frac{1}{3}\left(2 - \frac{v^2}{u} - \frac{w^2}{u}\right) = \frac{1}{3u}(2u^2 - v^2 - w^2)$ et il en va de même pour e_2 et e_3.

$$\begin{cases} 2u^2 - v^2 - w^2 = 0 \\ -u^2 + 2v^2 - w^2 = 0 \\ -u^2 - v^2 + 2w^2 = 0 \end{cases} \underset{\substack{L_2 \leftarrow 2L_2 + L_1 \\ L_3 \leftarrow 2L_3 + L_1}}{\iff} \begin{cases} 2u^2 - v^2 - w^2 = 0 \\ 3v^2 - 3w^2 = 0 \\ -3v^2 + 3w^2 = 0 \end{cases} \iff \begin{cases} u^2 = w^2 \\ v^2 = w^2 \end{cases}.$$

Donc on a :

$$\mathrm{Im}(f) \perp \mathrm{Ker}(f) \iff \forall i \in [\![1,3]\!], \langle e_i | n\rangle = 0 \iff u = \pm w \text{ et } v = \pm w.$$

En conclusion, il y a 4 projections orthogonales de ce type.

Remarque

On verra en seconde année qu'une matrice d'une projection orthogonale dans une base orthonormée doit être symétrique. Sachant cela, l'exercice est plus simple, car on vérifie facilement :

$$M^T = M \quad \iff \quad u^2 = v^2 = w^2.$$

Dénombrement, probabilités

25

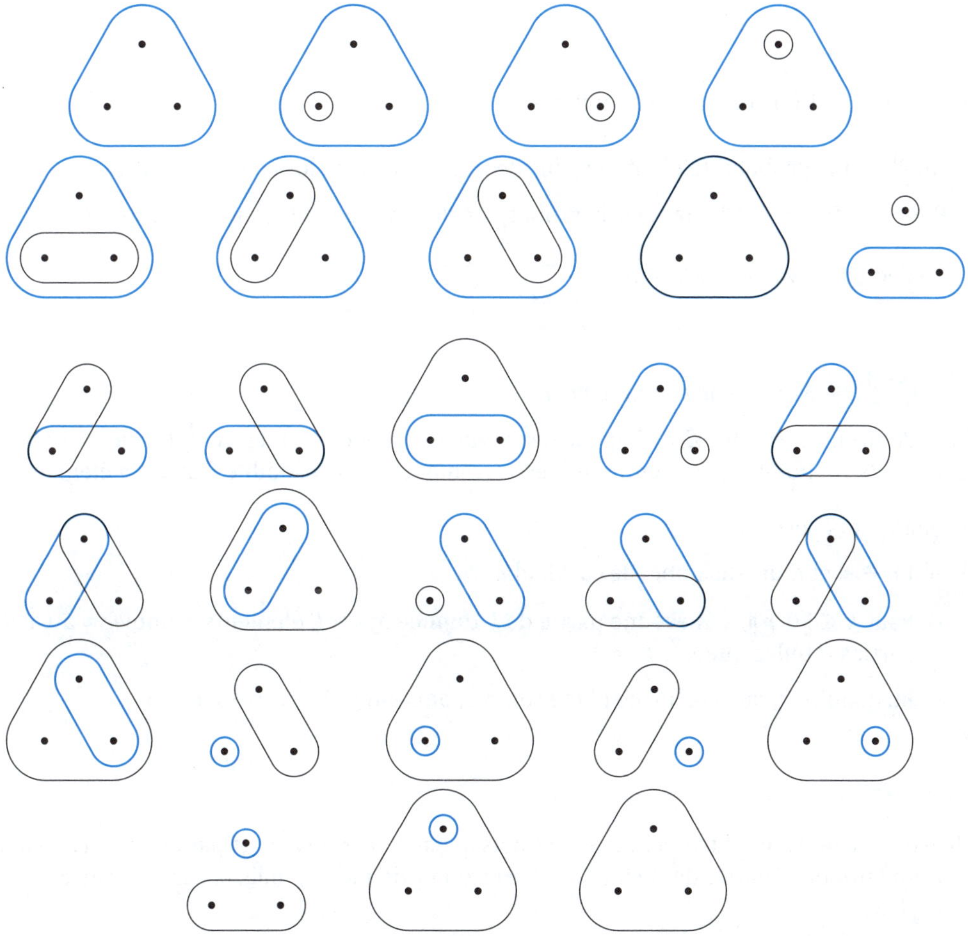

Dans l'exercice n° 3, on dénombre les recouvrements d'un ensemble E (fini), c'est-à-dire les couples (A, B) de parties de E tels que $A \cup B = E$. On montre qu'il y en a exactement 3^n. On a représenté ici les 27 recouvrements d'un ensemble de cardinal 3.

Exercices axés sur le calcul

Exercice 1

Soient P une probabilité sur un univers Ω fini et A et B deux événements. Calculer les deux sommes suivantes (où $\overline{A}$ est l'événement contraire de A) :

$$s_1 = \mathrm{P}(A \cap B) + \mathrm{P}(\overline{A} \cap B) + \mathrm{P}(A \cap \overline{B}) + \mathrm{P}(\overline{A} \cap \overline{B}),$$

$$s_2 = \mathrm{P}(A \cup B) + \mathrm{P}(\overline{A} \cup B) + \mathrm{P}(A \cup \overline{B}) + \mathrm{P}(\overline{A} \cup \overline{B}).$$

Exercice 2

On lance $2n + 1$ fois une pièce équilibrée.

1) Quelle est la probabilité d'obtenir plus de *pile* que de *face* lors de ces lancers ?
2) Pour $k \in [\![0, 2n+1]\!]$, rappeler la probabilité de l'événement « obtenir k fois *pile* ».
3) En déduire la valeur de la somme $\sum_{k=n+1}^{2n+1} \binom{2n+1}{k}$.

Exercice 3 *Nombre de recouvrements*

Étant donné un ensemble E, on appelle *recouvrement* de E un couple (A, B) tel que $A \cup B = E$. Pour $n \in \mathbb{N}$, on notera r_n le nombre de recouvrements d'un ensemble E ayant n éléments.

1) Que vaut r_0 ? et r_1 ?
2) Soit $n \in \mathbb{N}$ et E un ensemble de cardinal n.
   a) Pour $k \in [\![0, n]\!]$, si A est une partie de E donnée ayant k éléments, combien y a-t-il de parties B telles que $A \cup B = E$?
   b) En déduire r_n sous la forme d'une somme, puis simplifier cette somme.

Exercice 4

Alice tire aléatoirement trois chiffres distincts dans $[\![1, 9]\!]$ et les range par ordre décroissant pour en faire un nombre de 3 chiffres. Bernard fait de même, mais en tirant trois chiffres dans $[\![1, 8]\!]$.

Quelle est la probabilité que le nombre d'Alice soit strictement plus grand que celui de Bernard ?

Exercices axés sur le raisonnement

Exercice 5 ⋆

On rappelle qu'un échiquier est un carré de 64 cases (8 lignes et 8 colonnes) et que deux tours de couleurs distinctes se menacent entre elles si, et seulement si, elles se trouvent dans la même ligne ou dans la même colonne.

Patrick dispose de deux tours blanches et Clara de deux tours noires. Ils souhaitent les placer sur un échiquier sans que les tours blanches ne menacent les noires (et réciproquement!). On ne place aucune autre pièce sur l'échiquier.

1) Patrick place une tour et Clara aussi. Quelle est la probabilité que ces deux tours se menacent?

2) Ils placent les 4 tours. Quelle est la probabilité qu'au moins une tour soit menacée par une tour adverse?

   On donnera le résultat avec 3 décimales.

Exercice 6

Un feu tricolore est alternativement vert, orange ou rouge. Au début (à l'instant 0), le vert est allumé. Puis à chacun des instants suivants, il change de couleur au hasard (il prend l'une des autres couleurs de façon équiprobable).

Pour tout $n \in \mathbb{N}$, on note α_n (respectivement β_n et γ_n) la probabilité que ce soit le vert (respectivement orange et rouge) qui soit allumé à l'instant n.

1) Déterminer les valeurs de α_n, β_n et γ_n aux instants $n = 1$ et $n = 2$.

2) Pour $n \in \mathbb{N}$, exprimer α_{n+1} (respectivement β_{n+1} et γ_{n+1}) en fonction de α_n, β_n et γ_n.

3) Exprimer α_n, β_n et γ_n en fonction de $n \in \mathbb{N}$.

4) Préciser les limites des suites $(\alpha_n)_{n\in\mathbb{N}}, (\beta_n)_{n\in\mathbb{N}}$ et $(\gamma_n)_{n\in\mathbb{N}}$.

Exercice 7

Soit n un entier supérieur (ou égal) à 2.

On dispose de n boîtes $B_1, B_2, \ldots, B_n$ et d'une urne $\mathcal{U}$ contenant $n-1$ boules numérotées de 1 à $n-1$.

Pour tout i compris entre 1 et n, la boîte B_i contient i jetons numérotés de 1 à i.

On tire une boule de l'urne $\mathcal{U}$. Si la boule tirée porte le numéro i, on tire un jeton de B_i et un jeton de B_{i+1}.

On dit qu'il y a succès si les deux jetons portent le même numéro.

1) Quelle est la probabilité p_2 de succès lorsque $n = 2$?

2) À l'aide d'une somme, préciser la probabilité p_n de succès pour $n \geqslant 2$.

3) En admettant l'équivalent $\sum_{k=1}^{n} \frac{1}{k} \underset{n\to\infty}{\sim} \ln(n)$, déterminer un équivalent de p_n quand n tend vers ∞.

Exercice 8 ★

Dans une partie du centre ville de la ville de Probabylone, toutes les rues sont en sens unique. Le plan de cette partie peut être modélisé de la façon suivante :

$$\begin{array}{ccccc} A & \rightarrow & I & \rightarrow & B \\ \downarrow & & \downarrow & & \downarrow \\ L & \rightarrow & O & \rightarrow & J \\ \downarrow & & \downarrow & & \downarrow \\ D & \rightarrow & K & \rightarrow & C \end{array}$$

Chaque rue a une probabilité $q = 1 - p$ ($p \in]0,1[$) d'être fermée pour travaux, indépendamment des autres rues.

1) Pour $k \in [\![0, 12]\!]$, quelle est la probabilité que exactement k rues soient libres (c'est-à-dire non fermées pour travaux) ?

2) Déterminer la probabilité p_1 qu'il existe un chemin libre de A à C ne passant pas par O.

3) Déterminer la probabilité p_2 qu'il existe un chemin libre de A à C passant par O.

4) Déterminer la probabilité p_3 que tous les chemins de A à C soient libres sauf ceux qui passent par O.

Exercice 9

Soit a un entier naturel non nul. On dispose d'une urne blanche et d'une urne noire. L'urne blanche contient a boules blanches et une boule noire et l'urne noire contient a boules blanches et a boules noires.

On réalise des tirages selon le protocole suivant :

- Pour le premier tirage, on choisit une urne au hasard et on tire une boule que l'on remet ensuite.
- Pour le second tirage, on tire une boule dans l'urne ayant la même couleur que la boule tirée au premier tirage, puis on replace la boule.
- On procède de même pour les autres tirages.

Pour $k \in \mathbb{N}$, on note B_k l'événement « on tire une boule blanche au k-ième tirage » et b_k sa probabilité.

1) Calculer b_1. Quelle est la probabilité, sachant qu'au premier tirage la boule était blanche, que cette boule provienne de l'urne blanche ?

2) Pour $k \in \mathbb{N}$, exprimer b_{k+1} en fonction de b_k.

3) Exprimer b_k en fonction de k et donner la limite de b_k lorsque k tend vers $+\infty$.

Exercice 10

Deux urnes A et B contiennent chacune n boules numérotées de 1 à n. On tire une boule dans A et une dans B dont on note a et b les numéros respectifs.

Soit E l'événement : « le rapport a/b est un nombre entier ».

1) a) Calculer la probabilité $\mathrm{P}(E)$ dans le cas $n = 3$.

b) Calculer la probabilité $\mathrm{P}(E)$ dans le cas $n = 4$.

c) Exprimer la probabilité $\mathrm{P}(E)$ dans le cas général à l'aide d'une somme.

2) En admettant l'équivalent $\sum_{k=1}^{n} \frac{1}{k} \underset{n\to\infty}{\sim} \ln(n)$, déterminer un équivalent de $\mathrm{P}(E)$ quand n tend vers ∞.
Indication : On pensera à encadrer $\mathrm{P}(E)$.

Exercices avec questions ouvertes

Exercice 11

Soient P une probabilité sur un univers Ω fini et A, B et C trois événements de probabilités non nulles.

1) Peut-on avoir A et B incompatibles et indépendants pour la probabilité P ?
2) Si A et B sont indépendants pour P, peuvent-ils ne pas l'être pour la probabilité conditionnelle P_C ?
3) Si A et B ne sont pas indépendants pour P, peuvent-ils l'être pour la probabilité conditionnelle P_C ?

Corrections

Exercices axés sur le calcul

Exercice 1

Les événements $A \cap B$ et $\overline{A} \cap B$ étant incompatibles, on a

$$\mathrm{P}(A \cap B) + \mathrm{P}\big(\overline{A} \cap B\big) = \mathrm{P}\Big((A \cap B) \cup (\overline{A} \cap B)\Big)$$

or $(A \cap B) \cup \big(\overline{A} \cap B\big) = \big(A \cup \overline{A}\,\big) \cap B = \Omega \cap B = B$. On en déduit :

$$s_1 = \mathrm{P}(A \cap B) + \mathrm{P}\big(\overline{A} \cap B\big) + \mathrm{P}\big(A \cap \overline{B}\,\big) + \mathrm{P}\big(\overline{A} \cap \overline{B}\,\big) = \mathrm{P}(B) + \mathrm{P}\big(\overline{B}\,\big) = 1.$$

Pour s_2, on peut utiliser la formule donnant la probabilité d'une réunion :

$$\begin{array}{ccccccc}
\mathrm{P}(A \cup B) & = & \mathrm{P}(A) & + & \mathrm{P}(B) & - & \mathrm{P}(A \cap B) \\
\mathrm{P}\big(\overline{A} \cup B\big) & = & \mathrm{P}\big(\overline{A}\big) & + & \mathrm{P}(B) & - & \mathrm{P}\big(\overline{A} \cap B\big) \\
\mathrm{P}\big(A \cup \overline{B}\big) & = & \mathrm{P}(A) & + & \mathrm{P}\big(\overline{B}\big) & - & \mathrm{P}\big(A \cap \overline{B}\big) \\
\mathrm{P}\big(\overline{A} \cup \overline{B}\big) & = & \mathrm{P}\big(\overline{A}\big) & + & \mathrm{P}\big(\overline{B}\big) & - & \mathrm{P}\big(\overline{A} \cap \overline{B}\big) \\
\hline
s_2 & = & 2 & + & 2 & - & s_1
\end{array}$$

Et on en déduit :

$$s_2 = \mathrm{P}(A \cup B) + \mathrm{P}\big(\overline{A} \cup B\big) + \mathrm{P}\big(A \cup \overline{B}\,\big) + \mathrm{P}\big(\overline{A} \cup \overline{B}\,\big) = 3.$$

Exercice 2

1) Le nombre de lancers étant impair, il y a nécessairement soit plus de *pile* (événement A) soit plus de *face* (événement contraire $\overline{A}$) et ces deux événements ont la même probabilité « par symétrie » (puisque la pièce est équilibrée).

   Donc la probabilité d'obtenir plus de *pile* que de *face* en $2n+1$ lancers est égale à $\frac{1}{2}$.

2) On note A_k l'événement « obtenir exactement k fois *pile* » (et donc $2n+1-k$ fois *face*). On sait que (loi binomiale de paramètres $2n+1$ et $p = 1/2$) :

$$\mathrm{P}(A_k) = \binom{2n+1}{k} p^k (1-p)^{2n+1-k} = \binom{2n+1}{k} \left(\frac{1}{2}\right)^{2n+1}.$$

3) Pour que A soit réalisé, il faut et il suffit que le nombre de *pile* soit au moins $n+1$. En d'autres termes, $A = \bigcup_{k=n+1}^{2n+1} A_k$ puis, les événements A_k étant deux à deux incompatibles :

$$\mathrm{P}(A) = \sum_{k=n+1}^{2n+1} \mathrm{P}(A_k) = \sum_{k=n+1}^{2n+1} \binom{2n+1}{k} \frac{1}{2^{2n+1}}.$$

   Or on a vu $\mathrm{P}(A) = \frac{1}{2}$, donc on obtient :

$$\sum_{k=n+1}^{2n+1} \binom{2n+1}{k} = 2^{2n}.$$

Remarque

On peut trouver la valeur de cette somme uniquement à l'aide de la formule du binôme, en utilisant la symétrie des coefficients : $\binom{2n+1}{k} = \binom{2n+1}{2n+1-k}$.

Exercice 3

1) Pour $n = 0$, l'ensemble E est l'ensemble vide $\emptyset$ et la seule façon d'avoir un recouvrement est de choisir $A = B = \emptyset$. Donc $r_0 = 1$.

   Pour $n = 1$, l'ensemble E est un singleton $\{a\}$. Il y a quatre couples possibles pour (A, B) qui sont $(\{a\}, \{a\})$, $(\{a\}, \emptyset)$, $(\emptyset, \{a\})$ et $(\emptyset, \emptyset)$. Or :

$$\{a\} \cup \{a\} = \{a\},\ \{a\} \cup \emptyset = \{a\},\ \emptyset \cup \{a\} = \{a\},\ \emptyset \cup \emptyset = \emptyset.$$

   Il y a donc exactement 3 recouvrements distincts de $\{a\}$: $r_1 = 3$.

2) On note n le cardinal de E.

   a) Soit A est une partie de E donnée ayant k éléments.
      Pour avoir $A \cup B = E$, il faut et il suffit que B contienne $\overline{A}$ (le complémentaire de A). C'est-à-dire $B = \overline{A} \cup A'$ avec A' une partie quelconque de A.
      Or, il y a 2^k parties distinctes de A et donc il y a 2^k recouvrements de E de ce type.

b) Un recouvrement quelconque est obtenu en choisissant un $k \in [\![0,n]\!]$, puis une partie A ayant exactement k éléments (il y a $\binom{n}{k}$ façons de choisir A), puis B telle que $A \cup B = E$ (on a vu qu'il y avait 2^k parties B possibles). D'où (à l'aide de la formule du binôme) :

$$r_n = \sum_{k=0}^{n} \binom{n}{k} 2^k = (1+2)^n = 3^n.$$

Remarque

Le fait qu'on trouve 3^n peut se justifier ainsi : pour chaque élément x de E, on a trois possibilités pour fabriquer un recouvrement : x peut appartenir à A et à B, ou à A uniquement, ou à B uniquement.

Exercice 4

Notons X le nombre obtenu par Alice. Comme il n'y a qu'une façon de ranger par ordre croissant trois chiffres distincts, le nombre de valeurs possibles pour X est le nombre de façons de choisir trois éléments distincts de $[\![1,9]\!]$, c'est-à-dire $\binom{9}{3} = \frac{9 \cdot 8 \cdot 7}{3!} = 84$.

De même, il y a $\binom{8}{3} = \frac{8 \cdot 7 \cdot 6}{3!} = 56$ valeurs possibles pour le nombre Y obtenu par Bernard.

On cherche la probabilité de l'événement $G = (Y < X)$.

Notons A l'événement « Alice tire un 9 ». D'après la formule des probabilités totales :

$$\mathrm{P}(G) = \mathrm{P}(A)\mathrm{P}(G \mid A) + \mathrm{P}(\overline{A})\mathrm{P}(G \mid \overline{A}).$$

L'événement A est réalisé si, et seulement si, les trois chiffres obtenus par Alice sont un 9 et deux autres éléments quelconques de $[\![1,8]\!]$. Il y a donc $\binom{8}{2} = \frac{8 \cdot 7}{2}$ possibilités. Par équiprobabilité :

$$\mathrm{P}(A) = \frac{1 \cdot 28}{84} = \frac{1}{3} \text{ et } \mathrm{P}(\overline{A}) = 1 - \frac{1}{3} = \frac{2}{3}.$$

- Si A est réalisé, il est clair que G aussi. Donc $\mathrm{P}(G \mid A) = 1$.
- Sinon, il y a 56^2 possibilités équiprobables pour le couple (X, Y). Il y a 56 cas où $X = Y$ (dans ce cas G n'est pas réalisé). Parmi les $56 \cdot 55$ cas restants, la moitié réalise G, l'autre moitié réalise $(X < Y)$. Donc :

$$\mathrm{P}(G \mid \overline{A}) = \frac{56 \cdot 55/2}{56^2} = \frac{55}{56} \cdot \frac{1}{2}.$$

Finalement :

$$\mathrm{P}(G) = \frac{1}{3} + \frac{2}{3} \cdot \frac{55}{56} \cdot \frac{1}{2} = \frac{111}{3 \cdot 56} = \frac{37}{56}.$$

Exercices axés sur le raisonnement

Exercice 5

1) Quelle que soit la case où Patrick pose sa tour, il reste à Clara 63 cases équiprobables dont 7 dans la même ligne que la tour blanche et 7 autres dans la même colonne.

La probabilité que ces deux tours se menacent vaut $\frac{14}{63} = \frac{2}{9}$.

2) On note G l'événement « aucune tour n'est menacée ». On cherche à évaluer $P(\overline{G})$.

On va raisonner en plaçant d'abord les tours blanches.

On note D l'événement « les deux tours blanches ne sont pas dans une même ligne ni dans une même colonne ».

D'après la formule des probabilités totales, on a :

$$P(G) = P(D)P(G \mid D) + P(\overline{D})P(G \mid \overline{D}).$$

• Probabilité de D

L'événement contraire $\overline{D}$ revient à dire que les deux tours blanches « se menacent entre elles ». D'après 1), $P(\overline{D}) = \frac{2}{9}$.

Donc $P(D) = 1 - \frac{2}{9} = \frac{7}{9}$.

• Probabilités conditionnelles

Une fois que Patrick a posé ses deux tours, il reste 62 cases à Clara pour placer ses siennes. Elle a donc $\binom{62}{2} = 31 \cdot 61 = 1891$ possibilités.

- Si D est réalisé. Les cases des deux lignes et des deux colonnes, où sont les tours blanches, ne permettent pas de réaliser G. Donc $16 + 16 - 2 = 30$ cases sont à éviter (les cases où sont les tours ne doivent pas être comptées deux fois). Clara doit poser ses deux tours noires parmi les 34 cases restantes. Il y a donc $\binom{34}{2} = 17 \cdot 33 = 561$ « cas favorables ».

$$P(G \mid D) = \frac{561}{1891} \approx 0{,}2967.$$

- Sinon, le raisonnement est similaire, mais il n'y a que $16 + 8 - 2 = 22$ cases interdites. Donc 42 cases possibles et $\binom{42}{2} = 21 \cdot 41 = 861$ « cas favorables ».

$$P(G \mid \overline{D}) = \frac{861}{1891} \approx 0{,}4553.$$

Compte tenu de ces résultats :

$$P(G) = \frac{7}{9} \cdot \frac{561}{1891} + \frac{2}{9} \cdot \frac{861}{1891} = \frac{1883}{5673} \approx 0{,}332 \text{ et } P(\overline{G}) \approx 0{,}668.$$

Exercice 6

Pour tout $n \in \mathbb{N}$, on note V_n l'événement « à l'instant n le vert est allumé ».
On note de même O_n et R_n pour les couleurs orange et rouge.

1) À l'instant 1, le feu est orange ou rouge de façon équiprobable. Donc $\alpha_1 = 0$, $\beta_1 = 1/2$ et $\gamma_1 = 1/2$.
À l'instant 2, le feu ne peut être rouge que s'il était orange à l'instant 1. Donc $R_2 = O_1 \cap R_2$.
D'après la définition des probabilités conditionnelles :

$$\gamma_2 = \mathrm{P}(O_1 \cap R_2) = \mathrm{P}(O_1)\mathrm{P}(R_2 \mid O_1) = \frac{1}{2} \cdot \frac{1}{2} = \frac{1}{4}.$$

On obtient de même $\beta_2 = \frac{1}{4}$.
Comme (V_2, O_2, R_2) est un système complet d'événements, $\alpha_2 = 1 - \frac{1}{4} - \frac{1}{4} = \frac{1}{2}$.

2) Plus généralement, pour tout $n \in \mathbb{N}$, (V_n, O_n, R_n) est un système complet d'événements, donc d'après la formule des probabilités totales :

$$\begin{aligned}\alpha_{n+1} &= \mathrm{P}(Vn+1)\\ &= \mathrm{P}(V_n)\mathrm{P}(V_{n+1} \mid V_n) + \mathrm{P}(O_n)\mathrm{P}(V_{n+1} \mid O_n) + \mathrm{P}(R_n)\mathrm{P}(V_{n+1} \mid R_n)\\ &= 0 + \tfrac{1}{2}\beta_n + \tfrac{1}{2}\gamma_n.\end{aligned}$$

Il en va de même pour $\mathrm{P}(O_{n+1})$ et $\mathrm{P}(R_{n+1})$, donc $\beta_{n+1} = \frac{1}{2}\alpha_n + \frac{1}{2}\gamma_n$, $\gamma_{n+1} = \frac{1}{2}\alpha_n + \frac{1}{2}\beta_n$.

3) • Méthode probabiliste

Soit $n \in \mathbb{N}$.
Puisque (V_n, O_n, R_n) est un système complet d'événements, on a $\alpha_n + \beta_n + \gamma_n = 1$.
En reportant cette égalité dans 2), on obtient $\alpha_{n+1} = \frac{1}{2}(\beta_n + \gamma_n) = \frac{1}{2} - \frac{1}{2}\alpha_n$.
On reconnaît une suite arithmético-géométrique. On a $\ell = \frac{1}{2} - \frac{1}{2}\ell \iff \ell = \frac{1}{3}$.
Pour ce ℓ, $\alpha_{n+1} - \ell = \left(-\frac{1}{2}\right)(\alpha_n - \ell) + 0$.
Donc $\alpha_n = \frac{1}{3} + \frac{(-1)^n}{2^n}\left(\alpha_0 - \frac{1}{3}\right) = \frac{1}{3} + \frac{2}{3} \cdot \frac{(-1)^n}{2^n}$.
Pour les couleurs orange et rouge, la situation est la même au départ et évolue de la même façon. Donc, pour tout $n \in \mathbb{N}$, $\beta_n = \gamma_n$. D'où $\alpha_n + 2\beta_n = 1$ et on en déduit β_n.
En conclusion :

$$\forall n \in \mathbb{N}, \quad \alpha_n = \frac{1}{3} + \frac{2}{3} \cdot \frac{1}{2^n} \text{ et } \beta_n = \gamma_n = \frac{1}{3} - \frac{1}{3} \cdot \frac{1}{2^n}.$$

• Méthode générale (avec des matrices)

La méthode probabiliste est la plus adaptée ici, mais nous détaillons néanmoins une solution matricielle pour sa généralité.

On pose $A = \frac{1}{2}\begin{pmatrix} 0 & 1 & 1 \\ 1 & 0 & 1 \\ 1 & 1 & 0 \end{pmatrix}$ et $X_n = \begin{pmatrix} \alpha_n \\ \beta_n \\ \gamma_n \end{pmatrix}$, pour tout $n \in \mathbb{N}$.

On a $X_{n+1} = AX_n$ pour tout $n \in \mathbb{N}$. On en déduit que, pour tout $n \in \mathbb{N}$, $X_n = A^n X_0$.

Calcul de A^n par la formule du binôme

On pose $M = A + \frac{1}{2}I_3 = \frac{1}{2}\begin{pmatrix} 0 & 1 & 1 \\ 1 & 0 & 1 \\ 1 & 1 & 0 \end{pmatrix}$. On a $M^2 = \frac{3}{2}M$, donc $M^k = \left(\frac{3}{2}\right)^{k-1} M$ à partir du rang 1.

Pour tout $n \in \mathbb{N}^*$, on a :

$$
\begin{aligned}
A^n &= \left(M - \tfrac{1}{2}I_3\right)^n \\
&= \sum_{k=0}^{n} \binom{n}{k} \frac{(-1)^{n-k}}{2^{n-k}} M^k && \text{car } I_3 \text{ et } M \text{ commutent} \\
&= \left(\sum_{k=1}^{n} \binom{n}{k} \frac{3^{k-1}}{2^{k-1}} \cdot \frac{(-1)^{n-k}}{2^{n-k}}\right) M + \frac{(-1)^n}{2^n} I_3 && \text{on isole le terme d'indice 0} \\
&= \frac{2}{3}\left(\sum_{k=1}^{n} \binom{n}{k} \frac{3^{k}}{2^{k}} \cdot \frac{(-1)^{n-k}}{2^{n-k}}\right) M + \frac{(-1)^n}{2^n} I_3 \\
&= \frac{2}{3}\left(\left(\sum_{k=0}^{n} \binom{n}{k} \frac{3^{k-1}}{2^{k-1}} \cdot \frac{(-1)^{n-k}}{2^{n-k}}\right) - \frac{(-1)^n}{2^n}\right) M + \frac{(-1)^n}{2^n} I_3 && \text{on réintroduit le terme d'indice 0} \\
&= \frac{2}{3}\left(\left(\frac{3}{2} - \frac{1}{2}\right)^n - \frac{(-1)^n}{2^n}\right) M + \frac{(-1)^n}{2^n} I_3 && \text{formule du binôme} \\
&= \frac{2}{3}\left(1 - \frac{(-1)^n}{2^n}\right) M + \frac{(-1)^n}{2^n} I_3.
\end{aligned}
$$

D'où $\begin{pmatrix} \alpha_n \\ \beta_n \\ \gamma_n \end{pmatrix} = A^n \begin{pmatrix} 1 \\ 0 \\ 0 \end{pmatrix} = \frac{1}{3}\left(1 - \frac{(-1)^n}{2^n}\right)\begin{pmatrix} 1 \\ 1 \\ 1 \end{pmatrix} + \frac{(-1)^n}{2^n}\begin{pmatrix} 1 \\ 0 \\ 0 \end{pmatrix} = \frac{1}{3}\begin{pmatrix} 1 + 2(-1/2)^n \\ 1 - (-1/2)^n \\ 1 - (-1/2)^n \end{pmatrix}$.

4) Comme $|-1/2| < 1$, les trois suites convergent vers $1/3$.

Remarque

À tout instant $n \in \mathbb{N}$, la couleur verte est la plus probable.

Mais pour n assez grand, les trois couleurs deviennent presque équiprobables.

Exercice 7

1) Pour $n = 2$, l'urne $\mathcal{U}$ n'a qu'une boule qui est numérotée 1. On tire un jeton dans B_1 qui n'a que le jeton numéroté 1 et un autre dans B_2 qui a deux jetons numérotés 1 et 2. Donc $p_2 = 1/2$.

2) Si on note X le numéro tiré dans l'urne, $\{(X{=}1), (X{=}2), \dots, (X{=}n-1)\}$ est un système complet d'événements. En notant S l'événement correspondant au succès, on a d'après la formule des probabilités totales :

$$\mathrm{P}(S) = \sum_{i=1}^{n} \mathrm{P}(X{=}i)\mathrm{P}(S \mid X{=}i).$$

On a $\mathrm{P}(X{=}i) = 1/(n-1)$ et $\mathrm{P}(S \mid X{=}i) = 1/(i+1)$, car quel que soit le numéro du jeton obtenu dans B_i, il y a une probabilité de $1/(i+1)$ d'obtenir le même dans B_{i+1}. Donc :

$$\mathrm{P}(S) = \sum_{i=1}^{n} \frac{1}{n-1} \cdot \frac{1}{i+1} = \frac{1}{n-1} \sum_{i=1}^{n} \frac{1}{i+1} = \frac{1}{n-1} \sum_{k=2}^{n} \frac{1}{k}.$$

3) Comme $\frac{1}{n-1} \underset{n\to\infty}{\sim} \frac{1}{n}$ et $\sum\limits_{k=2}^{n} \frac{1}{k} = \left(-1 + \sum\limits_{k=1}^{n} \frac{1}{k}\right) \underset{n\to\infty}{\sim} \sum\limits_{k=1}^{n} \frac{1}{k} \underset{n\to\infty}{\sim} \ln(n)$, on a $p_n \underset{n\to\infty}{\sim} \frac{1}{n} \ln(n)$.

Exercice 8

Pour M et $N \in \{A, B, C, D, I, J, K, L\}$, on notera MN l'événement « il existe un chemin libre de M à N ».

1) Pour chacune des 12 rues, on a une épreuve de Bernoulli pour laquelle le succès est d'être ouverte et l'échec d'être fermée. Les épreuves étant mutuellement indépendantes, on reconnaît une loi binomiale de paramètres 12 et p.

   Pour $k \in [\![0, 12]\!]$, la probabilité que k rues soient libres est $\binom{12}{k} p^k (1-p)^{n-k}$.

2) Sans passer par O, il y a deux chemins possibles de A à C : celui passant par D et celui passant par B.

   Le chemin de A à C en passant par D est le chemin $A \to L \to D \to K \to C$. Il est composé de 4 rues. Par indépendance, la probabilité que ce chemin soit libre est p^4.

   Le chemin de A à C en passant par B est également composé de 4 rues. La probabilité que ce chemin soit libre est p^4.

   Les événements correspondants à ces chemins ne sont par incompatibles, en revanche ils sont indépendants :

$$p_1 = \mathrm{P}(AB \cap BC) + \mathrm{P}(AC \cap DC) - \mathrm{P}(AB \cap BC \cap AC \cap DC) = p^4 + p^4 - p^4 \cdot p^4 = p^4(2 - p^4).$$

3) On cherche la probabilité de l'événement $AO \cap OC$.

   • Probabilité de l'événement AO

   Il y a deux chemins de A à O, mais ils ne sont pas incompatibles. On a ainsi :

$$\begin{aligned}
\mathrm{P}(AO) &= \mathrm{P}\big((AI \cap IO) \cup (AL \cap LO)\big) && \text{la réunion n'est pas disjointe} \\
&= \mathrm{P}(AI \cap IO) + \mathrm{P}(AL \cap LO) + \mathrm{P}(AI \cap IO \cap AL \cap LO) && \text{par indépendance} \\
&= p^2 + p^2 - p^4 \\
&= p^2(2 - p^2).
\end{aligned}$$

   De la même façon, on obtient $\mathrm{P}(OC) = p^2(2 - p^2)$.

   • Probabilité de l'événement $AO \cap OC$

   Les deux événements AO et OC sont indépendants. Donc :

$$\mathrm{P}(AO \cap OC) = \mathrm{P}(AO)\mathrm{P}(OC) = p^4(2 - p^2)^2.$$

4) Notons F l'événement « les deux chemins de A à C ne passant pas par O sont libres ».
On a $\mathrm{P}(F) = p^8$ (car 8 rues sont concernées).
On va calculer la probabilité que les chemins de A à C passant par O soient fermés sachant que F est réalisé. L'événement concerné s'écrit $\overline{AO} \cup \overline{OC}$:

$$\mathrm{P}_F\left(\overline{AO} \cup \overline{OC}\right) = \mathrm{P}_F\left(\overline{AO}\right) + \mathrm{P}_F\left(\overline{OC}\right) - \mathrm{P}_F\left(\overline{AO} \cap \overline{OC}\right).$$

• Probabilité de $\overline{AO}$ sachant que F est réalisé

Sachant F réalisé, les deux rues $A \to I$ et $A \to L$ sont libres. Donc $\overline{AO}$ est réalisé si, et seulement si, les rues $I \to O$ et $L \to O$ sont fermées. Les événements IO, LO et F étant mutuellement indépendants pour P, les événements IO et LO le sont pour P_F. Donc :

$$\mathrm{P}_F\left(\overline{AO}\right) = \mathrm{P}_F\left(\overline{IO} \cap \overline{LO}\right) = (1-p)^2.$$

La situation est similaire pour les chemins de O à C, donc $\mathrm{P}_F\left(\overline{OC}\right) = (1-p)^2$.

• Probabilité de $\overline{AO} \cup \overline{OC}$ sachant que F est réalisé

De même, les événements $F, \overline{IO}, \overline{LO}, \overline{OJ}$ et $\overline{OK}$ étant mutuellement indépendants :

$$\mathrm{P}_F\left(\overline{AO} \cap \overline{OC}\right) = \mathrm{P}_F\left(\overline{IO} \cap \overline{LO} \cap \overline{OJ} \cap \overline{OK}\right) = (1-p)^4.$$

Donc :

$$\mathrm{P}_F\left(\overline{AO} \cup \overline{OC}\right) = 2(1-p)^2 - (1-p)^4 = (1-p)^2\left(2-(1-p)^2\right)..$$

• Conclusion

La probabilité demandée est :

$$\mathrm{P}\left(F \cap \left(\overline{AO} \cup \overline{OC}\right)\right) = \mathrm{P}(F)\mathrm{P}_F\left(\overline{AO} \cup \overline{OC}\right) = p^8(1-p)^2\left(2-(1-p)^2\right).$$

Exercice 9

1) D'après l'énoncé, $\left\{B_0, \overline{B_0}\right\}$ est un sytème complet d'événements. La formule des probabilités totales donne $b_1 = \mathrm{P}(B_1) = \mathrm{P}(B_0)\mathrm{P}(B_1 \mid B_0) + \mathrm{P}\left(\overline{B_0}\right)\mathrm{P}\left(B_1 \mid \overline{B_0}\right)$..
D'après le contenu des urnes, $\mathrm{P}(B_1 \mid B_0) = a/(a+1)$ et $\mathrm{P}\left(B_1 \mid \overline{B_0}\right) = a/(2a) = 1/2$.
Comme B_0 et $\overline{B_0}$ sont équiprobables, on obtient :

$$b_1 = \frac{1}{2}\left(\frac{a}{a+1} + \frac{1}{2}\right) = \frac{3a+1}{4(a+1)}.$$

D'après la définition des probabilités conditionnelles :

$$\begin{aligned}
\mathrm{P}(B_0 \mid B_1) &= \frac{\mathrm{P}(B_0 \cap B_1)}{\mathrm{P}(B_1)} \\
&= \frac{\mathrm{P}(B_0)\mathrm{P}(B_1 \mid B_0)}{b_1} && \text{à nouveau définition des probabilités conditionnelles} \\
&= \frac{1}{2} \cdot \frac{a}{a+1} \cdot \frac{4(a+1)}{3a+1} && \text{contenu de l'urne blanche et 1)} \\
&= \frac{2a}{3a+1}. && \text{simplification}
\end{aligned}$$

Remarque
On aurait pu également citer la formules de Bayes.

2) Plus généralement, $\left\{B_k, \overline{B_k}\right\}$ est un sytème complet d'événements, donc :

$$\begin{aligned}
b_{k+1} &= \mathrm{P}(B_{k+1}) \\
&= \mathrm{P}(B_k)\mathrm{P}(B_{k+1} \mid B_0) + \mathrm{P}\big(\overline{B_k}\big)\mathrm{P}\big(B_{k+1} \mid \overline{B_k}\big) && \text{formule des probabilités totales} \\
&= b_k\mathrm{P}(B_{k+1} \mid B_0) + (1-b_k)\mathrm{P}\big(B_{k+1} \mid \overline{B_k}\big) && \mathrm{P}\big(\overline{B_k}\big) = 1 - \mathrm{P}(B_k) \\
&= \tfrac{a}{a+1}b_k + \tfrac{1}{2}(1-b_k) && \text{contenu des urnes} \\
&= \tfrac{a-1}{2(a+1)}b_k + \tfrac{1}{2}.
\end{aligned}$$

3) On reconnaît une suite arithmético-géométrique. On a :$\ell = \frac{a-1}{2(a+1)}\ell + \frac{1}{2} \iff \ell = \frac{a+1}{a+3}$.

En choisissant ce ℓ, on a $b_{k+1} - \ell = \frac{a-1}{2(a+1)}(b_k - \ell) + 0$. D'où :

$$\forall k \in \mathbb{N}, \quad b_k = \ell + (b_0 - \ell)\left(\frac{a-1}{2(a+1)}\right)^k = \frac{a+1}{a+3} + \frac{-a+1}{2(a+3)} \cdot \left(\frac{a-1}{2(a+1)}\right)^k.$$

Comme $\left|\frac{a-1}{2(a+1)}\right| < 1$, on a $b_k \xrightarrow[k\to\infty]{} \frac{a+1}{a+3}$.

Exercice 10

1) a) Cas $n = 3$. Il y a 9 couples (a, b) possibles (et équiprobables).
L'événement E est réalisé pour $(2,2)$, pour $(3,3)$, pour les trois couples $(a,1)$ et uniquement pour ces 5 couples.
Par équiprobabilité, $\mathrm{P}(E) = \frac{5}{9}$.

b) Cas $n = 4$. Il y a 16 couples (a, b) possibles.
On va compter les couples (a, b) réalisant E selon la valeur de b :
Si $b = 1$, les quatre couples $(a, 1)$ conviennent. Si $b = 2$, les deux couples $(2, 2)$ et $(4, 2)$ conviennent. Si $b = 3$, seul $(3, 3)$ convient. Si $b = 4$, seul $(4, 4)$ convient.
Par équiprobabilité, $\mathrm{P}(E) = \frac{8}{16} = \frac{1}{2}$.

c) Il y a n^2 couples (a, b) possibles (et équiprobables).
Soit $b \in [\![1, n]\!]$. On a pour tout $a \in [\![1, n]\!]$:

$$a/b \in \mathbb{N}^* \iff \exists k \in \mathbb{N}^*, a = kb \iff \exists k \in \mathbb{N}^*, a = kb \text{ et } k \leqslant n/b.$$

Il y a donc exactement $\lfloor n/b \rfloor$ couples (a, b) réalisant E.

En tout, il y a $\sum_{b=1}^{n} \lfloor n/b \rfloor$ cas possibles, donc $\mathrm{P}(E) = \frac{\sum_{b=1}^{n} \lfloor n/b \rfloor}{n^2}$.

2) On sait que pour tout $x \in \mathbb{R}$, on a $\lfloor x \rfloor \leqslant x < \lfloor x \rfloor + 1$, donc $x - 1 < \lfloor x \rfloor \leqslant x$.
Comme $\sum_{b=1}^{n} \frac{n}{b} = n \sum_{b=1}^{n} \frac{1}{b}$ et $\sum_{b=1}^{n} \left(\frac{n}{b} - 1\right) = n\left(\sum_{b=1}^{n} \frac{1}{b}\right) - n$, on obtient l'encadrement :

$$\frac{1}{n}\left(\sum_{b=1}^{n} \frac{1}{b}\right) - \frac{1}{n} < \mathrm{P}(E) \leqslant \frac{1}{n}\sum_{b=1}^{n} \frac{1}{b}.$$

Comme $\frac{1}{n}\sum_{b=1}^{n} \frac{1}{b} \underset{n\to\infty}{\sim} \frac{\ln(n)}{n}$ et $\frac{1}{n} \ll \frac{\ln(n)}{n}$, on a $\mathrm{P}(E) \underset{n}{\sim} \frac{\ln n}{n}$.

Exercices avec questions ouvertes

Exercice 11

1) Montrons par l'absurde que la réponse est négative.

On suppose A et B incompatibles et indépendants pour la probabilité P.

On a alors à la fois $P(A \cap B) = 0$, par incompatibilité et $P(A \cap B) = P(A)P(B)$, par indépendance. C'est impossible, car $P(A) \neq 0$ et $P(B) \neq 0$.

Les événements A et B ne peuvent pas être à la fois incompatibles et indépendants pour la probabilité P.

2) La réponse est positive. On peut proposer l'exemple de deux lancers indépendants d'une même pièce équilibrée avec les événements suivants : A = « le premier lancer donne *face* », B = « le second lancer donne *face* » et C = « au moins un lancer donne *face* ».

Les événements A et B sont indépendants pour P. Calculons les probabilités conditionnelles :

$$P_C(A) = \frac{P(A \cap C)}{P(C)} = \frac{P(A)}{P(C)} = \frac{1/2}{3/4} = \frac{2}{3},$$

car 3 cas sur 4 donnent au moins un *face* et $A \cap C = A$ (en effet si le premier est un *face*, C est réalisé aussi).

De même $P_C(B) = \frac{2}{3}$ et $P_C(A \cap B) = \frac{P(A \cap B \cap C)}{P(C)} = \frac{P(A \cap B)}{P(C)} = \frac{1/4}{3/4} = \frac{1}{3}$.

Comme $\frac{1}{3} \neq \frac{2}{3} \cdot \frac{2}{3}$, A et B ne sont pas indépendants pour P_C, car $P_C(A \cap B) \neq P_C(A)P_C(B)$.

Remarque

De façon un peu plus générale, une situation où $P(C) \neq 1$ avec A et B indépendants pour P et inclus dans C et tels que $P(A \cap B) \neq 0$, donnera un contre-exemple car :

$P_C(A) = \frac{P(A \cap C)}{P(C)} = \frac{P(A)}{P(C)}$, $P_C(B) = \frac{P(B)}{P(C)}$, $P_C(A \cap B) = \frac{P(A \cap B)}{P(C)}$ et

$$P_C(A)P_C(B) = \frac{P(A)P(B)}{P(C)^2} = \frac{P(A \cap B)}{P(C)^2} = \frac{P_C(A \cap B)}{P(C)} \neq P_C(A \cap B).$$

3) La réponse est positive. Il suffit que C soit incompatible avec A et incompatible avec B. On peut choisir $C = \overline{A \cup B}$ par exemple.

On a alors $P_C(A) = \frac{P(A \cap C)}{P(C)} = 0$ et de même, $P_C(B) = 0$.

Comme C et $A \cap B$ sont *a fortiori* incompatibles, on a $P_C(A \cap B) = 0 = P_C(A)P_C(B)$.

Les événements A et B sont indépendants pour P_C.

Remarque

On peut proposer une situation concrète avec un lancer d'un dé à 6 faces. On appelle A l'événement « le numéro est 2 », B l'événement « le numéro est 4 » et C l'événement « le numéro est impair ». Les événements A et B ne sont pas indépendants pour P, mais le sont pour P_C.

Variables aléatoires

26

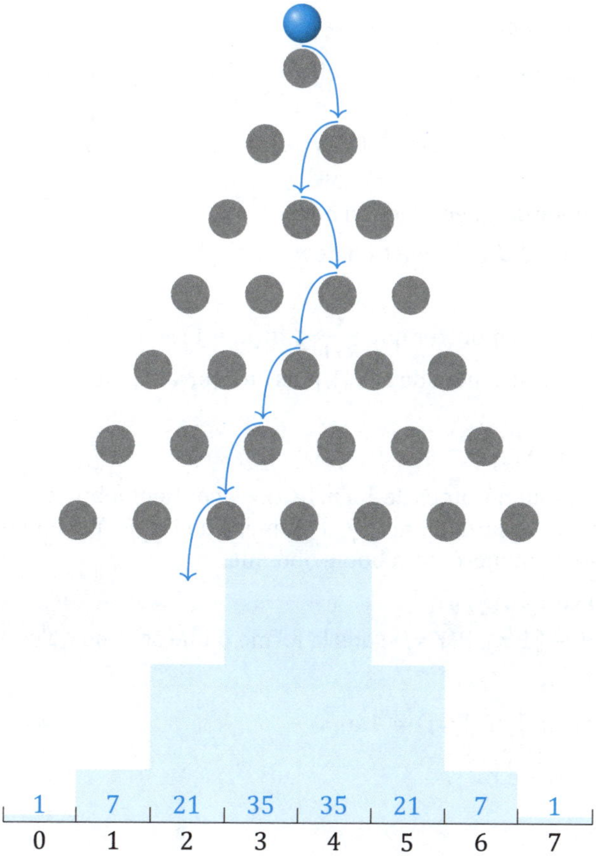

La planche de Galton.
Les plots gris sont fixés sur une planche verticale. On lâche la bille bleue au sommet. À chaque fois qu'elle tombe sur un plot, la bille a une chance sur deux de continuer sa chute à droite ou à gauche. On note X le numéro de la case où tombe la bille.
La variable aléatoire X suit une loi binomiale de paramètres 7 et $\frac{1}{2}$.

Exercices axés sur le calcul

Exercice 1

Soient $n \in \mathbb{N} \setminus \{0,1\}$, α un réel et X une variable aléatoire à valeurs dans $[\![0,n]\!]$ tels que :

$$\forall k \in [\![0,n]\!], \quad \mathrm{P}(X{=}k) = \alpha k(n-k).$$

1) Déterminer la valeur de α.
2) Déterminer l'espérance de X par la définition.
3) Retrouver la valeur de l'espérance de X sans calcul de somme.

Exercice 2 *Loi de Benford de paramètre n*

Soit $n \in \mathbb{N}^*$. Soient $c_n \in \mathbb{R}$ et une variable aléatoire X_n à valeurs dans $[\![1,n]\!]$ tels que :

$$\forall k \in [\![1,n]\!], \quad \mathrm{P}(X_n{=}k) = c_n \ln\left(1+\frac{1}{k}\right).$$

1) Déterminer la valeur de c_n en fonction de n.
2) Calculer l'espérance de X_n en fonction de n.
3) Soit $n \in \mathbb{N}^*$.
   a) Pour tout $k \in [\![1,n]\!]$, montrer que $\frac{1}{k+1} \leqslant \ln(k+1) - \ln(k) \leqslant \frac{1}{k}$.
   b) En déduire un encadrement de $\mathrm{E}(X_n)$, puis un équivalent de $\mathrm{E}(X_n)$ quand n tend vers ∞.

Exercice 3

On dispose de n urnes numérotées de 1 à n. L'urne k contient k boules numérotées de 1 à k. On choisit une urne au hasard, on note X le numéro de l'urne, puis on tire une boule dans cette urne, on note Y le numéro de la boule obtenue.

1) Donner la loi du couple (X,Y).
2) Exprimer, pour $j \in [\![1,n]\!]$, $\mathrm{P}(Y{=}j)$ sous la forme d'une somme qu'on ne cherchera pas à simplifier.
3) Vérifier par le calcul $\sum\limits_{j=1}^{n} \mathrm{P}(Y{=}j) = 1$.
4) Calculer l'espérance de Y.

Exercice 4

On lance deux fois un dé équilibré à 6 faces. On note X le plus grand des deux numéros obtenus et Y le plus petit.

1) Préciser la loi du couple (X,Y). Les variables X et Y sont-elles indépendantes ?
2) En déduire la loi de X et son espérance.
3) Retrouver la loi de X en commençant par déterminer $\mathrm{P}(X{\leqslant}k)$ pour $k \in [\![0,6]\!]$.

Exercice 5

Soit $(X_n)_{n\in\mathbb{N}}$ une suite de variables aléatoires à valeurs dans $\{0,1\}$.
On suppose que :
- X_0 est la variable aléatoire certaine égale à 1.
- Pour tout $n \in \mathbb{N}$, on a :

$$\mathrm{P}\big(X_{n+1}=1 \mid X_n=1\big) = 0{,}2 \quad \text{et} \quad \mathrm{P}\big(X_{n+1}=1 \mid X_n=0\big) = 0{,}4.$$

Pour tout $n \in \mathbb{N}$, on note p_n la probabilité de l'événement $(X_n=1)$.

1) Préciser p_0 et p_1.
2) Soit $n \in \mathbb{N}$. Préciser p_{n+1} en fonction de p_n.
3) Préciser p_n en fonction de n.

D'après Mines-Télécom

Exercices axés sur le raisonnement

Exercice 6 ⋆

Soient n un entier tel que $n \geqslant 1$ et X une variable aléatoire suivant une loi $\mathcal{B}(4n, 1/2)$.

1) Rappeler sans démonstration les valeurs de $\mathrm{E}(X)$ et de $\mathrm{V}(X)$.
2) Majorer $\mathrm{P}(X \geqslant 3n)$ à l'aide de l'inégalité de Markov. Commenter.
3) Majorer $\mathrm{P}(X \geqslant 3n)$ à l'aide de l'inégalité de Bienaymé-Tchebicheff. Commenter.
4) Obtenir une autre majoration en appliquant l'inégalité de Markov à la variable $Y = 2^X$. Est-elle meilleure que les précédentes ?

Exercice 7

Un train comporte quatre voitures numérotées de 1 à 4. Un voyageur monte dans la voiture numéro 1 à l'instant 0. À chaque instant n, il change de voiture et va au hasard dans une voiture contiguë.
Pour tout $n \in \mathbb{N}$, on note :
- X_n le numéro de la voiture où il se trouve à l'instant n.
- $p_{i,n} = \mathrm{P}(X_n=i)$ la probabilité qu'à l'instant n, il soit dans la voiture i ($i \in [\![1,4]\!]$).
- $\pi_n = \begin{pmatrix} p_{1,n} \\ p_{2,n} \\ p_{3,n} \\ p_{4,n} \end{pmatrix}$.

1) Exprimer matriciellement π_{n+1} en fonction de π_n.
   En déduire une expression de π_{n+2} en fonction de π_n.
2) Que peut-on dire pour les suites $(p_{2,2n})_{n\in\mathbb{N}}$ et $(p_{4,2n})_{n\in\mathbb{N}}$?
3) Calculer $p_{1,2n}$ et $p_{3,2n}$ en fonction de n.
   Préciser les limites $p_{1,2n}$ et $p_{3,2n}$ quand n tend vers l'infini.
4) Déterminer les limites des suites $(p_{i,2n+1})_{n\in\mathbb{N}}$.

Exercice 8

Soit $n \in \mathbb{N}^*$. Une urne contient $2n$ jetons numérotés de 1 à $2n$.

1) On extrait un jeton de cette urne. On note X le numéro aléatoire obtenu.
Rappeler la loi de X et la valeur de son espérance.

2) Après avoir fait ce premier tirage, un joueur peut décider :
   - Soit de remettre le jeton dans l'urne et d'effectuer un second et dernier tirage.
   - Soit de conserver le jeton sans effectuer de second tirage.

   On note Y le numéro aléatoire obtenu par le joueur une fois le processus terminé.
   Le joueur cherche à obtenir Y « le plus grand possible ». Il décide d'adopter la stratégie suivante :
   - Il se donne a priori un nombre k compris entre 1 et $2n$.
   - Si le premier tirage amène un jeton portant un numéro au moins égal à k, il s'arrête.
   - Sinon, il effectue le second tirage.

   a) Déterminer, en fonction de k, la loi de Y.

   b) Montrer que :
$$\mathrm{E}(Y) = \mathrm{E}(X) + \frac{1}{4n}(2n+1-k)(k-1).$$

   c) Montrer que l'espérance de Y est maximale pour $k = n+1$ et préciser la valeur maximale de l'espérance.

Exercice 9

On considère deux urnes $\mathcal{U}_0$ et $\mathcal{U}_1$ contenant respectivement 3 boules numérotées 0 et 3 boules numérotées 1.
On appelle *échange* l'épreuve consistant à tirer simultanément une boule de l'urne $\mathcal{U}_0$ et une boule de l'urne $\mathcal{U}_1$ puis à les échanger (c'est-à-dire à remettre chaque boule dans l'urne dont elle ne provient pas).
Pour $n \in \mathbb{N}$, on désigne par X_n la somme des numéros inscrits sur les boules se trouvant dans l'urne $\mathcal{U}_0$ à l'issue de n échanges. Et on pose $U_n = \begin{pmatrix} \mathrm{P}(X_n=0) \\ \mathrm{P}(X_n=1) \\ \mathrm{P}(X_n=2) \\ \mathrm{P}(X_n=3) \end{pmatrix}$.

On pose $L = \begin{pmatrix} 0 & 1 & 2 & 3 \end{pmatrix}$, $J = \begin{pmatrix} 1 & 1 & 1 & 1 \end{pmatrix}$ et $A = \begin{pmatrix} 0 & 1/9 & 0 & 0 \\ 1 & 4/9 & 4/9 & 0 \\ 0 & 4/9 & 4/9 & 1 \\ 0 & 0 & 1/9 & 0 \end{pmatrix}$.

1) Que dire de JU_n ? de LU_n ?
2) Vérifier que LA est une combinaison linéaire de L et de J.
3) Pour tout $n \in \mathbb{N}$, montrer que $U_{n+1} = AU_n$.
4) Déterminer $\mathrm{E}(X_n)$ en fonction de n et sa limite quand n tend vers ∞.
Indication : On pourra exprimer $\mathrm{E}(X_{n+1})$ en fonction de $\mathrm{E}(X_n)$.

Exercice 10 *Tirages sans remise*

Soit $n \in \mathbb{N}^*$. On tire une à une sans remise toutes les boules d'une urne contenant $2n$ boules numérotées de 1 à $2n$.
Pour $k \in [\![1, 2n]\!]$, on note X_k la variable de Bernoulli valant 1 si la boule tirée au k-ième tirage porte un numéro pair.
On note S le nombre de numéros pairs obtenus au cours des n premiers tirages.

1) Que dire des probabilités des événements $(X_k{=}1)$? de celle de l'événement $(S{=}n)$?
2) Soient i et $j \in [\![1, n]\!]$ tels que $i < j$.
   Calculer $\mathrm{P}(X_i{=}1, X_j{=}1)$ et la covariance du couple (X_i, X_j).
3) En déduire $\mathrm{V}(S) = \dfrac{n^2}{4(2n-1)}$.

Exercices avec questions ouvertes

Exercice 11

Soient Ω un univers fini. On suppose que deux variables aléatoires X et Y (définies sur cet espace) suivent la même loi.
Peut-on avoir $|\mathrm{Cov}(X, Y)| > \mathrm{V}(X)\,\mathrm{V}(Y)$? Si oui, que dire de X et Y ?
Peut-on avoir $|\mathrm{Cov}(X, Y)| = \mathrm{V}(X)\,\mathrm{V}(Y)$? Si oui, que dire de X et Y ?

Corrections

Exercices axés sur le calcul

Exercice 1

1) D'une part, $\sum_{k=0}^{n} \mathrm{P}(X{=}k) = 1$, car X est à valeurs dans $[\![0, n]\!]$.
   D'autre part :

$$\begin{aligned}\sum_{k=0}^{n} \mathrm{P}(X{=}k) &= \sum_{k=0}^{n} \alpha k(n-k) \\ &= n\alpha \sum_{k=0}^{n} k - \alpha \sum_{k=0}^{n} k^2 \\ &= n\alpha \frac{n(n+1)}{2} - \alpha \frac{n(n+1)(2n+1)}{6} \\ &= \alpha \frac{n(n+1)}{6}(3n - 2n - 1) \\ &= \alpha \frac{n(n+1)(n-1)}{6}.\end{aligned}$$

linéarité de la somme

les sommes sont connues

Donc $\alpha = \dfrac{6}{n(n+1)(n-1)}$.

2) Comme X est à valeurs dans $[\![0,n]\!]$, on a par définition :

$$\begin{aligned}
\mathrm{E}(X) &= \sum_{k=0}^{n} k\mathrm{P}(X{=}k) \\
&= \sum_{k=0}^{n} \alpha k^2(n-k) && \text{loi de } X \\
&= n\alpha \sum_{k=0}^{n} k^2 - \alpha \sum_{k=0}^{n} k^3 && \text{linéarité de la somme} \\
&= n\alpha \frac{n(n+1)(2n+1)}{6} - \alpha \frac{n^2(n+1)^2}{4} && \sum_{k=0}^{n} k^3 = n^2(n+1)^2/4 \\
&= \alpha \frac{n^2(n+1)}{12}\big(2(2n+1) - 3(n+1)\big) \\
&= \alpha \frac{n^2(n+1)(n-1)}{12} \\
&= \frac{n}{2}. && \alpha = \frac{6}{n(n+1)(n-1)}
\end{aligned}$$

3) Puisque X est à valeurs dans $[\![0,n]\!]$ et que pour tout $k \in [\![0,n]\!]$, $\mathrm{P}(X{=}n{-}k) = \mathrm{P}(X{=}k)$, la variable aléatoire $Y = n - X$ suit la même loi que X. En particulier, $\mathrm{E}(n-X) = \mathrm{E}(X)$. Or, $\mathrm{E}(n-X) = n - \mathrm{E}(X)$, donc $\mathrm{E}(X) = n - \mathrm{E}(X)$ et $\mathrm{E}(X) = n/2$.

Exercice 2

1) D'une part, $\sum_{k=1}^{n} \mathrm{P}(X{=}k) = 1$, car X est à valeurs dans $[\![1,n]\!]$.

D'autre part,

$$\begin{aligned}
\sum_{k=0}^{n} \mathrm{P}(X{=}k) &= \sum_{k=1}^{n} c_n \ln\left(1+\frac{1}{k}\right) \\
&= c_n \sum_{k=1}^{n} \ln\left(\frac{k+1}{k}\right) && \text{propriété de ln} \\
&= c_n \sum_{k=1}^{n} \big(\ln(k+1) - \ln(k)\big) && \text{somme télescopique} \\
&= c_n\big(\ln(n+1) - \ln(1)\big).
\end{aligned}$$

Comme $\ln(1) = 0$, on en déduit $c_n = 1/\ln(n+1)$.

2) Comme X est à valeurs dans $[\![1,n]\!]$, on a par définition :

$$\mathrm{E}(X_n) = \sum_{k=1}^{n} k\mathrm{P}(X_n{=}k) = c_n \sum_{k=1}^{n} \big(k\ln(k+1) - k\ln(k)\big).$$

Or :

$$\sum_{k=1}^{n} k\ln(k+1) = 1\ln(2) + 2\ln(3) + \cdots + (n-1)\ln(n) + n\ln(n+1)$$

$$\sum_{k=1}^{n} k\ln(k) = 0 + 2\ln(2) + 3\ln(3) + \cdots + n\ln(n)$$

Donc $\sum_{k=1}^{n} \big(k\ln(k+1) - k\ln(k)\big) = n\ln(n+1) - \ln(2) - \cdots - \ln(n) = n\ln(n+1) - \ln(n!)$.

$$\mathrm{E}(X_n) = c_n\big(n\ln(n+1) - \ln(n!)\big) = \frac{n\ln(n+1) - \ln(n!)}{\ln(n+1)}.$$

3) Soit $n \in \mathbb{N}^*$.

a) Soit $k \in [\![1, n]\!]$. Il y a plusieurs façons d'obtenir l'encadrement classique proposé. La fonction $t \mapsto 1/t$ étant décroissante sur $[k, k+1]$, on a :

$$\forall t \in [k, k+1], \qquad \frac{1}{k+1} \leqslant \frac{1}{t} \leqslant \frac{1}{k} \tag{$\bullet$}$$

En intégrant sur $[k, k+1]$ (les bornes sont dans le bon sens) :

$$\frac{1}{k+1} \leqslant \int_k^{k+1} \frac{1}{t}\,\mathrm{d}t = \ln(k+1) - \ln(k) \leqslant \frac{1}{k} \tag{$\bullet\bullet$}$$

Remarques

La fonction ln est continue sur $[k, k+1]$, dérivable sur $]k, k+1[$ et $(\bullet)$ est un encadrement de sa dérivée. L'inégalité des accroissements finis donne l'encadrement $(\bullet\bullet)$.

On sait aussi que $\ln(1+x) \leqslant x$ pour tout $x > -1$. En utilisant cela pour $u = 1/k$ et $u = -1/(k+1)$, on obtient également l'encadrement $(\bullet\bullet)$.

b) On a pour tout $[k, k+1]$, $c_n \frac{k}{k+1} \leqslant k\mathrm{P}(X_n{=}k) \leqslant c_n$, en multipliant l'encadrement précédent par $c_n k > 0$.

En sommant tous ces encadrements, on obtient $c_n \sum\limits_{k=1}^{n} \frac{k}{k+1} \leqslant \mathrm{E}(X_n) \leqslant nc_n$.

Or, $\sum\limits_{k=1}^{n} \frac{k}{k+1} = \sum\limits_{k=1}^{n} \left(1 - \frac{1}{k+1}\right) = n - \sum\limits_{k=1}^{n} \frac{1}{k+1}$.

D'après la question précédente, $0 \leqslant \sum\limits_{k=1}^{n} \frac{1}{k+1} \leqslant \ln(n+1) - 0$ (somme télescopique).

Donc $\sum\limits_{k=1}^{n} \frac{1}{k+1}$ est négligeable devant n au voisinage de ∞ [*]. D'où $\sum\limits_{k=1}^{n} \frac{k}{k+1} \underset{n\to\infty}{\sim} n$.

Donc $\mathrm{E}(X_n) \underset{n\to\infty}{\sim} nc_n$, par encadrement.

Classiquement, $\ln(n+1) = \ln(n) + \ln(1+1/n) \underset{n\to\infty}{=} \ln(n) + o\big(\ln(n)\big)$. Donc :

$$\mathrm{E}(X_n) \underset{n\to\infty}{\sim} \frac{n}{\ln(n+1)} \underset{n\to\infty}{\sim} \frac{n}{\ln(n)}.$$

Exercice 3

1) Soient i et $j \in [\![1, n]\!]$. D'après la définition des probabilités conditionnelles :

$$\mathrm{P}(X{=}i, Y{=}j) = \mathrm{P}(X{=}i)\mathrm{P}\big(Y{=}j \mid X{=}i\big).$$

Quand $(X{=}i)$ est réalisé, on tire dans une urne contenant i boules numérotées de 1 à i. Donc :

$$\mathrm{P}(X{=}i, Y{=}j) = \mathrm{P}(X{=}i)\mathrm{P}\big(Y{=}j \mid X{=}i\big) = \begin{cases} 0 & \text{si } j > i \\ \frac{1}{n} \cdot \frac{1}{i} & \text{si } j \leqslant i \end{cases}$$

[*] On aurait pu également justifier cela en utilisant l'équivalent classique $\sum\limits_{k=1}^{n} \frac{1}{k} \underset{n\to\infty}{\sim} \ln(n)$.

2) D'après 1), $\mathrm{P}(Y{=}j) = \sum_{i=j}^{n} \mathrm{P}(X{=}i, Y{=}j) = 0 + \frac{1}{n}\sum_{i=j}^{n}\frac{1}{i}$.

3) On a $\sum_{j=1}^{n} \mathrm{P}(Y{=}j) = \frac{1}{n}\sum_{j=1}^{n}\left(\sum_{i=j}^{n}\frac{1}{i}\right)$.

On remarque qu'on a une somme double indexée par les couples (i,j) tels que $j \in [\![1,n]\!]$ et $i \in [\![j,n]\!]$. Notons T_n l'ensemble de ces couples. On a :

$$T_n = \left\{(i,j) \in [\![1,n]\!]^2 \mid j \leqslant i\right\}.$$

On peut décrire T_n comme étant l'ensemble des (i,j) tels que $i \in [\![1,n]\!]$ et $j \in [\![1,i]\!]$. Écrivons alors :

$$\begin{aligned}\sum_{j=1}^{n} \mathrm{P}(Y{=}j) &= \frac{1}{n}\sum_{i=1}^{n}\left(\sum_{j=1}^{i}\frac{1}{i}\right) && \text{i ne dépend pas de j}\\ &= \frac{1}{n}\sum_{i=1}^{n}\left(\frac{1}{i}\sum_{j=1}^{i}1\right) && \text{il y a i termes égaux à 1 dans la 2e somme}\\ &= \frac{1}{n}\sum_{i=1}^{n}1 && \text{il y a n termes égaux à 1}\\ &= 1.\end{aligned}$$

4) De même :

$$\begin{aligned}\mathrm{E}(Y) &= \sum_{j=1}^{n} j\mathrm{P}(Y{=}j)\\ &= \frac{1}{n}\sum_{i=1}^{n}\left(\sum_{j=1}^{i}\frac{j}{i}\right) && \text{i ne dépend pas de j}\\ &= \frac{1}{n}\sum_{i=1}^{n}\frac{1}{i}\left(\sum_{j=1}^{i}j\right) && \sum_{j=1}^{i} j = \frac{i(i+1)}{2}\\ &= \frac{1}{n}\sum_{i=1}^{n}\frac{i+1}{2} && \text{linéarité de la somme}\\ &= \frac{1}{2n}\sum_{i=1}^{n} i + \frac{1}{2n}\sum_{i=1}^{n}1 && \sum_{i=1}^{n} i = \frac{n(n+1)}{2},\ \sum_{i=1}^{n}1 = n\\ &= \frac{n+1}{4} + \frac{1}{2}\\ &= \frac{n+3}{4}.\end{aligned}$$

Exercice 4

1) On note le résultat des deux lancers dans un couple $(k,\ell) \in [\![1,6]\!]^2$.

Comme $(Y{\leqslant}X)$ est l'événement certain, $\mathrm{P}(X{=}k, Y{=}\ell) = 0$ si $\ell > k$.

Si $\ell = k$, alors $(X{=}k) \cap (Y{=}k)$ est réalisé uniquement si on a obtenu k lors des deux lancers. Par équiprobabilité $\mathrm{P}(X{=}k, Y{=}k) = 1/36$.

Si $\ell < k$, alors $(X{=}k) \cap (Y{=}\ell)$ est réalisé uniquement par deux résultats (k puis ℓ ou ℓ puis k). Par équiprobabilité, $P(X{=}k, Y{=}\ell) = 2/36$.

Les variables X et Y ne sont pas indépendantes. En effet, $P(X{=}1, Y{=}6) = 0$, alors que ni $(X{=}1)$, ni $(Y{=}6)$ ne sont impossibles*. Donc $P(X{=}1, Y{=}6) \neq P(X{=}1)P(Y{=}6)$.

2) On peut déduire la loi de X de la loi conjointe du couple :

$$P(X{=}1) = P(X{=}1, Y{=}1) + 0 = 1/36$$

$$P(X{=}2) = P(X{=}2, Y{=}1) + P(X{=}2, Y{=}2) + 0 = 2/36 + 1/36 = 3/36$$

$$\begin{aligned} P(X{=}3) &= P(X{=}3, Y{=}1) + P(X{=}3, Y{=}2) + P(X{=}3, Y{=}3) + 0 \\ &= 2/36 + 2/36 + 1/36 = 5/36. \end{aligned}$$

Plus généralement, pour $k \in [\![1, 6]\!]$:

$$P(X{=}k) = P(X{=}k, Y{=}k) + \sum_{\ell=1}^{k-1} P(X{=}k, Y{=}\ell) + 0 = \frac{1}{36} + (k-1)\frac{2}{36} = \frac{2k-1}{36}.$$

Donc $E(X) = 1\frac{1}{36} + 2\frac{3}{36} + 3\frac{5}{36} + 4\frac{7}{36} + 5\frac{9}{36} + 6\frac{11}{36} = \frac{161}{36}$.

On peut aussi écrire :

$$\begin{aligned} E(X) &= \sum_{k=1}^{6} kP(X{=}k) \\ &= \frac{1}{36}\sum_{k=1}^{6} k(2k-1) \\ &= \frac{2}{36}\sum_{k=1}^{6} k^2 - \frac{1}{6}\sum_{k=1}^{6} k \\ &= \frac{2}{36}\cdot\frac{6\cdot 7\cdot 13}{6} - \frac{1}{36}\cdot\frac{6\cdot 7}{2} \\ &= \frac{1}{36}(2\cdot 91 - 21). \end{aligned}$$

(loi de X ; linéarité ; les sommes sont connues)

Et on retrouve $E(X) = (182 - 21)/36 = 161/36$.

3) Pour $k \in [\![1, 6]\!]$, l'événement $(X{\leqslant}k)$ est réalisé si, et seulement si, les deux lancers donnent un résultat inférieur (ou égal) à k. Il y a k^2 possibilités, donc $P(X{\leqslant}k) = k^2/36$.

L'égalité est valable pour $k = 0$, car $(X{\leqslant}0)$ est impossible.

Pour $k \in [\![1, 6]\!]$, on a $(X{\leqslant}k) = (X{\leqslant}k{-}1) \cup (X{=}k)$ et cette réunion est disjointe. Donc :

$$P(X{=}k) = P(X{\leqslant}k) - P(X{\leqslant}k{-}1) = \frac{k^2}{36} - \frac{(k-1)^2}{36} = \frac{2k-1}{36}.$$

Exercice 5

1) Comme $(X_0{=}1) = \Omega$, on a $p_0 = 1$. On a aussi $(X_1{=}1) = (X_0{=}1) \cap (X_1{=}1)$, donc d'après la définition des probabilités conditionnelles :

$$p_1 = P(X_0{=}1, X_1{=}1) = P(X_0{=}1)P\big(X_1{=}1) \mid (X_0{=}1\big) = 1 \cdot 0{,}2 = 0{,}2.$$

*Précisément, $P(X{=}1) = 1/36$ et $P(Y{=}6) = 1/36$.

2) Soit $n \in \mathbb{N}$. Puisque X_n est à valeurs dans $\{0,1\}$, $\{(X_n{=}1), (X_n{=}0)\}$ est un système complet d'événements. La formule des probabilités totales donne :

$$\mathrm{P}(X_{n+1}{=}1) = \mathrm{P}(X_n{=}1)\mathrm{P}(X_{n+1}{=}1 \mid X_n{=}1) + \mathrm{P}(X_n{=}0)\mathrm{P}(X_{n+1}{=}1 \mid X_n{=}0).$$

Avec les notations et les données de l'énoncé, on a :

$$p_{n+1} = 0{,}2p_n + 0{,}4(1-p_n) = 0{,}4 - 0{,}2p_n.$$

3) On reconnaît une suite arithmético-géométrique. On a $\ell = 0{,}4 - 0{,}2\ell \iff \ell = \frac{1}{3}$.
Pour ce ℓ, $p_{n+1} - \ell = -0{,}2(p_n - \ell) + 0$. Donc, $p_n = \frac{1}{3} + (-0{,}2)^n \left(p_0 - \frac{1}{3}\right) = \frac{1}{3} + (-0{,}2)^n \frac{2}{3}$.

Exercices axés sur le raisonnement

Exercice 6

1) Puisque $X \sim \mathcal{B}(4n, 1/2)$, on sait que $\mathrm{E}(X) = 4n\frac{1}{2} = 2n$ et que $\mathrm{V}(X) = 4n\frac{1}{2}\cdot\frac{1}{2} = n$.

2) Puisque X est à valeurs positives, on peut utiliser l'inégalité de Markov :

$$\mathrm{P}(X{\geqslant}3n) \leqslant \frac{\mathrm{E}(X)}{3n} = \frac{2}{3}.$$

On obtient un majorant indépendant de n, qui semble un peu grossier.

3) D'après l'inégalité de Bienaymé-Tchebycheff, on a $\mathrm{P}\big(|X - \mathrm{E}(X)| \geqslant n\big) \leqslant \frac{\mathrm{V}(X)}{n^2}$. Donc :

$$\mathrm{P}\big(|X{-}2n| \geqslant n\big) \leqslant \frac{1}{n}.$$

Or, $\big(|X{-}2n| \geqslant n\big) = (X{-}2n{\geqslant}n) \cup (2n{-}X{\geqslant}n) = (X{\geqslant}3n) \cup (X{\leqslant}n)$. Comme $(X{\geqslant}3n)$ et $(X{\leqslant}n)$ sont incompatibles, on a $\mathrm{P}\big(|X{-}2n| \geqslant n\big) = \mathrm{P}(X{\geqslant}3n) + \mathrm{P}(X{\leqslant}n)$.
Enfin, comme le paramètre du succès est 1/2, celui de l'échec est aussi 1/2. Les événements $(X{\geqslant}3n) = \big(X \in [\![3n, 4n]\!]\big)$ et $(X{\leqslant}n) = \big(X \in [\![0, n]\!]\big)$ ont la même probabilité par symétrie de la loi.
Compte tenu de tout cela, $\mathrm{P}\big(|X{-}2n| \geqslant n\big) = 2\mathrm{P}(X_n{\geqslant}3n)$ et :

$$\mathrm{P}(X{\geqslant}3n) \leqslant \frac{1}{2n}.$$

Ce majorant est bien meilleur que le précédent. Il permet d'obtenir $\mathrm{P}(X{\geqslant}3n) \xrightarrow[n\to\infty]{} 0$.

4) La fonction $x \mapsto 2^x = \mathrm{e}^{x\ln(2)}$ étant strictement croissante sur $\mathbb{R}$, on a $(X{\geqslant}3n) = (Y{\geqslant}2^{3n})$.
La variable Y étant à valeurs positives, on peut utiliser l'inégalité de Markov :

$$\mathrm{P}(X{\geqslant}3n) = \mathrm{P}(Y{\geqslant}2^{3n}) \leqslant \frac{\mathrm{E}(Y)}{2^{3n}}.$$

• Calcul de l'espérance de Y

Par le théorème de transfert :

$$\begin{aligned}
\mathrm{E}(Y) &= \sum_{k=0}^{4n} 2^k \mathrm{P}(X=k) \\
&= \sum_{k=0}^{4n} 2^k \binom{4n}{k} \left(\frac{1}{2}\right)^k \left(\frac{1}{2}\right)^{4n-k} \\
&= \sum_{k=0}^{4n} \binom{4n}{k} \left(\frac{1}{2}\right)^{4n-k} \\
&= \left(1+\frac{1}{2}\right)^{4n} \\
&= \left(\frac{3}{2}\right)^{4n}.
\end{aligned}$$

(loi binomiale ; $2^k(1/2)^k = 1$; formule du binôme)

En reportant cette expression dans la majoration précédente, on obtient :

$$\mathrm{P}(X \geqslant 3n) \leqslant \left(\frac{3}{2}\right)^{4n} \frac{1}{2^{3n}} = \left(\frac{81}{16}\right)^n \frac{1}{8^n} = \left(\frac{81}{128}\right)^n.$$

On ainsi une majoration par un terme d'une suite géométrique de raison $q = \frac{81}{128}$. Comme $|q| < 1$, c'est nettement mieux que la majoration du 2), car q^n est négligeable devant $1/(2n)$ au voisinage de l'infini.

Exercice 7

1) Lorsque le voyageur est dans la voiture 1 (respectivement 4), il va nécessairement dans la voiture 2 (respectivement 3) à l'instant suivant.

Lorsque le voyageur est dans la voiture 2 (respectivement 3), il va de façon équiprobable dans la voiture 1 ou 4 (respectivement 2 ou 4) à l'instant suivant.

Pour $n \in \mathbb{N}$, $\{\mathrm{P}(X_n=i), i \in [\![1,4]\!]\}$ est un système complet d'événements. La formule des probabilités totales donne :

$$p_{1,n+1} = \sum_{i=1}^{4} \mathrm{P}(X_n=i)\mathrm{P}\big(X_{n+1}=1 \mid X_n=i\big).$$

Or, $\mathrm{P}\big(X_{n+1}=1 \mid X_n=i\big) = 0$ sauf pour $i = 2$ et $\mathrm{P}\big(X_{n+1}=1 \mid X_n=2\big) = 0$. Donc :

$$p_{1,n+1} = \frac{1}{2}\mathrm{P}(X_n=2) = \frac{1}{2}p_{2,n}.$$

De même :

$$p_{2,n+1} = \mathrm{P}(X_n=1)\mathrm{P}\big(X_{n+1}=2 \mid X_n=1\big) + \mathrm{P}(X_n=3)\mathrm{P}\big(X_{n+1}=2 \mid X_n=3\big) = p_{1,n} + \frac{1}{2}p_{3,n}.$$

Par le même raisonnement :

$$p_{3,n+1} = \frac{1}{2}p_{2,n} + p_{4,n} \quad \text{et} \quad p_{4,n+1} = \frac{1}{2}p_{3,n}.$$

Donc $\pi_{n+1} = \begin{pmatrix} p_{1,n+1} \\ p_{2,n+1} \\ p_{3,n+1} \\ p_{4,n+1} \end{pmatrix} = \begin{pmatrix} \frac{1}{2}p_{2,n} \\ p_{1,n} + \frac{1}{2}p_{3,n} \\ \frac{1}{2}p_{2,n} + p_{4,n} \\ \frac{1}{2}p_{3,n} \end{pmatrix} = \begin{pmatrix} 0 & 1/2 & 0 & 0 \\ 1 & 0 & 1/2 & 0 \\ 0 & 1/2 & 0 & 1 \\ 0 & 0 & 1/2 & 0 \end{pmatrix} \begin{pmatrix} p_{1,n} \\ p_{2,n} \\ p_{3,n} \\ p_{4,n} \end{pmatrix}$.

Donc $\pi_{n+1} = \begin{pmatrix} 0 & 1/2 & 0 & 0 \\ 1 & 0 & 1/2 & 0 \\ 0 & 1/2 & 0 & 1 \\ 0 & 0 & 1/2 & 0 \end{pmatrix} \pi_n$. Puis, en utilisant cela deux fois :

$$\pi_{n+2} = \begin{pmatrix} 0 & 1/2 & 0 & 0 \\ 1 & 0 & 1/2 & 0 \\ 0 & 1/2 & 0 & 1 \\ 0 & 0 & 1/2 & 0 \end{pmatrix} \begin{pmatrix} 0 & 1/2 & 0 & 0 \\ 1 & 0 & 1/2 & 0 \\ 0 & 1/2 & 0 & 1 \\ 0 & 0 & 1/2 & 0 \end{pmatrix} \pi_n = \begin{pmatrix} 1/2 & 0 & 1/4 & 0 \\ 0 & 3/4 & 0 & 1/2 \\ 1/2 & 0 & 3/4 & 0 \\ 0 & 1/4 & 0 & 1/2 \end{pmatrix} \pi_n.$$

2) La parité du numéro de la voiture dans laquelle se trouve le voyageur change à chaque instant, donc reste inchangée après deux déplacements.
Étant à l'instant 0 en voiture 1, le voyageur ne peut être, aux instants $2n$, qu'en voiture 1 ou 3. Donc les suites $(p_{2,2n})_{n\in\mathbb{N}}$ et $(p_{4,2n})_{n\in\mathbb{N}}$ sont nulles.

Remarque
On peut aussi montrer « pour tout $n \in \mathbb{N}$, $p_{2,2n} = p_{4,2n} = 0$ » par récurrence à l'aide de la question précédente.

3) D'après 1), on a $p_{1,2n+2} = \frac{1}{2}p_{1,2n} + \frac{1}{4}p_{3,2n}$.
Or, $p_{1,2n} + p_{3,2n} = \mathrm{P}(X_{2n}=1) + \mathrm{P}(X_{2n}=3) = 1$, d'après 2).
Donc $p_{1,2n+2} = \frac{1}{2}p_{1,2n} + \frac{1}{4}(1 - p_{1,2n}) = \frac{1}{4}p_{1,2n} + \frac{1}{4}$.
On reconnaît une suite arithmético-géométrique. On a $\ell = \frac{1}{4}\ell + \frac{1}{4} \iff \ell = \frac{1}{3}$.
Pour ce ℓ, $p_{1,2n+2} - \ell = -\frac{1}{4}(p_{1,2n} - \ell) + 0$. Donc $p_{1,2n} = \frac{1}{3} + \frac{1}{4^n}\left(p_{1,0} - \frac{1}{3}\right) = \frac{1}{3} + \frac{1}{4^n} \cdot \frac{2}{3}$.
D'où $p_{3,2n} = 1 - p_{1,2n} = \frac{2}{3} - \frac{1}{4^n} \cdot \frac{2}{3}$
Comme $|1/4| < 1$, on a facilement $\lim_{n\to\infty} p_{1,2n} = 1/3$ et $\lim_{n\to\infty} p_{3,2n} = 2/3$.

4) D'après les questions précédentes, $p_{1,2n+1} = p_{3,2n+1} = 0$. D'où $\lim_{n\to\infty} p_{1,2n+1} = 0$ et $\lim_{n\to\infty} p_{3,2n+1} = 0$.
On a aussi $p_{2,2n+1} = p_{1,2n} + \frac{1}{2}p_{3,2n} \xrightarrow[n\to\infty]{} \frac{1}{3} + \frac{1}{2} \cdot \frac{2}{3} = \frac{2}{3}$ et $p_{4,2n+1} = \frac{1}{2}p_{3,2n} \xrightarrow[n\to\infty]{} \frac{1}{3}$.

Exercice 8

1) Par équiprobabilité, X suit la loi uniforme sur $[\![1, 2n]\!]$ et $\mathrm{E}(X) = \frac{2n+1}{2} = n + \frac{1}{2}$.

2) a) La variable Y est à valeurs dans $[\![1, 2n]\!]$.
Soit $i \in [\![1, 2n]\!]$. On cherche à préciser $\mathrm{P}(Y=i)$.
- Cas $i < k$. Si $(Y=i)$ est réalisé, $(X<k)$ l'est aussi, car on a dû faire un second tirage. Donc $(Y=i) = (X<k) \cap (Y=i)$ et par définition des probabilités conditionnelles :

$$\mathrm{P}(Y=i) = \mathrm{P}\big((X<k) \cap (Y=i)\big) = \mathrm{P}(X<k)\mathrm{P}\big(Y=i \mid X<k\big).$$

On a $P(X < k) = (k-1)/(2n)$ par équiprobabilité au premier tirage.
Sachant que $(X<k)$ est réalisé, on effectue un second tirage dans les mêmes conditions puisque le jeton a été remis. Donc $P\big(Y=i \mid X<k\big) = 1/(2n)$.

$$\forall i \in [\![1, k-1]\!], \quad P(Y=i) = \frac{k-1}{2n} \cdot \frac{1}{2n} = \frac{k-1}{4n^2}.$$

- Cas $i > k$. Dans ce cas, le joueur peut avoir fait 1 ou 2 tirages. Et $(Y=i)$ est la réunion disjointe de $(X<k) \cap (Y=i)$ et de $(X\geqslant k) \cap (Y=i)$.
  Comme précédemment, $P\big((X<k) \cap (Y=i)\big) = P(X<k)P\big(Y=i \mid X<k\big) = \frac{k-1}{4n^2}$.
  L'événement $(X\geqslant k) \cap (Y=i)$ est réalisé si, et seulement si, $(X=i)$ l'est.
  Donc $P\big((X\geqslant k) \cap (Y=i)\big) = P(X=i) = \frac{1}{2n}$.

$$\forall i \in [\![k, 2n]\!], \quad P(Y=i) = \frac{k-1}{4n^2} + \frac{1}{2n}.$$

b) Puisque Y est à valeurs dans $[\![1, 2n]\!]$, on a :

$$\begin{aligned}
E(Y) &= \sum_{i=1}^{2n} iP(Y=i) && \text{loi de } Y\\
&= \sum_{i=1}^{k-1} i\frac{k-1}{4n^2} + \sum_{i=k}^{2n} i\left(\frac{k-1}{4n^2} + \frac{1}{2n}\right) && \text{on sépare la 2}^{\text{e}} \text{ somme}\\
&= \sum_{i=1}^{k-1} i\frac{k-1}{4n^2} + \sum_{i=k}^{2n} i\frac{k-1}{4n^2} + \sum_{i=k}^{2n} i\frac{1}{2n} && \text{par linéarité de la somme}\\
&= \frac{k-1}{4n^2}\sum_{i=1}^{k-1} i + \frac{k-1}{4n^2}\sum_{i=k}^{2n} i + \frac{1}{2n}\sum_{i=k}^{2n} i && \text{on regroupe les 2 sommes}\\
&= \frac{k-1}{4n^2}\sum_{i=1}^{2n} i + \frac{1}{2n}\sum_{i=k}^{2n} i && \sum_{i=1}^{2n} i = \frac{2n(2n+1)}{2} = n(2n+1)\\
&= \frac{k-1}{4n}(2n+1) + \frac{1}{2n}\sum_{i=k}^{2n} i && \text{on fait apparaître des sommes connues}\\
&= \frac{k-1}{4n}(2n+1) + \frac{1}{2n}\left(\sum_{i=1}^{2n} i - \sum_{i=1}^{k-1} i\right)\\
&= \frac{k-1}{4n}(2n+1) + \frac{1}{2n}\left(n(n+1) - \frac{k(k-1)}{2}\right)\\
&= \frac{k-1}{4n}(2n+1) + \frac{2n+1}{2} - \frac{k(k-1)}{4n} && E(X) = (2n+1)/2\\
&= E(X) + \frac{(k-1)}{4n}(2n+1-k).
\end{aligned}$$

c) Il est clair que $E(Y)$ est maximale quand $(k-1)(2n-k+1)$ l'est.
Une étude de $f : x \mapsto x(2n-x)$ donne sans difficulté le tableau de variations suivant :

x	0	n	$2n$
$f(x)$	0 ↗	n^2	↘ 0

On en déduit que l'espérance de Y est maximale pour $k = n+1$ et que pour cette valeur de k, l'espérance vaut $\mathrm{E}(X) + \frac{n^2}{4n} = \frac{2n+1}{2} + \frac{n}{4}$.

Remarque

On aurait pu remarquer que $(k-1)+(2n-k+1) = 2n$ et que l'on a donc un produit de deux nombres dont la somme est fixée. On sait qu'alors le produit est maximal quand les deux facteurs sont égaux.

Exercice 9

1) Soit $n \in \mathbb{N}$. Le calcul matriciel donne $JU_n = \mathrm{P}(X_n{=}0) + \mathrm{P}(X_n{=}1) + \mathrm{P}(X_n{=}2) + \mathrm{P}(X_n{=}3)$. Chacune des deux urnes contient toujours 3 boules à l'issue des n échanges. Comme les boules portent le numéro 0 ou 1, on a $X_n(\Omega) = [\![0,3]\!]$. Donc $\{\mathrm{P}(X_n{=}i), i \in [\![1,4]\!]\}$ est un système complet d'événements et $JU_n = 1$.
On a $LU_n = 0\mathrm{P}(X_n{=}0) + 1\mathrm{P}(X_n{=}1) + 2\mathrm{P}(X_n{=}2) + 3\mathrm{P}(X_n{=}3)$ et on reconnaît la définition de l'espérance de X_n.

2) Le calcul matriciel donne :

$$LA = \begin{pmatrix} 0 & 1 & 2 & 3 \end{pmatrix} \begin{pmatrix} 0 & 1/9 & 0 & 0 \\ 1 & 4/9 & 4/9 & 0 \\ 0 & 4/9 & 4/9 & 1 \\ 0 & 0 & 1/9 & 0 \end{pmatrix} = \begin{pmatrix} 1 & 4/3 & 5/3 & 2 \end{pmatrix} = J + \frac{1}{3}L.$$

3) Soit $n \in \mathbb{N}$. Puisque $\{\mathrm{P}(X_n{=}i), i \in [\![1,4]\!]\}$ est un système complet d'événements, la formule des probabilités totales donne :

$$\forall k \in [\![0,3]\!], \quad \mathrm{P}(X_{n+1}{=}k) = \sum_{i=1}^{4} \mathrm{P}(X_n{=}i)\mathrm{P}\big(X_{n+1}{=}k \mid X_n{=}i\big).$$

De plus, après un échange, la somme peut uniquement augmenter de 1, diminuer de 1 ou rester inchangée.

- Cas $k = 0$
  $\mathrm{P}\big(X_{n+1}{=}0 \mid X_n{=}2\big) = 0$ et $\mathrm{P}\big(X_{n+1}{=}0 \mid X_n{=}3\big) = 0$, puisque la somme ne peut pas diminuer de 2 ou 3.
  Si $(X_n{=}0)$ est réalisé, alors l'urne $\mathcal{U}_0$ contient les 3 boules numérotées 0 et l'urne $\mathcal{U}_1$ les 3 boules numérotées 1. On va forcément retirer une boule numérotée 0 de $\mathcal{U}_0$ et la remplacer par une boule numérotée 1, donc $(X_{n+1}{=}1)$ sera réalisé.
  En particulier, $\mathrm{P}\big(X_{n+1}{=}0 \mid X_n{=}0\big) = 0$.
  Si $(X_n{=}1)$ est réalisé, alors l'urne $\mathcal{U}_0$ contient 2 boules numérotées 0 et une boule numérotée 1. L'urne $\mathcal{U}_1$ contient 2 boules numérotées 1 et une numérotée 0. Pour que $(X_{n+1}{=}0)$ soit réalisé, il faut retirer la boule numérotée 1 de l'urne $\mathcal{U}_0$ et la remplacer par la boule numérotée 0 de l'urne $\mathcal{U}_1$. Donc $\mathrm{P}\big(X_{n+1}{=}0 \mid X_n{=}1\big) = 1/9$.

$$\mathrm{P}(X_{n+1}{=}0) = \frac{1}{9}\mathrm{P}(X_n{=}1).$$

- Cas $k = 1$

  On a $\mathrm{P}\big(X_{n+1}{=}1 \mid X_n{=}3\big) = 0$, puisque la somme ne peut pas diminuer de 2.
  On a vu que $\mathrm{P}\big(X_{n+1}{=}1 \mid X_n{=}0\big) = 1$.
  Si $(X_n{=}1)$ est réalisé, alors il y a deux manières de conserver la somme : tirer une boule numérotée 0 dans les deux urnes ou tirer 1 dans les deux urnes. D'après les contenus des urnes : $\mathrm{P}\big(X_{n+1}{=}1 \mid X_n{=}1\big) = \frac{2}{3}\cdot\frac{1}{3} + \frac{1}{3}\cdot\frac{2}{3} = \frac{4}{9}$.
  Si $(X_n{=}2)$ est réalisé, alors l'urne $\mathcal{U}_0$ contient 2 boules numérotées 1 et une numérotée 0. L'urne $\mathcal{U}_1$ contient 2 boules numérotées 0 et une numérotée 1. Pour que $(X_{n+1}{=}1)$ soit réalisé, il faut retirer une boule numérotée 1 de l'urne $\mathcal{U}_0$ et la remplacer par une boule numérotée 0 de l'urne $\mathcal{U}_1$. Donc $\mathrm{P}\big(X_{n+1}{=}1 \mid X_n{=}2\big) = \frac{2}{3}\cdot\frac{2}{3}$.

$$\mathrm{P}(X_{n+1}{=}2) = \mathrm{P}(X_n{=}0) + \frac{4}{9}\mathrm{P}(X_n{=}1) + \frac{4}{9}\mathrm{P}(X_n{=}2).$$

- Cas $k = 2$

  De façon similaire au cas $k = 1$, on vérifie $\mathrm{P}\big(X_{n+1}{=}2 \mid X_n{=}0\big) = 0$,
  $\mathrm{P}\big(X_{n+1}{=}2 \mid X_n{=}1\big) = \frac{4}{9}$, $\mathrm{P}\big(X_{n+1}{=}2 \mid X_n{=}0\big) = \frac{4}{9}$ et $\mathrm{P}\big(X_{n+1}{=}2 \mid X_n{=}3\big) = \frac{4}{9}$.
  Et on obtient :

$$\mathrm{P}(X_{n+1}{=}2) = \frac{4}{9}\mathrm{P}(X_n{=}1) + \frac{4}{9}\mathrm{P}(X_n{=}2) + \mathrm{P}(X_n{=}3).$$

- Cas $k = 3$

  De façon similaire au cas $k = 0$, on obtient $(X_{n+1}{=}3) \subset (X_n{=}2)$. Donc :

$$\mathrm{P}(X_{n+1}{=}3) = \frac{1}{9}\mathrm{P}(X_n{=}2).$$

Ces 4 égalités montrent que $U_{n+1} = AU_n$.

4) Soit $n \in \mathbb{N}$.

D'après des questions précédentes, on a :

$$\begin{aligned}
\mathrm{E}(X_{n+1}) &= LU_{n+1} && \text{d'après 3)}\\
&= L(AU_n) && \text{propriété du calcul matriciel}\\
&= (LA)U_n && \text{d'après 2)}\\
&= \left(J + \tfrac{1}{3}L\right)U_n && \text{distributivité de la multiplication}\\
&= JU_n + \tfrac{1}{3}LU_n && \text{d'après 1)}\\
&= 1 + \tfrac{1}{3}\,\mathrm{E}(X_n).
\end{aligned}$$

On reconnaît une suite arithmético-géométrique. On a $\ell = 1 + \frac{1}{3}\ell \iff \ell = \frac{3}{2}$.
Pour ce ℓ, $\mathrm{E}(X_{n+1}) - \ell = \frac{1}{3}\big(\mathrm{E}(X_n) - \ell\big) + 0$. Donc :

$$\mathrm{E}(X_n) = \frac{3}{2} + \frac{1}{3^n}\left(\mathrm{E}(X_0) - \frac{3}{2}\right) = \frac{3}{2} + \frac{1}{3^n}\cdot\frac{3}{2}.$$

Comme $|1/3| < 1$, $\mathrm{E}(X_n) \xrightarrow[n\to\infty]{} 3/2$.

Exercice 10

1) Puisque les rôles des nombres pairs et des nombres impairs sont semblables (il y a autant de nombres pairs que de nombres impairs au départ), les événements $(X_k{=}1)$ et $(X_k{=}0)$ ont la même probabilité. Donc $P(X_k{=}1) = 1/2$.

On peut modéliser le résultat obtenu au cours des $2n$ tirages par une permutation de l'ensemble $[\![1, 2n]\!]$ parmi les $(2n)!$ possibles.

Pour réaliser $(S{=}n)$, il faut obtenir les n numéros pairs lors des n premiers tirages. Cela correspond à avoir d'abord une permutation des n numéros pairs, puis une permutation des n numéros impairs. Par équiprobabilité, $P(S{=}n) = \frac{n!n!}{(2n)!}$.

2) Soient i et $j \in [\![1, n]\!]$ tels que $i < j$.

On obtient un événement élémentaire réalisant $(X_i{=}1) \cap (X_j{=}1)$, en choisissant un numéro pair pour le i-ème tirage, un autre numéro pair pour le j-ème tirage et une permutation des $(2n-2)$ autres numéros.

$$P(X_i{=}1, X_j{=}1) = \frac{n(n-1)(2n-2)!}{(2n)!} = \frac{n(n-1)}{2n(2n-1)} = \frac{n-1}{2(2n-1)}.$$

On sait que $\mathrm{Cov}(X_i, X_j) = E(X_iX_j) - E(X_i)\,E(X_j)$.

Comme X_i, X_j et X_iX_j suivent des loi de Bernoulli dont on connaît les paramètres, on a :

$$\mathrm{Cov}(X_i, X_j) = E(X_iX_j) - E(X_i)\,E(X_j) = \frac{n-1}{2(2n-1)} - \frac{1}{2}\cdot\frac{1}{2} = -\frac{1}{4(2n-1)}.$$

3) On a $S = X_1 + X_2 + \cdots + X_n$. Les variables X_i ne sont pas indépendantes, mais on connaît les variances (car $X_i \sim \mathcal{B}(1, 1/2)$) et les covariances :

$$\begin{aligned}
V(S) &= V(X_1 + \cdots + X_n) && \text{variance d'une somme}\\
&= \sum_{k=1}^{n} V(X_i) + 2 \sum_{1 \leqslant i<j \leqslant n} \mathrm{Cov}(X_i, X_j) && \text{d'après 2) et } V(X_i) = 1/4\\
&= \frac{n}{4} - 2 \sum_{1 \leqslant i<j \leqslant n} \frac{1}{4(2n-1)} && \text{il y a } \tbinom{n}{2} \text{ termes}\\
&= \frac{n}{4} - 2\binom{n}{2}\frac{1}{4(2n-1)} && 2\tbinom{n}{2} = n(n-1)\\
&= \frac{n}{4}\left(1 - \frac{n-1}{2n-1}\right) && 2n-1-(n-1) = n\\
&= \frac{n^2}{4(2n-1)}.
\end{aligned}$$

Exercices avec questions ouvertes

Exercice 11

On sait que $\mathrm{Cov}(X,Y)$, $\mathrm{V}(X)$ et $\mathrm{V}(Y)$ apparaissent dans le calcul de $\mathrm{V}(X \pm Y)$. Plus précisément, on a :

$$\mathrm{V}(X \pm Y) = \mathrm{V}(X) + \mathrm{V}(Y) \pm 2\,\mathrm{Cov}(X,Y) \text{ et } \mathrm{V}(X \pm Y) = \mathrm{V}(X) + \mathrm{V}(Y) \pm 2\,\mathrm{Cov}(X,Y).$$

D'où :

$$\begin{aligned} -\mathrm{Cov}(X,Y) > \mathrm{V}(X)\,\mathrm{V}(Y) &\iff \mathrm{V}(X+Y) < \mathrm{V}(X) + \mathrm{V}(Y) - 2\,\mathrm{V}(X)\,\mathrm{V}(Y) \\ &\iff \mathrm{V}(X+Y) < \big(\mathrm{V}(X) - \mathrm{V}(Y)\big)^2 \\ &\iff \mathrm{V}(X+Y) < 0. \end{aligned}$$

X et Y suivent la même loi

Une variance étant positive, cette situation est impossible.

De même , $\mathrm{Cov}(X,Y) > \mathrm{V}(X)\,\mathrm{V}(Y) \iff \mathrm{V}(X-Y) < 0$, ce qui est impossible.

- Cas $\mathrm{Cov}(X,Y) = \mathrm{V}(X)\,\mathrm{V}(Y)$

D'après l'étude précédente, $\mathrm{Cov}(X,Y) = \mathrm{V}(X)\,\mathrm{V}(Y) \iff \mathrm{V}(X-Y) = 0$.
On sait que $\mathrm{V}(X-Y) = 0$ si, et seulement si, $X - Y$ est (quasi) certaine, c'est-à-dire qu'il existe un réel a tel que $Y = X + a$ (presque sûrement).

Cette situation est possible, il suffit de prendre $Y = X$ par exemple.

- Cas $\mathrm{Cov}(X,Y) = -\mathrm{V}(X)\,\mathrm{V}(Y)$

On a de même $\mathrm{Cov}(X,Y) = -\mathrm{V}(X)\,\mathrm{V}(Y) \iff \mathrm{V}(X+Y) = 0 \iff \exists a \in \mathbb{R}, Y = a - X$ (presque sûrement).

Cette situation est possible, il suffit de prendre $Y = -X$ par exemple.

Remarque

On a un exemple plus intéressant lorsqu'on lance une pièce équilibrée n fois (les lancers étant mutuellement indépendants). Si X désigne le nombre de *face* obtenus et Y celui des *pile*, on sait que X et Y suivent la même loi $\mathcal{B}(n, 1/2)$ et que $Y = n - X$.

« *Quand on doit donner la loi d'une variable aléatoire X, on commence par donner $\mathrm{Im}(X)$.* »

Impression & brochage SEPEC - France
Numéro d'impression : 19367210396 - Dépôt légal : mai 2021
PEFC 10-31-1470 / Certifié PEFC / Ce produit est issu de forêts gérées durablement et de sources contrôlées. / pefc-france.org